Mathematik
für technische Berufe

ALGEBRA

von

Prof. Dr. Peter Bardy
Dieter Markert, Studiendirektor a.D.
unter Mitarbeit von Dr. Thomas Bardy, Studienrat

20., überarbeitete Auflage (Fortsetzung des Algebra-Buches von Studiendirektor Werner Zewing†)

Handwerk und Technik · Hamburg

ISBN 978-3-582-31127-6 Best.-Nr. 1311

Verlag Handwerk und Technik GmbH,
Lademannbogen 135, 22339 Hamburg; Postfach 63 05 00, 22331 Hamburg – 2018
E-Mail: info@handwerk-technik.de – Internet: www.handwerk-technik.de

Druck: Media-Print Informationstechnologie GmbH, 33100 Paderborn

Inhaltsverzeichnis

Zeichen und Abkürzungen

Zeichen / Abkürzungen für spezielle Mengen

$\mathbb{N}$	Menge der natürlichen Zahlen (einschließlich Null)
$\mathbb{N}^*$	Menge der natürlichen Zahlen ausschließlich Null
$\mathbb{Z}$	Menge der ganzen Zahlen
$\mathbb{Q}$	Menge der rationalen Zahlen
$\mathbb{Q}^{>3}$	Menge der rationalen Zahlen, die größer als 3 sind
$\mathbb{Q}_+$	Menge der positiven rationalen Zahlen
$\mathbb{Q}_-$	Menge der negativen rationalen Zahlen
$\mathbb{R}$	Menge der reellen Zahlen
$\mathbb{C}$	Menge der komplexen Zahlen
$\emptyset$, $\{\,\}$	leere Menge
G	Grundmenge
D	Definitionsmenge
L	Lösungsmenge
W	Wertemenge

Schreibweisen bei Mengen

$A = \{2; 3; 5; 7\}$	aufzählende Schreibweise einer Menge
$B = \{x \in \mathbb{N} \mid x < 101\}$ $= \{x \mid x < 101\}_{\mathbb{N}}$	beschreibende Darstellungen einer Menge
$3 \in A$	3 ist Element von A
$101 \notin B$	101 ist nicht Element von B

Relationen zwischen Mengen

$M = N$	M gleich N (M und N haben dieselben Elemente)
$M \subseteqq N$	M ist Teilmenge von N
$M \supseteqq N$	M ist Obermenge von N
$M \nsubseteqq N$	M ist nicht Teilmenge von N

Verknüpfungen von Mengen

$M \cup N$	Vereinigungsmenge von M und N
$M \cap N$	Schnittmenge von M und N
$M \setminus N$	Restmenge M ohne N
$\bar{N}$	Komplement von N bezüglich M, falls $N \subseteqq M$ ($\bar{N} = M \setminus N$)
$M \times N$	Produktmenge von M und N

Logische Zeichen

$\wedge$	und (Konjunktor)
$\vee$	oder (Adjunktor/Disjunktor)
$\rightarrow$	wenn … so … (Subjunktor)
$\leftrightarrow$	… genau dann, wenn … (Bijunktor)
$\neg$	nicht (Negator)
$\Rightarrow$	aus … folgt … (Folgerungspfeil)
$\Leftrightarrow$	… äquivalent zu … (Äquivalenzpfeil, Äquivalentor)
$\underset{(D)}{\Leftrightarrow}$	… äquivalent (bezüglich D) zu …
$\nLeftrightarrow$	… nicht äquivalent zu …

Relationen zwischen Zahlen bzw. Größen

$a = b$	a gleich b
$a \neq b$	a ungleich b
$a < b$	a kleiner als b
$a > b$	a größer als b
$a \leqq b$	a kleiner oder gleich b
$a \geqq b$	a größer oder gleich b
$a \approx b$	a ungefähr gleich b
$a \triangleq b$	a entspricht b

Weitere Zeichen und Abkürzungen

$\lvert x \rvert$	Betrag von x
$\begin{vmatrix} a & b \\ c & d \end{vmatrix}$	zweireihige Determinante
$\begin{vmatrix} a_1 & b_1 & c_1 \\ a_2 & b_2 & c_2 \\ a_3 & b_3 & c_3 \end{vmatrix}$	dreireihige Determinante
: oder ⊟	dividiert durch
$e = 2{,}7182818\,\ldots$	Euler'sche Zahl e (Basis der natürlichen Logarithmen)
$f: x \mapsto f(x),\ x \in D$	Funktion
$y = f(x)$	Funktionsgleichung
$f(x)$	Funktionsterm
$x \mapsto f(x)$	Funktionsvorschrift
$f(2)$	Funktionswert an der Stelle 2
$67^\circ\ 30'$	… Grad … Minuten (Altgrad)
HN	Hauptnenner
i	imaginäre Einheit
$[a; b]$	abgeschlossenes Intervall von a bis b (a und b eingeschlossen)
$]a; b[$	offenes Intervall von a bis b (a und b ausgeschlossen)
$\log_b(a)$	Logarithmus von a zur Basis b
lg	dekadischer Logarithmus (Basis 10)
ln	natürlicher Logarithmus (Basis e)
· oder ⊠	mal
–	minus
$(2 \mid 3)$	geordnetes Zahlenpaar; Punkt mit der Abszisse 2 und der Ordinate 3
$y \sim x$	y proportional x
$\pi = 3{,}1415926\,\ldots$	Pi (Kreiszahl)
+	plus
a^b	Potenz mit der Basis a und dem Exponenten b
$\overline{AB}$	Strecke
TR	Taschenrechner
$(4 \mid 2 \mid 3)$	geordnetes Zahlentripel
f^u	Umkehrfunktion zu f
R^u	Umkehrrelation zu R
∞	unendlich
$-\infty$	minus unendlich
$a : b$	Verhältnis a zu b
$\sqrt{a}$	Quadratwurzel aus a
$\sqrt[n]{a}$	n-te Wurzel aus a
$\bar{z}$	die zu z konjugiert komplexe Zahl

1 Zahlenmengen

1.1 Die Mengen $\mathbb{N}$, $\mathbb{Z}$ und $\mathbb{Q}$

Die Beispiele für Zahlenmengen, die im Anhang vorkommen, sind sog. **„endliche Mengen"**, d.h. Mengen mit endlich vielen Elementen. Wir können diese Mengen angeben, indem wir jeweils alle ihre Elemente hinschreiben („aufzählende Schreibweise"). Es gibt aber auch unendliche Mengen, z.B. die Menge aller geraden Zahlen, die Menge aller Vielfachen von 3, die Menge aller Primzahlen. Bei unendlichen Mengen helfen wir uns z.B. dadurch, dass wir die Menge mit Worten oder durch mathematische Symbole genau beschreiben („beschreibende Form"). Wie Mengen mit Hilfe mathematischer Symbole kurz in beschreibender Form angegeben werden können, werden wir im Abschnitt 1.2 behandeln.

Beispiele

beschreibende Form	aufzählende Schreibweise
die Menge der geraden Zahlen von 2 bis 10 (jeweils einschließlich)	{2; 4; 6; 8; 10}
die Menge der Primzahlen bis einschließlich 11	{2; 3; 5; 7; 11}
die Menge der durch 3 teilbaren Zahlen bis einschließlich 15	{3; 6; 9; 12; 15}
die Menge der natürlichen Zahlen bis einschließlich 100	{0; 1; 2; 3; ...; 99; 100}
die Menge der natürlichen Zahlen	{0; 1; 2; 3; ...}
die Menge der geraden Zahlen	{0; 2; 4; 6; 8; 10; ...}

Beim Hinschreiben der Elemente der drei letzten Mengen haben wir uns durch Punkte (...) geholfen. Bei der Menge der natürlichen Zahlen bis 100 hätte man noch alle Elemente aufschreiben können. Durch die Punkte haben wir uns jedoch viel Schreibarbeit sparen können, und es dürfte klar sein, welche Menge gemeint ist. Wenn keine Missverständnisse zu befürchten sind, verwenden wir in Zukunft Punkte.

Ein Missverständnis ist auch bei der Menge {0; 1; 2; 3; ...}, der Menge der natürlichen Zahlen, nicht zu befürchten. Da diese Menge in der Mathematik sehr häufig vorkommt, hat man sogar für sie ein eigenes Zeichen vereinbart: $\mathbb{N}$. (Bei dem lateinischen Großbuchstaben N wird ein zusätzlicher Strich angebracht.)

Bezeichnung

$\mathbb{N}$ bezeichnet die Menge der natürlichen Zahlen (einschließlich 0).

Beispiele

$0 \in \mathbb{N}$; $5 \in \mathbb{N}$; $100 \in \mathbb{N}$; $1\,000\,000 \in \mathbb{N}$.

Wird in der Menge $\mathbb{N}$ die Zahl 0 gestrichen, so entsteht eine neue Menge, die wir mit $\mathbb{N}^*$ bezeichnen, also:

$\mathbb{N}^* = \mathbb{N}\backslash\{0\}$.

In unserem Alltagsleben kommen wir nicht mit Zahlen aus $\mathbb{N}$ aus.

Beispiele

a) Eine Meldung aus dem Wetterbericht: „In der Nacht werden die Temperaturen bis auf −15 °C absinken."

b) In einem Atlas steht auf einer Karte der Nilländer unter „Totes M." die Angabe − 393.

Diese sind Beispiele für **negative** Zahlen. Zu beachten ist, dass bei diesen Zahlen das Minuszeichen als **Vor**zeichen benutzt wird. Das Minuszeichen gebrauchen wir also in zweierlei Bedeutung: zum einen für die Subtraktion, z.B. bei 6 − 4; zum anderen als Vorzeichen zum Kennzeichnen negativer Zahlen. (Zu einer dritten Bedeutung des Minuszeichens siehe 2.1.)

Beispiel

5 − (−3)

→ Vorzeichen

→ Subtraktionszeichen (Zeichen für die „Verknüpfung" −)

Wir betrachten noch ein **Beispiel** aus der Mathematik:
Welche Zahl muss man bei der Gleichung $7 + \square = 3$ in den Kasten $\square$ einsetzen, damit die Gleichung „richtig" ist?

Obwohl alle vorkommenden Zahlen (7 und 3) aus $\mathbb{N}$ sind, gibt es offensichtlich keine Zahl aus $\mathbb{N}$, die beim Einsetzen in den Kasten aus der Gleichung eine wahre Aussage macht. Um eine wahre Aussage zu erhalten, müssen wir in $\square$ die Zahl -4 einsetzen.

-4 ist die sog. „**Gegenzahl** zu 4" (bezüglich der Addition): $4 + (-4) = 0$.

Fügen wir zu $\mathbb{N}$ die Gegenzahlen aller natürlichen Zahlen hinzu, erhalten wir die **Menge der ganzen Zahlen**

$\mathbb{Z} = \{\ldots; -3; -2; -1; 0; 1; 2; 3; \ldots\}$.

Es gilt: $\mathbb{N}^* \subseteq \mathbb{N} \subseteq \mathbb{Z}$.

Die hier benutzte Kettenschreibweise (zweimal das Zeichen $\subseteq$) ersetzt die aufwendigere Schreibweise $\mathbb{N}^* \subseteq \mathbb{N}$ und $\mathbb{N} \subseteq \mathbb{Z}$. Diese Kettenschreibweise ist jedoch nur gestattet, weil aus $\mathbb{N}^* \subseteq \mathbb{N}$ und $\mathbb{N} \subseteq \mathbb{Z}$ auch $\mathbb{N}^* \subseteq \mathbb{Z}$ folgt.

Bezeichnung

$\mathbb{Z}$ bezeichnet die Menge der ganzen Zahlen.

Die Menge der ganzen Zahlen reicht aber auch noch nicht aus, um Situationen in Beruf und Alltag zahlenmäßig zu erfassen.

Beispiele

a) 1 m nahtloses Rohr $57 \times 2{,}75$ hat eine Masse von 3,68 kg.
b) Die Breite eines Ziegels beträgt 11,5 cm.
c) Eine Flasche Mineralwasser hat einen Inhalt von 0,7 l.
d) Klaus kauft $\frac{1}{8}$ kg Wurst.
e) Anna und Bernd tanzen im Dreiviertel-Takt.

Die hier vorkommenden Zahlen 2,75; 3,68; 11,5; 0,7; $\frac{1}{8}$ und $\frac{3}{4}$ sind keine ganzen Zahlen. $\frac{1}{8}$ und $\frac{3}{4}$ heißen **Brüche**; statt $\frac{1}{8}$ kann auch 0,125 und statt $\frac{3}{4}$ auch 0,75 geschrieben werden. Andererseits lassen sich 2,75; 3,68; 11,5 und 0,7 auch als Brüche schreiben, z. B.

$0{,}7 = \frac{7}{10}$ oder $2{,}75 = \frac{275}{100}$.

Noch ein **Beispiel** aus der Mathematik:
Welche Zahl muss man bei der Gleichung $2 \cdot \square = 1$ in den Kasten $\square$ einsetzen, damit eine wahre Aussage entsteht?
Gibt es eine ganze Zahl, die verdoppelt 1 ergibt? Offensichtlich nicht!

Der Bruch $\frac{1}{2}$ löst die obige Gleichung, denn es gilt:

$2 \cdot \frac{1}{2} = 1$.

Jede Zahl, die sich als Bruch in der Form $\frac{a}{b}$ mit $a \in \mathbb{Z}$ und $b \in \mathbb{N}^*$ darstellen lässt, heißt **„rationale Zahl"**.

Weitere Beispiele:

$\frac{8}{11}$; $\frac{19}{91}$; $6 = \frac{6}{1}$; $-3 = \frac{-3}{1}$; $0 = \frac{0}{1} = \frac{0}{2}$; $\frac{1}{3} = 0{,}\overline{3}$; $\frac{5}{3} = 1{,}\overline{6}$.

Man sagt auch: $0{,}\overline{3}$ (gelesen: „null Komma Periode drei") ist die Darstellung von $\frac{1}{3}$ als **„Dezimalbruch"**; entsprechend ist $1{,}\overline{6}$ die Dezimalbruchdarstellung von $\frac{5}{3}$.

Die Darstellung einer rationalen Zahl als Bruch ist nicht eindeutig, $\frac{8}{11}$ lässt sich z. B. auch als $\frac{16}{22}$ darstellen.

Definition

Eine **„rationale Zahl“** ist eine Zahl, die sich in der Form $\frac{a}{b}$ mit $a \in \mathbb{Z}$ und $b \in \mathbb{N}^*$ darstellen lässt.

Bezeichnung

$\mathbb{Q}$ bezeichnet die Menge der rationalen Zahlen.

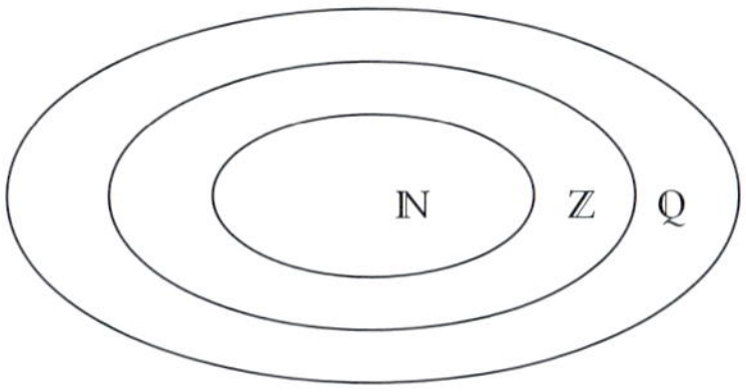

Abb. 1.1

Jede ganze Zahl ist auch eine rationale Zahl; denn wenn $c \in \mathbb{Z}$, so lässt sich c in der Form $\frac{c}{1}$ mit $c \in \mathbb{Z}$ und $1 \in \mathbb{N}^*$ darstellen. Es gilt: $\mathbb{Z} \subseteq \mathbb{Q}$, also $\mathbb{N} \subseteq \mathbb{Z} \subseteq \mathbb{Q}$.

Satz

Jede rationale Zahl lässt sich als abbrechender oder als periodischer Dezimalbruch darstellen.

Das bedeutet: Jeder Bruch kann als abbrechender oder als periodischer Dezimalbruch geschrieben werden.

Wir wollen den Satz hier nicht allgemein beweisen, den Inhalt allerdings an zwei **Beispielen** erläutern:

a) $\frac{1}{4} = 1:4$

```
1 : 4 = 0,25;
10
 8
 20
 20
  0
```

also $\frac{1}{4} = 0{,}25$

Die rationale Zahl $\frac{1}{4}$ lässt sich als abbrechender Dezimalbruch (0,25) darstellen. Die Division „geht auf“; die Ziffern hinter 5 sind alle 0.

b) $\frac{1}{7} = 1:7$

```
1 : 7 = 0,142857 (Periode 142857)
10
 7
 30
 28
  20
  14
   60
   56
    40
    35
     50
     49
      1
```

Bei der Division durch 7 können als mögliche Reste auftreten: 0, 1, 2, 3, 4, 5, 6.

0 tritt nicht als Rest auf; sonst ließe sich $\frac{1}{7}$ ja als abbrechender Dezimalbruch darstellen. Alle anderen Reste kommen jedoch vor.

$\frac{1}{7}$ lässt sich als periodischer Dezimalbruch darstellen:

$\frac{1}{7} = 0{,}142857142857\ldots$ (Die Periodenlänge kann höchstens 6 Ziffern betragen, da höchstens 6 verschiedene Reste auftreten.)

Aus dem obigen Satz ergibt sich im Übrigen, dass eine Zahl, die sich weder als abbrechender noch als periodischer Dezimalbruch darstellen lässt, nicht rational sein kann. Denn wäre sie rational, so müsste sie sich nach dem Satz ja entsprechend darstellen lassen. Wir konstruieren eine solche sog. „irrationale“ Zahl:

1,01001000100001 ...

Das Bildungsgesetz dieser Zahl dürfte klar sein: Nach einer neuen Ziffer 1 erhöht sich die Anzahl der Nullen jeweils um 1. Mit solchen Zahlen wollen wir uns vorerst nicht beschäftigen. Später werden wir jedoch außer $\mathbb{N}$, $\mathbb{Z}$ und $\mathbb{Q}$ noch andere Zahlenmengen kennen lernen.

Auch die Umkehrung des obigen Satzes gilt:

Satz

> Jeder abbrechende und jeder periodische Dezimalbruch stellen jeweils eine rationale Zahl dar.

Das bedeutet: Jeder abbrechende und jeder periodische Dezimalbruch können als Bruch geschrieben werden.

Auch bei diesem Satz wollen wir uns damit begnügen, seinen Inhalt an **Beispielen** zu verdeutlichen:

a) 0,678 ist ein abbrechender Dezimalbruch.

Es gilt:

$0{,}678 = \frac{678}{1000}$; 0,678 lässt sich also in der Form $\frac{a}{b}$ mit $a = 678$ ($\in \mathbb{Z}$) und $b = 1000$ ($\in \mathbb{N}^*$) darstellen und ist demnach eine rationale Zahl.

b) $0{,}\overline{25}$ ist ein periodischer Dezimalbruch. Wir versuchen, diesen Dezimalbruch als Bruch in der Form $\frac{a}{b}$ darzustellen. Um die Periode beseitigen zu können, multiplizieren wir $0{,}\overline{25}$ zunächst mit 100 und subtrahieren vom Ergebnis $0{,}\overline{25}$:

$$\begin{array}{rl} 25{,}\overline{25} & (= 0{,}\overline{25} \cdot 100) \\ -\ 0{,}\overline{25} & \\ \hline 25 & \end{array}$$

Wir haben erhalten:

$$\begin{aligned} 100 \cdot 0{,}\overline{25} - 0{,}\overline{25} &= 25, \text{ also} \\ 99 \cdot 0{,}\overline{25} &= 25, \text{ demnach} \\ 0{,}\overline{25} &= \frac{25}{99}. \end{aligned}$$

Damit ist bestätigt, dass 0,25 eine rationale Zahl ist.

c) $9{,}8\overline{135}$ (gelesen: „neun Komma acht Periode eins drei fünf“) ist ein periodischer Dezimalbruch.

Wir beseitigen die Periode, indem wir folgende Differenz bilden (Ziel: die Differenz soll eine natürliche Zahl werden):

$$\underbrace{9{,}8\overline{135} \cdot 10000 - 9{,}8\overline{135} \cdot 10}_{\substack{= 9{,}8\overline{135} \cdot (10000 - 10) \\ = 9{,}8\overline{135} \cdot 9990}} = \underbrace{98135{,}\overline{135} - 98{,}\overline{135}}_{= 98037}$$

Wir erhalten: $9{,}8\overline{135} \cdot 9990 = 98037$, also

$$9{,}8\overline{135} = \frac{98037}{9990}.$$

$9{,}8\overline{135}$ ist demnach eine rationale Zahl.

(Die Darstellung als Bruch hätte man auch so erhalten können:

$$9{,}8\overline{135} = 98{,}\overline{135} \cdot 0{,}1 = \underbrace{98\frac{135}{999}}_{\text{„gemischter“ Bruch}} \cdot 0{,}1 = \frac{98037}{999} \cdot \frac{1}{10} = \frac{98037}{9990}.)$$

Aufgaben zu 1.1

1. Schreiben Sie jeweils die Aufgabenstellung ab und setzen Sie zwischen die Zahlen und die Mengen das richtige Zeichen ein ($\in$ oder $\notin$)!

   a) $3 \quad \mathbb{N}$ b) $-7 \quad \mathbb{N}$ c) $-5 \quad \mathbb{Z}$
   d) $-1 \quad \mathbb{N}^*$ e) $0 \quad \mathbb{N}^*$ f) $4{,}5 \quad \mathbb{Z}$
   g) $\frac{2}{3} \quad \mathbb{Z}$ h) $\frac{1}{8} \quad \mathbb{Q}$ i) $\frac{-100}{3} \quad \mathbb{Q}$
   j) $\frac{7}{-9} \quad \mathbb{Q}$ k) $-\frac{6}{10} \quad \mathbb{Q}$ l) $\frac{-1000}{-7} \quad \mathbb{Q}$
   m) $10{,}3 \quad \mathbb{Z}$ n) $-1000{,}1 \quad \mathbb{Z}$ o) $0{,}\overline{6} \quad \mathbb{Q}$
   p) $13{,}\overline{7} \quad \mathbb{Q}$ q) $3{,}\overline{12} \quad \mathbb{Q}$ r) $2{,}1221222122221\ldots \quad \mathbb{Q}$

2. Beschreiben Sie die folgenden Mengen mit Worten!

   Beispiel: {0; 2; 4; 6; 8; 10; ...} die Menge der geraden Zahlen

   a) {1; 3; 5; 7; 9; ...} b) {2; 3; 5; 7; 11; 13; ...}
   c) {3; 4; 6; 8; 12; 14 ...} d) {–1; –2; –3; –4; ...}
   e) {3; 6; 9; 12; 15; 18; ...} f) {–2; –4; –6; –8; –10; ...}
   g) {7; 14; 21; 28; ...} h) {0; 1; –1; 2; –2; 3; –3; ...}
   i) $\left\{\frac{1}{1}; \frac{1}{2}; \frac{1}{3}; \frac{1}{4}; \frac{1}{5}; \ldots\right\}$ j) $\left\{\frac{3}{1}; \frac{3}{2}; \frac{3}{3}; \frac{3}{4}; \frac{3}{5}; \ldots\right\}$
   k) $\left\{\frac{1}{5}; \frac{2}{5}; \frac{3}{5}; \frac{4}{5}; \frac{5}{5}; \frac{6}{5}; \ldots\right\}$ l) $\left\{-\frac{1}{7}; -\frac{2}{7}; -\frac{3}{7}; -\frac{4}{7}; -\frac{5}{7}; \ldots\right\}$

3. Welche der folgenden Mengen haben endlich viele, welche unendlich viele Elemente?

   a) die Menge aller Menschen, die je gelebt haben
   b) die Menge aller Steine auf der Erde
   c) die Menge aller Sandkörner in der Sahara
   d) die Menge der Atome eines Menschen
   e) die Menge aller Punkte einer Geraden
   f) die Menge aller Punkte, die von einem Punkt den Abstand 3 cm haben
   g) die Menge aller Punkte einer Strecke
   h) die Menge aller Schnittpunkte von 10 (voneinander verschiedenen) Geraden
   i) die Menge aller Geraden im Raum
   j) die Menge aller Geraden in einer Ebene
   k) die Menge aller Geraden in einer Ebene, die durch ein und denselben Punkt gehen
   l) die Menge der Vielfachen von 1000
   m) die Menge der Vielfachen von 1000, die durch 3 teilbar sind
   n) die Menge der Vielfachen von 1000, die durch 101 teilbar sind
   o) die Menge der Vielfachen von 1000, die durch 101 und durch 3 teilbar sind
   p) die Menge aller Teiler von 1 000 000
   q) die Menge der abbrechenden Dezimalbrüche zwischen 0 und 1
   r) die Menge der Dezimalbrüche zwischen 0 und 1 mit höchstens zwei Stellen hinter dem Komma
   s) die Menge der Primzahlen

4. $\mathbb{Z}_+$ sei die Menge der positiven ganzen Zahlen;
   $\mathbb{Z}_-$ sei die Menge der negativen ganzen Zahlen.
   $\mathbb{Q}_+$ und $\mathbb{Q}_-$ seien entsprechend definiert.

   Setzen Sie statt □ eines der Zeichen =, $\subseteq$ oder $\supseteq$ zwischen die jeweiligen Mengen, so dass eine wahre Aussage entsteht! Überprüfen Sie jeweils, ob es mehrere Möglichkeiten gibt!

   a) $\mathbb{N}$ □ $\mathbb{N}^*$ b) $\mathbb{Z}_-$ □ $\mathbb{Q}_-$ c) $\mathbb{Q}_+$ □ $\mathbb{Z}_+$
   d) $\mathbb{Z}_+$ □ $\mathbb{N}^*$ e) $\mathbb{Z}$ □ $\mathbb{N}$ f) $\mathbb{Q}_+$ □ $\mathbb{N}^*$
   g) $\mathbb{Q}_+$ □ $\mathbb{Q}$ h) $\mathbb{N}^*$ □ $\mathbb{Q}$ i) $\mathbb{Q}$ □ $\mathbb{Z}$

5. Geben Sie drei Zahlen an, die nicht rational sind!

6. Geben Sie jeweils drei unendliche Teilmengen der angegebenen Menge an!

   a) {3; 6; 9; 12; ...} b) {7; 14; 21; 28; ...}
   c) {10; 100; 1000; 10 000; ...} d) {2; 4; 8; 16; 32; ...}
   e) {2; 3; 5; 7; 11; ...} f) {4; 6; 10; 12; 16; 18; ...}

7. Geben Sie drei voneinander verschiedene Mengen A, B, C mit jeweils unendlich vielen Elementen so an, dass $A \subseteqq B \subseteqq C \subseteqq \mathbb{Q}$ gilt und außerdem $C \neq \mathbb{Q}$ ist!

8. Geben Sie jeweils die Komplementärmenge von M bezüglich $\mathbb{Q}$ an (vgl. Aufgabe 19 im Anhang I)!

a) $M = \mathbb{Q}_+$ b) $M = \mathbb{Q}_-$ c) $M = \{0\}$ d) $M = \mathbb{Q}_+ \cup \{0\} = \mathbb{Q}_+^0$

9. Rechnen Sie im Kopf:

$5 - 9$; $-3 - 4$; $-12 + 9$; $17 - 35$; $-44 - 18$;
$-90 - (-52)$; $30 - (-59)$; $-110 - (-155)$; $-1001 - (-1025)$; $77 - 130$.

10. Setzen Sie statt □ jeweils eine Zahl so ein, dass eine wahre Aussage entsteht!

a) $6 + \square = 4$ b) $12 + \square = 3$
c) $\square + 1000 = -200$ d) $\square + 529 = 310$
e) $\square - 17 = -37$ f) $-5 - \square = 0$
g) $3 \cdot \square = 5$ h) $11 \cdot \square = 9$
i) $\square \cdot 12 = 17$ j) $\square \cdot 5 = 51$
k) $\square \cdot 3 = -\frac{3}{4}$ l) $(-13) \cdot \square = \frac{2}{3}$

11. Begründen Sie, warum folgende Zahlen rational sind!

a) $\frac{-18}{-19}$ b) $\frac{9}{-17}$ c) $\frac{-12}{-18}$ d) $\frac{-1{,}5}{-30{,}5}$ e) $\frac{12{,}98}{13{,}7}$ f) $\frac{33{,}444}{-17{,}656}$ g) $\frac{0{,}75}{1{,}346}$

12. Stellen Sie jeden der folgenden Brüche als Dezimalbruch dar:

$\frac{1}{8}$; $\frac{1}{3}$; $\frac{1}{6}$; $\frac{1}{9}$; $\frac{4}{3}$; $\frac{1}{5}$; $\frac{8}{5}$; $\frac{1}{11}$; $\frac{3}{13}$; $\frac{7}{2}$; $\frac{11}{4}$; $\frac{11}{12}$; $\frac{16}{17}$

13. Stellen Sie jeden der folgenden Dezimalbrüche in der Form $\frac{a}{b}$ mit $a \in \mathbb{Z}$ und $b \in \mathbb{N}^*$ dar:

$0{,}12$; $1{,}378$; $12{,}13$; $100{,}007$; $3{,}\overline{3}$; $0{,}\overline{14}$; $0{,}000\overline{10}$; $-10{,}\overline{173}$; $0{,}\overline{03}$; $10{,}\overline{6}$; $-101{,}\overline{01}$; $2{,}7\overline{1828}$; $0{,}\overline{9}$; $-1{,}\overline{9}$; $0{,}0\overline{9}$.

14. Bestätigen Sie anhand folgender Beispiele, dass die Summe, die Differenz, das Produkt und der Quotient zweier rationaler Zahlen rational sind (beim Quotienten unter der Voraussetzung, dass der Divisor $\neq 0$ ist).

Beispiel: $\frac{2}{3} + \frac{1}{4} = \frac{8}{12} + \frac{3}{12} = \frac{11}{12}$

Da $\frac{11}{12} \in \mathbb{Q}$ ($11 \in \mathbb{Z}$, $12 \in \mathbb{N}^*$), ist die Summe $\frac{2}{3} + \frac{1}{4}$ rational.

a) $\frac{1}{7} + \frac{3}{5}$ b) $\frac{6}{5} - \frac{7}{12}$ c) $\frac{2}{9} - \frac{5}{7}$ d) $\frac{8}{11} \cdot \frac{7}{9}$
e) $\frac{-13}{5} \cdot \frac{5}{9}$ f) $\frac{9}{5} : \frac{6}{13}$ g) $\frac{2}{-3} : \frac{17}{-7}$

15. Will man die Ziffernfolge der Periode in der Dezimalbruchentwicklung für $\frac{1}{19}$ erhalten, so kann man (schneller als handschriftliches Rechnen!) mit einem 8-stelligen Taschenrechner folgendermaßen vorgehen:

$1 = 0 \cdot 19 + 1$
$1\,000\,000 = 052\,631 \cdot 19 + 11$
$11\,000\,000 = 578\,947 \cdot 19 + 7$
$7\,000\,000 = 368\,421 \cdot 19 + 1$

erforderliche Rechnungen:
$1\,000\,000 : 19 = 52\,631, \ldots$ (Achtung: vor 5 die Ziffer 0 einschieben);
$1\,000\,000 - 52\,631 \cdot 19 = 11$

Ergebnis: $1 : 19 = 0{,}\underline{052\,631\,578\,947\,368\,421}$

Ermitteln Sie in ähnlicher Weise die Ziffernfolge der Periode in der Dezimalbruchentwicklung für

a) $\frac{1}{17}$; b) $\frac{1}{23}$; c) $\frac{1}{29}$; d) $\frac{1}{31}$.

1.2 Variable, Terme

Wir haben bisher bereits Zeichen wie □ oder a, b benutzt. In diese Zeichen konnten wir Elemente (genauer: Namen von Elementen) einer vorgegebenen Menge, z.B. aus $\mathbb{N}$, $\mathbb{Z}$ oder $\mathbb{Q}$, einsetzen. Die Zeichen □, a, b usw. nennt man auch „Leerstellen", „Platzhalter" oder **„Variable"**. Wir verwenden im Folgenden den Begriff „Variable". Variable bezeichnen wir in der Regel mit kleinen lateinischen Buchstaben, z.B. mit x, y, z; wenn es üblich ist, verwenden wir jedoch auch Großbuchstaben, z.B. U für Spannungen, I für Stromstärken usw. Erwähnen wir im Einzelnen nicht, welche Menge vorgegeben sein soll, so ist zunächst immer $\mathbb{Q}$ als sog. **„Grundmenge"** zu nehmen. D.h. wir können für jede auftretende Variable irgendein Element aus $\mathbb{Q}$ einsetzen. Kommt z.B. der „Rechenausdruck" $2 \cdot x + 7$ vor, so können wir für x irgendeine rationale Zahl einsetzen. Für die folgenden rationalen Zahlen erhalten wir:

x	$2 \cdot x + 7$
1	$2 \cdot 1 + 7 = 9$
-3	$2 \cdot (-3) + 7 = 1$
0	$2 \cdot 0 + 7 = 7$
$\frac{1}{2}$	$2 \cdot \frac{1}{2} + 7 = 8$
1,7	$2 \cdot 1{,}7 + 7 = 3{,}4 + 7 = 10{,}4$
1000	$2 \cdot 1000 + 7 = 2007$

$2 \cdot x + 7$ nennt man auch einen **„Term"**. Den Aufbau dieses Terms können wir uns, ausgehend von der Variablen x, mit Hilfe eines Pfeilbildes veranschaulichen:

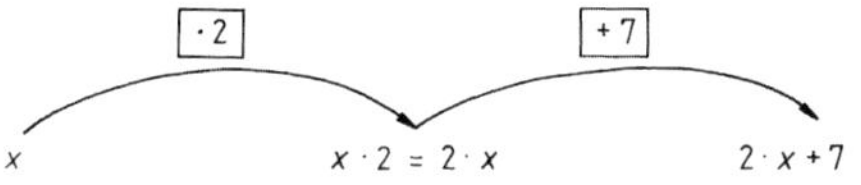

Abb. 1.2

Die Variable x wird also zunächst mit 2 multipliziert (Punktrechnung vor Strichrechnung!), und zu dem Produkt wird 7 addiert. Allgemein versteht man unter „Termen" Zahlzeichen, Zahlenvariable und sinnvolle Aneinanderreihungen von Zahlen, Variablen und Rechensymbolen.

Im Folgenden ist zusammengestellt, was wir alles unter dem **Begriff „Term"** erfassen wollen:

1. Alle Zahlzeichen (Namen für Zahlen aus $\mathbb{Q}$ oder aus anderen Zahlenmengen, die wir noch kennen lernen werden) sind Terme.

Beispiele: 7; 0; -9; 1000; 3,7; $-3{,}14$; $\frac{2}{3}$

2. Alle Variablen sind Terme.

Beispiele: x; y; a; b; U; I

3. Sind T_1 und T_2 Terme, so sind auch $T_1 + T_2$, $T_1 - T_2$, $T_1 \cdot T_2$ und $T_1 : T_2$ Terme.

Beispiele: $x + 3$; $x \quad y$; $7 \quad y$; $5 . x$, $\frac{4 \cdot x}{1{,}7 \cdot y}$; $\frac{11 + x}{y - 3}$

4. Werden in die Variablen eines Terms Terme eingesetzt, so entsteht wiederum ein Term.

Beispiel: Setzen wir in den Term $x + 7 \cdot y$ für x den Term $3 \cdot z - 5$ und für y den Term $\frac{2}{3}$ ein, so erhalten wir den Term $3 \cdot z - 5 + 7 \cdot \frac{2}{a}$ oder $3 \cdot z - 5 + \frac{14}{a}$.

Gegenbeispiele (**keine** Terme):

$a + \cdot 3$ (die Zeichen + und · dürfen in dieser Reihenfolge nicht aufeinander folgen);

$3 + -7$ (aus dieser Zeichenfolge wird erst ein Term, wenn wir zusätzlich um -7 Klammern setzen: $3 + (-7) = -4$; $3 + (-7)$ ist also nur ein anderer Name für den Term oder die Zahl -4).

Nach der obigen Erklärung ist $\frac{a}{0}$ ein Term. Wir wissen jedoch, dass die Division durch 0 nicht gestattet ist. Warum nicht?

Nehmen wir an, $\frac{a}{0}$ wäre gleich b. Dann müsste $a = 0 \cdot b$, also $a = 0$ sein. Für $a \neq 0$ ist also $\frac{a}{0}$ nicht definiert.
Wir müssen noch den Fall $\frac{0}{0}$ untersuchen: Die Setzungen $\frac{0}{0} = 1$ und auch $\frac{0}{0} = 2$ widersprechen nicht der Tatsache, dass die Division die Umkehroperation zur Multiplikation ist. Da wir jedoch nun $\frac{0}{0}$ gleich einer jeden (rationalen) Zahl setzen können, ist das Ergebnis der Division $0 : 0$ nicht mehr eindeutig bestimmt. Die Eindeutigkeit des Verknüpfungsergebnisses wird jedoch für jede Grundrechenart gefordert.

Mit Variablen lassen sich Mengen in beschreibender Form kürzer schreiben. (Das Zeichen < setzen wir als bekannt voraus.)

Beispiele

a) Die Menge der natürlichen Zahlen bis einschließlich 100 können wir kurz so schreiben:

$\{x \in \mathbb{N} \mid x < 101\}$ (gelesen: „Menge aller x aus $\mathbb{N}$, für die gilt: x kleiner als 101")

oder

$\{x \mid x < 101\}_{\mathbb{N}}$ (hierbei schreibt man das Zeichen für die Grundmenge als Index rechts unten neben die letzte Klammer).

Bei der Verwendung des Zeichens $\leqq$ (gelesen: „kleiner oder gleich", kurz: „kleiner gleich") können wir diese Menge auch so schreiben:

$\{x \in \mathbb{N} \mid x \leqq 100\}$ oder $\{x \mid x \leqq 100\}_{\mathbb{N}}$

$x \leqq 100$ bedeutet dabei: x ist entweder (echt) kleiner als 100 oder gleich 100.
Noch kürzer kann man die Menge so schreiben: $\mathbb{N}^{\leqq 100}$

b) Die Menge der ganzen Zahlen zwischen -50 und 1000 (einschließlich dieser Zahlen):

$\{x \mid -50 \leqq x \leqq 1000\}_{\mathbb{Z}}$

c) Die Menge der positiven rationalen Zahlen bis einschließlich 2,4:

$\{x \mid 0 < x \leqq 2{,}4\}_{\mathbb{Q}} = \{x \mid x \leqq 2{,}4\}_{\mathbb{Q}_+}$

Nun können wir auch (im Abschnitt I des Anhangs angegebene) Definitionen für Begriffe aus der Mengenlehre kürzer fassen.

$M \cup N = \{x \mid x \in M \text{ oder } x \in N\}$

$M \cap N = \{x \mid x \in M \text{ und } x \in N\}$

$M \setminus N = \{x \mid x \in M \text{ und } x \notin N\}$

Um die hier angegebenen „Mengenverknüpfungen" ausschließlich mit Symbolen (ohne Worte) schreiben zu können, fehlen noch Zeichen für die Worte **„oder"** und **„und"**. Dazu verwenden wir die logischen Symbole $\vee$ für **„oder"** und $\wedge$ für **„und"**. Wir können also jetzt schreiben:

Merksatz

$M \cup N = \{x \mid x \in M \vee x \in N\}$

$M \cap N = \{x \mid x \in M \wedge x \in N\}$

$M \setminus N = \{x \mid x \in M \wedge x \notin N\}$

Beide Zeichen $\cup$ und $\vee$ sind nach oben geöffnet.

Beide Zeichen $\cap$ und $\wedge$ sind nach unten geöffnet.

Im Abschnitt II des Anhangs beschäftigen wir uns ausführlicher mit den Zeichen $\wedge$ und $\vee$.

Aufgaben zu 1.2

1. Übertragen Sie die folgende Tabelle (ohne Fragezeichen) in Ihr Heft und füllen Sie sie aus!

x	$2{,}5 - 3 \cdot x$	$6 \cdot x - 2{,}3$	$-4 - 5 \cdot x$
0	___ ? ___	___ ? ___	___ ? ___
1	___ ? ___	___ ? ___	___ ? ___
2	___ ? ___	___ ? ___	___ ? ___
3	___ ? ___	___ ? ___	___ ? ___
−1	___ ? ___	___ ? ___	___ ? ___
−2	___ ? ___	___ ? ___	___ ? ___
−3	___ ? ___	___ ? ___	___ ? ___
0,5	___ ? ___	___ ? ___	___ ? ___
1,5	___ ? ___	___ ? ___	___ ? ___

2. Berechnen Sie für $a = -1$, $b = 1$, $c = 2$, $d = 3$:

a) $a + b + c - d$ b) $a + c - 5 \cdot b$ c) $4 \cdot a + 3 \cdot b - c$ d) $a \cdot b + c \cdot d - a \cdot d$

e) $\frac{2}{3} \cdot (a + b) - \frac{4}{5} \cdot (c - d)$ f) $3 \cdot a + 7 \cdot (b - c) - 8 \cdot (d - a)$ g) $a \cdot b \cdot c - c \cdot d$

3. Veranschaulichen Sie jeweils den Aufbau des Terms durch ein Pfeilbild!

a) $3 \cdot x - 5$ b) $\frac{x}{2} + 1{,}5$ c) $\frac{4 \cdot x - 5}{3{,}5}$ d) $(1{,}7 \cdot x + 3) \cdot 5$

4. Entscheiden Sie, ob es sich im Folgenden um Terme oder nicht um Terme handelt:

a) 17 b) 0 c) $-1000{,}1$ d) a e) x f) $7 \cdot x$

g) $3 \cdot 7 \cdot x$ h) $3 + \cdot 4$ i) $(-3) + 4 \cdot - 44 + : 2$ j) $\frac{16}{0}$ k) $\frac{0}{a}$ l) $\frac{0}{0}$

m) $\frac{28}{x - 4}$ n) $\frac{100 \cdot : 5}{x - y}$ o) $\frac{\frac{3}{16} - \frac{5}{9}}{23 - x}$ p) $: 9 + x$ q) $\cdot 5 - x \cdot y$ r) $-z - : 52$

5. Ersetzen Sie a durch $3 \cdot x + y$ und b durch $y - 2 \cdot z$ und berechnen Sie:

a) $a + b$ b) $a - b$ c) $2 \cdot a + 3 \cdot b$ d) $-5 \cdot a + \frac{1}{2} \cdot b$

e) $x - a$ f) $y - b$ g) $22 \cdot x + 3 \cdot a + 4 \cdot b + 2 \cdot y + z$

6. Setzen Sie in die folgenden Terme für x den Term $5 \cdot a - 4$ und für y den Term $-3 \cdot b + 8$ ein und vereinfachen Sie die neu entstehenden Terme!

a) $x + 3 \cdot y$ b) $5 \cdot x - 7 \cdot y$ c) $\frac{x}{y - 8}$ d) $\frac{3 \cdot x + 0{,}5}{4 \cdot y - 9}$ e) $\frac{x + 3 \cdot y}{5 \cdot x - 7 \cdot y}$ f) $\frac{1000 \cdot x - 2000}{-50 \cdot x + 100 \cdot y}$

7. Beschreiben Sie die folgenden Mengen (mit mathematischen Symbolen) so kurz wie möglich:

Beispiel: die Menge aller natürlichen Zahlen, die größer als 70 sind:
$\{x \mid x > 70\}_{\mathbb{N}}$ oder $\mathbb{N}^{>70}$

a) die Menge aller natürlichen Zahlen kleiner als 100
b) die Menge aller ganzen Zahlen größer als −7
c) die Menge aller positiven ganzen Zahlen kleiner oder gleich 150
d) die Menge aller natürlichen Zahlen zwischen 70,5 und 170,5
e) die Menge aller ganzen Zahlen zwischen −10 und 8
f) die Menge aller rationalen Zahlen zwischen 1 und 3, die keine natürlichen Zahlen sind
g) die Menge aller nicht negativen rationalen Zahlen
h) die Menge aller nicht positiven rationalen Zahlen
i) die Menge aller Primzahlen, die gerade sind
j) die Menge aller Primzahlen, die nicht gerade sind

8. Geben Sie folgende Mengen in aufzählender Form an:

a) $\{x \in \mathbb{N} \mid x > 20 \wedge x \leqq 31\}$
b) $\{x \in \mathbb{Z} \mid -3 < x \leqq 4\}$
c) $\{x \in \mathbb{N}^* \mid x < 100 \wedge x \text{ ist Quadratzahl}\}$
d) $\{x \in \mathbb{N}^* \mid x < 50 \wedge x \text{ ist Vielfaches von } 6\}$
e) $\{x \mid x > 5 \wedge x \text{ ist Teiler von } 81\}$
f) $\{x \mid x < 70 \wedge x \text{ ist Vielfaches von } 7 \wedge x \text{ ist Vielfaches von } 2\}$
g) $\{x \mid x < 0 \wedge x > 0\}_{\mathbb{Q}}$
h) $\{x \mid x \leqq 0 \wedge x > -2\}_{\mathbb{Z}}$
i) $\{x \mid -5 < x \leqq 0\}_{\mathbb{Z}}$
j) $\{x \mid x < 7 \wedge x \geqq 6\}_{\mathbb{Z}}$

9. Bestimmen Sie:

a) $\{x \mid x > 7\}_{\mathbb{N}} \cup \{x \mid x \geqq 4\}_{\mathbb{N}}$
b) $\{x \mid x < 100\}_{\mathbb{N}^*} \cup \{x \mid x \leqq 70\}_{\mathbb{N}^*}$
c) $\{x \mid x < 0\}_{\mathbb{Z}} \cup \{x \mid x > 0\}_{\mathbb{Z}}$
d) $\{x \mid x < 1\}_{\mathbb{Q}} \cup \{x \mid x \geqq -1\}_{\mathbb{Q}}$
e) $\{x \mid x < -2\}_{\mathbb{Q}} \cup \{x \mid x \leqq -1\}_{\mathbb{Q}}$
f) $\{x \mid x > 0\}_{\mathbb{Q}} \cup \{x \mid x \geqq -7{,}5\}_{\mathbb{Q}}$
g) $\{x \mid x < 0\}_{\mathbb{Q}} \cap \{x \mid x \leqq 2\}_{\mathbb{Q}}$
h) $\{x \mid x < -2\}_{\mathbb{Q}} \cap \{x \mid x \geqq -3\}_{\mathbb{Q}}$
i) $\{x \mid x < 1\}_{\mathbb{Q}} \cap \{x \mid x \geqq -2\}_{\mathbb{Q}}$
j) $\{x \mid x < 0\}_{\mathbb{Z}} \cap \{x \mid x \geqq 0\}_{\mathbb{Z}}$
k) $\{x \mid x < 100\}_{\mathbb{N}} \cap \{x \mid x \geqq 70\}_{\mathbb{N}}$
l) $\{x \mid x > 8\}_{\mathbb{N}} \cap \{x \mid x \geqq 5\}_{\mathbb{N}}$

10. Bestimmen Sie $\overline{M}$ (das Komplement von M) bezüglich $\mathbb{Q}$ (vgl. Aufgabe 19 im Abschnitt I des Anhangs)!

a) $M = \{x \mid x > 0\}_{\mathbb{Q}}$
b) $M = \{x \mid x \leqq -1\}_{\mathbb{Q}}$
c) $M = \{x \mid x > 7 \wedge x < 10\}_{\mathbb{Q}}$
d) $M = \{x \mid x < -1 \wedge x > 2\}_{\mathbb{Q}}$
e) $M = \{x \mid x > 6 \vee x < -6\}_{\mathbb{Q}}$
f) $M = \{x \mid x \leqq 7 \vee x \geqq 9\}_{\mathbb{Q}}$
g) $M = \{x \mid x \neq 5 \wedge x \geqq 5\}_{\mathbb{Q}}$
h) $M = \{x \mid x < 0 \vee x \geqq 2\}_{\mathbb{Q}}$

11. Addiert man zu einer Zahl das Vierfache dieser Zahl, so erhält man das Fünffache der Zahl. Beschreiben Sie das möglichst kurz!

12. Bei einem Fußballspiel kosten Karten für Erwachsene 10 €, für Kinder 5 €. Wie viel € betragen die Einnahmen, wenn x Erwachsene und y Kinder zuschauen?

13. Die folgende Mauer wollen wir eine **Termmauer** nennen:

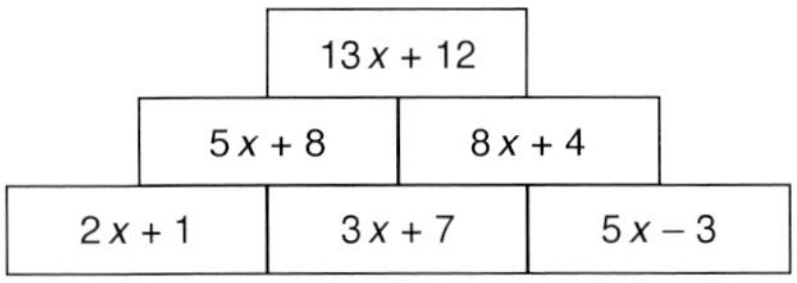

a) Was fällt Ihnen auf?

b) Übertragen Sie die nächste Termmauer in Ihr Heft und vervollständigen Sie sie!

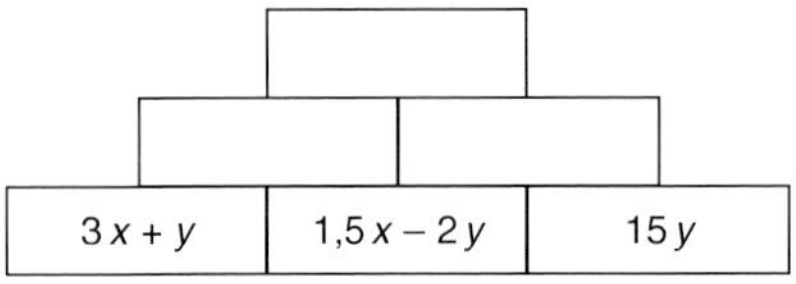

c) Übertragen Sie die Termmauer in Ihr Heft und beschriften Sie die unbeschrifteten Steine! Wie viele Lösungen gibt es?

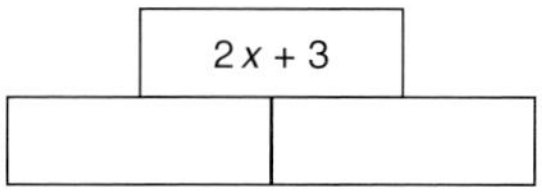

d) Vervollständigen Sie:

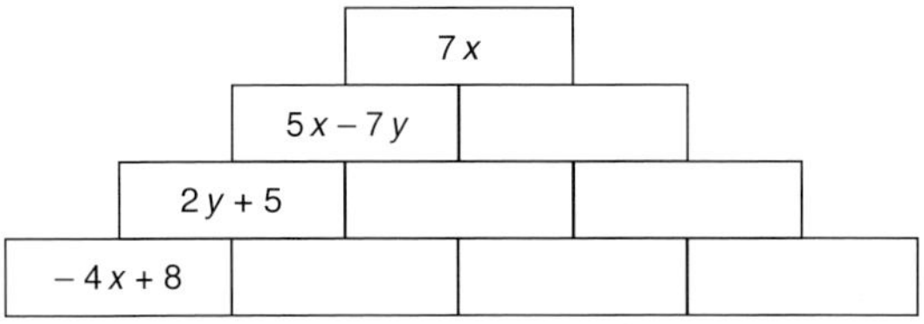

e) Stellen Sie selbst eine Termmauer mit sechs Steinen her, die möglichst wenige beschriftete Steine hat, bei der aber die Terme auf den unbeschrifteten Steinen eindeutig bestimmt sind!

1.3 Die Zahlengerade

Sie wissen sicherlich schon, dass man sich die ganzen Zahlen – auf einer Geraden angeordnet – in der folgenden Weise veranschaulichen kann:

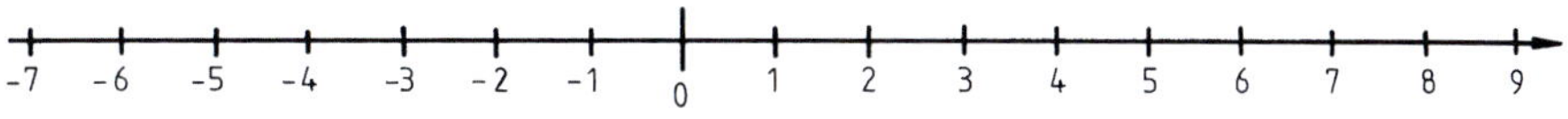

Abb. 1.3

Wie in Abb. 1.3 ist jeder ganzen Zahl auf einer Zahlengeraden genau ein Punkt zugeordnet, sobald der sog. „Nullpunkt" (der Punkt, der die Zahl 0 darstellt) und der Abstand zwischen zwei (benachbarte ganze Zahlen darstellenden) Punkten festgelegt sind. Statt vom Abstand zwischen den Punkten spricht man auch vom Abstand zwischen den Zahlen (bei dieser Sprechweise identifiziert man dann Punkte und Zahlen). In Abb. 1.3 ist der Abstand zwischen zwei benachbarten Zahlen 7 mm; dieser Abstand könnte natürlich auch anders gewählt werden.

Auf einer Zahlengeraden liegen die Zahlen von links nach rechts der Größe nach geordnet. Liegt eine Zahl links von einer anderen, so ist sie kleiner als diese. Z. B. ist -4 kleiner als -1, kurz $-4 < -1$. Statt dessen können wir auch schreiben: $-1 > -4$.

Weitere Beispiele: $-6 < 0$; $-2 < 1$; $5 > -5$; $-3 < -2$.

Wo liegen auf der Zahlengeraden diejenigen rationalen Zahlen, die keine ganzen Zahlen sind? In Abb. 1.4 sind einige solche Zahlen eingezeichnet, der Abstand zwischen zwei benachbarten ganzen Zahlen ist dort 2,8 cm.

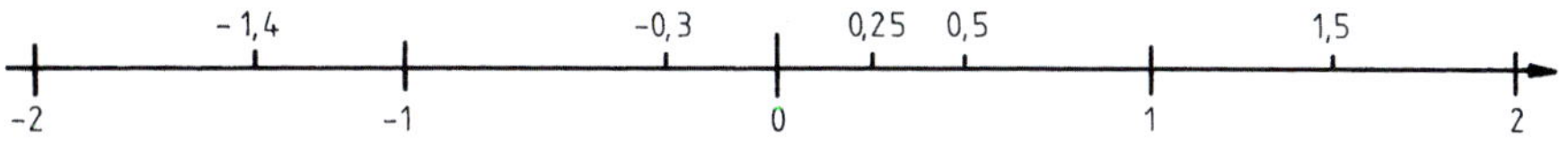

Abb. 1.4

Jeder rationalen Zahl ist ein Punkt auf der Zahlengeraden zugeordnet. Das Einzeichnen der zu speziellen Zahlen gehörigen Punkte war bei den Beispielen in Abb. 1.4 noch ziemlich einfach. Dies ist jedoch nicht immer so. Zum einen kann man zu manchen Zahlen gar keine zugehörigen Punkte auf der (gezeichneten) Zahlengeraden eintragen. Z. B. ist es in Abb. 1.4 nicht möglich, die zu 3,5 und -70 gehörigen Punkte anzugeben. Dies liegt darin begründet, dass wir nicht in der Lage sind, eine vollständige Zahlengerade zu zeichnen. Wir können immer nur einen Teil (eine Strecke) aufzeichnen. Zum anderen setzt die Zeichengenauigkeit Grenzen. Wir können z. B. in Abb. 1.4 die zu den Zahlen 0,25 und 0,2501 gehörigen Punkte zeichnerisch nicht unterscheiden. Diese beiden Punkte liegen zu „dicht" beieinander.

Wie „dicht" liegen die rationalen Zahlen auf der Zahlengeraden?

Wir wollen diese Frage zunächst an einem **Beispiel** diskutieren: In der Mitte zwischen 0 und 1 liegt die rationale Zahl 0,5; in der Mitte zwischen 0 und 0,5 liegt die rationale Zahl 0,25. Setzen wir dieses Vorgehen entsprechend weiter fort, so kommen wir zu den rationalen Zahlen 0,125; 0,0625; 0,03125 usw. Der Prozess des Halbierens lässt sich immer weiter fortsetzen. Jedesmal kommt man zu einer neuen rationalen Zahl. Zwischen 0 und der so zuletzt gefundenen rationalen Zahl liegt immer noch eine weitere rationale Zahl.

Definition

Eine geordnete Zahlenmenge M heißt **„dicht"** genau dann, wenn zwischen je zwei Elementen aus M immer noch ein weiteres Element aus M liegt.

Satz

Die Menge $\mathbb{Q}$ ist dicht.

Beweis: a und b seien beliebige voneinander verschiedene Elemente aus $\mathbb{Q}$, also zwei rationale Zahlen. Wir können annehmen, dass $a < b$ gilt. (Sollte dies nicht der Fall sein, so brauchen wir a und b nur zu vertauschen.) Es ist zu zeigen, dass zwischen a und b noch ein weiteres Element aus $\mathbb{Q}$ liegt.

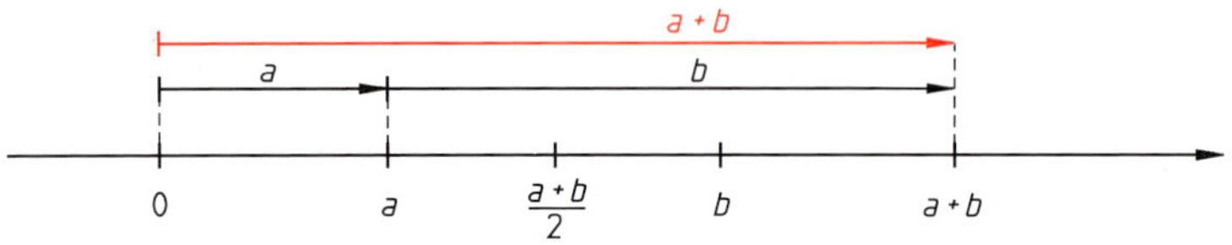

Abb. 1.5

Wir bilden das sog. **„arithmetische Mittel"** aus a und b, das ist die Hälfte der Summe von a und b, also $\frac{a+b}{2}$.

Wir müssen nun zwei Dinge beweisen:

(**I**) $\frac{a+b}{2}$ liegt zwischen a und b, also $a < \frac{a+b}{2} < b$.

(**II**) $\frac{a+b}{2}$ ist eine rationale Zahl.

Zu (**I**): Wegen $a < b$ gilt: $a = \frac{a}{2} + \frac{a}{2} < \underbrace{\frac{a}{2} + \frac{b}{2}}_{= \frac{a+b}{2}} < \frac{b}{2} + \frac{b}{2} = b$,

also $a < \frac{a+b}{2} < b$.

Zu (**II**): Da a und b rationale Zalen sind, lassen sie sich in der folgenden Weise darstellen:

$$a = \frac{a_1}{a_2}; \quad b = \frac{b_1}{b_2} \quad \text{mit} \quad a_1, b_1 \in \mathbb{Z} \quad \text{und} \quad a_2, b_2 \in \mathbb{N}^*.$$

Wir bilden $a + b$; es gilt:

$$a + b = \frac{a_1}{a_2} + \frac{b_1}{b_2} = \frac{a_1 \cdot b_2 + b_1 \cdot a_2}{a_2 \cdot b_2},$$

$$\text{also} \quad \frac{a+b}{2} = \frac{a_1 \cdot b_2 + b_1 \cdot a_2}{a_2 \cdot b_2} : 2 = \frac{a_1 \cdot b_2 + b_1 \cdot a_2}{a_2 \cdot b_2} \cdot \frac{1}{2} = \underline{\frac{a_1 \cdot b_2 + b_1 \cdot a_2}{2 \cdot a_2 \cdot b_2}}$$

Der Nenner $2 \cdot a_2 \cdot b_2$ des neuen Bruchs ist aus $\mathbb{N}^*$, da 2, a_2 und b_2 aus $\mathbb{N}^*$ sind und das Produkt natürlicher Zahlen ($\neq 0$) wieder eine natürliche Zahl ($\neq 0$) ist.

Der Zähler $a_1 \cdot b_2 + b_1 \cdot a_2$ des neuen Bruchs ist aus $\mathbb{Z}$, da $a_1 \cdot b_2$ und $b_1 \cdot a_2$ als Produkte ganzer Zahlen wieder ganze Zahlen sind und die Summe zweier Zahlen aus $\mathbb{Z}$ wieder aus $\mathbb{Z}$ ist. $\frac{a+b}{2}$ lässt sich also als Bruch darstellen, bei dem der Zähler aus $\mathbb{Z}$ und der Nenner aus $\mathbb{N}^*$ ist. $\frac{a+b}{2}$ ist also aus $\mathbb{Q}$.

Damit ist der Beweis des Satzes vollständig durchgeführt.

In Abb. 1.5 haben wir für den Fall $0 < a < b$ auch $a + b$ auf der Zahlengeraden eingezeichnet. Wie können wir die Addition und Subtraktion rationaler Zahlen an der Zahlengeraden veranschaulichen?

Beispiele

a) $3 + 2 = 5$

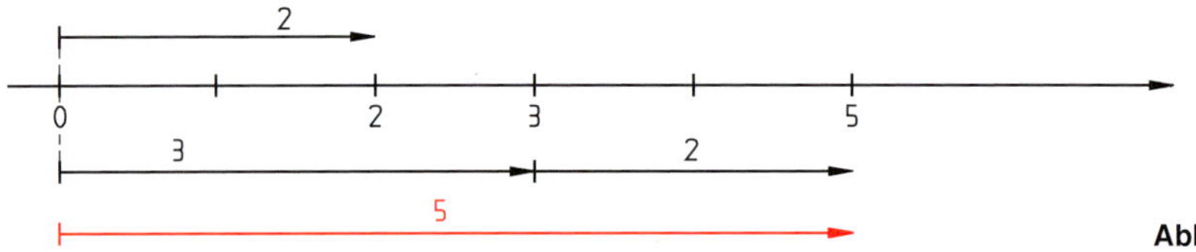

Abb. 1.6

Wir stellen die Zahlen 3 und 2 durch Pfeile dar. Bei der Summe beider Zahlen müssen wir den Anfang des Pfeils der Zahl 2 an die Spitze des Pfeils der Zahl 3 setzen. Der Pfeil von 0 an die Spitze des zweiten Pfeils stellt die Summe 5 dar.

b) $3 + (-2) = 1$

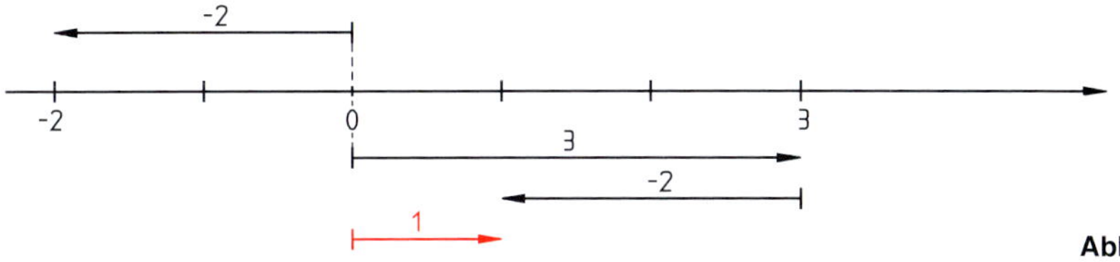

Abb. 1.7

c) Statt zwei Zahlen zu subtrahieren, kann man auch die Gegenzahl der zweiten Zahl zur ersten Zahl addieren.

$3 - 4 = 3 + (-4) = -1$

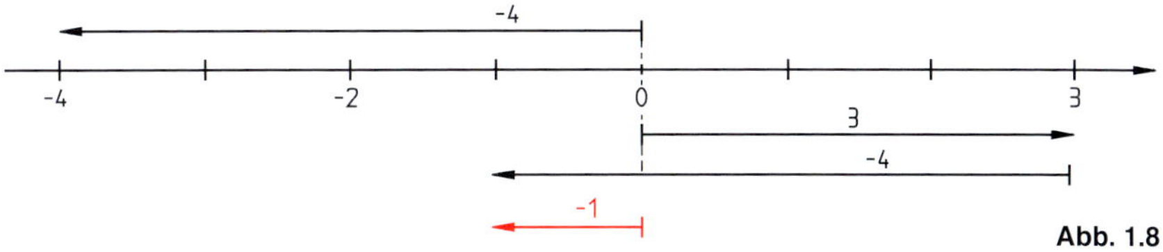

Abb. 1.8

d) $(-2) - (-5) = (-2) + 5 = 3$ (5 ist die Gegenzahl zu -5.)

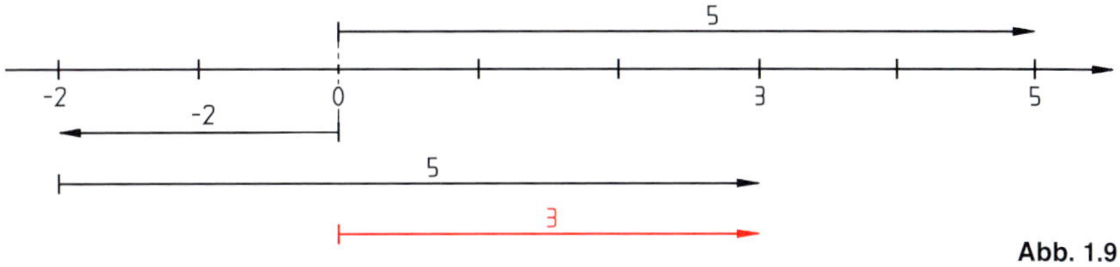

Abb. 1.9

Weitere Beispiele ohne Veranschaulichung:

$-9{,}5 + 7 = -2{,}5$; $-6{,}25 + (-3{,}5) = -6{,}25 - 3{,}5 = -9{,}75$;

$7{,}3 - 9{,}7 = -2{,}4$; $-12{,}8 - (-17) = -12{,}8 + 17 = 4{,}2$

Weiterhin gilt:

1. $a > 0 \Leftrightarrow -a < 0$ (gelesen: **„... äquivalent zu ...“**). Diese Schreibweise ist eine Abkürzung für

$(a > 0 \Rightarrow -a < 0) \wedge (-a < 0 \Rightarrow a > 0)$. (... $\Rightarrow$ ... gelesen: **„aus ... folgt ...“**)

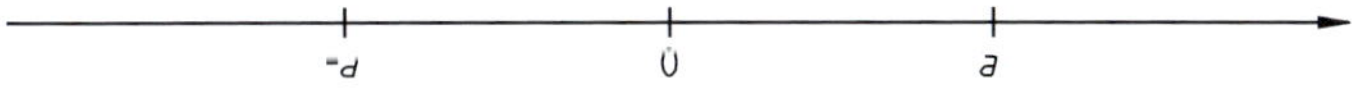

Abb. 1.10

2. $a < 0 \Leftrightarrow -a > 0$

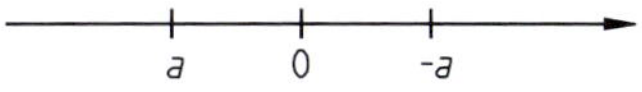

Abb. 1.11

Vorsicht: $-a$ muss nicht negativ sein!

3. $a > b \Leftrightarrow -a < -b$

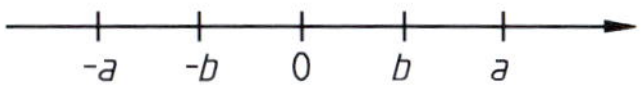

Abb. 1.12

Hinweise zum Gebrauch der Zeichen „$\Rightarrow$“ und „$\Leftrightarrow$“:

Das Zeichen „$\Rightarrow$“ im Beispiel $a > 0 \Rightarrow -a < 0$ bedeutet Folgendes: Bei Ersetzung der Variablen a durch irgendein Element der jeweiligen Grundmenge (hier $\mathbb{Q}$) wird aus

$a > 0 \rightarrow -a < 0$

immer eine wahre Aussage.

Entsprechend bedeutet das Zeichen „$\Leftrightarrow$“ im Beispiel $a > 0 \Leftrightarrow -a < 0$ Folgendes: Bei Ersetzung der Variablen a durch irgendein Element aus $\mathbb{Q}$ wird aus

$a > 0 \leftrightarrow -a < 0$

immer eine wahre Aussage.

Aufgaben zu 1.3

1. Setzen Sie statt □ eines der Zeichen < oder >, so dass jeweils eine wahre Aussage entsteht!

   $2 \square 7$; $-2 \square -7$; $0 \square 10$; $0 \square -1$; $-5 \square 4$; $-100 \square -1000$; $13 \square -7$; $-6 \square 0$; $-7 \square -8$;
   $1{,}7 \square 1{,}3$; $-2{,}8 \square -2{,}5$; $0{,}13 \square 0{,}12$; $1{,}235 \square 1{,}231$; $\frac{4}{5} \square \frac{3}{5}$; $-\frac{9}{7} \square -\frac{4}{7}$; $-\frac{2}{5} \square \frac{1}{7}$; $-\frac{9}{8} \square -\frac{4}{3}$.

2. Überprüfen Sie, ob folgende Aussagen wahr sind!

   Beispiel: $-1 > 3$ (f)

   $-1 < 5$; $-1 < -5$; $2 > 1{,}5$; $-2 > -1$; $14 > -8$; $-100 > -10\,000$; $17{,}18 < 17{,}2$; $-12{,}99 < -13$;
   $21{,}77 > 21{,}88$; $-100{,}12 > -100{,}11$; $0 < -0{,}007$.

3. Ersetzen Sie □ durch eine rationale Zahl, so dass jeweils eine wahre Aussage entsteht!

   $3 < \square$; $-5 > \square$; $\square < -1$; $\square > 7{,}5$; $\square < -10{,}4$; $-100{,}1 > \square$; $13 > \square$; $0 > \square$; $\square < 0{,}017$;
   $-0{,}0014 > \square$; $3{,}14 < \square$; $-0{,}785 < \square$.

4. Zeichnen Sie eine Zahlengerade und markieren Sie auf ihr die folgenden Zahlen:

   1,5; 5,3; 6,4; – 0,7; – 2,8; – 1,75.

   (Wählen Sie den Nullpunkt und den Abstand zwischen zwei aufeinander folgenden ganzen Zahlen so, dass Sie alle angegebenen Zahlen markieren können!)

5. 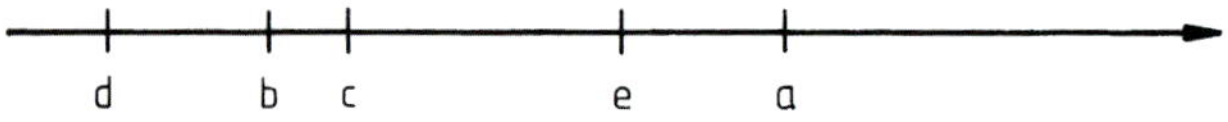

   Abb. 1.13

   Setzen Sie statt des Kommas jeweils eines der Zeichen < oder >, so dass eine wahre Aussage entsteht!

   a) *a*, *d* b) *d*, *e* c) *b*, *c* d) *c*, *d* e) *e*, *a* f) *a*, *b*

6. Wie viele Zahlen a) aus $\mathbb{N}^*$, b) aus $\mathbb{Z}$, c) aus $\mathbb{Q}$ liegen jeweils zwischen –3,5 und 3,5?

7. Lesen Sie an den folgenden Skalen von Messgefäßen jeweils ab, wie viel Flüssigkeit in cm^3 in dem Gefäß vorhanden ist (Markierungen durch Pfeile)!

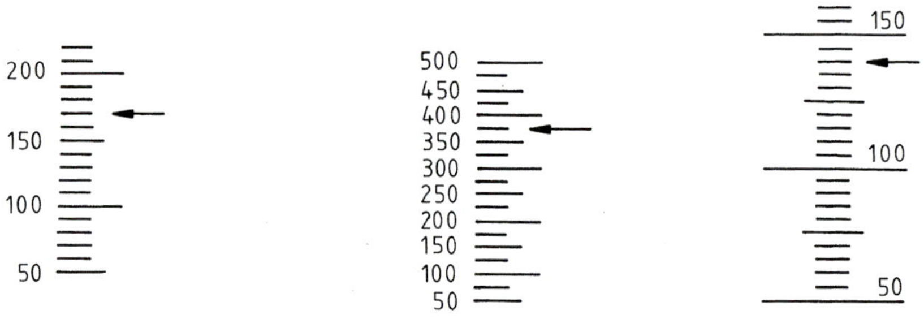

a) b) c) **Abb. 1.14**

8. Lesen Sie die Messwerte in Volt ab!

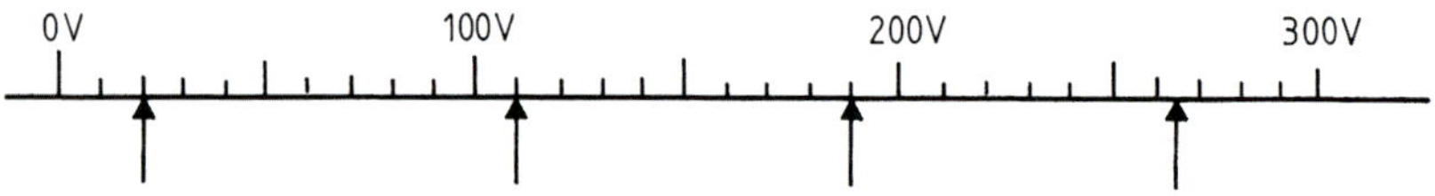

a) b) c) d) **Abb. 1.15**

9. Lesen Sie die Messwerte in Ampere ab!

a) b) c) d) e) **Abb. 1.16**

10. Lesen Sie an der jeweiligen Skala die durch den Pfeil gekennzeichnete Zahl ab!

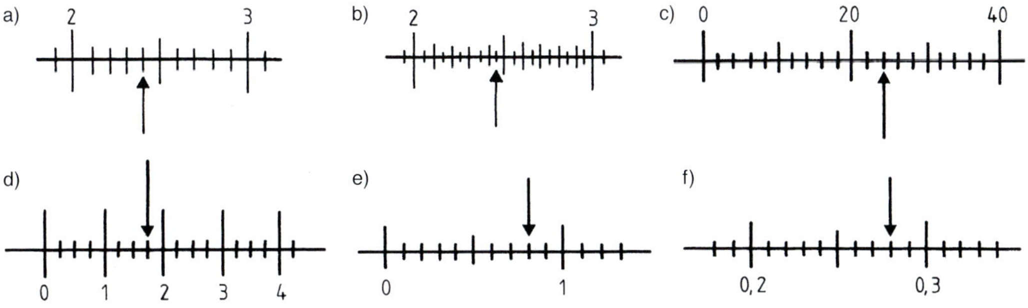

Abb. 1.17

11. Verdeutlichen Sie folgende Gleichungen mit Hilfe von Pfeilen an der Zahlengeraden!

a) $4 + 3 = 7$ b) $8 - 4 = 4$ c) $3 + (-7) = -4$ d) $(-5) + (-3) = -8$
e) $(-5) - (-3) = -2$ f) $2 - (-4) = 6$ g) $(-2{,}5) - (-4{,}6) = 2{,}1$

12. Führen Sie die folgenden Rechnungen mit Hilfe von Pfeilen an der Zahlengeraden durch!

a) $3 + 4$ b) $2 + (-3)$ c) $2 - 5$ d) $(-3) - (-7)$ e) $(-2) + 5$
f) $(-3) + (-6)$ g) $(-6) - 2$ h) $4 - (-1{,}5)$ i) $(-2) + (-1{,}8)$ j) $3 - (-7{,}5)$

13. Berechnen Sie, ohne die Zahlengerade zu Hilfe zu nehmen:

a) $12{,}9 - 13{,}7$ b) $120{,}12 - 340{,}79$ c) $(-23{,}5) - 17{,}9$
d) $(-12{,}75) - (-18{,}25)$ e) $(-12{,}17) - 28{,}77$ f) $103{,}4 + 27{,}5$

14. Nennen Sie jeweils drei rationale Zahlen, die zwischen

a) 0,01 und 0,1, b) 0,23 und 0,24, c) – 2,5 und – 2,4 liegen!

15. a) Nennen Sie drei Teilmengen von $\mathbb{Q}$, die alle nicht dicht sind!
b) Nennen Sie drei Teilmengen von $\mathbb{Q}$, die alle dicht sind!

16. Wiederholen Sie den Beweis zu dem Satz „Die Menge $\mathbb{Q}$ ist dicht“!
Überprüfen Sie dabei die Beweisargumentation an folgendem Beispiel: $a = 2$ und $b = 4$.

17. Begründen Sie jeweils mit Hilfe eines Beispiels, warum der Folgerungspfeil „$\Rightarrow$“ nicht berechtigt ist (Grundmenge jeweils $\mathbb{Q}$)!

Beispiel: $x > 3 \Rightarrow x \geqq 4$
Begründung: $x > 3 \rightarrow x \geqq 4$ ist falsch für z. B. $x = 3{,}5$.

a) $x = 1 \Rightarrow x = 2$ b) $x < 2 \Rightarrow x \leqq 1$ c) $x \geqq -3 \Rightarrow x > -3$
d) $x \leqq 0 \Rightarrow x = 0$ e) $x \cdot x = 9 \Rightarrow x = 3$ f) $0 \cdot x = 0 \Rightarrow x = 0$
g) $0 \cdot 3 = 0 \Rightarrow x = 3$ h) $x \cdot x \geqq 0 \rightarrow 0 = 1$

18. In welchen Fällen ist der Folgerungspfeil „$\Rightarrow$“ berechtigt, in welchen nicht?

a) $x = 3 \Rightarrow x \geqq 2$ b) $x \leqq -7 \Rightarrow x = -7$ c) $x > -4 \Rightarrow x \geqq -5$
d) $x = 2 \Rightarrow x \leqq 2$ e) $x = -3 \Rightarrow x \cdot x = 9$ f) $x = 0 \Rightarrow 7 \cdot x = x$
g) $x < 0 \Rightarrow x \cdot x \geqq 0$ h) $x > 0 \Rightarrow x - x = 0$ i) $3 = 7 \Rightarrow x \cdot x < 0$
j) $x \cdot x > 0 \Rightarrow x > 0$ k) $6 = 6 \Rightarrow x \cdot x \geqq 0$ l) $1 \neq 2 \Rightarrow 2 \cdot x > 0$

19. Begründen Sie jeweils mit Hilfe eines Beispiels, warum der Äquivalenzpfeil (der **„Äquivalentor“**) „$\Leftrightarrow$“ nicht berechtigt ist!

a) $x = 3 \Leftrightarrow x = -3$ b) $x > 7 \Leftrightarrow x \leqq -7$ c) $x \cdot x > 0 \Leftrightarrow x > 0$
d) $x - x = 0 \Leftrightarrow x \geqq 0$ e) $6 \cdot x = 0 \Leftrightarrow 6 = 0$ f) $6 \cdot x \geqq 0 \Leftrightarrow x > 0$

20. In welchen Fällen ist der Äquivalentor „$\Leftrightarrow$“ berechtigt, in welchen nicht?

a) $x \cdot x = 4 \Leftrightarrow x = 2 \wedge x = -2$ b) $x \cdot x = 16 \Leftrightarrow x = 4 \vee x = -4$ c) $6 \cdot x = 0 \Leftrightarrow x = 0$
d) $x \cdot x \geqq 0 \Leftrightarrow x \geqq 0$ e) $0 \cdot x = 0 \Leftrightarrow x \in \mathbb{Q}$ f) $0 \cdot 7 = 7 \Leftrightarrow 0 = 1$
g) $x > 8 \Leftrightarrow x + 2 > 10$ h) $x < 0 \Leftrightarrow x - 2 < 0$ i) $x - 7 = 5 \Leftrightarrow x = 2$
j) $x > 5 \Leftrightarrow -x < -5$ k) $3 \neq 4 \Leftrightarrow x \in \mathbb{Q}$ l) $x = 8 \Leftrightarrow x \neq 7$

2 Rechnen in $\mathbb{Q}$

2.1 Addition und Subtraktion

Wir nehmen an, dass Sie (auch ohne Taschenrechner) die vier Grundrechenarten mit Elementen aus $\mathbb{Q}$ ausführen können und außerdem Regeln für das Rechnen in $\mathbb{Q}$ bereits kennen.

Zur Wiederholung bzw. Vertiefung Ihrer Kenntnisse stellen wir in diesem und dem nächsten Abschnitt kurz die wichtigsten Rechenregeln zusammen.

Wir beginnen mit der Verknüpfung +, der Addition.

Im Abschnitt 1.3 haben wir bereits gesehen, dass die Summe zweier rationaler Zahlen wieder rational ist. Die Addition zweier Zahlen aus $\mathbb{Q}$ führt nicht aus der Menge $\mathbb{Q}$ heraus. Man sagt auch, „$\mathbb{Q}$ ist bezüglich + **abgeschlossen**“ und nennt + eine **„innere Verknüpfung in $\mathbb{Q}$“**.

Dass nicht jede Verknüpfung in den Ihnen bereits bekannten Zahlenmengen abgeschlossen ist, zeigt das Beispiel der Subtraktion bezüglich der Menge $\mathbb{N}$. Die Subtraktion ist keine innere Verknüpfung in $\mathbb{N}$, denn es gilt z. B. $4 - 7 = -3 \notin \mathbb{N}$ (obwohl 4 und 7 natürliche Zahlen sind).

Für die **Addition** in $\mathbb{Q}$ gelten die folgenden Gesetze (Regeln):

1. $a + b = b + a$ für alle $a, b \in \mathbb{Q}$
(Vertauschungsgesetz oder **Kommutativgesetz der Addition**)

2. $(a + b) + c = a + (b + c)$ für alle $a, b, c \in \mathbb{Q}$
(Verbindungsgesetz oder **Assoziativgesetz der Addition**)

Da die Klammern nach dem 2. Gesetz beliebig gesetzt werden dürfen, sind wir berechtigt, die Klammern auch wegzulassen:

$a + b + c = (a + b) + c = a + (b + c)$ für alle $a, b, c \in \mathbb{Q}$

Es gilt sogar das **„allgemeine Assoziativgesetz“** für die Addition in $\mathbb{Q}$. Dieses Gesetz besagt, dass bei der Addition Klammern beliebig gesetzt oder weggelassen werden dürfen, auch wenn mehr als drei Summanden auftreten.

Merksatz Bei der Addition dürfen Klammern weggelassen werden.

Entsprechend gilt auch das **„allgemeine Kommutativgesetz“**. Es besagt, dass man Summanden beliebig vertauschen darf, auch bei mehr als zwei Summanden.

Beispiel $a + b + c = a + c + b$ für alle $a, b, c \in \mathbb{Q}$

Beweis: $a + b + c \underset{\text{(Ass.-ges.)}}{=} a + (b + c) \underset{\text{(Komm.-ges.)}}{=} a + (c + b) \underset{\text{(Ass.-ges.)}}{=} a + c + b$

Merksatz Bei der Addition darf die Reihenfolge der Summanden vertauscht werden.

Mit den genannten Regeln kann man sich Rechenvorteile verschaffen, wie das folgende **Beispiel** zeigt:

$(1{,}68 + 0{,}44) + (3{,}32 + 2{,}56) = 1{,}68 + 0{,}44 + 3{,}32 + 2{,}56$
$= 1{,}68 + 3{,}32 + 0{,}44 + 2{,}56 = (1{,}68 + 3{,}32) + (0{,}44 + 2{,}56) = 5 + 3 = 8$

Die **Subtraktion** können wir in der folgenden Weise auf die Addition zurüchführen:

$a - b = a + (-b)$

Dabei ist $-b$ ($\in \mathbb{Q}$) die **Gegenzahl** (das **„inverse“** Element) zu b ($\in \mathbb{Q}$) bezüglich der Addition. Z. B. ist -3 die Gegenzahl zu 3, und $-(-7) = 7$ ist die Gegenzahl zu -7. Bei $-b$ hat das Minuszeichen eine **neue** Bedeutung, nämlich als Kennzeichen für die Gegenzahl zu b bezüglich der Addition.

Die Subtraktion ist die „Umkehroperation“ zur Addition:

$(a + b) - b = a$ für alle $a, b \in \mathbb{Q}$

Beachten Sie: $-b$ ($b \in \mathbb{Q}$) kann positiv sein (nämlich, wenn b negativ ist).
Außerdem gilt: $-(-b) = b$; $-(a + b) = -a - b$

Wir weisen noch gesondert darauf hin, dass das Kommutativ- und das Assoziativgesetz für die Subtraktion nicht gelten. Dies belegen wir durch die folgenden **Beispiele**:

a) $10 - 7 = \underline{3}$, aber $7 - 10 = \underline{-3}$
b) $(12 - 4) - 6 = 8 - 6 = \underline{2}$, aber $12 - (4 - 6) = 12 - (-2) = 12 + 2 = \underline{14}$

Aufgaben zu 2.1

1. Berechnen Sie:
   a) 52,17 € + 17,38 € + 33,45 € b) 35,18 m + 11,47 m + 8 m c) 52 cm + 3 m + 120 mm + 25 dm
   d) 12,9 km – 750 m – 240 m e) 16 m^2 + 85 dm^2 + 644 cm^2 – 8,7 m^2 f) 52 hl – 18,3 hl + 25,7 hl – 36 hl + 13,8 hl
   g) 1,25 hl + 125 dm^3 + 25 m^3 + 30,257 m^3 h) 1,03 t + 215 kg + 0,7 t + 25 000 g i) 12 dm + 3,4 dm – 16 m^2

2. Familie Schubert möchte sich ein neues Auto kaufen. Sie hat 19 900 € angespart. Der Grundpreis des Wunschautos beträgt 20 170,46 €. Die Wünsche der einzelnen Familienmitglieder bezüglich Sonderausstattungen sind: Klimaanlage 1068,60 €, Nebelscheinwerfer 135,49 €, Radioanlage 480,61 €, Textilfußmatten 81,80 €, Sonderfarbe tornadorot 112,49 €. Die Lederausstattung des Grundmodells zum Preis von 1855,99 € soll wegfallen.
   a) Wie viel kostet Familie Schubert das neue Auto?
   b) Wie viel muss sie zu dem angesparten Betrag drauflegen?

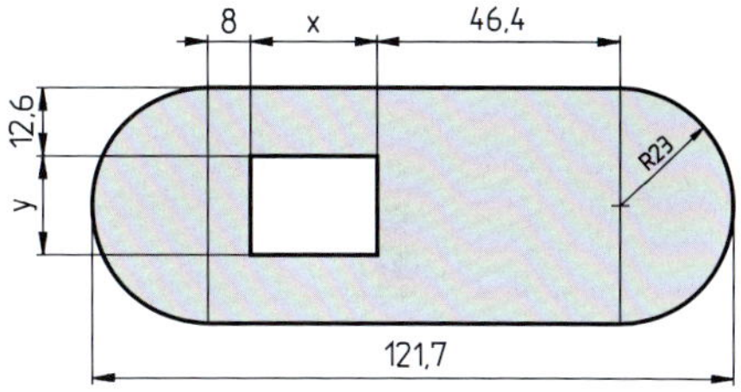

Abb. 2.1

3. Ermitteln Sie aus Abb. 2.1 die fehlenden Maße x und y:

4. Rechnen Sie möglichst im Kopf, indem Sie Rechenvorteile ausnutzen!
   Beispiel: 87 + 18 +13 + 82 = (87 + 13) + (18 + 82) = 100 + 100 = 200
   a) 18 + 33 + 22 b) 46 + 83 + 34 c) 65 + 43 + 35 + 97
   d) 145 + 21 + 317 + 25 + 229 e) 104 + 142 + 37 + 236 + 58 f) 7635 + 487 – 3635
   g) 73 + 56 – 34 + 27 h) 871 – 46 + 54 + 76 – 25 i) 95,27 – 17,09 + 4,33 – 2,91
   j) – 6,9 + 12,7 – 3,1 + 7,3 k) – 0,74 – 22,8 – 7,2 – 1,26 l) – 1000 + 568 + 632 – 200

5. Berechnen Sie:
   a) – (– 17) b) – (– 3,14) c) – (– 1000) d) – (– 0) e) – (12 + 18)
   f) – (13 – 12) g) – (100,1 + 13,88) h) – (12,98 – 14,07) i) – (– 0,77 – 18,7) j) – (– 0,012 + 0,34)
   k) 43 + (– 57) l) 17 + (– 83) m) – 30 + (– 170) n) – 44,8 + (– 66,2) o) 111,9 – (– 12,7)
   p) 22,8 – (– 17,2) q) – 97,7 – (– 12,3) r) – 1,789 – (– 2,221) s) – 0,77 – (– 17,8) t) – 0,0021 – (– 0,43)

6. Zeigen Sie, dass die Differenz zweier rationaler Zahlen rational ist! Orientieren Sie sich dabei an dem entsprechenden Nachweis für $\frac{a+b}{2}$ im Abschnitt 1.3!

7. Übertragen Sie die folgende Tabelle (ohne Fragezeichen) in Ihr Heft und füllen Sie sie aus!

Menge	Rechenart	innere Verknüpfung ja oder nein?
$\mathbb{N}^*$	+	?
$\mathbb{N}^*$	–	?
$\mathbb{N}$	+	?
$\mathbb{N}$	–	?
$\mathbb{Z}$	+	?
$\mathbb{Z}$	–	?

Menge	Rechenart	innere Verknüpfung ja oder nein?
$\mathbb{Q}_+$	+	?
$\mathbb{Q}_+$	–	?
$\mathbb{Q}_-$	+	?
$\mathbb{Q}_-$	–	?
$\mathbb{Q}$	+	?
$\mathbb{Q}$	–	?

8. Auf drei Bäumen sitzen insgesamt 56 Vögel. Nachdem vom ersten Baum 7 Vögel auf den zweiten und vom zweiten Baum 5 Vögel auf den dritten Baum geflogen waren, saßen nun auf dem zweiten Baum doppelt so viele Vögel wie auf dem ersten Baum und auf dem dritten Baum doppelt so viele Vögel wie auf dem zweiten Baum. Wie viele Vögel saßen ursprünglich auf jedem der Bäume? (Tipp: Arbeiten Sie rückwärts.)

2.2 Multiplikation und Division

Die **Multiplikation** ist wie die Addition und die Subtraktion eine innere Verknüpfung in $\mathbb{Q}$. Für die Multiplikation gelten die folgenden Gesetze:

1. $a \cdot b = b \cdot a$ für alle $a, b \in \mathbb{Q}$ (**Kommutativgesetz der Multiplikation**)
2. $(a \cdot b) \cdot c = a \cdot (b \cdot c)$ für alle $a, b, c \in \mathbb{Q}$ (**Assoziativgesetz der Multiplikation**)

Veranschaulichung des Assoziativgesetzes der Multiplikation für $a, b, c \in \mathbb{Q}_+$:

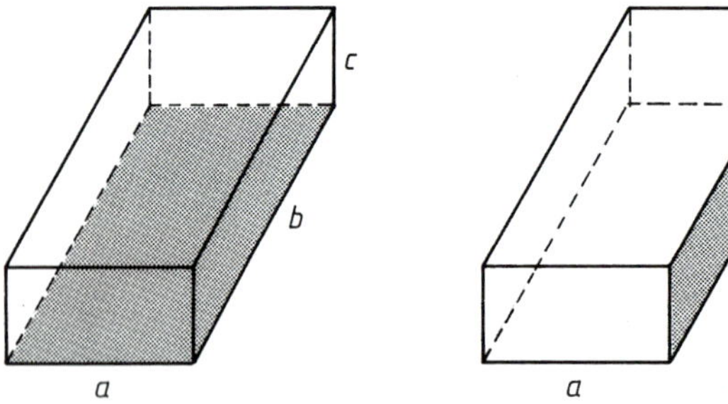

Abb. 2.2

Das Volumen eines Quaders lässt sich wie folgt berechnen:

V = Grundfläche · Höhe.

Dabei kann jede Fläche als Grundfläche gewählt werden.

$V = (a \cdot b) \cdot c$ = $a \cdot (b \cdot c)$

$(a \cdot b)$ → Grundfläche, c → Höhe; a → Höhe, $(b \cdot c)$ → Grundfläche

Für die Multiplikation gelten ebenfalls das allgemeine Assoziativ- und das allgemeine Kommutativgesetz:

> Bei der Multiplikation dürfen Klammern weggelassen werden.
> Bei der Multiplikation darf die Reihenfolge der Faktoren vertauscht werden.

Für die **Multiplikation** gelten die folgenden **Rechenregeln**:

1. Das Produkt zweier positiver Zahlen ist positiv.
2. Das Produkt einer negativen und einer positiven Zahl ist negativ.
3. Das Produkt zweier negativer Zahlen ist positiv.
4. $1 \cdot a = a$; $(-1) \cdot a = -a$
5. $a \cdot (-b) = -(a \cdot b)$; $(-a) \cdot b = -(a \cdot b)$; $(-a) \cdot (-b) = a \cdot b$

Die **Division** lässt sich in der folgenden Weise auf die Multiplikation zurückführen ($b \neq 0$):

$$a : b = a \cdot \frac{1}{b}$$

$\frac{1}{b}$ ist die Gegenzahl (das inverse Element) zu b bezüglich der Multiplikation. Statt „Gegenzahl zu b bezüglich der Multiplikation" sagt man auch, $\frac{1}{b}$ ist der **„Kehrwert von b"**. Z. B. ist $\frac{1}{3}$ der Kehrwert von 3.

Für das Bilden von **Kehrwerten** gelten die folgenden **Regeln**:

1. $a > 0 \Rightarrow \frac{1}{a} > 0$

Abb. 2.3

(in Worten: der Kehrwert einer positiven Zahl ist positiv)

Beispiel: $3 > 0 \Rightarrow \frac{1}{3} > 0$

2. $a < 0 \Rightarrow \frac{1}{a} < 0$

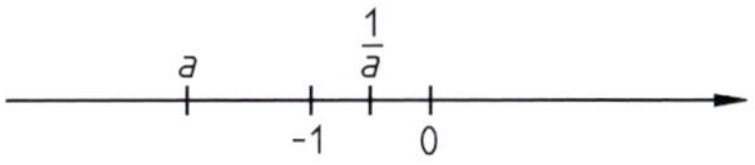

Abb. 2.4

Beispiel: $-2 < 0 \Rightarrow \frac{1}{-2} = -\frac{1}{2} < 0$

3. $a > b > 0 \Rightarrow \frac{1}{a} < \frac{1}{b}$

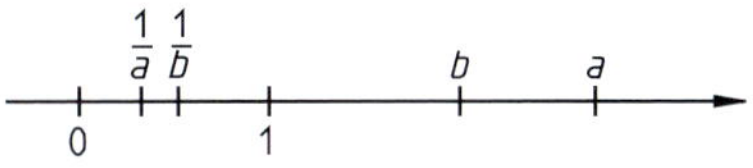

Abb. 2.5

Beispiel: $3 > 2 > 0 \Rightarrow \frac{1}{3} < \frac{1}{2}$

4. $a < b < 0 \Rightarrow \frac{1}{a} > \frac{1}{b}$

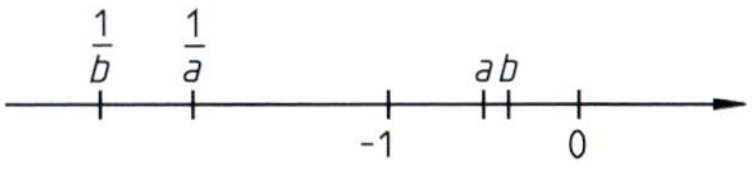

Abb. 2.6

Beispiel: $-5 < -4 < 0 \Rightarrow -\frac{1}{5} > -\frac{1}{4}$

5. $a > 0 > b \Rightarrow \frac{1}{a} > \frac{1}{b}$

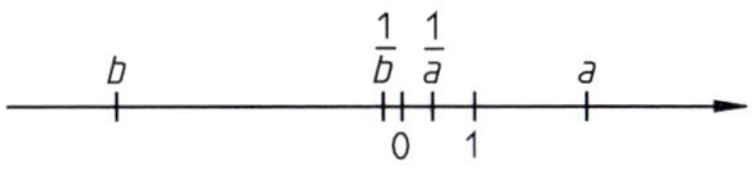

Abb. 2.7

Beispiel: $2 > 0 > -3 \Rightarrow \frac{1}{2} > -\frac{1}{3}$

Die Division ist die Umkehroperation zur Mulitplikation:

$(a \cdot b) : b = a$ für alle $a \in \mathbb{Q}$ und alle $b \in \mathbb{Q}\backslash\{0\}$.

Beachten Sie, dass für die Division weder das Kommutativgesetz noch das Assoziativgesetz gilt.

Beispiele

$12 : 6 = \underline{2}$; aber $6 : 12 = \underline{0{,}5}$.

$(12 : 4) : 2 = 3 : 2 = \underline{1{,}5}$; aber $12 : (4 : 2) = 12 : 2 = \underline{6}$.

Außer den erwähnten Regeln für die Addition und die Multiplikation gelten noch die beiden sog. „Verteilungs-" oder **„Distributivgesetze"**:

$a \cdot (b + c) = a \cdot b + a \cdot c$ und $(a + b) \cdot c = a \cdot c + b \cdot c$ für alle $a, b, c \in \mathbb{Q}$.

Veranschaulichung des ersten Distributivgesetzes für $a, b, c \in \mathbb{Q}_+$:

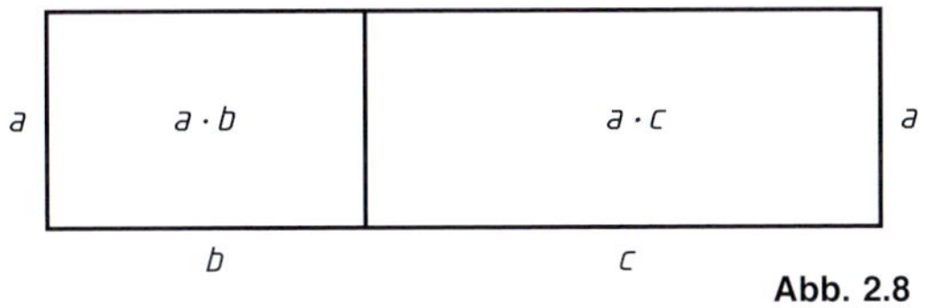

Abb. 2.8

Der Flächeninhalt des Rechtecks mit den Seitenlängen a und $(b + c)$ beträgt $a \cdot (b + c)$. Dieser Flächeninhalt ergibt sich auch, wenn man die Flächeninhalte der beiden Rechtecke (mit den Seitenlängen a und b bzw. a und c) addiert: $a \cdot b + a \cdot c$.

Bei der Anwendung der beiden Distributivgesetze von links nach rechts spricht man auch von „**Ausmultiplizieren**", bei der Anwendung von rechts nach links von **„Ausklammern"**.

Beispiele

$2 \cdot (b + c) = 2 \cdot b + 2 \cdot c$ (Ausmultiplizieren)

$5 \cdot x + 5 \cdot y = 5 \cdot (x + y)$ (Ausklammern)

Aus den Distributivgesetzen (und anderen bereits genannten Rechenregeln) ergeben sich weitere **Regeln für das „Rechnen mit Klammern"**:

1. $a \cdot (b - c) = a \cdot b - a \cdot c$

Herleitung: $a \cdot (b - c) = a \cdot [b + (-c)] = a \cdot b + a \cdot (-c)$
$= a \cdot b + [-(a \cdot c)] = a \cdot b - a \cdot c$

2. $(a - b) \cdot c = a \cdot c - b \cdot c$

3. $(a + b) : c = \frac{a}{c} + \frac{b}{c}$

4. $(a - b) : c = \frac{a}{c} - \frac{b}{c}$

Beachten Sie, dass im Allgemeinen $a : (b + c) \neq \frac{a}{b} + \frac{a}{c}$ ist!

Beispiel: $6 : (2 + 3) = 6 : 5 = \underline{1{,}2}$; aber $6 : 2 + 6 : 3 = 3 + 2 = \underline{5}$.

5. $(a + b) \cdot (c + d) = a \cdot c + a \cdot d + b \cdot c + b \cdot d$
in Worten:

Merksatz

> Zwei Summen werden miteinander multipliziert, indem man jeden Summanden der einen Summe mit jedem Summanden der anderen Summe multipliziert und die erhaltenen Produkte addiert.

Herleitung: $(a + b) \cdot (c + d) = a \cdot (c + d) + b \cdot (c + d)$
$= a \cdot c + a \cdot d + b \cdot c + b \cdot d$

6. $(a + b) \cdot (c - d) = a \cdot c - a \cdot d + b \cdot c - b \cdot d$
$(a - b) \cdot (c + d) = a \cdot c + a \cdot d - b \cdot c - b \cdot d$
$(a - b) \cdot (c - d) = a \cdot c - a \cdot d - b \cdot c + b \cdot d$

Weitere Beispiele für die Anwendung der Distributivgesetze:

a) $7 \cdot a + 10 \cdot a + 18 \cdot a + 9 \cdot a = (7 \cdot a + 10 \cdot a) + (18 \cdot a + 9 \cdot a)$
$= (7 + 10) \cdot a + (18 + 9) \cdot a = 17 \cdot a + 27 \cdot a = (17 + 27) \cdot a = 44 \cdot a.$

In dem Summanden $7 \cdot a$ des obigen Terms heißt 7 der **„Koeffizient“** von $7 \cdot a$; entsprechend 10 der Koeffizient von $10 \cdot a$.

Da alle Summanden die Gestalt $n \cdot a$ haben ($n = 7$ oder $n = 10$ usw.), können wir das „Ergebnis“ $44 \cdot a$ leicht erhalten, indem wir alle Koeffizienten addieren:

$7 \cdot a + 10 \cdot a + 18 \cdot a + 9 \cdot a = (7 + 10 + 18 + 9) \cdot a = 44 \cdot a.$

Wir vereinbaren nun noch, dass wir das Multiplikationszeichen · zwischen einem Koeffizienten und einer Variablen auch weglassen dürfen, $7a$ ist also eine kürzere Schreibweise für $7 \cdot a$. Entsprechend lassen wir meistens den Malpunkt · zwischen zwei **Variablen** weg; ab ist also eine kürzere Schreibweise für $a \cdot b$. Werden zwei **Zahlen** miteinander multipliziert, so dürfen wir das Zeichen · jedoch nicht weglassen, da sonst Missverständnisse entstehen, z.B.: $3 \cdot 4$ (3 mal 4) und 34 (vierunddreißig).

b) $3a + 2b + 4a + 5b = 7a + 7b = 7\,(a + b)$
↑
Hier lassen wir auch das Zeichen · weg.

c) $7ab + 3bc - 3ab - 5bc = 4ab - 2bc = 2b(2a - c)$

d) $(a - b)\,(7a - 2x) + (3x - a)\,(a - b) = (a - b)\,[(7a - 2x) + (3x - a)]$
$= (a - b)\,(7a - 2x + 3x - a) = (a - b)\,(6a + x)$

e) $6x - 5ax + 6y - 5ay = x(6 - 5a) + y(6 - 5a) = (x + y)\,(6 - 5a)$

Bei diesem Beispiel sagt man auch, die Summe $(6x - 5ax + 6y - 5ay)$ ist **„faktorisiert“** worden; die ursprüngliche **Summe** ist durch die Termumformungen als **Produkt** dargestellt worden.

Aufgaben zu 2.2

1. Berechnen Sie im Kopf:

a) $(-1) \cdot 7$ b) $3 \cdot (-11)$ c) $(-5) \cdot 70$ d) $(-7) \cdot (-12)$ e) $25 \cdot (-4)$ f) $0{,}25 \cdot (-8)$
g) $(-0{,}125) \cdot 12$ h) $(-2{,}4) \cdot (-15)$ i) $(-2) \cdot 150$ j) $27 : (-3)$ k) $(-66) : 11$ l) $(-2{,}5) : 0{,}5$

2. Ein Fußballfeld ist 110 m lang und 60 m breit. Berechnen Sie seinen Flächeninhalt in a (1 a = 100 m^2)!

3. Ein Quader hat ein Volumen von 25 dm^3. Er ist 4,5 dm lang und 3,5 dm breit. Wie hoch ist er?

4. Wie viel m^2 Flachpressplatten sind für die Herstellung von 27 rechteckigen Tischen (je 950 mm lang und 750 mm breit) erforderlich, wenn 20% Verschnitt (Grundwert: gesuchter Flächeninhalt) zu berücksichtigen sind?

5. Berechnen Sie, indem Sie Rechenvorteile ausnutzen!

Beispiel: $4 \cdot 13 \cdot 125 = 4 \cdot 125 \cdot 13 = 500 \cdot 13 = 6500$

a) $(12 \cdot 2{,}5) \cdot 4$ b) $(0{,}125 \cdot 25) \cdot 16$ c) $(7{,}5 \cdot 3{,}5) \cdot 2$
d) $(27 \cdot 4) \cdot 25$ e) $(13{,}7 \cdot 8) \cdot 125$ f) $(16{,}9 \cdot 2{,}5) \cdot 4$
g) $(12 \cdot 13 \cdot 5) : 6{,}5$ h) $(26 : 4{,}5) \cdot 9$ i) $(50 : 0{,}125) : 2$

6. Zeigen Sie, dass das Produkt zweier rationaler Zahlen rational ist! Orientieren Sie sich dabei an dem entsprechenden Nachweis für $\frac{a+b}{2}$ im Abschnitt 1.3!

7. Zeigen Sie, dass der Quotient zweier rationaler Zahlen rational ist (unter der Voraussetzung, dass der Divisor $\neq 0$ ist)!

8. Übertragen Sie die folgende Tabelle (ohne Fragezeichen) in Ihr Heft und füllen Sie sie aus!

Menge	Rechenart	innere Verknüpfung ja oder nein?
$\mathbb{N}^*$	$\cdot$	?
$\mathbb{N}^*$	:	?
$\mathbb{N}$	$\cdot$	?
$\mathbb{N}$	:	?
$\mathbb{Z}$	$\cdot$	?
$\mathbb{Z}$	:	?
$\mathbb{Q}_+$	$\cdot$	?
$\mathbb{Q}_+$	:	?
$\mathbb{Q}_-$	$\cdot$	?
$\mathbb{Q}_-$	:	?
$\mathbb{Q}$	$\cdot$	?
$\mathbb{Q}$	:	?
$\mathbb{Q}\backslash\{0\}$	$\cdot$	?
$\mathbb{Q}\backslash\{0\}$	:	?

9. Setzen Sie statt □ eines der Zeichen < oder >, so dass jeweils eine wahre Aussage entsteht!

a) $(-3) \cdot 2$ □ $(-4) \cdot 2$ b) $5 \cdot 17$ □ $6 \cdot 17$ c) $(-12) \cdot 1700$ □ $12 \cdot 1700$
d) $26 \cdot 1234$ □ $2 \cdot 1234$ e) $2{,}5 \cdot 4320$ □ $(-2) \cdot 4320$ f) $(-5) \cdot 1982$ □ $(-4) \cdot 1982$
g) $125 \cdot (-0{,}5)$ □ $121 \cdot (-0{,}5)$ h) $18{,}7 \cdot (-5{,}9)$ □ $18{,}6 \cdot (-5{,}9)$ i) $(-100{,}2) \cdot 2{,}41$ □ $(-100{,}2) \cdot 2{,}419$
j) $4{,}6 \cdot (-5{,}87)$ □ $4{,}6 \cdot (-5{,}86)$ k) $\frac{1}{7}$ □ 0 l) $\frac{1}{-3}$ □ 0 m) $\frac{1}{3}$ □ $\frac{1}{4}$ n) $-\frac{1}{9}$ □ $-\frac{1}{10}$
o) $-\frac{2}{3}$ □ $\frac{3}{2}$ p) $-\frac{1}{5}$ □ $-\frac{1}{6}$ q) $\frac{2}{7}$ □ $\frac{2}{9}$ r) $-\frac{3}{7}$ □ $-\frac{5}{7}$ s) $\frac{1}{17}$ □ $\frac{1}{18}$ t) $-\frac{1}{19}$ □ $-\frac{1}{20}$

10. Berechnen Sie jeweils den Kehrwert:

a) 2 b) -4 c) $-\frac{1}{3}$ d) $\frac{5}{4}$ e) $\frac{7}{9}$ f) $-\frac{10}{11}$ g) $0{,}25$ h) $0{,}7$ i) $-3{,}5$ j) $-(-0{,}125)$

Multiplizieren und Addieren

11. a) $(-3) \cdot a$ b) $5 \cdot (-b)$ c) $(-4) \cdot (-x)$ d) $(-y) \cdot (-2)$ e) $z \cdot (-x)$

12. a) $6m \cdot 8n$ b) $2ab \cdot 0{,}5c$ c) $20a \cdot 3b \cdot \frac{1}{5}c$ d) $(-2x) \cdot (-3y)$ e) $(-4a) \cdot 5x$

Vereinfachen Sie die folgenden Terme so weit wie möglich!

Beispiel: $4a + 5b - 13a + 7b + 16a = 4a + 16a - 13a + 5b + 7b = 7a + 12b$

13. $7a + 2b + 3a - 10b$
14. $2a + 8b - 13a + 9b + 19a$
15. $8x - 5y + 12x - 7y - 14x + 3y$
16. $5a + 3a - 2b + a + 2b$
17. $6x + 13y + 3x - 7y$
18. $3a + 5a - 6b + 12b$
19. $15a + 7b - 7a - 5b - 10a$
20. $5{,}3x + 3{,}07y + 15{,}5z - 0{,}26x - 2{,}74y - 13{,}3z$
21. $9{,}36a + 8\frac{2}{3}b + 1{,}14a - 2\frac{1}{3}b$ (Hinweis: $8\frac{2}{3}$ steht abkürzend für $8 + \frac{2}{3}$.)
22. $4\frac{1}{3}a - 5\frac{1}{6}b + 8c - 3\frac{1}{6}a + 7b - 2\frac{1}{6}c$
23. $4\frac{2}{5}a - 7b - 3\frac{1}{10}a + 5b + 5a - 3\frac{1}{4}b$
24. $7\frac{1}{3}x + 3\frac{1}{2}y - 5z - 4\frac{1}{2}x + 5\frac{1}{4}z - 5y$
25. $3\frac{1}{8}x + \frac{1}{4}y - \frac{1}{2}z + 2\frac{1}{4}x - \frac{3}{8}y + \frac{1}{4}z - 5\frac{1}{2}x + 6\frac{1}{2}y + 2\frac{1}{8}z$

Beispiel: $8a + 2b + 3b - [4c - (x - 7a)] = 8a + 5b - [4c - x + 7a]$
$= 8a + 5b - 4c + x - 7a = a + 5b - 4c + x$

26. $m - [(b + c) - (m + d)]$
27. $[8x - 3y - 5y + 6] - [(5x - 7y) - (3x - 6)] - (6x - y)$
28. $13ab - [7c + (8ab - 3c + 4) - 6] - (2ab + 6 - 3c)$
29. $-4a - 2b - (3a - b)$
30. $7ax + 3bc - (3ax - bc)$
31. $5uv - (-12uv) + (-13uv) - (-uv)$
32. $43x - (15y + 37x + 29z) - (13x - 14y - 31z)$
33. $44{,}2h - (17{,}8i + 22{,}7h - 13{,}4j) - (5{,}5h + 2{,}2i - 3{,}8j)$
34. $7a - [8b - (10a + 2c) - (3a + 22b - 4c)]$
35. $25a - \{12a - [8b - (11a + 19b - 13c) - 5c] + 2a\} + 28b$
36. $4\frac{2}{3}x - [11\frac{1}{2}y + (5\frac{2}{3}x - 12z) - (4\frac{1}{3}x - 7z) + 25z]$
37. $7{,}4a - (5{,}5a - 3{,}45b) + (2{,}5a - 2{,}5b) - (4{,}3a + 2{,}9b)$
38. $15h - 4 + 11i - [3i + 4j - 4 + 13h - (3i - j)]$
39. $5{,}4x + 1{,}03y - [(11{,}24z - 0{,}73y) + (0{,}74y - 2{,}43z + 1{,}5x)]$
40. $8a - 3c - \{[(5a - 3c) + 2a] - 8b\}$
41. $4\frac{1}{2}m - [2\frac{1}{4}n - (n - 3{,}2m)] - [3\frac{1}{5}n + 3m - 0{,}7n]$
42. $3\frac{1}{4}h - (2\frac{1}{4}i + j) - [(3{,}25h - 1{,}75i) + (\frac{1}{4}h + \frac{1}{2}i - j)]$
43. $9{,}21p - (3{,}5r - 2{,}94) - [(3\frac{1}{2}r - 2{,}79p) - 7{,}06] - 2\frac{1}{5}p$
44. $7{,}15a - [0{,}23b - (c - 5\frac{3}{4}a) + 5\frac{1}{5}b] - (1{,}45a - \frac{7}{4}b)$
45. $8{,}45x - \{(0{,}7y - 5{,}4) - [(5\frac{1}{4}x - 6{,}7y) + 4{,}6] - 7\frac{1}{2}y\}$
46. $[(9a + 4b) - (3b - 6c)] + \{4a + (5a - 7c) - [9a - (8c - b)]\}$
47. $5{,}74v + 3{,}27w - (2{,}4v + 0{,}3w + 0{,}7v)$
48. $7{,}94y - [-2z - (3{,}27x - 2{,}19y) + (6{,}3z - 8{,}43y - 4{,}6x)] - [8{,}21x - 4{,}44y + (7{,}54z - 3{,}99x)]$
49. $3 - [\frac{1}{4}a - (3\frac{1}{5}b - 4\frac{1}{4})] + [-1{,}134a - (\frac{3}{10}b + 0{,}3)] - \frac{2}{5}b - (\frac{3}{8}a + 2)$
50. $5\frac{3}{8}y - \{[9\frac{1}{2} + (4\frac{1}{3}x + 7\frac{4}{5}) + 3\frac{3}{4}y] - 3\frac{5}{6}y + (5\frac{1}{2}y - 7\frac{2}{3}x)\}$
51. $2a \cdot 3b$
52. $(-4a) \cdot 5b$
53. $7x \cdot (-\frac{1}{7}y)$
54. $(-0{,}2a) \cdot (-3{,}1x)$

Beispiel: $5a \cdot 6b + 3b \cdot a = 30ab + 3ab = 33ab$

55. $124a - 3 \cdot 6a + 2a \cdot 4 - 18a \cdot 5$
56. $3x \cdot 4y - 7xy + 2{,}5y \cdot 6x$
57. $(-\frac{5}{6}p) \cdot (\frac{3}{7}q) \cdot (\frac{6}{25}r) \cdot (\frac{5}{3}s)$
58. $(3u) \cdot (-4v) + (-5u) \cdot (-6v)$
59. $5p \cdot (-7q) - 6p \cdot 3q + (4q) \cdot (-9p)$

Ausmultiplizieren und Ausklammern

Multiplizieren Sie aus!

60. $3(c + d)$
61. $4{,}3(g - h)$
62. $u(v + w)$
63. $a(c - b - d)$
64. $6{,}7(a + b)$
65. $9{,}2(x - y - z)$
66. $3{,}3(-x - y - z)$
67. $5(3a + 7b)$
68. $3{,}8u(5v - 10w)$
69. $4{,}6b(2a - 8c)$
70. $(e + 8f - eg)3n$
71. $(x - y) \cdot 3{,}14$
72. $(x + y) \cdot a$
73. $(x - y - z) \cdot (-b)$
74. $(\frac{5}{8}x + \frac{7}{8}y) \cdot 16$
75. $(a - b + c) \cdot (-10)$
76. $(a + b - c) \cdot (-\frac{3}{4})$
77. $(5m - 2n) \cdot (-5)$
78. $(5b - 3c) \cdot 2x$
79. $(4c - 8b) \cdot 2{,}5a$
80. $3a + 7(2b - a)$
81. $6x(4 - 3y) - 9y(8x - 13)$
82. $(-5d) + 7(d + f) - 3(2d - 4f) + 15d$
83. $9x - 3x(4 + y) - 6y + 5y(x - 1)$
84. $[4x - 3(7y + 8z)] \cdot a - x(4a - 5y)$
85. $13x[(23 - 3y) + 3(5y - 19) - 4z] - 2x(26z + 78y)$

Beispiel: $(4k + 2l)(3m + 6n) = 4k \cdot 3m + 4k \cdot 6n + 2l \cdot 3m + 2l \cdot 6n$
$= 12km + 24kn + 6lm + 12ln$

86. $(a - b)(c + d)$
87. $(x - 3y)(x + 7z)$
88. $(3a + 2)(5b - 3)$
89. $(13x - 4y)(6y - 3x)$
90. $(14x + 19y)(4x - 3y)$
91. $(-5a + 7b)(-3a - 4b)$
92. $(1{,}4a - 1{,}5b)(2{,}5c + 3{,}2d)$
93. $(4{,}2x - 0{,}45y)(5x - 12y)$
94. $(3{,}4x + 1{,}2y)(2a + 0{,}5y)$
95. $(-2{,}6a + 0{,}4)(6{,}5a - 0{,}6)$
96. $(6{,}45 + 8a)(3{,}6 - 4{,}8a)$
97. $(-4x - 2{,}3)(-1{,}8 - 0{,}14)$
98. $(\frac{3}{2}a - \frac{2}{5}b)(\frac{3}{2}a + \frac{2}{5}b)$
99. $(a + b + c)(d + e)$
100. $(a + b + c)(d - e)$
101. $(a + b + c)(-d - e)$
102. $(a + b - c)(d + e)$
103. $(a - b - c)(d + e)$
104. $(a - b - c)(d - e)$
105. $(a - b - c)(-d - e)$
106. $(-a - b - c)(d + e)$
107. $(-a - b - c)(-d + e)$
108. $(-a - b - c)(-d - e)$

109. $(2c + 3d + 4e - f)(3c - 4d + 5)$

110. $(4eg - 5eh + 3fg + fh)(4eg + 5eh - 3fg - fh)$

111. $(3{,}1x - 4{,}3y - 1{,}2z)(2{,}4x + 6{,}1y - 4{,}2z)$

112. $(3\frac{1}{2}x + \frac{3}{5}y - \frac{1}{2}z)(4\frac{1}{3}x - 5y + 12z)$

113. $(4\frac{3}{6}x - 2\frac{1}{3}y - 5\frac{1}{4}z)(-3\frac{2}{7}x + 4\frac{2}{3}y - 5\frac{1}{4}z)$

114. $(3{,}5a + 2)(4 - 3a) + (2{,}5 - a)(5 + 4a)$

115. $(4x + 3y)(x - y) + (5x - 6y)(2x + 2y)$

116. $4(3a - 5b)c - 3(2a + 4b) - (8c - 3)(b - 4a)$

Klammern Sie aus!

Beispiel: $3a + 3b = 3(a + b)$

117. $7{,}5a - 7{,}5b$
118. $ab + ac$
119. $ab + ac + ad - ae$
120. $3{,}14x + 3{,}14y - 3{,}14z$
121. $\frac{3}{4}x + 0{,}75z - \frac{3}{4}u$
122. $14p + 21q$
123. $12xy - 16xz$
124. $10ab - 2{,}5ac$
125. $3na + 6nb + 9nc$
126. $x \cdot 7 - y \cdot 7$
127. $xy + zy$
128. $-ax - ay + az$
129. $10x + 15y - 20z$
130. $-12a + 24b - 24c$
131. $x \cdot \frac{3}{4} + y \cdot \frac{3}{4} - z \cdot \frac{3}{4}$
132. $12cb + 120ab + 36db$

Faktorisieren

Faktorisieren Sie (Faktorisieren bedeutet: eine Summe oder eine Differenz als Produkt schreiben)!

Beispiel: $a(x + y) - 3(x + y) = (a - 3)(x + y)$

133. $2(x - 3) + y(x - 3)$
134. $c(3a - 2b) + 7(3a - 2b)$
135. $u(v - w) - (v - w)$
136. $(4x - 2y)(5a - 3b) - (2x - 4y)(5a - 3b)$
137. $5(x - 4y)(4a - 2b) + 8(2a - 5b)(x - 4y)$
138. $(3a + 2b)(4x - 5y) - (3x + 6y)(3a + 2b) - (3a + 2b) - (3a + 2b)(x - 7y)$
139. $[(-4)x - 3y](a + b) + [(-3)y - 2x](a + b) - (a + b)$
140. $(u - v)(w - x) + (-u + v)(w + x) - (u - v)$
141. $(2a - 3c)(4a + b) - (13c - 2a)(b + 4a) - (15c - 7a)(-4a - b) - b - 4a$
142. $(2a + 2b)(2c - 2d) - (3a - 5b)(-d + c) - (c - d)(a - b)$
143. $(b + a)(b - a) + (2b - 5a)(a - b) - (b + 3a)(-b + a)$
144. $(9x + 3y)(2x - 7y) - 2(5y - 8)(x - \frac{7}{2}y) - 2x + 7y$
145. $4(2p - 8q)r - 2r(p - 4q) - 8r(2p - q) - (q - 2p)2r$

Beispiel: $um + un + vm + vn = u(m + n) + v(m + n) = (u + v)(m + n)$

146. $cp - cq + dp - dq$
147. $cp + cq + p + q$
148. $cp - pv + c - v$
149. $4pr - qr + 8ps - 2qs$
150. $24uw - 8u + 3vw - v$
151. $5eh + g - 5e - gh$
152. $28pr - 21ps - 16qr + 12qs$
153. $-u - v + 7(u + v)$
154. $36xt - 24yt - 12tx + 8yt$
155. $212uw - 159vw - 292xu + 219vx$
156. $8\frac{4}{7}ac + 5\frac{3}{5}bc + 6\frac{3}{7}a + 4\frac{1}{5}b$
157. $2\frac{6}{7}pq - 8\frac{4}{7}pr - 2sq + 6sr$
158. $xa - ya + za + xb - yb + zb$
159. $3ca - 7bc + c - 3da + 7bd - d$

Dividieren

Beispiel: $(4ab + 6b) : (2b) = 2a + 3$

160. $(4a + 6) : 2$
161. $(5a - 8a) : (-2a)$
162. $(-x + 12) : \frac{1}{2}$
163. $(22xy + 11x) : (11x)$
164. $(-0{,}076uvw + 3{,}8vw) : (1{,}9vw)$
165. $(-6{,}24abc - 4{,}8bcd) : (-2{,}4bc)$
166. $(28abx) : (-7ax)$
167. $(-6aby + 3by) : (-3by)$
168. $(4ab) : [(-2) \cdot (-2ab)]$
169. $(-3klm + 3klm) : (k \cdot l)$

Verwendung von Variablen

170. Veranschaulichen Sie mit Hilfe von Rechtecken folgende Regeln für $a, b, c, d \in \mathbb{Q}_+$!

a) $(a + b) \cdot c = ac + bc$ b) $a \cdot (b - c) = ab - ac$ c) $(a + b)(c + d) = ac + ad + bc + bd$

171. Ersetzen Sie die Fragezeichen durch die richtigen Terme!
a) Hans ist x Jahre alt. Seine Mutter ist dreimal so alt. Sie ist ? Jahre alt.
b) Eine Seite eines Rechtecks hat die Länge a cm. Die andere Seite ist 5 cm kürzer. Sie hat die Länge ?. Der Flächeninhalt des Rechtecks beträgt ?. Der Umfang des Rechtecks ist gleich ?.
c) Ein Einzelhändler kauft 5 Fernseher zu je x Euro ein, außerdem 3 Videorecorder. Ein Videorecorder ist im Einkauf um 250 Euro billiger als ein Fernseher. Beim Verkauf erzielt der Einzelhändler einen Gewinn von 30%. Einschließlich Mehrwertsteuer beträgt die Gesamtverkaufssumme ? Euro.

172. Auf einer Wiese sind a Kühe und b Pferde. Es sind dreimal so viel Kühe wie Pferde. Notieren Sie dies in Kurzform!

173. Von den unbekannten Zahlen x und y wissen wir, dass $x + 2y = 20$ gilt. Wie groß ist $y + \frac{x}{2}$?

2.3 Rechnen mit Brüchen

Gelegentlich haben wir bisher schon (insbesondere bei den Übungsaufgaben) mit Brüchen gerechnet. Da das Rechnen mit Brüchen erfahrungsgemäß Schwierigkeiten bereitet, stellen wir hier die dafür wichtigsten Regeln zusammen. Gleichzeitig behandeln wir dabei das Rechnen mit Brüchen, in denen Variable vorkommen, das Rechnen mit sog. **„Bruchtermen"**.
(Bei diesem Abschnitt handelt es sich im Wesentlichen um eine Wiederholung.)

1. Multiplikation von Brüchen

Merksatz

Brüche werden miteinander **multipliziert**, indem man Zähler mit Zähler und Nenner mit Nenner multipliziert:

$$\frac{a}{b} \cdot \frac{c}{d} = \frac{a \cdot c}{b \cdot d}.$$

Beispiele

a) $\frac{1}{4} \cdot \frac{3}{5} = \frac{1 \cdot 3}{4 \cdot 5} = \frac{3}{20}$

b) $\frac{3}{4} \cdot \frac{2}{9} = \frac{3 \cdot 2}{4 \cdot 9} = \frac{1 \cdot 1}{2 \cdot 3} = \frac{1}{6}$

Merksatz

Wenn möglich, kürzen!

Das **Kürzen** können wir allgemein so beschreiben:

$$\frac{a \cdot c}{b \cdot c} = \frac{a}{b} \quad \text{für alle} \quad a \in \mathbb{Z} \quad \text{und alle} \quad b, c \in \mathbb{Z}\setminus\{0\}.$$

Liest man die obige Gleichung in der anderen Richtung, also $\frac{a}{b} = \frac{a \cdot c}{b \cdot c}$, so spricht man vom **Erweitern** (hier mit *c*).

„Erweitern mit *c*" bedeutet also: Zähler **und** Nenner werden mit *c* multipliziert.

c) $\frac{1}{a} \cdot \frac{1}{b} = \frac{1}{a \cdot b}$ für alle $a, b \in \mathbb{Z}\setminus\{0\}$.

Im Folgenden wollen wir auf die Angabe der jeweiligen Einschränkungen (bei c) z.B. $a \neq 0$ und $b \neq 0$) verzichten. Wir wissen, dass man durch 0 nicht dividieren darf, erwähnen dies für jedes Beispiel in diesem Abschnitt aber nicht mehr gesondert. Später (im Abschnitt 5.1) werden wir uns mit diesem Problem im Zusammenhang mit Bruchtermen noch ausführlich beschäftigen.

2. Division von Brüchen

Merksatz

Zwei Brüche werden **dividiert**, indem man den ersten Bruch mit dem Kehrwert des zweiten Bruches multipliziert:

$$\frac{a}{b} : \frac{c}{d} = \frac{a}{b} \cdot \frac{d}{c} = \frac{a \cdot d}{b \cdot c}.$$

Beispiele

a) $\frac{3}{4} : \frac{3}{2} = \frac{3}{4} \cdot \frac{2}{3} = \frac{3 \cdot 2}{4 \cdot 3} = \frac{2}{4} = \frac{1}{2}$

b) $\frac{7}{8} : 5 = \frac{7}{8} \cdot \frac{1}{5} = \frac{7 \cdot 1}{8 \cdot 5} = \frac{7}{40}$

c) $1 : \frac{1}{6} = 1 \cdot \frac{6}{1} \left(= \frac{1}{1} \cdot \frac{6}{1} = \frac{1 \cdot 6}{1 \cdot 1} = \frac{6}{1} \right) = 6$

d) $\frac{1}{\frac{1}{a}} = 1 \cdot \frac{a}{1} = a$

Statt $\frac{a}{b} : \frac{c}{d}$ schreibt man auch $\frac{\frac{a}{b}}{\frac{c}{d}}$ und spricht von einem **„Doppelbruch"**.

3. Addition und Subtraktion von Brüchen

Brüche mit demselben Nenner nennt man **„gleichnamige Brüche"**.

Beispiel

$\frac{1}{3}, \frac{5}{3}, \frac{7}{3}$ sind gleichnamige Brüche, da sie alle denselben Nenner (3) haben.

Merksatz

Gleichnamige Brüche werden **addiert** bzw. **subtrahiert**, indem die Zähler addiert bzw. subtrahiert werden und der Nenner beibehalten wird:

$\frac{a}{c} + \frac{b}{c} = \frac{a+b}{c}, \quad \frac{a}{c} - \frac{b}{c} = \frac{a-b}{c}.$

Beispiele

a) $\frac{3}{8} + \frac{2}{8} = \frac{3+2}{8} = \frac{5}{8}$

b) $\frac{6}{7} - \frac{3}{7} = \frac{6-3}{7} = \frac{3}{7}$

Merksatz

Sollen Brüche, die nicht gleichnamig sind, addiert oder subtrahiert werden, so müssen sie zunächst **gleichnamig gemacht werden**.

Der kleinste mögliche Nenner, der das kleinste gemeinsame Vielfache (kgV) aller auftretenden Nenner ist, wird **„Hauptnenner"** (HN) genannt.

Beispiele

a) $\frac{1}{2} + \frac{1}{3} = \frac{1}{2} \cdot \frac{3}{3} + \frac{1}{3} \cdot \frac{2}{2} = \frac{3}{6} + \frac{2}{6} = \frac{5}{6}$ (HN = 6)

b) $\frac{11}{12} - \frac{15}{16} = \frac{44}{48} - \frac{45}{48} = -\frac{1}{48}$ (HN = 48)

c) $\frac{a}{b} + \frac{c}{d} = \frac{a}{b} \cdot \frac{d}{d} + \frac{c}{d} \cdot \frac{b}{b} = \frac{a \cdot d}{b \cdot d} + \frac{c \cdot b}{d \cdot b} = \frac{ad + bc}{bd}$ (HN = bd)

Weitere Beispiele für das Rechnen mit Brüchen:

a) $\frac{25abc}{45bcd} = \frac{5 \cdot 5abc}{5 \cdot 9bcd} = \frac{5a}{9d}$ (**Kürzen** mit $5bc$)

b) $\frac{3a}{5c} = \frac{3a \cdot 2b}{5c \cdot 2b} = \frac{6ab}{10bc}$ (**Erweitern** mit $2b$)

c) $\frac{c}{3ax} + \frac{d}{4bx} - \frac{e}{30x}$

Zunächst bestimmen wir den **Hauptnenner**:

Nenner	Erweiterungsterm
$3ax$	$20b$
$4bx$	$15a$
$30x$	$2ab$

$$\begin{aligned} 3ax &= 3 \cdot a \cdot x \\ 4bx &= 2 \cdot 2 \cdot b \cdot x \\ 30x &= 2 \cdot 3 \cdot 5 \cdot x \\ \hline \text{HN} &= 2 \cdot 2 \cdot 3 \cdot 5 \cdot a \cdot b \cdot x \\ \text{HN} &= 60abx \end{aligned}$$

Wir rechnen:

$$\frac{c}{3ax} + \frac{d}{4bx} - \frac{e}{30x} = \frac{c \cdot 20b}{3ax \cdot 20b} + \frac{d \cdot 15a}{4bx \cdot 15a} - \frac{e \cdot 2ab}{30x \cdot 2ab} = \frac{20bc + 15ad - 2abe}{60abx}$$

d) $\frac{4x}{a+3b} + \frac{5x}{11a-33b} + \frac{2ax}{(a+3b)(a-3b)}$

Bestimmung des Hauptnenners:

Nenner	Zerlegung in Faktoren	Erweiterungsterm
$a+3b$	$(a+3b)$	$11\,(a-3b)$
$11a-33b$	$11 \cdot (a-3b)$	$(a+3b)$
$(a+3b)\,(a-3b)$	$(a+3b) \cdot (a-3b)$	11

$$\text{HN} = 11 \cdot (a+3b) \cdot (a-3b)$$

$$\frac{4x}{a+3b} + \frac{5x}{11a-33b} + \frac{2ax}{(a+3b)(a-3b)}$$

$$= \frac{4x \cdot 11(a-3b) + 5x \cdot (a+3b) + 2ax \cdot 11}{11(a+3b)(a-3b)}$$

$$= \frac{44ax - 132bx + 5ax + 15bx + 22ax}{11(a+3b)(a-3b)}$$

$$= \frac{71ax - 117bx}{11(a+3b)(a-3b)} = \frac{x\,(71a-117b)}{11(a+3b)(a-3b)}$$

e) $\frac{an+bn-cn}{n} = \frac{an}{n} + \frac{bn}{n} - \frac{cn}{n} = a+b-c$ oder

$\frac{an+bn-cn}{n} = \frac{(a+b-c)\,n}{n} = a+b-c$

f) $\frac{6ax-5bx+3x}{3x} = \frac{(6a-5b+3)\,x}{3x} = \frac{6a-5b+3}{3} = 2a - \frac{5}{3}b + 1$

g) $\frac{3c-ac+bc}{2b-2a+6} = \frac{(3-a+b)\,c}{2\,(b-a+3)} = \frac{(3-a+b)\,c}{2\,(3-a+b)} = \frac{c}{2}$

Aufgaben zu 2.3

1. Kürzen Sie:

a) $\frac{3}{6}$ b) $\frac{12}{4}$ c) $\frac{64}{16}$ d) $\frac{81}{27}$ e) $\frac{-12}{104}$ f) $\frac{13}{-65}$ g) $\frac{-17}{340}$ h) $\frac{1000}{75}$ i) $\frac{-37}{37}$

2. Erweitern Sie mit 2; 3; 4; …; 7; 8; 9; 10 (bei jeder neuen Aufgabe erhöht sich der Erweiterungsterm um 1)!

a) $\frac{1}{3}$ b) $\frac{2}{5}$ c) $-\frac{12}{11}$ d) $\frac{21}{17}$ e) $\frac{-4}{7}$ f) $\frac{19}{-9}$ g) $\frac{3}{8}$ h) $\frac{-5}{11}$ i) $\frac{3}{4}$

Berechnen Sie (wenn möglich, kürzen!):

3. $\frac{1}{3}\cdot\frac{4}{5}$ 4. $\frac{1}{6}\cdot\frac{3}{5}$ 5. $\frac{1}{9}\cdot\frac{3}{7}$ 6. $\frac{2}{3}\cdot\frac{9}{8}$ 7. $\frac{3}{6}\cdot\frac{4}{8}$ 8. $\frac{1}{2}\cdot\frac{1}{2}$

9. $\frac{1}{3}\cdot\frac{1}{3}$ 10. $\frac{1}{5}\cdot\frac{1}{5}$ 11. $4\cdot\frac{5}{6}$ 12. $\frac{-12}{7}\cdot\frac{14}{6}$ 13. $\frac{24}{5}\cdot\frac{-5}{6}$ 14. $\frac{17}{9}\cdot\frac{3}{4}$

15. $\frac{12}{7}\cdot\frac{14}{6}$ 16. $\frac{3}{10}\cdot\frac{-7}{10}$ 17. $\frac{5}{11}\cdot 2\frac{1}{5}$

(Beachten Sie: $2\frac{1}{5}$ ist ein sog. „**gemischter Bruch**" und steht abkürzend für $2+\frac{1}{5}$; also: $2\frac{1}{5}=2+\frac{1}{5}=\frac{11}{5}$.)

18. $\frac{1}{3}\cdot 5$ 19. $\frac{-2}{7}\cdot 14$ 20. $\frac{27}{5}\cdot\frac{15}{9}$ 21. $\frac{12}{14}\cdot\frac{28}{7}$ 22. $\frac{5}{8}\cdot\frac{6}{7}$ 23. $\frac{17}{25}\cdot\frac{15}{34}$

24. $\frac{-18}{9}\cdot\frac{17}{-36}$ 25. $\frac{2}{5}:\frac{4}{7}$ 26. $\frac{3}{2}:\frac{3}{4}$ 27. $\frac{4}{7}:\frac{2}{5}$ 28. $5:\frac{7}{8}$ 29. $\frac{9}{8}:5$

30. $\frac{7}{5}:\frac{3}{5}$ 31. $\frac{2}{3}:\frac{4}{3}$ 32. $\frac{5}{8}:\frac{3}{8}$ 33. $\frac{8}{9}:\frac{8}{3}$ 34. $\frac{2}{5}:\left(-\frac{4}{20}\right)$ 35. $\frac{12}{19}:\frac{7}{38}$

36. a) $\frac{3}{2}+\frac{5}{2}$ b) $\frac{1}{2}+\frac{3}{2}$ c) $\frac{7}{3}+\frac{1}{3}$ d) $\frac{3}{4}+\frac{5}{4}$ e) $\frac{7}{6}-\frac{5}{6}$

f) $\frac{4}{5}-\frac{7}{5}$ g) $\frac{8}{7}-\frac{5}{7}$ h) $\frac{3}{8}-\frac{1}{8}+\frac{5}{8}$ i) $1\frac{1}{2}+\frac{5}{2}$ j) $2\frac{1}{2}-\frac{3}{2}$

37. Bestimmen Sie das kleinste gemeinsame Vielfache (kgV) bzw. den größten gemeinsamen Teiler (ggT)!

Beispiel: kgV (4; 6) = 12 wegen:
$4 = 2\cdot 2$
$6 = 2\cdot\quad 3$
$\text{kgV} = 2\cdot 2\cdot 3 = 12$

ggT (20; 36) = 4 wegen:
$20 = 2\cdot 2\cdot\quad 5$
$36 = 2\cdot 2\cdot 3\cdot 3$
$\text{ggT} = 2\cdot 2 = 4$

a) kgV (12; 16) b) kgV (9; 27) c) kgV (21; 35) d) kgV (4; 24) e) kgV (24; 36) f) kgV (6; 81)
g) kgV (2; 3; 12) h) kgV (4; 6; 9) i) kgV (3; 7; 14) j) ggT (25; 40) k) ggT (13; 25) l) ggT (16; 48)

38. Addieren bzw. subtrahieren Sie:

a) $\frac{1}{2}+\frac{5}{6}$ b) $\frac{3}{4}+\frac{1}{5}$ c) $\frac{2}{3}+\frac{1}{4}$ d) $\frac{1}{5}+\frac{1}{6}$ e) $\frac{1}{2}+\frac{1}{4}$ f) $\frac{1}{3}+\frac{1}{6}$

g) $\frac{2}{3}+\frac{5}{6}$ h) $\frac{4}{5}-\frac{1}{2}$ i) $\frac{3}{4}-\frac{1}{3}$ j) $\frac{2}{9}-\frac{5}{6}$ k) $1\frac{3}{4}+\frac{1}{2}+\frac{1}{4}$ l) $2\frac{1}{2}-\frac{3}{4}$

m) $8\frac{1}{2}-4\frac{3}{4}$ n) $3\frac{1}{4}-1\frac{1}{2}$ o) $\frac{8}{7}+\frac{15}{14}$ p) $\frac{9}{5}-\frac{27}{15}$ q) $\frac{9}{6}-\frac{19}{36}$ r) $-\frac{7}{12}-\frac{13}{24}$

39. Schreiben Sie die folgenden Brüche als Dezimalbrüche!

Beispiele: $\frac{7}{4}=7:4=1{,}75$; $1\frac{1}{2}=\frac{3}{2}=3:2=1{,}5$ oder $1\frac{1}{2}=1+\frac{1}{2}=1+1:2=1+0{,}5=1{,}5$

a) $\frac{1}{2}$ b) $\frac{5}{2}$ c) $\frac{7}{2}$ d) $6\frac{1}{2}$ e) $7\frac{1}{2}$ f) $\frac{1}{4}$ g) $\frac{3}{4}$ h) $\frac{9}{4}$ i) $\frac{3{,}14}{4}$ j) $5\frac{1}{4}$ k) $7\frac{3}{4}$ l) $\frac{1}{8}$

m) $\frac{3}{8}$ n) $\frac{7}{8}$ o) $\frac{12}{8}$ p) $\frac{7}{10}$ q) $3\frac{4}{10}$ r) $\frac{69}{10}$ s) $\frac{17}{100}$ t) $\frac{28}{1000}$ u) $\frac{4}{5}$ v) $\frac{7}{5}$ w) $\frac{19}{5}$ x) $2\frac{1}{5}$

Ordnen und Bestimmen von Bruchzahlen

40. Ordnen Sie der Größe nach!

a) $\frac{4}{7}, \frac{3}{7}, \frac{6}{7}, \frac{1}{7}$ b) $\frac{8}{25}, \frac{3}{25}, \frac{7}{25}, \frac{16}{25}$ c) $\frac{17}{20}, \frac{17}{23}, \frac{17}{18}, \frac{17}{15}$

d) $\frac{9}{10}, \frac{9}{15}, \frac{9}{8}, \frac{9}{14}$ e) $\frac{2}{3}, \frac{3}{4}, \frac{4}{5}, \frac{5}{6}$ f) $\frac{3}{7}, \frac{3}{8}, \frac{4}{9}, \frac{4}{7}$

41. Bestimmen Sie die Bruchzahl genau in der Mitte zwischen:

a) $\frac{6}{11}$ und $\frac{10}{11}$ b) $\frac{6}{13}$ und $\frac{7}{13}$ c) $\frac{11}{7}$ und $\frac{12}{7}$

d) $\frac{2}{3}$ und $\frac{4}{5}$ e) $\frac{1}{3}$ und $\frac{1}{2}$ f) $\frac{1}{4}$ und $\frac{1}{2}$

42. Bestimmen Sie n Zahlen ($n = 1; 2; 3; 4$) zwischen x und y so, dass der Abstand von je zwei aufeinander folgenden Zahlen jeweils gleich ist!

Beispiel: $x = \frac{5}{11}$; $y = \frac{9}{11}$

	$\frac{5}{11} < \frac{9}{11}$
$n = 1$	$\frac{5}{11} < \frac{7}{11} < \frac{9}{11}$
$n = 2$	$\frac{5}{11} = \frac{15}{33} < \frac{19}{33} < \frac{23}{33} < \frac{27}{33} = \frac{9}{11}$
$n = 3$	$\frac{5}{11} < \frac{6}{11} < \frac{7}{11} < \frac{8}{11} < \frac{9}{11}$
$n = 4$	$\frac{5}{11} = \frac{25}{55} < \frac{29}{55} < \frac{33}{55} < \frac{37}{55} < \frac{41}{55} < \frac{45}{55} = \frac{9}{11}$

a) $x = \frac{7}{13}$, $y = \frac{8}{13}$ b) $x = \frac{8}{7}$, $y = \frac{9}{7}$

c) $x = \frac{3}{5}$, $y = \frac{4}{5}$ d) $x = 1$, $y = \frac{10}{9}$

Rechnen mit Größen

43. a) $5\frac{1}{2}$ kg + $5 \cdot \frac{3}{4}$ kg b) $\frac{3}{4}$ l + $2\frac{1}{4}$ l c) 2,25 m² + $4\frac{2}{5}$ m²
d) 5,2 km – $\frac{3}{8}$ km e) $\frac{1}{4}$ h + $22\frac{1}{2}$ min f) $7 \cdot (3\frac{1}{2}$ min + $2\frac{1}{4}$ min)

44. Es ist 12.25 Uhr. Wie viel Uhr ist es eine $\frac{3}{4}$ Stunde später?

Kürzen und Erweitern von Termen

45. Kürzen Sie:

a) $\frac{39a}{13}$ b) $\frac{-27ab}{3a}$ c) $\frac{34pq}{17q}$ d) $\frac{18abcd}{45bc}$ e) $\frac{3(a+b)(a-b)}{6(a+b)}$

f) $\frac{p(q-r)}{5ps}$ g) $\frac{p(p-4)}{q(p-4)}$ h) $\frac{a(b-c-d)}{7ac}$ i) $\frac{15x-15y}{8x-8y}$ j) $\frac{rm+rn}{6m+6n}$

k) $\frac{11d-11}{22d-22}$ l) $\frac{7a-14}{14(9a-18)}$ m) $\frac{12xu-8xv-15yu+10yv}{4x-5y}$ n) $\frac{uv-2u-v+2}{2(u-1)}$

46. Erweitern Sie den Bruch $\frac{3x}{4y}$ so, dass er folgende Nenner annimmt!

a) $12y$ b) $8xy$ c) $16yz$ d) $20xyz$ e) $(-8)ayz$

47. Erweitern Sie den Bruch $\frac{7a}{9b}$ so, dass er folgende Nenner annimmt!

a) $27b$ b) $36ab$ c) $18cb$ d) $99ba$ e) $153ab$

Machen Sie die angegebenen Brüche gleichnamig!

48. $\frac{5}{14}, \frac{11}{6}, \frac{19}{20}$ 49. $\frac{5}{63}, \frac{11}{49}, \frac{19}{28}$ 50. $\frac{5}{36}, \frac{7}{18}, \frac{2}{27}, \frac{4}{7}$ 51. $\frac{x}{5y}, \frac{3y}{4x}$

52. $\frac{17u}{7v}, \frac{11u}{16w}$ 53. $\frac{4k}{4lm}, \frac{11k}{13nl}, \frac{17k}{32mn}$ 54. $\frac{6d}{51ab}, \frac{17ad}{68cb}, \frac{3de}{34ac}$ 55. $\frac{x-y}{l+m}, \frac{x+y}{l-m}$

56. $\frac{u-v}{6ab}, \frac{u+v}{15ac}$ 57. $\frac{a+b}{a-b}, \frac{a}{b}$ 58. $\frac{2x+y}{3x-z}, \frac{3x-y}{3x+z}$ 59. $\frac{2x-y}{x-3y}, \frac{3x+y}{x-y}$

60. $\frac{a-b}{15b-9a}, \frac{a+b}{3a+5b}$ 61. $\frac{2a-b}{(x-y)(3u-6v)}, \frac{a-b}{(2v-u)(y-x)}$ 62. $\frac{1-x}{x+2}, x, \frac{x+1}{x-2}$

63. $\frac{3u-v}{x+y}, 2y, \frac{u-3v}{x-y}$ 64. $\frac{2w}{(-v-w)(x+y)}, \frac{2v}{(x+y)(-v+w)}$) 65. $\frac{ab}{(a+b)\cdot c}, \frac{2c}{(-2a-2b)}$

66. $\frac{x}{(x+y)(x-y)}, \frac{2x}{x+4y}, \frac{3x}{x-y}$

Vereinfachung von Termen

Vereinfachen Sie die folgenden Terme:

67. $\frac{3x}{7}+\frac{5x}{7}$ 68. $\frac{13y}{21}+\frac{8y}{21}$ 69. $\frac{9y}{8x}-\frac{3y}{8x}$ 70. $\frac{u+v}{2u+v}+\frac{u}{2u+v}$

71. $\frac{8a}{4a+5b}+\frac{10b}{4a+5b}$ 72. $\frac{17b}{a+b}+\frac{16a}{a+b}-\frac{b}{a+b}$ 73. $\frac{3x+4y}{2x-y}+\frac{6x-y}{2x-y}+\frac{7x-11y}{2x-y}$

74. $\frac{3a-4}{3x+2y}+\frac{4-2a}{3x+2y}$ 75. $\frac{7x-12y}{3a-5b}-\frac{4x-7y}{3a-5b}$

76. $\frac{8a+9b}{a-b}-\frac{3a+14b}{a-b}$ 77. $\frac{3x-7y}{x+y}-\frac{8y-2x}{-x-y}$

78. $\frac{u\,[x+v\,(x-z)]}{x+y}-\frac{v\,[x-u\,(x+z)]}{x+y}$ 79. $\frac{5u\,[2v-4\,(2u-v)]}{u\,(w-x)}-\frac{u\,[v-2\,(u-4v)]}{u\,(w-x)}$

80. $\frac{-3b-2a}{2a+b}-\frac{4a+7b}{2a+b}+\frac{5b-3a}{2a+b}-\frac{6a+b}{2a+b}$ 81. $\frac{9a-b}{a+b}-\frac{2a-5b}{a+b}-\frac{6a+2b}{a+b}+\frac{-b}{a+b}$

82. $\frac{3z}{28xy}-\frac{5z}{7y}$ 83. $\frac{3}{a}-\frac{5}{ab}+\frac{7}{b}$ 84. $\frac{13a}{12xz}+\frac{7b}{8yz}-\frac{5c}{3xyz}$ 85. $4+\frac{3h}{7jk}$

86. $\frac{5a}{3b}+7$ 87. $4+\frac{5a-2b}{3a}$ 88. $2-\frac{4a-b}{2a}$ 89. $\frac{9x-3y}{xy}+4$

90. $6-\frac{6a}{a+bb}$ 91. $\frac{9x-y}{3x+2y}-3$ 92. $\frac{b-2a}{3ab}+\frac{6a-b}{9ab}$ 93. $\frac{13}{x-y}-\frac{5}{x+y}$

94. $\frac{u+3}{36xy}-\frac{2u-7}{9zy}+\frac{5-4u}{18zx}$ 95. $\frac{3\,(4-2x)}{3}-\frac{x-2}{8}+\frac{7\,(x-2)}{4}$

96. $\frac{2a-b}{10bc}-\frac{3b-a}{5a}+\frac{7}{4b}+\frac{9b}{2c}-\frac{4b-3c}{20ac}+\frac{1}{15ab}$ 97. $\frac{7b+2c}{3ac}-\frac{5b-c}{4bc}+\frac{2b-3a}{ab}-\frac{14b-a}{6ac}$

98. $3a\cdot\frac{5}{9ab}$ 99. $\frac{x}{13y}\cdot 2xy$ 100. $6u\cdot\frac{7w}{8uv}$ 101. $\frac{x}{21yz}\cdot 14y$

102. $\frac{x+5}{y+5}\cdot(5+y)$ 103. $\frac{3vu-12wx}{9uv+6wx}\cdot(3uv+2wx)$ 104. $\frac{3-x}{2-y}\cdot\frac{x+3}{3-x}\cdot 3\,(2-y)$

105. $\frac{33}{5m}\cdot\frac{5m}{3m-l}\cdot\frac{l-3m}{12l}$ 106. $\frac{6y}{x+4}\cdot\frac{x-4}{15z}\cdot\frac{5z}{2y}$ 107. $\frac{9\,(u-m)}{4mv}\cdot\frac{2\,(m+v)}{(u-m)}\cdot 8nv$

108. $\frac{12x}{y}\cdot(-z)\cdot(-y)\cdot\frac{x}{z}$ 109. $\frac{7kn}{16l}\cdot\frac{3ml}{11n}\cdot\frac{2ln}{kl}\cdot\frac{(-8)}{3lm}\cdot 33$ 110. $5\frac{2}{3}sv\cdot 3\frac{1}{4}sw\cdot\frac{5t}{12sv}$

111. $\left(\frac{6}{5}x+\frac{3}{2}y-\frac{9}{10}z\right)\cdot\frac{5}{6}h$ 112. $\left(\frac{x+y}{3}+\frac{-x-y}{4x}\right)\cdot\frac{6x}{x+y}$ 113. $(u-v)\left(\frac{3}{v}-\frac{2}{u}\right)$

114. $\left(\frac{2a}{6b}+\frac{3b}{4a}+\frac{3}{2}\right)\cdot\left(\frac{4}{a}-\frac{1}{b}\right)$ 115. $\left(\frac{4x}{y}+\frac{5y}{3x}-\frac{3}{2y}\right)\cdot\left(\frac{6x}{5}-\frac{12y}{15}\right)$ 116. $\left(\frac{u}{r}-\frac{v}{s}-\frac{w}{t}\right)\left(\frac{r}{u}+\frac{s}{v}-\frac{t}{w}\right)$

117. $\left(\frac{x}{4}-\frac{3y}{2}+6z\right)\left(\frac{z}{4}-2y-\frac{3x}{2}\right)$ 118. $2\frac{2}{3}(a-3b)-3\frac{1}{6}(3a-4b)+3\frac{1}{2}(a+3b)$

119. $\frac{4x}{7}:3$ 120. $\frac{56}{a}:8$ 121. $\frac{16t}{11s}:(2st)$ 122. $\frac{21uv}{3x}:(6wu)$ 123. $\frac{24ab}{7d}:(8bc)$

124. $\frac{9bd}{4a}:(27de)$ 125. $(4x):\frac{1}{(-2)}$ 126. $(16x):\left(\frac{8x}{11y}\right)$ 127. $(21x):\left(\frac{77xy}{3z}\right)$ 128. $(28ef):\left(\frac{21fg}{2h}\right)$

129. $(24uvw):\left(\frac{6vu}{5w}\right)$ 130. $\left(\frac{13x}{28y}\right):\left(\frac{26x}{7y}\right)$ 131. $\left(5\frac{1}{3}xy\right):\left(\frac{2zx}{9w}\right)$ 132. $\frac{5}{3+\frac{1}{3}}$

133. $\frac{\frac{26}{15}-\frac{4}{3}}{1-\frac{2}{3}\cdot\frac{4}{5}}$ 134. $\frac{3\cdot\frac{11}{4}}{1+\frac{149}{16}}$ 135. $\frac{49:2\frac{1}{3}}{\left(2\frac{1}{7}-2\frac{2}{3}\right):2\frac{1}{5}}$

136. $\frac{2\frac{3}{5}\cdot\left(4\frac{2}{3}+5\frac{1}{9}\right)\cdot\frac{15}{8}}{3\frac{1}{4}\cdot3\frac{2}{3}}$ 137. $\frac{\left(12\frac{2}{3}-21\frac{1}{6}\right)\cdot\left(4\frac{1}{3}-3\frac{4}{9}\right)}{4\frac{11}{6}-1\frac{1}{3}}$ 138. $\frac{2a}{a+b}:\frac{4m}{2a+2b}$

139. Vereinfachen Sie durch Ausklammern:

a) $\frac{R}{4}\cdot\frac{xy}{z}-P\cdot\frac{xy}{z}$ b) $\frac{7}{15}H\cdot x+\frac{11}{75}\cdot H\cdot y$ c) $\frac{R\cdot B}{3900}+\frac{R\cdot Z}{20\cdot 195}$

d) $\frac{G\cdot(m-u)}{m}-G$ e) $\frac{R}{3}\cdot x-\frac{R\cdot x}{y}\cdot\frac{x}{3}$ f) $\frac{5xy}{7b}-\frac{15y}{14ab}$

140. Vereinfachen Sie!

Beispiel: $(12x + 8xy - 4xz) : (4x) = 3 + 2y - z$

a) $(18xy + 9xz - 12xw) : (3x)$ b) $(42ab - 15ab + 27ac) : (3a)$ c) $(21xy - 7xz - 14x) : (7x)$

d) $(12x - 0{,}9y + 0{,}09z) : 0{,}3$ e) $(10{,}8xy - 1{,}35yz) : (27y)$ f) $(0{,}6x + 4{,}3y - 0{,}25z) : 0{,}2$

g) $(18uv - 24uw + 36ux) : (-6u)$ h) $(26st - 52rt - 65qt) : (-13t)$ i) $(12gu - 1{,}5hu) : (6u) - (1{,}3gv + 1{,}9v) : (-5v)$

Anwendungen

141. Klaus hat einen sehr weiten Schulweg, den er zu Fuß bewältigen muss. Am Ende des ersten Viertels des Weges von der Wohnung bis zur Schule liegt das Gemeindeamt, das an der Vorderfront eine Uhr hat, und am Ende des ersten Drittels des gesamten Weges liegt der Bahnhof. Als Klaus am Gemeindeamt vorbeiging, war es 7.30 Uhr, und als er den Bahnhof erreichte, zeigte die Uhr 28 Minuten vor 8.00 Uhr. Wann ging Klaus zu Hause weg, und wann kam er in die Schule?

142. Berechnen Sie die Länge der Kopfschraube in mm!

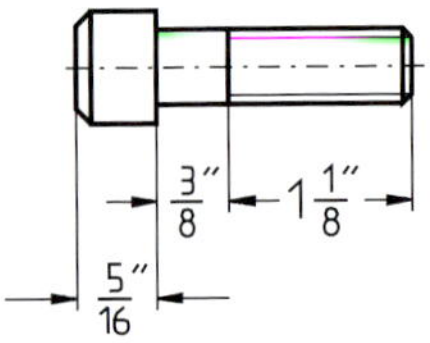

Abb. 2.9

143. a) Wofür gilt die folgende Formel?

$$\frac{1}{f}=\frac{1}{g}+\frac{1}{b}$$

b) Was bedeuten in dieser Formel die Variablen *f*, *g* und *b*?

c) Stellen Sie die Formel nach *f* um!

2.4 Potenzen mit natürlichen Hochzahlen, Potenzgesetze

Besteht ein Produkt aus gleichen Faktoren, so schreibt man vereinfachend:

$a \cdot a = a^2$ (gesprochen: „a hoch 2" oder „a Quadrat"),
$a \cdot a \cdot a = a^3$ (gesprochen: „a hoch 3").

a^2 nennt man auch die „zweite Potenz von a",
a^3 die „dritte Potenz von a". Für alle natürlichen Zahlen n können wir die **„n-te Potenz von a"** ($a \in \mathbb{Q}$) wie folgt **definieren**:

Definition

$$a^1 = a; \quad a^n = \underbrace{a \cdot a \cdot \ldots \cdot a}_{n \text{ Faktoren}} \quad \text{für} \quad n \in \mathbb{N}^* \setminus \{1\} \quad (a \in \mathbb{Q})$$

In dem Term a^n heißt a die **„Grundzahl (oder Basis) der Potenz"**, n die **„Hochzahl (oder der Exponent) der Potenz"**.

Beispiel: 2^3 (2 ist die Basis, 3 der Exponent)

Es gilt:

Beispiele

$2^3 = 2 \cdot 2 \cdot 2 = 8$
$2^4 = 2 \cdot 2 \cdot 2 \cdot 2 = (2 \cdot 2 \cdot 2) \cdot 2 = 2^3 \cdot 2 = 8 \cdot 2 = 16$
$2^5 = 2 \cdot 2 \cdot 2 \cdot 2 \cdot 2 = (2 \cdot 2 \cdot 2 \cdot 2) \cdot 2 = 2^4 \cdot 2 = 16 \cdot 2 = 32$
$3^4 = 3 \cdot 3 \cdot 3 \cdot 3 = 9 \cdot 9 = 81$
$(-4)^3 = (-4) \cdot (-4) \cdot (-4) = 16 \cdot (-4) = -64$
$(-5)^2 = (-5) \cdot (-5) = 25$
$(-a)^5 = (-a) \cdot (-a) \cdot (-a) \cdot (-a) \cdot (-a) = (-a)^4 \cdot (-a) = a^4 \cdot (-a) = -a^5 \quad (a \in \mathbb{Q})$
$0^5 = 0 \cdot 0 \cdot 0 \cdot 0 \cdot 0 = 0$
$1^n = 1$ für alle $n \in \mathbb{N}^*$

$$(-1)^n = \begin{cases} 1 & \text{für } n \in \mathbb{N}^* \text{ gerade} \\ -1 & \text{für } n \in \mathbb{N}^* \text{ ungerade} \end{cases}$$

$2^7 = 2 \cdot 2 \cdot 2 \cdot 2 \cdot 2 \cdot 2 \cdot 2 = (2 \cdot 2 \cdot 2 \cdot 2 \cdot 2) \cdot (2 \cdot 2) = 2^5 \cdot 2^2 = 32 \cdot 4 = 128$

Das letzte Beispiel lässt vermuten, dass $2^m \cdot 2^n = 2^{m+n}$ für alle $m, n \in \mathbb{N}^*$ gilt. Es gilt (allgemeiner) das folgende

1. Potenzgesetz: $a^m \cdot a^n = a^{m+n}$ für alle $a \in \mathbb{Q}$ und alle $m, n \in \mathbb{N}^*$

Beweis:
$$a^m \cdot a^n = \underbrace{\underbrace{a \cdot a \cdot \ldots \cdot a}_{m \text{ Faktoren}} \cdot \underbrace{a \cdot a \cdot \ldots \cdot a}_{n \text{ Faktoren}}}_{(m+n) \text{ Faktoren}} = a^{m+n}$$

Beispiele

$7^5 \cdot 7^3 = 7^8; \quad (-5)^8 \cdot (-5)^7 = (-5)^{15}; \quad a^3 \cdot a^{11} = a^{14}$

Weiterhin gelten die folgenden Potenzgesetze:

2. Potenzgesetz: $(a \cdot b)^n = a^n \cdot b^n$ für alle $a, b \in \mathbb{Q}$ und alle $n \in \mathbb{N}^*$

Beweis:
$$(a \cdot b)^n = \underbrace{(a \cdot b) \cdot (a \cdot b) \cdot \ldots \cdot (a \cdot b)}_{n \text{ Faktoren } (a \cdot b)}$$
$$= \underbrace{a \cdot a \cdot \ldots \cdot a}_{n \text{ Faktoren}} \cdot \underbrace{b \cdot b \cdot \ldots \cdot b}_{n \text{ Faktoren}} = a^n \cdot b^n$$

Beispiele

$6^4 = (2 \cdot 3)^4 = 2^4 \cdot 3^4 = 16 \cdot 81 = 1296$
$(-4a)^6 = (-4)^6 \cdot a^6 = 4096\,a^6$

3. Potenzgesetz: $(a^m)^n = a^{m \cdot n}$ für alle $a \in \mathbb{Q}$ und alle $m, n \in \mathbb{N}^*$

Beweis:

$$(a^m)^n = (\underbrace{a \cdot a \cdot \ldots \cdot a}_{m \text{ Faktoren}})^n$$

$$= \underbrace{\underbrace{(a \cdot a \cdot \ldots \cdot a)}_{m \text{ Faktoren}} \cdot \underbrace{(a \cdot a \cdot \ldots \cdot a)}_{m \text{ Faktoren}} \cdot \ldots \cdot \underbrace{(a \cdot a \cdot \ldots \cdot a)}_{m \text{ Faktoren}}}_{n\text{-mal } m \text{ Faktoren}}$$

$$= \underbrace{a \cdot a \cdot \ldots \cdot aa}_{(n \cdot m) \text{ Faktoren}} = \underbrace{a \cdot a \cdot \ldots \cdot a}_{(m \cdot n) \text{ Faktoren}}$$

$$= a^{m \cdot n}$$

Beispiele

$(1{,}4^2)^3 = 1{,}4^{2 \cdot 3} = 1{,}4^6 = 7{,}529536$
$(2^5)^2 = 2^{10} = 1024 \approx 1000$ (für überschlägiges Rechnen wichtig!)
$(a^3)^4 = a^{3 \cdot 4} = a^{12}$
$(a^m)^n = a^{m \cdot n} = a^{n \cdot m} = (a^n)^m$; also $(a^m)^n = (a^n)^m$ für alle $a \in \mathbb{Q}$ und alle $m, n \in \mathbb{N}^*$

4. Potenzgesetz: Für alle $a \in \mathbb{Q}\backslash\{0\}$ und alle $m, n \in \mathbb{N}^*$ gilt:

$$a^m : a^n = \begin{cases} a^{m-n} & \text{für } m > n \\ 1 & \text{für } m = n \\ \dfrac{1}{a^{n-m}} & \text{für } m < n \end{cases}$$

Beispiele

$3^9 : 3^5 = 3^{9-5} = 3^4 = 81$

$4^7 : 4^8 = \dfrac{1}{4^{8-7}} = \dfrac{1}{4^1} = \dfrac{1}{4}$

$a^7 : a^3 = a^{7-3} = a^4$

$a^4 : a^6 = \dfrac{1}{a^{6-4}} = \dfrac{1}{a^2}$

$a^5 : a^5 = 1$

Das letzte Beispiel (wie folgt gerechnet: $a^5 : a^5 = a^{5-5} = a^0 = 1$) zeigt, dass es sinnvoll ist, die bisherige Definition für a^n auf $n = 0$ zu erweitern.

Definition

$a^0 = 1$ für alle $a \in \mathbb{Q}\backslash\{0\}$

Beispiele

$2^0 = 1$; $(-1{,}8)^0 = 1$

(Bemerkung: In der obigen Definition haben wir den Fall 0^0 nicht betrachtet. Da $0^n = 0$ für alle $n \in \mathbb{N}^*$, würde es sich anbieten, 0^0 als 0 zu definieren. In der Mathematik ist es jedoch aus verschiedenen Gründen sinnvoll, a^0 auch im Falle $a = 0$ als 1 zu definieren.)

Mit der letzten Definition können wir die beiden ersten Teile des 4. Potenzgesetzes in der folgenden Weise zusammenfassen:

$a^m : a^n = a^{m-n}$ für alle $a \in \mathbb{Q}\backslash\{0\}$ und alle $m, n \in \mathbb{N}^*$ mit $m \geqq n$.

5. Potenzgesetz: $\left(\dfrac{a}{b}\right)^n = \dfrac{a^n}{b^n}$ für alle $a, b \in \mathbb{Q}\backslash\{0\}$, $n \in \mathbb{N}$

Beispiele

$\left(\dfrac{2}{3}\right)^4 = \dfrac{2^4}{3^4} = \dfrac{16}{81}$

$\left(\dfrac{-3}{4}\right)^3 = \dfrac{(-3)^3}{4^3} = \dfrac{-27}{64} = -\dfrac{27}{64}$

$\left(\dfrac{a}{b}\right)^5 = \dfrac{a^5}{b^5}$

Aufgaben zu 2.4

1. Berechnen Sie:
   a) 3^2 b) 3^3 c) 3^4 d) 3^{10} e) $(-2)^{11}$ f) $(-4)^5$ g) $(-7)^3$ h) $(1{,}2)^4$ i) $(-0{,}2)^5$ j) $(-0{,}01)^6$
   k) 10^2 l) 10^3 m) 10^7 n) 10^8 o) 10^{10} p) $(-a)^5$ q) $(-b)^9$ r) $(-c)^{30}$ s) $-0{,}05^3$ t) $-(-3{,}2)^4$

2. Berechnen Sie mit Hilfe des 1. Potenzgesetzes:
   a) $3^4 \cdot 3^5$ b) $2^7 \cdot 2^4$ c) $4^2 \cdot 4^1$ d) $(-1{,}5)^2 \cdot (-1{,}5)^3$ e) $(-0{,}25)^4 \cdot (-0{,}25)^1$ f) $a^5 \cdot a^2$ g) $(-b)^7 \cdot (-b)^3$

3. Beweisen Sie, dass $(4 \cdot 7)^n = 4^n \cdot 7^n$ für $n = 2$, $n = 3$ und $n = 4$ gilt (**ohne** Anwendung des 2. Potenzgesetzes)!

4. Berechnen Sie mit Hilfe des 2. Potenzgesetzes:
   a) $(2 \cdot 3)^3$ b) $(3 \cdot 4)^2$ c) $(4 \cdot 5)^4$ d) $(5 \cdot 6)^3$ e) $(1{,}5 \cdot 2{,}5)^2$ f) $[(-1) \cdot 1{,}1]^3$ g) $(3a)^4$
   h) $(-4b)^2$ i) $[a \cdot (-b)]^3$ j) $[(-3) \cdot 2{,}5]^3$ k) $[(-2{,}5) \cdot (-2{,}4)]^5$ l) $-[(-4) \cdot (-3)]^4$

5. Berechnen Sie mit Hilfe des 3. Potenzgesetzes:
   a) $(2^3)^4$ b) $(3^2)^3$ c) $(4^3)^2$ d) $(5^2)^3$ e) $(6^2)^2$ f) $[(-1{,}5)^2]^3$ g) $(10^4)^2$ h) $(10^3)^3$ i) $(10^9)^2$
   j) $(10^7)^3$ k) $(10^{15})^2$ l) $(0{,}2^2)^2$ m) $(a^4)^3$ n) $(a^3)^4$ o) $[(-b)^4]^5$ p) $[(-b)^5]^4$ q) $[(-3)^3]^3$ r) $-[(-x)^5]^2$

6. Berechnen Sie mit Hilfe des 4. Potenzgesetzes:
   a) $6^7 : 6^6$ b) $2^{20} : 2^{14}$ c) $3^{17} : 3^{12}$ d) $4^{16} : 4^{16}$ e) $(-2)^{15} : (-2)^{13}$ f) $5^{12} : 5^{14}$ g) $6^{13} : 6^{15}$
   h) $7^{21} : 7^{24}$ i) $(-3)^{22} : (-3)^{25}$ j) $(-3)^7 : (-3)^7$ k) $a^8 : a^3$ l) $a^3 : a^8$ m) $a^{11} : a^2$ n) $a^2 : a^{20}$ o) $b^7 : b^7$

7. Berechnen Sie mit Hilfe des 5. Potenzgesetzes:
   a) $\left(\frac{2}{3}\right)^4$ b) $\left(\frac{3}{4}\right)^2$ c) $\left(\frac{5}{6}\right)^3$ d) $\left(\frac{-2}{5}\right)^5$ e) $\left(\frac{3}{-7}\right)^2$ f) $\left(\frac{2}{9}\right)^3$ g) $\left(\frac{4}{5}\right)^4$ h) $\left(\frac{a}{b}\right)^3$ i) $\left(\frac{-a}{b}\right)^4$ j) $\left(\frac{a}{-b}\right)^5$.

8. Wie ändert sich der Flächeninhalt eines Quadrats, wenn die Seitenlänge verdoppelt bzw. verdreifacht wird?

9. Wie ändert sich das Volumen eines Würfels, wenn die Kantenlänge verfünffacht wird?

10. Ein Schachbrett hat 64 Felder. Stellen Sie sich vor, auf dem ersten Feld liegt ein Getreidekorn, auf dem zweiten Feld zwei Getreidekörner, auf dem dritten Feld vier usw.! Von einem Feld zum nächsten werde die Anzahl der Körner immer verdoppelt.
    a) Wie viele Körner liegen dann auf dem 11. Feld?
    b) Wie viele Körner müssten auf dem 64. Feld liegen?
    Machen Sie eine Überschlagsrechnung, indem Sie die Anzahl der Körner auf dem 11. Feld sinnvoll runden!
    c) Passen so viele Körner auf ein Feld? Überschlagen Sie, wie hoch der Quader sein müsste, dessen Grundfläche die Maße des Feldes eines Schachbrettes im Freien hat und in dem alle diese Körner Platz finden sollten!
    d) Falls Ihnen ein entsprechender Rechner zur Verfügung steht, berechnen Sie die genaue Anzahl der Körner auf dem 64. Feld!

Rechnen mit Termen

Vereinfachen Sie die folgenden Terme mit Hilfe der Potenzschreibweise!

Beispiel: $8a \cdot 2ab = 16a^2b$

11. $a^5 \cdot b^3 \cdot a^2 b$
12. $(-4a^4) \cdot 3ab^2$
13. $(-a)^6 \cdot b^3 \cdot (-a)^5 \cdot (-b)^3$
14. $2{,}5a \cdot 3{,}2ab \cdot 8bc \cdot 4ad$
15. $3ab \cdot 20ab \cdot 4bx \cdot 25abx$
16. $3ab \cdot 12bc \cdot 0{,}5ac \cdot 0{,}2$
17. $2a \cdot 3ab \cdot 4b$
18. $3x \cdot (-2xy) \cdot ay$
19. $(-12x) \cdot (0{,}3ax) \cdot 5a \cdot (-1)$
20. $(4x) \cdot (-3x) \cdot (-0{,}2xy)$
21. $(3{,}2ab) \cdot (0{,}6ac) \cdot (-1{,}4bc)$
22. $(12x) \cdot (-2{,}6xy) \cdot (-5y)$
23. $(-15{,}5v) \cdot (1{,}4uv) \cdot (-5u)$
24. $(-3{,}5uv) \cdot (-4{,}5uw) \cdot (5{,}4u) \cdot (-2vw)$
25. $(-3{,}4ab) \cdot (1{,}5a^2) \cdot (0{,}5bc)$
26. $\frac{2}{3}ab \cdot (-3\frac{1}{4}b) \cdot (-4c) \cdot (2\frac{4}{13}bc)$
27. $(-3{,}4x) \cdot (-2{,}5y) \cdot (4{,}2xy) \cdot (1{,}45z)$
28. $(4\frac{1}{3}a)\ (-2\frac{2}{3}b) \cdot (5\frac{1}{2}a) \cdot (-3\frac{1}{4}b)$
29. $(-5uv) \cdot (3wx) \cdot (-2ux) \cdot (2{,}5vw) \cdot (-0{,}5xy)$
30. $(-54{,}4lm) \cdot (-15{,}6lo) \cdot (18{,}5mo) \cdot (-2{,}5lo)$
31. $(3\frac{1}{4}xy^2) \cdot (-2\frac{1}{3}u^2v) \cdot (-4\frac{1}{2}x^2) \cdot (-1\frac{5}{6}uv)$
32. $(0{,}5ab) \cdot (1\frac{1}{5}b) \cdot (-4a) \cdot (-2) \cdot (3\frac{1}{2}a^2b)$
33. $(2\frac{1}{3}a^3b^2) \cdot (-b^5a^2) \cdot (0{,}25b^4) \cdot (1\frac{1}{4}a^3b)$
34. $(0{,}5a) \cdot (-6a^3b) + (4a^2b^2) \cdot (-2{,}5b) - (6a^3) \cdot (-1{,}5b^2) \cdot (-a^5)$
35. $(-1{,}5x) \cdot (4x^6y^2) - (-\frac{3}{4}y^3) \cdot (2\frac{1}{6}x^3) + (0{,}6x^8) \cdot (-3{,}5x^3y^4) + (-7x^3) \cdot (-0{,}2y^{14})$
36. $\frac{4a^3}{2a}$
37. $\frac{5a^4b^2}{15ab}$
38. $\frac{-17cd^2}{34cd}$

39. $4a \cdot \frac{5}{12ab}$ 40. $\frac{u}{9v} \cdot (-4)uv$ 41. $3x \cdot \frac{7y}{9xz}$ 42. $\frac{u}{25vw} \cdot 15uw$ 43. $\frac{7s}{8uv} \cdot 32uv^3$

44. $\frac{ab}{28cd} \cdot (-14)bd$ 45. $\frac{2xy}{42uv} \cdot 56v^2$ 46. $\frac{7a^3}{(-35)b^4} \cdot 25a^2b^3$ 47. $\frac{8x^3y^4x}{24x^2yz^3} \cdot (-6z^2x)$ 48. $\frac{1+u}{v+2}(2+v)$

Multiplizieren Sie aus:

49. $(3a - 4b)(a + 2b)$ 50. $(4x - 12y)(3y - 5x)$ 51. $(-7a - 36)(5a + 4b)$
52. $(3{,}4a - 1{,}3b)(4a - 5b)$ 53. $(4{,}2x + 2{,}15y)(1{,}5x - 0{,}4y)$ 54. $(4{,}4x - 6y)(4x - 3{,}6y)$
55. $(2{,}5a + 1{,}5)(7{,}4a - 0{,}5b)$ 56. $(2{,}45a - 6)(4 - 4{,}4a)$ 57. $(0{,}5 - 2{,}2u)(3{,}4 - 5{,}6u)$
58. $[(-3)x + 4{,}5y][2{,}4x - (-2)y]$ 59. $(\frac{3}{4}a - \frac{1}{6}b)(\frac{1}{6}a + \frac{3}{4}b)$ 60. $(\frac{2}{7}u + \frac{2}{3}v)(\frac{1}{3}u + \frac{4}{7}v)$
61. $(a^2 - ab - b^2)(a + b)$ 62. $(x - y)(y^2 - 2xy - x^2)$ 63. $(3x + 4y + 2z)(2x - y)$
64. $(2u - 4v - 6w)(3v - 5w)$ 65. $(\frac{1}{2}a - \frac{1}{3}b + 2c)(2a - 6b)$ 66. $(2x - 3w - 3y - 2z)(3z + 2y + 2w - 2x)$
67. $(2uv + 3uw + 4xv + 3xw)(4uv - 3uw - 2xv - 3xw)$ 68. $(1{,}4a - 2{,}5b + 1{,}6c)(2{,}4a + 4{,}2b - 7{,}3c)$
69. $(3\frac{1}{3}x - \frac{1}{6}y + 2\frac{1}{2}z)(4\frac{2}{3}x - 2y - \frac{1}{2}z)$ 70. $(3\frac{2}{3}x - 2\frac{1}{4}y + 4\frac{3}{7}z)(-1\frac{1}{3}x - 2\frac{3}{4}y + 3\frac{1}{2}z)$
71. $(x + y + z)(x + y + z)$ 72. $(x + y - z)(x + y - z)$ 73. $(x - y + z)(x + y - z)$
74. $(-x - y - z)(-x - y - z)$ 75. $(u - 3 - v)(u + 3 + v)$ 76. $(3u - 2v - 1)(2u - 3v + 1)$
77. $(4u + 2)(5u - 4)(3u + 3)$ 78. $(7m - 3)(2m - 4)(5m + 2)$ 79. $(m + u)(m - v)(m - w)$
80. $(w - 2v)(2w + 1)(3 - 2v)$ 81. $5x(2x^3 + 4xy - y^3) - (3x^3 + 2xy)(3x - 4y) + 5xy^3$
82. $(2a - 3b)[(4a + 2b)(a - b) - (3a - 2b)(3a + 2b)]$ 83. $(4x + 2y - z)[3x(-x - 2y - 6z) + (3x - 2y + z)4y]$

Dividieren Sie:

Beispiel: $(45a^2bc^2):(5abc) = \frac{45a^2bc^2}{5abc} = 9ac$

84. $(-17x^3y^2) : (34xy^2)$ 85. $(72xy^3z) : (18yz)$ 86. $(56xyz^2) : (14xy)$
87. $(529u^4v^3w) : (13u^2v^2)$ 88. $(-16xy) : (-4y)$ 89. $(42rs^2) : (-3rs)$
90. $[-63r^4s^7t^2] : [7s^5t^2(-1)]$ 91. $(-15xy) : (-45xyz)$ 92. $(69uc^3d^2) : (198u^3c^2d^3)$
93. $(-40rs) : (\frac{1}{4}r)$ 94. $(\frac{1}{5}a^2bc^2) : (\frac{3}{20}ab^2c)$ 95. $(2{,}38u^2vw) : (-0{,}07u^3w)$

96. $\frac{12x^3y^4z^3}{4xyz}$ 97. $\frac{3r^4s^2}{-21r^3st}$ 98. $\frac{-76u^2vw^2}{19uv^2w^2}$ 99. $\frac{6x^7y^5z^3}{(-1)x^5y^7z^2}$

100. $\frac{-\frac{2}{7}m^3n^2r}{\frac{8}{21}m^4nr^2}$ 101. $\frac{\frac{4}{3}xy}{\frac{2}{45}yz}$ 102. $\frac{71a^2bc}{92ac^2d}$ 103. $\frac{-0{,}25a^2b^2}{1{,}5ab^3}$

104. $(0{,}034a^3) : (0{,}002ab^2)$ 105. $(14\,650x^4y) : (220x^2y^2)$ 106. $(-0{,}081a^3b^2c) : (2{,}7a^2bc)$
107. $(-8{,}4xyz) : (-5{,}25xz)$ 108. $(3\frac{3}{4}uv^2w) : (-2\frac{1}{2}v^2u)$ 109. $(-7\frac{3}{5}r^0st^4) : (\frac{2}{5}r^3st^2)$
110. $[(3\frac{3}{5}uvg)(-1\frac{7}{18}gh)] : (-3\frac{3}{4}uh)$ 111. $[(-2{,}5xyz)(-3\frac{1}{2}uv)] : (-3\frac{1}{3}y^2z^2)$ 112. $(9\frac{2}{7}x^2y) : [(-\frac{5}{14}xy)(-1\frac{4}{9}xy^2)]$

113. $\frac{5(x+y)(-x-y)}{25(x+y)^3}$ 114. $\frac{u^3+u^2v}{u^3-u^2v}$ 115. $\frac{9x^3+x^2}{9x^3-x^2}$ 116. $\frac{4s^3t^2-4s^2t^3}{2s^3q-2s^2q^2}$

Beispiel: $(-x^2 + 20xy - 6x^2y):(4x)$
$= \frac{-x^2}{4x} + \frac{20xy}{4x} - \frac{6x^2y}{4x} = -\frac{x}{4} + 5y - \frac{3}{2}xy$

117. $(27a^2b - 63ab^2) : (-9ab)$ 118. $(21xy + 6xz - 9xw) : (3x)$
119. $(a^3 + 28a^2b - 14ab) : (7a)$ 120. $(-45abc + 18bc - 24ac) : (3c)$
121. $(14{,}4u - 4{,}8v - 0{,}04w) : 1{,}6$ 122. $(25{,}8x^2y - 1{,}29xz) : (43x)$
123. $(42q^3rst + 18q^2rst - 54r^3s^2t) : (6rst)$ 124. $(\frac{5}{12}x^3 + 4\frac{1}{6}x^2y - 6\frac{2}{3}x^2z) : (1\frac{2}{3}x^2)$
125. $(4q^2t - 8rt^2 + 16st) : (\frac{t}{4})$ 126. $(\frac{2}{3}rs - \frac{3}{5}ts^2 - \frac{4}{7}q^2s^3) : (2\frac{2}{7}s)$
127. $(70u^3v^4 - 98u^4v^3) : (-14uv)$ 128. $(-66a^2b + 121ab^2 - 165ab) : (11a)$
129. $(18a^3 - 24a^2b + 8a^3b) : (-6a^2)$ 130. $(-\frac{4}{5}u^4 + 1\frac{1}{4}u^2v) : (-\frac{4}{5}u^2)$
131. $(\frac{4}{5}u^4v^2 - \frac{5}{4}u^2v + \frac{4}{5}u^2v^4) : (-\frac{4}{5}u^2v)$ 132. $(2\frac{4}{5}uv - 1\frac{1}{6}uw - 2\frac{5}{8}uxw) : (-2\frac{1}{3}u)$
133. $(14su - 3{,}5tu) : (7u) - (1{,}6sv + 2{,}5tv) : (-8v)$
134. $(-17{,}5a^5b^3 + 27{,}5a^4b^4) : (-1{,}25a^4b^3) + (3{,}5ac^3 - 6{,}3ac^3) : (0{,}14c^3)$
135. $(3\frac{1}{4}x^3y - 16x^2yz) : (-2\frac{3}{4}x^2) - (8{,}1x^4y + 27x^3yz^2) : (-2{,}7x^3z)$

Vereinfachen Sie:

136. $\frac{7x-y}{x^2-y}+\frac{x-3y}{x^2-y}-\frac{4x+2y}{x^2-y}$

137. $\frac{(u-v)^2}{3uv}-\frac{(u+v)^2}{3uv}$

138. $\frac{3a^2-5a+7}{8a-3}-\frac{5a^2-2a+4}{8a-3}+\frac{2a^2-3}{8a-3}$

139. $\frac{2xy^2+x^2y}{2x-5}+\frac{6x-xy(2y+x)}{2x-5}-\frac{5+4x}{2x-5}$

140. $\frac{(4a-5b)(a+3b)}{a^2+b^2}-\frac{(2a-7b)(2a+3b)}{a^2+b^2}-\frac{3b(5a+2b)}{a^2+b^2}$

141. $\frac{3x(x-5y)}{x^2+2y^2}+\frac{(4x+3y)^2}{x^2+2y^2}+\frac{3x^2}{x^2+2y^2}-\frac{(6x+y)(3x+y)}{x^2+2y^2}$

142. $\frac{(a-b)(-a-b)}{2a^2-6ab}+\frac{(a+b)^2}{2a^2-6ab}-\frac{(a-b)^2}{2a^2-6ab}+\frac{(a-b)(a+b)}{2a^2-6ab}$

143. $\frac{(2x-3y)^2}{x^2+3x^3y}+\frac{(x+2y)(3x-4y)}{x^2+3x^3y}-\frac{(x-y)^2}{x^2+3x^3y}-\frac{(5x-8y)x}{x^2+3x^3y}$

144. $\frac{(r-s)}{2r^2s}-\frac{3rs+\frac{1}{4}r}{3rst^2}+\frac{6r}{12r^2t^2}-\frac{3t+2r}{6rst}+\frac{9s^2}{18r^2s^2}+\frac{4s-1}{4st^2}$

145. $\frac{(2z-x)}{15xy}-\frac{\frac{3}{4}zy}{3zy}-\frac{y^2\left(2z+\frac{1}{3}\right)}{10y^2z}+\frac{4+3z}{12z}-\frac{x-z}{5xz}-\frac{y(2z-x)}{15xy^2}$

146. $\frac{9}{8a^2}-\frac{3}{4v}+\frac{5a^2-v}{12va^2}+\frac{1}{6u}-\frac{3u-4a^2}{8ua^2}+\frac{u-2v}{3uv}$

147. $\frac{y(3z-4x)}{6xz}+\frac{x(7y-5z)}{4yz}-\frac{9x-4y}{6z}+\frac{5x^2-2y^2}{4xy}$

148. $\frac{-8}{(1-u)^2}+\frac{12}{(1-u)^3}+\frac{2}{1-u}+\frac{1}{u}$

149. $a^m\cdot a^4$ 150. $r^n\cdot r^{5n}$ 151. $y^{m+n}\cdot y^{m+n}$ 152. $x^7\cdot x^{n-5}$ 153. $y^{3m-2}\cdot y^4$

154. $x^{m+1}\cdot x$ 155. $a^{u-2v}\cdot a^0$ 156. $y^{2x-3}\cdot y^{3-2x}$ 157. $x^{n-1}\cdot x^{-(n-1)}$ 158. $x^{\frac{1}{2}}\cdot x^{\frac{1}{2}}$

159. $x^{m+1}:x^{m-1}$ 160. $(x^m-x^{m+2}):x^m$ 161. $y^{n-5}:y^{2n+8}$

Klammern Sie aus:

162. $\frac{a\cdot b\cdot c^2}{3}-b\cdot c^2\cdot d$

163. $\frac{\lambda^3\mu\pi^2}{9AF}+\frac{\lambda^2\mu\pi}{3AF}$

164. $\frac{g\cdot h\cdot\pi}{15\cdot r}+\frac{\pi r^2\cdot h}{6s}+\frac{2\pi r}{9st}$

2.5 Die binomischen Formeln

Es kommt sehr häufig vor, dass die Terme $(a+b)^2$, $(a-b)^2$ und $(a+b)\cdot(a-b)$ umgeformt werden müssen.

$a+b$ und $a-b$ heißen auch „**Bi**nome" (in $a+b$ und $a-b$ kommen jeweils **zwei** Variable vor).

Erste binomische Formel:

Wir rechnen:

$$(a+b)^2=(a+b)\cdot(a+b)=a\cdot a+a\cdot b+b\cdot a+b\cdot b=a^2+ab+ab+b^2$$
$$=\underline{a^2+2ab+b^2}$$

Wir haben erhalten: $(a+b)^2=a^2+2ab+b^2$. Da wir die obige Rechnung nicht immer durchführen wollen, merken wir uns das Ergebnis:

$(a+b)^2=a^2+2ab+b^2$ für alle $a, b\in\mathbb{Q}$

Veranschaulichung für $a, b \in \mathbb{Q}_+$:

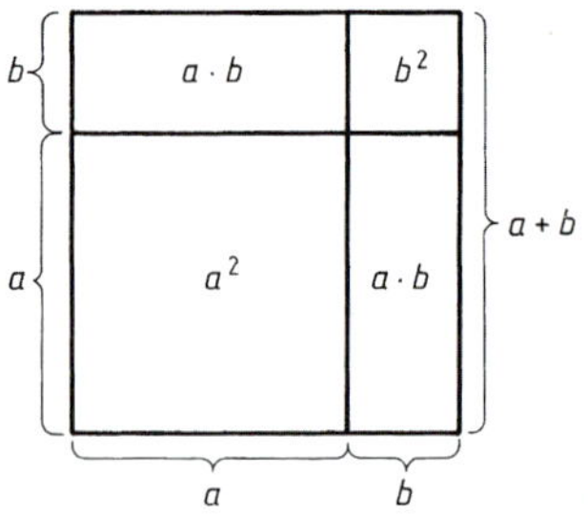

$(a + b)^2 = a^2 + 2 \cdot a \cdot b + b^2$

Abb. 2.10

Zweite binomische Formel:

$$(a - b)^2 = (a - b) \cdot (a - b) = a \cdot a - a \cdot b - b \cdot a + b \cdot b$$
$$= a^2 - a \cdot b - a \cdot b + b^2 = a^2 - 2\,ab + b^2;$$

oder $(a - b)^2 = [a + (-b)]^2 = a^2 + 2 \cdot a \cdot (-b) + (-b)^2 = \underline{a^2 - 2\,ab + b^2}$, also:

↓

(1. bin. Formel)

$(a - b)^2 = a^2 - 2\,ab + b^2$ für alle $a, b \in \mathbb{Q}$

Veranschaulichung für $a, b \in \mathbb{Q}_+$ mit $a > b$:

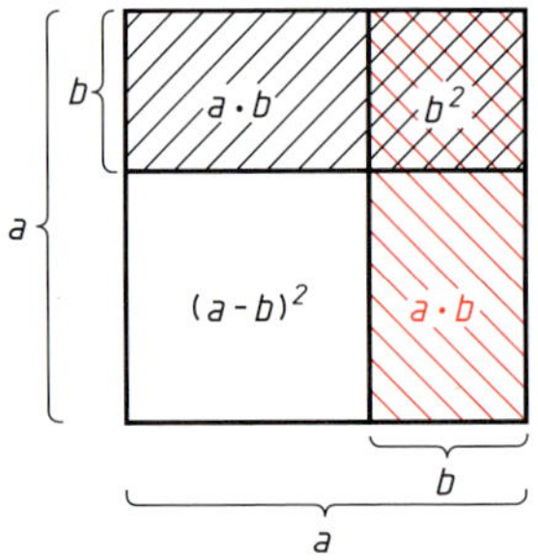

$(a - b)^2 = a^2 - 2 \cdot a \cdot b + b^2$

Abb. 2.11

Dritte binomische Formel:

$(a + b) \cdot (a - b) = a \cdot a - a \cdot b + b \cdot a - b \cdot b = a^2 - a \cdot b + a \cdot b - b^2 = \underline{a^2 - b^2}$, also:

$(a + b) \cdot (a - b) = a^2 - b^2$ für alle $a, b \in \mathbb{Q}$

Veranschaulichung für $a, b \in \mathbb{Q}_+$ mit $a > b$:

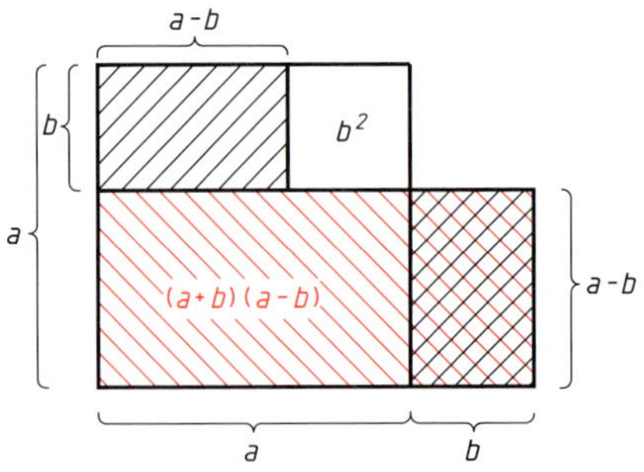

$(a + b) \cdot (a - b) = a^2 - b^2$

Abb. 2.12

Beispiele

a) $102^2 = (100 + 2)^2 = 100^2 + 2 \cdot 100 \cdot 2 + 2^2 = 10\,000 + 400 + 4 = \underline{10\,404}$

b) $197^2 = (200 - 3)^2 = 200^2 - 2 \cdot 200 \cdot 3 + 3^2 = 40\,000 - 1200 + 9 = \underline{38\,809}$

c) $62 \cdot 58 = (60 + 2) \cdot (60 - 2) = 60^2 - 2^2 = 3600 - 4 = \underline{3596}$

d) $(x + 3)^2 = x^2 + 2 \cdot x \cdot 3 + 3^2 = \underline{x^2 + 6x + 9}$

e) $(2a - b)^2 = (2a)^2 - 2 \cdot 2a \cdot b + b^2 = \underline{4a^2 - 4ab + b^2}$

f) $(4a + 3) \cdot (4a - 3) = (4a)^2 - 3^2 = \underline{16a^2 - 9}$

g) $(x + y)^2 - (x - y)^2 = x^2 + 2xy + y^2 - (x^2 - 2xy + y^2)$
$= x^2 + 2xy + y^2 - x^2 + 2xy - y^2 = \underline{4xy}$

h) $a^2 + 4ay + 4y^2 = \underline{(a + 2y)^2}$

i) $9x^2 - 6ax + a^2 = \underline{(3x - a)^2}$

j) $2{,}89y^2 + 3{,}4y + 1 = \underline{(1{,}7y + 1)^2}$

k) $y^2 - z^2 = \underline{(y + z) \cdot (y - z)}$

l) $16a^2b^2 - 1 = \underline{(4ab + 1) \cdot (4ab - 1)}$

m) $5{,}76c^2 - 400d^2 = \underline{(2{,}4c + 20d) \cdot (2{,}4c - 20d)}$

n) $9a^2 - b^2 - 9c^2 + 6bc = 9a^2 - b^2 + 6bc - 9c^2$
$= 9a^2 - (b^2 - 6bc + 9c^2)$
$= 9a^2 - (b - 3c)^2$
$= \underline{[3a + (b - 3c)] \cdot [3a - (b - 3c)]}$

o) $(a + b)^3 = (a + b) \cdot (a + b)^2$
$= (a + b) \cdot (a^2 + 2ab + b^2)$
$= a^3 + 2a^2b + ab^2 + ba^2 + 2ab^2 + b^3$
$= a^3 + 2a^2b + a^2b + 3ab^2 + b^3$, also
$(a + b)^3 = \underline{a^3 + 3a^2b + 3ab^2 + b^3}$ (vgl. Abb. 2.13)

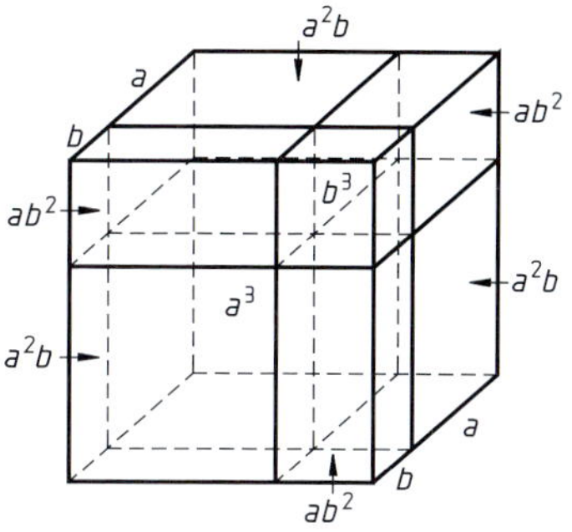

Abb. 2.13

p) $(x + 3)^3 = x^3 + 3x^2 \cdot 3 + 3x \cdot 3^2 + 3^3 = \underline{x^3 + 9x^2 + 27x + 27}$

q) $(a - b)^3 = (a - b) \cdot (a - b)^2 = (a - b) \cdot (a^2 - 2ab + b^2)$
$= a^3 - 2a^2b + ab^2 - ba^2 + 2ab^2 - b^3$, also
$(a - b)^3 = \underline{a^3 - 3a^2b + 3ab^2 - b^3}$

r) $(2a - 3b)^3 = (2a)^3 - 3 \cdot (2a)^2 \cdot 3b + 3 \cdot (2a) \cdot (3b)^2 - (3b)^3$
$= 2^3 \cdot a^3 - 9b \cdot 2^2 \cdot a^2 + 6a \cdot 3^2 \cdot b^2 - 3^3 \cdot b^3$
$= \underline{8a^3 - 36a^2b + 54ab^2 - 27b^3}$

Aufgaben zu 2.5

1. Berechnen Sie mit Hilfe der binomischen Formeln im Kopf oder halbschriftlich!
Beispiel: $26^2 = (20 + 6)^2 = 20^2 + 2 \cdot 20 \cdot 6 + 6^2 = 400 + 240 + 36 = 676$

a) 56^2	b) 79^2	c) 105^2	d) 53^2	e) 76^2	f) 81^2
g) 42^2	h) 95^2	i) 64^2	j) $3{,}8^2$	k) $2{,}7^2$	l) $9{,}7^2$
m) $49 \cdot 51$	n) $68 \cdot 72$	o) $27 \cdot 33$	p) $76 \cdot 84$	q) $79 \cdot 81$	r) $67 \cdot 73$
s) $8{,}5 \cdot 9{,}5$	t) $9{,}7 \cdot 10{,}3$	u) $4{,}1 \cdot 3{,}9$	v) $5{,}2 \cdot 6{,}8$		

2. Berechnen Sie mit Hilfe der binomischen Formeln!
Beispiel: $(x + 5)^2 = x^2 + 2 \cdot x \cdot 5 + 5^2 = x^2 + 10x + 25$

a) $(3x + 4)^2$	b) $(5u - 3)^2$	c) $(a - 5b)^2$	d) $(v + 1)^2$	e) $(v - 1)^2$
f) $(4x + 5y)^2$	g) $(11a - 15b)^2$	h) $(3{,}2u + 1{,}3v)^2$	i) $(0{,}5x - 0{,}6y)^2$	j) $(2{,}4 + 1{,}55a)^2$
k) $(\frac{5}{7}x - 7)^2$	l) $(\frac{6}{5}a - \frac{15}{2}b)^2$	m) $(\frac{2}{7}p + \frac{7}{2}q)^2$	n) $(a - \frac{1}{a})^2$	o) $(n + \frac{2}{n})^2$

3. Berechnen Sie!

a) $(u-2)(u+2)$ b) $(a+b)(a-b)$ c) $(3x+4)(3x-4)$ d) $(2u+5v)(5v+2u)$

e) $(12a+17b)(12a-17b)$ f) $(2{,}4u-3{,}7v)(2{,}4u+3{,}7v)$ g) $(\frac{8}{9}a-\frac{3}{4}b)(\frac{8}{9}a+\frac{3}{4}b)$

h) $(x+y+z)(x+y+z)$ i) $(x-y-z)(x-y-z)$ j) $(x+y-z)(x-y+z)$

k) $(2u+3v+4w)^2$ l) $(x-3y+z)^2$ m) $(4a-1{,}5b-1)^2$

n) $(1{,}5u+3v-0{,}2w)^2$ o) $(3x-2y+1)(3x+2y-1)$ p) $(a+b+c)(c-a-b)$

4. Berechnen Sie!

a) $(a-1)^3$ b) $(x-2y)^3$ c) $(5u-2v)^3$ d) $(x-\frac{1}{x})^3$ e) $(\frac{1}{a}+\frac{1}{b})^3$

f) $(2u+\frac{1}{4}v)^3$ g) $(\frac{1}{2}x-\frac{1}{4}y)^3$ h) $(2a+0{,}5b)^3$ i) $(1{,}1u-1{,}2v)^3$ j) $(2u+4v)^3$

5. Stellen Sie die folgenden Terme mit Hilfe der binomischen Formeln als Produkte (Potenzen) dar!

Beispiel: $x^2+10xy+25y^2 = x^2+2\cdot 5xy+5^2y^2 = (x+5y)^2$

a) $x^2-8xy+16y^2$ b) $u^2+6uv+9v^2$ c) $16s^2-8st+t^2$

d) $25g^2+30gh+9h^2$ e) $9x^2-24x+16$ f) $121u^2-154uv+49v^2$

g) $36s^2+108st+81t^2$ h) $6{,}25c^2-4cd+0{,}64d^2$ i) $0{,}81+3{,}78z+4{,}41z^2$

j) $21{,}16d^2-147{,}2d+256$ k) u^2-4v^2 l) h^2-1

m) $49x^2-25y^2$ n) $64s^2t^2-9r^2$ o) $196d^2h^2p^2-169q^2r^2$

p) $6{,}25l^2-20{,}25m^2$ q) $\frac{4}{9}x^2-\frac{16}{25}y^2$ r) $3\frac{1}{16}s^2-6\frac{1}{4}t^2$

s) $11uv^2-0{,}44w^2u$ t) $x^2-2xy+y^2-z^2$ u) $16s^2+24s+9-4t^2$

6. Vereinfachen Sie!

a) $(2-3a)(4+1{,}5a)+3(a-2)^2+(5+0{,}5a)(a-4)$ b) $(3{,}5x+2)(5-3x)+6(x-3)^2+4{,}5(x-4)^2+10x-3$

c) $(2x-3)(2x+3)-(x-4)^2+3(3x+2)^2$ d) $(10u-6v)(14v+10u)+(6u-2v)^2-(3u+5v)^2+143u^2-96uv+v^2$

e) $(a-b)(a-b)+(a+b)^2-(a+b)(a-b)+(a^2-b^2)$ f) $(x-1)^3+(1-x)^2-x(1+x^2-2x)$

7. Dividieren Sie!

Beispiel:

$$\begin{array}{l} (x^2-3x-10):(x-5)=x+2 \\ \underline{-(x^2-5x)} \\ \quad\quad 2x-10 \\ \quad \underline{-(2x-10)} \\ \quad\quad\quad 0 \end{array}$$

Hinweis: Den ersten Summanden des Ergebnises (x) erhält man, indem man x^2 durch x dividiert. (Achtung: Terme so ordnen, dass die Summanden mit den höchsten Exponenten am Anfang stehen!)

a) $(u^2-4u+3):(u-3)$ b) $(7x^2+4xy-3y^2):(7x-3y)$

c) $(p^2-q^2):(p+q)$ d) $(s^3+t^3):(s+t)$

e) $(v^2-36):(v-6)$ f) $(x^2+2xy-3y^2):(x-y)$

g) $(20s^2-41st+20t^2):(4s-5t)$ h) $(8a^2-2ab-3b^2):(2a+b)$

i) $(4v^2+10vw-6w^2):(4v-2w)$ j) $(2a^3+54b^3):(a+3b)$

k) $(2a^3+3a^2b-b^3):(2a-b)$ l) $(10x^2-33xy-7y^2):(2x-7y)$

m) $(1{,}2r^2-0{,}5rs-2{,}5s^2):(3r-5s)$ n) $(35r^2-3{,}5rs-10{,}5s^2):(5r+2{,}5s)$

o) $(10v^2-15{,}75vw-52w^2):(2{,}5v-8w)$ p) $(6{,}6x^2+1{,}1xy-16{,}5y^2):(2{,}2x-3{,}3y)$

q) $(31{,}5a^2+2{,}49a-0{,}15):(4{,}2a+0{,}5)$ r) $(34{,}2x^2-2{,}73xy+0{,}03y^2):(9x-0{,}6y)$

s) $(0{,}69r^2+3{,}52rs-2{,}21s^2):(0{,}3r+1{,}7b)$ t) $(2{,}25u^2+1{,}2uv-8{,}25v^2):(1{,}5u+3{,}3v)$

u) $(21{,}25v^2-16{,}4vw-19{,}2w^2):(3{,}4v-4{,}8w)$ v) $(1{,}206r^2-20{,}04r-1):(4{,}02r+0{,}2)$

w) $(\frac{64}{9}x^2-16y^2):(2\frac{2}{3}x-4y)$ x) $(a^2-1\frac{1}{6}a-1\frac{2}{3}):(a+\frac{5}{6})$

8. Dividieren Sie!

a) $(36x^2-27xy+2y^2):(3x-\frac{1}{4}y)$ b) $(24u^2-11uv+v^2):(2u-\frac{1}{4}v)$

c) $(11\frac{1}{2}a^2-7ab-4{,}5b^2):(2\frac{1}{2}a-2{,}5b)$ d) $(6r^3+5r^2-21r+10):(3r-2)$

e) $(6uw-4ux+9vw-6vx):(2u+3v)$ f) $(-21x^3+x^2+17x-5):(5-7x)$

g) $(6a^2+14b-4a-21ab):(2a-7b)$ h) $(3s^3-2\frac{1}{2}s^2-13s+4\frac{1}{2}):(3s-1)$

i) $(x^2-2xz-y^2+z^2):(x-y-z)$ j) $(49u^2-35uv+14u):(7u-5v+2)$

k) $(r^2+2rt-s^2-t^2):(r-s+t)$ l) $(84r^2-28rs+21r):(12r-4s+3)$

9. Vereinfachen Sie!

Beispiel: $\frac{(a-1)^2}{a^2-1} = \frac{(a-1)^2}{(a-1)(a+1)} = \frac{a-1}{a+1}$

a) $\frac{(x+y)^2}{x^2-y^2}$ b) $\frac{a^2-b^2}{a-b}$ c) $\frac{15s^2+15st}{5(s+t)^2}$ d) $\frac{u^2-2uv+v^2}{u^2-v^2}$

e) $\frac{p^4-q^4}{p^2-q^2}$ f) $\frac{49x^4-16y^2}{14x^2-8y}$ g) $\frac{3x+9}{9(4x+12)^2}$ h) $\frac{15a-20}{96-54a^2}$

i) $\frac{9u^2-25v^2}{(3u-5v)^2}$ j) $\frac{21p^2-9p}{6p^2+15p}$ k) $\frac{x^2-16}{x-4}$ l) $\frac{2x^2-5xy+3y^2}{2x-3y}$

m) $\frac{v^2-3v-10}{v+2}$ n) $\frac{u^2-12u+27}{u-9}$ o) $\frac{w^2+4w-77}{w-7}$ p) $\frac{16x^2+40xy+25y^2}{16x^2-25y^2}$

10. Vereinfachen Sie!

a) $\frac{uw+ux+vw+vx}{w^2-x^2}$ b) $\frac{9p^2-42pq+49q^2}{9p^2-49q^2}$ c) $\frac{2u^2-32v^2}{2u^2+16uv+32v^2}$ d) $\frac{4s^2+4st-15t^2}{2s-3t}$

e) $\frac{4x^2+28xy^2+49y^4}{2x+7y^2}$ f) $\frac{4a^2-28ab-49b^2}{4ab-14b^2}$ g) $\frac{x^2-6x+9}{x^2-4x+3}$ h) $\frac{x^2-x-30}{x^2-2x-24}$

i) $\frac{a^2+ab-12b^2}{a^2+2ab-8b^2}$ j) $\frac{8q^2-2pq-p^2}{p^2+pq-12q^2}$ k) $\frac{6u^2+5uv-4v^2}{2u^2+uv-v^2}$ l) $\frac{9s^2+st-10t^2}{110t^2+89st-9s^2}$

m) $\frac{8x^2+10xy-3y^2}{7y^2-22xy-24x^2}$ n) $\frac{24p^2-29pq-63q^2}{21q^2-23pq+6p^2}$ o) $\frac{u-v}{3u-6v} - \frac{u+v}{2u+4v} - \frac{uv}{u^2-4v^2}$

11. a) Überprüfen Sie an drei Zahlenbeispielen, ob gilt:
$(a+b)^2 \geqq 4ab \quad (a, b \in \mathbb{Q})$
b) Wann gilt das Gleichheitszeichen?
c) Beweisen Sie mit Hilfe der 2. binomischen Formel, dass für alle $a, b \in \mathbb{Q}$ gilt:
$(a+b)^2 \geqq 4ab$

12. a) Berechnen und ordnen Sie in den Ergebnissen nach fallenden Potenzen von a:
$(a+b)^0$, $(a+b)^1$, $(a+b)^2$, $(a+b)^3$, $(a+b)^4$, $(a+b)^5$, $(a+b)^6$.
Die **„Koeffizienten"**, die jeweils bei der Ordnung nach fallenden Potenzen von a entstehen, lassen sich in Form eines Dreiecks folgendermaßen untereinander schreiben:

$(a+b)^0$:	1	$(a+b)^0 = 1$
$(a+b)^1$:	1 1	$(a+b)^1 = 1 \cdot a + 1 \cdot b$
$(a+b)^2$:	1 2 1	$(a+b)^2 = 1 \cdot a^2 + 2 \cdot ab + 1 \cdot b^2$
$(a+b)^3$:	1 3 3 1	⋮
$(a+b)^4$:	1 4 6 4 1	⋮
⋮	. . . .	⋮

Diese so aus Zahlen gebildete Figur heißt **„Pascal'sches Dreieck"**.
b) Untersuchen Sie, wie eine Zeile des Pascalschen Dreiecks aus der darüber stehenden hervorgeht!
c) Setzen Sie das Pascalsche Dreieck um zwei Zeilen fort und vergleichen Sie mit Ihren Ergebnissen in a)!
d) Ermitteln Sie mit Hilfe des Pascalschen Dreiecks die Formel für $(a+b)^7$!

13. Berechnen Sie mithilfe des Pascalschen Dreiecks!
a) $(3x+1)^3$ b) $(3+4a)^4$ c) $(x-2y)^4$
d) $(a-b)^4$ e) $(3-2x)^5$ f) $(x-y)^7$

14. Einem Käufer werden zwei rechteckige Grundstücke angeboten, die den gleichen Umfang haben. Das eine Rechteck ist ein Quadrat, das andere nicht. Welches Grundstück hat den größeren Flächeninhalt?

3 Rechnen mit dem Taschenrechner

3.1 Zehnerpotenzen und Potenzen mit negativen Hochzahlen

Rechnen Sie mit Ihrem Taschenrechner (Abkürzung: TR):

a) 6 000 000 · 300 000 Anzeige: 1.8 12

b) 0,0000785 : 2 000 000 Anzeige: 3.925 – 11

Falls Sie einen sog. „wissenschaftlichen TR" benutzen, erscheinen bei Ihrem TR die gleichen Ergebnisse, wie sie hier im Buch angegeben sind.

Wie sind die Ergebnisse zu lesen?

Es ist klar, dass der Punkt . in der Anzeige jeweils als Komma gelesen werden muss.

Wir rechnen im Kopf:

a) 6 000 000 · 300 000 = 1 800 000 000 000
(6 · 3 = 18 und dann noch 6 + 5 = 11 Nullen)

b) 0,0000785 : 2 000 000 = 0,000 000 000 039 25
(hinter dem Komma 4 + 6 = 10 Nullen und dann die Ziffernfolge 3925)

In der üblichen Darstellung könnten diese beiden Zahlen in der Anzeige eines TR also gar nicht erscheinen, da die Anzahl der Stellen jeweils zu groß ist. Mit einem einfachen TR lassen sich diese Rechnungen auch gar nicht ausführen. Bei einem wissenschaftlichen TR hilft man sich mit einer anderen Darstellung.

Offensichtlich müssen die Ergebnisse so gelesen werden:

bei a) $1{,}8 \cdot 10^{12}$ (10^{12} hat hinter der Ziffer 1 insgesamt 12 Nullen.
$10^{12} = \underbrace{10 \cdot 10 \cdot \ldots \cdot 10 \cdot 10}_{\text{12-mal 10 als Faktor}}$)

bei b) $3{,}925 \cdot 10^{-11}$ $\left(10^{-11} \text{ andere Schreibweise für } \frac{1}{10^{11}}\right)$

Definition

$$10^{-n} = \frac{1}{10^n} \quad \text{für alle} \quad n \in \mathbb{N}^*$$

Beispiele

$10^{-1} = \frac{1}{10^1} = 0{,}1$ (1 an der ersten Stelle hinter dem Komma);

$10^{-2} = \frac{1}{10^2} = 0{,}01$ (1 an der 2. Stelle hinter dem Komma);

$10^{-7} = \frac{1}{10^7} = \frac{1}{10\,000\,000} = 0{,}000\,000\,1$ (1 an der 7. Stelle hinter dem Komma);

$1{,}2 \cdot 10^{-4} = 0{,}00012$ (Komma um 4 Stellen nach links);
$3{,}45 \cdot 10^{-3} = 0{,}00345$ (Komma um 3 Stellen nach links);
Masse eines Elektrons: etwa $9 \cdot 10^{-28}$ g;
Radius eines Atomkerns: etwa 10^{-12} mm;
Durchmesser eines roten Blutkörperchens: etwa $7{,}5 \cdot 10^{-3}$ mm;
mittlerer Abstand Erde – Mond; etwa $3{,}84 \cdot 10^5$ km;
mittlerer Abstand Sonne – Erde: etwa $1{,}5 \cdot 10^8$ km;
Masse der Erde: etwa $6 \cdot 10^{21}$ t;
Anzahl der Atome eines Menschen: etwa 10^{28};
Masse der Sonne: etwa $2 \cdot 10^{27}$ t;
Anzahl der Protonen im Weltall: etwa 10^{80}.

Die in den Beispielen vorkommenden Zahlen können alle in der Anzeige eines wissenschaftlichen TR erscheinen, da sich dort alle ganzen Zahlen zwischen −99 und 99 als Exponenten von 10 angeben lassen.

In der **Technik** werden für spezielle Zehnerpotenzen abkürzende Zeichen verwendet:

10^{-9} m = 1 nm (Nanometer)	10^{3} g = 1 kg (Kilogramm)
10^{-6} A = 1 μA (Mikroampere)	10^{6} W = 1 MW (Megawatt)
10^{-3} V = 1 mV (Millivolt)	10^{9} Hz = 1 GHz (Gigahertz)

Die Potenzen von 10 mit ganzzahligen Exponenten ermöglichen uns ein besseres Verständnis für die übliche Zahldarstellung im 10er-System.

Beispiel

120 304,567089 ist eine kürzere Schreibweise für

$$1 \cdot 10^5 + 2 \cdot 10^4 + 0 \cdot 10^3 + 3 \cdot 10^2 + 0 \cdot 10^1 + 4 \cdot 10^0$$
$$+ 5 \cdot 10^{-1} + 6 \cdot 10^{-2} + 7 \cdot 10^{-3} + 0 \cdot 10^{-4} + 8 \cdot 10^{-5} + 9 \cdot 10^{-6}.$$

Wie bei der Basis 10 können wir die Definition der Potenz a^m auf negative ganze Zahlen m in der folgenden Weise erweitern (der Fall $a = 0$ muss allerdings ausgeschlossen werden):

Definition

$$a^{-m} = \frac{1}{a^m} \quad \text{für alle} \quad a \in \mathbb{Q}\setminus\{0\} \quad \text{und alle} \quad m \in \mathbb{N}^*$$

Die im Abschnitt 2.4 aufgeführten Potenzgesetze gelten entsprechend auch für **negative** ganzzahlige Exponenten. Damit können wir das **4. Potenzgesetz** jetzt zusammenfassend so schreiben:

$$\frac{a^m}{a^n} = a^{m-n} \quad \text{für alle} \quad a \in \mathbb{Q}\setminus\{0\} \quad \text{und alle} \quad m, n \in \mathbb{Z}$$

Aufgaben zu 3.1

1. Im Folgenden sind Anzeigen eines TR abgebildet:

a) `- 7.6 03`	b) `2.3 04`	c) `3.12 02`
d) `1.26 - 02`	e) `- 3.876 - 05`	f) `8 - 07`

Lesen Sie die jeweilige Zahl ab und schreiben Sie sie als Dezimalbruch!

2. Rechnen Sie mit ihrem TR:

a) 7 300 000 · 250 000 b) 1 234 567 · 765 432 c) 0,000 007 8 : 3 500 000
d) 0,000 008 9 : 1 111 111 e) (− 10 123 456) : 0,000 987 f) 8 900 001 : (− 0,000 123)

3. Schreiben Sie mit Hilfe von Zehnerpotenzen (Ziel: eine Ziffer vor dem Komma ≠ 0)!

Beispiele: 567 000 = $5{,}67 \cdot 10^5$; 0,0034 = $3{,}4 \cdot 10^{-3}$

a) 1 000 000 b) 231 000 000 c) 98 000 000 000 000 d) 24 000
e) 0,432 f) 0,0123 g) 0,00423 h) 0,000 778
i) 0,000 000 000 012 j) 56 708 000 200 k) 23,07108

4. Geben Sie die folgenden Zahlen in Ihren TR ein (notieren Sie zunächst die Tastenfolge)!

Beispiel: 0,000 000 003 4; Tastenfolge: 3.4 [EE] [+/−] 9 (statt [EE] auch [EXP], statt [+/−] oft [(−)])

a) 0,000 000 023 b) 143 000 000 c) 73 400 000 000
d) 0,000 000 000 563 e) 7 100 000 000 f) 0,000 000 013

5. Schreiben Sie jeweils ohne Zehnerpotenzen!

Beispiele: $3{,}4 \cdot 10^3 = 3400$; $9{,}67 \cdot 10^{-2} = 0{,}0967$

a) $1{,}2 \cdot 10^8$ b) $3{,}15 \cdot 10^{10}$ c) $2{,}738 \cdot 10^7$ d) 10^{-6} e) 10^{-8} f) $3{,}4 \cdot 10^{-5}$
g) $9{,}9 \cdot 10^{-7}$ h) $9{,}876 \cdot 10^{-4}$ i) $4{,}56 \cdot 10^{-9}$ j) $1{,}23 \cdot 10^{-8}$ k) $6{,}7 \cdot 10^9$ l) $5{,}32 \cdot 10^{-7}$
m) $9{,}01 \cdot 10^{12}$ n) $2 \cdot 10^{-13}$ o) $5 \cdot 10^8$ p) $4{,}446 \cdot 10^3$

6. Für welche Summen sind die folgenden Zahlen kürzere Schreibweisen?

Beispiel: $341{,}08 = 3 \cdot 10^2 + 4 \cdot 10^1 + 1 \cdot 10^0 + 0 \cdot 10^{-1} + 8 \cdot 10^{-2}$

a) 534,03 b) 5748,34 c) 60 040,301 d) 300 027,00109

7. Schreiben Sie jeden Term mit Hilfe eines positiven Exponenten!

Beispiele: $3^{-5} = \frac{1}{3^5}$; $\frac{1}{2^{-4}} = \frac{1}{\frac{1}{2^4}} = 2^4$

a) 4^{-7} b) 5^{-3} c) 8^{-2} d) $\frac{1}{2^{-3}}$ e) $\frac{1}{4^{-6}}$ f) $\frac{1}{5^{-2}}$

g) $\frac{1}{8^{-3}}$ h) a^{-3} i) b^{-5} j) $\frac{1}{c^{-2}}$ k) $\frac{1}{d^{-7}}$ l) $\frac{a^{-3}}{b^{-4}}$

8. Schreiben Sie jeden Term mit Hilfe eines negativen Exponenten!

Beispiel: $\frac{1}{3^6} = 3^{-6}$

a) $\frac{1}{10^7}$ b) $\frac{1}{2^8}$ c) $\frac{1}{8^3}$ d) $\frac{1}{5^2}$ e) $\frac{1}{3^4}$ f) $\frac{1}{4^9}$ g) $\frac{1}{a^9}$ h) $\frac{1}{b^{10}}$ i) $\frac{1}{c}$

9. Rechnen Sie so genau, wie es mit Ihrem TR möglich ist! Benutzen Sie die Taste [y^x]!

Beispiel: 3^{-4} [=] 0,0123457; Tastenfolge: 3 [+/–] 4 [y^x] [=] (statt [=] auch [ENTER] oder [EXE], statt [y^x] auch [x^y] oder [^])

a) 4^{-3} b) 2^{-5} c) 6^{-3} d) $1{,}2^{-4}$ e) $2{,}3^{-3}$ f) $0{,}14^{-2}$ g) $0{,}07^{-4}$ h) $0{,}78^{-3}$ i) $12{,}9^{-5}$

10. Schreiben Sie als eine einzige Potenz!

Beispiel: $4^{-3} \cdot 4^8 = 4^{-3+8} = 4^5$

a) $3^{-4} \cdot 3^7$ b) $5^{-3} \cdot 5^5$ c) $6^5 \cdot 6^{-2}$ d) $2^8 \cdot 2^{-4}$ e) $3^{-5} \cdot 3^{-7}$

f) $5^{-10} \cdot 5^{-10}$ g) $1{,}4^{-5} \cdot 1{,}4^3$ h) $0{,}79^{-8} \cdot 0{,}79^6$ i) $20{,}9^{-12} \cdot 20{,}9^{-4}$ j) $11{,}2^{-3} \cdot 11{,}2^7$

k) $a^4 \cdot a^{-5}$ l) $b^{-10} \cdot b^7$ m) $\frac{cc^2}{c^7}$ n) $\frac{5^{10}}{5^7}$ o) $\frac{0{,}47^7}{0{,}47^3}$

p) $\frac{1{,}6^8}{1{,}6^6}$ q) $\frac{2^4}{2^{-2}}$ r) $\frac{2^6}{2^{-3}}$ s) $\frac{5^{-2}}{5^3}$ t) $\frac{7{,}3^2}{7{,}3^2}$

u) $\frac{0{,}65^4}{0{,}65^9}$ v) $\frac{2^2 \cdot 2^{-4} \cdot 2^5}{2^{-1} \cdot 2^3}$ w) $\frac{3^5 \cdot 3^{-3} \cdot 3}{3^2 \cdot 3^{-2}}$ x) $\frac{1{,}4^3 \cdot 1{,}4^6 \cdot 1{,}4^{-5}}{1{,}4 \cdot 1{,}4^6 \cdot 1{,}4^{-5}}$ y) $\frac{0{,}5^4 \cdot 0{,}5^5 \cdot 0{,}5^{-6}}{0{,}5^{-2} \cdot 0{,}5 \cdot 0{,}5^3}$

11. Entscheiden Sie, welche der folgenden Potenzen positiv, welche negativ sind!

Beispiele: $(-3)^{-4} = \frac{1}{(-3)^4} = \frac{1}{(-1)^4 \cdot 3^4} = \frac{1}{3^4} = 3^{-4} > 0$;

$(-2)^{-3} = \frac{1}{(-2)^3} = \frac{1}{(-1)^3 \cdot 2^3} = -\frac{1}{2^3} = -2^{-3} < 0$

a) $(-4)^{-7}$ b) $(-3)^{-10}$ c) $(-2)^{-5}$ d) $(-1{,}5)^{-2}$ e) $(-0{,}3)^{-3}$

12. Berechnen Sie mit Hilfe der [y^x]-Taste!

Beispiel: $(-2)^{-5} = -2^{-5} = -0{,}03125$

a) $(-4)^{-3}$ b) $(-3)^{-6}$ c) $(-1{,}6)^{-5}$ d) $(-2{,}3)^{-3}$
e) $(-3{,}17)^{-3}$ f) $(-1{,}65)^{-4}$ g) $(-0{,}923)^{-2}$ h) $(-0{,}045)^{-1}$

13. Vereinfachen Sie mit Hilfe des 3. Potenzgesetzes!

a) $(2^{-3})^5$ b) $(3^4)^{-3}$ c) $(5^{-1})^{-6}$ d) $[(-3)^3]^{-6}$
e) $(0{,}8^{-2})^{-5}$ f) $(a^{-2})^{-7}$ g) $[(-b)^7]^{-5}$ h) $[(-c)^{-3}]^{-4}$

14. Berechnen Sie näherungsweise durch **„Überschlagen“**!

Beispiel: $90{,}8 \cdot 6278 \approx 9 \cdot 10^1 \cdot 6 \cdot 10^3 \approx 5 \cdot 10^5$

a) $70{,}9 \cdot 98{,}6$ b) $78{,}6 \cdot 174$ c) $392 \cdot 108{,}5 \cdot 9$ d) $58{,}9 \cdot 668 \cdot 89$

e) $0{,}0264 \cdot 0{,}295$ f) $0{,}486 \cdot 0{,}067$ g) $658{,}9 \cdot 0{,}0245$ h) $3348 \cdot 0{,}0049$

i) $\frac{142{,}7}{26{,}5}$ j) $\frac{536{,}4}{50{,}7}$ k) $\frac{6076}{29{,}1}$ l) $\frac{8510}{186{,}2}$

m) $\frac{40{,}4 \cdot 92{,}9}{90{,}7}$ n) $\frac{22{,}3 \cdot 59{,}4}{44{,}5}$ o) $\frac{0{,}023 \cdot 981}{0{,}317 \cdot 82{,}4}$ p) $\frac{791 \cdot 0{,}019}{402 \cdot 0{,}407}$

q) $3{,}14 \cdot 10^8 \cdot 4{,}9 \cdot 10^{-9}$ r) $\frac{5{,}88 \cdot 10^3 \cdot 7{,}1 \cdot 10^8}{4{,}13 \cdot 10^9 \cdot 6{,}25 \cdot 10^5}$ s) $(2{,}15 \cdot 10^{-3})^2$ t) $(6{,}856 \cdot 10^4)^3$

15. Vereinfachen Sie die folgenden Terme!

Beispiel: $2a^{-1} \cdot 3a^{-1}b \cdot 8b^{-1}c^{-2} \cdot 4a^{-5}c^3 = 192a^{-7}c$

a) $4a^{-1} \cdot 2a^{-3}b^{-2}$ b) $3a^{-5}b \cdot 20a^{-6}b^2 \cdot 2b^{-5}x^2 \cdot 10abx^7$

c) $0{,}2 \cdot a^{-4}c^{-3} \cdot 12b^{-2}c^2 \cdot 2b^{-4}c^3$ d) $2a^{-7} \cdot 3a^5b^8 \cdot 4b^{-2}$

e) $3{,}5x^3 \cdot (-2x^{-9}y^{-10}) \cdot x^5y^7$ f) $(-12x^7) \cdot (-0{,}4a^3x^{-4}) \cdot 5a^{-8} \cdot (-2)$

g) $2a^{-4} \cdot (-3b^{-3}) + 5a^{-4} \cdot 2b^{-3}$ h) $a^{-3} \cdot (-3b^{-2}) - (-3a^{-3}) \cdot (-4b^{-2})$

16. Multiplizieren Sie aus:

a) $(3a^{-3} - 5b^{-2}) \cdot (a^2 + 4b^7) - (2a^{-3} + 5b^{-2}) \cdot (a^2 - b^7)$

b) $(11a^{-5} - 3b^{-3}) \cdot (4b^{-2} - 7a^{-3})$ c) $(16a^3 + 17b^{-7}) \cdot (3a^{-4} - 5b^{-2})$

d) $(-8x^{-5} + 5y^{-8}) \cdot (8x^{-5} - 5y^{-8})$ e) $(1{,}2x^3 - 2{,}3y^{-1}) \cdot (5x^{-4} + 3y^{-3})$

17. Vereinfachen Sie:

Beispiel: $\frac{35a^{-5}b^3c^4}{7a^{-6}b^5c^7} = 5ab^{-2}c^{-3}$

a) $(-27a^{-4}b^7) : (54a^2b^{-7})$ b) $(-x^{-7} + 20x^5y - 6x^{-8}y^2) : (2x^{-3})$

c) $\frac{22a^{-7}b^{10}c^5}{11a^{-3}b^{-12}c^{-5}}$ d) $\frac{17x^{17}y^{10}z^{-20}}{51x^{-18}y^{-10}z^{20}}$

3.2 Taschenrechner-Zahlen

Wir gehen von einem wissenschaftlichen TR mit 8-stelliger Anzeige aus (es gibt auch TR-Modelle mit mehr oder weniger Stellen). In einen solchen TR lässt sich z.B. die Zahl $1{,}2340678 \cdot 10^{-3}$ eingeben. Man sagt auch: $1{,}2340678 \cdot 10^{-3}$ ist die **„wissenschaftliche Schreibweise“ („scientific notation“)** für 0,0012340678. Bei wissenschaftlicher Schreibweise steht das Komma unmittelbar hinter der ersten Ziffer der sog. **„Mantisse“** (hier 1,2340678); dabei muss diese erste Ziffer der Mantisse $\neq 0$ sein. Insgesamt stehen für die Mantisse 8 Stellen zur Verfügung, für den Exponenten 2 Stellen.

Demnach wollen wir unter einer **„TR-Zahl“** eine Zahl verstehen, die sich in der Form

$$\pm\, z_1, z_2 z_3 \ldots z_8 \cdot 10^k$$

schreiben lässt. Dabei steht z_1 für eine der Ziffern 1 bis 9. Für $z_2, z_3, \ldots, z_8$ lassen sich die Ziffern 0 bis 9 einsetzen. k ist eine ganze Zahl, für die $-99 \leqq k \leqq 99$ gilt. Zusätzlich zählen wir die Zahl 0 zur Menge der TR-Zahlen.

Beispiele für TR-Zahlen: $1{,}7 \cdot 10^{-40}$ ($z_1 = 1$, $z_2 = 7$, $z_3 = 0$ bis $z_8 = 0$, $k = -40$);
$2{,}3456789 \cdot 10^0$;
$-3{,}9999999 \cdot 10^{99}$.

Keine TR-Zahlen sind z.B.:

1,23456789 (jedenfalls nicht bei einem TR mit 8-stelliger Anzeige; bei einem TR mit 10-stelliger Anzeige müsste diese Zahl natürlich auch zu den TR-Zahlen gerechnet werden);

10^{100}; 10^{-101};

$1{,}\overline{6} = \frac{5}{3}$ ($1{,}\overline{6}$ kann in keinem TR genau gespeichert werden; bei einem sog. „abschneidenden“ TR ergibt sich bei der Division 5 [÷] 3 als Ergebnis der Näherungswert 1,6666666, bei einem sog. „rundenden“ TR ergibt sich dabei der Näherungswert 1,6666667);

die Zahl π ($\pi = 3{,}141592653\ldots$ lässt sich ebenfalls nicht genau speichern, π ist nicht einmal eine rationale Zahl).

Die **größte TR-Zahl** (bei 8-stelliger Anzeige) ist $9{,}9999999 \cdot 10^{99}$, die **kleinste positive** $1 \cdot 10^{-99}$. (Hinweis: Man kann zwar noch kleinere Zahlen, z. B. $0{,}01 \cdot 10^{-99}$ eintippen, aber der TR rechnet nicht mit ihnen.)

Wie viele TR-Zahlen gibt es überhaupt?

Für die erste Ziffer z_1 der Mantisse $z_1, z_2\, z_3\, z_4 \ldots z_8$ gibt es 9 verschiedene Möglichkeiten (1, 2, 3, ..., 9). Für die restlichen 7 Ziffern z_2 bis z_8 kommt jeweils noch die 0 hinzu, also pro Ziffer 10 verschiedene Möglichkeiten. Von der Mantisse her gesehen erhalten wir also $9 \cdot 10^7$ verschiedene Zahlen. Durchlaufen wir nun in 10^k alle 199 Hochzahlen von -99 bis 99, so treten bei jedem Übergang zu einer neuen Hochzahl vorher erfasste TR-Zahlen nicht noch einmal auf: z. B. tritt keine der $9 \cdot 10^7$ verschiedenen TR-Zahlen von $1 \cdot 10^{-99}$ bis $9{,}9999999 \cdot 10^{-99}$ unter den $9 \cdot 10^7$ TR-Zahlen von $1 \cdot 10^{-98}$ bis $9{,}9999999 \cdot 10^{-98}$ wieder auf.

Allein unter Berücksichtigung der Mantisse und der möglichen Hochzahlen erhalten wir also $199 \cdot 9 \cdot 10^7$ TR-Zahlen. Da auch negative Zahlen zugelassen sind, verdoppelt sich die Anzahl noch. Hinzu kommt außerdem die TR-Zahl 0. Wir erhalten also insgesamt

$\underline{\mathbf{2 \cdot 199 \cdot 9 \cdot 10^7 + 1 = 35\,820\,000\,001}}$ TR-Zahlen.

Diese Anzahl ist zwar sehr groß, im Gegensatz zu den Mengen $\mathbb{N}$, $\mathbb{Z}$ und $\mathbb{Q}$ ist aber die Menge der TR-Zahlen (wir bezeichnen sie mit T) endlich.

Es gilt:

$\mathbb{N} \nsubseteq T$ (z. B. ist $123456789 \notin T$);
$T \nsubseteq \mathbb{Z}$ (z. B. ist $1{,}1 \cdot 10^0 = 1{,}1 \notin \mathbb{Z}$);
$T \subseteq \mathbb{Q}$ (jede TR-Zahl ist rational).

Wie sind die TR-Zahlen **auf der Zahlengeraden verteilt**?

Da die Menge T endlich ist, kann sie auch nicht dicht sein; so liegt z. B. zwischen 0 und $1 \cdot 10^{-99}$ keine weitere TR-Zahl. Ebenfalls liegt zwischen $1 \cdot 10^{-99}$ und $1{,}0000001 \cdot 10^{-99}$ keine weitere TR-Zahl. Der Abstand zwischen diesen beiden TR-Zahlen beträgt

$$\begin{aligned} 1{,}0000001 \cdot 10^{-99} - 1 \cdot 10^{-99} &= (1{,}0000001 - 1) \cdot 10^{-99} \\ &= 0{,}0000001 \cdot 10^{-99} = 10^{-7} \cdot 10^{-99} = 10^{-106}. \end{aligned}$$

Zwischen beiden Zahlen liegen aber unendlich viele rationale Zahlen.

Von 10^{-99} bis 10^{-98} beträgt der Abstand zwischen je zwei aufeinander folgenden TR-Zahlen jeweils 10^{-106}. Zwischen 10^{-98} und 10^{-97} beträgt der Abstand zwischen je zwei aufeinander folgenden TR-Zahlen aber nicht 10^{-106}, sondern 10^{-105}, z. B. zwischen $1 \cdot 10^{-98}$ und $1{,}0000001 \cdot 10^{-98}$ ist der Abstand gleich

$$1{,}0000001 \cdot 10^{-98} - 1 \cdot 10^{-98} = 10^{-7} \cdot 10^{-98} = 10^{-105}.$$

Allgemein gilt: Zwischen 10^k und 10^{k+1} ist der Abstand zweier aufeinander folgender TR-Zahlen gleich 10^{k-7}.

Weitere Beispiele:

a) $k = 1$; zwischen 10 und 100 beträgt der Abstand jeweils 10^{-6};
b) $k = 90$: zwischen 10^{90} und 10^{91} beträgt der Abstand jeweils 10^{83}.

Die TR-Zahlen liegen also **nicht in gleichem Abstand** auf der Zahlengeraden. Von 10^{-99} nach rechts hin und von -10^{-99} nach links hin werden die Abstände immer größer. Die TR-Zahlen treten immer seltener auf; schließlich „sterben sie ganz aus". Zwischen je zwei aufeinander folgenden Zehnerpotenzen sind die Abstände allerdings jeweils gleich.

Die endlich vielen TR-Zahlen überdecken also nur einen „verschwindend kleinen" Teil der Zahlengeraden. In dieser Hinsicht sind die Möglichkeiten eines TR sehr begrenzt; andererseits reichen seine Fähigkeiten für die meisten praktischen Zwecke völlig aus. Bei vielen Problemen aus Beruf und Alltag liefert der TR sogar „unsinnig genaue" Ergebnisse, so dass der TR-Benutzer gezwungen ist, die Ergebnisse sinnvoll zu runden. Mit dem Runden von Zahlen werden wir uns im nächsten Abschnitt beschäftigen.

Wir weisen ausdrücklich darauf hin, dass sich die Rechenoperationen [+], [−], [×] und [÷] auf einem TR von den üblichen Verknüpfungen +, –, · und : unterscheiden (siehe z. B. 12345678 [+] 0.4 [=] 12345678).

Dies hat zur Folge, dass auch eine Reihe von Gesetzen, die beim Rechnen in $\mathbb{Q}$ gelten, beim Rechnen mit dem TR nicht gelten. Dazu zwei **Beispiele**:

a) Das **Assoziativgesetz** gilt **nicht** für $\boxed{+}$!

$(1{,}2345678 \cdot 10^7 \boxed{+} 5 \cdot 10^{-1}) \boxed{+} 5 \cdot 10^{-1} \boxed{=} 1{,}234567\underline{8} \cdot 10^7$
(unter der Voraussetzung, dass das TR-Modell auf 8 Stellen abschneidet und keine sog. „Schutzstellen“ hat)
$1{,}2345678 \cdot 10^7 \boxed{+} (5 \cdot 10^{-1} \boxed{+} 5 \cdot 10^{-1}) \boxed{=} 1{,}234567\underline{9} \cdot 10^7$

b) Die **Distributivgesetze** gelten **nicht** für $\boxed{+}$, $\boxed{\times}$!

$(1{,}2345678 \cdot 10^7 \boxed{+} 9 \cdot 10^{-1}) \boxed{\times} 5 \boxed{=} 6{,}172839\underline{0} \cdot 10^7$
$(1{,}2345678 \cdot 10^7 \boxed{\times} 5) \boxed{+} (9 \cdot 10^{-1} \boxed{\times} 5) \boxed{=} 6{,}172839\underline{4} \cdot 10^7$

Hinweis: Die Ergebnisse in den Beispielen hängen vom jeweils benutzten TR-Modell ab.

Aufgaben zu 3.2

1. Schreiben Sie jede der folgenden Zahlen in wissenschaftlicher Schreibweise!
   Beispiel: $340{,}8 = 3{,}408 \cdot 10^2$
   a) 10,57 b) 19,08 c) 225,7 d) 2410,9 e) 0,321 f) 0,907 g) 0,0371 h) 0,0872 i) 82,0807
   j) 79,908 k) 0,00000149 l) 1000 m) 1 Million n) 1 Milliarde o) 1 Billion p) 1 Billiarde
   q) 1 Trillion r) 1 Trilliarde

2. Welche der folgenden Zahlen sind TR-Zahlen, welche nicht (wissenschaftlicher TR mit 8-stelliger Mantisse)? Schreiben Sie im Zweifelsfalle die Zahlen in wissenschaftlicher Schreibweise!
   a) 0,078 b) 0,000000789 c) $1{,}79 \cdot 10^{-17}$ d) 123 459 670 e) $\frac{3}{2}$
   f) $27 \cdot 10^{90}$ g) $133 \cdot 10^{-101}$ h) $-7 \cdot 10^{-77}$ i) $123 \cdot 10^{99}$ j) $\frac{1}{3}$
   k) $\frac{5}{9}$ l) $\frac{12}{11}$ m) 0 n) $1{,}2345678910 \cdot 10^{10}$ o) $-0{,}01234567 \cdot 10^{-98}$

3. Geben Sie zwischen 1 und 10, zwischen 10 und 100, zwischen 10^{16} und 10^{17}, zwischen 10^{-6} und 10^{-5} jeweils drei Zahlen an, die keine TR-Zahlen sind!

4. Begründen Sie, warum die folgenden TR-Zahlen rational sind:
   a) $1{,}7 \cdot 10^{-3}$ b) $2{,}7 \cdot 10^5$ c) $4{,}708 \cdot 10^{-10}$ d) $8{,}999 \cdot 10^2$

5. Schreiben Sie die folgenden TR-Zahlen in wissenschaftlicher Schreibweise und geben Sie jeweils die nächstgrößere TR-Zahl an (8-stellige Mantisse)!
   a) 0,12121234 b) 159350 c) 278 d) 0,281 e) 0,00278 f) −101,0101

6. Geben Sie jeweils die nächstgrößere und die nächstkleinere TR-Zahl an (wissenschaftlicher TR mit 8-stelliger Mantisse)!
   a) 1,9876543 b) 19 c) 190 d) 1900 e) $6{,}789 \cdot 10^{11}$ f) 0,00026 g) −12,87

7. Berechnen Sie, wie viele TR-Zahlen ein wissenschaftlicher TR mit 10-stelliger Mantisse (und 2-stelliger Exponentenanzeige) hat!

8. Wie groß ist der Abstand zweier aufeinander folgender TR-Zahlen zwischen 100 und 1000, zwischen 10^{20} und 10^{21}, zwischen 10^{-30} und 10^{-29} (8-stelliger wissenschaftlicher TR)?

9. Wie viele TR-Zahlen gibt es zwischen 2 894 000 und 2 896 500 (jeweils einschließlich), und welchen Abstand haben diese TR-Zahlen?

10. Ein Staphylokokkus (eine Bakterie) bewegt sich mit einer Geschwindigkeit von $1\,\mu m = 10^{-6}$ m pro Sekunde die Zahlengerade entlang. Wie lange braucht er, um von der TR-Zahl (aufgefasst als Metermarke)
    a) $7{,}28 \cdot 10^{-7}$ b) 0,0035 c) 1001 d) $2{,}75 \cdot 10^{80}$
    zur nächstgrößeren zu gelangen?

11. Berechnen Sie mit Ihrem TR: $1{,}2345678 \boxed{+} 10^{-8}$.
    Erläutern Sie Ihr Ergebnis! Welches ist die kleinste Zahl, die Sie auf Ihrem TR addieren müssen, damit sich die Summe vom ersten Summanden 1,2345678 unterscheidet?

12. Suchen Sie TR-Zahlen a, b, c, d so, dass $a \boxed{\times} b \neq a \cdot b$ und $c \boxed{\div} d \neq c : d$ ist!

13. Belegen Sie durch ein Beispiel, dass das Assoziativgesetz für $\boxed{\times}$ nicht gilt!

14. Ab welcher Zahl sind auf Ihrem TR nur natürliche Zahlen darstellbar?

3.3 Runden, Fehlerrechnung

Bei vielen Berechnungen im Zusammenhang mit Alltags- und Berufssituationen sind die vom TR gelieferten Ergebnisse „unsinnig" genau. Wir wollen dies anhand von **Beispielen** aufzeigen.

Beispiel

1. Um den Rechnungsbetrag zu ermitteln, müssen zu einem Nettowarenwert von 158,76 € 19% **Mehrwertsteuer** addiert werden.

Wir rechnen mit dem TR ($19\% = \frac{19}{100} = 0{,}19$):

158.76 [×] .19 [=] | 30.1644 |

Bei diesem Beispiel ist es selbstverständlich, dass nicht alle vom TR angezeigten Ziffern hinter dem Komma verwendet werden können. Es muss auf **zwei** Stellen hinter dem Komma gerundet werden, da bei Geldwerten die Angaben auf Cent genau gemacht werden. In unserem Fall beträgt die Mehrwertsteuer 30,16 €. Es wird **ab**gerundet, da an dritter Stelle hinter dem Komma die Ziffer 4 steht. Stehen an dritter Stelle hinter dem Komma die Ziffern 0, 1, 2, 3 oder 4, so wird hierbei **ab**gerundet, bei allen anderen Ziffern **auf**gerundet. Man spricht auch von der sog. **„5/4-Rundung"** (gesprochen: „5-Strich-4-Rundung").

Merksatz

> Ab 5 aufrunden, unter 5 abrunden.

Weitere Beispiele zur 5/4-Rundung:

a) 117,5 wird zur natürlichen Zahl 118; 117,49 zu 117 gerundet.

b) $\pi = 3{,}141592653\ldots$ wird auf zwei Stellen hinter dem Komma zu 3,14 gerundet;
$\frac{\pi}{4} = 0{,}785398163\ldots$ auf drei Stellen hinter dem Komma zu 0,785.

c) Wir führen auf einem TR die Division 5 [÷] 3 aus. Ergebnis: 1,6666667.
Bei diesem Ergebnis rundet der TR nach der 5/4-Rundung. (Nicht alle TR-Modelle runden in dieser Weise; wie bereits erwähnt, gibt es auch TR, die nach 8 oder 10 Stellen einfach „abschneiden", unabhängig davon, welche Ziffer an 9. bzw. 11. Stelle beim genauen Wert steht.)

Beispiel

2. Ein Zimmer hat eine Länge von 4,68 m und eine Breite von 3,96 m.
Wie groß ist der **Flächeninhalt** *A* des Zimmers?

4.68 [×] 3.96 [=] | 18.5328 |

Ist es sinnvoll, alle 6 Ziffern des Ergebnisses anzugeben?

Gehen wir davon aus, dass das Messen der Längenmaße auf „Zentimeter genau" erfolgte, so gilt für die Länge *l* bzw. für die Breite *b* des Zimmers:

$4{,}675\ \text{m} \leq l \leq 4{,}685\ \text{m}; \quad 3{,}955\ \text{m} \leqq b \leqq 3{,}965\ \text{m}.$

Für *A* gilt demnach:

$4{,}675\ \text{m} \cdot 3{,}955\ \text{m} = 18{,}489625\ \text{m}^2 \leqq A \leqq 18{,}576025\ \text{m}^2 = 4{,}685\ \text{m} \cdot 3{,}965\ \text{m}.$

Als sinnvoll ist die Angabe $A\ \ 18{,}5\ \text{m}^2$ anzusehen (gelesen: „ungefähr gleich" oder kurz **„ungefähr"**). Dabei wird das TR-Ergebnis 18,5328 auf **drei** sog. **„zuverlässige"** Ziffern gerundet. Als „zuverlässig" bezeichnen wir alle Ziffern eines Näherungswertes, wenn der Fehler dieses Näherungswertes höchstens eine Einheit des Stellenwertes der letzten mitgeteilten Ziffer beträgt.

In unserem Beispiel wissen wir, dass der genaue Flächeninhalt zwischen 18,489625 m² und 18,576025 m² liegt. Die Differenz zwischen dem Näherungswert 18,5 und dem genauen Wert (den wir in unserem Beispiel nicht kennen) liegt also zwischen $18{,}5 - 18{,}576025 = -0{,}076025$ und $18{,}5 - 18{,}489625 = 0{,}010375$. Dem „Betrag" nach ist der Fehler also höchstens 0,076025 0,08.

Was versteht man unter dem **„Betrag** einer (rationalen) Zahl"?

Anschaulich (auf der Zahlengeraden) gibt der Betrag den Abstand dieser Zahl vom Nullpunkt an; also der Betrag von –7 (geschrieben $|-7|$, gesprochen „Betrag von –7") ist 7, der Betrag von 5 ist 5.

Definition

$$|x| = \begin{cases} x & \text{für } x \geqq 0 \\ -x & \text{für } x < 0 \end{cases}$$

Weitere Beispiele: $|-4| = -(-4) = 4$; $|3{,}14| = 3{,}14$;
$|0| = 0$; $|-0{,}076025| = 0{,}076025$.

Die Differenz zwischen dem Näherungswert $\tilde{x}$ (gelesen: „x Schlange“) und dem genauen Wert x heißt auch **„absoluter Wert“**.

Beispiel: $x = 4{,}2516$; $\tilde{x} = 4{,}25$; $\tilde{x} - x = 4{,}25 - 4{,}2516 = -0{,}0016$

In diesem Beispiel ist der absolute Fehler also $-0{,}0016$. Wichtig ist der Betrag des absoluten Fehlers, hier also 0,0016. 0,0016 ist im Vergleich zu 4,2516 „klein“ (0,0016 sind nur etwa 0,04% von 4,2516). Im Vergleich zu 0,01 ist 0,0016 jedoch „relativ groß“ (16%). Der absolute Fehler ist bei Fehlerbetrachtungen nicht so wichtig wie der sog. **„relative Fehler“** $\frac{\tilde{x} - x}{x}$.

Um den relativen Fehler zu erhalten, muss man also den absoluten Fehler durch den genauen Wert dividieren. Häufig wird der relative Fehler auch als $\frac{\tilde{x} - x}{\tilde{x}}$ definiert. Oft wird er in Prozent angegeben (**„prozentualer relativer Fehler“**).

Definition

Falls $\tilde{x}$ Näherungswert für x ist, so heißt

$\tilde{x} - x$ **„absoluter Fehler“**,

$\frac{\tilde{x} - x}{x}$ oder $\frac{\tilde{x} - x}{\tilde{x}}$ **„relativer Fehler“**,

$\frac{(\tilde{x} - x) \cdot 100}{x}\,\%$ oder $\frac{(\tilde{x} - x) \cdot 100}{\tilde{x}}\,\%$ **„prozentualer relativer Fehler“**.

Bei Fehlerbetrachtungen interessieren in der Regel nur die Beträge der Fehler.

Beispiel:

In der Technik wird statt der Formel $A = \pi \cdot r^2$ für den Flächeninhalt eines Kreises mit dem Radius r die Näherungsformel $A \quad d^2 \cdot 0{,}785$ ($d = 2r$ Durchmesser des Kreises; 0,785 Näherungswert für $\frac{\pi}{4}$) benutzt.

In unserem Beispiel ist also $x = \frac{\pi}{4}$, $\tilde{x} = 0{,}785$. Damit gilt:

Betrag des absoluten Fehlers: $|\tilde{x} - x| = |0{,}785 - 0{,}785398\ldots| = 0{,}000398\ldots \approx 4 \cdot 10^{-4}$

Betrag des relativen Fehlers: $\left|\frac{\tilde{x} - x}{\tilde{x}}\right| \approx \frac{4}{0{,}785} \cdot 10^{-4} \approx 5 \cdot 10^{-4}$

Betrag des prozentualen relativen Fehlers: $\left|\frac{(\tilde{x} - x) \cdot 100}{\tilde{x}}\,\%\right| \approx 5 \cdot 10^{-2}\,\% \approx 0{,}05\,\%$

Beispiel

3. An eine Spannungsquelle mit einer Spannung von 220 Volt wird ein Gerät mit einem Widerstand von 140 Ohm angeschlossen. Welche **Stromstärke** stellt sich ein?

$I = \frac{U}{R} = \frac{220\,V}{140\,\Omega}$ [=] [1.5714286] A

(Anzeige eines 8-stelligen rundenden TR)

Wie muss in diesem Beispiel sinnvoll gerundet werden?
Legen wir Messfehler bis 1% zugrunde, so erhalten wir:
$217{,}8\,V \leqq U \leqq 222{,}2\,V$; $138{,}6\,\Omega \leqq R \leqq 141{,}4\,\Omega$.

Setzen wir in $I = \frac{U}{R}$ für U den kleinsten und für R den größten Wert ein, so ergibt sich die kleinstmögliche Stromstärke:

$$I_1 = \frac{217{,}8\ \text{V}}{141{,}4\ \Omega} \ \boxed{=}\ \boxed{1.5403112}\ \text{A}$$

Entsprechend $I_2 = \frac{222{,}2\ \text{V}}{138{,}6\ \Omega} \ \boxed{=}\ \boxed{1.6031746}$ A als die größtmögliche Stromstärke.

Es ist also durchaus sinnvoll, die errechnete Stromstärke auf 1,57 A zu runden (1,57 ist das arithmetische Mittel von 1,54 und 1,60).

Grundsätzlich wollen wir allerdings für das Runden von Zahlen folgende **„Grundregel“** vereinbaren: Näherungszahlen werden so geschrieben, dass der Betrag des absoluten Fehlers höchstens eine Einheit der letzten (bei wissenschaftlicher Zahldarstellung mitgeteilten) Stelle beträgt.

Hätte man im obigen Beispiel (1,5714286 gerundet zu 1,57) nach der Grundregel gerundet, so hätte man nur zwei sog. **„wesentliche“** Ziffern (1,6) mitteilen dürfen.

„Wesentliche“ Ziffern sind alle Ziffern einer nach der Grundregel geschriebenen Näherungszahl (mit Ausnahme der Nullen links und solcher Nullen rechts, die vernachlässigte oder unbekannte Ziffern ersetzen).

Beispiele:

a) 0,03068 auf drei wesentliche Ziffern gerundet: 0,0307 (die beiden ersten Nullen sind nicht wesentlich).

b) 23 456 auf zwei wesentliche Ziffern gerundet: 23 000 (die drei letzten Nullen sind nicht wesentlich, sie ersetzen die vernachlässigten Ziffern 4, 5 und 6).

c) 30,47 auf zwei wesentliche Ziffern gerundet: 30.

Hinweis: Bei den meisten technischen Anwendungen genügt die Angabe von drei wesentlichen Ziffern.

Beispiel

4. Bei der **Landtagswahl** am 11. Mai 1980 in **Nordrhein-Westfalen** verfehlte die FDP mit 4,98% die 5-Prozent-Hürde knapp. Im Hinblick auf die Situation ist es nicht möglich, 4,98 auf 5 zu runden.

Beispiel

5. In eine **Seilbahngondel** passen höchstens 35 Personen. 72 Personen stehen an der Bergstation. Wie oft muss die Gondel noch fahren?

72 : 35 = 2,057... (oder 2 Rest 2)

Die Gondel muss noch **drei**mal fahren!

Die aufgeführten Beispiele machen Folgendes deutlich: Wann gerundet werden sollte und wie gerundet werden muss, hängt von der jeweiligen Situation ab. Auf keinen Fall sollten TR-Ergebnisse unbedacht übernommen werden.

Aufgaben zu 3.3

1. Runden Sie die folgenden Zahlen nach der 5/4-Rundung auf eine, zwei und drei wesentliche Ziffern!

Beispiel: vorgegebene Zahl: 14,946
Rundungen: 10; 15; 14,9

a) 25,774	b) 16,125	c) 7,6344	d) 762,82
e) 5460,89	f) 6,94991	g) 0,3278	h) 0,0458
i) 0,01347	j) 0,000784	k) 174 580	l) 1 840 000

2. Runden Sie die folgenden Zahlen nach der 5/4-Rundung auf Hundertstel!

Beispiel: vorgegebene Zahl: 0,07345
gerundet: 0,07

a) 25,774	b) 0,3278	c) 0,0458	d) 0,01347
e) 0,000 784	f) 0,0989	g) 0,0946	h) 204,777

3. Geben Sie die Größenordnung der jeweiligen Zahl an!
(Wir sagen, x habe die **„Größenordnung 10^k"**, wenn gilt: $10^k \leqq x < 10^{k+1}$.)

Beispiel: $x = 158$, Größenordnung: 10^2

a) 677	b) 3580	c) 144 000	d) 8 570 000
e) 0,034	f) 0,79	g) 0,000 88	h) 0,000 03

4. Geben Sie ein Beispiel für eine Rechnung an, mit der Sie feststellen können, ob Ihr TR abschneidet oder nach der 5/4-Rundung rundet!

5. Berechnen Sie mit Ihrem TR und runden Sie auf 5 Stellen hinter dem Komma!

a) 2 : 3	b) 5 : 3	c) 1 : 3	d) 7 : 9	e) 9 : 7
f) $\pi : 4$	g) $\pi : 2$	h) $1{,}3456^2$	i) $\frac{1}{46}$	j) $\frac{14}{13}$
k) 2^{-6}	l) 3^{-3}	m) $0{,}67^{-3}$	n) $3{,}2^{-4}$	o) $(0{,}99)^{-5}$

6. In einem Fußballstadion sind 21 546 Zuschauer. Runden Sie a) auf 10 000 und b) auf 1000 genau!

7. Für 1 m^3 Mauerwerk werden 32 Hohlblocksteine benötigt. Wie viele Hohlblocksteine sind für 72,38 m^3 Mauerwerk nötig (ohne Berücksichtigung des Verhaus)?

8. Ein Zimmer hat eine Länge von 3,97 m und eine Breite von 3,12 m. Geben Sie den Flächeninhalt so an, dass alle Ziffern zuverlässig sind!

9. An eine Spannungsquelle mit einer Spannung von 220 V wird ein Gerät mit einem Widerstand von 180 Ω angeschlossen. Welche Stromstärke stellt sich ein?

10. Die folgenden Näherungswerte sind mit einem maximalen Fehler von 0,7 angegeben. Geben Sie alle zuverlässigen Ziffern von $a \cdot b$ und von $a : b$ an!
$\tilde{a} = 112{,}8$ (man schreibt auch $a = 112{,}8 \pm 0{,}7$)
$\tilde{b} = 93{,}7$ $(b = 93{,}7 \pm 0{,}7)$

11. Geben Sie die Beträge der folgenden Zahlen an:

a) – 1,8 b) – 12,77 c) – 155,9 d) 0 e) 12,8 f) 0,79 g) – 0,0018

12. Schreiben Sie die folgenden Terme ohne Betragstriche!

Beispiel: $|x-2| = \begin{cases} x-2 & \text{für } x \in \mathbb{Q}^{\geqq 2} \\ -(x-2) = -x+2 & \text{für } x \in \mathbb{Q}^{< 2} \end{cases}$

a) $\lvert x-5 \rvert$	b) $\lvert x+3 \rvert$	c) $\lvert x-1{,}5 \rvert$	d) $\lvert x+3{,}9 \rvert$
e) $\lvert 2x-3 \rvert$	f) $\lvert 3x+4 \rvert$	g) $\lvert -x+7 \rvert$	h) $\lvert -5x+10 \rvert$

13. Berechnen Sie jeweils den absoluten, den relativen und den prozentualen relativen Fehler:

a) $x = 5{,}36$; $\tilde{x} = 5{,}39$	b) $x = 4{,}79$; $\tilde{x} = 5{,}34$
c) $x = 0{,}0778$; $\tilde{x} = 0{,}0776$	d) $x = 0{,}0778$; $\tilde{x} = 0{,}08$
e) $x = 1009$; $\tilde{x} = 1010$	f) $x = 1009{,}76$; $\tilde{x} = 1010$

14. Für eine 100-m-Bahn wurde $(100{,}08 \pm 0{,}02)$ m, für eine Marathon-Strecke (Sollwert 42,195 km) wurde $(42{,}220 \pm 0{,}015)$ km gemessen. Welche der beiden Strecken entspricht besser den Anforderungen? Geben Sie jeweils eine Schranke für den relativen Fehler an!

15. Geben Sie jeweils eine Schranke (kleinstmöglich bei zwei wesentlichen Ziffern) des absoluten und des relativen Fehlers für folgende Näherungen von π an:

a) $\frac{22}{7}$ b) $3\frac{13}{81}$ c) $\frac{355}{113}$

16. In einer Zuckerpackung befinden sich laut Aufdruck 500 g Zucker. Die Abfüllmaschine arbeitet mit einem relativen Fehler von höchstens 0,7%. Wie viel Zucker ist mindestens, wie viel ist höchstens in der Packung?

17. Ermitteln Sie jeweils die zu

a) $\frac{5}{17}$ b) $\frac{13}{1111111}$ c) 1234567890

nächstgelegene TR-Zahl und geben Sie jeweils Schranken für den absoluten und den relativen Fehler an (kleinstmöglich bei einer wesentlichen Ziffer)!

18. Beschreiben Sie alle rationalen Zahlen, die auf Ihrem TR durch die TR-Zahl $7{,}5432101 \cdot 10^4$ vertreten werden!

19. Geben Sie Näherungswerte für

a) $x + y$ b) $x - y$ c) x^2 d) $\frac{1}{2} x \cdot y$ e) $\frac{x}{y}$

in der Form „Näherungswert ± Fehlerschranke" an, wenn $x = 0{,}278 \pm 0{,}002$ und $y = 1{,}986 \pm 0{,}003$ ist!

20. x 1,826. Wie viele Ziffern sind wesentlich bei einem Fehler von

a) ± 0,03% b) ± 0,3% c) ± 3% d) ± 30%?

21. Einem statistischen Handbuch entnehmen wir die folgenden Angaben:
Das Bruttoinlandsprodukt zu Marktpreisen (der Gesamtwert aller erzeugten Produkte) betrug für die Bundesrepublik Deutschland (alte Bundesländer):

1990: 2417,8 Mrd. DM
1991: 2612,6 Mrd. DM

Sind diese Angaben richtig, so wäre die „wahre" Wachstumsrate $\frac{2612{,}6 - 2417{,}8}{2417{,}8}$ 0,081 = 8,1%.

a) Angaben in statistischen Handbüchern sind nicht immer zuverlässig. Fehler von ± 10% sind nicht außergewöhnlich. Berechnen Sie die möglichen Wachstumsraten des Bruttoinlandsprodukts von 1990 bis 1991 für Fehler von ± 1%, ± 3%, ± 5%, ± 10% und tragen Sie Ihre Ergebnisse in eine Tabelle der folgenden Form ein!

BIP ± Fehler	2612,6 ± Fehler	2351,3	2482,0 ...
2417,8 ± Fehler	Fehler in %	− 10	− 5 ...
2176,0	− 10	8,1%	14,1% ...
⋮	⋮	⋮	⋮

b) Welche Fehlerkombinationen aus a) führen zu Wachstumsraten zwischen −9% und −3%?

c) Welche Fehlerkombinationen aus a) führen zu Wachstumsraten zwischen +1% und +3%?

d) Mit wie vielen wesentlichen Ziffern dürfte das Bruttoinlandsprodukt höchstens angegeben werden, wenn man von einem Fehler von ± 7% ausgeht?

e) Würden sich die in a) errechneten Wachstumsraten ändern, wenn andere Angaben für das Bruttoinlandsprodukt vorlägen, die „wahre" Wachstumsrate (8,1%) aber gleich bliebe?

22. a) Ist jede wesentliche Ziffer eines Näherungswertes zuverlässig?
b) Ist jede zuverlässige Ziffer eines Näherungswertes wesentlich?

23. Eine Pyramide mit rechteckiger Grundfläche ist 3,6 m lang, 1,8 m breit und 5,2 m hoch. Berechnen Sie den Flächeninhalt O der Oberfläche und das Volumen der Pyramide mit sinnvoller Genauigkeit!
($V = \frac{1}{3} G \cdot h$)

24. Eine Näherungsformel für das Volumen eines Kegelstumpfes lautet:

$$V \approx \pi \cdot \left(\frac{r_1 + r_2}{2}\right)^2 \cdot h$$

(r_1, r_2 Radien der parallelen Kreisflächen; h Höhe des Kegelstumpfes).
Für die genaue Berechnung des Volumens eines Kegelstumpfes gilt:
$V = \frac{1}{3}\pi \cdot h \cdot (r_1^2 + r_1 \cdot r_2 + r_2^2)$.

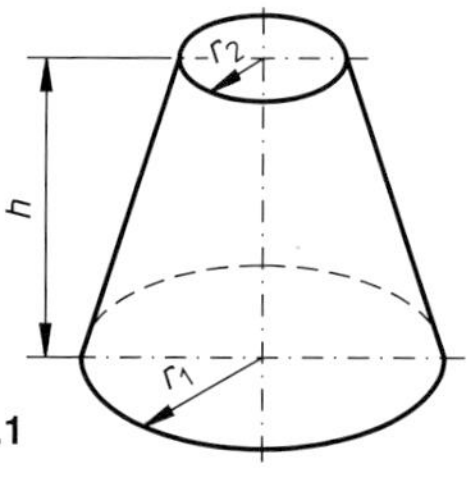

Abb. 3.1

Berechnen Sie jeweils das Volumen mit Hilfe der Näherungsformel und der genauen Formel und ermitteln Sie den (prozentualen) relativen Fehler!

a) $r_1 = 8{,}0$ cm; $r_2 = 6{,}2$ cm; $h = 11{,}6$ cm b) $r_1 = 5{,}7$ cm; $r_2 = 3{,}1$ cm; $h = 7{,}3$ cm

25. Eine Maschine produziert x Werkstücke, davon sind p% fehlerhaft; eine andere Maschine produziert y Werkstücke, davon sind q% fehlerhaft. Wie groß ist der Prozentsatz der fehlerhaften Werkstücke beider Maschinen zusammen?

26. Die (allgemeine) Gravitationskonstante G wird in der folgenden Weise angegeben:
$G = (6{,}67259 \pm 0{,}00085) \cdot 10^{-11}\ \text{m}^3\ \text{kg}^{-1}\ \text{s}^{-2}$.
Berechnen Sie den (prozentualen) relativen Fehler!

3.4 Darstellung von Zahlen in verschiedenen Zahlensystemen

Bisher haben wir beim Hinschreiben von Zahlen stillschweigend vorausgesetzt, dass wir diese Zahlen im **Dezimal- oder Zehnersystem** darstellen. Die Zahl 10 ist die sog. **„Basis"** des Dezimalsystems; in ihm gibt es 10 Ziffern, die Ziffern von 0 bis 9.

354,608 im Zehnersystem bedeutet: $3 \cdot 10^2 + 5 \cdot 10^1 + 4 \cdot 10^0 + 6 \cdot 10^{-1} + 0 \cdot 10^{-2} + 8 \cdot 10^{-3}$.

Ein anderes (im Hinblick auf die Verwendung in Computern wichtiges) Zahlensystem ist das **Dual- oder Binärsystem**. Den beiden Ziffern 0 und 1 entsprechen folgende Zustände:

0 ≙ Strom fließt nicht
1 ≙ Strom fließt

In einer Tabelle stellen wir die Zahlen von 1 bis 10 im Dualsystem dar:

Dezimalsystem	Dualsystem	Erläuterung der Ziffernfolge im Dualsystem
1	1	$1 \cdot 2^0$
2	10	$1 \cdot 2^1 + 0 \cdot 2^0$
3	11	$1 \cdot 2^1 + 1 \cdot 2^0$
4	100	$1 \cdot 2^2 + 0 \cdot 2^1 + 0 \cdot 2^0$
5	101	$1 \cdot 2^2 + 0 \cdot 2^1 + 1 \cdot 2^0$
6	110	$1 \cdot 2^2 + 1 \cdot 2^1 + 0 \cdot 2^0$
7	111	$1 \cdot 2^2 + 1 \cdot 2^1 + 1 \cdot 2^0$
8	1000	$1 \cdot 2^3 + 0 \cdot 2^2 + 0 \cdot 2^1 + 0 \cdot 2^0$
9	1001	$1 \cdot 2^3 + 0 \cdot 2^2 + 0 \cdot 2^1 + 1 \cdot 2^0$
10	1010	$1 \cdot 2^3 + 0 \cdot 2^2 + 1 \cdot 2^1 + 0 \cdot 2^0$

An jeweils einem Beispiel demonstrieren wir das Umrechnen vom Dual- ins Dezimalsystem und umgekehrt. Dabei geben wir die Basis des zugrunde gelegten Systems als Index an.

Beispiele

a) $(101001{,}101)_2 = (1 \cdot 2^5 + 0 \cdot 2^4 + 1 \cdot 2^3 + 0 \cdot 2^2 + 0 \cdot 2^1 + 1 \cdot 2^0 + 1 \cdot 2^{-1} + 0 \cdot 2^{-2} + 1 \cdot 2^{-3})_{10}$

$= (2^5 + 2^3 + 1 + \frac{1}{2} + \frac{1}{8})_{10}$

$= (32 + 8 + 1 + 0{,}5 + 0{,}125)_{10} = (41{,}625)_{10}$

b) $(58)_{10} = (?)_2$

Wir notieren uns die Potenzen von 2 mit Hochzahlen aus $\mathbb{N}$:

$2^0 = 1; \quad 2^1 = 2; \quad 2^2 = 4; \quad 2^3 = 8; \quad 2^4 = 16; \quad 2^5 = 32; \quad 2^6 = 64; \ \ldots$

Für unsere Fragestellung können wir bei $2^6 = 64$ aufhören ($64 > 58$).

$58 = 1 \cdot 32 + \quad 1 \cdot 16 + \quad 1 \cdot 8 + \quad 0 \cdot 4 + \quad 1 \cdot 2 + \quad 0 \cdot 1$

(Rest 26) (Rest 10) (Rest 2) (Rest 2) (Rest 0)

$= 1 \cdot 2^5 + 1 \cdot 2^4 + 1 \cdot 2^3 + 0 \cdot 2^2 + 1 \cdot 2^1 + 0 \cdot 2^0$, also $(58)_{10} = (111010)_2$.

Die Grundrechenarten können im Dualsystem (und auch in anderen Zahlensystemen) entsprechend wie im Dezimalsystem durchgeführt werden. Dazu zwei Beispiele für das Rechnen im Dualsystem:

c)
```
   100101
 +  10011
 (  111 )  (Übertrag)
 --------
   111000
```

d)
```
 1011 · 101
 ----------
   10110
     1011
 --------
   110111
```

Im Beispiel **c)** werden die Zahlen $(37)_{10}$ und $(19)_{10}$ addiert, im Beispiel **d)** wird $(11)_{10}$ mit $(5)_{10}$ multipliziert.

Neben dem Dualsystem werden in Großcomputern noch das **Oktalsystem** (Basis 8, Ziffern 0 bis 7) und das **Hexadezimalsystem** (Basis 16, Ziffern 0 bis 9 und die Großbuchstaben **A**, **B**, **C**, **D**, **E**, **F**) verwendet. Beachten Sie, dass 8 und 16 Potenzen von 2 sind!

In Taschenrechnern benutzt man das sog. **„BCD-System"**. **„BCD"** ist die Abkürzung für „**Bi**nary **C**oded **D**ecimal". Im **BCD**-System wird jede einzelne Ziffer der im Dezimalsystem dargestellten Zahl durch eine „Vier-Bit-Dualzahl" („Bit" Kurzform von „binary digit") dargestellt; z.B. ist $(936)_{10} = (1001\ 0011\ 0110)_{BCD}$.

Für alle erwähnten Zahlensysteme geben wir zur Erläuterung die Darstellungen der natürlichen Zahlen von 1 bis 20 in der folgenden Tabelle an (lesen Sie diese sowohl zeilen- als auch spaltenweise):

Dezimal-system	Dual-system	Oktal-system	Hexadezimal-system	BCD-System
1	1	1	1	0001
2	10	2	2	0010
3	11	3	3	0011
4	100	4	4	0100
5	101	5	5	0101
6	110	6	6	0110
7	111	7	7	0111
8	1000	10	8	1000
9	1001	11	9	1001
10	1010	12	A	0001 0000
11	1011	13	B	0001 0001
12	1100	14	C	0001 0010
13	1101	15	D	0001 0011
14	1110	16	E	0001 0100
15	1111	17	F	0001 0101
16	10000	20	10	0001 0110
17	10001	21	11	0001 0111
18	10010	22	12	0001 1000
19	10011	23	13	0001 1001
20	10100	24	14	0010 0000

An zwei weiteren **Beispielen** zeigen wir, wie man eine Zahl aus dem Oktal- bzw. aus dem Hexadezimalsystem in das Dezimalsystem umschreiben kann:

e) $(7603)_8 = (7 \cdot 8^3 + 6 \cdot 8^2 + 3 \cdot 8^0)_{10}$
$= (7 \cdot 512 + 6 \cdot 64 + 3)_{10} = (3971)_{10}$

f) $(76A3)_{16} = (7 \cdot 16^3 + 6 \cdot 16^2 + 10 \cdot 16^1 + 3 \cdot 16^0)_{10}$
$= (7 \cdot 4096 + 6 \cdot 256 + 10 \cdot 16 + 3)_{10} = (30371)_{10}$

In den folgenden Kapiteln werden wir Zahlen ausschließlich im Dezimalsystem schreiben.

Aufgaben zu 3.4

1. Schreiben Sie die folgenden Dualzahlen im Dezimalsystem!

Beispiel: $(1011{,}01)_2 = (1 \cdot 2^3 + 1 \cdot 2^1 + 1 \cdot 2^0 + 1 \cdot 2^{-2})_{10}$
$= (8 + 2 + 1 + \frac{1}{4})_{10} = (11 + 0{,}25)_{10}$
$= (11{,}25)_{10}$

a) 0,0101 b) 1,011 c) 10,101 d) 1001 e) 10010101
f) 11111000 g) 1001001001 h) 110,111 i) 10000000001 j) 11110101,111

2. Schreiben Sie die folgenden Dezimalzahlen im Dualsystem!

Beispiel: 79

1. Möglichkeit: $2^0 = 1$, $2^1 = 2$, $2^2 = 4$, $2^3 = 8$, $2^4 = 16$, $2^5 = 32$, $2^6 = 64$, $2^7 = 128$

$79 = 1 \cdot 64 + 0 \cdot 32 + 0 \cdot 16 + 1 \cdot 8 + 1 \cdot 4 + 1 \cdot 2 + 1 \cdot 1$

(Rest 15) (Rest 15) (Rest 15) (Rest 7) (Rest 3) (Rest 1)

$= 1 \cdot 2^6 + 0 \cdot 2^5 + 0 \cdot 2^4 + 1 \cdot 2^3 + 1 \cdot 2^2 + 1 \cdot 2^1 + 1 \cdot 2^0$

also $(79)_{10} = (\underline{1001111})_2$

2. Möglichkeit:

79 : 2 = 39 Rest 1
39 : 2 = 19 Rest 1
19 : 2 = 9 Rest 1
9 : 2 = 4 Rest 1
4 : 2 = 2 Rest 0
2 : 2 = 1 Rest 0
1 : 2 = 0 Rest 1 ↑ Ergebnis: $\underline{1001111}$

Begründung:

$$\begin{aligned}
79 &= 2 \cdot 39 + 1 \\
&= 2 \cdot (2 \cdot 19 + 1) + 1 \\
&= 2 \cdot [2 \cdot (2 \cdot 9 + 1) + 1] + 1 \\
&= 2 \cdot \{2 \cdot [2 \cdot (4 \cdot 2 + 1) + 1] + 1\} + 1 \\
&= 2 \cdot \{2 \cdot [2 \cdot (2 \cdot 2 \cdot 2 + 1) + 1] + 1\} + 1 \\
&= 2 \cdot \{2 \cdot [2 \cdot (2^3 + 1) + 1] + 1\} + 1 \\
&= 2 \cdot \{2 \cdot [2^4 + 2 + 1] + 1\} + 1 \\
&= 2 \cdot \{2^5 + 2^2 + 2 + 1\} + 1 \\
&= 2^6 + 2^3 + 2^2 + 2 + 1 \\
&= \underline{1} \cdot 2^6 + \underline{0} \cdot 2^5 + \underline{0} \cdot 2^4 + \underline{1} \cdot 2^3 + \underline{1} \cdot 2^2 + \underline{1} \cdot 2^1 + \underline{1} \cdot 2^0
\end{aligned}$$

a) 256 b) 512 c) 1024 d) 1025 e) 515 f) 270
g) 100 h) 50 i) 40 j) 30 k) 576 l) 1042
m) 7783210 n) 36,125 o) 44,5 p) 12,25 q) 13,0625 r) 1,53125
s) 0,765625 t) 0,875 u) 2,046875

3. Berechnen Sie (im Dualsystem):

a) 100011 + 1101 b) 10101010 + 10111 c) 1111111 + 100001 d) 11000111 + 1111000001
e) 100011 · 1101 f) 11101 · 11101 g) 10010 · 1100 h) 101000 · 10010

Kontrollieren Sie jeweils, indem Sie zusätzlich die Rechnungen im Dezimalsystem durchführen!

4. Stellen Sie die natürlichen Zahlen von 30 bis 40 in den folgenden Systemen dar: Dual-, Oktal-, Hexadezimal- und BCD-System! Fertigen Sie eine Tabelle an!

5. Schreiben Sie die folgenden Dezimalzahlen im Oktalsystem:

a) 55 b) 80 c) 100 d) 8000 e) 95 f) 63

6. Schreiben Sie die folgenden Dezimalzahlen im Hexadezimalsystem!

Beispiel: $(26)_{10} = 1\,A$

a) 45 b) 60 c) 80 d) 100 e) 110 f) 120

7. Schreiben Sie die folgenden Dezimalzahlen im BCD-System!

Beispiel: $(27)_{10} = (0010\,0111)_{BCD}$

a) 34 b) 45 c) 80 d) 7 e) 91 f) 108
g) 789 h) 3456 i) 902 j) 300 k) 23581

8. Schreiben Sie die folgenden Zahlen im Dezimalsystem:

a) $(430)_8$ b) $(7012,1)_8$ c) $(666,66)_8$ d) $(ABC)_{16}$
e) $(ABCDEF)_{16}$ f) $(1A1B1C)_{16}$ g) $(ABBA)_{16}$ h) $(CDO)_{16}$
i) $(BOA)_{16}$ j) $(0100\,0101)_{BCD}$ k) $(1001\,0011)_{BCD}$

9. Woran erkennt man, ob eine im Dualsystem dargestellte natürliche Zahl

a) durch 2, b) durch 4, c) durch 8, d) durch 16, e) durch 32 teilbar ist?

4 Lineare Gleichungen

4.1 Lösen von linearen Gleichungen

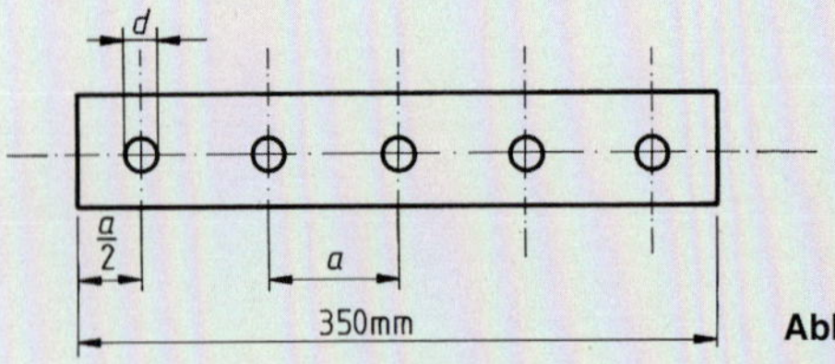

In einen 350 mm langen Flachstahl sollen 5 Löcher mit Durchmesser $d = 14$ mm in der skizzierten Anordnung (vgl. Abb. 4.1) gebohrt werden. Wie groß müssen der Mittenabstand a und der Randabstand $\frac{a}{2}$ gewählt werden?

Abb. 4.1

Aus der Skizze lesen wir folgende **Gleichung** ab:

$$\frac{a}{2} + 4a + \frac{a}{2} = 350 \text{ mm},$$

also $5a = 350$ mm.

Für $a = 70$ mm wird diese Gleichung „richtig", d.h. 70 mm ist die **Lösung** der Gleichung:

$$5 \cdot 70 \text{ mm} = 350 \text{ mm}.$$

Antwort: Als Mittenabstand sind 70 mm, als Randabstand 35 mm zu wählen.

Merksatz

Eine **Gleichung** besteht aus zwei Termen T_1 und T_2, zwischen denen ein Gleichheitszeichen steht: $T_1 = T_2$.

Gleichungen ohne Variable sind Aussagen, Gleichungen mit Variablen sind Aussageformen. Mehr dazu finden Sie im Anhang.

Beispiele

Gleichungen mit einer Variablen:

1. $4x + 3 = -6$	„**lineare**" Gleichung (Gleichung 1. Grades)
2. $x^2 - 3x + 2 = 0$	„**quadratische**" Gleichung (Gleichung 2. Grades)
3. $x^3 + 3x = 0$	„**kubische**" Gleichung (Gleichung 3. Grades)
4. $3\sqrt{4x + 5} - 10 = 5$	„**Wurzel**"-Gleichung
5. $4^{3x-1} = 16$	„**Exponential**"-Gleichung
6. $4 \sin(x) \cos(x) = 1$	„**trigonometrische**" Gleichung

Wir befassen uns vorläufig nur mit linearen Gleichungen.

Als Lösungen einer Gleichung kommen alle rationalen Zahlen in Frage, die Lösungen werden zur Lösungsmenge L zusammengefasst.

Um mögliche Lösungen einer Gleichung zu erhalten, formen wir die Gleichung so um, dass die Variable auf einer Seite des Gleichheitszeichens für sich allein steht und auf der anderen Seite die Lösung direkt abgelesen werden kann. Bei den Umformungen müssen wir beachten, dass wir auf der linken und rechten Seite der Gleichung immer die gleichen Operationen ausführen und damit zu einer äquivalenten (gleichwertigen) Gleichung gelangen, die die gleiche(n) Lösung(en) besitzt.

Zwischen zwei äquivalente Gleichungen schreiben wir den Äquivalenzpfeil (Doppelpfeil) „$\Leftrightarrow$" (vgl. 1.3).

Beispiel

$x + 3 = 7 \Leftrightarrow x = 7 - 3$ („... **äquivalent zu** ...")

Beide Gleichungen haben 4 als Lösung, sie sind daher äquivalent.

Merksatz

Gleichungen sind **äquivalent**, wenn sie die gleiche Lösungsmenge über der gleichen Grundmenge besitzen.

Beispiele und Gegenbeispiele:

1.	$x - 5 = 2$ $L = \{7\}$	$\Leftrightarrow$	$x = 7$ $L = \{7\}$	(Addition von 5)
2.	$2x = 8$ $L = \{4\}$	$\Leftrightarrow$	$x = 4$ $L = \{4\}$	(Division durch 2)
3.	$-\frac{x}{3} - 4 = 0$ $L = \{-12\}$	$\Leftrightarrow$	$x + 12 = 0$ $L = \{-12\}$	(Multiplikation mit -3)
4.	$4x = 6$ $L = \left\{\frac{3}{2}\right\}$	$\not\Leftrightarrow$	$0 = 0$ $L = \mathbb{Q}$	(Multiplikation mit 0)
5.	$x = 2$ $L = \{2\}$	$\not\Leftrightarrow$	$x^2 = 4$ $L = \{-2; 2\}$	(Quadrieren)

Umformungen einer Gleichung, bei denen weder Lösungen hinzukommen noch Lösungen wegfallen, nennen wir **„Äquivalenzumformungen"**.

Merksatz

Äquivalenzumformungen überführen eine Gleichung in eine äquivalente Gleichung.

Äquivalenzumformungen sind:

1. Vertauschen der beiden Seiten
2. Addieren bzw. Subtrahieren einer Zahl oder eines Terms $T(x)$
3. Multiplizieren mit bzw. Dividieren durch eine Zahl $\neq 0$ oder einen Term $T(x) \neq 0$

Beachten Sie immer, dass die Rechenoperationen auf **beiden** Seiten der Gleichung ausgeführt werden müssen!

Beispiele

1. Gesucht ist die Lösungsmenge der Gleichung $\frac{x+5}{3} - 1 = 2$ über der Grundmenge $\mathbb{Q}$.

Wir können uns das Vorgehen beim Lösen der Gleichung verdeutlichen, wenn wir uns klarmachen, wie der Term auf der Seite mit der Variablen x aus x entstanden ist. Um x allein zu erhalten, gehen wir dann den Entstehungsprozess rückwärts (vgl. 1.3.):

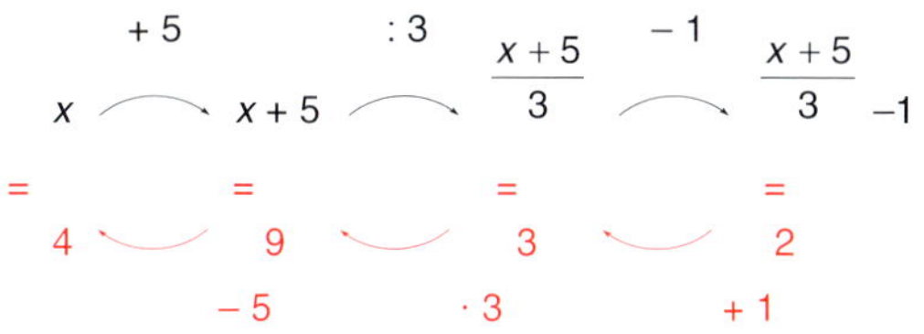

Lösung:		$\frac{x+5}{3} - 1 = 2$	$\mid +1$
Wir addieren 1:	$\Leftrightarrow$	$\frac{x+5}{3} - 1 + 1 = 2 + 1$	$\mid$ Zusammenfassen
Wir fassen zusammen:	$\Leftrightarrow$	$\frac{x+5}{3} = 3$	$\mid \cdot 3$
Wir multiplizieren mit 3:	$\Leftrightarrow$	$\frac{x+5}{3} \cdot 3 = 3 \cdot 3$	$\mid$ Vereinfachen, Kürzen
Wir fassen zusammen (kürzen):	$\Leftrightarrow$	$x + 5 = 9$	$\mid -5$
Wir subtrahieren 5:	$\Leftrightarrow$	$x + 5 - 5 = 9 - 5$	$\mid$ Zusammenfassen
Wir fassen zusammen:	$\Leftrightarrow$	$x = 4$	

4 ist also die Lösung der Gleichung. Wir prüfen die Richtigkeit nach, indem wir 4 in die Ausgangsgleichung einsetzen (Probe):

$$\frac{4+5}{3} - 1 = 2$$
$$\frac{9}{3} - 1 = 2$$
$$3 - 1 = 2$$
$$2 = 2 \quad \text{(wahr)}$$

Wir schreiben die Lösungsmenge auf: $L = \{4\}$

2. $2(x-3)+4=7-x$ | Ausmultiplizieren

$\Leftrightarrow 2x-6+4=7-x$ | Zusammenfassen

$\Leftrightarrow 2x-2=7-x$ | $+x$ (Ziel: Variable nur auf einer Seite der Gleichung)

$\Leftrightarrow 2x-2+x=7-x+x$ | Zusammenfassen

$\Leftrightarrow 3x-2=7$ | $+2$

$\Leftrightarrow 3x-2+2=7+2$ | Zusammenfassen

$\Leftrightarrow 3x=9$ | $:3$

$\Leftrightarrow \frac{3x}{3}=\frac{9}{3}$ | Vereinfachen, Kürzen

$\Leftrightarrow x=3$

Probe: $2(3-3)+4=7-3$

$2\cdot 0+4=4$

$4=4$ (wahr)

$\underline{L=\{3\}}$

Vorgehen beim Lösen linearer Gleichungen:

1. Schritt: Klammern beseitigen (z. B. Ausmultiplizieren) und zusammenfassen.
2. Schritt: Alle *x*-Glieder auf einer (gewöhnlich der rechten) Seite „wegbringen“.
3. Schritt: Alle Glieder ohne *x* auf der anderen (gewöhnlich der linken) Seite „wegbringen“.
4. Schritt: Durch den Faktor, der bei *x* steht, dividieren.
5. Schritt: Probe durchführen.
6. Schritt: Lösungsmenge aufschreiben.

Wie viele Gleichungen für jeden Schritt hingeschrieben werden, hängt weitgehend von der eigenen Rechenfertigkeit ab. Mit einiger Übung können manche Schritte auch gleichzeitig ausgeführt werden.

Weitere Aufgabenbeispiele:

3. $12x-11-(2x-7)=6-(5-9x)$ | Klammern beseitigen

$\Leftrightarrow 12x-11-2x+7=6-5+9x$ | Zusammenfassen

$\Leftrightarrow 10x-4=1+9x$ | $-9x$

$\Leftrightarrow 10x-4-9x=1+9x-9x$ | Zusammenfassen

$\Leftrightarrow x-4=1$ | $+4$

$\Leftrightarrow x-4+4=1+4$ | Zusammenfassen

$\Leftrightarrow x=5$

$\underline{L=\{5\}}$

(Auf die Probe haben wir hier verzichtet.)

4. $2x-1=2(x+1)-3$ | Ausmultiplizieren

$\Leftrightarrow 2x-1=2x+2-3$ | Zusammenfassen

$\Leftrightarrow 2x-1=2x-1$ | $-2x$

$\Leftrightarrow 2x-1-2x=2x-1-2x$ | Zusammenfassen

$\Leftrightarrow -1=-1$ (wahr)

Wir haben es hier mit einer Gleichung zu tun, bei der wir für alle Zahlen der Grundmenge (in *x* eingesetzt) jeweils eine wahre Aussage erhalten. TR mit einer „Solver“-Funktion geben in solchen Fällen „true“ aus, was heißen soll, dass die Gleichung für alle *x* eine „wahre“ Aussage ist.

Ist $\mathbb{Q}$ die Grundmenge, so gilt:

$\underline{L=\mathbb{Q}}$

Solche Gleichungen, bei denen die Lösungsmenge gleich der Grundmenge ist, nennt man auch **„allgemein gültig“** (über der Grundmenge). Wir haben damit ein Beispiel für eine Gleichung kennen gelernt, deren Lösungsmenge unendlich viele Elemente enthält.

5. $4x+2-x=3x-1$ | Zusammenfassen

$\Leftrightarrow 3x+2=3x-1$ | $-3x$

$\Leftrightarrow 3x+2-3x=3x-1-3x$ | Zusammenfassen

$\Leftrightarrow 2=-1$ (falsch)

Hier haben wir es mit einer Gleichung zu tun, die für überhaupt keine Zahl (für *x* eingesetzt) zu einer wahren Aussage führt. Daher erhält die Lösungsmenge kein Element; TR geben hier als Antwort „false“ aus:

$\underline{L=\{\ \}}$

Solche Gleichungen nennt man auch **„unerfüllbar“** (in der Grundmenge).

6. Grundmenge $G = \mathbb{Z}$

$$\begin{aligned} & -3 - x = 2x + 1 && \mid -2x \\ \Leftrightarrow\ & -3 - x - 2x = 2x + 1 - 2x && \mid \text{Zusammenfassen} \\ \Leftrightarrow\ & -3 - 3x = 1 && \mid +3 \\ \Leftrightarrow\ & -3 - 3x + 3 = 1 + 3 && \mid \text{Zusammenfassen} \\ \Leftrightarrow\ & -3x = 4 && \mid :(-3) \\ \Leftrightarrow\ & \frac{-3x}{-3} = \frac{4}{-3} && \mid \text{Kürzen} \\ \Leftrightarrow\ & x = -\frac{4}{3} && \end{aligned}$$

Da $-\frac{4}{3} \notin \mathbb{Z}$, folgt:

$\underline{L = \{\ \}}$

Aufgaben zu 4.1

Wenn nicht anders erwähnt, werden bei allen Aufgaben die rationalen Zahlen als Grundmenge genommen ($G = \mathbb{Q}$).

1. Lösen Sie die Gleichungen im Kopf.

a) $x + 3 = 7$ b) $5 + x = 15$ c) $44 = x + 12$ d) $x - 5 = 12$
e) $9 - x = 4$ f) $11 = 3 - x$ g) $-3 - x = -6$ h) $5 = -10 - x$
i) $x - 3{,}5 = -8$ j) $\frac{x}{4} = 4$ k) $10x = 200$ l) $\frac{x}{2} + 1 = 0$

Lösen Sie die Gleichungen (auf die Angabe der Lösungsmenge kann verzichtet werden).

2. $5x - 8 = 2$
3. $7 - 2x = 1$
4. $15 - 3x = -15$
5. $-20 - 2x = -10$
6. $5 + 8x = 9$
7. $12x + 6 = 2$
8. $-0{,}4x + 18 = 16$
9. $3x - 2{,}8 = -2{,}2$
10. $-6{,}5 + 5x = -4$
11. $1222x + 25{,}5 = 331$
12. $3{,}2x - 136 = 1400$
13. $0{,}08x - 0{,}01 = -0{,}018$
14. $\frac{x}{3} - 15 = -10$
15. $\frac{x}{2} + 6 = 4$
16. $26 - \frac{x}{6} = 23$
17. $\frac{1}{2} - \frac{x}{3} = \frac{1}{6}$
18. $\frac{5x}{10} + 1\frac{1}{2} = 4$
19. $2 + \frac{x}{15} = 0$
20. $\frac{x}{1000} + \frac{3}{2} = 4$
21. $\frac{3x}{4} - 8 = 10$
22. $1\frac{1}{2}x + 2\frac{3}{4} = 3\frac{1}{2}$
23. $\frac{2}{7} - \frac{5}{2}x = -\frac{3}{7}$
24. $-\frac{1}{8} + \frac{1}{22}x = \frac{5}{8}$
25. $-2 = \frac{7}{2}x + \frac{1}{3}$
26. Stellen Sie selbst eine Gleichung auf, die die angegebene Lösung besitzt.

a) 3 b) 32 c) -15 d) 1200 e) $\frac{2}{3}$

27. Zwischen welchen Gleichungen darf der Äquivalenzpfeil geschrieben werden?

a) $x + 3 = 8$; $3 + x = 8$; $3 - 8 = -x$; $x = 3 - 8$
b) $5 - x = 6$; $6 - 5 = x$; $0 - 1 = x$; $-x = 1$
c) $4 - 2x = 0$; $x = 2$; $x^2 = 4$; $x = 4 - x$

28. In welchen Fällen ist der Äquivalentor nicht berechtigt ($G = \mathbb{Q}$)?

a) $x - 7 = 7 \Leftrightarrow 3 - x = -11$ b) $4x = -8 \Leftrightarrow 0 = 2 + x$
c) $\frac{x}{3} = -2 \Leftrightarrow -2x = 3$ d) $3x = 1 - x \Leftrightarrow 4x - 1 = 3$
e) $2x - x = x \Leftrightarrow 3 = 3$ f) $2 = 1 - x \Leftrightarrow x = 2 - 1$
g) $2x = \frac{2}{3} \Leftrightarrow x = 3$ h) $2x - 2 = 2(x - 1) \Leftrightarrow x = 1$
i) $3x - 3x = 0 \Leftrightarrow x = 0$ j) $-3x = 0 \Leftrightarrow 9x^2 = 0$

29. Finden Sie den Fehler:

a)
$$\begin{aligned} & x = -4 \\ \Leftrightarrow\ & 5 - x = 5 - 4 \\ \Leftrightarrow\ & 5 - x = 1 \\ \Leftrightarrow\ & 5 - 1 = x \\ \Leftrightarrow\ & x = 4 \end{aligned}$$

b)
$$\begin{aligned} & 3 - x = x - 1 \\ \Leftrightarrow\ & x - 3 = 1 - x \\ \Leftrightarrow\ & x - x = 1 - 3 \\ \Leftrightarrow\ & 0 = 4 \end{aligned}$$

30. Geben Sie die Lösungsmengen der folgenden Gleichungen jeweils über $\mathbb{N}^*$, $\mathbb{Z}$ und $\mathbb{Q}$ an:

a) $x + 9 = 4$ b) $3 - x = -5$ c) $2 - 2x = 6$

d) $2x - 1 = 4$ e) $3 - x = \frac{1}{2}$ f) $-4{,}5 + 3x = -10{,}5$

Gleichungen mit mehreren *x*

Beispiel: $3x - 7 = 7 + x$

$\Leftrightarrow 2x = 14$

$\Leftrightarrow x = 7$

$L = \{7\}$

31. $5x - 16 = 19 - 2x$
32. $7x - 6 = 8x - 9 - 4x + 5$
33. $2x - 9 + 8x + 10 = 15 + 5x - 7$
34. $5x + 24 - 3x = 3x + 10$
35. $60 - 5x = 120 - 8x - 12$
36. $3{,}6x + 18 = 5{,}4x - 27$
37. $19x - 17 - 3x + 72 = 12 + 9x - 25 + 4x + 83$
38. $204 - 3x + 47 + 28x = 25x - 19 + 13x - 26$
39. $4{,}3x - 1{,}19 - 1{,}7x + 0{,}24 = 1{,}61 - 1{,}6x + 0{,}33 + 2{,}5x$
40. $5{,}7x + 2 - 1{,}4x = 7{,}1x - 2{,}8x + 2{,}1 - 0{,}5x$
41. $0{,}8x + 3 - 0{,}6x = 1{,}2x - 0{,}6 - 1{,}6x$
42. $0{,}1x = 1{,}5 - 0{,}3x - 0{,}6 - 1{,}2x + 0{,}7 - 0{,}8x$
43. $3500x - 3750 - 2840x = 1280x - 17700$
44. $2{,}5x + 500000 = 4{,}8x - 160000 - 1{,}3x$
45. $410 - 3500x + 2200x - 300 - 800x = 195 - 1600x - 160$
46. $\frac{1}{4}x = 9 - \frac{x}{5}$
47. $\frac{3x}{2} - 8 = \frac{2x}{3}$
48. $\frac{5x}{3} - \frac{4}{5}x = 34 - \frac{5x}{6}$
49. $\frac{2x}{3} - \frac{3x}{4} - 1 = \frac{5x}{12}$
50. $\frac{3x}{2} - 14\frac{1}{4} = \frac{2}{3}x - \frac{3}{4}x$
51. $\frac{x}{2} + 12\frac{1}{2} - \frac{3x}{4} + \frac{5}{8}x = \frac{x}{4} + 7\frac{1}{2}$

Gleichungen mit Klammern

52. $10x - (6 + 4x) = 18 + 5x$
53. $7 - (x - 9) = 15 - 2x$
54. $3x - (35 + 4x) = 26 - 2x$
55. $12x - 11 - (9x - 5) - (2x - 7) = 6$
56. $7{,}02 - (2{,}8x - 18) = 1{,}52x - (9{,}82 + 3{,}32x)$
57. $7{,}5x + 3 + 4{,}5 - 3x - (1{,}7x - 1{,}6) = 12{,}9 + 1{,}8x$
58. $(6{,}5x + 6) - (8{,}5x - 1) = 3 - (3x - 8)$
59. $(4{,}5x + 6) + (2{,}6x - 5{,}7) = 3{,}4x + 4{,}3 - (0{,}4 - 2{,}7x)$
60. $7 - [(9 + 2x) + (6x - 3)] = 2x - 9$
61. $4x - [(3x + 4) + 2] = 3x$
62. $3x - [(3 - 10x) - (6x - 15) + (x + 9)] = 0$
63. $5(x + 7) = 60$
64. $5x - 15 = 8x - 12 - 4(x - 3)$
65. $8x - 36 - 9(x - 8) = 2x$
66. $1{,}4(x - 1{,}6) = 0{,}56$
67. $5[x - 2(x - 5)] = 2(13 - 4x)$
68. $0{,}2(x + 2{,}4) = 0{,}72$
69. $4{,}8x - 3(x - 2) = 2{,}5x - 4{,}5$
70. $7(4x - 3) + 3(7 - 8x) = 1$
71. $8(3x - 2) - 7x = 13x + 5(12 - 3x)$
72. $6x - 7(11 - x) + 11 = 4x - 3(20 - x)$
73. $7(3x - 6) + 5(x - 3) = 11 - 4(17 - x)$
74. $1{,}5x - 6(x + 1{,}2) = -10{,}6 - 4x$
75. $12{,}4x + 25 = 5(2x + 3{,}6) + 7$
76. $50{,}5x - (204 - 12{,}5x) - 174 = 0$
77. $6x - 2(15 - 2x) - 25 = 0$
78. $0{,}6 - x + 3(0{,}7 + x) = 2(0{,}8 + x) + 1{,}1$
79. $1 - (7 + x) - 4 = 4(-9 - x) + 2$
80. $3{,}6(22 - 2x) - 3{,}6 = 2(0{,}5x - 2) - 2{,}4$
81. $2{,}5x - 1{,}2(x - 500) - (x + 500) = 1000$
82. $0{,}4(2x - 15) + 1{,}2x = 3 + 2(x - 8)$
83. $4000(0{,}17 + 2x) - 120(50x - 0{,}35) = 802$
84. $2{,}6x - 140 - 3(80 - 1{,}2x) - 4x = 60$
85. $3{,}2(x + 5) - 4{,}5 + 1{,}2x = 2{,}2(3 + 2x) + 4{,}9$
86. $-0{,}01(4{,}2 - 6x) - (0{,}2 + 0{,}02x) = 0{,}1(0{,}4x + 0{,}3)$
87. $(2x - 3) \cdot 88 - (1000 - 3x) \cdot 45 + 6078 = 0$
88. $(0{,}1x - 2{,}1) \cdot 1{,}5 + (0{,}3 - 0{,}2x) = 0{,}5 - 0{,}05x$
89. $7(1{,}8x - 3) - 3{,}0 = 11{,}1x - 3(2x - 5)$
90. $19 - [5(x + 44) - 6(x + 20) - 2x] = 0$
91. $365 - [5(27 + x) - 9(x - 48)] = 2x$
92. $14x = 18(5x - 24) - [8(42 - x) - 9(512 - 20x)]$
93. $150 = 30x - [10(x + 1) - 6(3x + 1) + 15(x - 2) + 6(2 + x)]$
94. $4(5x + 24) - 3(2x - 15) = 5(3x + 10) + 8(x - 15) + 3(4x - 5) + 37$
95. $15(2x + 3) - 10(4x - 5) + 3(2x - 9) = 5(3x + 5) - 3(2x - 5) - 50$
96. $2(x - 0{,}1) + 4(3x - 0{,}001) + 3(2x - 0{,}01) = 24{,}446$

Gleichungen mit Brüchen

Beachten Sie, dass bei Divisionen durch das Schreiben von Bruchstrichen die Klammern überflüssig werden.

$$(6x - 18):4 = 6 \Leftrightarrow \frac{6x - 18}{4} = 6; \quad -(x + 3):2 = 4 \Leftrightarrow -\frac{x + 3}{2} = 4$$

97. Zwischen welche Gleichungen kann der Äquivalenzpfeil geschrieben werden?

a) $\frac{x + 6}{3} = 5$; $\frac{x}{3} + 6 = 5$; $x + 2 = 5$; $\frac{x}{3} + 2 = 5$ b) $\frac{4x - 5}{2} = 4$; $2x = 9$; $4x - 5 = 8$; $\frac{x - 5}{2} = 1$

98. $\frac{18-2x}{9}-\frac{2}{3}=\frac{2}{9}x$

99. $\frac{55-3x}{8}=\frac{5x}{8}+1{,}875$

100. $\frac{12+3x}{5}-3=\frac{7-x}{3}-2$

101. $\frac{8x+3}{4}-1\frac{1}{2}=\frac{5x+6}{3}-4\frac{1}{3}$

102. $\frac{11x+7}{20}-\frac{9x-7}{5}=-2$

103. $5+\frac{1}{2}(11x-37)=3x+\frac{2}{5}(x+3)$

104. $\frac{33}{4}(5x-12)-\frac{2}{9}(30-x)=32$

105. $3\left(\frac{5}{6}x-3\frac{1}{5}\right)+3\frac{1}{3}x=2\left(5\frac{1}{2}+2\frac{2}{3}x\right)-11{,}6$

106. $\frac{2x}{3}-\frac{3x-18}{6}=17-\left(\frac{3}{4}x-8\right)$

107. $3x-\frac{2x-7}{3}-\frac{x-2}{5}=\frac{2x+5}{3}+\frac{3x-6}{5}+x$

108. $\frac{3(x-6)}{4}+15+\frac{2(x-3)}{3}=25+\frac{x-1}{2}-\frac{x+13}{5}$

109. $\frac{3x+5}{7}-\left(\frac{x+2}{3}-1\right)=\frac{x+5}{3}-\frac{x-4}{2}$

110. $\frac{13x+5}{2}-\frac{16x+5}{3}=\frac{11x+4}{3}-\frac{5x-1}{2}-x$

111. $3x-\frac{2x+5}{7}=16-\frac{7x+19}{2}-\frac{2x+1}{3}$

Gleichungen mit Produkten von Summen (Klammern)

Beim Umformen müssen höhere Potenzen wegfallen.

Beispiel:

$(20+x)(20-x)=(x+2)(46-x)$

$\Leftrightarrow\quad 400-x^2=46x-x^2+92-2x$

$\Leftrightarrow\quad 400-92=44x-x^2+x^2$

$\Leftrightarrow\quad 44x=308$

$\Leftrightarrow\quad x=\frac{308}{44}$

$\Leftrightarrow\quad \underline{x=7}$

Probe: $(20+7)(20-7)=(7+2)(46-7)$

$27\cdot 13=9\cdot 39$

$\underline{351=351}$ (wahr)

$\underline{L=\{7\}}$

112. $(x+1)(4x-3)=2(x+1)(2x+3)$

113. $(5x+1)(2x-1)-(2x+1)(3x-5)=4(x+3)(x-1)-4$

114. $(x+3{,}5)(x+4{,}5)=(x+5{,}5)(x+6{,}5)-28$

115. $2(x+1)(x+2)+x(4x-5)=3(x-1)(2x+1)+27$

116. $4(7{,}5x+12)x-8x(3{,}75x+12)=328-(94x+144)$

117. $(7x-5)(7-3x)-(6-5x)(3x-7)=(3x-7)(7-2x)$

118. $(x-3)(2x-5)-4(x-2)=2(x-1)^2-12$

119. $(x-6)^2+(x-4)^2+(2x-9)^2=(x-6)(6x-7)$

120. $(2x+1)^2+(3x+1)^2+(8x-3)^2=(7x-2)(11x-1)$

121. $(8-3x)^2+(5-4x)^2-6=(9-5x)^2+20x-4$

122. $(x+1)(x+2)(x-3)-x^3=16$

123. $(x+2)(x-2)(x+1)-x^2(x+1)=0$

124. $x(1-x)^2+10=x(x^2-2x)$

125. $x(3-x)(x+2)-5=x^2(1-x)+2$

Vereinfachen Sie zunächst durch Ausklammern und Kürzen (genauere Informationen zu Bruchgleichungen finden Sie im Kapitel 5).

126. $\frac{x(2x-6)}{x-3}+10=0$

127. $\frac{3x+6}{x+2}+3=6$

128. $\frac{4x+8}{x+2}+\frac{2x(3-x)}{x}=2$

129. $\frac{5(2x-10)}{x-5}-\frac{x(6x-3)}{2x-1}=0$

130. $\frac{x-6}{6-x}-\frac{x-4}{x-4}=\frac{2x-1}{1-2x}+x$

131. $\frac{5x-10}{2-x}-\frac{x(8x-4)}{1-2x}+3x=9$

132. $\frac{x^2-1}{x+1}-(2x-5)=x-2$

133. $\frac{x^2-9}{x+3}=5$

134. $1+\frac{x^2-4}{x-2}=(x-1)(x+4)-x^2+3$

135. $1-\frac{(x+2)(x-3)}{2x-6}=-\frac{1}{2}x$

136. $\frac{(2x+4)(x-1)}{x+2}-\frac{x^2-x}{x-1}=-12$

137. $x-\frac{(1+x)(2-x)}{x-22}=\frac{6x-3x^2}{2-x}$

138. $\frac{(1-x^2)(1-x)}{(1+x)^2}-x=\frac{4-2x}{x-2}$

139. $4+\frac{x^3+4x^2}{x^2+4x}-3x=\frac{2x^2+4x}{x^2+2x}$

4.2 Gleichungen mit Formvariablen

Die folgenden drei Gleichungen haben eine gemeinsame Form.

$$\left.\begin{array}{ll}(1) & 5x = 3 + 2x \\ (2) & 5x = 12 + 2x \\ (3) & 5x = -30 + 2x\end{array}\right\} \quad 5x = a + 2x \quad (a \in \mathbb{Q})$$

Man nennt x **Lösungsvariable** und a **Formvariable**.

Lösung:

$$\begin{array}{lll} & 5x = a + 2x & \mid -2x \\ \Leftrightarrow & 3x = a & \mid :3 \\ \Leftrightarrow & x = \frac{a}{3} & \end{array}$$

Probe:

$$5 \cdot \frac{a}{3} = a + 2 \cdot \frac{a}{3}$$

$$\frac{5}{3}a = \frac{5}{3}a \quad \text{(wahr)}$$

$$\underline{\underline{L = \left\{\frac{a}{3}\right\}}}$$

Damit ergibt sich für die Lösungen der drei Gleichungen:

(1) $x = \frac{3}{3} = \underline{1}$; (2) $x = \frac{12}{3} = \underline{4}$; (3) $x = \frac{-30}{3} = \underline{-10}$

Gleichungen mit Formvariablen werden genauso umgeformt wie Gleichungen mit Zahlen. Bei der Angabe der Lösungsmenge ist besonders auf die Grundmenge zu achten.

Ein anderes Problem tritt dann auf, wenn eine Formvariable im Nenner vorkommt.

Beispiel

$ax = b \quad (a, b \in \mathbb{Q})$, Grundmenge $\mathbb{Q}$

$\Leftrightarrow x = \frac{b}{a} \quad (a \neq 0)$

$L = \left\{\frac{b}{a}\right\}$ im Falle $a \neq 0$.

Fall $a = 0$: $0 \cdot x = b$

Daraus folgt: $L = \{\,\}$ im Falle $a = 0$ und $b \neq 0$,
$L = \mathbb{Q}$ im Falle $a = 0$ und $b = 0$.

In Abhängigkeit von den Formvariablen a und b erhalten wir bei diesem Beispiel also drei verschiedene Lösungsmengen.

Wir schreiben die einfachsten Gleichungsformen zusammen mit ihren Lösungsmengen in eine Tabelle, ohne die speziellen Fälle zu erwähnen (a, b, c, $d \in \mathbb{Q}$).

Gleichungsform	Lösungsmenge	Einschränkung
$a + x = b$	$L = \{b - a\}$	
$a \cdot x = b$	$L = \left\{\frac{b}{a}\right\}$	$a \neq 0$
$ax + b = c$	$L = \left\{\frac{c-b}{a}\right\}$	$a \neq 0$
$ax + b = cx$	$L = \left\{\frac{-b}{a-c}\right\}$	$a \neq c$
$ax + b = cx + d$	$L = \left\{\frac{d-b}{a-c}\right\}$	$a \neq c$

Aufgaben zu 4.2

Lösen Sie die Gleichungen ($G = \mathbb{Q}$) für beliebige $a, b, c \in \mathbb{Q}$.

1. $a - x = b$
2. $a + x = 2b$
3. $3a - x = 4a - 2x$
4. $a + b = a + x$
5. $10 - x = a + 10$
6. $a - b + x = 3a - 3b$
7. $x - a + b = c$
8. $x - a = 2a + b$
9. $\frac{x}{b} = a \quad (b \neq 0)$
10. $\frac{ax}{b} = a^2 \quad (a \neq 0,\ b \neq 0)$
11. $\frac{x}{a} - b = c \quad (a \neq 0)$

12. Finden Sie den Fehler:

a)
$$\begin{aligned} & x = a \\ \underset{(b \neq 0)}{\Leftrightarrow}\ & bx = ab \\ \Leftrightarrow\ & x = ab - b \\ \Leftrightarrow\ & x = b(a-1) \end{aligned}$$

b)
$$\begin{aligned} & x - a = 0 \\ \underset{(b \neq 0)}{\Leftrightarrow}\ & xb - ab = b \\ \Leftrightarrow\ & xb = ab + b \\ \underset{(b \neq 0)}{\Leftrightarrow}\ & x = a + 1 \\ \Leftrightarrow\ & x - a = 1 \end{aligned}$$

c)
$$\begin{aligned} & ax = b \\ \underset{(a \neq 0)}{\Leftrightarrow}\ & x = \frac{b}{a} \\ \underset{(b \neq 0)}{\Leftrightarrow}\ & \frac{x}{b} = a \\ \Leftrightarrow\ & x = ab \end{aligned}$$

d)
$$\begin{aligned} & x = a - b \\ \Leftrightarrow\ & x(x-a) = (a-b)(x-a) \\ \Leftrightarrow\ & x^2 - ax = ax - bx - a^2 + ab \\ \Leftrightarrow\ & x^2 - ax + bx = ax - a^2 + ab \\ \Leftrightarrow\ & x(x - a + b) = a(x - a + b) \\ \Leftrightarrow\ & x = a \end{aligned}$$

Lösen Sie die Gleichungen ($G = \mathbb{Q}$) und geben Sie die Einschränkungen an, ohne die Sonderfälle zu untersuchen. Überprüfen Sie die Lösung an einem Zahlenbeispiel.

Beispiel:
$$\begin{aligned} & a(x-1) - b = x - a && \mid \text{Ausmultiplizieren} \\ \Leftrightarrow\ & ax - a - b = x - a && \mid -x + a + b \\ \Leftrightarrow\ & ax - x = -a + a + b && \mid \text{Ausklammern} \\ \Leftrightarrow\ & x(a-1) = b && \mid :(a-1)\ (\neq 0) \\ \Leftrightarrow\ & \underline{x = \frac{b}{a-1}} \quad (a \neq 1) \end{aligned}$$

Probe für $a = 5,\ b = 3:\ x = \frac{3}{4}$

$$\begin{aligned} 5\left(\frac{3}{4} - 1\right) - 3 &= \frac{3}{4} - 5 \\ 5 \cdot \left(-\frac{1}{4}\right) - 3 &= -4\frac{1}{4} \\ -\frac{5}{4} - 3 &= -4\frac{1}{4} \\ -4\frac{1}{4} &= -4\frac{1}{4} \quad \text{(wahr)} \end{aligned}$$

13. $(a - b)x - 2a = (a + b)x$
14. $3a + 2x - 4b = 5x - b$
15. $mx - 5n = mp - 5n$
16. $2ax - b = 2a + b$
17. $5mx + 2a = 7mx - 2b$
18. $7(x - a) = 3(a - b)$
19. $mx - n(a - b) = na$
20. $mx - n(x - a) = b - an$
21. $mx - a - n(x - b) = nx + c$
22. $12ax - 3b(x - a) = 5a(2x + b)$
23. $ab - (x - c)d = c(d + x)$
24. $m(a + b - x) = n(a + b - x)$
25. $(a + b)x - (a - b)x - bx = a + c$
26. $(a + b)(b - x) = (a - b)(b + x)$
27. $(a - b)(x - 1) = 2(a - b)x + 2(b - a)$
28. $m(a + x) - b(n - x) = m(b + x) + ax - bn$
29. $(a - b)(x - c) + (a + b)(x + c) = 2(bx + ac)$
30. $2(a^2 + b^2) - [a(3a - x) - b(x - b)] = 0$
31. $(a - b)(c - x) + (a - c)(b - x) + (b + c)(a + x) = a^2 + b^2 + c^2$
32. $(a - b)(x + a - b) + (a - c)(x + a - c) = 2a^2 + b^2 + c^2 + 2ax$

33. $\frac{x}{m+n} + n = 2m - n$
34. $\frac{ax}{a-c} - 1 = a + c$
35. $\frac{x}{a} - b = \frac{x}{b} - a$
36. $\frac{4x}{a} + \frac{6x}{c} = \frac{2x}{b} + 2$
37. $\frac{x}{a} + \frac{x}{b} + c = mx$
38. $\frac{ax}{m} - \frac{bx}{n} = \frac{a+b}{2} - \frac{cx}{3m}$
39. $\frac{x}{n} + a - \frac{x}{m} + b = mx + c$
40. $\frac{x}{m} + \frac{3}{n}x - a = b - \frac{5x}{mn}$
41. $2(x - 1) - c = \frac{2(x-b)}{b}$
42. $\frac{a-x}{c} + b = \frac{bc+x}{c}$
43. $\frac{a-bx}{c} + x = \frac{cx-b}{c}$
44. $\frac{a-x}{b} = \frac{x+b}{a}$
45. $\frac{ax-b^2}{b^2} - (a^2 + b^2) = \frac{bx-a^2}{a^2} + ab$
46. $(a - x)(1 - x) = x^2 - 1$
47. $(a - x)(x - b) = a^2 - x^2$
48. $(a - x)(x - 2) - (b - x)(x + 2) = 4(x - b)$
49. $(b - x)(x + a) - b(a - b) = (a + x)(a - x)$
50. $(x + r)(s - 2x) = (r - x)(2x - s)$
51. $(2u + x)(2u - x) = 2u^2 - x(2u + x)$
52. $(a - x)b + (a - c - x)(x - b) = x(a - x)$
53. $(a + x - b)(a - x - b) = (a - x)(b + x) - ab$

4.3 Lösen von Textaufgaben

Zahlreiche Probleme aus Technik und Umwelt können mit Hilfe von linearen Gleichungen gelöst werden. Dazu muss die in Worten gegebene Aufgabe in die mathematische Sprache „übersetzt“ und für die gesuchte Größe eine Variable (ein Bedarfsname) eingesetzt werden. Die Grundmenge der zu lösenden Gleichung ist anhand des gegebenen Sachverhalts festgelegt.

Vorgehen beim Lösen von Textaufgaben:

1. Schritt: Setzen Sie für die gesuchte (noch unbekannte) Größe eine Variable, z.B. x.
2. Schritt: Stellen Sie die Grundmenge für die Variable fest.
3. Schritt: Schreiben Sie alle in der Aufgabe vorkommenden Größen auf.
4. Schritt: Stellen Sie eine Gleichung auf.
5. Schritt: Lösen Sie die Gleichung.
6. Schritt: Überprüfen Sie die Richtigkeit der gefundenen Lösung anhand des Aufgabentextes.
7. Schritt: Schreiben Sie Ihre Antwort auf.

(Ist die gefundene Lösung ein Näherungswert, runden Sie dabei in sinnvoller Weise!)

Beispiele

1. Zahlenrätsel: Wie heißt die Zahl, deren Sechsfaches gleich dem Siebenfachen der um 2 verminderten Zahl ist?

Lösung:

1. Schritt: Gesuchte Zahl: x.
2. Schritt: Mit einer beliebigen Zahl ist meistens $x \in \mathbb{N}$ gemeint, also $G = \mathbb{N}$. (Bei solchen Zahlenrätseln kommen aber auch $\mathbb{Z}$ und $\mathbb{Q}$ als Grundmengen vor.)
3. Schritt: Sechsfaches der Zahl: $6x$;
um 2 verminderte Zahl: $x - 2$;
Siebenfaches der um 2 verminderten Zahl: $7(x - 2)$.
4. Schritt (Gleichung): $6x = 7(x - 2)$
5. Schritt (Lösung):

$$\begin{aligned} 6x &= 7(x-2) && \mid \text{Ausmultiplizieren} \\ \Leftrightarrow 6x &= 7x - 14 && \mid -7x \\ \Leftrightarrow -x &= -14 && \mid :(-1) \\ \Leftrightarrow x &= 14 \end{aligned}$$

6. Schritt (Probe):

$$\begin{aligned} 6 \cdot 14 &= 7 \cdot 12 \\ 84 &= 84 \quad \text{(wahr)} \end{aligned}$$

7. Schritt (Antwort): Die gesuchte Zahl ist $\underline{14}$.

Beachten Sie, dass Sie die Probe auf den Aufgabentext beziehen und nicht auf die Ausgangsgleichung, da Sie sonst lediglich die Richtigkeit der durchgeführten Äquivalenzumformungen überprüfen, aber nicht die Richtigkeit der Gleichung selbst.

Bei den nächsten **Beispielen** verzichten wir auf die Angabe der Schritte.

2. Bewegungsaufgabe: Von zwei Orten, die 380 km voneinander entfernt sind, fahren gleichzeitig ein Personenzug und ein Güterzug ab. Nach welcher Zeit begegnen sie sich, wenn der erste 60 km und der zweite 35 km in der Stunde zurücklegt?

Lösung:

Zeitspanne bis zum Treffpunkt: x h
$G = \mathbb{Q}_+$
Geschwindigkeit des Personenzuges: $v_P = 60$ km/h
Geschwindigkeit des Güterzuges: $v_G = 35$ km/h
zurückgelegter Weg des Personenzuges bis zum Treffpunkt: 60 km/h $\cdot\, x$ h $= 60 \cdot x$ km
zurückgelegter Weg des Güterzuges bis zum Treffpunkt: 35 km/h $\cdot\, x$ h $= 35 \cdot x$ km
Gleichung: $60 \cdot x$ km $+ 35 \cdot x$ km $= 380$ km.

In der folgenden Gleichung lassen wir die Einheit „km“ weg.

Lösung: $60x + 35x = 380$

$\Leftrightarrow \quad 95x = 380$

$\Leftrightarrow \quad x = \frac{380}{95}$

$\Leftrightarrow \quad x = 4$

Probe: 60 km/h · 4 h + 35 km/h · 4 h = 380 km

240 km + 140 km = 380 km

380 km = 380 km (wahr)

Antwort: Die Züge begegnen sich nach 4 h.

Bei Bewegungsaufgaben ist eine graphische Darstellung des Sachverhalts oft sehr hilfreich zum Auffinden der Gleichung.

Z. B.:

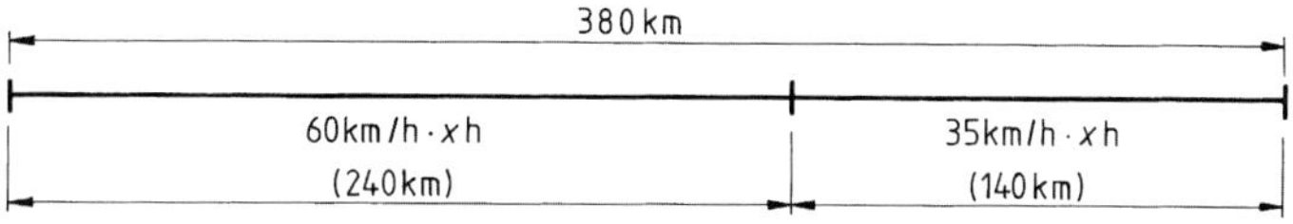

Abb. 4.2

3. **Mischungsaufgabe:** Wie viel kg Zink (Zn) müssen mit 160 kg Kupfer (Cu) zusammengeschmolzen werden, um eine Sorte Messing zu erhalten, die 64% Kupfer und 36% Zink enthält?

Lösung:

Gesuchte Zn-Masse: x kg

$G = \mathbb{Q}_+$

Cu-Masse: 160 kg

Messing-Masse: 160 kg + x kg = (160 + x) kg

Cu-Anteil des Messings: 64% von (160 + x) kg

Gleichung: 160 kg = 64% von (160 + x) kg

Lösung: $160 = \frac{64 \cdot (160 + x)}{100} \quad | \cdot 100$

$\Leftrightarrow \quad 16\,000 = 10\,240 + 64x \quad | -10\,240$

$\Leftrightarrow \quad 5760 = 64x \quad | : 64$

$\Leftrightarrow \quad x = \frac{5760}{64} \quad |$ Dividieren

$\Leftrightarrow \quad x = 90$

Probe: 160 kg = 64% von 250 kg bzw. 90 kg = 36% von 250 kg

$160\text{ kg} = \frac{64 \cdot 250}{100}\text{ kg} \qquad 90\text{ kg} = \frac{36 \cdot 250}{100}\text{ kg}$

160 kg = 160 kg (wahr) 90 kg = 90 kg (wahr)

Antwort: Man benötigt 90 kg Zink.

Hinweis: Für viele Textaufgaben gibt es verschiedene Wege bzw. Gleichungen, um zur Lösung zu gelangen. Eine etwas einfachere Möglichkeit wäre hier z. B. die Verhältnisgleichung (vgl. 5.2) x kg : 160 kg = 36% : 64% gewesen.

4. **Füllzeit-Aufgabe:** Ein Öltank kann durch zwei Pumpen gefüllt werden. Dazu benötigt die eine Pumpe allein 28 Minuten, die andere 21 Minuten. Wie lange benötigen beide Pumpen zusammen?

Lösung:

Benötigte Zeit für eine Tankfüllung mit beiden Pumpen: x min

$G = \mathbb{Q}_+$

Ölmenge der 1. Pumpe in 1 min: $\frac{1}{28}$ der Tankfüllung $= \frac{1}{28}$ T

Ölmenge der 2. Pumpe in 1 min: $\frac{1}{21}$ der Tankfüllung $= \frac{1}{21}$ T

Ölmenge beider Pumpen in 1 min: $\frac{1}{28}\text{T} + \frac{1}{21}\text{T}$

Gleichung: $\left(\frac{1}{28}\frac{T}{\text{min}}+\frac{1}{21}\frac{T}{\text{min}}\right)\cdot x\text{ min}=1\,T$

Lösung:

$$\begin{aligned} & \left(\frac{1}{28}+\frac{1}{21}\right)x=1 && |\,\text{HN}=84\\ \Leftrightarrow\quad & \frac{3+4}{84}x=1 && |\,\text{Zusammenfassen}\\ \Leftrightarrow\quad & \frac{7}{84}x=1 && |\,\text{Kürzen}\\ \Leftrightarrow\quad & \frac{1}{12}x=1 && |\cdot 12\\ \Leftrightarrow\quad & x=12 \end{aligned}$$

Probe:

$$\begin{aligned} \left(\frac{1}{28}\frac{T}{\text{min}}+\frac{1}{21}\frac{T}{\text{min}}\right)\cdot 12\text{ min}&=1T\\ \frac{7}{84}\frac{T}{\text{min}}\cdot 12\text{ min}&=1T\\ 1T&=1T\quad\text{(wahr)} \end{aligned}$$

Antwort: Beide Pumpen zusammen benötigen 12 Minuten.

Aufgaben zu 4.3

Merken einer Zahl

Beispiel: Die Spielleiterin sagt zu den Mädchen und Jungen: Jeder merke sich irgendeine natürliche Zahl. Dann vermehre jeder seine Zahl um 5, verdopple das Ergebnis und subtrahiere 4; nun addiere jeder noch einmal die gemerkte Zahl und dividiere das Ergebnis durch 3; wenn jetzt jeder wieder seine gemerkte Zahl subtrahiert, bleibt bei allen 2 übrig. Wie ist das möglich?

Lösung:

Gemerkte Zahl:	$x\ (x \in \mathbb{N})$
Vermehrt um 5:	$x + 5$
Verdoppelt:	$(x + 5)\cdot 2 = 2x + 10$
4 subtrahiert:	$2x + 10 - 4 = 2x + 6$
x addiert:	$2x + 6 + x = 3x + 6$
Dividiert durch 3:	$(3x + 6) : 3 = x + 2$
x subtrahiert:	$x + 2 - x = 2$

Man kann auch alle Rechenschritte in einem Term zusammenfassen:

$[(x + 5)\cdot 2 - 4 + x] : 3 - x = 2$ (wahr für alle $x \in \mathbb{N}$)

Welche Zahl erhält man? (Anmerkung: Bei diesen Merkspielen nimmt man meistens nur natürliche Zahlen, aber man könnte auch rationale Zahlen zulassen.)

1. Man merke sich eine Zahl, multipliziere diese mit 2, addiere 10, subtrahiere die gemerkte Zahl, addiere 2 und subtrahiere noch einmal die gemerkte Zahl.

2. Man merke sich eine Zahl, multipliziere diese mit 3, addiere dazu den Vorgänger und den Nachfolger der gemerkten Zahl, addiere 5 und dividiere durch 5, subtrahiere davon die gemerkte Zahl.

3. Man merke sich eine Zahl, addiere dazu die um 10 vermehrte gemerkte Zahl, multipliziere mit 2, subtrahiere davon 15 und das 4-fache der gemerkten Zahl.

4. Man merke sich eine Zahl, addiere die beiden nachfolgenden Zahlen, multipliziere mit 2, subtrahiere 6 und dividiere durch die gemerkte Zahl.

5. Man merke sich eine 2-stellige Zahl und addiere dazu die Zahl mit vertauschten Ziffern, dividiere durch 11 und subtrahiere die Quersumme der gemerkten Zahl.

   Anleitung: 2-stellige Zahl xy: $10x + y$
   Quersumme: $x + y$
   Zahl yx mit umgekehrter Ziffernfolge: $10y + x$

6. Man merke sich eine 2-stellige Zahl, subtrahiere davon die Quersumme, dividiere durch die Zehnerziffer der gemerkten Zahl, quadriere und addiere 19.

Formulieren Sie den Term als Zahlen-Merkaufgabe ($G = \mathbb{N}$) und vereinfachen Sie den Term.

7. $(x \cdot 2 + 5) - 2 - 2x$

8. $[(x + (x - 1)) \cdot 4 + 2x + 4] : x$

9. $x \cdot 3 + 6 - 2(x + 1) + 11 - x$

10. $[x \cdot (x + 2) + 4 - x^2] : 2 - x$

11. Formulieren Sie selbst eine Zahlen-Merkaufgabe, bei der das Ergebnis a) 20, b) 4, c) 50 ist.

Suchen einer Zahl

Beispiel: Addiert man zu einer Zahl ihr Doppeltes und 3, so erhält man 27. Wie heißt die Zahl?

Lösung:

Gesuchte Zahl:	x	
Das Doppelte der Zahl:	$2x$	
Summe:	$x + 2x = 3x$	
Addiere 3:	$3x + 3$	
Gleichung:	$3x + 3 = 27$	$\mid -3$
Lösung der Gleichung:	$3x = 24$	$\mid :3$
	$\underline{x = 8}$	

Probe: $8 + 2 \cdot 8 + 3 = 27$
$27 = 27$ (wahr)

12. Wie heißt die Zahl, deren Doppeltes, um 5 erhöht, 29 ergibt?

13. Wie heißt die Zahl, die, um 15 vermehrt und mit 4 multipliziert, 152 ergibt?

14. Wie heißt die Zahl, deren 5-Faches um 4 kleiner ist als das Quadrat von 12?

15. Subtrahiert man von 400 das 3-Fache einer Zahl, erhält man 67. Wie heißt die Zahl?

16. Multipliziert man eine um 12 erhöhte Zahl mit 25, so erhält man 120 weniger als das Produkt der Zahl mit 30. Wie heißt die Zahl?

17. Addiert man zum 7-Fachen einer Zahl 60, so erhält man das 12-Fache dieser Zahl. Wie heißt die Zahl?

18. Addiert man zu einer Zahl 81 und halbiert die Summe, so erhält man das Gleiche, wie wenn man das 3-Fache der Zahl um 7 verringert. Wie heißt die Zahl?

19. Vermehrt man das 6-Fache einer Zahl um 30, so erhält man das Gleiche, wie wenn man das 8-Fache der um 5 verminderten Zahl nimmt. Wie heißt die Zahl?

20. Bei welcher Zahl ist die Hälfte um 16 größer als das Drittel?

21. Bei welcher Zahl ist das 11-Fache um 100 größer als das 5-Fache, vermehrt um 8?

22. Bei welcher Zahl ist das Quadrat um 11 größer als das 10-Fache der Zahl?

23. Für welche Zahl ergibt die Summe mit ihren drei Nachfolgern 90?

24. Wie kann 112 so in drei Summanden zerlegt werden, dass jeder nachfolgende das Doppelte des vorigen ist?

25. Zerlegen Sie 514 so in vier Summanden, dass jeder nachfolgende um 11 größer ist als der vorige.

26. Die Quersumme einer 2-stelligen Zahl ist 10. Addiert man zu der Zahl 18, erscheinen ihre Ziffern in umgekehrter Reihenfolge. Wie heißt die Zahl?

27. Die Quersumme einer 2-stelligen Zahl ist 8. Vermehrt man das Doppelte der Zahl um 10, erhält man die Zahl mit umgekehrter Ziffernfolge. Wie heißt die Zahl?

28. Das Doppelte einer 2-stelligen Zahl ist um 1 größer als die Zahl mit umgekehrter Ziffernfolge. Wie heißt die Zahl?

29. Addiert man zu einer 2-stelligen Zahl ihre Quersumme, erhält man die Zahl mit vertauschter Ziffernfolge. Wie heißt die Zahl?

30. Addiert man zu einer 2-stelligen Zahl das 3-fache ihrer Quersumme, erhält man die Zahl mit vertauschten Ziffern. Wie heißt die Zahl?

31. Vertauscht man bei einer 3-stelligen Zahl, deren Ziffern sich von links nach rechts um jeweils 1 verringern, die vordere mit der hinteren Ziffer, so ist die Differenz immer 198. Begründen Sie diese Behauptung.

32. Die Quersumme einer 3-stelligen Zahl ist 9. Addiert man zum Doppelten dieser Zahl 45, erhält man die Zahl mit umgekehrter Ziffernfolge. Wie heißt die Zahl?

Wörter bzw. Sätze, die, von vorn und hinten gelesen, gleich lauten, nennt man Palindrome: „Reliefpfeiler" oder „Lager nie, nie diese Seide in ein Regal." sind Palindrome. Ebenso kann man Zahlen, die von vorn und hinten gleich lauten, Palindrom-Zahlen nennen, z.B. 585 oder 247742.

33. Nennen Sie alle 3-stelligen Palindrom-Zahlen, deren Quersumme 23 ist.

34. Addiert man 1782 zu einer 4-stelligen Palindrom-Zahl mit der Quersumme 20, so erhält man die Palindrom-Zahl, bei der die Ziffern vertauscht sind. Wie heißt die Zahl?

Vertauscht man die Ziffern einer 4-stelligen Palindrom-Zahl zyklisch (1 nach 2, 2 nach 3, 3 nach 4, 4 nach 1), so sind danach die beiden vorderen und hinteren Ziffern gleich.

35. Eine 4-stellige Palindrom-Zahl mit Quersumme 18 und die durch zyklische Vertauschung entstandene Zahl haben die Differenz 495. Wie heißt die Zahl?

36. Weisen Sie nach: Ist eine Ziffer einer 4-stelligen Palindrom-Zahl Nachfolger der anderen, so ist die Differenz mit der durch zyklische Vertauschung entstandenen Zahl immer 99.

37. Weisen Sie nach: Jede 4-stellige Palindrom-Zahl ist durch 11 teilbar.

38. Untersuchen Sie: Für welche 3-stelligen Palindrom-Zahlen erhält man bei Multiplikation mit 101 wieder eine (5-stellige) Palindrom-Zahl?

Aus der Geometrie

Beispiel: Ein Rechteck von 6,40 m Länge hat einen Flächeninhalt von 28,8 m². Welche Breite hat das Rechteck?

Lösung:

Breite des Rechtecks:	$b = x$ Meter
Grundmenge:	$\mathbb{Q}_+$
Flächeninhalt:	$A = 28{,}8\ \text{m}^2$
Länge:	$l = 6{,}40$ m
Formel:	$A = l \cdot b$
Gleichung:	$28{,}8\ \text{m}^2 = 6{,}40\ \text{m} \cdot x\ \text{m}$
Lösung:	$6{,}40 \cdot x = 28{,}8 \quad \mid : 6{,}40$
	$\Longleftrightarrow x = \dfrac{28{,}8}{6{,}40} \quad \mid$ Dividieren
	$\Longleftrightarrow x = 4{,}5$

Antwort: Die Breite des Rechtecks ist <u>4,50 m</u>.

39. Aus einem 56 cm langen Draht wird ein Rechteck gebogen, bei dem die eine Seite um 4 cm länger als die andere ist. Wie lang sind die beiden Seiten?

40. Ein rechteckiger Garten hat einen Umfang von 200 m und ist dreimal so lang wie breit. Welche Länge und Breite hat er?

41. Es stehen 120 m Maschendraht zur Verfügung, um ein Grundstück einzuzäunen, das auf einer Seite von einer Mauer begrenzt wird. Berechnen Sie für drei verschiedene Möglichkeiten den jeweiligen Flächeninhalt.

42. Ein rechteckiges Grundstück liegt an einem Bach. Die drei anderen Seiten sollen mit einem Drahtzaun umgeben werden.
    a) Wie lang muss der Zaun sein, wenn die Fläche 450 m² misst und der Garten doppelt so lang wie breit ist?
    b) Untersuchen Sie, ob der Zaun auch ausreichen würde, wenn der Garten andere Seitenlängen, aber den gleichen Flächeninhalt haben soll!

43. Für das Einzäunen eines rechteckigen Gartens werden 330 m Maschendraht benötigt.
    a) Wie sind die Maße des Grundstücks, wenn der Unterschied zwischen Länge und Breite 15 m beträgt?
    b) Auf einer zweiten Rolle ist noch ein Rest von 24 m Maschendraht. Um wie viel könnte man damit die umzäunte Fläche vergrößern?

44. Ein ursprünglich quadratisches Baugelände wird an einer Seite um 12 m verlängert, an der anderen um 12 m verkürzt. Hat sich der Flächeninhalt dabei verändert? Wenn ja, um wie viel?

45. Bei einem Rechteck ist die lange Seite 3,5-mal so lang wie die kurze. Verkürzt man beide um 2 cm, so verringert sich der Flächeninhalt um 320 cm^2. Wie lang waren die Seiten?

46. Ein 12 m breites quadratisches Grundstück wird auf beiden Seiten um die gleiche Größe verlängert. Dabei wird eine Fläche von 52 m^2 hinzugewonnen. Wie groß ist die Verlängerung?

47. Ein Kunststoffstab von 3,60 m Länge wird zu einem gleichschenkligen Trapez gebogen, bei dem
 a) drei Seiten gleichlang und die vierte doppelt so lang ist,
 b) die vierte 60 cm länger als die anderen drei ist.
 Wie lang sind die Seiten?

48. Der Umfang eines gleichschenkligen Dreiecks beträgt 21,4 cm. Geben Sie die Maße an, wenn
 a) die Basis 1 cm länger als die Schenkel ist,
 b) die Basis halb so lang wie die Schenkel ist.

49. Aus einem Eisendraht von 4,80 m Länge wird ein L-Stück gebogen. Wie lang ist der kurze Teil zu wählen, wenn es
 a) ein Drittel vom langen Teil ist,
 b) 1 m kürzer als der lange Teil ist?

50. Man denke sich um einen Kreisring ein Seil gespannt. Das Seil wird um 1 m verlängert und mit gleichem Abstand um den Ring gelegt. Wie weit steht es vom Ring ab?

Rechnen mit Prozenten

Beispiel: Eine Maschine kostet mit 19% Mehrwertsteuer (MWSt) 1606,50 Euro. Wie hoch ist der Nettopreis?

Lösung:

Nettopreis:	$N = x$ Euro ($G = \mathbb{Q}_+$)
Bruttopreis:	$B = 1606{,}50$ €
MWSt:	$p\% = 19\% = 0{,}19$
Zunahmefaktor:	$f = 100\% + 19\% = 119\% = 1{,}19$
Formel:	$N \cdot f = B$
Gleichung:	x € $\cdot\, 1{,}19 = 1606{,}50$ €
Lösung:	$x \cdot 1{,}19 = 1606{,}5 \quad \mid :1{,}19$
	$\Leftrightarrow x = \frac{1606{,}5}{1{,}19} \quad \mid$ Dividieren
	$\Leftrightarrow x = 1350$

Antwort: Der Nettopreis beträgt 1350 €.

51. Zu einem Nettopreis von 628 € kommen 19% MWSt hinzu und bei Barzahlung 2% Rabatt wieder weg.
 a) Wie groß ist der Endpreis?
 b) Ändert sich der Endpreis, wenn zuerst der Rabatt abgezogen und dann die MWSt hinzugerechnet wird?

52. Für eine Spareinlage, die auf 3 Jahre festgelegt ist, werden im 1. Jahre 3,8%, im 2. Jahr 4,2% und im 3. Jahr 4,6% Zinsen gezahlt. Wie hoch war die Spareinlage, wenn man am Ende des 3. Jahres 3959,72 € ausgezahlt bekommt?

53. Zwei Freunde haben für ein Jahr lang Geld angelegt, der eine zu 3,75%, der andere zu 4,25%. Obwohl der erste 100 € mehr angelegt hat als der andere, erhält er am Ende 3,75 € weniger an Zinsen. Wie hoch sind die Sparbeiträge?

54. Bei der Bürgermeister-Wahl in einer Kleinstadt haben sich 68% an der Wahl beteiligt, das entspricht 22 875 Menschen. Wie viele Wahlberechtigte hat der Ort?

55. Um mehr Gewinn zu machen, erhöht ein Modegeschäft alle seine Preise um 20%. Da die Verkaufszahlen aber stark zurückgehen, entschließt sich der Geschäftsinhaber zur Rückkehr zu den ursprünglichen Preisen und wirbt mit „Alles um 20% billiger!“. Stimmt diese Ankündigung?

56. Von zwei Kolleginnen hat die eine zuerst eine Gehaltserhöhung von 4,5%, dann noch einmal von 3% bekommen, während die andere auf einmal 7,5% erhalten hat. Vorher hatte die eine 3,27 € weniger, jetzt verdienen beide gleich viel. Wie hoch ist das Gehalt der beiden Frauen? Welche hatte vorher weniger?

57. An den meisten Kopierern kann die Vergrößerung der Seitenlänge eingestellt werden. Wenn man ein DIN A4-Blatt auf DIN A3-Größe vergrößern will, muss man dann 150% oder 200% oder etwas ganz anderes einstellen? (Anmerkung: Ein DIN A3-Blatt hat die doppelte Fläche wie ein DIN A4-Blatt.)

58. In einer Meldung heißt es: Würden 8% der Autofahrer auf die Bahn umsteigen, müsste die Bahn ihre Verkehrsleistung verdoppeln. Nennen Sie dafür ein Beispiel mit Zahlen.

59. Beim Vergleich zweier deutscher Städte ist die Einwohnerzahl der einen in den letzten 10 Jahren um 4% gestiegen, die der anderen um 4% gefallen. Zurzeit haben beide Städte gleich viele Einwohner, noch vor 10 Jahren gab es einen Unterschied von 44 970 Menschen. Wie viele Einwohner haben die Städte jetzt?

Bewegungs-Aufgaben

60. Zwei Freunde, die 11,6 km voneinander entfernt wohnen, wollen sich zu einer gemeinsamen Wanderung trefffen. Sie laufen morgens um 8.00 Uhr los; nach einer Stunde hat der eine 4,2 km, der andere 4,5 km zurückgelegt. Wann treffen sie sich?

61. Ein Sonder-Eilzug soll einen IC an einem 56 km entfernten Bahnhof erreichen und fährt um 9.00 Uhr ab. Der IC, der auf dieser Strecke im Durchschnitt 36 km/h schneller als der Eilzug fahren kann, ist noch 80 km vom Bahnhof entfernt. Wann treffen die beiden Züge auf dem Bahnhof ein?

62. Bei einem Fahrrad-Rennen ist das Feld bei Kilometer 170 mit einem 45-er Schnitt (45 km/h) unterwegs, als ein Fahrer stürzt und dabei volle zwei Minuten verliert. Nach anstrengender Alleinfahrt findet er wieder Anschluss an das Feld bei Kilometer 185. Wie schnell ist er gefahren?

63. Eine U-Bahn benötigt bei voller Geschwindigkeit v_0 und einer Bremsverzögerung $a = 0{,}96\ \text{m/s}^2$ 25 Sekunden, um zum Stehen zu kommen.
   a) Wie viele Meter vor der U-Bahnstation muss der Bremsvorgang eingeleitet werden?
   b) Was ist bei dieser U-Bahn volle Geschwindigkeit?
   [Anmerkung: Bremsweg $s = \frac{1}{2} \cdot a \cdot t^2$; Geschwindigkeit $v = v_0 - a \cdot t$]

64. Ein Zug, der vorübergehend mit einer Geschwindigkeit von 60 km/h gefahren ist, soll bei einer Beschleunigung von $0{,}25\ \text{m/s}^2$ auf eine Geschwindigkeit von 110 km/h gebracht werden. Wie lange braucht er dafür?

65. Auf einem See verkehren zwischen zwei Anlegestellen zwei Fähren, die immer zur selben Zeit losfahren und sich nach genau 3 Minuten und 36 Sekunden treffen. Die durchschnittliche Geschwindigkeit der einen Fähre ist um 20 m/min höher als die der anderen. Wie weit sind die beiden Anlegestellen voneinander entfernt, wenn die langsamere nach weiteren 4 Minuten anlegt?

66. Der Querweg Freiburg–Bodensee hat eine Länge von 136 km. Ein guter Wanderer schafft die Strecke in einer Woche. Wenn er in der nächsten Woche den gleichen Weg wieder zurückläuft, kommt er dann an einer Stelle vorbei, wo er eine Woche zuvor am gleichen Tag zu genau derselben Zeit war?

67. Eine junge Frau wird jeden Abend von ihrem Freund mit dem Auto am Bahnhof abgeholt. Einmal kommt sie mit dem vorigen Zug eine Stunde früher an und geht ihrem Freund schon zu Fuß entgegen. Nachdem sie ihren Freund getroffen und mit ihm nach Hause gefahren ist, stellt sie fest, dass sie 20 Minuten früher als sonst zu Hause sind. Wie lange ist sie zu Fuß unterwegs gewesen?

68. Auf einer Straßenbahnlinie von 9 Kilometer Länge in einer Richtung sind insgesamt 12 Straßenbahnen eingesetzt, die in gleichem Abstand von 6 Minuten fahren. Welche durchschnittliche Geschwindigkeit erreichen sie?

69. Ein Schlepper braucht flussabwärts 7 Stunden und für die gleiche Strecke flussaufwärts 15 Stunden.
   a) Wie groß ist die Fließgeschwindigkeit, wenn die Strecke 210 km lang ist?
   b) Kann man auch etwas über die Fließgeschwindigkeit sagen, wenn die Streckenlänge nicht bekannt ist? Geben Sie ein eigenes Beispiel an.

70. Von einer Berghütte starten frühmorgens zwei Bergsteiger mit einer halben Stunde Zeitabstand. Der nachfolgende Bergsteiger steigt etwas schneller auf und holt den anderen nach $2\frac{1}{2}$ Stunden ein.
   a) Finden Sie für Wegstrecke und Geschwindigkeit selbst ein passendes Zahlenbeispiel.
   b) Stellen Sie selbst eine Aufgabe dazu.

Mischungs-Aufgaben

71. Es sollen 500 kg Messing mit 65% Cu-Gehalt (Ms 65) hergestellt werden. Es stehen zur Verfügung Ms 60 und Ms 72. Wie viel kg der beiden Messingsorten werden benötigt?

72. Es soll Gussbronze mit 86% Cu (G-SnBZ 14) hergestellt werden. Es stehen 1500 kg Gussbronze mit 78% Cu (G-SnBz 22) und Kupfer zur Verfügung. Wie viel kg Kupfer benötigt man?

73. Zu 63 kg Messing mit 42% Cu soll Messing mit 70% Cu zugeschmolzen werden, um Messing mit 52% Cu zu erhalten. Wie viel Messing mit 70% Cu ist notwendig?

74. Bronze mit 65% Cu-Gehalt soll reines Kupfer zugesetzt werden, um 275 kg Bronze mit 79% Cu zu erhalten. Wie viel Kupfer ist erforderlich?

75. Aus einer Legierung mit Kupfer-(Cu-)Anteil von 40% und einer zweiten Legierung mit 80% Cu-Anteil sollen 10 kg einer neuen Legierung mit 56% Cu-Anteil geschmolzen werden. Welche Massen sind zu nehmen?

76. Neusilberlot besteht zu 50% aus Zink (Zn) und zu 38% aus Kupfer (Cu). Der Rest ist Nickel (Ni).
    a) Welche Mengen werden benötigt, um 5 kg Lot herzustellen?
    b) Wie viel Lot kann mit 100 g Nickel hergestellt werden?

77. In $1\frac{1}{2}$ l Säurelösung ist 35% Schwefelsäure enthalten. Wie viel Liter Wasser muss man dazugießen, damit eine 30%-ige Lösung entsteht?

78. Aus einer 45%-igen und einer 70%-igen Säuremischung sollen 5 l Mischung mit 54% Säuregehalt hergestellt werden. Wie viel Liter sind jeweils zu nehmen?

79. Wie viel Liter 70 °C heißes Wasser muss in eine Badewanne mit 300 l Wasser von 30 °C eingelassen werden, um eine Temperatur von 40 °C zu erreichen?

80. Wie viel Liter kochendes Wasser muss zu 1 l Wasser von 40 °C gegeben werden, damit eine Mischtemperatur von 85 °C erreicht wird?

81. Eine Tasse mit Kaffee und ein Glas mit Milch enthalten gleich viel Flüssigkeit. Sie nehmen einen Löffel Milch aus dem Milchglas und schütten die Milch in die Tasse mit Kaffee. Sie rühren in der Kaffeetasse um und geben einen Löffel „Gemisch" zurück. Ist nun mehr Milch in der Tasse mit Kaffee als Kaffee in dem Glas mit Milch oder umgekehrt?

Füllzeit-Aufgaben

82. Ein Dampfkessel kann durch die erste Speisepumpe in einer halben Stunde, durch die zweite, die Reservepumpe, in einer Dreiviertelstunde gefüllt werden. Welche Zeit brauchen die beiden Pumpen, wenn sie gleichzeitig speisen?

83. Ein Behälter wird durch drei Pumpen gespeist. Die erste füllt ihn in $\frac{2}{3}$ h, die zweite in $\frac{3}{4}$ h und die dritte in $\frac{4}{5}$ h. In welcher Zeit ist er gefüllt, wenn alle drei gleichzeitig speisen?

84. Die Hochbehälter eines Wasserwerks werden durch zwei Pumpen gespeist, während eine dritte Pumpe zur Reserve vorhanden ist. Die erste würde ihn allein in 6 h füllen, die zweite allein in 8 h, die Reservepumpe allein in 7 h. Berechnen Sie die Füllzeit,
    a) wenn die beiden Speisepumpen arbeiten,
    b) wenn alle drei Pumpen speisen!

85. Eine Talsperre wird durch drei Flüsse gespeist. Bei guter Wasserführung kann der erste Fluss allein sie in 120 Tagen füllen, der zweite in 150 Tagen und der dritte in 200 Tagen. Wann ist die Sperre gefüllt, wenn alle Flüsse gleichzeitig ihr Wasser zuführen?

86. In die Klärbecken einer Stadt laufen drei Leitungen. Die erste füllt ein Becken in 12 h, die zweite in 15 h und die dritte in 20 h. Das Becken war schon zu einem Drittel gefüllt, als man alle drei Leitungen öffnete. Nach welcher Zeit musste man die Leitungen umschalten?

87. Ein Hochbehälter wird durch eine Speiseleitung in 4 h gefüllt und durch die Entnahmeleitung in 6 h geleert. Wann ist der Behälter gefüllt, wenn beide Leitungen gleichzeitig geöffnet sind und der Behälter einen Vorrat von einem Drittel seines Fassungsvermögens hat?

5 Bruchgleichungen und Formeln

5.1 Lösen von Bruchgleichungen

$\frac{2}{x-4} = -\frac{5}{x+3}$; $G = \mathbb{Q}$

Alle Zahlen $x \in G$, für die ein Nenner 0 wird, müssen ausgeschlossen werden, da für diese Zahlen ein Bruch und damit die ganze Gleichung nicht definiert ist.

Bestimmung der Definitionsmenge *D*:

Man setzt alle vorkommenden Nenner gleich Null und löst sie nach *x* auf:

$x - 4 = 0 \Leftrightarrow x = 4 \qquad x + 3 = 0 \Leftrightarrow x = -3$

Also: $D = \mathbb{Q} \setminus \{-3; 4\}$

Bestimmung der Lösungsmenge *L*:

Es gilt immer: $L \subseteq D \subseteq G$.

Wir multiplizieren zuerst mit dem Hauptnenner (HN) $(x-4)(x+3)$:

$$\frac{2}{x-4} = -\frac{5}{x+3} \qquad | \cdot (x-4)(x+3)$$

$$\underset{(D)}{\Leftrightarrow} \frac{2(x-4)(x+3)}{x-4} = -\frac{5(x-4)(x+3)}{x+3} \qquad |\text{Kürzen („}\underset{(D)}{\Leftrightarrow}\text{" gelesen: „äquivalent bezüglich } D\text{")}$$

$$\underset{(D)}{\Leftrightarrow} 2(x+3) = -5(x-4) \qquad |\text{Ausmultiplizieren}$$

(Wir haben eine lineare Gleichung erhalten, die wir nach dem üblichen Verfahren lösen.)

$$\underset{(D)}{\Leftrightarrow} 2x + 6 = -5x + 20 \qquad |+5x-6$$

$$\underset{(D)}{\Leftrightarrow} 2x + 5x = 20 - 6 \qquad |\text{Zusammenfassen}$$

$$\underset{(D)}{\Leftrightarrow} 7x = 14 \qquad |:7$$

$$\underset{(D)}{\Leftrightarrow} x = 2$$

Probe: $\frac{2}{2-4} = -\frac{5}{2+3}$

$\frac{2}{-2} = -\frac{5}{5}$

$-1 = -1$ (wahr)

Da $2 \in D$, gilt:

$L = \{2\}$

Gleichungen, in denen Bruchterme auftreten, bezeichnen wir als **„Bruchgleichungen"**.

In der Gleichung traten zwei Bruchterme auf:

$T_1 = \frac{2}{x-4}$; $T_2 = -\frac{5}{x+3}$

Die Definitionsmenge $D(T)$ eines Bruchterms hängt von der Grundmenge *G* ab, z.B.:

$G = \mathbb{N}: D(T_1) = \mathbb{N} \setminus \{4\}; \; D(T_2) = \mathbb{N}$

$G = \mathbb{Z}: D(T_1) = \mathbb{Z} \setminus \{4\}; \; D(T_2) = \mathbb{Z} \setminus \{-3\}$

Merksatz

Die **Definitionsmenge** $D(T)$ eines Bruchterms *T* besteht aus allen Elementen der Grundmenge $G(T)$, für die der Bruchterm definiert ist.

Es gilt immer: $D(T) \subseteqq G(T)$.

$D(T)$ wird bestimmt, indem man diejenigen Elemente aus $G(T)$ herausnimmt, für die der Nenner des Bruchterms 0 wird.

Beispiele **zur Bestimmung der Definitionsmenge:**

1. $T = \dfrac{2a^2 + 5a + 6}{2a - 5}$; $G(T) = \mathbb{Q}$

$2a - 5 = 0 \Leftrightarrow a = \dfrac{5}{2}$

$D(T) = \mathbb{Q} \setminus \left\{\dfrac{5}{2}\right\}$.

2. $T = \dfrac{6z + 2}{z^2 - 4z}$; $G(T) = \mathbb{Z}$

$$\begin{aligned} z^2 - 4z = 0 &\Leftrightarrow z \cdot (z - 4) = 0 \\ &\Leftrightarrow z = 0 \vee z - 4 = 0 \\ &\Leftrightarrow z = 0 \vee z = 4 \end{aligned}$$

$D(T) = \mathbb{Z} \setminus \{0; 4\}$.

Beachten Sie: Treten im Nenner mehrere Faktoren mit Variablen auf, so kann jeder Faktor 0 werden.

3. $T = \dfrac{3s^3}{(s^2 - 4)(s + 5)}$; $G(T) = \mathbb{N}^*$

$$\begin{aligned} (s^2 - 4)(s + 5) = 0 &\Leftrightarrow s^2 - 4 = 0 \vee s + 5 = 0 \\ &\Leftrightarrow (s + 2)(s - 2) = 0 \vee s + 5 = 0 \\ &\Leftrightarrow s + 2 = 0 \vee s - 2 = 0 \vee s + 5 = 0 \\ &\Leftrightarrow s = -2 \vee s = 2 \vee s = -5 \end{aligned}$$

$D(T) = \mathbb{N}^* \setminus \{2\}$.

Für diese Umformungen stellt der TI-92 z. B. drei Funktionen zur Verfügung:

```
solve ((s² − 4) (s + 5) = 0,5)  →  s = 2 or s = − 2 or s = − 5
zeros ((s² − 4) (s + 5) • s)    →  {− 5 − 2  3}
factor ((s² − 4) (s + 5))       →  (s − 2) (s + 2) (s + 5)
```

Beim **Rechnen mit Bruchtermen** ist stets darauf zu achten, dass man sich auf die Elemente der Definitionsmenge beschränkt; ansonsten kann mit Bruchtermen wie mit Bruchzahlen gerechnet werden. Die Einschränkung der Grundmenge wirkt sich besonders beim **Kürzen** (und **Erweitern**) aus.

Beispiele $(G = \mathbb{Q})$:

1. $T = \dfrac{2(n - 1)}{n - 1}$; $D(T) = \mathbb{Q} \setminus \{1\}$.

Der Bruchterm kann nur für $n \neq 1$ gekürzt werden:

$\dfrac{2(n - 1)}{n - 1} = 2$ in $\mathbb{Q} \setminus \{1\}$.

2. $-\dfrac{5b}{3(b + 2)} \cdot (b + 2) = -\dfrac{5b}{3}$ in $\mathbb{Q} \setminus \{-2\}$.

3. $\dfrac{4c^3(c + 1)}{2c(c^2 - 1)} = \dfrac{2c^3(c + 1)}{c(c - 1)(c + 1)} - \dfrac{2c^2}{c - 1}$ in $\mathbb{Q} \setminus \{\ 1; 0; 1\}$.

Beachten Sie, dass TR mit CAS (Abkürzung für **C**omputer-**A**lgebra-**S**ystem) solche Vereinfachungen automatisch vornehmen, ohne die Definitionsmenge anzumerken.

Daher kann es vorkommen, dass TR eine Lösung für x angeben, die nicht zur Definitionsmenge gehört und daher keine Lösung ist!

Beispiel: $\frac{2(x-1)}{x-1} - 1 = x, \quad G = \mathbb{Q}$

Bestimmung der Definitionsmenge:

$x - 1 = 0 \iff x = 1$

$D = \mathbb{Q} \setminus \{1\}$

Bestimmung der Lösungsmenge:

$$\frac{2(x-1)}{x-1} - 1 = x \quad | \text{Kürzen}$$

$$\underset{(D)}{\iff} 2 - 1 = x \quad | \text{Zusammenfassen}$$

$$\underset{(D)}{\iff} x = 1$$

$$1 \notin D \Rightarrow \underline{L = \{\,\}}$$

Hier gibt der TI-92 die Lösung „1" an; in anderen Fällen kommt es aber auch vor, dass er die Nicht-Existenz der Lösung „erkennt".

Vorgehen bei Lösen von Bruchgleichungen:

1. Schritt: Die Definitionsmenge bestimmen.
2. Schritt: Alle Terme so weit wie möglich vereinfachen (faktorisieren und kürzen).
3. Schritt: Mit dem Hauptnenner multiplizieren und alle Nenner „wegkürzen".
4. Schritt: Die entstandene (lineare) Gleichung lösen.
5. Schritt: Prüfen, ob die Lösungen der linearen Gleichung zur Definitionsmenge gehören.
6. Schritt: Die Lösungsmenge der Bruchgleichung aufschreiben.

Weitere Aufgabenbeispiele:

1. $\frac{1}{x-3} - \frac{1}{x+3} = \frac{6}{x^2-9}; \quad G = \mathbb{Q}$

Bestimmung der Definitionsmenge:

$x - 3 = 0 \iff x = 3$ $\qquad$ $x + 3 = 0 \iff x = -3$ $\qquad$ $x^2 - 9 = 0 \iff (x-3)(x+3) = 0 \iff x = 3 \vee x = -3$

$D = \mathbb{Q} \setminus \{-3; 3\}$

Bestimmung der Lösungsmenge:

HN: $(x-3)(x+3)$

$$\frac{1}{x-3} - \frac{1}{x+3} = \frac{6}{x^2-9} \quad | \cdot (x-3)(x+3)$$

$$\underset{(D)}{\iff} \frac{(x-3)(x+3)}{x-3} - \frac{(x-3)(x+3)}{x+3} = \frac{6(x-3)(x+3)}{x^2-9} \quad | \text{Kürzen}$$

$$\underset{(D)}{\iff} x + 3 - (x-3) = 6 \quad | \text{Zusammenfassen}$$

$$\underset{(D)}{\iff} 6 = 6$$

$$\underline{L = D = \mathbb{Q} \setminus \{-3; 3\}}$$

2. $\frac{3x-12}{x^2-4x} + \frac{2}{x} = 1; \quad G = \mathbb{Q}_+^*$

Bestimmung der Definitionsmenge:

$x^2 - 4x = 0 \iff x(x-4) = 0 \iff x = 0 \vee x = 4$ $\qquad$ $x = 0$

$D = \mathbb{Q}_+^* \setminus \{4\}$

Bestimmung der Lösungsmenge:

HN: $x(x-4)$

$$\frac{3(x-4)}{x(x-4)} + \frac{2}{x} = 1 \qquad |\text{Kürzen}$$

$$\underset{(D)}{\Leftrightarrow} \frac{3}{x} + \frac{2}{x} = 1 \qquad |\text{Zusammenfassen}$$

$$\underset{(D)}{\Leftrightarrow} \frac{5}{x} = 1 \qquad |\cdot x$$

$$\underset{(D)}{\Leftrightarrow} 5 = x$$

$5 \in D \Rightarrow \underline{L = \{5\}}$

Probe:

$$\frac{3 \cdot 5 - 12}{5^2 - 4 \cdot 5} + \frac{2}{5} = 1$$

$$\frac{3}{5} + \frac{2}{5} = 1 \quad \text{(wahr)}$$

3. $\dfrac{x^2 - 5x + 4}{x - 1} = -7; \quad G = \mathbb{N}$

Bestimmung der Definitionsmenge:

$x - 1 = 0 \Leftrightarrow x = 1$

$D = \mathbb{N} \setminus \{1\}$

$(x^2 - 5x + 4) : (x - 1) = x - 4$

oder $x^2 - 5x + 4 = (x - 1)(x - 4)$

Bestimmung der Lösungsmenge:

$$\frac{(x-1)(x-4)}{x-1} = -7$$

$$\underset{(D)}{\Leftrightarrow} x - 4 = -7$$

$$\Leftrightarrow x = -3$$

$-3 \notin D \Rightarrow \underline{L = \{\ \}}$

Bruchtermen mit Summen sieht man oft nicht an, ob man kürzen kann. Man kann dies feststellen, indem man überprüft, ob der Zähler durch den Nenner ohne Rest teilbar ist (vgl. Kap. 2.5) oder indem man den Zähler faktorisiert (vgl. Kap. 2.2 und Kap. 9); auf einem TR mit CAS steht dafür außer dem Befehl „Factor" noch „PropFrac" zur Verfügung:

PropFrac $((x^2 - 5x + 4) : (x - 1)) \rightarrow x - 4$

PropFrac $((x^2 - 5x + 4) : (x - 2)) \rightarrow \dfrac{2}{x - 2} + x - 3$

d. h. $x^2 - 5x + 4$ ist nicht ohne Rest durch $x - 2$ teilbar.

Bei einer **Bruchgleichung mit Formvariablen** kann die vollständige Lösung schon bei einfachen Beispielen recht aufwendig werden, wie wir bei der folgenden Bruchgleichung sehen können.

Beispiel $\dfrac{a}{x - b} = c; \quad G = \mathbb{Q}; \quad a, b, c \in \mathbb{Q}$ (x Lösungsvariable; a, b, c Formvariable)

Bei TR mit CAS muss daher extra angegeben werden, nach welcher Variablen die Gleichung gelöst werden soll.

Bestimmung der Definitionsmenge:

$x - b = 0 \Leftrightarrow x = b$

$D = \mathbb{Q} \setminus \{b\}$

Bestimmung der Lösungsmenge:

HN: $x - b$

$$\frac{a}{x-b} = c \qquad | \cdot (x-b)$$

$$\underset{(D)}{\Leftrightarrow} \frac{a\,(x-b)}{x-b} = c\,(x-b) \qquad |\text{Kürzen und Ausmultiplizieren}$$

$$\underset{(D)}{\Leftrightarrow} a = c\,x - c\,b \qquad |+c\,b \text{ und Vertauschen der Seiten}$$

$$\Leftrightarrow c\,x = c\,b + a \qquad |:c$$

$$\underset{(c\neq 0)}{\Leftrightarrow} x = \frac{c\,b+a}{c} \qquad |\text{Vereinfachen}$$

$$\underset{(c\neq 0)}{\Leftrightarrow} x = b + \frac{a}{c}$$

Probe: $\dfrac{a}{b+\dfrac{a}{c}-b} = c \quad (c \neq 0,\; a \neq 0)$

$$\frac{a}{\dfrac{a}{c}} = c$$

$$c = c \quad (\text{wahr für } c \neq 0 \text{ und } a \neq 0)$$

Wir prüfen, welche „Lösungen" Element von D sind:

$c \neq 0,\ a \neq 0$: $x = b + \dfrac{a}{c}\ (\in D)$;

$c \neq 0,\ a = 0$: $x = b,\ b \notin D$; keine Lösung!

Der Fall $c = 0$ muss noch gesondert untersucht werden:

$$\frac{a}{x-b} = 0 \,|\cdot (x-b)$$

$$\underset{(D)}{\Leftrightarrow} a = 0 \quad (\text{wahr für } a = 0;\ \text{ falsch für } a \neq 0)$$

Damit ergibt sich:

1. $c \neq 0,\ a \neq 0$: $L = \left\{ b + \dfrac{a}{c} \right\}$

2. $c \neq 0,\ a = 0$: $L = \{\ \}$

3. $c = 0,\ a = 0$: $L = \mathbb{Q} \setminus \{b\} = D$

4. $c = 0,\ a \neq 0$: $L = \{\ \}$

Wir schreiben die einfachsten Bruchgleichungen mit Formvariablen zusammen mit den Lösungstermen in eine Tabelle, ohne auf die Spezialfälle einzugehen.

Gleichungsform	Definitionsmenge	Lösungsmenge	Einschränkungen
$\frac{a}{x} = b$	$\mathbb{Q} \setminus \{0\}$	$L = \left\{\frac{a}{b}\right\}$	$a \neq 0,\ b \neq 0$
$\frac{a}{x} + b = c$	$\mathbb{Q} \setminus \{0\}$	$L = \left\{\frac{a}{c-b}\right\}$	$a \neq 0,\ b \neq c$
$\frac{a}{x} + b = \frac{c}{x}$	$\mathbb{Q} \setminus \{0\}$	$L = \left\{\frac{c-a}{b}\right\}$	$a \neq c,\ b \neq 0$
$\frac{a}{x+b} = c$	$\mathbb{Q} \setminus \{-b\}$	$L = \left\{\frac{a}{c} - b\right\}$	$a \neq 0,\ c \neq 0$
$\frac{a}{x+b} = \frac{c}{x}$	$\mathbb{Q} \setminus \{0; -b\}$	$L = \left\{\frac{bc}{a-c}\right\}$	$a \neq 0,\ a \neq c$ $b \neq 0,\ c \neq 0$

Aufgaben zu 5.1

Umformen von Bruchtermen

Bestimmen Sie jeweils die Definitionsmenge des Bruchterms in $\mathbb{N}^*$, $\mathbb{Z}$, $\mathbb{Q}_+$ und $\mathbb{Q}$!

Beispiel: $T = \frac{3x}{x+3}$

$x + 3 = 0$

$\Leftrightarrow x = -3$

$G(T) = \mathbb{N}^*$: $D(T) = \mathbb{N}^*$

$G(T) = \mathbb{Z}$: $D(T) = \mathbb{Z} \setminus \{-3\}$

$G(T) = \mathbb{Q}_+$: $D(T) = \mathbb{Q}_+$

$G(T) = \mathbb{Q}$: $D(T) = \mathbb{Q} \setminus \{-3\}$

1. $T = \frac{4}{x-2}$
2. $T = \frac{x+3}{x+4}$
3. $T = \frac{6}{5-x}$
4. $T = \frac{2x}{2x+1}$
5. $T = \frac{8}{4-2x}$
6. $T = \frac{x^2}{3-5x}$
7. $T = \frac{2}{4x+4}$
8. $T = \frac{1}{3(x-2)}$
9. $T = \frac{-1}{-2(5-2x)}$
10. $T = \frac{2+x}{3(4+2x)}$
11. $T = \frac{2+x}{7x}$
12. $T = \frac{x}{18+6x}$

Bestimmen Sie jeweils die Definitionsmenge des Bruchterms in $\mathbb{Q}$!

Beispiel: $T = \frac{1}{1-x^2}$

$1 - x^2 = 0$

$\Leftrightarrow (1+x)(1-x) = 0$

$\Leftrightarrow 1 + x = 0 \vee 1 - x = 0$

$\Leftrightarrow x = -1 \vee x = 1$

$D(T) = \mathbb{Q} \setminus \{-1; 1\}$

13. $T = \frac{1}{x-1} - \frac{1}{x+1}$
14. $T = \frac{2x}{x+4} + \frac{2}{x}$
15. $T = \frac{3}{2x-1} + \frac{3}{2x-4}$
16. $T = \frac{x-1}{2(x+1)} - \frac{x+1}{2x+1}$
17. $T = \frac{2}{2x-3} - \frac{3}{3x+2}$
18. $T = \frac{2x+1}{3x+5} - \frac{1}{5x+1}$
19. $T = \frac{12}{2(x+6)} + \frac{5}{2x+6}$
20. $T = \frac{3}{x} - \frac{4}{4x+6}$
21. $T = \frac{-7x}{4(3x-12)} + \frac{5x}{2(5x-10)}$
22. $T = \frac{2x+3}{3(4x-3)} + \frac{x-3}{2(4x+3)}$
23. $T = \frac{1}{a(a-3)}$
24. $T = \frac{2}{b(b+7)}$
25. $T = \frac{1}{u^2 \cdot (u-2)}$
26. $T = \frac{3z}{(z+3)(z-5)^2}$
27. $T = \frac{-2}{(a-6)(a+2)}$
28. $T = \frac{1}{(2a+4)(a+4)}$
29. $T = \frac{9}{(3y-3)(2y+6)}$
30. $T = \frac{4}{(c-1)(2c-2)}$
31. $T = \frac{3}{p^2-9p}$
32. $T = \frac{2r}{3r^2+5}$
33. $T = \frac{13}{4s^2-9}$

Untersuchen Sie, wie und in welcher Zahlenmenge Sie die Bruchterme kürzen können ($G = \mathbb{Q}$)!

Beispiel: $T = \frac{2x+4}{3x+6}$ $\quad T = \frac{2(x+2)}{3(x+2)}$

$3x + 6 = 0$ $\quad T = \frac{2}{3}$ in $\mathbb{Q} \setminus \{-2\}$

$\Leftrightarrow 3x = -6$

$\Leftrightarrow x = -2$

34. $T = \frac{3a}{2a+5a}$
35. $T = \frac{4b+1}{2b(4b+1)}$
36. $T = \frac{3y-5}{2(9y-15)}$
37. $T = \frac{r^2-4}{(r-2)^2}$
38. $T = \frac{p^2+6p+9}{3(p+3)}$
39. $T = \frac{(a+1)(a-1)}{a^2-1}$

40. $T = \dfrac{s^2(s+2)}{s(s^2-4)}$ 41. $T = \dfrac{(z-1)^3(z+5)}{(4z-4)^2 \cdot z}$ 42. $T = \dfrac{16-a^2}{4a(4+a)}$

43. $T = \dfrac{3u^2+24u+48}{2u^2-32}$ 44. $T = \dfrac{50-2x^2}{(15-3x)^3}$ 45. $T = \dfrac{18-2y^2}{2y^2+6y}$

Prüfen Sie durch Division nach, ob die Bruchterme gekürzt werden können, und geben Sie die Definitionsmenge an ($G = \mathbb{Q}$)!

Beispiel: $T = \dfrac{2x^2-12x+16}{x-4}$

$(2x^2 - 12x + 16) : (x-4) = 2x - 4$

$\underline{-(2x^2 - 8x)}$

$-4x + 16$

$\underline{-(-4x+16)}$

0

$T = 2x - 4 \quad \text{in} \quad \mathbb{Q}\setminus\{4\}$

46. $T = \dfrac{x^2+x-20}{x-4}$ 47. $T = \dfrac{a^2+5a-24}{2a-6}$ 48. $T = \dfrac{s^2+8s+12}{-4s-8}$

49. $T = \dfrac{3u^2-3u-6}{5u-10}$ 50. $T = \dfrac{p^2-5p+6}{2p^2-6p}$ 51. $T = \dfrac{-3x^2+21x+24}{x^2-64}$

52. $T = \dfrac{4a^3-40a^2+84a}{14-2a}$ 53. $T = \dfrac{2b^3+14b^2+12b}{b^2-36}$ 54. $T = \dfrac{t^3-8t^2+t+42}{(t+2)(t+5)}$

55. $T = \dfrac{3y^4-24y^3+21y^2}{(2y-14)(y+3)}$ 56. $T = \dfrac{6x^4+x^3-29x^2+21x}{(2x-3)(3x-2)}$ 57. $T = \dfrac{z^3-1}{z-1}$

Hauptnenner von Bruchtermen

Bestimmen Sie den Hauptnenner der Bruchterme!

Beispiel: $\dfrac{1}{2x-4}; \quad \dfrac{1}{x-2}; \quad \dfrac{1}{2x}$

$2x - 4 = 2 \cdot (x-2);$

$x - 2 = x - 2;$

$2x = 2 \cdot x;$

HN: $2 \cdot (x-2) \cdot x$

58. $\dfrac{2}{x^2-9}; \quad \dfrac{3}{(x-3)^2}; \quad \dfrac{4}{2x^2-6x}$ 59. $\dfrac{1}{2x-5}; \quad \dfrac{1}{3(2x+5)}; \quad \dfrac{1}{4x-5}$ 60. $\dfrac{6}{x^2+4x}; \quad \dfrac{7}{x+4x}; \quad \dfrac{5}{4x}$

61. $\dfrac{-1}{2x^2-18}; \quad \dfrac{2}{3x^2-18x}; \quad \dfrac{-3}{6x+18}$ 62. $\dfrac{x}{a-x}; \quad \dfrac{2x}{x-a}; \quad \dfrac{3x}{x+a}$ 63. $\dfrac{1}{2ax}; \quad \dfrac{2}{x-2a}; \quad \dfrac{3}{x-2a^2}$

64. $\dfrac{9}{ax-b}; \quad \dfrac{8}{ax-b^2}; \quad \dfrac{7}{a(x-b)}$ 65. $\dfrac{2a}{a^2-x^2}; \quad \dfrac{3a}{x^2-a^2}; \quad \dfrac{4a}{(x-a)^2}$

66. $\dfrac{-3a}{2a(x-2b)}; \quad \dfrac{4b}{4b-2x}; \quad \dfrac{-4a}{ax^2-4ab^2}$ 67. $\dfrac{5}{x-a^2}; \quad \dfrac{5}{2x(x-a)}; \quad \dfrac{5}{(a-x)(a^2-x)}$

Bruchgleichungen mit einem Bruchterm

Bestimmen Sie jeweils die Definitions- und Lösungsmenge der Bruchgleichung ($G = \mathbb{Q}$)!

Beispiel: $\dfrac{4}{2x+3} = 6$

Definitionsmenge:

$2x + 3 = 0$

$\Leftrightarrow \quad 2x = -3$

$\Leftrightarrow \quad x = -\dfrac{3}{2}$

$D = \mathbb{Q} \setminus \left\{-\dfrac{3}{2}\right\}$

HN: $2x + 3$

Lösungsmenge:

$$\frac{4}{2x+3} = 6 \qquad | \cdot (2x+3)$$

$$\Leftrightarrow \frac{4(2x+3)}{2x+3} = 6(2x+3) \qquad | \text{ Kürzen und Ausmultiplizieren}$$

$$\Leftrightarrow 4 = 12x + 18 \qquad | -12x - 4$$

$$\Leftrightarrow -12x = 18 - 4 \qquad | \text{ Zusammenfassen}$$

$$\Leftrightarrow -12x = 14 \qquad | : (-12)$$

$$\Leftrightarrow x = -\frac{14}{12} \qquad | \text{ Kürzen}$$

$$\Leftrightarrow x = -\frac{7}{6}$$

$$-\frac{7}{6} \in D \Rightarrow \underline{L = \left\{-\frac{7}{6}\right\}}$$

Probe:
$$\frac{4}{2 \cdot \left(-\frac{7}{6}\right) + 3} = 6$$

$$\frac{4}{-\frac{7}{3} + 3} = 6$$

$$\frac{4}{\frac{2}{3}} = 6$$

$$\frac{12}{2} = 6$$

$$6 = 6 \quad \text{(wahr)}$$

68. $\frac{40}{x-5} = 8$

69. $\frac{6x+2}{11-2x} = 4$

70. $\frac{0{,}01x + 0{,}3}{0{,}1 - 0{,}009x} = 40$

71. $28 = \frac{13}{1-x} + 2$

72. $\frac{20\,000}{4000 - x} + 15 = 40$

73. $\frac{1}{0{,}2x + 1} - 1\frac{1}{9} = 0$

74. $\frac{5x-3}{x} + 2 = 5$

75. $25 - \frac{15x + 0{,}14}{2x + 0{,}06} = 2$

76. $\frac{12}{x} + 8 = 20 - \frac{24}{x}$

77. $\frac{5}{2x} - \frac{3}{4x} + \frac{2}{3x} = 6$

78. $\frac{9}{x} + \frac{1}{2} = \frac{10}{x} + \frac{4}{9}$

79. $\frac{33}{x+1} + 5 = \frac{88}{x+1}$

80. $\frac{35}{9x-2} - 1 = 7 - \frac{21}{9x-2}$

81. $\frac{45}{2x-4} = 2 - \frac{27}{2x-4}$

82. $\frac{6x+5}{2} + \frac{4x-13}{11x+1} = 3x$

83. $\frac{8x-3}{8} - \frac{6x-3}{10-2x} = x$

Bruchgleichungen mit mehreren Bruchtermen

Beispiel: $\frac{8}{6-x} - \frac{12}{12-2x} = 0{,}5; \quad G = \mathbb{Q}$

Definitionsmenge:

$$6 - x = 0 \Leftrightarrow x = 6$$

$$12 - 2x = 0 \Leftrightarrow 2(6-x) = 0 \Leftrightarrow x = 6$$

$$D = \mathbb{Q} \setminus \{6\}$$

HN: $2 \cdot (6 - x)$

Lösungsmenge:

$$\frac{8}{6-x} - \frac{12}{12-2x} = 0{,}5 \qquad | \cdot \text{HN}$$

$$\Leftrightarrow \frac{8 \cdot 2 \cdot (6-x)}{6-x} - \frac{12 \cdot 2 \cdot (6-x)}{2 \cdot (6-x)} = 0{,}5 \cdot 2 \cdot (6-x) \qquad | \text{ Kürzen und Vereinfachen}$$

$$\Leftrightarrow 16 - 12 = 6 - x \qquad | \text{ Zusammenfassen}$$

$$\Leftrightarrow 4 = 6 - x \qquad | +x - 4$$

$$\Leftrightarrow x = 2$$

Probe:
$$\frac{8}{6-2} - \frac{12}{12 - 2 \cdot 2} = 0{,}5$$

$$\frac{8}{4} - \frac{12}{8} = 0{,}5$$

$$0{,}5 = 0{,}5 \quad \text{(wahr)}$$

$$x \in D \Rightarrow \underline{L = \{2\}}$$

84. $\frac{5}{2x} - \frac{6}{4x} = -1$

85. $\frac{16}{3-x} + \frac{14}{9-3x} + \frac{19}{9} = 9$

86. $\frac{5}{x-5} = \frac{18}{3x-15} - \frac{1}{x-5}$

87. $\frac{3{,}4}{0{,}2x - 0{,}6} - \frac{0{,}85}{x-3} = 0{,}95$

88. $\frac{48}{x-4} - \frac{32}{4-x} = 5$

89. $\frac{45}{2x-9} = 2 - \frac{27}{9-2x}$

90. $\frac{5x-7}{4x+4}+\frac{x+3}{3x+3}=1$

91. $1+\frac{x-11}{2x-10}=\frac{2x+1}{3x-15}$

92. $\frac{1000}{1000-x}+\frac{200}{5000-5x}=1$

93. $\frac{22x}{2-50x}-\frac{13x}{50x-2}=\frac{x}{4-100x}$

94. $\frac{1{,}1x}{0{,}2x+1}-\frac{0{,}8x}{x+5}+\frac{2{,}2x}{2x+10}=\frac{29x}{5x+25}$

95. $\frac{0{,}15-x}{0{,}3x-0{,}18}=1-\frac{0{,}24+2x}{1{,}5x-0{,}9}$

Beispiel: $\frac{2x+1}{x-3}+\frac{x-4}{x+2}=3;\quad D=\mathbb{Q}$

Definitionsmenge:

$x-3=0 \iff x=3$

$x+2=0 \iff x=-2$

$D=\mathbb{Q}\setminus\{-2;3\}$

HN: $(x-3)\cdot(x+2)$

Lösungsmenge :

$$\frac{2x+1}{x-3}+\frac{x-4}{x+2}=3 \qquad |\cdot \text{HN}$$

$$\Leftrightarrow \frac{(2x+1)\cdot(x-3)\cdot(x+2)}{x-3}+\frac{(x-4)\cdot(x-3)\cdot(x+2)}{x+2}=3(x-3)\cdot(x+2) \qquad |\,\text{Kürzen}$$

$$\Leftrightarrow (2x+1)\cdot(x+2)+(x-4)\cdot(x-3)=3(x-3)\cdot(x+2) \qquad |\,\text{Ausmultiplizieren}$$

$$\Leftrightarrow 2x^2+x+4x+2+x^2-4x-3x+12=3x^2-9x+6x-18 \qquad |\,\text{Zusammenfassen}$$

$$\Leftrightarrow 3x^2-2x+14=3x^2-3x-18 \qquad |-3x^2+3x-14$$

$$\Leftrightarrow x=-32$$

Probe: $\frac{2\cdot(-32)+1}{-32-3}+\frac{-32-4}{-32+2}=3$

$\frac{-63}{-35}+\frac{-36}{-30}=3$

$\frac{9}{5}+\frac{6}{5}=3$

$\frac{15}{5}=3$ (wahr)

$-32\in D \Rightarrow \underline{L=\{-32\}}$

Anmerkung: Bei den Umformungen müssen alle höheren Potenzen wegfallen, da wir diese Gleichungen noch nicht lösen können (vgl. Kap. 9 u. 10).

96. $\frac{2}{x+4}=\frac{3}{x-5}$

97. $\frac{3}{2x+12}=\frac{5}{15-5x}$

98. $\frac{8500}{4x-1200}=\frac{10000}{15x-8000}$

99. $\frac{0{,}5}{1{,}4x-6}=\frac{1}{1{,}3x-2}$

100. $\frac{35}{7x+1}=\frac{5}{8+x}$

101. $\frac{20x}{10x+12}=\frac{40+4x}{2x+5}$

102. $\frac{0{,}02x+0{,}15}{x}=\frac{0{,}06x+0{,}12}{3x-1}$

103. $4(x-1)=\frac{4(x+2)(x-7)}{(x-6)}$

104. $\frac{x+1}{x-1}(3x-11)=3(x-3)$

105. $\frac{x+5}{x-7}=2-\frac{x-6}{x+2}$

106. $\frac{7x-15{,}5}{2x-3}-3=\frac{2x+5}{4x}$

107. $\frac{6x-5}{6}+\frac{6}{4x-8}-\frac{8x}{6-3x}=\frac{x^2+4}{x-2}$

108. $\frac{2x+8}{3}-\frac{5x-1}{13-x}=\frac{3x-7}{9}+\frac{2x+8}{6}$

109. $\frac{2x+5}{2x-4}+\frac{6x+5}{3x+6}=\frac{3x^2-2x+5}{x^2-4}$

110. $\frac{3x-5}{x-3}+\frac{2x-5}{x-4}=\frac{35(x-2)}{7x-28}$

111. $\frac{2(x-1)}{x-7}+\frac{x+8}{x-4}=\frac{3(5x+16)}{5x-20}$

112. $\frac{5x-13}{6x-8}-\frac{4x+5}{9x-12}-\frac{3x-17}{3x-4}=\frac{3}{4}$

113. $\frac{5x+8}{x-3}-\frac{2x-5}{4x-12}-2=\frac{15x+8}{7x-21}$

114. $\frac{24x+6}{2x-4}-\frac{6x-3}{6x-12}-15=\frac{9x+6}{20-10x}$

115. $\frac{1200x}{10x+25}-\frac{638x-100}{5{,}5x-60}=4$

116. $\frac{0{,}2+x}{1+0{,}4x}=\frac{1}{3}+\frac{1{,}3x+0{,}5}{0{,}6x-1}$

117. $\frac{1200x}{36+2x}-2000-\frac{1400x}{48-x}=0$

118. $\frac{30000}{4x+4}-\frac{5150}{x-15}=\frac{2350}{x}$

119. $\frac{9000}{x-500}+\frac{6000}{2x}-\frac{12000}{x-1000}=0$

120. $\frac{13}{x-8}-\frac{15}{3x-26}=\frac{8}{x-13}$

121. $\frac{2}{2x-5}+\frac{4}{2x-15}=\frac{9}{3x-5}$

122. $\frac{x+7}{x+1}+\frac{x+9}{x+2}=\frac{4(x+8)}{2x+3}$

123. $\frac{4x+1}{2x-1}+\frac{3x-1}{2x+1}=\frac{2(7x^2+2)}{4x^2-1}$

124. $\frac{3x+2}{x-2}+\frac{5x-2}{x+2}=\frac{5x-18-8x^2}{4-x^2}$

125. $\frac{1}{x+5}-\frac{1}{8-x}=\frac{1}{x+4}-\frac{1}{7-x}$

126. $\frac{1}{x-7}-\frac{1}{x-11}=\frac{1}{x+7}-\frac{1}{x+3}$

127. $\frac{7}{x-9}+\frac{2}{x-4}+\frac{7}{7-x}=\frac{2}{x-11}$

128. $\frac{3}{x+3}-\frac{3}{x+8}=\frac{5}{x-8}-\frac{5}{x-5}$

Bruchgleichungen mit Formvariablen

Beispiel: $\frac{a}{x} + b = \frac{c}{x} - d$

Definitionsmenge: $D = \mathbb{Q} \setminus \{0\}$

HN: x

Lösungsmenge:

$$\frac{a}{x} + b = \frac{c}{x} - d \quad | \cdot x$$

$$\Leftrightarrow \quad a + bx = c - dx \quad | + dx - a$$

$$\Leftrightarrow \quad bx + dx = c - a \quad | \text{ Ausklammern}$$

$$\Leftrightarrow \quad x(b + d) = c - a \quad | :(b + d)$$

$$\Leftrightarrow \quad x = \frac{c - a}{b + d} \quad (c \neq a,\ b \neq -d)$$

Probe:

$$\frac{a(b + d)}{c - a} + b = \frac{c(b + d)}{c - a} - d \quad | \cdot (c - a)$$

$$a(b + d) + b(c - a) = c(b + d) - d(c - a)$$

$$ab + ad + bc - ab = bc + cd - cd + ad$$

$$ad + bc = bc + ad \quad \text{(wahr)}$$

$$L = \left\{ \frac{c - a}{b + d} \right\} \quad \text{für } a \neq c,\ b \neq -d$$

129. $a - \frac{m + n}{x} = b - \frac{m - n}{x}$

130. $\frac{a}{x} - 1 = \frac{b}{x} + 9$

131. $\frac{2(a + b)}{ax} = \frac{4b}{a^2} - \frac{2(a - b)}{ax}$

132. $\frac{1 + x}{1 - x} = \frac{a}{b}$

133. $\frac{x + a}{x - a} = m$

134. $\frac{a + x}{b + 2x} = 1$

135. $\frac{a(b + x)}{a - x} = b$

136. $\frac{a}{b + x} - m = n$

137. $\frac{a}{b + x} - m = \frac{c}{b + x} - n$

138. $\frac{c}{a} - \frac{cx}{ax - 1} = \frac{a}{c} - \frac{ax}{cx - 1}$

139. $\frac{b - x}{a + x} + \frac{c - x}{a - x} = \frac{a(c - 2x)}{a^2 - x^2}$

140. $\frac{ax}{mx - p} + \frac{cx}{nx - q} = \frac{a}{m} + \frac{c}{n}$

141. $\frac{9x(x - a)}{3x - 3a} = 3x - 3a$

142. $2a + x = \frac{2a^2}{2a - x} + \frac{x(2a + x)}{x - 2a}$

143. $a^2 - \frac{x}{a^2 - b^2} + b^2 = \frac{x}{a^2 + b^2} - a^2 + b^2$

144. $\frac{a}{x - m} + \frac{b}{x - n} = \frac{a + b}{x - p}$

5.2 Verhältnisgleichungen

Die Einfahrt zu einer Tiefgarage soll ein Gefälle von 1 : 5 (20% Gefälle) erhalten. Mit welcher Länge muss für die Einfahrt gerechnet werden, wenn der Höhenunterschied 2,20 m beträgt?

Das Verhältnis 1 : 5 (gelesen: „1 zu 5") bedeutet: Auf 5 m Länge fällt die Einfahrt um 1 m.

Gesuchte Länge: x m.

Das Verhältnis von Höhe zu Länge bleibt gleich:

1 : 5 = 2,2 m : x m (Strahlensatz).

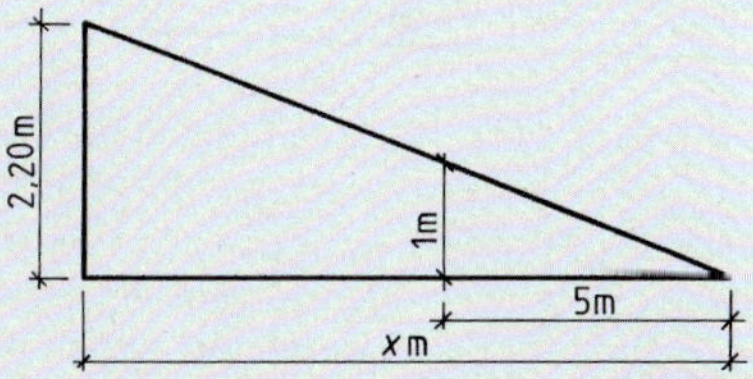

Abb. 5.1

Wir können ein Verhältnis als Bruch schreiben: $2{,}2 : x = \frac{2{,}2}{x}$. Damit erhalten wir eine Bruchgleichung (ohne Einheiten):

$$\frac{1}{5} = \frac{2{,}2}{x} \quad | \cdot 5x \quad (D = \mathbb{Q}_+)$$

$$\underset{(D)}{\Leftrightarrow} \quad \frac{5x}{5} = \frac{2{,}2 \cdot 5x}{x}$$

$$\underset{(D)}{\Leftrightarrow} \quad x = 11$$

Probe: $\frac{1}{5} = \frac{2{,}2}{11}$

$0{,}2 = 0{,}2$ (wahr)

Antwort: Die Länge beträgt <u>11 m</u>.

Merksatz

Das Verhältnis zweier Zahlen ist gleich dem Quotienten der beiden Zahlen

$(a, b \in \mathbb{Q} \setminus \{0\})$: $a : b = \frac{a}{b}$

Sprechweise: „*a* zu *b*“.

Verhältnisse mit „zu null“ oder „null zu“, wie sie z. B. im Sport vorkommen, ergeben in diesem Zusammenhang keinen Sinn und werden hier nicht betrachtet.

Verhältnisse können wie Brüche erweitert oder gekürzt werden ($c \neq 0$):

$a : b = (a \cdot c) : (b \cdot c)$

$a : b = \frac{a}{c} : \frac{b}{c}$

Eine Gleichung der Form

$a : b = c : d \quad (a, b, c, d \in \mathbb{Q} \setminus \{0\})$

nennt man **„Verhältnisgleichung“** (Proportion).

Sprechweise: „*a* verhält sich zu *b* wie *c* zu *d*“,
oder kurz: „*a* zu *b* wie *c* zu *d*“.

Außenglieder

$a : b = c : d$

Innenglieder

Bei einer Verhältnisgleichung kann die Lösungsvariable *x* an jeder Stelle auftreten.

Durch Multiplikation auf beiden Seiten der Gleichung $\frac{a}{b} = \frac{c}{d}$ mit dem Hauptnenner $b \cdot d$ erhalten wir die zu der Verhältnisgleichung gehörende **„Produktgleichung“.**

$a : b = c : d$	$\Longleftrightarrow$	$a \cdot d = b \cdot c$
Verhältnisgleichung		Produktgleichung

Merksatz

Das Produkt der Außenglieder ist gleich dem Produkt der Innenglieder.

Verhältnisgleichungen können als eine besondere Form von Bruchgleichungen aufgefasst werden, bei denen nicht nur beide vorkommenden Nenner, sondern auch die beiden Zähler nicht 0 werden dürfen.

Beispiele

1. $(x + 12) : 15 = 6 : 5; \quad G = \mathbb{Q}_+$

$x + 12 = 0 \Longleftrightarrow x = -12$

$D = G = \mathbb{Q}_+$

Lösung mit Produktgleichung:

$5\,(x + 12) = 15 \cdot 6$ | Ausmultiplizieren

$\Longleftrightarrow \quad 5x + 60 = 90$ | -60

$\Longleftrightarrow \quad 5x = 30$ | $:5$

$\Longleftrightarrow \quad x = 6$

$6 \in D \Rightarrow \underline{L = \{6\}}$

Probe:

$(6 + 12) : 15 = 6 : 5$

$18 : 15 = 6 : 5$

$\frac{18}{15} = \frac{6}{5}$ (wahr)

2. $6 : x = 14 : (x + 6)$; $G = \mathbb{Q}$

$x + 6 = 0 \Leftrightarrow x = -6$

$D = \mathbb{Q} \setminus \{-6; 0\}$

Lösung mit Produktgleichung:

$$\begin{aligned} 6\,(x + 6) &= 14\,x && \mid \text{Ausmultiplizieren} \\ \underset{(D)}{\Leftrightarrow} \quad 6\,x + 36 &= 14\,x && \mid -6\,x \\ \underset{(D)}{\Leftrightarrow} \quad 36 &= 8\,x && \mid :8 \\ \underset{(D)}{\Leftrightarrow} \quad 4{,}5 &= x \end{aligned}$$

$4{,}5 \in D \Rightarrow \underline{L = \{4{,}5\}}$

Probe:

$6 : 4{,}5 = 14 : (4{,}5 + 6)$

$6 : 4{,}5 = 14 : 10{,}5$

$1{,}\overline{3} = 1{,}\overline{3}$ (wahr)

3. $(x - 30) : (x + 30) = 1 : 5$; $G = \mathbb{N}$

$x - 30 = 0 \Leftrightarrow x = 30$

$x + 30 = 0 \Leftrightarrow x = -30$

$D = \mathbb{N} \setminus \{30\}$

Lösung mit Produktgleichung:

$$\begin{aligned} 5\,(x - 30) &= x + 30 && \mid \text{Ausmultiplizieren} \\ \underset{(D)}{\Leftrightarrow} \quad 5\,x - 150 &= x + 30 && \mid -x + 150 \\ \underset{(D)}{\Leftrightarrow} \quad 4\,x &= 180 && \mid :4 \\ \underset{(D)}{\Leftrightarrow} \quad x &= 45 \end{aligned}$$

$45 \in D \Rightarrow \underline{L = \{45\}}$

Probe:

$(45 - 30) : (45 + 30) = 1 : 5$

$15 : 75 = 1 : 5$

$0{,}2 = 0{,}2$ (wahr)

Manchmal kann durch Umstellen der Verhältnisgleichung der Arbeitsaufwand beim Lösen verringert werden. Einfache Umstellungen sind

Vertauschen der Außenglieder: $a : b = c : d \Leftrightarrow d : b = c : a$
Vertauschen der Innenglieder: $a : b = c : d \Leftrightarrow a : c = b : d$
Vertauschen der Glieder auf beiden Seiten: $a : b = c : d \Leftrightarrow b : a = d : c$

4. $2{,}5 : 1 = 12{,}5 : x$; $G = \mathbb{Q}$

$D = \mathbb{Q} \setminus \{0\}$

Lösung durch Vertauschen der Außenglieder:

$x : 1 = 12{,}5 : 2{,}5$

$x = 5$

$5 \in D \Rightarrow \underline{L = \{5\}}$

Probe:

$2{,}5 : 1 = 12{,}5 : 5$

$2{,}5 = 2{,}5$ (wahr)

Sind mehrere Verhältnisse angegeben, so kann man sie in einer **Verhältniskette** (Kettenproportion) aufschreiben.

$a : b : c = d : e : f$

ist gleichbedeutend mit:

$a : b = d : e \wedge b : c = e : f \wedge a : c = d : f$

Beispiel $4 : 6 : 10 = 6 : 9 : 15$ ist gleichbedeutend mit:

$4 : 6 = 6 : 9 \wedge 6 : 10 = 9 : 15 \wedge 4 : 10 = 6 : 15$.

Bei Mischungen aus mehreren Sorten wird oft eine Verhältniskette angegeben.

Beispiel 30 l Kalkzementmörtel enthält Kalk, Zement und Sand im räumlichen Verhältnis 2 : 1 : 9. Das sind zusammen 2 + 1 + 9 = 12 Raumteile, also ist 1 Raumteil $\frac{1}{12}$ des Gesamtvolumens.

Kalk: $\frac{2}{12}$ von 30 l = 5,0 l

Zement: $\frac{1}{12}$ von 30 l = 2,5 l

Sand: $\frac{9}{12}$ von 30 l = 22,5 l

Kalkzementmörtel (Summe) = 30 l

Aufgaben zu 5.2

1. Berechnen Sie im Kopf.

a) $x : 2 = 6 : 4$ b) $x : 5 = 8 : 10$ c) $4 : x = 8 : 2$
d) $1 : 3 = 5 : x$ e) $100 : 25 = x : 1$ f) $1 : x = 3 : 4$

2. Formen Sie das Verhältnis in $1 : x$ um.

a) $2 : 3$ b) $12 : 60$ c) $4 : 3$
d) $33\frac{1}{3} : 100$ e) $0{,}1 : 1$ f) $125 : 1000$

3. Formen Sie das Verhältnis in $x : 1$ um.

a) $3{,}6 : 1{,}8$ b) $24 : 18$ c) $2 : 3$
d) $10 : 3$ e) $1 : 0{,}2$ f) $100 : 12{,}5$

Bestimmen Sie das fehlende Glied der Verhältnisgleichung

Beispiel: $12 : x = 5 : 2$ | Produktgleichung
$\Leftrightarrow \quad 5x = 24$ | : 5
$\Leftrightarrow \quad \underline{x = 4{,}8}$

Probe: $12 : 4{,}8 = 5 : 2$
$2{,}5 = 2{,}5$ (wahr)

4. $x : 8 = 15 : 40$
5. $x : 2 = 1 : 3$
6. $x : 100 = 2 : 3$
7. $x : 0{,}1 = 5 : 4$
8. $27 : 32 = 1 : x$
9. $1278 : 1065 = x : 100$
10. $0{,}02 : 0{,}13 = 0{,}1 : x$
11. $68\text{ cm} : 1{,}20\text{ m} = 0{,}50\text{ cm} : x$
12. $3{,}2\text{ kg} : x = 1{,}5\text{ kg} : 800\text{ g}$
13. $10\text{ km} : 1500\text{ m} = x : 400\text{ m}$
14. $x : a = 2b : 3b$
15. $x : n = 0{,}15\text{ m} : 0{,}12\,n$
16. $x : a = a : b$
17. $x : a = a : 1$

Bilden Sie aus Produktgleichungen Verhältnisgleichungen.

Beispiel: $8 \cdot x = 48 \Leftrightarrow 8 : 4 = 12 : x$
$8 \cdot x = 48 \Leftrightarrow 6 : x = 8 : 8$

18. $24 \cdot x = 120$
19. $30 \cdot x = 3$
20. $25 = 100 \cdot x$
21. $14 \cdot x = 12 \cdot a$
22. $8 \cdot ab = 5 \cdot x$
23. $a^2 \cdot x = a$
24. $\frac{2}{3} \cdot x = a^2$
25. $1200 \cdot x = 840 \cdot m$
26. $0{,}1 \cdot x = 200$

Verhältnisgleichungen mit gleichen Gliedern

Sind in einer Verhältnisgleichung die Innen- oder Außenglieder gleich, so nennt man die gesuchte Zahl oder Größe **„3. Proportionale"**: $a : b = b : x$ oder $b : a = x : b$.

Bestimmen Sie zu den beiden gegebenen Zahlen die 3. Proportionale.

27. $a = 16;\ b = 12$
28. $a = 1;\ b = \frac{2}{3}$
29. $a = 9;\ b = 15$
30. $a = 25;\ b = 30$
31. $a = 2\frac{1}{2};\ b = \frac{3}{4}$
32. $a = 3;\ b = 5$
33. $a = 100;\ b = 80$
34. $a = 25;\ b = 100$
35. $a = 10;\ b = 0{,}1$
36. $a = \frac{1}{2};\ b = \frac{1}{3}$
37. $a = 1;\ b = 1{,}1$
38. $a = 1;\ b = \frac{5}{8}$

Sind in einer Verhältnisgleichung die Innenglieder gleich und unbekannt, so nennt man die gesuchte Zahl **„mittlere Proportionale"** oder **„geometrisches Mittel"**: $a : x = x : b$.

Bestimmen Sie zu den gegebenen Zahlen oder Termen die mittlere Proportionale.

39. 9; 16
40. 18; 50
41. 5; 45
42. 0,04; 16
43. $4\frac{1}{2};\ 3\frac{1}{8}$
44. 405; 500
45. 0,4; 0,1
46. 0,2; 2645
47. $\frac{1}{a};\ a$
48. $a;\ a^3$
49. $\frac{a}{b};\ \frac{b}{a}$
50. $a;\ 2a$
51. $a;\ ab$
52. $\frac{1}{a^2};\ 1$

Bestimmen Sie die Definitions- und Lösungsmenge der Verhältnisgleichung ($G = \mathbb{Q}_+$).

Beispiel: $(2x + 5) : (2x - 1) = 37 : 35$

Definitionsmenge:
$2x + 5 = 0 \Leftrightarrow x = -2{,}5$
$2x - 1 = 0 \Leftrightarrow x = 0{,}5$
$D = \mathbb{Q}_+ \setminus \{0{,}5\}$

Lösung mit Produktgleichung:

$$35 \cdot (2x + 5) = 37 \cdot (2x - 1) \quad | \text{ Ausmultiplizieren}$$
$$\Leftrightarrow \quad 70x + 175 = 74x - 37 \quad | -74x - 175$$
$$\Leftrightarrow \quad -4x = -212 \quad | : (-4)$$
$$\Leftrightarrow \quad x = 53$$

$53 \in D \Rightarrow \underline{L = \{53\}}$

Probe:

$(2 \cdot 53 + 5) : (2 \cdot 53 - 1) = 37 : 35$

$111 : 105 = 37 : 35$

$$\frac{111}{105} = \frac{37}{35}$$

53. $(12x + 25) : 12x = 17 : 12$
54. $(0{,}2x + 20) : (x + 32) = 11 : 38$
55. $(200x - 120) : 12 = (100x - 50) : 5$
56. $2 : 3 = (0{,}3x + 1) : (1{,}2x + 0{,}3)$
57. $75 : (5x + 35) = 47 : (3x + 22)$
58. $(2x - 4) : (x - 4) = (2x - 5)\ (x - 5)$
59. $(x - 4) : (x + 1) = (x - 5) : (x + 3)$
60. $(x - 8) : (x + 5) = (x + 4) : (x - 7)$
61. $(x - 5) : (x - 7) = (x + 1) : (x + 3)$
62. $(x + 1) : (x - 1) = (3x - 9) : (3x - 11)$
63. $(15x + 3) : (5x + 9) = (x - 1) : \frac{x}{3}$

Bilden Sie eine Verhältniskette.

Beispiel: $a : b = 3 : 4 \wedge b : c = 3 : 5$

Es ist zuerst für das gemeinsame Kettenglied, hier b, das kleinste gemeinsame Vielfache (kgV) zu bilden: kgV (4; 3) = 12;

$a : b = 9 : 12 \wedge b : c = 12 : 20$

also $a : b : c = 9 : 12 : 20$

64. $a : b = 2 : 5 \wedge b : c = 3 : 4$
65. $a : b = 1 : 4 \wedge b : c = 3 : 4$
66. $a : b = 5 : 1 \wedge b : c = 2 : 3$
67. $a : c = 2 : 3 \wedge b : c = 4 : 5$
68. $a : c = 3 : 1 \wedge b : c = 3 : 1$
69. $a : c = 5 : 8 \wedge b : c = 1 : 3$
70. $a : b = 2 : 9 \wedge a : c = 3 : 4$
71. $a : b = 1 : 6 \wedge a : c = 5 : 4$
72. $a : b = 1 : 5 \wedge a : c = 5 : 1$
73. $a : b = 3 : 10 \wedge a : c = 3 : 10$
74. $a : b = 2 : 3 \wedge b : c = 4 : 5 \wedge c : d = 3 : 4$
75. $a : b = 4 : 5 \wedge b : c = 2 : 3 \wedge c : d = 15 : 16$
76. $a : b = 4 : 3 \wedge a : c = 6 : 5 \wedge a : d = 8 : 7$
77. $a : b = 5 : 6 \wedge b : c = 8 : 3 \wedge c : d = 6 : 7$
78. $a : b = 2 : 3 \wedge b : c = 5 : 6 \wedge c : d = 9 : 8$

Anwendungen

79. Eine Rampe hat eine Steigung von 1 : 6. Wie viel Meter Höhenunterschied ergibt sich auf einer Länge von 15 m?

80. Auf einem Grundstück wird ein Gefälle von 1 : 12 gemessen. Welcher Höhenunterschied besteht bei einer Länge von 60 Metern?

81. Bei einem Unterzug aus Stahlbeton hat die Schräge ein Neigungsverhältnis von 1 : 2,5 und ist 28 cm hoch. Mit welcher Länge l ist für die Schräge zu rechnen?

82. Ein Schrägaufzug zu einer Villa an einem Berghang hat ein Neigungsverhältnis von 2,5 : 1 und überwindet eine Höhe von 18 Metern. Wie weit führt er vom Haus weg?

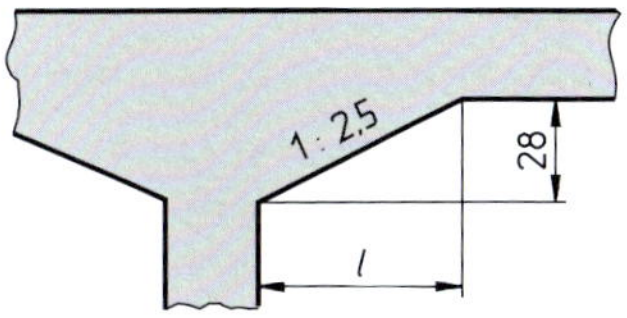

Abb. 5.2

83. Ein Baum wirft auf die Ebene einen Schatten von 21,6 m Länge. Ein Stab von 1,3 m Länge wirft zur gleichen Zeit einen Schatten von 0,9 m Länge. Wie hoch ist der Baum?

84. Auf einer Karte im Maßstab 1 : 50 000 ist eine Strecke 2,2 cm lang. Wie lang ist sie in Wirklichkeit?

85. Eine 12 km breite Gegend soll auf einer Wanderkarte mit dem Maßstab 1 : 20 000 dargestellt werden. Wie breit wird die Karte?

86. Finden Sie selbst einen geeigneten Maßstab für
a) das Schulgrundstück, b) der näheren Umgebung, c) der Stadt einschließlich Anfahrtswegen.

87. x% bedeutet auch das Verhältnis x : 100. Wie viel Prozent Verschnitt entstehen, wenn aus einem quadratischen Blech ein möglichst großer Kreis geschnitten wird? In welchem Verhältnis stehen Kreis- und Quadratfläche?

88. Zwei Strecken von 12 m bzw. 15 m Länge sollen um ein gleich langes Stück verlängert werden, so dass sich die neuen Längen wie 6 : 7 verhalten.

89. Zwei Strecken von 21 m bzw. 27 m Länge sollen um ein gleich langes Stück verkürzt werden, so dass sich die neuen Längen wie 1 : 2 verhalten.

90. Ein Dreieckswinkel beträgt 36°. Die beiden anderen Winkelmaße verhalten sich wie 7 : 2. Wie groß sind sie?

91. In einem rechtwinkligen Dreieck bildet die Winkelhalbierende des rechten Winkels mit der Hypotenuse Winkel, deren Maße sich wie 2 : 3 verhalten. Bestimmen Sie die Winkelmaße des Dreiecks!

92. In einem Parallelogramm verhalten sich die Winkelmaße wie 2 : 3. Bestimmen Sie diese!

93. Die Flächeninhalte zweier Parallelogramme mit gleicher Grundlinie verhalten sich wie 4 : 5. Wie groß sind ihre Höhen, wenn die eine um 2 cm größer ist als die andere?

Teilungen

Beispiel: Eine 3,50 m lange Holzlatte soll im Verhältnis 3 : 4 geteilt werden.

1. Lösung:

1. Länge: x Meter
2. Länge: 3,50 m – x m

$G = \{x \mid 0 < x < 3{,}5\}$

Gleichung: $x : (3{,}5 - x) = 3 : 4$

Lösung mit Produktgleichung:

$4x = 3\,(3{,}5 - x)$ | Ausmultiplizieren

$\Leftrightarrow 4x = 10{,}5 - 3x$ | $+ 3x$

$\Leftrightarrow 7x = 10{,}5$ | $: 7$

$\Leftrightarrow x = 1{,}5$

Probe: $1{,}5 : 2 = 3 : 4$

$0{,}75 = 0{,}75$ (wahr)

Antwort: Die Längen sind 1,50 m und 2,00 m.

2. Lösung:

Das Verhältnis 3 : 4 ergibt insgesamt 7 Teile.

Ein Teil: 3,50 m : 7 = 0,50 m

3 Teile: $3 \cdot 0{,}50$ m = 1,50 m

4 Teile: $4 \cdot 0{,}50$ m = 2,00 m

Anmerkung: Die 2. Lösungsmethode ist oft kürzer.

94. Eine Strecke soll im Verhältnis 4 : 5 geteilt werden. Wie groß sind die Teilstücke, wenn die ganze Strecke 36 cm lang ist?

95. Die Winkelmaße eines Dreiecks verhalten sich wie 1,5 : 2 : 5,5. Wie groß sind sie?

96. Beim **Goldenen Schnitt** wird eine Länge a so in zwei Teile geteilt, dass gilt: $(a - x) : x = x : a$; das wird ungefähr durch das Verhältnis 5 : 8 ausgedrückt.
Auf einem 80 cm hohen Grabstein soll ein Schriftzug eingemeißelt werden, der die Höhe im Goldenen Schnitt teilt. In welcher Höhe sollte der Schriftzug eingemeißelt werden?

97. An einer 3,40 m hohen Wand wird im Goldenen Schnitt eine Farbunterteilung angebracht. Wie hoch sind die beiden Abschnitte?

98. In einem Viereck verhalten sich die Winkelmaße wie 1 : 2,5 : 3,5. Bestimmen Sie diese!

99. Wie verhalten sich die Flächeninhalte von drei Kreisen, deren Radien sich wie 3 : 4 : 5 verhalten? Wie groß sind die Flächeninhalte, wenn der kleinste Radius 2 cm beträgt?

100. In einem rechtwinkligen Dreieck verhalten sich die Seitenlängen wie 3 : 4 : 5. Wie groß sind sie, wenn der Umfang 96 cm beträgt?

101. Bestimmen Sie die Massen von drei Eisenkugeln, deren Durchmesser sich wie 4 : 5 : 6 verhalten, wenn der kleinste Durchmesser 1 cm beträgt und $\varrho = 7{,}5\ \text{kg/dm}^3$ ist! $\left(V = \frac{\pi \cdot d^3}{6}\right)$

102. Drei Freunde wollen 160 € unter sich im Verhältnis 2 : 3 : 5 aufteilen. Wie viel erhält jeder?

103. Drei Freundinnen teilen einen 15 m langen Stoff so auf, dass die erste doppelt so viel, die zweite dreimal so viel wie die dritte erhält. Schreiben Sie das Verhältnis der Verteilung und die jeweiligen Längen auf.

104. Ein arabischer Scheich besaß 24 Kamele und hat in seinem Testament vermacht, dass sie an seine drei Söhne im Verhältnis 6 : 5 : 4 aufzuteilen sind.

a) Was halten Sie von der Verteilung 10 Kamele, 8 und 6 Kamele?
b) Diskutieren Sie andere Vorschläge.

105. Eine Belohnung von 100 € soll im Verhältnis 1 : 1 : 2 : 2 in ganzen Euro-Beträgen möglichst gerecht auf vier Leute verteilt werden. Was schlagen Sie vor?

106. 100 DM sind so in drei Geldbeträge a, b, c zu zerlegen, dass sich $a : b = 2 : 3$ und $b : c = 12 : 5$ verhalten.

Mischungen

107. In einer Schorle sind 60% Apfelsaft und 40% Wasser.

a) Wie viele Liter Apfelsaft werden für 5 l Schorle benötigt?
b) Wie viele Liter Schorle lassen sich mit 12 l Apfelsaft mischen?

108. In einer 10-l-Frostschutz-Mischung sind Wasser und Frostschutzmittel zu gleichen Teilen enthalten.

a) Geben Sie in einer Tabelle an, wie sich das Verhältnis bei Zugießen von jeweils 1 l Wasser verändert, so lange, bis das Verhältnis 2 : 1 erreicht ist.
b) Wie viele Liter Wasser müssen insgesamt dazugegossen werden, um das Verhältnis 3 : 1 zu erreichen?

109. Bei einem Arzneimittel sind der Arzneistoff und Wasser im Verhältnis 1 : 24 gemischt.

a) Wie viel Arzneistoff wird für 0,1 l benötigt?
b) Welches Mischungsverhältnis erhalten Sie, wenn Sie zu den 0,1 l Arzneimittel noch einmal 0,1 l Wasser dazugeben?

110. In einer Bonbonmischung sind rote und gelbe Bonbons im Verhältnis 1 : 2 enthalten.

a) Wie verändert sich das Verhältnis, wenn die roten Bonbons verdoppelt werden?
b) Wie verändert sich das Verhältnis, wenn die gelben Bonbons verdoppelt werden?
c) Wie verändert sich das Verhältnis, wenn beide um die Anzahl der roten vermehrt werden?
d) Wie verändert sich das Verhältnis, wenn beide um die Anzahl der gelben vermehrt werden?

111. Zement und Sand sind im Verhältnis 3,5 : 1 in einer 30 l-Trockenmischung vorhanden. Wie groß sind die einzelnen Volumenanteile?

112. Bei einer Zweitakt-Mischung 1 : 25 kommt 1 l Öl auf 25 l Benzin. Welche Mengen sind in 4,5 l Mischung?

113. In einem Pkw-Kühler mit 12 l Fassungsvermögen wird Wasser und Glysantin im Mischungsverhältnis 2 : 3 eingefüllt. Wie viel Liter Glysantin werden benötigt?

114. Aus 20 Liter Zweitakt-Mischung 1 : 25 soll durch Hinzugießen von Benzin eine Mischung 1 : 40 zubereitet werden. Wie viel Benzin wird gebraucht?

115. Bei der Betonherstellung wird Zement, Steinsand und Kleinsplitt im Verhältnis 1 : 3 : 4 gemischt. Für eine Betondecke sind 4,62 t Beton erforderlich. Der auftretende Schwund wird mit 5% angenommen. Geben Sie die benötigten Massen an Zement, Steinsand und Kleinsplitt an!

116. Zum Sprengen im Steinbruch verwendet man Pulver, das aus Salpeter, Kohle und Schwefel zusammengesetzt ist. Die Massen verhalten sich wie folgt: Salpeter zu Kohle wie 16 : 5, Salpeter zu Schwefel wie 10 : 3. Wie viel der einzelnen Stoffe ist zur Herstellung von 5934 kg Sprengstoff erforderlich?

117. Für die Beleuchtung einer Kleinstadt mit 450 Brennstellen werden bei 7-stündiger Brenndauer je Tag jährlich 16 800 DM aufgewendet. Wie viel kostet die Beleuchtung einer anderen Stadt, die nur über 360 Brennstellen verfügt, die täglich 6 h brennen?

118. Vier Erzsorten *I*, *II*, *III*, *IV* sollen im Verhältnis 1,5 : 2 : 3,5 : 5 gemischt werden. Wie viel t der einzelnen Erze sind erforderlich, wenn der Hochofen je Tag 1800 t Erz verarbeitet?

119. Zur Herstellung einer Glassorte muss man 25 Teile Quarz 9 Teile Soda und 2 Teile Kreide zusammenschmelzen. Wie viel kg von den Stoffen ist notwendig, um 372 kg Glas herzustellen?

5.3 Formeln

Den Begriff „Formel“ wird in zweierlei Bedeutung verwendet.

1. Formel als mathematischer Satz

Beispiele

Erstes Distributivgesetz: $a \cdot (b + c) = a \cdot b + a \cdot c$ (für alle $a, b, c \in \mathbb{Q}$)
Erste binomische Formel: $(a + b)^2 = a^2 + 2ab + b^2$ (für alle $a, b \in \mathbb{Q}$)
Diese Formeln sind allgemeingültige Aussageformen. Die vorkommenden Variablen sind voneinander unabhängig. Diese Art von Formeln spielt für die Betrachtungen in diesem Abschnitt keine Rolle.

2. Formel als Gesetzmäßigkeit zwischen Größen

Beispiele

Hebelgesetz: $F_1 \cdot a_1 = F_2 \cdot a_2$ (F_1, F_2: Kräfte; a_1, a_2: Längen)
Ohm'sches Gesetz: $U = I \cdot R$ (U: Spannung; R: Widerstand; I: Stromstärke)
Satz des Pythagoras: $a^2 + b^2 = c^2$ (a, b, c: Längen)

Diese Formeln sind Aussageformen, die nur für bestimmte physikalische bzw. geometrische Voraussetzungen allgemeingültig sind. Sie beschreiben Gesetzmäßigkeiten zwischen Größen. Die vorkommenden Variablen sind voneinander abhängig.

Viele Formeln aus der Geometrie, den Naturwissenschaften und der Technik beruhen auf **„proportionalen“** bzw. **„antiproportionalen“** Zuordnungen.

Beispiel

Bei einer gleichförmigen Bewegung (Geschwindigkeit $v = \text{konst.}$) ist das Verhältnis zweier Wegstrecken s_1, s_2 gleich dem Verhältnis der entsprechenden Zeiten t_1, t_2:

$$s_1 : s_2 = t_1 : t_2$$

oder $\frac{s_1}{s_2} = \frac{t_1}{t_2}$ (**„Quotientengleichheit“**).

Wir nennen dann den Weg s **„proportional“** zur Zeit t ($s \sim t$, gelesen: „s proportional t“) und können schreiben:

$\frac{s}{t} = \text{konst.}$ (proportionale Zuordnung)

Die Konstante heißt **„Proportionalitätsfaktor“**, hier die Geschwindigkeit v:

$$\frac{s}{t} = v \quad \text{oder} \quad s = v \cdot t.$$

Betrachten wir dagegen für eine bestimmte Wegstrecke ($s = \text{konst.}$) das Verhältnis zweier Geschwindigkeiten v_1, v_2 und das der entsprechenden Zeiten t_1, t_2, so ergibt sich:

$$v_1 : v_2 = t_2 : t_1$$

oder $v_1 \cdot t_1 = v_2 \cdot t_2$ (**„Produktgleichheit“**).

Wir nennen dann die Geschwindigkeit v **„antiproportional“** zur Zeit t $\left(v \sim \frac{1}{t}\right)$ und können schreiben:

$v \cdot t = \text{konst.}$ (antiproportionale Zuordnung)

In der Formel $s = v \cdot t$ stecken also drei Beziehungen:

v konstant: $s \sim t$ (proportionale Zuordnung: $\frac{s}{t} = v$, $s = v \cdot t$)

t konstant: $s \sim v$ (proportionale Zuordnung: $\frac{s}{v} = t$, $s = t \cdot v$)

s konstant: $v \sim \frac{1}{t}$ (antiproportionale Zuordnung: $v \cdot t = s$, $v = s \cdot \frac{1}{t}$)

Beispiel

Bei einer beschleunigten Bewegung (Beschleunigung a = konst.) wird die Abhängigkeit des Weges s von der Zeit t wie folgt beschrieben:

$$s = \frac{1}{2} a \cdot t^2 \quad \text{oder} \quad \frac{s}{t^2} = \frac{1}{2} a,$$

d.h. der Weg s ist proportional zum Quadrat der Zeit t: $s \sim t^2$.

Außerdem stecken in dieser Formel die folgenden Beziehungen:

t konstant: $s \sim a$ $\left(\frac{s}{a} = \frac{1}{2} t^2\right)$

s konstant: $a \sim \frac{1}{t^2}$ $(a \cdot t^2 = 2s)$

Beim **Rechnen mit Formeln** ist besonders darauf zu achten, dass die Einheiten übereinstimmen. Durch Änderung der Einheiten ändern sich in der Regel auch die Maßzahlen der Größen.

Beispiel

$$21{,}6\,\text{km} = 7{,}2\,\frac{\text{km}}{\text{h}} \cdot 3\,\text{h}$$

ist gleichbedeutend mit

$$21\,600\,\text{m} = 2\,\frac{\text{m}}{\text{s}} \cdot 10\,800\,\text{s}.$$

Gewöhnlich werden Formeln verwendet, wenn mit Hilfe gegebener Größen eine andere Größe berechnet werden soll. Dazu muss die Formel so umgestellt werden, dass die gesuchte Größe auf einer Seite des Gleichheitszeichens allein steht. Das ist das gleiche Verfahren, wie wir es für das Lösen von Gleichungen (Bruchgleichungen) mit Formvariablen bereits kennen.

Beispiel

Stellen Sie die Formel für die Berechnung des Flächeninhalts eines Trapezes nach g_1 um!

Wir betrachten g_1 als Lösungsvariable, alle anderen Variablen als Formvariable:

$$A = \frac{g_1 + g_2}{2} \cdot h \qquad | \cdot 2$$

$$\Leftrightarrow \quad 2A = (g_1 + g_2) \cdot h \qquad | : h$$

$$\Leftrightarrow \quad \frac{2A}{h} = g_1 + g_2 \qquad | - g_2$$

$$\Leftrightarrow \quad g_1 = \frac{2A}{h} - g_2$$

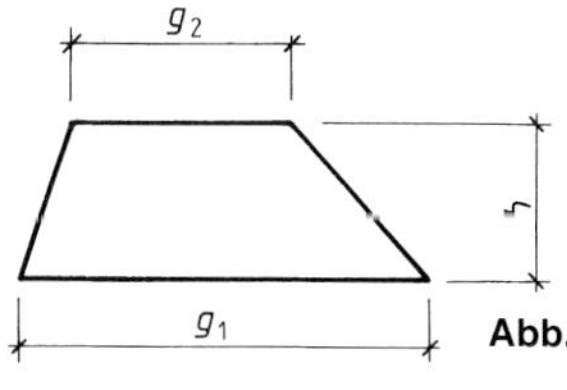

Abb. 5.3

In ähnlicher Weise können Formeln in der Regel nach jeder gewünschten Größe umgestellt werden.

Aufgaben zu 5.3

Geben Sie für jede Formel alle proportionalen und alle antiproportionalen Zuordnungen an!

Beispiel: $m = \varrho \cdot V$ (m: Masse, ϱ: Dichte, V: Volumen)

ϱ konstant: $m \sim V$
V konstant: $m \sim \varrho$
m konstant: $\varrho \sim \frac{1}{V}$

1. $F = D \cdot s$ (F: Kraft, D: Federkonstante, s: Ausdehnung)
2. $F = m \cdot a$ (F: Kraft, m: Masse, a: Beschleunigung)
3. $\frac{U}{I} = R$ (U: Spannung, I: Stromstärke, R: Widerstand)
4. $A = a \cdot b$ (A: Flächeninhalt; a, b: Seitenlängen)
5. $M = d \cdot \pi \cdot h$ (M: Mantelfläche eines Zylinders, d: Durchmesser, h: Höhe)
6. $\Delta l = l_0 \cdot \alpha \cdot \Delta T$ (Δl: Längenausdehnung, l_0: Ausgangslänge, α: Ausdehnungszahl, ΔT: Temperaturdifferenz)
7. $P = \frac{F \cdot s}{t}$ (P: Leistung, F: Kraft, s: Weg, t: Zeit)
8. $Z = \frac{K \cdot i \cdot p}{100}$ (Z: Zinsen, K: Kapital, i: Zeitfaktor, p: Zinssatzzahl)
9. Suchen Sie jeweils zwei geeignete Größen, die zu der gegebenen Größe proportional bzw. antiproportional sind.
   a) Benzinmenge,
   b) Wasserhöhe eines Schwimmbassins,
   c) Tiefe eines Sees,
   d) Gasdruck eines Ballons,
   e) Sonnenstand,
   f) Alter eines Menschen,
   g) persönlicher Erfolg,
   h) persönliche Reizbarkeit.
10. Untersuchen Sie folgende Tätigkeiten nach Proportionalitäten und Antiproportionalitäten.
   a) Streichen einer Hauswand,
   b) Ausheben eines Grabens,
   c) Sägen von Holz,
   d) Heizen eines Zimmers,
   e) Fahren eines Autos,
   f) Gießen von Blumen,
   g) Grüßen eines Mitmenschen.

Proportionale Zuordnungen

Beispiel: Eine Sandsteinplatte (Dichte $\varrho = 2{,}6$ kg/dm^3) wiegt 936 kg. Wie viel wiegt eine gleiche Platte aus Granit ($\varrho = 2{,}8$ kg/dm^3)?

Lösung: Gesuchte Masse: $m = x$ kg ($G = \mathbb{Q}_+$)
Formel: $m = \varrho \cdot V$
V konstant: $m \sim \varrho$
Gleichung: x kg : 936 kg = 2,8 kg kg/dm^3 : 2,6 kg/dm^3

Lösung:
$$\frac{x}{936} = \frac{2{,}8}{2{,}6} \quad | \cdot 936$$
$$\Leftrightarrow \quad x = \frac{2{,}8}{2{,}6} \cdot 936$$
$$\Leftrightarrow \quad x = 1008$$

Probe:
$$\frac{1008 \text{ kg}}{936 \text{ kg}} = \frac{2{,}8 \text{ kg/dm}^3}{2{,}6 \text{ kg/dm}^3}$$
$$1008 \cdot 2{,}6 = 936 \cdot 2{,}8$$
$$2620{,}8 = 2620{,}8 \quad \text{(wahr)}$$

Antwort: Die Steinplatte aus Granit wiegt 1008 kg.

11. Ein Marathon-Läufer hat bis zur ersten Zeitkontrolle nach 10 Kilometern 34 Minuten und 23 Sekunden gebraucht. Auf welche Zeit kommt er, wenn er im gleichen Tempo weiterläuft?

12. Ein Radrennfahrer hält eine Geschwindigkeit von 42 km/h $1\frac{1}{4}$ Stunden lang durch. Wie viel Kilometer hätter er geschafft, wenn er noch eine Viertelstunde länger gefahren wäre?

13. Ein 5,50 m langer Stahlträger hat eine Gewichtskraft von 2200 N. Welche Gewichtskraft hat ein entsprechender Stahlträger mit der Länge 3,50 m?

14. Für eine 11,5 cm dicke Mauer von 2,4 m^2 Fläche werden 120 Ziegel mit Normalformat benötigt. Wie viele Ziegel benötigt man für eine Mauer von 8,2 m^2?

15. Eine Blechplatte von 10 mm Dicke wiegt 18,4 kg. Wie schwer ist eine gleich große Platte von 16 mm Dicke?

16. Zwei Riemenscheiben mit $D = 980$ mm und $d = 630$ mm Durchmesser werden mit Leder belegt. Wie viel kg braucht man für die kleinere Scheibe, wenn man für die große 10,5 kg braucht?

17. Ein 15 m^2 großer Holzfußboden kostet 222,75 . Wie viel Geld spart man ein, wenn man nur 12,50 m^2 Boden kauft?

18. 28 Meter Randleisten, die 5,88 pro Meter kosten, werden gegen eine bessere Sorte, die 6,23 kostet, ausgetauscht. Wie hoch ist der Aufpreis?

19. Zur Herstellung von 60 kg Bronze braucht man 8,4 kg Zinn. Wie viel Zinn ist zur Herstellung von 170 kg Bronze notwendig?

20. Glockenmetall enthält 78 Teile Kupfer und 22 Teile Zinn. Für die Legierung stehen 390 kg Kupfer zur Verfügung. Wie viel kg Zinn sind erforderlich?

21. 15 m^3 Formsand werden von einer Sandaufbereitungsanlage in 2 h 40 min geliefert. Die Anlage ist 5 h 20 min in Betrieb.

22. Aus 2,5 t Altsand wurden 175 kg Eisenteile ausgeschieden. Es werden 23 t Altsand aufbereitet. Welche Masse an Eisenteilen wird ausgeschieden?

23. Ein Sportplatz hat bei 105 m Länge eine Fläche von 7150 m^2. Welche Fläche hat der Platz, wenn er um 10 m verlängert wird?

24. Eine quadratische Säule von 2,40 m Höhe hat ein Volumen von 448 dm^3. Welche Höhe hat eine Säule mit gleicher Grundfläche und 512 dm^3 Volumen?

25. Bei einem rechtwinkligen Dreieck werden beide Katheten verdoppelt. Wie ändert sich der Flächeninhalt?

26. Wie verändert sich das Volumen eines Kegels, wenn
    a) die Höhe, b) der Radius verdoppelt wird?

27. Wie viel mal größer wird ein Würfel, wenn seine Seitenkante
    a) verdoppelt, b) verdreifacht wird?

28. Stellen Sie eine Proportionalitätsgleichung zwischen zwei Größen *x* und *y* auf, für die gilt: Wird *x* um 2 größer, wird *y* um 3 größer. Gibt es verschiedene Möglichkeiten?

Antiproportionale Zuordnungen

Beispiel: Die Arme eines zweiseitigen Hebels sind $a = 1{,}20$ m und $b = 36$ cm lang. An dem kurzen Arm hängt eine Last $L = 1750$ N. Welche Kraft F ist aufzuwenden, um die Last anzuheben?

Lösung:
Gesucht Kraft: $F = x\,\text{N}\ (G = \mathbb{Q}_+)$
Formel: $F \cdot a = L \cdot b$
Gleichung: $x\,\text{N} \cdot 120\,\text{cm} = 1750\,\text{N} \cdot 36\,\text{cm}$ (gleiche Einheiten!)
Lösung: $120x = 1750 \cdot 36$

$$\Leftrightarrow \quad x = \frac{1750 \cdot 36}{120}$$

$$\Leftrightarrow \quad x = 525$$

Probe: $525\,\text{N} \cdot 1{,}20\,\text{m} = 1750\,\text{N} \cdot 0{,}36\,\text{m}$
$630\,\text{Nm} = 630\,\text{Nm}$ (wahr)

Antwort: Es müssen $F = 525$ N aufgewendet werden.

29. Ein Radrennfahrer hat eine Rennstrecke von 55 km in 1 h 13 min 37 s zurückgelegt.
    a) Welche Zeit würde er benötigen, wenn er seine Durchschnittsgeschwindigkeit um 1 km/h erhöhen könnte?
    b) Um wie viel müsste er seine durchschnittliche Geschwindigkeit erhöhen, wenn er die Strecke in 1 Stunde und 10 Minuten bewältigen möchte?

30. Ein Flugzeug benötigt bei einer durchschnittlichen Geschwindigkeit von 720 km/h für eine bestimmte Strecke 5 Stunden und 12 Minuten. Wie lange würde ein Flugzeug brauchen, das auf eine durchschnittliche Geschwindigkeit von 800 km/h kommt?

31. Eine Reisegruppe hat für eine Trekking-Tour 14 Tage eingeplant. Wie ändert sich die täglich zu bewältigende Strecke, nachdem aufgrund eines Zwischenfalls nur noch 13 Tage zur Verfügung stehen? Stellen Sie selbst ein geeignetes Zahlenbeispiel auf.

32. Ein zweiseitiger Hebel von 5,40 m Länge ist 1,20 m von einem Ende aus unterstützt. Am kurzen Arm hängen 49,42 N. Wie ist der andere Arm zu belasten, damit sich Gleichgewicht einstellt?

33. Ein zweiseitiger Hebel ist im Gleichgewicht, wenn er mit 875 N bzw. 1050 N belastet wird. Wie ist das Verhältnis der Längen der Hebelarme?

34. Die Arme eines zweiseitigen Hebels sind 84 cm bzw. 60 cm lang. Wie ist der kurze Hebelarm zu belasten, wenn der lange mit 275 N belastet wird?

35. Wie ist ein Sicherheitsventil zu belasten, damit es einer aus dem Dampfdruck resultierenden Kraft von 108 N das Gleichgewicht hält, wenn die Arme des einseitigen Hebels 12 cm bzw. 54 cm lang sind?

36. Welche Last kann mit einer Kraft von 30 N durch ein Wellrad gehoben werden, wenn der Wellendurchmesser 15 cm und der Kurbelhalbmesser 40 cm beträgt?

37. Der längere Arm eines zweiseitigen Hebels ist mit 6600 N belastet, der 0,96 m lange Arm mit 7527 N. Bestimmen Sie die Hebellänge, wenn in dem System Gleichgewicht vorhanden sein soll!

38. Ein Zahnrad mit 72 Zähnen macht $n_1 = 48$ U/min. Wie viele Zähne hat ein anderes Zahnrad, das mit dem ersten im Eingriff steht und sich mit $n_2 = 54$ U/min dreht?

39. Die Drehzahlen von zwei Riemenscheiben n_1 und n_2 verhalten sich wie 1 : 3,5. Wie groß ist der Durchmesser d_2, wenn $d_1 = 210$ mm misst?

40. Das Übersetzungsverhältnis an einem Fahrrad ist 25 : 8 innerhalb der Kettenräder. Bestimmen Sie die Drehzahl des Hinterrades, wenn sich das große Kettenrad 30mal gedreht hat!

41. Eine Kreiselpumpe soll 1400 Umdrehungen je Minute machen. Der Antriebsmotor hat eine Drehzahl von 600 U/min. Auf der Motorwelle befindet sich ein Zahnrad mit 21 Zähnen. Wie viele Zähne muss das Zahnrad an der Pumpenwelle haben?

42. Das Antriebsrad mit 120 Zähnen macht 220 U/min. Das getriebene Rad soll 330 Umdrehungen in der Minute machen. Wie viele Zähne muss das getriebene Rad haben?

43. Ein Aufzug wurde bisher mit einer Hubgeschwindigkeit $v = 0{,}3$ m/s betrieben. Die Fahrzeit betrug dabei 120 s. Er soll jetzt bei gleicher Hubhöhe auf eine Fahrzeit von 100 s gebracht werden.

44. Der Druck p einer Kraft F ist antiproportional zur Fläche A, auf die F drückt: $p = F/A$. Nennen Sie mehrere Zahlenbeispiele für eine Kraft $F = 600$ N.

45. Beschreiben Sie die in der Formel für den Druck (Aufg. 44) stehenden Proportionalitäten mit je einem Beispiel.

46. Wie verändert sich der Druck, wenn die Fläche
    a) verdoppelt, d) verdreifacht, c) halbiert wird?

47. Wie verändert sich der Druck, bei einer kreisförmigen Fläche, wenn der Durchmesser
    a) verdoppelt, b) verdreifacht, c) halbiert wird?

48. Bei einer hydraulischen Presse ist der Durchmesser des Pumpenkolbens 5 cm, der des Arbeitskolbens 50 cm. Der Pumpenkolben wird mit der Kraft von $F = 50$ N bewegt, die an dem Ende eines einseitigen Hebels wirkt, dessen Armlängen sich wie 1 : 6 verhalten. Bestimmen Sie die Kraft F_2 des Arbeitskolbens!

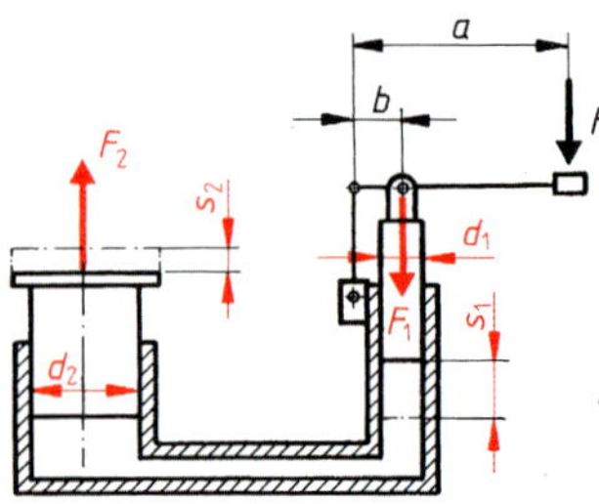

Abb. 5.4

$$F_1 = F \cdot \frac{a}{b}$$

$$F_2 = F \cdot \frac{a}{b} \cdot \frac{(d_2)^2}{(d_1)^2}$$

49. Bei einer hydraulischen Presse sind die Durchmesser der Kolben 46 mm und 391 mm. Welche Kraft bewirkt der Arbeitskolben, wenn die Kraft F_1 am Pumpenkolben 20 N beträgt?

50. Die Funktionsweise einer hydraulischen Hebeanlage ist bis auf zusätzlich notwendige Ventile im Prinzip die gleiche wie die einer hydraulischen Presse (vgl. Abb. 5.4). Mit welcher Kraft F ist der Pumpenkolben zu bewegen, wenn mit der Anordnung gemäß Aufg. 48 eine Last von 5,4 t angehoben werden soll?

51. Ein Garten soll 650 m^2 groß werden. Geben Sie mögliche Maße an. Schreiben Sie den Zusammenhang zwischen Länge und Breite als Formel.

52. Beschreiben Sie, wie bei konstantem Kegelvolumen die Höhe h vom Radius r abhängt.

Stellen Sie die Formeln nach allen Größen um!

Beispiel: Flächeninhalt eines Dreiecks: $A = \frac{g \cdot h}{2}$

$A = \frac{g \cdot h}{2}$	$A = \frac{g \cdot h}{2}$
$\Leftrightarrow \quad 2A = g \cdot h$	$\Leftrightarrow \quad 2A = g \cdot h$
$\Leftrightarrow \quad \frac{2A}{h} = g$	$\Leftrightarrow \quad \frac{2A}{g} = h$
$\Leftrightarrow \quad g = \frac{2A}{h}$	$\Leftrightarrow \quad h = \frac{2A}{g}$

Aus der Geometrie

53. Umfang eines Rechtsecks: $U = 2a + 2b$

54. Volumen eines Quaders: $V = a \cdot b \cdot c$

55. Oberfläche eines Quaders: $O = 2ab + 2ac + 2bc$

56. Mantel eines Kegels: $M = \pi \cdot r \cdot s$

57. Mantel eines Kegelstumpfes: $M = \pi s (r_1 + r_2)$

58. Oberfläche eines Zylinders: $O = 2\pi r (r + h)$ (Umstellung nur nach h)

Aus der Physik

59. Reibungskraft: $F_R = f \cdot F_N$

60. Hebelgesetz: $F_1 \cdot l_1 = F_2 \cdot l_2$

61. Gesetz von Gay-Lussac: $V = V_0 \left(1 + \frac{\Delta T}{273}\right)$

62. Tauchgewichtskraft: $F_T = V \cdot a_g (\varrho_K - \varrho_{Fl})$

63. Elastischer Stoß: $v_e = \frac{m_1 v_1 + m_2 v_2}{m_1 + m_2}$

64. Spezifische Wärmekapazität: $c = \frac{Q}{m(\vartheta_1 - \vartheta_2)}$

65. Mischungstemperatur: $\vartheta_M = \frac{m_1 \vartheta_1 + m_2 \vartheta_2}{m_1 + m_2}$

66. Elektrischer Widerstand: $R = \frac{\varrho \cdot l}{A}$

67. Parallel geschaltete Widerstände: $\frac{1}{R_g} = \frac{1}{R_1} + \frac{1}{R_2}$

68. Klemmenspannung: $U_{Kl} = U_0 - R_i \cdot I$

69. Linsengleichung: $\frac{1}{f} = \frac{1}{g} + \frac{1}{b}$

Aus der Technik

70. Umfangsgeschwindigkeit: $v = d \cdot \pi \cdot n$

71. Verdichtungsverhältnis: $\varepsilon = \dfrac{V_H + V_c}{V_c}$

72. Kraftstoffverbrauch: $B = \dfrac{3600 \cdot V \cdot \varrho}{1000 \cdot t}$

73. Riementrieb: $d_1 \cdot n_1 = d_2 \cdot n_2$

74. Ventilöffnungszeit: $t = \dfrac{60 \cdot \alpha}{n \cdot 360°}$

75. Windlast: $W = c_f \cdot q \cdot A$

76. Viskosität: $\eta = \dfrac{\tau \cdot y}{v_2 - v_1}$

77. Biegemoment: $M_x = \dfrac{q \cdot x}{2}(l - x)$ (Umstellung nur nach q und l)

78. Schneckengewinde: $F_1 = \dfrac{F_2 \cdot r \cdot z}{R \cdot Z}$

79. Fugenbreite: $b = \dfrac{a \cdot \alpha_T \cdot \Delta T}{0{,}25}$

80. Fenster-Sonnenschutz: $s = f \cdot g_v \cdot z$

5.4 Lösen von Betragsgleichungen

Gleichungen, bei denen eine Variable innerhalb von Betragsstrichen auftritt, heißen **„Betragsgleichungen"**.

Beispiele

1. $|x| = 4 \iff x = 4 \vee x = -4$

$L_1 = \{4\}$; $L_2 = \{-4\}$

$L = L_1 \cup L_2 = \underline{\{-4; 4\}}$.

Probe: $|4| = 4$ (wahr)

$|-4| = 4$ (wahr)

Aufgrund der Definition des Betrages kann die Betragsgleichung in eine Oder-Verknüpfung (Adjunktion) von zwei Gleichungen umgeformt werden. Die Lösungsmenge der Betragsgleichung ist dann die Vereinigungsmenge der Lösungsmengen der beiden Gleichungen. Dieser Schritt wird bei den weiteren Beispielen übergangen.

2. $|x + 3| = 5$

$\iff x + 3 = 5 \vee x + 3 = -5$

$\iff x = 2 \vee x = -8$

$\underline{L = \{-8; 2\}}$

Probe: $|2 + 3| = 5$

$5 = 5$ (wahr)

$|-8 + 3| = 5$

$|-5| = 5$ (wahr)

3. $|4 - 2x| = 0$

$\iff 4 - 2x = 0$

$\iff 2x = 4$

$\iff x = 2$

$\underline{L = \{2\}}$

Probe: $|4 - 2 \cdot 2| = 0$

$|0| = 0$ (wahr)

Eine Betragsgleichung kann also auch nur eine Lösung besitzen. Aber es gilt auch Betragsgleichungen, die keine Lösung besitzen.

4. $|3x+1| = -3$

$\underline{L = \{\ \}}$ (Begründung: für alle $x \in \mathbb{Q}$ gilt: $|3x+1| \geqq 0$)

Auf Taschenrechnern wird statt der Betragsstriche die Funktion „abs“ benutzt: `abs(3x+1)`.

Bei einer Betragsgleichung mit Formvariablen müssen mehrere Fälle untersucht werden.

5. $|x-a| = b$

Wir müssen drei Fälle unterscheiden:

1. Fall: $b > 0$: $|x-a| = b$

$\Leftrightarrow x - a = b \vee x - a = -b$

$\Leftrightarrow x = a + b \vee x = a - b$

$\underline{L = \{a - b;\ a + b\}}$

Probe: $|a + b - a| = b$

$|b| = b$ (wahr)

$|a - b - a| = b$

$|-b| = b$ (wahr)

2. Fall: $b = 0$: $|x-a| = 0$

$\Leftrightarrow x - a = 0$

$\Leftrightarrow x = a$

$\underline{L = \{a\}}$

Probe: $|a - a| = 0$

$|0| = 0$ (wahr)

3. Fall: $b < 0$: $|x-a| = b$

$\underline{L = \{\ \}}$

Die Fälle 1 und 2 können zusammengefasst werden zu $b \geqq 0$: $L = \{a - b;\ a + b\}$.

Dieses Ergebnis findet auch der TI-92, ignoriert allerdings den 3. Fall.

Aufgaben zu 5.4

Die Gleichung $|x-5| = 3$ kann auch als die Frage nach den beiden Zahlen verstanden werden, die von 5 den Abstand 3 haben bzw. nach den Zahlen, die um 3 größer oder kleiner als 5 sind: 8 ist um 3 größer als 5, 2 ist um 3 kleiner als 5. Beschreiben Sie in dieser Weise die folgenden Betragsgleichungen.

1. $|x-500| = 10$
2. $|x-0{,}1| = 0{,}01$
3. $|x-5{,}5| = 8$
4. $|x+4| = 12$

Schreiben Sie den Text als Betragsgleichung und geben Sie die Lösungen an.

5. Der Abstand zu 15 ist 6.
6. Der Abstand zu 1000 ist 250.
7. Der Abstand zu $\frac{1}{3}$ ist $\frac{1}{4}$.
8. Der Abstand zu -10 ist 1.

Bestimmen Sie jeweils die Lösungsmenge über der Grundmenge $\mathbb{Q}$ (x Lösungsvariable)!

9. $|x-6| = 6$
10. $|4x+5| = 9$
11. $|2-5x| = 7$
12. $\left|\frac{2}{3} - \frac{1}{2}x\right| = 1$
13. $|5x+11| = -4$
14. $\left|6 + \frac{x}{2}\right| = 2$
15. $|3+3x| = 0$
16. $|5x| + 3 = -12$
17. $\left|\frac{x}{3}\right| - 6 = -2$
18. $\frac{|2x-4|}{3} = 6$
19. $\frac{|5x+1|}{5} = 0$
20. $2|x| = 6$
21. $\frac{1}{3}|x| = 8$
22. $5 - |x| = -2$
23. $10 - 4|1-x| = -14$
24. $\frac{1}{|x|} = 2$
25. $|x| = x$
26. $|x| = a$
27. $|ax| = b$
28. $|x| + a = b$
29. $|a-x| = b$
30. $|x| = |a|$
31. $|x-4{,}2| = |x+1{,}3|$
32. $5|2x-7| = -|1{,}4x+7|$

6 Funktionen

6.1 Funktionen und Relationen

Bei einem Testfahrzeug wurde gemessen, wie hoch der Benzinverbrauch auf jeweils 100 km für verschiedene Geschwindigkeiten ist. Die Ergebnisse sind in einer Tabelle festgehalten.

Wertetabelle:

Geschwindigkeit in km/h	40	50	60	70	80	90	100	110	120	130
Verbrauch in l/100 km	5,9	5,4	5,7	6,3	7,1	8,0	8,9	10,1	11,4	12,8

Lesen Sie: Bei einer gleich bleibenden Geschwindigkeit von 40 km/h hat das Testfahrzeug 5,9 l auf 100 km verbraucht.

Die Abhängigkeit zwischen Geschwindigkeit und Verbrauch des Fahrzeugs kann in einer graphischen Darstellung veranschaulicht werden.

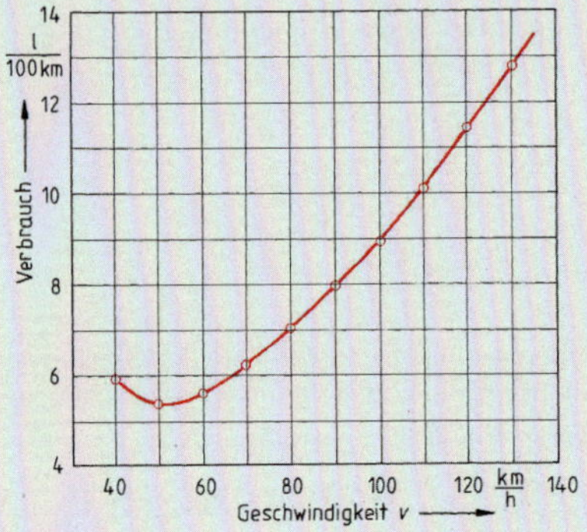

Abb. 6.1

Schaubild:

In waagerechter Richtung tragen wir die Geschwindigkeiten ein, senkrecht dazu den Verbrauch. Für jede der in der Tabelle angegebenen Messungen zeichnen wir einen Punkt. Die Punkte dürfen wir nicht einfach geradlinig verbinden; denn den Messungen ist nicht zu entnehmen, wie sich der Verbrauch zwischen den angegebenen Geschwindigkeiten ändert. Wir können es bestenfalls vermuten. Tatsächlich ergibt sich bei zahlreichen Einzelmessungen ungefähr die eingezeichnete Kurve, also keine geradlinige Verbindung zwischen den Punkten.

Solche Abhängigkeiten zwischen zwei Größen nennt man in der Mathematik **„Funktionen"**. Erhält man den funktionalen Zusammenhang aufgrund von Untersuchungen oder Messreihen, spricht man von **„empirischen"** Funktionen (Erfahrungsfunktionen). Funktionen lassen sich in nahezu allen Lebensbereichen feststellen, daher ist ihre genaue Untersuchung sehr wichtig.

Um Funktionen allgemein beschreiben oder darstellen zu können, bezeichnet man eine der beiden Größen gewöhnlich mit „x", die andere mit „y". Für die graphische Darstellung wird in der Mathematik meistens das **„kartesische Koordinatensystem"** gewählt: Auf zwei sich rechtwinklig schneidenden Geraden (Achsen) trägt man in waagerechter Richtung die x-Werte, in dazu senkrechter Richtung die y-Werte ab. Die waagerechte Achse bezeichnet man daher meist als x-Achse (oder: „Abszissenachse"), die dazu senkrechte Achse als y-Achse (oder: „Ordinatenachse"), beide zusammen als Koordinatenachsen. (Manchmal spricht man auch von der 1. Achse und der 2. Achse.) Der Achsenschnittpunkt erhält die Bezeichnung „Ursprung" des Koordinatensystems.

In dem Koordinatensystem wird jedem Zahlenpaar $(x \mid y)$ (wichtig: zuerst x, dann y!) eindeutig ein Punkt der Zeichenebene zugeordnet.

Beispiel

Für $x = 2$ und $y = 3$ finden wir den entsprechenden Punkt $P\ (2 \mid 3)$, indem wir vom Ursprung aus zuerst 2 Einheiten in (positiver) x-Richtung, dann 3 Einheiten in (positiver) y-Richtung gehen.

Die Zahl 2 wird die x-Koordinate (oder: Abszisse), die Zahl 3 die y-Koordinate (oder: Ordinate) des Punktes P genannt.

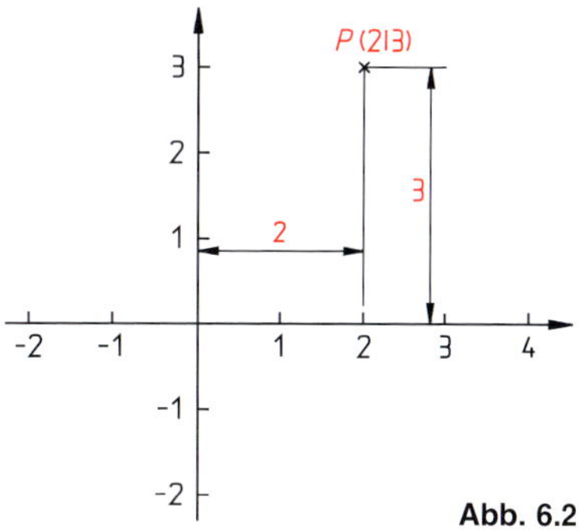

Abb. 6.2

Bemerkungen:

1. Beim kartesischen Koordinatensystem werden die Zahlen auf beiden Achsen vom Ursprung aus in gleichen Abständen abgetragen. Für besondere Zwecke verwendet man auch andere Einteilungen, z. B. auf einer Achse eine sog. „logarithmische" Einteilung wie beim halb logarithmischen Papier (vgl. Abschnitt 11.3).
2. Bei Anwendungen haben wir es mit unterschiedlichen Größen zu tun, deren Maßzahlen wir in möglichst sinnvoller Weise auf den jeweiligen Achsen abtragen. In unserem eingangs beschriebenen Beispiel etwa sind auf der 1. Achse Geschwindigkeiten, auf der 2. Achse Verbrauchswerte abgetragen. Aus Gründen der Zweckmäßigkeit ist dabei ein Ausschnitt des Koordinatensystems gewählt worden, in dem der Ursprung gar nicht enthalten ist.
3. Ein Koordinatensystem wird auch als Bezugskanten bei der Bemaßung in Zeichnungen oder der Festlegung von Hydranten verwendet. In anderen technischen Bereichen werden auch andere Koordinaten benutzt, z. B. „Polarkoordinaten" in der Luft- und Schifffahrt.

Durch ein kartesisches Koordinatensystem wird die Ebene in 4 sog. **„Quadranten"** eingeteilt, die man, von rechts oben anfangend, entgegen dem Uhrzeigersinn (im mathematisch positiven Sinne) beziffert.

Eine funktionale Abhängigkeit kann durch einzelne (Mess-)Werte oder auch durch eine für alle x geltende Vorschrift gegeben sein.

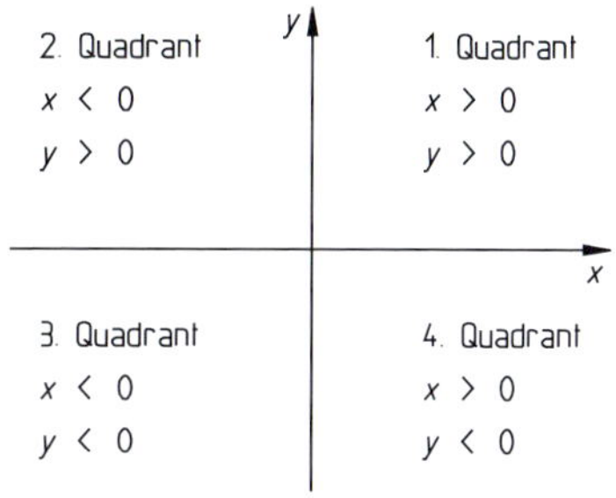

Abb. 6.3

Beispiel

Jeder Zahl wird ihre Hälfte zugeordnet (x $0{,}5\,x$, gesprochen: „x wird zugeordnet $0{,}5\,x$", kürzer: „x Pfeil $0{,}5\,x$"); oder: y ist die Hälfte von x ($y = 0{,}5\,x$).

Zunächst tragen wir einige (einfache) Zahlen für x und ihre Funktionswerte y in eine Wertetabelle ein. Zu den erhaltenen Zahlenpaaren zeichnen wir dann die entsprechenden Punkte in ein Koordinatensystem.

Wertetabelle:

x	y	Zahlenpaar $(x \mid y)$
0	0	$(0 \mid 0)$
1	0,5	$(1 \mid 0{,}5)$
2	1	$(2 \mid 1)$
3	1,5	$(3 \mid 1{,}5)$
4	2	$(4 \mid 2)$
− 1	− 0,5	$(-1 \mid -0{,}5)$
− 2	− 1	$(-2 \mid -1)$
− 3	− 1,5	$(-3 \mid -1{,}5)$
− 4	− 2	$(-4 \mid -2)$

Koordinatensystem (Schaubild):

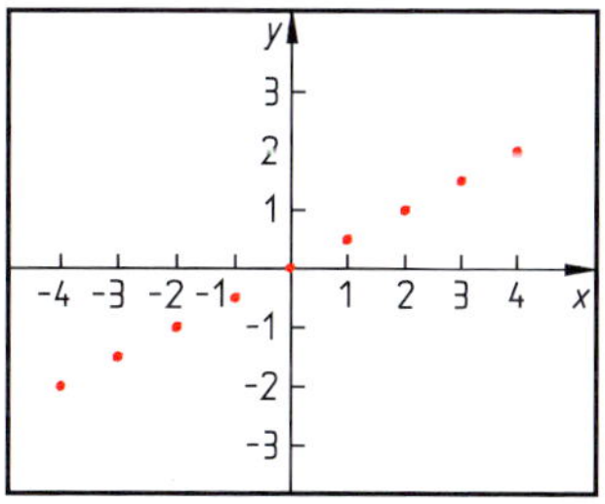

Abb. 6.4

Anmerkung: Auch auf dem Display eines grafikfähigen Taschenrechners oder eines Computers werden nur einzelne Punkte (Pixel) gezeichnet; sie liegen allerdings manchmal so eng beieinander, dass sie wie eine durchgezogene Gerade erscheinen.

Alle Zahlen, die sich für x einsetzen lassen, fasst man zusammen zur **Definitionsmenge** D der Funktion. Alle möglichen y-Werte (Funktionswerte) zusammen ergeben die **Wertemenge** W der Funktion. Gewöhnlich werden wir $\mathbb{Q}$ als Definitionsmenge wählen, wenn nichts anderes gesagt wird.

Anderes **Beispiel:** Funktion $g\colon x \mapsto x^2$, $D = \{-2; -1; 0; 1; 2; 3\}$;
als Wertemenge W erhalten wir: $W = \{0; 1; 4; 9\}$.

Merksatz

Bei einer **Funktion** wird jedem Element der Definitionsmenge **genau ein** Funktionswert zugeordnet.

Unterscheiden Sie folgende Begriffe und Schreibweisen (erläutert am Beispiel „x wird zugeordnet $\frac{1}{2}x$"):

Funktionsgraph (Schaubild)

Funktion: $f\colon x \mapsto \frac{1}{2}x,\ x \in \mathbb{Q}$

Funktionsvorschrift: $x \mapsto \frac{1}{2}x$

Funktionsgleichung: $y = \frac{1}{2}x$

Funktionsterm: $\frac{1}{2}x$

Funktionswert an der Stelle 3:
$f(3) = 1{,}5$

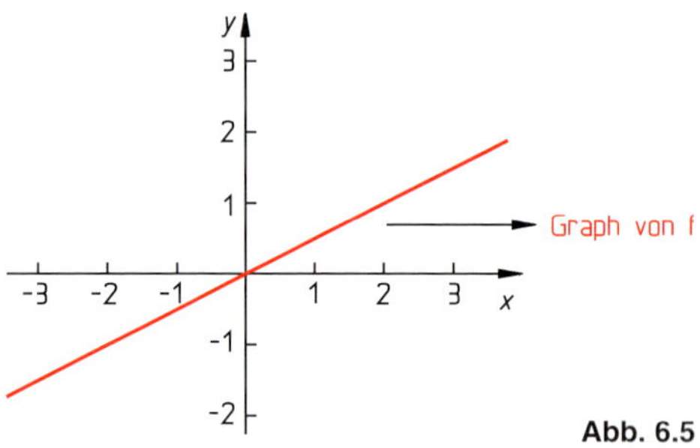

Abb. 6.5

Gibt es zu einem $x \in D$ mehrere Werte, so spricht man nicht mehr von einer Funktion, sondern von einer **„Relation"**.

Beispiel

Den natürlichen Zahlen von 1 bis 6 werden jeweils ihre Teiler zugeordnet.
Beachten Sie: $D = \{1; 2; 3; 4; 5; 6\} = W$.

Wertetabelle:

x	y
1	1
2	1; 2
3	1; 3
4	1; 2; 4
5	1; 5
6	1; 2; 3; 6

Koordinatensystem:

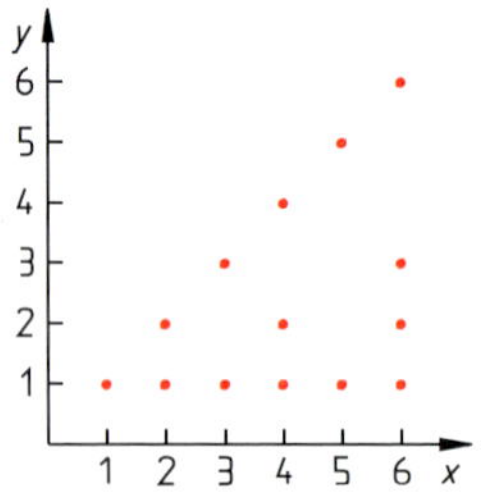

Abb. 6.6

Wie wir sehen können, gibt es zu allen x-Werten außer $x = 1$ mehrere zugeordnete Werte. Daher ist diese Zuordnung keine Funktion. Im Koordinatensystem sehen wir das daran, dass zwei oder mehr Punkte übereinanderliegen.

Merksatz

Bei einer Funktion dürfen bei ihrer Darstellung im Koordinatensystem niemals Punkte übereinanderliegen.

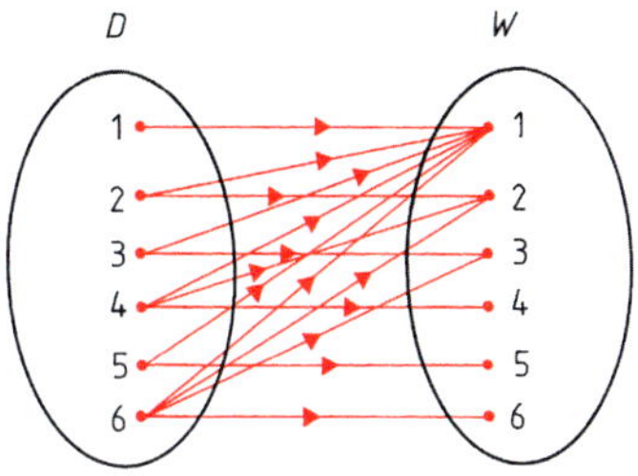

Abb. 6.7

Relationen mit wenigen Elementen in D und W lassen sich auch vorteilhaft in einem **Pfeildiagramm** darstellen. Die Pfeile geben hierbei die Zuordnung an. Einem x-Wert ist also mehr als ein y-Wert zugeordnet, wenn von dem x zwei oder mehr Pfeile ausgehen.

Bei einer Funktion dürfen im Pfeildiagramm von einem Punkt niemals mehrere Pfeile ausgehen.

Bemerkungen: Es dürfen allerdings mehrere Pfeile bei einem Element der Wertemenge ankommen. Im Koordinatensystem bedeutet das, dass zwei Punkte auf einer Parallelen zur x-Achse liegen können.

Man kann die Relation R auch angeben, indem man alle Zahlenpaare aufschreibt:

$R = \{(1|1); (2|1); (2|2); (3|1); (3|3); (4|1); (4|2); (4|4); (5|1); (5|5);$
$(6|1); (6|2); (6|3); (6|6)\}$

Eine Funktion ist eine spezielle Relation, bei der zu jedem x nur ein y gehört, d.h. bei der Aufzählung aller Zahlenpaare einer Funktion kommt jedes x nur einmal vor.

Für die Darstellung der Funktionen, deren Definitionsmengen unendlich sind, eignen sich Pfeildiagramme nicht mehr; solche Funktionen stellen wir in Koordinatensystemen dar.

Aufgaben zu 6.1

1. Schreiben Sie zu den folgenden Schaubildern die Zuordnungen auf und erläutern Sie die Darstellung!

a)

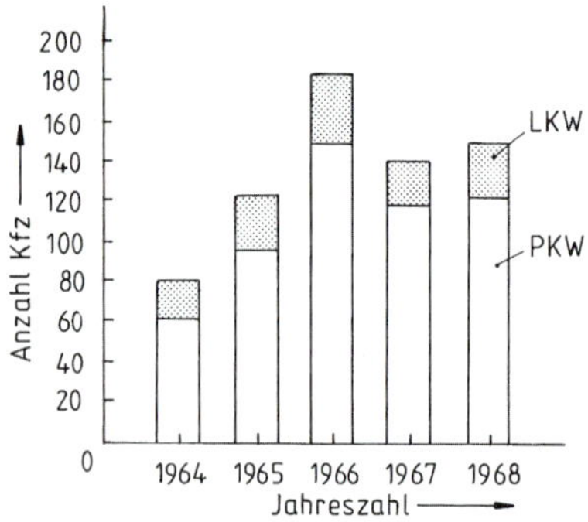

Kfz-Statistik einer Gemeinde

Abb. 6.8

b)

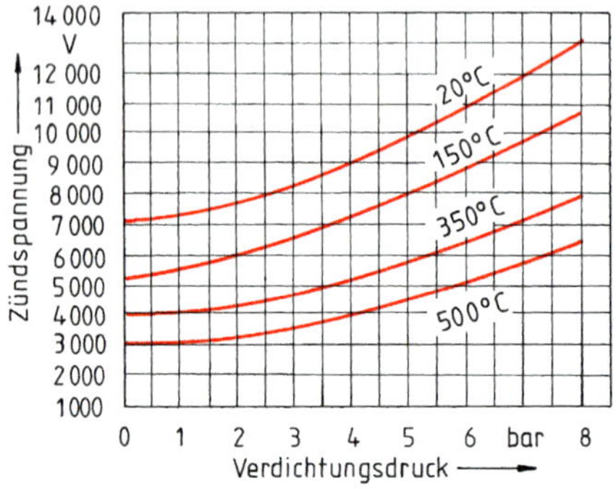

Die Zündspannung ist abhängig vom Verdichtungsdruck und von der Temperatur im Zylinder. Die erforderliche Zündspannung steigt mit dem Verdichtungsdruck und sinkt bei höherer Temperatur.

Abb. 6.9

c)

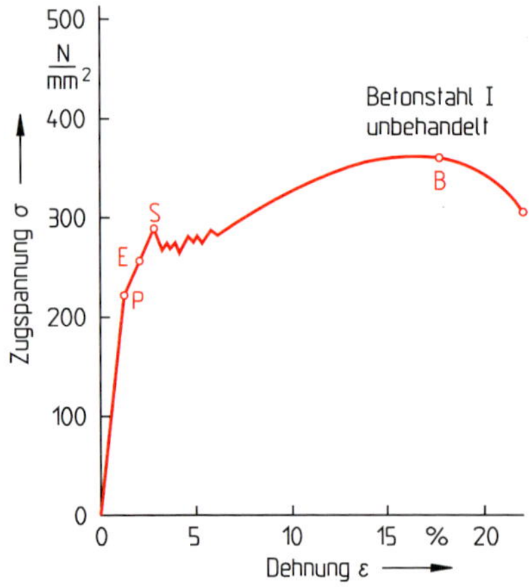

Spannungs-Dehnungs-Diagramm

Abb. 6.10

d)

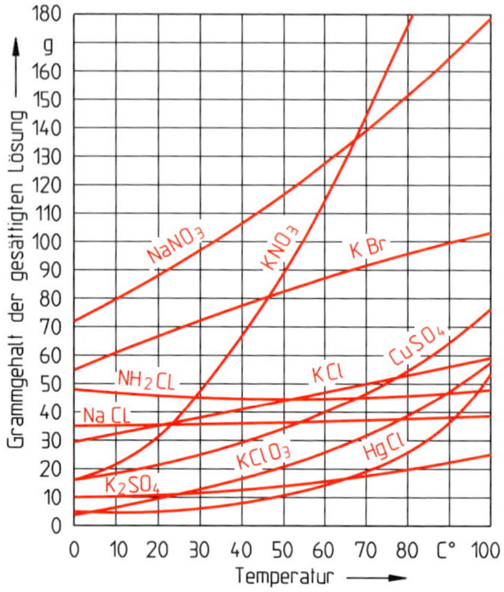

Löslichkeit von Salzen in Wasser in Abhängigkeit von der Temperatur

Abb. 6.11

e)

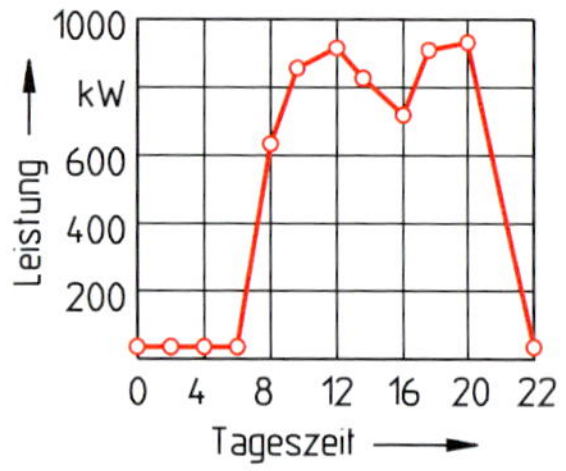

Elektrische Leistung in Abhängigkeit von der Tageszeit

Abb. 6.12

f)

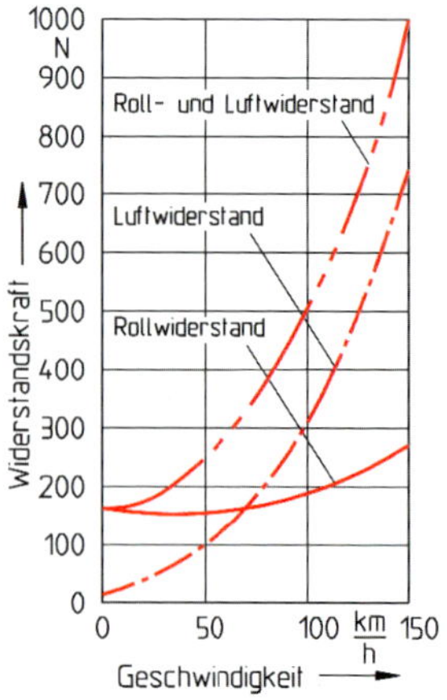

Fahrwiderstände in Abhängigkeit von der Geschwindigkeit

Abb. 6.13

g)

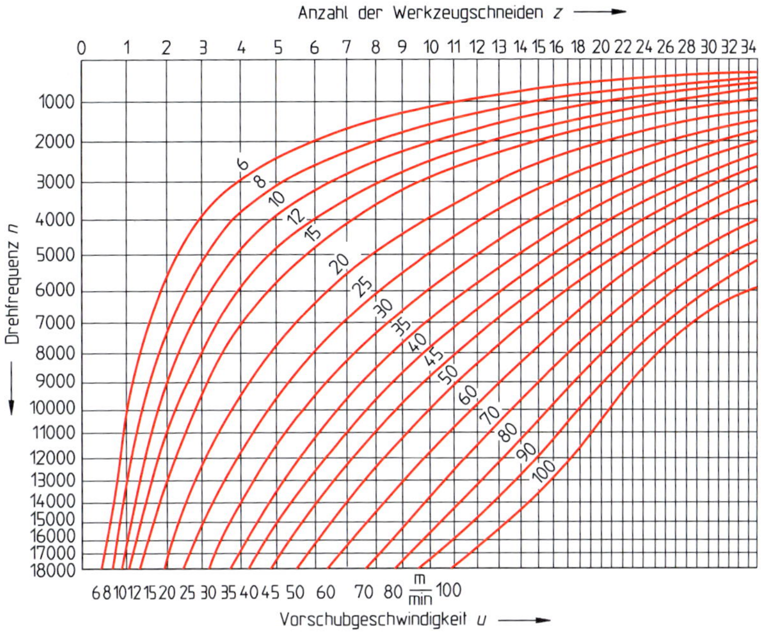

Abb. 6.14

Punkte im Koordinatensystem

2. Tragen Sie die folgenden Punkte in ein Koordinatensystem ein:
   A (2 | 5), B (4 | −2), C (−2 | 4), D (−3 | 0), E (0 | −5), F (−1,5 | −3).

3. Geben Sie zu den eingezeichneten Punkten die Koordinaten an!

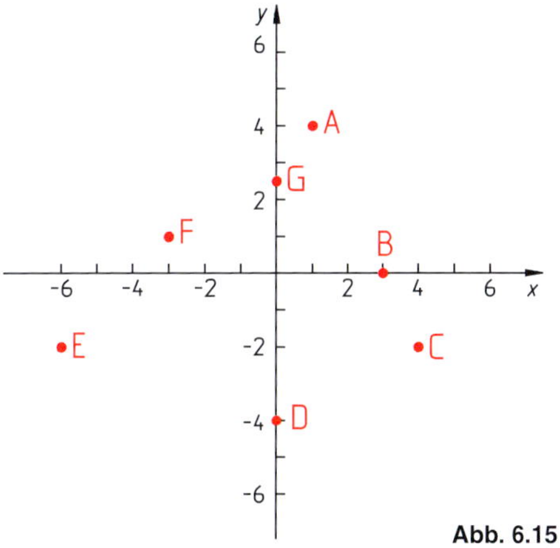

Abb. 6.15

4. Stellen Sie fest, in welchem der vier Quadranten der jeweilige Punkt liegt:
   A (−1 | 0,5), B (4 | 4), C (−1 | −1), D (0,5 | 3,5), E (−2 | 8), F (3,5 | −2,5), G (6 | 0,8), H (2,5 | −2,5).

5. Auf welcher Geraden liegen alle Punkte, für die gilt:
   a) $x = 2$ b) $y = 3{,}5$ c) $x = -2$ d) $y = 0$?

6. Nennen Sie drei Punkte, die von der *x*-Achse den Abstand 3 haben!

7. Nennen Sie drei Punkte, die von der *y*-Achse den Abstand 1,5 haben!

8. Nennen Sie alle Punkte, die von der *x*-Achse den Abstand 2,5 und von der *y*-Achse den Abstand 4 haben!

9. Wo liegen die Punkte $P(x \mid y)$, für deren Koordinaten gilt: $x = y$?

10. Spiegeln Sie die Punkte A (3 | 4), B (1 | – 4), C (– 2 | 2), D (– 3 | 0), E (0 | – 4) an der x-Achse und geben Sie die Koordinaten der Bildpunkte an!

11. Spiegeln Sie die Punkte A (3 | 4), B (1 | – 3), C (3 | 0), D (– 2 | 2), E (– 4 | 0) an der y-Achse und geben Sie die Koordinaten der Bildpunkte an!

12. Spiegeln Sie die Punkte A (2 | 5), B (4 | 1), C (– 3 | 0), D (– 2 | – 5), E (– 1 | 1) an der 1. Winkelhalbierenden durch den 1. und 3. Quadranten und geben Sie die Koordinaten der Bildpunkte an!

13. Zeichnen Sie ein Dreieck mit den folgenden Eckpunkten:
a) A (4 | 1), B (0 | 5), C (– 3 | – 2) b) A (– 5 | – 1), B (0 | 0), C (0 | 4)!

14. Verbinden Sie die Eckpunkte des Dreiecks A (– 3 | – 3), B (2 | – 3), C (– 1 | 3) miteinander und fällen Sie das Lot von C auf die Strecke $\overline{AB}$. Wie heißen die Koordinaten des Höhenfußpunktes?

15. Die Punkte A (– 5 | 3), B (– 5 | – 2), C (2 | – 2) und D bilden ein Rechteck. Wie heißen die Koordinaten des Punktes D?

16. Finden Sie zu den beiden Punkten A (– 1 | – 1) und B (2 | – 2) zwei weitere Punkte C, D, sodass a) ein Quadrat, b) ein Rechteck, c) eine Raute entsteht.

17. Finden Sie zu den drei Punkten A (– 2 | – 2), B (3 | – 2), C (4 | 4) einen vierten Punkt D, sodass a) ein Parallelogramm, b) ein gleichschenkliges Trapez, c) ein Drachen entsteht.

18. Geben Sie den Mittelpunkt der Strecke $\overline{AB}$ an!
a) A (2 | 5), B (2 | – 3); b) A (4 | 1), B (– 1 | 1); c) A (0 | 0), B (– 4 | – 2);
d) A (3 | 1), B (– 5 | – 3); e) A (– 2 | 5), B (3 | – 1).

19. Verlängern Sie die Strecke $\overline{AB}$ mit A (– 3 | 2) und B (1 | 1) über B hinaus bis zu einem Punkt C
a) auf die doppelte Länge, b) auf die dreifache Länge,
c) auf das 1,5-Fache der Strecke $\overline{AB}$, d) auf das 3,5-Fache der Strecke $\overline{AB}$.

Darstellungen von Relationen

Durch die folgenden Wertetabellen werden Funktionen mit D = {– 3; – 2; – 1; 0; 1; 2; 3} als Definitionsmenge beschrieben. Zeichnen Sie jeweils das Schaubild der Funktion und geben Sie die Wertemenge an!

20.

x	– 3	– 2	– 1	0	1	2	3
y	– 1	1	3	2	0	– 2	– 4

21.

x	– 3	– 2	– 1	0	1	2	3
y	1	1	1	1	1	1	1

22.

x	– 3	– 2	– 1	0	1	2	3
y	– 3	– 2	– 1	0	1	2	3

23.

x	– 3	– 2	– 1	0	1	2	3
y	2	2	0	0	0	– 2	– 2

24.

x	– 3	– 2	– 1	0	1	2	3
y	6	4	2	0	– 2	– 4	– 6

25.

x	– 3	– 2	– 1	0	1	2	3
y	5	– 1	4	– 2	3	– 3	– 2

Stellen Sie die jeweilige Relation in einem Pfeildiagramm dar und prüfen Sie, ob eine Funktion vorliegt! Geben Sie beim Vorliegen einer Funktion die Definitions- und Wertemenge an!

26. $R = \{(1 \mid 2);\ (2 \mid 3);\ (3 \mid 4);\ (4 \mid 5);\ (5 \mid 1)\}$

27. $R = \{(1 \mid 2);\ (2 \mid 2);\ (3 \mid 2);\ (4 \mid 2);\ (5 \mid 2)\}$

28. $R = \{(1 \mid 1);\ (1 \mid 2);\ (1 \mid 3);\ (1 \mid 4);\ (1 \mid 5)\}$

29. $R = \{(1 \mid 5);\ (2 \mid 4);\ (3 \mid 3);\ (4 \mid 2);\ (5 \mid 1)\}$

30. $R = \{(a \mid 3);\ (b \mid 1);\ (a \mid 1);\ (b \mid 3)\}$

31. $R = \{(1 \mid a);\ (2 \mid b);\ (3 \mid a);\ (4 \mid b)\}$

32. $R = \{(a \mid b);\ (b \mid a);\ (c \mid d);\ (d \mid c)\}$

33. $R = \{(a \mid a);\ (b \mid b);\ (c \mid c);\ (d \mid d)\}$.

Schreiben Sie zu den Pfeildiagrammen die entsprechenden Paarmengen auf:

34.

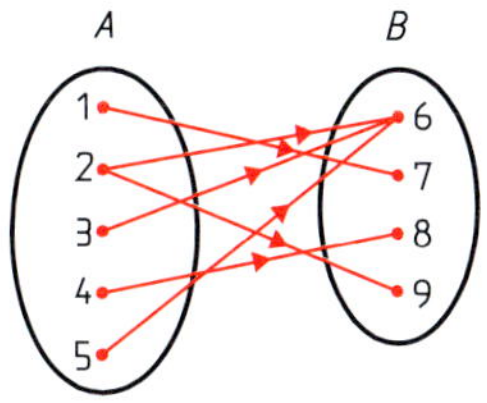

Abb. 6.16

35.

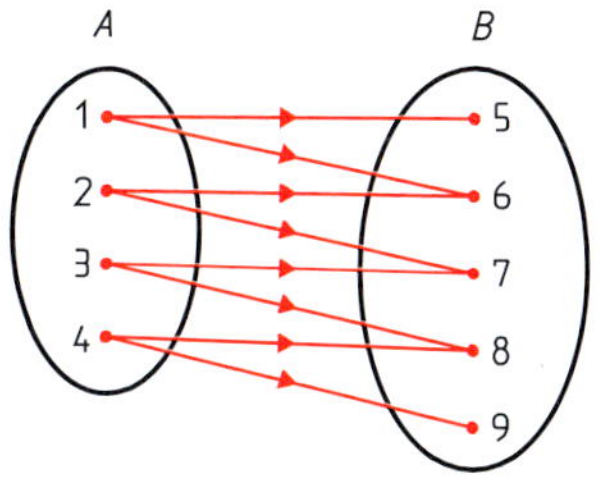

Abb. 6.17

36.

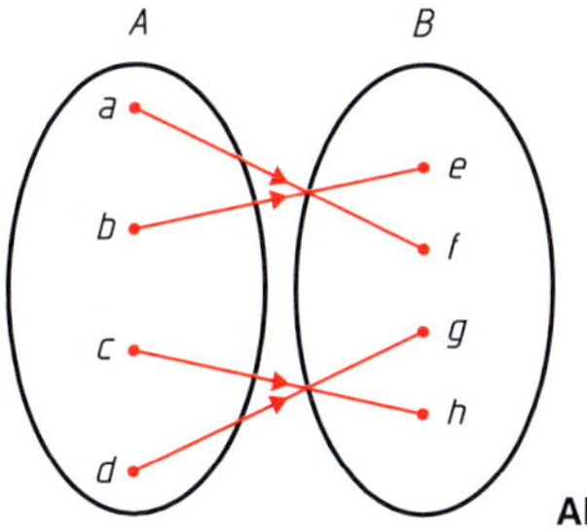

Abb. 6.18

37.

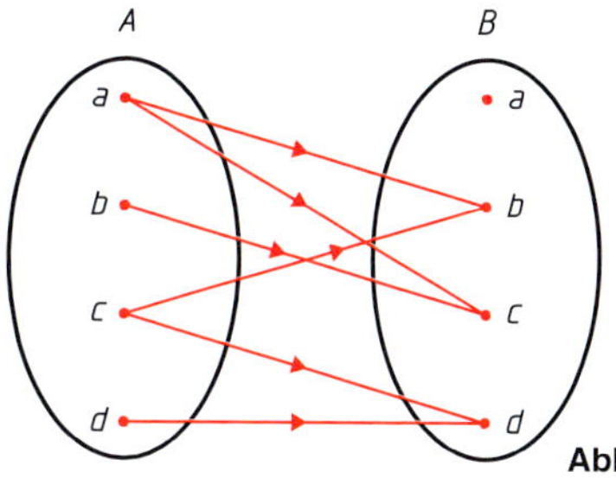

Abb. 6.19

Stellen Sie die folgenden Relationen im Pfeildiagramm und im Koordinatensystem dar und geben Sie die aufzählende Form an:

38. $A = \{1; 2; 3; 4; 5\}$; $x < y$

39. $A = \{2; 4; 6; 8; 10\}$; x ist Vielfaches von y

40. $A = \{3; 5; 7; 11\}$; x ist Teiler von y

41. $A = \{1; 2; 3; 4; 5\}$; $x = y$

42. $A = \{1; 2; 3; 4; 5\}$; $x > y + 1$

Sind $x, y \in \mathbb{Q}$, können durch Relationen geometrische Figuren im Koordinatensystem beschrieben werden.

Beschreiben und zeichnen Sie die Figur.

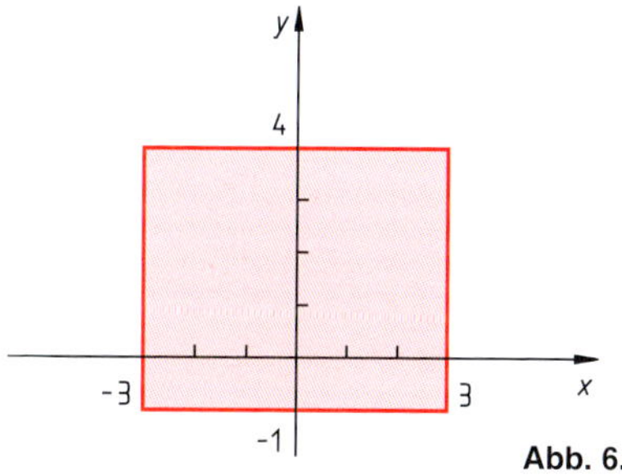

Abb. 6.20

Beispiel: $-3 < x < 3; -1 < y < 4$

ausführlich: $A = \{(x \mid y) \in \mathbb{Q} \times \mathbb{Q} \mid -3 < x < 3 \wedge -1 < y < 4\}$ (s. Abb. 6.20)

(Man nennt $\mathbb{Q} \times \mathbb{Q}$ das **„Kreuzprodukt"** von $\mathbb{Q}$ mit $\mathbb{Q}$, s. S. 247)

Die Menge A beschreibt ein Rechteck ohne Rand.

43. $1 \leqq x \leqq 4$; y beliebig

44. $x = -2$; $y > 0$

45. $x > -5$; $y \geqq 1$

46. $x \geqq -1$; $-2 < y < -1$

47. $-4 \leqq x \leqq 0$; $-3 \leqq y \leqq 1$

48. $0 \leqq x \leqq 4$; $-2 < y \leqq 3$

49. $x > -2$; $-1 \leqq y \leqq 1$

50. $x > 0$; $y > 0$

51. $x > -1$; $y < 2$

52. $-4 \leqq x \leqq 4$; $y > 0$

53. $-3 < x < 1$; $y \leqq 2$

54. $y = x$

55. $x > 2$; $y > x$

56. x beliebig; $y > 0$

57. x beliebig; $y = 4$

58. $x = -3$; y beliebig

6.2 Lineare Funktionen ($y = mx$)

1 m Rundstahl mit einem Durchmesser von 18 mm hat eine Masse von etwa 2 kg. Die Masse des Rundstahls soll als Funktion der Länge dargestellt werden.

Wir stellen zuerst eine Wertetabelle auf:

Länge in m	1	2	3	4	5	6	7	8
Masse in kg	2	4	6	8	10	12	14	16

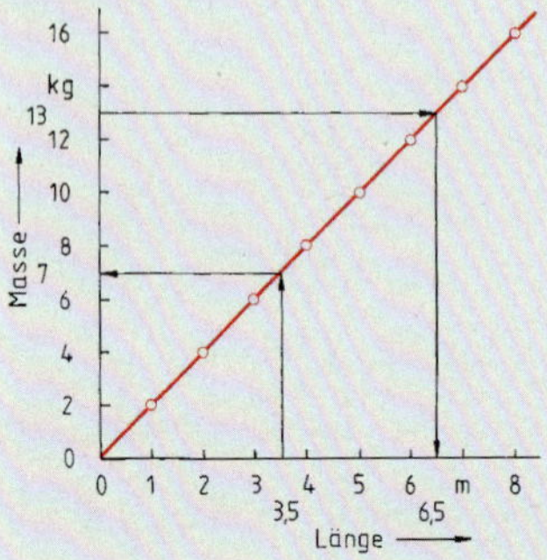

Abb. 6.21

Die entsprechenden Zahlenpaare werden als Punkte in ein Koordinatensystem eingetragen (auf der x-Achse die Längenmaße, auf der y-Achse die Massenmaße). Alle Punkte liegen auf einer Geraden. Das Verhältnis von Masse zu Länge ist immer gleich:

$$\frac{2\,\text{kg}}{1\,\text{m}} = \frac{4\,\text{kg}}{2\,\text{m}} = \frac{6\,\text{kg}}{3\,\text{m}} = \ldots = 2\,\frac{\text{kg}}{\text{m}},$$

d.h. die Masse ist **proportional** zur Länge. Die Maßzahl der Masse ist dabei jeweils das Doppelte der Maßzahl der zugehörigen Länge. Daher können wir die Punkte geradlinig verbinden.

An dem gezeichneten Graphen können wir jetzt z.B. direkt ablesen (vgl. Abb. 6.21): Ein Stab von 3,5 m Länge besitzt eine Masse von 7 kg. Oder: Ein Stab mit der Masse 13 kg hat eine Länge von 6,5 m.

$\frac{y}{x} = \mathbf{m}^3$; Größe y proportional zu einer zweiten Größe x, so gilt:

m heißt auch **„Proportionalitätsfaktor"** $\left(\text{im obigen Beispiel ist } \mathbf{m} = 2\,\frac{\text{kg}}{\text{m}}\right)$.

Wir können schreiben:

$y = mx$	Funktionsgleichung einer Geraden, die durch den Ursprung verläuft (Ursprungsgerade).

Beispiel

Zeichnen Sie den Graphen der Geraden mit der Funktionsgleichung $y = 1{,}2\,x$.

Zuerst stellen wir eine Wertetabelle auf, etwa in der folgenden Weise:

x	0	1	2	3	4	− 1	− 2	− 3	− 4
y	0	1,2	2,4	3,6	4,8	− 1,2	− 2,4	− 3,6	− 4,8

$$\frac{1{,}2}{1} = \frac{2{,}4}{2} = \frac{3{,}6}{3} = \ldots = 1{,}2;$$

also ist y proportional zu x mit dem Proportionalitätsfaktor 1,2. Alle Punkte $(x \mid y)$ des zugehörigen Graphen liegen auf einer Geraden durch den Ursprung. Daher würde es genügen, in der Wertetabelle nur zwei Punkte zu bestimmen; denn durch zwei verschiedene Punkte ist eine Gerade bereits eindeutig festgelegt. Der Einfachheit halber wählen wir die Punkte mit den x-Koordinaten 0 bzw. 1 (siehe Kasten in der Wertetabelle). (Zum sauberen Zeichnen einer Geraden ist es allerdings günstiger, zwei ihrer Punkte zu verbinden, die nicht so nahe beieinander liegen.)

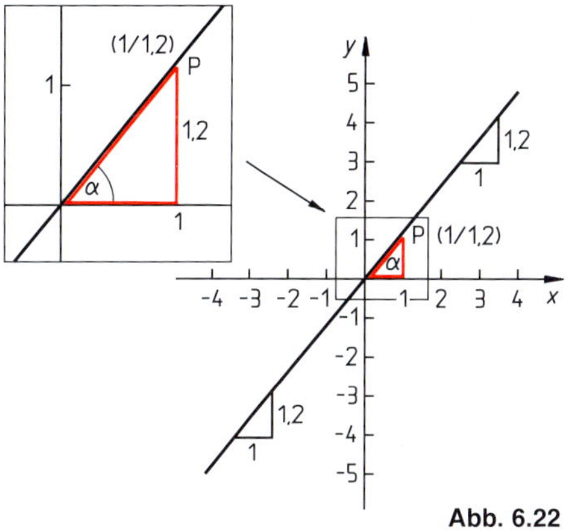

Abb. 6.22

Den Quotienten $\frac{y}{x}$ bezeichnet man als die **„Steigung"** m der Geraden. Die Gerade mit der Gleichung $y = 1{,}2\,x$ hat also die Steigung 1,2.

$\left(\text{Hinweis: } \frac{y}{x} = \tan(\alpha)\right)$

An der Stelle $x = 1$ ist der Funktionswert gleich der Steigung: $y = 1{,}2 \cdot 1 = 1{,}2$. Somit haben wir außer dem Ursprung $(0\,|\,0)$ schnell einen zweiten Punkt $P\,(1\,|\,1{,}2)$ gefunden. Das rot eingezeichnete Dreieck nennt man auch Steigungsdreieck. Es kann in jeden anderen Punkt der Geraden verschoben werden – es gibt immer die Steigung der Geraden an.

Merksatz

Der Graph einer Funktion mit der Funktionsgleichung $y = mx$ ist eine Gerade durch den Ursprung mit der Steigung m.

Die Gerade zu $y = mx$ können wir schnell zeichnen, indem wir vom Ursprung aus das Steigungsdreieck antragen: um „1" in x-Richtung, um „m" in y-Richtung. Die Gerade verläuft dann durch die beiden Punkte $(0\,|\,0)$ und $(1\,|\,m)$. Für die Koordinaten eines beliebigen Punktes $(x\,|\,y)$ der Geraden gilt: $\frac{y}{x} = \frac{m}{1} = m$ (proportionale Zuordnung).

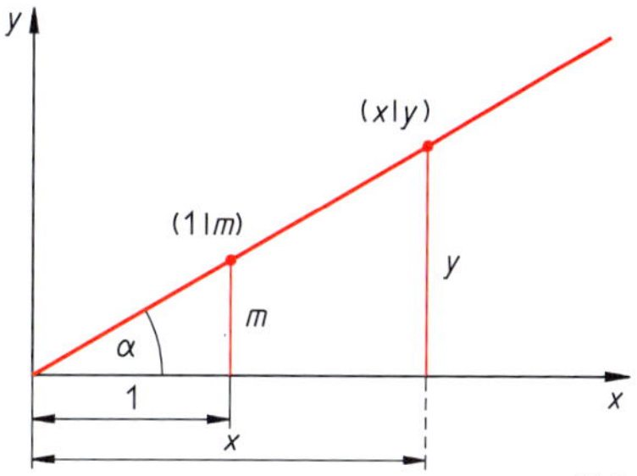

Abb. 6.23

Wir erhalten insgesamt:
Alle Geraden mit einer Gleichung der Form $y = m \cdot x$ bilden ein Geradenbüschel mit dem Ursprung als Schnittpunkt. Je größer die Steigung ist ($m > 0$ wachsend), um so steiler verläuft die Gerade nach (rechts) oben. Für $m = 0$ ($y = 0$) erhält man die x-Achse. Je kleiner die Steigung ist ($m < 0$ fallend), um so steiler verläuft die Gerade nach (rechts) unten.

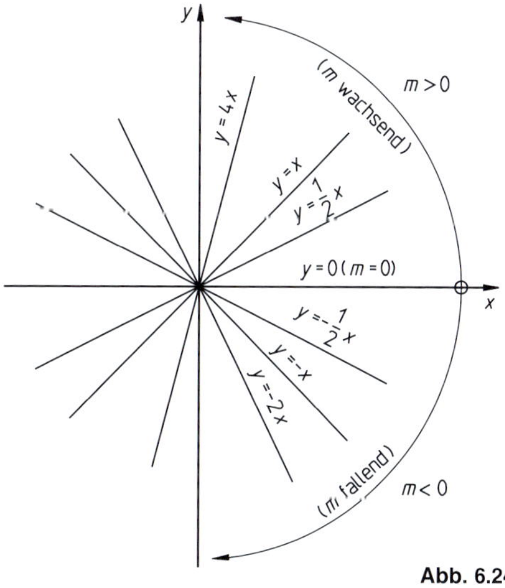

Abb. 6.24

$m > 0$: Gerade steigt (von links unten nach rechts oben).

$m = 0$: Gerade ist die x-Achse.

$m < 0$: Gerade fällt (von links oben nach rechts unten).

Aufgaben zu 6.2

Geben Sie zu der Wertetabelle der Funktionsgleichung die zugehörigen Geraden an.

1.

x	0	1
y	0	−3

2.

x	0	1
y	0	4,3

3.

x	0	1
y	0	−1

4.

x	0	1
y	0	0

5.

x	0	2
y	0	5

6.

x	0	1,5
y	0	−3

7.

x	0	−1
y	0	−3

8.

x	0	−1
y	0	$\frac{1}{3}$

9.

x	0	−4,5
y	0	125

10.

x	0	−3
y	0	−0,3

11.

x	0	2400
y	0	3600

12.

x	0	0,04
y	0	−0,12

Bestimmen Sie die Steigung der Ursprungsgeraden durch den Punkt P.

13. $P(1\,|-5)$
14. $P(1\,|\,0{,}5)$
15. $P(3\,|\,2)$
16. $P(4\,|\,0)$
17. $P(0{,}5\,|\,2)$
18. $P(4\,|-3)$
19. $P(-1\,|\,2)$
20. $P(-1\,|-2{,}5)$
21. $P(-3\,|\,2)$
22. $P(-3\,|-4)$
23. $P(-4\,|-4)$
24. $P(0{,}2\,|\,100)$
25. $P(5000\,|-0{,}2)$
26. $P(\frac{1}{8}\,|\,\frac{2}{3})$
27. $P(\frac{2}{7}\,|-0{,}02)$

Durch welche Quadranten verläuft die Gerade?

28. $y = 6{,}5\,x$
29. $y = -\frac{3}{4}x$
30. $y = \frac{1}{5}x$
31. $y = -2{,}4\,x$
32. $y = 6$
33. $y = 1\frac{2}{3}x$
34. $y = \frac{13}{15}x$
35. $y = -\frac{15}{13}x$
36. $y = 10\,800\,x$
37. $y = -0{,}06\,x$

Zeichnen Sie die Gerade in ein Koordinatensystem.

Beispiel: $y = \frac{3}{4}x$

$m = \frac{3}{4}$ bedeutet für die Koordinaten eines Punktes $P(x\,|\,y)$ der Gerade: $y : x = 3 : 4$. Wir können die Gerade daher besser zeichnen, wenn wir ein Steigungsdreieck einzeichnen, bei dem wir 4 Einheiten in x-Richtung und 3 Einheiten in y-Richtung nehmen.

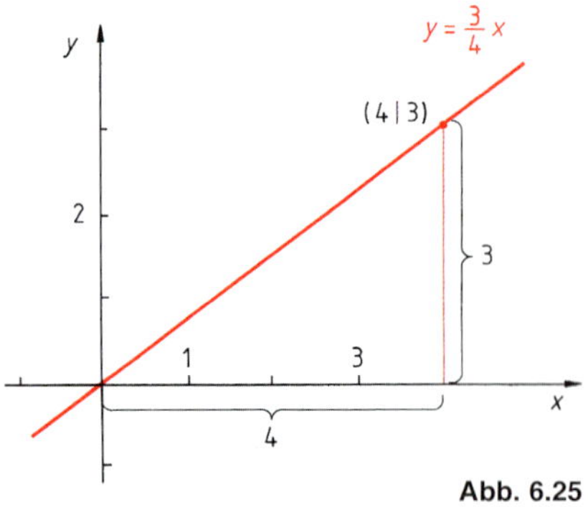

Abb. 6.25

38. $y = 1{,}5\,x$
39. $y = -3\,x$
40. $y = -0{,}8\,x$
41. $y = -\frac{1}{2}x$
42. $y = \frac{1}{5}x$
43. $y = \frac{5}{3}x$
44. $y = -\frac{4}{3}x$
45. $y = -\frac{3}{5}x$
46. $y = -\frac{7}{4}x$
47. $y = 0{,}6\,x$
48. $y = -1{,}4\,x$
49. $y = 0{,}09\,x$
50. $y = -3{,}7\,x$
51. $y = -2{,}75\,x$
52. $y = 0{,}45\,x$

Zeichnen und vergleichen Sie die beiden Geraden. Was stellen Sie fest?

53. $y = 2x$ und $y = -\frac{1}{2}x$
54. $y = \frac{1}{3}x$ und $y = -3x$
55. $y = -\frac{2}{3}x$ und $y = \frac{3}{4}x$
56. $y = -\frac{5}{2}x$ und $y = \frac{2}{5}x$
57. $y = 0{,}4\,x$ und $y = -2{,}5\,x$
58. $y = -4\,x$ und $y = 0{,}25\,x$

Die Gleichung $ax + by = 0$ nennt man die **„allgemeine Form"** oder **„Normalform"** einer Ursprungsgeraden. Schreiben Sie die Gleichung in die **„Hauptform"** $\boldsymbol{y = mx}$ um.

Beispiel: $3x + 2y = 0$

$\iff 2y = -3x$

$\iff y = -\frac{3}{2}x$

59. $x + 4y = 0$
60. $\frac{1}{3}x + \frac{2}{3}y = 0$
61. $-4x + 6y = 0$
62. $-2x - 4y = 0$
63. $3{,}2\,x - 0{,}8\,y = 0$
64. $-x - y = 0$
65. $0{,}2\,x - 5y = 0$
66. $0{,}1\,x + 0{,}01\,y = 0$
67. $-0{,}6\,x - 42\,y = 0$
68. $0{,}128\,x - 1{,}36\,y = 0$
69. $500\,x + 500\,y = 0$
70. $\frac{1}{5}x - 2{,}5\,y = 0$
71. $143\,x = 11\,y$
72. $0 = 0{,}18\,y + 2{,}4\,x$
73. $\frac{3y}{4x} = 1$
74. $\frac{20y}{8x} = 1$
75. $1 - \frac{2y}{3x} = 0$
76. $12 - \frac{6x}{5y} = 0$
77. $\frac{0{,}4\,x}{7{,}2\,y} + 5{,}3 = 0$

Anwendungen

Jede proportionale Zuordnung kann durch eine Ursprungsgerade veranschaulicht werden. Stellen Sie für den Sachverhalt, dem jeweils eine Proportionalität zu Grunde liegt, eine Funktionsgleichung und eine Wertetabelle auf und zeichnen die Gerade in ein geeignetes Koordinatensystem. Bilden Sie selbst Fragen, deren ungefähre Antwort Sie am Schaubild ablesen können.

Beispiel: Eine Rolle Kupferdraht mit 25 m kostet pro Meter 1,38 €.

Gewöhnlich trägt man den Preis P als Funktion der Ware W auf, d.h. die Ware auf der x-Achse und den Preis auf der y-Achse: $W \rightarrow P$

Funktionsgleichung: $P = 1{,}38 \cdot W$

Wertetabelle:

Draht W (m)	1	2	5	10	15	20	25	30
Preis P (€)	1,38	2,76	6,90	13,80	20,70	27,60	34,50	41,40

Es ist jedes Mal neu zu entscheiden, welche und wie viele Größen man in die Wertetabelle schreibt.

Schaubild:

Auch beim Zeichnen des Koordinatensystems muss in jedem Einzelfall entschieden werden, wie man die Achsen einteilt und welchen Ausschnitt aus dem Größenbereich man auswählt.

Man liest z.B. am Schaubild ab:

10 Meter Kupferdraht kosten etwa 14 €. Für 10 € erhält man etwa 7 m Kupferdraht.

Beachten Sie, dass bei Anwendungen in der Regel nur Halbgeraden auftreten (genau genommen sogar nur Strecken).

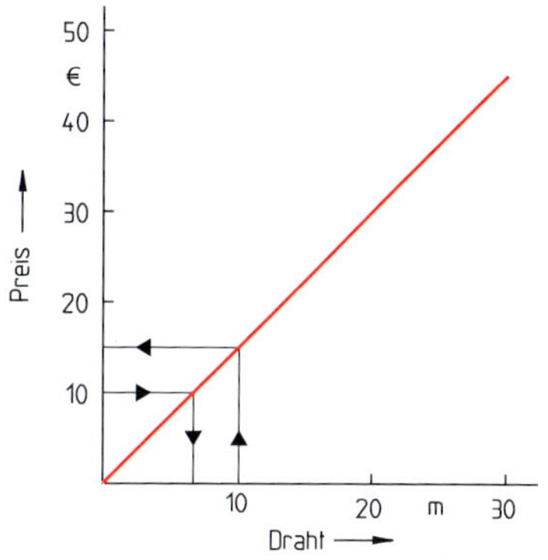

Abb. 6.26

78. Ein Pkw verbraucht 6,3 Liter Kraftstoff auf 100 Kilometer.

79. Ein Langstreckenläufer läuft 12 Kilometer in der Stunde.

80. Ein Satellit benötigt für eine Erdumrundung $2\frac{1}{2}$ Stunden.

81. Ein Kran bringt eine Hubarbeit von 6 Kilojoule (kJ) auf, um eine Last 2,50 m hoch zu heben.

82. Eine Zugfeder wird durch eine Last von 3,5 kg um 70 mm gedehnt.

83. In einem Stromkreis fließt bei einer Spannung von 32 V ein Strom von 1,6 A.

Bei den folgenden Beispielen werden mehrere Ursprungs-(Halb-)Geraden in ein Koordinatensystem eingetragen. Dadurch entsteht ein Strahlenbüschel. Prüfen Sie jeweils, was die Steigung der Halbgeraden über die Größen aussagt.

85. Für 1 Kubikdezimeter (dm^3) verschiedener Materialien werden folgende Massen angegeben: 0,8 kg; 2,3 kg; 3,0 kg; 7,8 kg.

86. Drei elektrische Geräte weisen Leistungen von 2,2 Kilowatt (kW), 3,2 kW und 4,5 kW auf.

87. Der Wirkungsgrad dreier Maschinen ist mit 27%, 36% und 44% angegeben.

88. Für kurzfristige Darlehen werden unterschiedliche Zinssätze gewährt: 8,5%, 9,8%, 10,6%.

89. Zeichnen Sie vier Halbgeraden, bei denen die Steigungen sich jeweils verdoppeln.

90. Vergleichen Sie die Steigungen der drei Halbgeraden, die den 1. Quadranten in drei gleiche Winkelfelder einteilen.

91. Bestimmen Sie aus dem Strahlenbüschel $y_k = k \cdot x$ ($k \in \mathbb{Q}$) diejenigen Halbgeraden, die
    a) die senkrechte Gerade $x = 5$, b) die waagrechte Gerade $y = 5$
    an den Stellen $y = 1; 2; 5; 10; 100$ bzw. $x = 1; 2; 5; 10; 100$ treffen.

6.3 Lineare Funktionen ($y = mx + b$)

Abrechnung des Wasserverbrauchs

Die Grundgebühr für den Wasseranschluss beträgt 14,90 €. Der Verbrauch (in m³) wird pro Einheit mit 1,13 € abgerechnet; beide zusammen ergibt den Nettobetrag. Zu diesem werden 7% Mehrwertsteuer hinzugenommen, um den Bruttobetrag zu erhalten. Außerdem wird auch noch das Abwasser mit gleichem Verbrauch, aber höherem Einheiten-Tarif abgerechnet.

Frage: Wie hoch ist der Bruttobetrag für das Wasser im einem Vierteljahr bei einem Verbrauch von 53 m³?

Dazu stellen wir zunächst den Nettobetrag in Abhängigkeit (als Funktion) von dem Verbrauch dar.

Wertetabelle:

Verbrauch (m³)	0	10	20	30	40	50	60
Nettobetrag (€)	14,90	26,20	37,50	48,80	60,10	71,40	82,70

Schaubild:

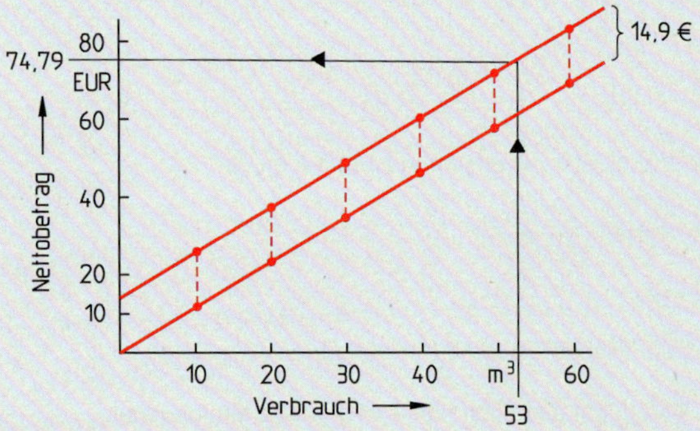

Abb. 6.27

Die Halbgerade durch den Ursprung hätten wir erhalten, wenn es keine Grundgebühr gäbe. Sie hat die Steigung

$$m = \frac{11{,}30\ €}{10\ m^3} = \frac{22{,}60\ €}{20\ m^3} = \ldots = 1{,}13\ \frac{€}{m^3}.$$

Bei der verschobenen Geraden kommen zu jedem Betrag jeweils 14,90 € hinzu. Sie hat daher die folgende Gleichung:

$$y = 1{,}13\ \frac{€}{m^3} \cdot x\ m^3 + 14{,}90\ €$$ (x Verbrauch in m³, y Nettobetrag in €)

Für $x = 53$:

$y = 1{,}13\ € \cdot 53 + 14{,}90\ € = 74{,}79\ €$

Bruttobetrag: 74,79 € · 1,07 = 80,02 €

Antwort: Der Bruttobetrag ist 80,02 €.

Die Funktionsgleichung einer Geraden hat die **Hauptform** $y = mx + b$. Die Bedeutung der Steigung m kennen wir bereits, wir untersuchen jetzt die Bedeutung von b.

Beispiel

Zeichnen Sie die Geraden

g_1: $y = \frac{1}{2}x$; g_2: $y = \frac{1}{2}x + 1$; g_3: $y = \frac{1}{2}x - 1$; g_4: $y = \frac{1}{2}x + 2$; g_5: $y = \frac{1}{2}x - 2$

Wertetabelle:

x	−2	−1	0	1	2
g_1: y	−1	−0,5	0	0,5	1
g_2: y	0	0,5	1	1,5	2
g_3: y	−2	−1,5	−1	−0,5	0
g_4: y	1	1,5	2	2,5	3
g_5: y	−3	−2,5	−2	−1,5	−1

Koordinatensystem:

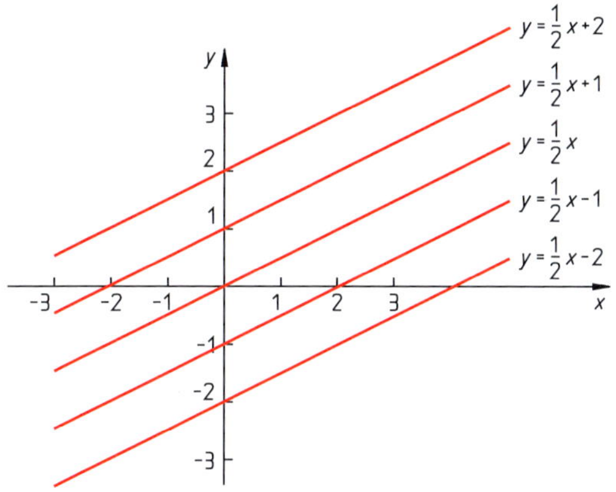

Abb. 6.28

Man erkennt: b gibt an, wie weit die Ursprungsgerade in Richtung der y-Achse verschoben wird.

Merksatz

Der Graph einer Funktion mit der Funktionsgleichung $y = mx + b$ ist eine Gerade durch den Punkt $(0 \mid b)$ mit der Steigung m.

Man bezeichnet b auch als den y-Achsenabschnitt der Geraden.

$b > 0$: Verschiebung des Graphen zu $y = mx$ in positiver y-Richtung
$b < 0$: Verschiebung des Graphen zu $y = mx$ in negativer y-Richtung
$b = 0$: Ursprungsgerade ($y = mx$)

Eine Funktion mit der Gleichung $y = mx + b$ nennen wir eine **„lineare"** Funktion.

Wir können die Gerade zu $y = mx + b$ schnell zeichnen, indem wir vom Punkt $(0 \mid b)$ aus das Steigungsdreieck antragen: um „1" nach rechts, um „m" nach oben, falls $m > 0$, nach unten, falls $m < 0$ ist. Die Gerade verläuft dann durch die beiden Punkte $(0 \mid b)$ und $(1 \mid b + m)$. Für zwei beliebige Punkte $(x_1 \mid y_1)$ und $(x_2 \mid y_2)$ der Geraden gilt:

$$\boxed{\frac{y_2 - y_1}{x_2 - x_1} = m}$$

$$\left(\textbf{Hinweis: } \frac{y_2 - y_1}{x_2 - x_1} = \tan(\alpha)\right)$$

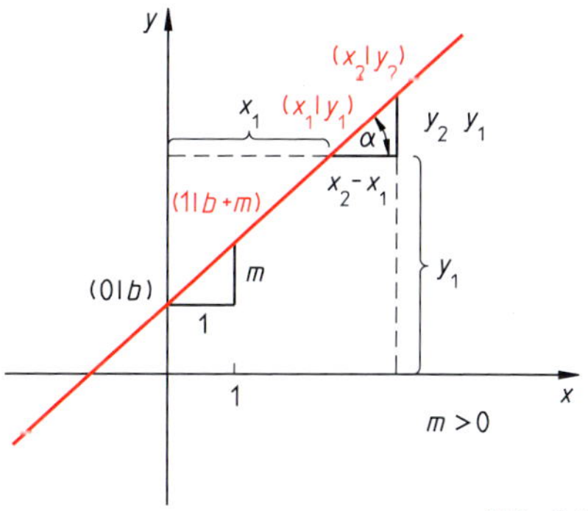

Abb. 6.29

Die x-Koordinate des Schnittpunkts des Graphen der Funktion mit der x-Achse nennt man **„Nullstelle"** der Funktion. Die Nullstelle der Funktion $y = mx + b$ gibt uns gleichzeitig die Lösung der Gleichung $mx + b = 0$ an. Umgekehrt erhält man durch Lösen der linearen Gleichung $mx + b = 0$ die Nullstelle der Funktion zu $y = mx + b$.

Aufgaben zu 6.3

Stellen Sie jeweils eine Wertetabelle auf und zeichnen Sie den Graphen in ein Koordinatensystem:

1. $y = -1{,}5\,x + 3$
2. $y = 1{,}5\,x - 3$
3. $y = 4\,x + 4$
4. $y = -0{,}5\,x - 2$
5. $y = -2\,x$
6. $y = 2$
7. $y = -3$
8. $x = 4{,}5$
9. $x = -1$
10. $y = 0$

11. Zeichnen Sie in ein Koordinatensystem die Geraden durch den Punkt (0 | 3) mit den Steigungen $m_1 = 1$; $m_2 = -1$; $m_3 = 3$; $m_4 = -2{,}5$!

12. Zeichnen Sie in ein Koordinatensystem die Geraden durch den Punkt (– 3 | – 2) mit den Steigungen $m_1 = 0{,}5$; $m_2 = -0{,}5$; $m_3 = -2$; $m_4 = 4$!

13. Zeichnen Sie in ein Koordinatensystem die Geraden durch die Punkte P_1 (2 | 4), P_2 (2 | – 2), P_3 (0 | 5), P_4 (– 2 | 0) mit der Steigung $m = 0{,}5$.

14. Zeichnen Sie in ein Koordinatensystem die Geraden durch die Punkte P_1 (8 | 1), P_2 (– 2 | 6), P_3 (1 | 7), P_4 (– 2 | – 2) mit der Steigung $m = -2$.

Stellen Sie die Gleichung der Geraden auf, für die der Anfang einer Wertetabelle gegeben ist:

15.

x	0	1
y	2,5	4,5

16.

x	0	1
y	– 2	0

17.

x	0	1
y	– 1	– 2

18.

x	0	1
y	1	– 2

19.

x	0	1
y	12,8	0

20.

x	0	1
y	– 2	1

21.

x	0	1
y	–1,5	–1,5

22.

x	0	1
y	3,4	1,6

23.

x	0	1
y	2,6	– 0,8

24.

x	0	1
y	0,004	– 0,02

25. Geben Sie die Funktionsgleichungen der gezeichneten Geraden an (siehe Abb. 6.30)!

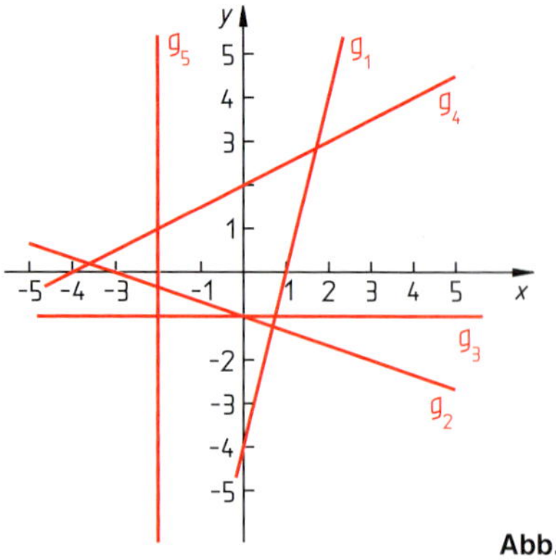

Abb. 6.30

Zeichnen Sie jeweils die Gerade in ein Koordinatensystem!

Beispiel: $y = \frac{2}{3}x - 3$

Lösung: Vom Punkt (0 | – 3) zeichnen wir ein Steigungsdreieck mit 3 Einheiten in (positiver) *x*-Richtung und 2 Einheiten in (positiver) *y*-Richtung.

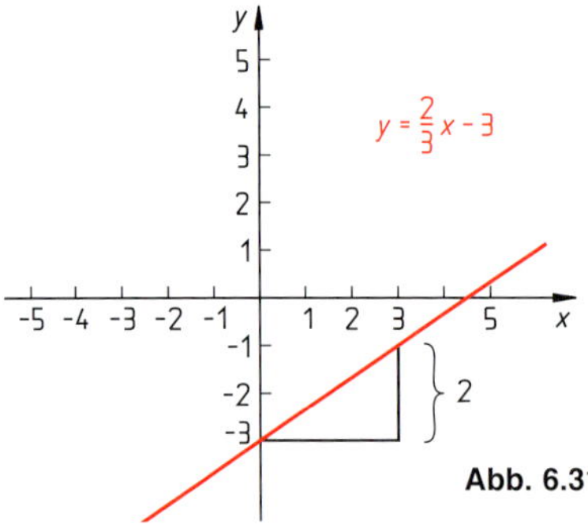

Abb. 6.31

26. $y = -\frac{2}{3}x + 1$
27. $y = \frac{3}{4}x - \frac{3}{4}$
28. $y = -\frac{3}{4}x + \frac{3}{4}$
29. $y = \frac{2}{5}x + 1$
30. $y = -\frac{3}{7}x - 0{,}5$
31. $y = \frac{1}{6}x - 1$
32. $y = \frac{5}{3}x - 3$
33. $y = -\frac{7}{2}x + 1{,}5$
34. $y = 2{,}4\,x - 1{,}2$
35. $y = -0{,}7\,x + 5{,}3$
36. $y = -1{,}1\,x - 1{,}1$
37. $y = 0{,}25\,x$
38. $y = -5{,}5\,x + 8$
39. $y = -50\,x + 450$
40. $y = \frac{3}{2}x - 2000$
41. $y = -x + 0{,}05$

Bringen Sie die angegebene Gleichung auf die **Hauptform** einer Geradengleichung (**$y = mx + b$**) und zeichnen Sie die Gerade.

Beispiel: $2x + 3y - 6 = 0$

Auf der linken Seite soll nur noch y stehen, daher müssen wir die Gleichung dementsprechend umformen:

$2x + 3y - 6 = 0$

$\Leftrightarrow \quad 3y = -2x + 6$

$\Leftrightarrow \quad y = -\frac{2}{3}x + 2$

(Die Darstellung der Geraden im Koordinatensystem ersparen wir uns für dieses Beispiel.)

42. $-4x + 2y + 3 = 0$
43. $x - y - 1 = 0$
44. $-x - 2y + 5 = 0$
45. $3x - y = 2$
46. $-4x = 2y - 6$
47. $2x = 3y$
48. $\frac{1}{2}x + \frac{1}{4}y - 2 = 0$
49. $\frac{1}{3}x - \frac{2}{3}x = -2$
50. $\frac{1}{2}x - \frac{1}{2}y - \frac{1}{2} = 0$
51. $0{,}7x + 2{,}1y + 3{,}5 = 0$
52. $3600x = 3900y - 130$
53. $-0{,}16y + 1{,}02 = 0{,}04x$

Stellen Sie die Hauptform der Geraden auf, von der ein Punkt und die Steigung gegeben sind.

Beispiel: P $(-2 \mid -1)$, $m = 2{,}5$

Setzen wir die Koordinaten des Punktes in die Gleichung $y = 2{,}5x + b$ ein, können wir b bestimmen:

$-1 = 2{,}5 \cdot (-2) + b$

$\Leftrightarrow -1 = -5 + b$

$\Leftrightarrow \quad b = 4$

Also lautet die Funktionsgleichung: $y = 2{,}5x + 4$

54. P $(-1 \mid 3)$, $m = 2$
55. P $(2{,}5 \mid 1)$, $m = -2$
56. P $(3 \mid -2{,}5)$, $m = -1$
57. P $(0 \mid -2)$, $m = \frac{3}{2}$
58. P $(-4 \mid 0)$, $m = -\frac{1}{2}$
59. P $(\frac{2}{3} \mid -\frac{1}{3})$, $m = \frac{3}{5}$
60. P $(100 \mid 110)$, $m = 0{,}4$
61. P $(0{,}5 \mid 17{,}2)$, $m = -4{,}5$
62. P $(36{,}2 \mid 1{,}4)$, $m = -0{,}078$
63. P $(1{,}7 \mid -312)$, $m = 87{,}5$
64. P $(-6400 \mid 0)$, $m = 0{,}85$
65. P $(0 \mid 63)$, $m = 1{,}118$

Stellen Sie die Hauptform der Geraden auf, von der zwei Punkte gegeben sind.

Beispiel: $P_1\ (-2 \mid 1)$, $P_2\ (3 \mid 3{,}5)$

Wir berechnen zuerst die Steigung aus $m = \frac{y_2 - y_1}{x_2 - x_1}$:

$m = \frac{3{,}5 - 1}{3 - (-2)} = \frac{2{,}5}{5} = \frac{1}{2}$.

Dann setzen wir m und die Koordinaten von P_1 (oder P_2) in die Funktionsgleichung der Geraden ein und bestimmen daraus b:

$1 = \frac{1}{2} \cdot (-2) + b$

$\Leftrightarrow 1 = -1 + b$

$\Leftrightarrow b = 2$

Also lautet die Funktionsgleichung: $y = \frac{1}{2}x + 2$

66. $P_1\ (-2 \mid -3)$, $P_2\ (1 \mid -1{,}5)$
67. $P_1\ (3 \mid 1)$, $P_2\ (1 \mid -1)$
68. $P_1\ (-4 \mid -2)$, $P_2\ (0 \mid -4)$
69. $P_1\ (3 \mid -1)$, $P_2\ (1 \mid 3)$
70. $P_1\ (-2{,}5 \mid 3)$, $P_2\ (1{,}5 \mid 3)$
71. $P_1\ (3 \mid 0)$, $P_2\ (0 \mid 4)$
72. $P_1\ (820 \mid 42)$, $P_2\ (1200 \mid 36)$
73. $P_1\ (-2 \mid 0{,}16)$, $P_2\ (-4{,}1 \mid 0{,}21)$
74. $P_1\ (-1{,}4 \mid 6{,}7)$, $P_2\ (-1{,}4 \mid 1{,}1)$
75. $P_1\ (-8{,}8 \mid 0{,}3)$, $P_2\ (-4{,}8 \mid 0{,}2)$
76. $P_1\ (88 \mid 2740)$, $P_2\ (92 \mid 3560)$
77. $P_1\ (0{,}23 \mid 340)$, $P_2\ (0{,}28 \mid 470)$

78. a) Stellen Sie die Funktionsgleichung der Geraden auf, die durch die Punkte $(a \mid 0)$ und $(0 \mid b)$, verläuft $(a \neq 0,\ b \neq 0)$!

b) Formen Sie die Funktionsgleichung der Geraden so um, dass sie die Form $\frac{x}{a} + \frac{y}{b} = 1$ erhält!

$\frac{x}{a} + \frac{y}{b} = 1$ heißt die **„Achsenabschnittsform“ der Geradengleichung**, wobei a der Abschnitt auf der x-Achse, b der Abschnitt auf der y-Achse ist.

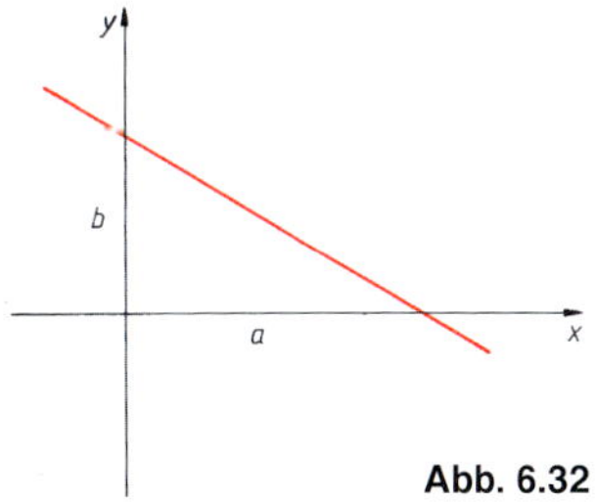

Abb. 6.32

79. Zeigen Sie, dass $\frac{x}{4} + \frac{y}{3} = 1$ die Gerade durch die Punkte (4 | 0) und (0 | 3) darstellt!

80. Zeichnen Sie jeweils die Gerade und geben Sie die Normalform der Geradengleichung an!

a) $\frac{x}{3} + \frac{y}{7} = 1$ b) $\frac{2x}{5} + \frac{4y}{3} = 1$ c) $\frac{x}{5} - \frac{y}{3} = 1$ d) $-\frac{3x}{2} + \frac{9y}{4} = 1$

e) $\frac{x}{3{,}2} - y = 1$ f) $-\frac{x}{4{,}5} - \frac{y}{2{,}7} = 1$ g) $\frac{x}{520} + \frac{y}{860} = 1$ h) $\frac{6x}{2040} - \frac{2y}{580} = 1$

81. Geben Sie von den gezeichneten Geraden die Achsenabschnittsformen und die Normalformen der Gleichungen an!

a)

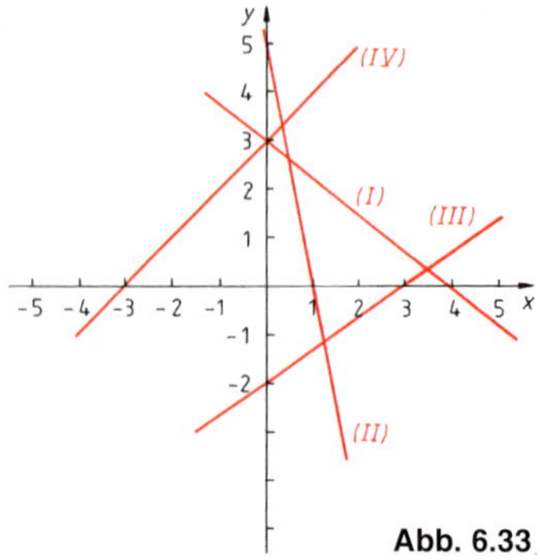

Abb. 6.33

b)

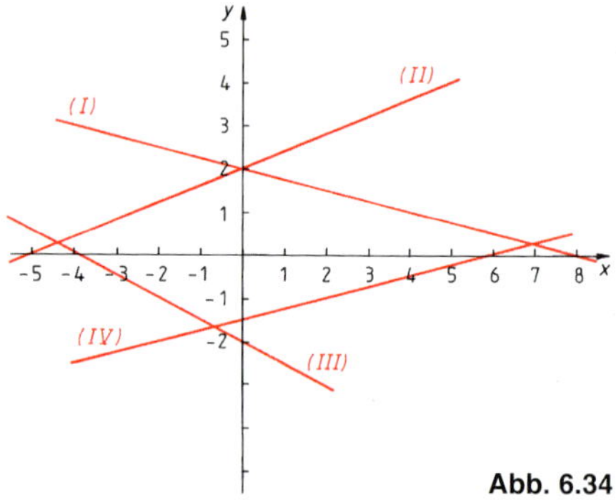

Abb. 6.34

Punktprobe

Beispiel: Prüfen Sie nach, ob der Punkt P (– 1 | 1) auf der Geraden g: $y = -0{,}5x + 0{,}5$ liegt!
Ein Punkt liegt genau dann auf der Geraden, wenn durch Einsetzen seiner Koordinaten in die Funktionsgleichung eine wahre Aussage entsteht:
$1 = (-0{,}5) \cdot (-1) + 0{,}5$
$1 = 0{,}5 + 0{,}5$
$1 = 1$ (wahr) $\Rightarrow$ $P \in g$

Prüfen Sie nach, welcher der Punkte P, Q, R auf der Geraden g liegt.

82. P (1 | 1,6), Q (– 1 | – 1,6), R (1,6 | – 1,84); g: $y = -0{,}4x - 1{,}2$

83. P (2,5 | 2,5), Q (2,5 | 0), R (– 2 | 2,5); g: $y = 2{,}5$

84. P (3 | 0), Q (– 1 | – 1), R (0 | – 0,5); g: $y = -\frac{1}{4}x - \frac{3}{4}$

85. P (24 | 3600), Q (28 | 4200), R (32 | 4800); g: $y = 150x$

86. P (14 | – 58,1), Q (17 | – 56,8), R (20 | – 54,8); g: $y = 0{,}66x - 68$

Ergänzen Sie die fehlenden Koordinaten, so dass der Punkt auf *g* liegt.

87. g: $y = 1{,}2x - 35$; P_1 (1,5 | ?), P_2 (2,5 | ?), P_3 (? | – 34,4), P_4 (? | – 35,6)

88. g: $y = -48x + 112$; P_1 (7 | ?), P_2 (1,2 | ?), P_3 (? | – 416), P_4 (? | – 704)

89. g: $y = 0{,}8x + 340$; P_1 (– 25 | ?), P_2 (44 | ?), P_3 (? | 368), P_4 (? | 320)

90. g: $y = 3x + 4y - 20 = 0$; P_1 (– 4,5 | ?), P_2 (6,2 | ?), P_3 (? | $8\frac{3}{8}$), P_4 (? | $-3\frac{1}{4}$)

Liegen die drei Punkte auf einer Geraden?

91. A (– 5 | 2,25), B (– 2 | 3), C (0 | 3,75)

92. A (2 | – 18), B (4 | 90), C (0,5 | – 99)

93. A (1,5 | – 24,75), B (– 2,5 | 9,25), C (– 1,5 | 0,75)

94. A (3,26 | 2,6), B (1,3 | 2,6), C (0 | 2,6)

Stellen Sie fest, welche der Geraden durch den Punkt P verläuft.

95. g_1: $y = 1{,}5x + 4$; g_2: $y = -0{,}5$; g_3: $y = -3x - 0{,}5$; P $(-3 \mid -0{,}5)$

96. g_1: $y = -3x$; g_2: $y = -1{,}2x - 3{,}6$; g_3: $x = 0$; P $(-3 \mid 0)$

97. g_1: $y = -2x - 5$; g_2: $y = 0{,}2x + 6{,}7$; g_3: $y = x + 14{,}5$; P $(-6{,}5 \mid 8)$

98. g_1: $y = 0{,}4x + 1178$; g_2: $y = 0{,}6x + 1167$; g_3: $x = 0{,}7x + 1162$; P $(55 \mid 1200)$

99. g_1: $32x - 22y = -70$; g_2: $18x - 15y = -60$; g_3: $40x - 25y = -70$; P $(2{,}5 \mid 7)$

100. g_1: $3x - 25y - 25 = 0$; g_2: $11x + 15y + 150 = 0$; g_3: $x + 5y + 11 = 0$; P $(-15 \mid 0{,}8)$

Verschiedene Lagen von Geraden

Stellen Sie eine Funktionsgleichung der Geraden h auf, die parallel zu der Geraden g durch den Punkt P verläuft.

101. g: $y = -2x + 1$; P $(3 \mid -1)$

102. g: $y = -1{,}5x - 2{,}5$; P $(-2{,}5 \mid -2)$

103. g: $y = 1{,}2x$; P $(3 \mid 0)$

104. g: $y = 2$; P $(0 \mid -1)$

105. g: $y = -3{,}4x + 4480$; P $(800 \mid 0)$

106. g: $12x - 0{,}5y = 18$; P $(-3{,}5 \mid 52)$

107. g: $0{,}05x + 0{,}01y + 2{,}24 = 0$; P $(6{,}6 \mid -1{,}1)$

108. g: $y = -2{,}2$; P $(0{,}8 \mid 4{,}1)$

Geben Sie vier verschiedene Gerade an, die durch den Punkt P verlaufen.

109. P $(2 \mid 4)$

110. P $(-2{,}5 \mid -3)$

111. P $(0 \mid -2{,}3)$

112. P $(4{,}5 \mid 0)$

Für zwei Geraden g_1 und g_2, die **senkrecht (orthogonal)** zueinander verlaufen, gilt: $\boldsymbol{m_1 \cdot m_2 = -1}$ (vgl. dazu 6.2, Aufg. 53–58).

Weisen Sie durch Rechnen und Zeichnen nach, dass die beiden Geraden orthogonal sind.

113. g_1: $y = 2x - 6$; g_2: $y = -\frac{1}{2}x + 3$

114. g_1: $y = \frac{1}{3}x + 2{,}4$; g_2: $y = -3x$

115. g_1: $y = -0{,}4x - 0{,}1$; g_2: $y = 2{,}5x - 3{,}5$

116. g_1: $y = x - 2{,}2$; g_2: $y = -x + 2{,}2$

Stellen Sie eine Gleichung der Geraden auf, die orthogonal zu g ist und durch den Punkt P verläuft.

117. g: $y = -2x + 5$; P $(6 \mid 6)$

118. g: $y = 1{,}5x - 2{,}5$; P $(0 \mid 8)$

119. g: $y = -2{,}5x - 5$; P $(2 \mid 2{,}4)$

120. g: $y = \frac{3}{4}x$; P $(6 \mid 0)$

121. Durch g_k: $y = k \cdot x + 4$ wird ein Geradenbüschel durch den Punkt $(0 \mid 4)$ beschrieben.
   a) Auf welcher dieser Geraden liegt der Punkt P $(6 \mid 2)$?
   b) Welche dieser Geraden schneidet die x-Achse bei $x = -2{,}5$?
   c) Welche dieser Geraden ist parallel zu h: $3x + 2y = 4$?
   d) Welche dieser Geraden ist orthogonal zu h: $3x - 4y = 0$?

122. Durch g_k: $y = k \cdot (x - 5) + 2$ wird ein Geradenbüschel durch den Punkt $(5 \mid 2)$ beschrieben.
   a) Weisen Sie nach, dass alle Geraden der Schar g_k durch $(5 \mid 2)$ verlaufen.
   b) Welche dieser Geraden schneidet die y-Achse bei $y = 4$?
   c) Welche dieser Geraden schneidet die x-Achse bei $x = 12$?
   d) Welche dieser Geraden verläuft durch den Punkt P $(-3 \mid 1)$?
   e) Welche dieser Geraden verläuft durch den Ursprung?

123. Durch g_k: $y = 0{,}8x + k$ wird eine Schar von parallelen Geraden mit der Steigung $m = 0{,}8$ beschrieben.
   a) Welche dieser Geraden verläuft durch den Punkt P $(3 \mid 5)$?
   b) Welche dieser Geraden schneidet die y-Achse bei $x = -11{,}2$?
   c) Welche dieser Geraden schneidet die x-Achse bei $x = -3{,}5$?
   d) Berechnen Sie den Flächeninhalt des rechtwinkligen Dreiecks, das eine Gerade aus dieser Schar mit den beiden Koordinatenachsen bildet, zuerst für $k = 4$ und dann allgemein.

Anwendungen

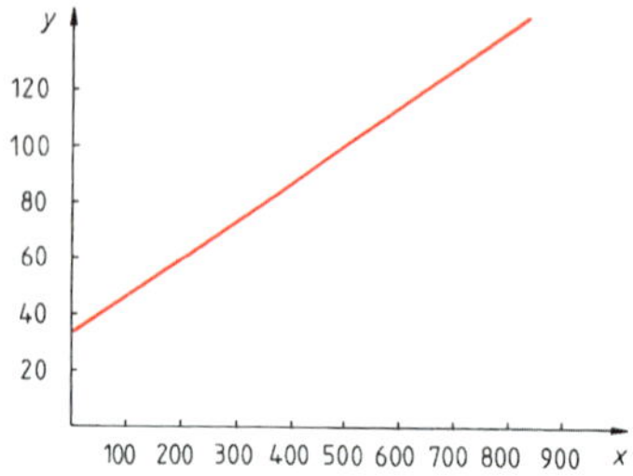

Abb. 6.35

Die Texte beschreiben jeweils eine lineare Funktion. Stellen Sie eine Funktionsgleichung auf und zeichnen Sie ein geeignetes Schaubild dazu.

Zeichnen sie zu den folgenden Anwendungen jeweils den Graphen in ein Koordinatensystem und stellen Sie die Funktionsgleichung auf!

Beispiel: Für einen Stromzähler beträgt der Grundpreis 33,00 €. Für den Verbrauch von 1 kWh sind 0,14 € zu bezahlen.

x Verbrauch in kWh
y Strompreis in €
$y = 0{,}14\,x + 33$

124. Ein Heißluftballon steigt in 2 km Entfernung auf und entfernt sich mit einer Geschwindigkeit von 18 km/h.

125. Ein Auto nähert sich von einem 460 km entfernten Ort mit einer Durchschnittsgeschwindigkeit von 110 km/h.

126. Von einem 850 m hoch gelegenen Ort führt eine Straße mit einer durchschnittlichen Steigung von 12% zu einem 6 km entfernt gelegenen Ort.

127. Aus einem 3 m tiefen Wasserbecken wird das Wasser abgelassen, wobei der Wasserspiegel stündlich um 35 cm sinkt.

128. Ein 5 m langes Eisenblech wird um 700 K erwärmt, wobei sich das Blech um 0,0012 cm pro K ausdehnt.

129. 20 °C warmes Wasser wird bis zum Siedepunkt erwärmt, wobei es sich pro Minute um 13 K erwärmt.

130. Bei Erwärmung um 1 K dehnt sich ein Gas um $\frac{1}{273}$ seines Volumens bei 0 °C aus, sofern sich der Druck nicht verändert.

131. Ein Darlehen von 8000 € wird durch monatliche Beträge von 150 € zurückbezahlt.

132. Eine Maschine mit dem Anschaffungspreis von 24 000 € wird jährlich mit 15% des Anschaffungspreises abgeschrieben.

Die Funktion mit der Gleichung $y = |x|$ $(x \in \mathbb{Q})$ heißt **„Betragsfunktion"** und ist definiert durch $y = x$ für $x \geqq 0$ und $y = -x$ für $x < 0$.

Andere Schreibweise: $y = |x| = \begin{cases} x & \text{für } x \geqq 0 \\ -x & \text{für } x < 0 \end{cases}$

Zeichnen Sie jeweils den Graphen:

133. $y = 2\,|x|$
134. $y = -\frac{1}{2}\,|x|$
135. $y = |x| + 2$
136. $y = |x + 2|$
137. $y = -\,|x - 2|$
138. $y = -2\,|x| - 3$
139. $y = |\frac{1}{3}x|$
140. $y = |2x - 1|$
141. $y = |x| - x$
142. $y = \frac{1}{2}(|x| + x)$

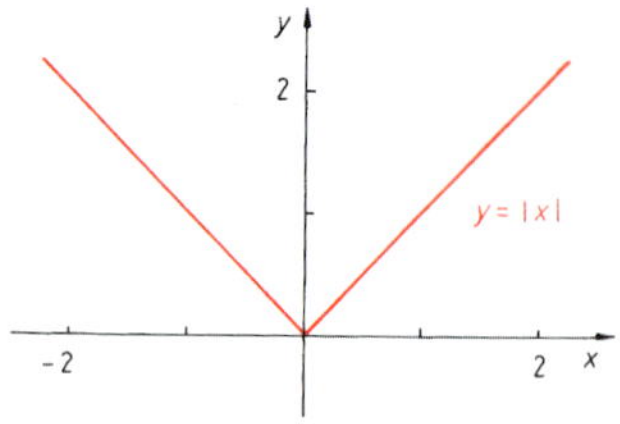

Abb. 6.36

Die Funktion zu $y = \frac{1}{x}$ heißt **„Hyperbelfunktion"**. Sie ist für alle $x \in \mathbb{Q}\backslash\{0\}$ definiert.

Zeichnen Sie jeweils den Graphen.

143. $y = -\dfrac{1}{x}$
144. $y = \dfrac{1}{2x}$
145. $y = \dfrac{1}{x} - 1$
146. $y = \dfrac{1}{x - 1}$
147. $y = \dfrac{2}{x}$
148. $y = -\dfrac{2}{x + 1}$
149. $y = \dfrac{1}{|x|}$
150. $y = \dfrac{|x|}{x}$

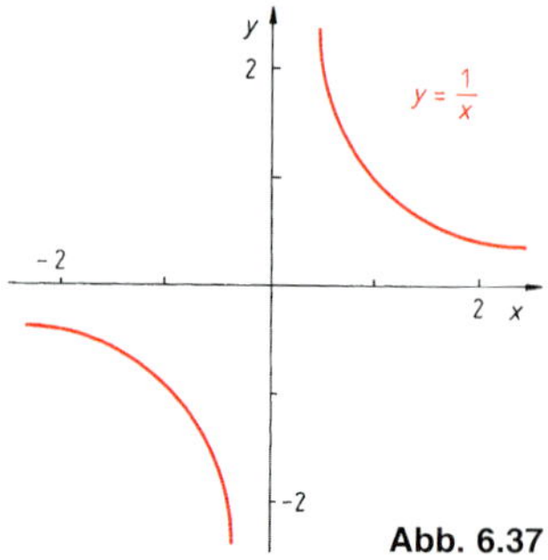

Abb. 6.37

6.4 Umkehrrelationen und -funktionen

Beispiel

Vergleichen Sie die durch $x < y$ und $x > y$ auf der Menge $A = \{1; 2; 3; 4\}$ gegebenen Relationen!

Wir bezeichnen die Relationen mit R_1 bzw. R_2:

$R_1 = \{(x \mid y) \in A \times A \mid x < y\}$

$R_2 = \{(x \mid y) \in A \times A \mid x > y\}$

1. Pfeildiagramm:

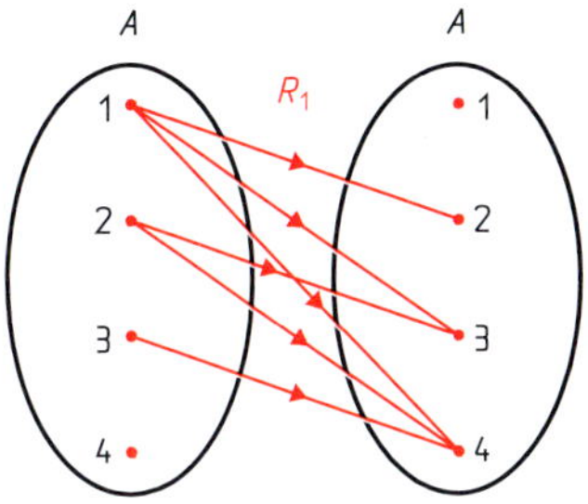

Abb. 6.38

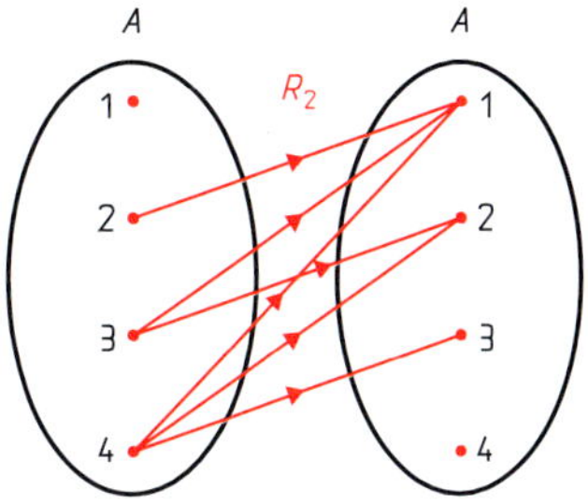

Abb. 6.39

Wir erhalten R_2 aus R_1 bzw. R_1 aus R_2, indem wir jeweils alle Pfeilspitzen umkehren.

2. Aufzählende Schreibweise:

$R_1 = \{(1 \mid 2); (1 \mid 3); (1 \mid 4); (2 \mid 3); (2 \mid 4); (3 \mid 4)\}$

$R_2 = \{(2 \mid 1); (3 \mid 1); (4 \mid 1); (3 \mid 1); (4 \mid 2); (4 \mid 3)\}$

Wir erhalten R_2 aus R_1 bzw. R_1 aus R_2, indem wir die Zahlen in den Zahlenpaaren vertauschen.

3. Koordinatensystem:

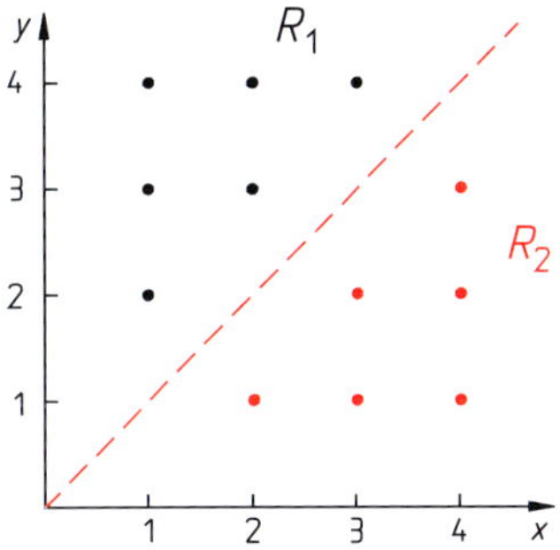

Abb. 6.40

Wir erhalten die Punkte von R_2, indem wir die Punkte von R_1 an der 1. Winkelhalbierenden ($y = x$) spiegeln.

R_2 heißt die **„Umkehrrelation"** von R_1, ebenso ist R_1 die Umkehrrelation von R_2:

$R_2 = R_1^{U}$ (gelesen: „R_1 **oben** U")

$R_1 = R_2^{U}$ (gelesen: „R_2 **oben** U")

Merksatz

Man erhält die **Umkehrrelation** R^{U} einer Relation R, indem man in jedem der (geordneten) Paare die Koordinaten vertauscht.

Kurz: $R^{U} = \{(x \mid y) \mid (y \mid x) \in R\}$

Für die Umkehrrelation, ihre Definitionsmenge *D* und die Wertemenge *W* gilt:

1. $D(R^U) = W(R)$ und $W(R^U) = D(R)$
2. $(R^U)^U = R$
3. Der Graph von R^U liegt spiegelsymmetrisch zum Graphen von *R* bezüglich der 1. Winkelhalbierenden ($y = x$).

Zu jeder Relation gibt es eine Umkehrrelation; aber nicht zu jeder Funktion gibt es auch eine Umkehrfunktion, d.h. Umkehrrelation einer Funktion braucht keine Funktion zu sein.

Beispiel $R = \{(1 \mid 4); (2 \mid 4); (3 \mid 5)\}$ $R^U = \{(4 \mid 1); (4 \mid 2); (5 \mid 3)\}$

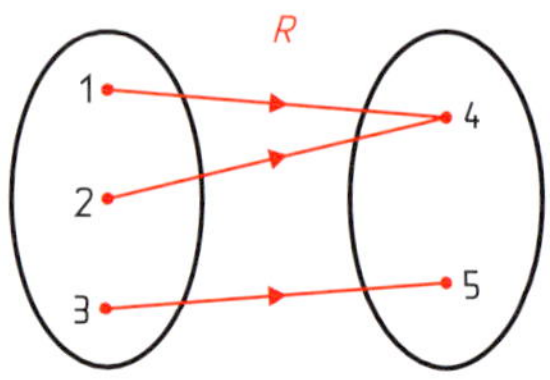

Abb. 6.41

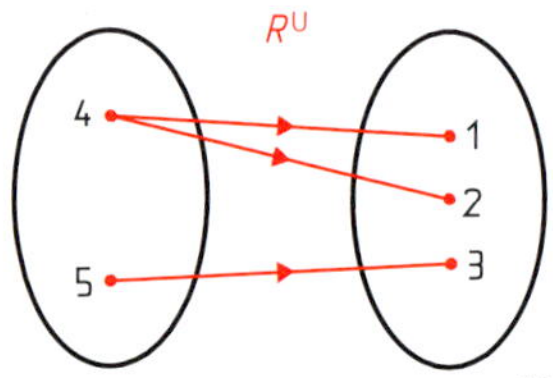

Abb. 6.42

Die Relation *R* in unserem Beispiel ist eine Funktion; aber die Relation R^U ist keine Funktion, da der Zahl 4 zwei Zahlen zugeordnet sind, die Zuordnung also nicht eindeutig ist.

Satz

Eine Funktion *f* besitzt genau dann eine **Umkehrfunktion** f^U, wenn jedes Element der Wertemenge nur einem Element der Definitionsmenge zugeordnet ist.

Das bedeutet für

- die Wertetabelle: jeder Funktionswert kommt nur einmal vor,
- die aufzählende Schreibweise: an der zweiten Stelle der Zahlenpaare kommt jede Zahl nur einmal vor,
- das Pfeildiagramm: bei jedem Element der Wertemenge kommt nur ein Pfeil an,
- das Koordinatensystem: auf jeder Parallelen zur *x*-Achse liegt höchstens ein Punkt des Graphen.

Funktionen, die eine Umkehrfunktion besitzen, heißen **„umkehrbar"**. Den Graphen der Umkehrfunktion f^U erhält man durch Spiegelung des Graphen von *f* an der 1. Winkelhalbierenden.

Beispiel

f:

x	1	3	5
y	6	2	4

f^U:

x	2	4	6
y	3	5	1

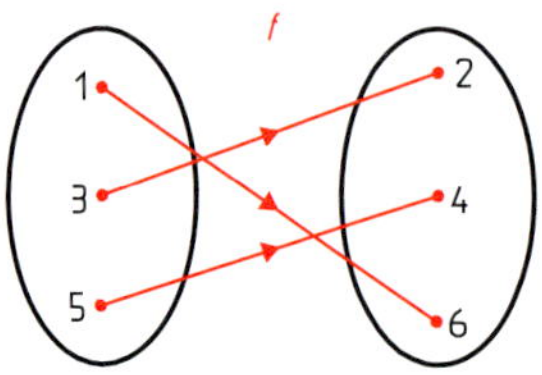

Abb. 6.43

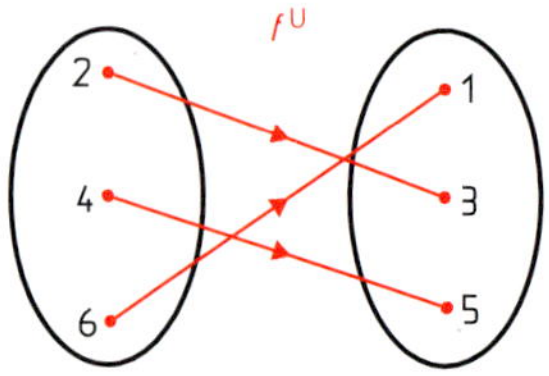

Abb. 6.44

$f = \{(1 \mid 6); (3 \mid 2); (5 \mid 4)\}$;

$f^U = \{(6 \mid 1); (2 \mid 3); (4 \mid 5)\}$

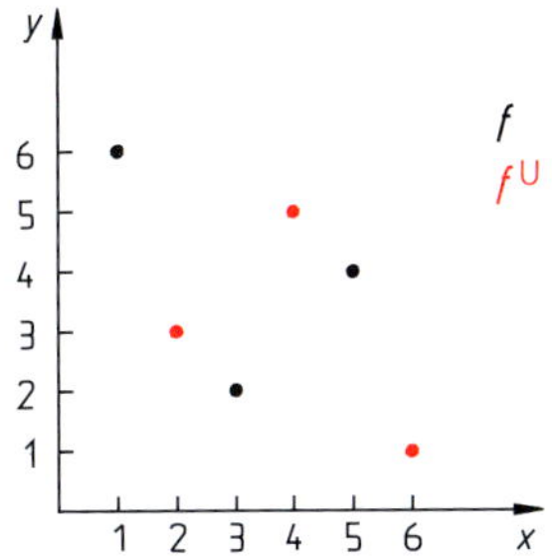

Abb. 6.45

Anhand der genannten Kennzeichen für die Existenz einer Umkehrfunktion kann man erkennen, dass es zu jeder geradlinigen Funktion mit $m \neq 0$ eine Umkehrfunktion gibt. Zum Auffinden der Funktionsgleichung der Umkehrfunktion f^U müssen bei f die Variablen x und y vertauscht werden.

Beispiel Geben Sie die Gleichung der Umkehrfunktion f^U zur Funktion f mit der Gleichung $y = 2x - 3$ an.

Vertauschen der Variablen: $x = 2y - 3$

Umformen nach y: $2y - 3 = x \quad | +3$

$\Leftrightarrow \quad 2y = x + 3 \quad | :2$

$\Leftrightarrow \quad y = \frac{1}{2}x + \frac{3}{2}$

Gleichung der Umkehrfunktion: $\underline{y = \frac{1}{2}x + \frac{3}{2}}$

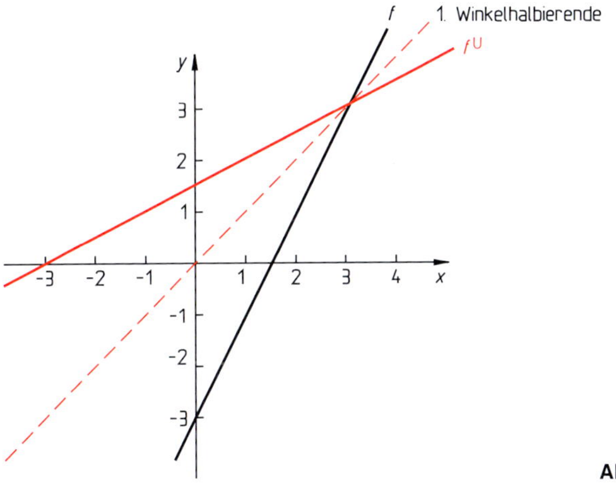

Abb. 6.46

Die Umkehrfunktion einer Geraden ist wieder eine Gerade; die Umkehrfunktion einer linearen Funktion ist wieder linear (für $m \neq 0$).

Aufgaben zu 6.4

Bestimmen Sie die Umkehrrelation R^U in aufzählender und beschreibender Form ($A = \{1; 2; 3; 4\}$)!

Beispiel: $R = \{(x \mid y) \in A \times A \mid x - 1 > y\}$
$R = \{(3 \mid 1);\ (4 \mid 1);\ (4 \mid 2)\}$
aufzählende Form: $R^U = \{(1 \mid 3);\ (1 \mid 4);\ (2 \mid 4)\}$
beschreibende Form: $R^U = \{(x \mid y) \in A \times A \mid x + 1 < y\}$

1. $R = \{(x \mid y) \in A \times A \mid 2x - 1 \leqq y\}$

2. $R = \{(x \mid y) \in A \times A \mid x + y < 4\}$

Gegeben sind die Mengen $A = \{2; 3; 4; 5\}$ und $B = \{2; 4; 6\}$ ($x \in A$, $y \in B$).
Bestimmen Sie die Umkehrrelation als Paarmenge, und zeichnen Sie ein Pfeildiagramm zu R und R^U!

3. $R = \{(2 \mid 4);\ (2 \mid 6);\ (3 \mid 6);\ (4 \mid 4);\ (5 \mid 2);\ (5 \mid 4)\}$

4. R: $2x - 1 < y$

5. R: x ist Teiler von y

6. R: x ist größer als die Hälfte von y

Bestimmen Sie die Umkehrrelation in $\mathbb{Q}$, und zeichnen Sie den Graphen von R und R^U in ein Koordinatensystem!

Beispiel: R: $y = |x|$

R: $y = \begin{cases} x & \text{für } x \geqq 0 \\ -x & \text{für } x < 0 \end{cases}$

R^U: $x = \begin{cases} y & \text{für } y \geqq 0 \\ -y & \text{für } y < 0 \end{cases}$

oder R^U: $\begin{cases} y \geqq 0 : y = x \\ y < 0 : y = -x \end{cases}$

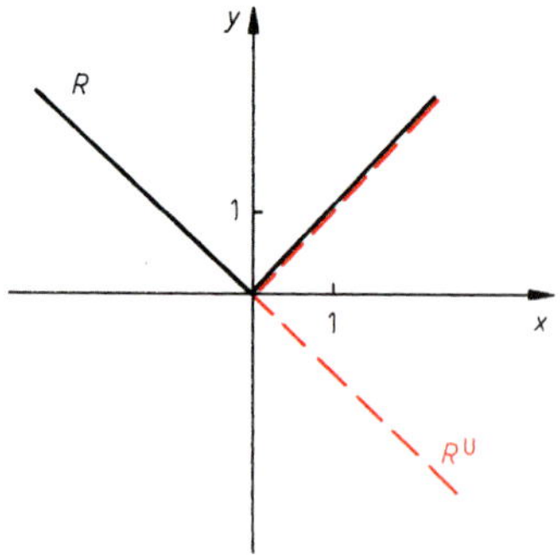

Abb. 6.47

7. R: $x < y$

8. R: $x + y > 1$

9. R: $y = x^2$

Zeichnen Sie den Graphen der Relation und der Umkehrrelation in ein Koordinatensystem!

10. R: $2x > y - 1$

11. R: $x \leqq 3$

12. R: $|x| + |y| = 5$

13. R: $|x| + |y| < 5$

14. R: $|x - 2| < 3$

15. R: $x^2 + y^2 = 4$

Prüfen Sie, welche der Funktionen umkehrbar sind! Geben Sie gegebenenfalls die Umkehrfunktion an!

16. $f = \{(1 \mid 2);\ (2 \mid 3);\ (3 \mid 4);\ (4 \mid 1)\}$

17. $f = \{(1 \mid 1);\ (2 \mid 2);\ (3 \mid 3);\ (4 \mid 4)\}$

18. $f = \{(2 \mid 8);\ (4 \mid 0);\ (6 \mid 4);\ (8 \mid 8)\}$

19. $f = \{(2 \mid 5);\ (3 \mid 6);\ (4 \mid 7);\ (5 \mid 4)\}$

20. $f = \{(1 \mid 3);\ (2 \mid 3);\ (3 \mid 3)\}$

21. $f = \{(1 \mid 4);\ (2 \mid 3);\ (3 \mid 2);\ (4 \mid 1)\}$

Bestimmen Sie zu der gegebenen Funktion die Umkehrfunktion, und zeichnen Sie beide Graphen in ein Koordinatensystem!

22. f: $y = -3x + 2,\ x \in \mathbb{Q}$

23. f: $y = -x - 1,\ x \in \mathbb{Q}$

24. f: $y = -x,\ x \in \mathbb{Q}$

25. f: $y = \frac{2}{5}x,\ x \in \mathbb{Q}$

26. f: $y = \frac{1}{x},\ x \in \mathbb{Q} \setminus \{0\}$

27. f: $y = -\frac{1}{x},\ x \in \mathbb{Q} \setminus \{0\}$

28. f: $y = \frac{2}{x} + 1,\ x \in \mathbb{Q} \setminus \{0\}$

29. f: $y = \frac{1}{x - 2},\ x \in \mathbb{Q} \setminus \{2\}$

7 Systeme linearer Gleichungen

7.1 Systeme linearer Gleichungen mit zwei Variablen

Auf einem kleinen Bauernhof leben 12 Tiere, die zusammen 38 Beine haben. Wie viele Zwei- bzw. Vierbeiner leben dort?

Bezeichnen wir die Anzahl der Zweibeiner mit x, die der Vierbeiner mit y, so erhalten wir die Gleichungen

$x + y = 12$ und $2 \cdot x + 4 \cdot y = 38$.

Beides sind Gleichungen mit zwei Variablen. Da für eine mögliche Lösung **beide** Gleichungen erfüllt sein müssen, verbinden wir sie mit „$\wedge$" („und") und sprechen von einem „System von Gleichungen" (kurz von einem „Gleichungssystem"):

$x + y = 12 \wedge 2x + 4y = 38$ (System mit zwei Gleichungen)

Jede Gleichung für sich allein hat mehrere Lösungen für $x, y \in \mathbb{N}^*$. Wir schreiben sie auf, um eventuell ein gemeinsames Paar zu entdecken.

$x + y = 12$
$\iff y = 12 - x$

x	1	2	3	4	5	6	7	8	9	10	11
y	11	10	9	8	7	6	5	4	3	2	1

$2x + 4y = 38$
$\iff y = 9{,}5 - 0{,}5x$

x	1	3	5	7	9	11	13	15	17
y	9	8	7	6	5	4	3	2	1

Wie man sieht, gehört nur das Paar $(5 \mid 7)$ zu beiden Lösungsmengen, daher ist $(5 \mid 7)$ die (einzige) Lösung des Gleichungssystems.

Probe: $5 + 7 = 12$ (wahr) und $2 \cdot 5 + 4 \cdot 7 = 38$ (wahr)

$L = \{(5 \mid 7)\}$

Antwort: Auf dem Hof befinden sich 5 Zweibeiner und 7 Vierbeiner.

Merksatz

Ein System zweier (oder mehrerer) Gleichungen besteht aus zwei (oder mehreren) Gleichungen, die durch „und" verbunden sind.

In unserem Beispiel können wir für beide Variablen natürliche Zahlen einsetzen; die Fälle $x = 0$ (nur Vierbeiner) bzw. $y = 0$ (nur Zweibeiner) können nicht eintreten. Wir haben daher als Grundmenge die Produktmenge $\mathbb{N}^* \times \mathbb{N}^*$. Als Lösungen kommen somit Zahlenpaare $(x \mid y)$ mit $x, y \in \mathbb{N}^*$ in Frage. Ein Zahlenpaar ist genau dann eine Lösung, wenn beim Ersetzen des Variablenpaares $(x \mid y)$ durch dieses Paar von Zahlen beide Gleichungen zu wahren Aussagen werden.

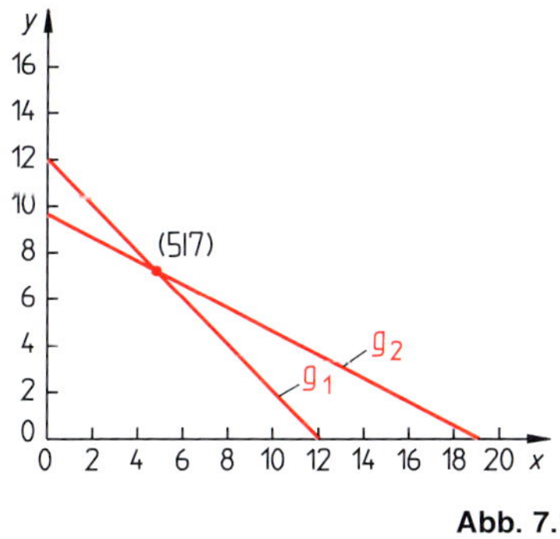

Abb. 7.1

Grafisch stellt jede der beiden Gleichungen eine Gerade dar:

g_1: $y = -x + 12$, $x \in \mathbb{Q}$
g_2: $y = -0{,}5x + 9{,}5$, $x \in \mathbb{Q}$

Als Lösung kommt nur das Koordinatenpaar eines Punktes in Frage, der auf beiden Geraden liegt, also des Schnittpunktes: $(5 \mid 7)$ ist der **Schnittpunkt** der beiden Geraden.

Merksatz

Hat ein System zweier linearer Gleichungen genau eine Lösung, so stellt sie den Schnittpunkt der beiden zugehörigen Geraden dar.

Umgekehrt kann man sagen: Schneiden sich zwei Geraden, so besitzt das zugehörige Gleichungssystem genau eine Lösung.

Zwei Geraden müssen sich aber nicht in einem Punkt schneiden, sie können auch parallel zueinander sein oder zusammenfallen.

Beispiel

Parallele Geraden:

$g_1\colon\ y = -\frac{1}{2}x + 1, \quad x \in \mathbb{Q}$

$g_2\colon\ y = -\frac{1}{2}x + 3, \quad x \in \mathbb{Q}$

Da die beiden Geraden keinen Schnittpunkt haben, besitzt das entsprechende Gleichungssystem

$y = -\frac{1}{2}x + 1 \ \wedge\ y = -\frac{1}{2}x + 3$

keine Lösung: $\underline{L = \{\,\}}$.

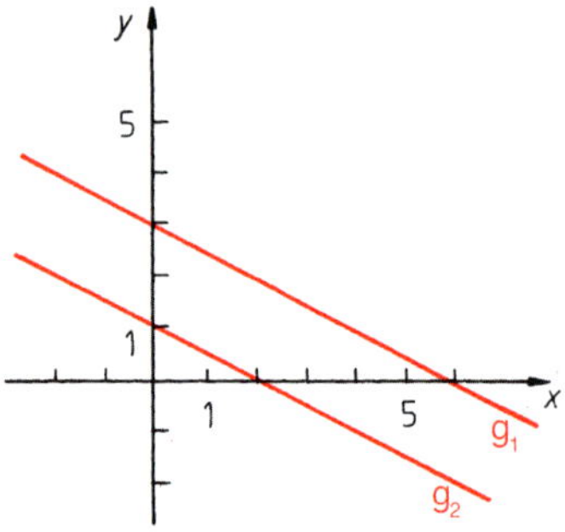

Abb. 7.2

Beispiel

Zusammenfallende Geraden:

$g_1\colon\ y = \frac{1}{2}x + 1, \quad x \in \mathbb{Q}$

$g_2\colon\ 2y = x + 2, \quad x \in \mathbb{Q}$

Da die beiden Geraden unendlich viele gemeinsame Punkte haben, besitzt das entsprechende Gleichungssystem

$y = \frac{1}{2}x + 1 \ \wedge\ 2y = x + 2$

unendlich viele Lösungen in der Grundmenge $G = \mathbb{Q} \times \mathbb{Q}$

$\underline{L = \{(x \mid y) \in \mathbb{Q} \times \mathbb{Q} \mid y = \frac{1}{2}x + 1\}}$.

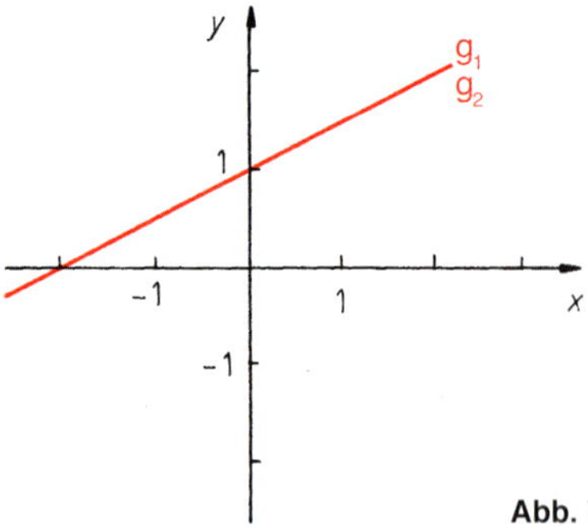

Abb. 7.3

Zusammenfassung:

Gleichungssystem	Geometrischer Sachverhalt	Anzahl der Lösungen	Graphische Veranschaulichung
$y = 2x + 1$ $\wedge\ y = x - 2$	zwei sich schneidende Geraden	eine	ein Schnittpunkt
$y = 2x + 1$ $\wedge\ y = 2x - 2$	zwei parallele Geraden	keine	kein Schnittpunkt
$y = 2x + 1$ $\wedge\ 2y = 4x + 2$	zwei zusammenfallende Geraden	unendliche viele	eine gemeinsame Gerade

Wir schreiben ein Gleichungssystem in folgender Form:

$$\begin{array}{l} (1) \\ (2) \end{array} \left[\begin{array}{r} ax + by = c \\ \wedge\, dx + ey = f \end{array}\right] \quad (x, y \text{ Lösungsvariable; } a, b, \ldots, f \text{ Formvariable})$$

Später lassen wir die Klammern oder die Nummerierung der Gleichungen weg.

Aufgaben zu 7.1

Lösen Sie die folgenden Scherzaufgaben durch geschicktes Probieren!

1. Auf zwei nebeneinander verlaufenden Telefonleitungen sitzen Spatzen. Wechselt ein Spatz von der linken auf die rechte Leitung, dann sitzen auf der rechten Leitung doppelt so viele Spatzen wie auf der linken. Wechselt aber statt dessen ein Spatz von rechts nach links, dann sitzen auf beiden Leitungen gleich viele Spatzen. Wie viele Spatzen sitzen auf der linken, wie viele auf der rechten Leitung?
2. Max ist doppelt so alt wie Moritz war, als Max so alt war, wie Moritz jetzt ist. Max ist 24. Wie alt ist Moritz jetzt?
3. Zwei Autofahrer *A* und *B* fuhren zur gleichen Zeit los, legten die gleiche Strecke zurück und kamen zur gleichen Zeit wieder zu Hause an. Aber *B* fuhr doppelt so lange, wie *A* auf seiner Tour Pause machte, und *A* fuhr dreimal so lange, wie *B* auf seiner Tour Pause machte. Wer von beiden fuhr schneller?
4. Ein Landwirt hält sich Schafe und Hühner, zusammen 37 Tiere. Alle zusammen haben 120 Beine. Wie viele Schafe und wie viele Hühner hat der Landwirt?
5. In einem Gemeinderat sind nur die Parteien *A* und *B* vertreten. Dabei ergibt sich folgende Situation: Würden zwei *B*-Gemeinderäte zur Partei *A* übertreten, hätten beide Parteien gleich viele Vertreter. Würde statt dessen ein *A*-Gemeinderat zur Partei *B* übertreten, so hätte *B* doppelt so viele Vertreter wie *A*. Wie viele Mitglieder sitzen in diesem Gemeinderat?

Lösen Sie die folgenden Gleichungssysteme graphisch, und überprüfen Sie die Richtigkeit der Lösung durch Punktprobe!

6. $y = x + 1 \wedge y = -2x$
7. $y = 3 \wedge y = -x + 1$
8. $y = 2x - 2 \wedge y = -\frac{1}{2}x + 2$
9. $y = 2x - 4 \wedge y = -\frac{1}{3}x + 1$
10. $x + y = 2 \wedge 2x - y = 0$
11. $\frac{1}{2} + 4y = -6 \wedge x = 3$
12. $y = x - 3 \wedge y = x + 3$
13. $2x = 2y + 2 \wedge 2x = y$

Finden Sie zu den folgenden Gleichungen jeweils eine zweite, so dass das System der beiden Gleichungen a) genau eine Lösung, b) keine Lösung, c) unendlich viele Lösungen hat!

14. $y = -2x + 3$
15. $2y - x = 4$
16. $0{,}4x + 1{,}2y - 3{,}6 = 0$
17. $y = 3$
18. $4y = 1$
19. $x + 100y = 1000$
20. $5x - y + 0{,}2 = 0$
21. $\frac{x}{2} + \frac{y}{5} = 1$

Zur Wiederholung: Aufgaben zu Geraden

22. Geben Sie zu der Geraden mit der Gleichung $y = 2x - 3$ eine zweite an, die sie im Punkt P schneidet.
    a) P (1 | − 1), b) P (0 | − 3), c) P (3 | 3), d) P (− 2,5 | − 8), e) P (1,5 | 0)

Nennen Sie drei Geraden, die parallel zu der gegebenen verlaufen.

23. g: $y = \frac{1}{3}x - 1$
24. g: $y - 2x = 5$
25. g: $3x - y = 0$
26. g: $2x = 4y = 6$
27. g: $\frac{1}{2}x - \frac{2}{3}y - 1 = 0$
28. g: $\frac{x}{5} + \frac{y}{4} = 1$

Nennen Sie drei Geraden, die sich im Punkt P schneiden.

29. P (0 | − 3)
30. P (1 | 2)
31. P (4 | 0)
32. P (− 4 | − 1)
33. P (− 2,3 | 5)
34. P (10 | 1)

Wie heißt die Ursprungsgerade, die parallel zu g verläuft?

35. g: $2x - y = 1$
36. g: $x - 4y - 3 = 0$
37. g: $2x - 3 = 5y$
38. g: $-x = 2 - 2y$
39. g: $y = -4$
40. g: $\frac{x}{12} = 1{,}8$

Welche Gerade durch den Punkt P verläuft parallel zu g?

41. g: $y = -2{,}5x - 1$; P (3 | − 1)
42. g: $y = \frac{1}{3}x + 3$; P (− 2 | 4)
43. g: $y = 3$; P (− 5 | − 2)
44. g: $x = 1$; P (− 5 | − 2)
45. g: $0{,}4x = 0{,}05y$; P (0 | 8)
46. g: $\frac{x}{2} = 1{,}5y - 6$; P (− 12 | 0)

Welche Gerade durch den Punkt P verläuft orthogonal zu g?

47. g: $y = 2{,}5x - 3$; P (4 | 4)
48. g: $2x = 3y$; P (− 7 | 1)
49. g: $y = 4{,}4$; P (6 | − 2)
50. g: $0{,}25x = 1{,}2$; P (0 | − 15)
51. g: $20x + 15y - 10 = 0$; P (1 | 1)
52. g: $3x + 9y = 36$; P (2 | 7)

7.2 Lösungsverfahren für Gleichungssysteme mit zwei Variablen

Um auf rechnerischem Weg zur Lösungsmenge eines Gleichungssystems zu gelangen, formen wir das Gleichungssystem in ein äquivalentes um, an dem wir die Lösungsmenge direkt ablesen können. Entsprechend wie bei linearen Gleichungen legen wir fest:

Merksatz

Gleichungssysteme sind **äquivalent**, wenn sie die gleiche Lösungsmenge über der gleichen Grundmenge besitzen.

Für Umformungen dürfen wir bei jeder Gleichung die bekannten Äquivalenzumformungen heranziehen. Außerdem dürfen wir zu einer der beiden Gleichungen die andere „addieren", d.h. die linke zur linken Seite sowie die rechte zur rechten Seite addieren.

Beispiele

Äquivalente Gleichungssysteme:

1. $$\begin{matrix}(1)\\(2)\end{matrix}\begin{bmatrix} x+y=3 \\ \wedge\, x-y=1\end{bmatrix} (1)+(2)\rightarrow(3) \quad\Leftrightarrow\quad \begin{matrix}(3)\\(2)\end{matrix}\begin{bmatrix} 2x=4 \\ \wedge\, x-y=1\end{bmatrix}$$

(Mit (1) + (2) ⟶ (3) deuten wir an, dass die neue Gleichung (3) durch „Addition" der Gleichungen (1) und (2) entstanden ist.)

2. $$\begin{matrix}(1)\\(2)\end{matrix}\begin{bmatrix} x+y=3 \\ \wedge\, x-y=1\end{bmatrix} (2)+(1)\rightarrow(3) \quad\Leftrightarrow\quad \begin{matrix}(1)\\(3)\end{matrix}\begin{bmatrix} x+y=3 \\ \wedge\; 2x=4\end{bmatrix}$$

Beachten Sie: Eine der beiden Gleichungen bleibt jeweils in der alten Form stehen.

Für das Lösen von Gleichungssystemen geben wir fünf verschiedene Verfahren an, die je nach Art und Weise der Gleichungen einmal mehr, einmal weniger geeignet sind.

1. Das Additionsverfahren

Wir suchen die Lösungsmenge des Gleichungssystems

$$\begin{bmatrix} 2x+3y=-5 \\ \wedge\, 4x-\;\;y=11\end{bmatrix}$$

über der Grundmenge $\mathbb{Q} \times \mathbb{Q}$.

Lösung: Wir formen zunächst das Gleichungssystem so um, dass durch Addition der beiden Gleichungen die Variable *y* in einer der beiden Gleichungen eliminiert („ausgelöscht") werden kann.

$$\begin{matrix}(1)\\(2)\end{matrix}\begin{bmatrix} 2x+3y=-5 \\ \wedge\, 4x-\;\;y=11\end{bmatrix} \begin{matrix}\\ |\cdot 3\end{matrix}$$

$$\Leftrightarrow \begin{matrix}(1)\\(2)\end{matrix}\begin{bmatrix} 2x+3y=-5 \\ \wedge\, 12x-3y=33\end{bmatrix} (2)+(1)\rightarrow(3)$$

$$\Leftrightarrow \begin{matrix}(1)\\(3)\end{matrix}\begin{bmatrix} 2x+3y=-5 \\ \wedge\, 14x\quad=28\end{bmatrix} \begin{matrix}\\ |:(-7)\end{matrix}$$

Nachdem in der 2. Gleichung nur noch die Variable *x* vorkommt, formen wir das Gleichungssystem so um, dass in der 1. Gleichung nur noch die Variable *y* vorkommt.

$$\begin{matrix}(1)\\(3)\end{matrix}\begin{bmatrix} 2x+3y=-5 \\ \wedge\, -2x\quad=-4\end{bmatrix} (1)+(3)\rightarrow(4)$$

$$\Leftrightarrow \begin{matrix}(4)\\(3)\end{matrix}\begin{bmatrix} 3y=-9 \\ \wedge\, -2x=-4\end{bmatrix} \begin{matrix}|:3\\ |:(-2)\end{matrix}$$

$$\Leftrightarrow \begin{matrix}(4)\\(3)\end{matrix}\begin{bmatrix} y=-3 \\ \wedge\, x=2\end{bmatrix}$$

Damit haben wir das Ziel erreicht, nämlich ein Gleichungssystem, das zu dem in der Aufgabe vorgegebenen äquivalent ist und bei dem die Variablen x und y allein stehen. Daran können wir die Lösung direkt ablesen: $\underline{x = 2,\ y = -3.}$

Probe am vorgegebenen Gleichungssystem:

$$2 \cdot 2 + 3 \cdot (-3) = -5 \quad \text{und} \quad 4 \cdot 2 - (-3) = 11$$
$$4 - 9 = -5 \qquad\qquad 8 + 3 = 11$$
$$-5 = -5 \ \text{(wahr)} \qquad\qquad 11 = 11 \ \text{(wahr)}$$

$\underline{L = \{(2 \mid -3)\}}$

Wegen der Bedeutung der Addition bei diesem Vorgehen spricht man vom **„Additionsverfahren"**.

Um den Schreibaufwand zu verringern, lassen wir nach der Addition die 1. Gleichung weg und formen die 2. Gleichung weiter um, bis die Variable x allein steht. Diese „Lösung" für die Variable x können wir direkt in die 1. Gleichung einsetzen und die 1. Gleichung nach der anderen Variablen y umformen, was wiederum nur eine Abkürzung des beschriebenen Verfahrens ist. Außerdem lassen wir bei der Kurzfassung die Klammern und die Äquivalenzpfeile weg.

Lösung in Kurzform:

(1)	$2x + 3y = -5$	
(2)	$\wedge\ 4x - y = 11$	$\mid \cdot 3$
(1)	$2x + 3y = -5$	
(2)	$\wedge\ 12x - 3y = 33$	(2) + (1) → (3)
(3)	$14x = 28$	$\mid : 14$
(3)	$\underline{x = 2}$	(3) in (1) → (4)
(4)	$4 + 3y = -5$	$\mid -4$
(4)	$3y = -9$	$\mid : 3$
(4)	$\underline{y = -3}$	

$\underline{L = \{(2 \mid -3)\}}$

Hinweis: Im Folgenden verwenden wir meistens die Kurzform.

2. Das Einsetzungsverfahren

Beispiel

(1)	$2x + 3y = -5$	
(2)	$\wedge\ y = 4x - 11$	(2) in (1) → (3)
(3)	$2x + 3(4x - 11) = -5$	| Ausmultiplizieren
	$2x + 12x - 33 = -5$	| + 33 und Zusammenfassen
	$14x = 28$	| : 14
(3)	$\underline{x = 2}$	(3) in (2) → (4)
(4)	$y = 4 \cdot 2 - 11$	| Zusammenfassen
(4)	$\underline{y = -3}$	

$\underline{L = \{(2 \mid -3)\}}$

Da man gleich zu Beginn für die Variable y in der 1. Gleichung die rechte Seite der 2. Gleichung einsetzen kann und damit y eliminiert hat, spricht man vom **„Einsetzungsverfahren"**. Man wird sinnvollerweise dieses Verfahren dann verwenden, wenn eine Variable bei einer Gleichung bereits für sich allein steht bzw. eine Gleichung ohne großen Rechenaufwand nach einer Variablen umgestellt werden kann.

3. Das Gleichsetzungsverfahren

Beispiel

(1) $y = -\frac{2}{3}x - \frac{5}{3}$

(2) $\wedge\ y = 4x - 11$ (2) in (1) → (3)

(3) $4x - 11 = -\frac{2}{3}x - \frac{5}{3}$ $\mid + 11 + \frac{2}{3}x$

$4x + \frac{2}{3}x = -\frac{5}{3} + 11$ $\mid$ Zusammenfassen

$\frac{14}{3}x = \frac{28}{3}$ $\mid \cdot \frac{3}{14}$

(3) $\underline{x = 2}$ (3) in (2) → (4)

(4) $y = 4 \cdot 2 - 11$ $\mid$ Zusammenfassen

(4) $y = -3$

$\underline{L = \{(2 \mid -3)\}}$

Da hierbei das Einsetzen darauf hinausläuft, dass man beide rechte Seiten gleichsetzt, spricht man auch vom **„Gleichsetzungsverfahren"**. Dieses Verfahren benutzt man sinnvollerweise dann, wenn eine Variable bereits in beiden Gleichungen für sich allein steht. Dieser Fall tritt insbesondere bei der Berechnung des Schnittpunkts zweier Geraden auf, deren Gleichungen in der Form $y = mx + b$ angegeben sind.

4. Das Substitutionsverfahren

Beispiel

(1) $\frac{3}{x+1} + \frac{2}{y-2} = 2$ $D = \{(x \mid y) \mid x \neq -1 \wedge y \neq 2\}_{\mathbb{Q} \times \mathbb{Q}}$

(2) $\wedge\ \frac{-3}{2(x+1)} + \frac{4}{y-2} = \frac{3}{2}$ andere Schreibweise: $D = \mathbb{Q} \setminus \{-1\}\ x\ \mathbb{Q} \setminus \{2\}$

Bruchgleichungen multiplizieren wir gewöhnlich mit dem Hauptnenner. Bei einem System von Bruchgleichungen mit zwei Variablen führt das unter Umständen (wie bei dem hier gewählten Beispiel) zu einem xy-Term und damit zu etwas langwierigen Umformungen. Wir können dies in bestimmten Fällen vermeiden, indem wir eine **Substitution** (Ersetzung) der Variablen durchführen.

Für unser Beispiel setzen wir:

$\mathbf{\frac{1}{x+1} = u;\ \frac{1}{y-2} = v}$ (Neueinführung der Variablen u und v)

Dann lautet unser Gleichungssystem:

(1) $3u + 2v = 2$

(2) $\wedge\ -\frac{3}{2}u + 4v = \frac{3}{2}$ $\mid \cdot 2$

(1) $3u + 2v = 2$

(2) $\wedge\ -3u + 8v = 3$ (2) + (1) → (3)

(3) $10v = 5$ $\mid : 10$

(3) $v = \frac{1}{2}$ (3) in (1) → (4)

(4) $3u + 2 \cdot \frac{1}{2} = 2$ $\mid -1$

$3u = 1$ $\mid : 3$

(4) $u = \frac{1}{3}$

Die Substitution muss nun rückgängig gemacht werden:

(3) $\frac{1}{y-2} = \frac{1}{2}$ $\mid$ Kehrwert

$y - 2 = 2$ $\mid +2$

$\underline{y = 4}$

(4) $\frac{1}{x+1} = \frac{1}{3}$ $\mid$ Kehrwert

$x + 1 = 3$ $\mid -1$

$\underline{x = 2}$

Probe:

$$\frac{3}{2+1}+\frac{2}{4-2}=2 \qquad \text{und} \qquad \frac{-3}{2(2+1)}+\frac{4}{4-2}=\frac{3}{2}$$

$$\frac{3}{3}+\frac{2}{2}=2 \qquad\qquad -\frac{3}{6}+\frac{4}{2}=\frac{3}{2}$$

$$1+1=2 \qquad\qquad -\frac{1}{2}+2=\frac{3}{2}$$

$$2=2 \text{ (wahr)} \qquad\qquad \frac{3}{2}=\frac{3}{2} \text{ (wahr)}$$

$L = \{(2 \mid 4)\}$

Beachten Sie: Eine Substitution kann nur dann durchgeführt werden, wenn die entsprechenden Nenner bis auf Vielfache übereinstimmen.

5. Das Determinantenverfahren

Ein anderes Verfahren für das Lösen von Gleichungssystemen ist das **„Determinantenverfahren"**. Mit ihm können wir zusätzlich schnell erkennen, ob ein vorgegebenes Gleichungssystem eindeutig lösbar ist. Zur Begründung des Verfahrens gehen wir von der „Normalform" eines Systems linearer Gleichungen mit zwei Variablen aus

($G = \mathbb{Q} \times \mathbb{Q}$; $a_1, a_2, b_1, b_2, c_1, c_2 \in \mathbb{Q}$):

$$\begin{array}{lll} (1) & a_1 x + b_1 y = c_1 & \mid \cdot b_2 \quad (b_2 \neq 0) \\ (2) & \wedge\; a_2 x + b_2 y = c_2 & \mid \cdot (-b_1) \quad (b_1 \neq 0) \end{array}$$

$$\begin{array}{lll} (1) & a_1 b_2 x + b_1 b_2 y = c_1 b_2 & \\ (2) & \wedge\; -a_2 b_1 x - b_1 b_2 y = -c_2 b_1 & (2) + (1) \rightarrow (3) \end{array}$$

$$\begin{array}{lll} (3) & a_1 b_2 x - a_2 b_1 x = c_1 b_2 - c_2 b_1 & \mid \text{Ausklammern} \\ & (a_1 b_2 - a_2 b_1) \cdot x = c_1 b_2 - c_2 b_1 & \mid : (a_1 b_2 - a_2 b_1) \end{array}$$

$$(3) \qquad x = \frac{c_1 b_2 - c_2 b_1}{a_1 b_2 - a_2 b_1} \qquad (a_1 b_2 - a_2 b_1 \neq 0)$$

Um eine Gleichung mit der Variablen y auf einer Seite allein zu erhalten, gehen wir am einfachsten wieder von dem ursprünglichen System aus:

$$\begin{array}{lll} (1) & a_1 x + b_1 y = c_1 & \mid \cdot (-a_2) \quad (a_2 \neq 0) \\ (2) & \wedge\; a_2 x + b_2 y = c_2 & \mid \cdot a_1 \quad (a_1 \neq 0) \end{array}$$

$$\begin{array}{lll} (1) & -a_1 a_2 x - a_2 b_1 y = -a_2 c_1 & \\ (2) & \wedge\; a_1 a_2 x + a_1 b_2 y = a_1 c_2 & (2) + (1) \rightarrow (4) \end{array}$$

$$(4) \qquad (a_1 b_2 - a_2 b_1) \cdot y = a_1 c_2 - a_2 c_1 \qquad \mid : (a_1 b_2 - a_2 b_1)$$

$$(4) \qquad y = \frac{a_1 c_2 - a_2 c_1}{a_1 b_2 - a_2 b_1} \qquad (a_1 b_2 - a_2 b_1 \neq 0)$$

Für $a_1 b_2 \neq a_2 b_1$ erhalten wir:

$$L = \left\{ \left(\frac{c_1 b_2 - c_2 b_1}{a_1 b_2 - a_2 b_1} \;\middle|\; \frac{a_1 c_2 - a_2 c_1}{a_1 b_2 - a_2 b_1} \right) \right\}$$

(Diese Lösungsmenge ergibt sich auch in den Fällen $a_1 = 0$, $a_2 = 0$, $b_1 = 0$ oder $b_2 = 0$, die wir in der obigen Rechnung ausschließen mussten, vgl. dazu Aufg. 167.–169.)

Die bei L auftretenden Differenzen bezeichnet man als „zweireihige **Determinanten**" und schreibt sie in folgender Form:

$$\begin{vmatrix} a_1 & b_1 \\ a_2 & b_2 \end{vmatrix} = a_1 b_2 - a_2 b_1 = D$$

$$\begin{vmatrix} c_1 & b_1 \\ c_2 & b_2 \end{vmatrix} = c_1 b_2 - c_2 b_1 = D_x \quad (D_x \text{ entsteht aus } D\text{, indem man } \begin{matrix} a_1 \\ a_2 \end{matrix} \text{ durch } \begin{matrix} c_1 \\ c_2 \end{matrix} \text{ ersetzt.})$$

$$\begin{vmatrix} a_1 & c_1 \\ a_2 & c_2 \end{vmatrix} = a_1 c_2 - a_2 c_1 = D_y \quad (D_y \text{ entsteht aus } D\text{, indem man } \begin{matrix} b_1 \\ b_2 \end{matrix} \text{ durch } \begin{matrix} c_1 \\ c_2 \end{matrix} \text{ ersetzt.})$$

Dadurch lässt sich die (eindeutig bestimmte) Lösung des Gleichungssystems für den Fall $D \neq 0$ in sehr kurzer Form angeben:

$$L = \left\{ \left(\frac{D_x}{D} \middle| \frac{D_y}{D} \right) \right\} \quad (D \neq 0)$$

Die Berechnung von L mit Hilfe von $x = \frac{D_x}{D}$ und $\frac{D_y}{D}$ heißt auch **„Cramersche Regel"**. Zur Berechnung einer beliebigen zweireihigen Determinante gilt:

Produkt der Elemente auf der Hauptdiagonalen minus Produkt der Elemente auf der Nebendiagonalen:

$$\boxed{\begin{vmatrix} a & c \\ b & d \end{vmatrix} = ad - bc}$$

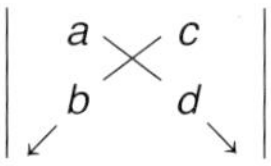

Nebendiagonale Hauptdiagonale

Im Fall $D \neq 0$ können wir also das Lösungspaar durch die Berechnung der drei Determinanten D, D_x und D_y leicht ermitteln.

Beispiele

1. (1) $\quad x + 2y = 2$
(2) $\wedge\ 6x + 3y = -6$

$$D = \begin{vmatrix} 1 & 2 \\ 6 & 3 \end{vmatrix} = 1 \cdot 3 - 6 \cdot 2 = -9$$

$$D_x = \begin{vmatrix} 2 & 2 \\ -6 & 3 \end{vmatrix} = 2 \cdot 3 - (-6) \cdot 2 = 18$$

$$D_y = \begin{vmatrix} 1 & 2 \\ 6 & -6 \end{vmatrix} = 1 \cdot (-6) - 6 \cdot 2 = -18$$

$$x = \frac{D_x}{D} = \frac{18}{-9} = -2; \quad y = \frac{D_y}{D} = \frac{-18}{-9} = -2$$

Probe:
$-2 + 2 \cdot 2 = 2$ und $6 \cdot (-2) + 3 \cdot 2 = -6$
$2 = 2$ (wahr) $\quad -6 = -6$ (wahr)

$\underline{L = \{(-2 \mid 2)\}}$ (genau eine Lösung)

Geometrischer Sachverhalt: Die durch die beiden Gleichungen beschriebenen **Geraden** ($x + 2y = 2$ und $6x + 3y = -6$) **schneiden sich** im Punkt $(-2 \mid 2)$.

2. (1) $\quad 3x + 6y = 9$
(2) $\wedge\ x + 2y = -2$

$$D = \begin{vmatrix} 3 & 6 \\ 1 & 2 \end{vmatrix} = 3 \cdot 2 - 1 \cdot 6 = 0 \quad \text{(keine Lösung!)}$$

Geometrischer Sachverhalt: Die durch die beiden Gleichungen beschriebenen **Geraden** ($3x + 6y = 9$ und $x + 2y = -2$) **sind parallel** und haben demnach keinen Schnittpunkt.

$\underline{L = \{\ \}}$

3. (1) $\quad 2x + 4y = 6$
(2) $\wedge\ -6x - 12y = -18$

$$D = \begin{vmatrix} 2 & 4 \\ -6 & -12 \end{vmatrix} = 2 \cdot (-12) - (-6) \cdot 4 = 0 \quad \text{(keine eindeutige Lösung!)}$$

Geometrischer Sachverhalt: Die beiden Gleichungen beschreiben ein und **dieselbe Gerade** ($y = -\frac{1}{2}x + \frac{3}{2}$), auf der es unendlich viele gemeinsame Punkte gibt.

$\underline{L = \{(x \mid y) \mid y = -\frac{1}{2}x + \frac{3}{2}\}_{\mathbb{Q} \times \mathbb{Q}}}$

Anders als beim 2. Beispiel sind beim 3. Beispiel auch D_x und D_y gleich Null:

$$D_x = \begin{vmatrix} 6 & 4 \\ -18 & -12 \end{vmatrix} = -72 - (-72) = 0$$

$$D_y = \begin{vmatrix} 2 & 6 \\ -6 & -18 \end{vmatrix} = -36 - (-36) = 0$$

Mit dieser Kenntnis können die drei verschiedenen Fälle eines Gleichungssystems, das zwei Geraden darstellt, übersichtlich in einem Struktogramm beschrieben werden.

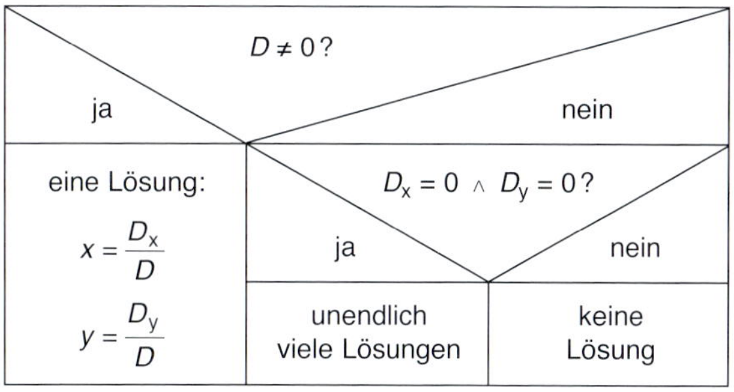

Aufgaben zu 7.2

Berechnen Sie die Lösungsmenge der Gleichungssysteme „im Kopf" durch Probieren.

1. $x + y = 4 \wedge x - y = 2$
2. $2x = y \wedge x + y = 9$
3. $x + y = 0 \wedge x - y = 2$
4. $x + 2y = 5 \wedge 2x - y = 0$
5. $x + 10y = 15 \wedge x + 5y = 10$
6. $2x + 3y = 12 \wedge x - y = 6$
7. Stellen Sie selbst ein Gleichungssystem mit zwei Variablen auf, das folgende Lösung hat.
   a) $x = 2,\ y = 3$ b) $x = 5,\ y = -1$ c) $x = 2{,}5,\ y = 10$ d) $x = 100,\ y = 20$

Ergänzen Sie die eine Gleichung durch eine zweite, so dass das entstehende Gleichungssystem die angegebene Lösung hat.

8. $x + 3y = 10$ ($x = 1,\ y = 3$)
9. $-4x + 7y = -27$ ($x = -2,\ y = -5$)
10. $-x - y = -11$ ($x = 11,\ y = 0$)
11. $4{,}5x - 2y = 3$ (keine Lösung)
12. $6x + 1{,}5y = 10$ (alle $x, y \in \mathbb{Q}$)
13. $3x = 4y$ ($x = 2,\ y = 1{,}5$)

Lösen Sie folgende Gleichungssysteme mit dem **Additionsverfahren** ($G = \mathbb{Q} \times \mathbb{Q}$).

Beispiel:
(1) $x + y = 3{,}5$ (1) + (2) → (3) [1. Lösung]
(2) $\wedge\ x - y = -2{,}5$ (1) – (2) → (5) [2. Lösung]

1. Lösung:
(3) $2x = 1$
(3) $x = 0{,}5$ (3) in (1) → (4)
(4) $0{,}5 + y = 3{,}5$
(4) $y = 3$
$L = \{(0{,}5 \mid 3)\}$

2. Lösung:
(3) $2x = 1$
$x = 0{,}5$
(5) $2y = 6$
(5) $y = 3$
$L = \{(0{,}5 \mid 3)\}$

Probe: $0{,}5 + 3 = 3{,}5$ (wahr) und $0{,}5 - 3 = -2{,}5$ (wahr)

14. $2x - 2y = -6 \wedge -2x - 2y = -10$
15. $x + 2y = 2 \wedge x - 2y = -6$
16. $2x + 3y = 12 \wedge 5x - 3y = 9$

17. $-4x + y = 0$
$\wedge\ 4x - 3y = -2$

18. $3x - 2y = -2$
$\wedge\ -x + y = 2$

19. $\frac{1}{2}x + \frac{1}{3}y = 4$
$\wedge\ 2x - \frac{1}{4}y = 2{,}5$

20. $8x + 3y = 1$
$\wedge\ 2x - 2y = -8$

21. $6y - 2x = 17$
$\wedge\ 4y - 3x = 18$

22. $60x + 4y = -60$
$\wedge\ -15x - 3y = -15$

23. $350x - 0{,}5y = -30$
$\wedge\ 150x + 3y = 630$

24. $6x - 2y = -2a$
$\wedge\ x + y = 5a$

25. $x + y = 5a + 5b$
$\wedge\ x - y = a - b$

Lösen Sie folgende Gleichungssysteme mit dem **Einsetzungsverfahren** ($G = \mathbb{Q} \times \mathbb{Q}$).

Beispiel:
(1) $2x + 3y = 7$
(2) $\wedge\ y = 3 - x$ (2) in (1) → (3)

Lösung:
(3) $2x + 3(3 - x) = 7$
$2x + 9 - 3x = 7$
$-x = -2$
(3) $x = 2$ (3) in (2) → (4)
(4) $y = 3 - 2$
(4) $y = 1$
$L = \{(2 \mid 1)\}$

Probe: $2 \cdot 2 + 3 \cdot 1 = 7$
$4 + 3 = 7$ (wahr)
und $1 = 3 - 2$ (wahr)

26. $x + y = 4$
$\wedge\ y = -4x + 1$

27. $4x - 2y = -10$
$\wedge\ y = -2x - 7$

28. $-x - y = 1$
$\wedge\ y = -2x + 3$

29. $y - x = 12$
$\wedge\ y = 2x + 5$

30. $\frac{3}{2}x - y = 4$
$\wedge\ y = \frac{1}{3}x + 3$

31. $11x + 8y = 86$
$\wedge\ y = 4x$

32. $2x + 7y = 104$
$\wedge\ y = \frac{6}{5}x$

33. $0{,}5x + 0{,}5y = 2$
$\wedge\ x = -0{,}2y$

34. $x = 4y$
$\wedge\ 0{,}1x + 0{,}2y = 51$

35. $-2x + 10y = 22$
$\wedge\ y = 0{,}2x$

36. $15x - 5y = 0$
$\wedge\ y = 3x$

37. $x + y = 5a$
$\wedge\ y = x - a$

Lösen Sie folgende Gleichungssysteme mit dem **Gleichsetzungsverfahren** ($G = \mathbb{Q} \times \mathbb{Q}$).

Beispiel:
(1) $y = 6 - x$
(2) $\wedge\ y = 3x - 4$ rechte Seite von (1) = rechte Seite von (2) → (3)

Lösung:
(3) $6 - x = 3x - 4$
$-4x = -10$
(3) $x = 2{,}5$ (3) in (1) → (4)
(4) $y = 6 - 2{,}5$
(4) $y = 3{,}5$
$L = \{(2{,}5 \mid 3{,}5)\}$

Probe: $3{,}5 = 6 - 2{,}5$ (wahr)
und $3{,}5 = 3 \cdot 2{,}5 - 4$
$3{,}5 = 7{,}5 - 4$ (wahr)

38. $y = x - 4$
$\wedge\ y = -x + 1$

39. $y = 5x - 50$
$\wedge\ y = -x + 10$

40. $y = 4x$
$\wedge\ y = -x + 10$

41. $y = 2x + 4{,}5$
$\wedge\ y = -\frac{1}{2}x + 9{,}5$

42. $y = 3$
$\wedge\ y = 4x + 11$

43. $4y = 2x - 12$
$\wedge\ 4y = -x + 6$

44. $y + 10 = -3x$
$\wedge\ y - 10 = x + 20$

45. $y = 0{,}1x + 40$
$\wedge\ y = 0{,}2x + 30$

46. $y = -400x + 50$
$\wedge\ y = -600x - 250$

47. $y = x + 3$
$\wedge\ y = -x + 2a + 3$

48. $y = x + a$
$\wedge\ y = x - a$

49. $y = x - 2b$
$\wedge\ y = 2x - a - 3b$

Lösen Sie folgende Gleichungssysteme mit Hilfe einer **Substitution** ($G = \mathbb{Q} \times \mathbb{Q}$).

Beispiel:

$$(1)\quad \frac{4}{x} + \frac{3}{y} = 30 \qquad D = \{(x \mid y) \mid x \neq 0 \wedge y \neq 0\}_{\mathbb{Q}\times\mathbb{Q}}$$

$$(2)\quad \wedge\ \frac{7}{x} - \frac{6}{y} = 15 \qquad \text{Substitution: } \frac{1}{x} = u;\quad \frac{1}{y} = v$$

Lösung:

$$(1)\quad 4u + 3v = 30 \qquad | \cdot 2$$

$$(2)\quad \wedge\ 7u - 6v = 15$$

$$(1)\quad 8u + 6v = 60$$

$$(2)\quad \wedge\ 7u - 6v = 15 \qquad (2) + (1) \rightarrow (3)$$

$$(3)\quad 15u = 75 \qquad | : 15$$

$$(3)\quad u = 5 \qquad (3) \text{ in } (1) \rightarrow (4)$$

$$(4)\quad 4 \cdot 5 + 3v = 30 \qquad | - 20$$

$$3v = 10 \qquad | : 3$$

$$(4)\quad v = \tfrac{10}{3}$$

Substitution zurück:

$$(3)\quad \frac{1}{x} = 5 \qquad x = \frac{1}{5} \qquad\qquad (4)\quad \frac{1}{y} = \frac{10}{3} \qquad y = \frac{3}{10}$$

$$L = \left\{\left(\frac{1}{5} \,\middle|\, \frac{3}{10}\right)\right\}$$

Probe:

$$\frac{4 \cdot 5}{1} + \frac{3 \cdot 10}{3} = 30$$

$$20 + 10 = 30 \quad \text{(wahr)}$$

und

$$\frac{7 \cdot 5}{1} - \frac{6 \cdot 10}{3} = 15$$

$$35 - 20 = 15 \quad \text{(wahr)}$$

50. $\frac{3}{x} + \frac{4}{y} = -1 \ \wedge\ \frac{3}{x} - \frac{4}{y} = 7$

51. $\frac{3}{x} + \frac{8}{y} = 3 \ \wedge\ \frac{15}{x} - \frac{4}{y} = 4$

52. $\frac{28}{x} + \frac{6}{y} = 9 \ \wedge\ \frac{9}{y} - \frac{4}{x} = 2$

53. $\frac{3}{x} + \frac{5}{y} = 2 \ \wedge\ \frac{9}{x} - \frac{10}{y} = 1$

54. $\frac{25}{x} + \frac{18}{y} = 8 \ \wedge\ \frac{15}{x} - \frac{12}{y} = 1$

55. $\frac{x}{3} + \frac{5}{y} = 4\frac{1}{3} \ \wedge\ \frac{x}{6} + \frac{10}{y} = 2\frac{2}{3}$

56. $\frac{4}{x} + \frac{y}{8} = 2\frac{1}{3} \ \wedge\ \frac{2}{x} + \frac{y}{4} = 4\frac{1}{6}$

57. $\frac{1}{3x-2} + \frac{2}{4y+3} = \frac{7}{30} \ \wedge\ \frac{5}{3x-2} - \frac{3}{4y+3} = \frac{3}{10}$

58. $\frac{14}{2x+8} - \frac{1}{3-y} = 0 \ \wedge\ \frac{4}{4+x} + \frac{2}{3-y} = \frac{18}{7}$

59. $\frac{3}{5x-10} - \frac{1}{y+3} = 1 \ \wedge\ \frac{1}{2-x} + \frac{10}{9y+27} = \frac{4}{3}$

60. $\frac{3}{4-x} + \frac{5}{y+4} = 4 \ \wedge\ \frac{4}{x-4} + \frac{20}{3y+12} = -\frac{8}{3}$

61. $\frac{a}{x-a} + \frac{a+1}{y} = 2 \ \wedge\ \frac{2a}{x-a} - \frac{2a+2}{y} = 0$

Lösen Sie folgende Gleichungssysteme mit dem **Determinantenverfahren** ($G = \mathbb{Q} \times \mathbb{Q}$).

Beispiel:

$$\left[\begin{array}{l} 4x + 6y = 24 \\ \wedge\ 5x - 3y = 9 \end{array}\right]$$

Lösung:

$$D = \begin{vmatrix} 4 & 6 \\ 5 & -3 \end{vmatrix} = 4 \cdot (-3) - 5 \cdot 6 = -12 - 30 = -42$$

$$D_x = \begin{vmatrix} 24 & 6 \\ 9 & -3 \end{vmatrix} = 24 \cdot (-3) - 9 \cdot 6 = -72 - 54 = -126$$

$$D_y = \begin{vmatrix} 4 & 24 \\ 5 & 9 \end{vmatrix} = 4 \cdot 9 - 5 \cdot 24 = 36 - 120 = -84$$

$$x = \frac{D_x}{D} = \frac{-126}{-42} = 3$$

$$y = \frac{D_y}{D} = \frac{-84}{-42} = 2$$

$$L = \{(3 \mid 2)\}$$

Probe:

$$4 \cdot 3 + 6 \cdot 2 = 24$$

$$12 + 12 = 24 \quad \text{(wahr)}$$

und

$$5 \cdot 3 - 3 \cdot 2 = 9$$

$$15 - 6 = 9 \quad \text{(wahr)}$$

62. $2x + y = 1$
$\wedge\ x + y = -1$

63. $x + 9y = 40$
$\wedge\ 3x + 7y = 60$

64. $5x - y = 50$
$\wedge\ 9x - 11y = 44$

65. $2x - 3y = 1$
$\wedge\ 3x - 7y = -6$

66. $5x + 8y = 47$
$\wedge\ 4x - 3y = 0$

67. $2x + 3y = 0$
$\wedge\ x = 3$

68. $5x - 2y = 8$
$\wedge\ -3x + \frac{6}{5}y = 3$

69. $1200x - 40y = 220$
$\wedge\ -60x + 2y = -11$

70. $2x + 2y = 6$
$\wedge\ x - 5y = 0$

71. $x - 12y = 6$
$\wedge\ 0{,}1x + y = 5$

72. $100x + y = -5$
$\wedge\ 20x - 0{,}2y = 17$

73. $2x + 3y = 2a$
$\wedge\ \frac{1}{2}x + y = a$

Lösen Sie folgende Gleichungssysteme mit dem bequemsten Verfahren!

74. $x + y = 8{,}45$
$\wedge\ x - y = 3{,}23$

75. $x + y = 5\frac{2}{3}$
$\wedge\ x - y = 3\frac{1}{3}$

76. $9x - 2y = 31$
$\wedge\ 7x + 6y = 77$

77. $12x - 7y = 28$
$\wedge\ 8x + 5y = 96$

78. $3\frac{1}{3}x + \frac{4}{5}y = 58$
$\wedge\ 4\frac{3}{5}x - 14 = 5\frac{1}{2}y$

79. $7x + 8y = 2x - 3y$
$\wedge\ 2x + y = 3x - 16$

80. $5x - 3y = 25$
$\wedge\ 1{,}3x - 1{,}7y - 1{,}9 = 0$

81. $2{,}8x - 6{,}86 = 0{,}7y$
$\wedge\ 3{,}5x + 1{,}3y = 17{,}71$

82. $0{,}008x + 4y = 8$
$\wedge\ 0{,}03x + 10y = 140$

Beispiel: (1) $12x = -3y + 12$

(2) $\wedge\ \dfrac{4x + y}{10x + y} = 4 \quad (y \neq -10x)$

Es ist meistens sinnvoll, das Gleichungssystem auf **„Normalform"** zu bringen (Terme mit *x* und *y* nach links und untereinander, alles andere nach rechts):

(1) $12x + 3y = 12$ | $\cdot 3$
(2) $\wedge\ 4x + y = 4(10x + y)$ | Ausmultiplizieren und $-40x - 4y$

(1) $36x + 9y = 36$
(2) $\wedge -36x - 3y = 0$ (2) + (1) → (3)

(3) $6y = 36$ | : 6
(3) $y = 6$ (3) in (1) → (4)
(4) $12x + 3 \cdot 6 = 12$ | -18
$12x = -6$ | : 12
(4) $x = -0{,}5$

$L = \{(-0{,}5 \mid 6)\}$

Probe:

$12 \cdot (-0{,}5) = -3 \cdot 6 + 12$ und $\dfrac{4 \cdot (-0{,}5) + 6}{10 \cdot (-0{,}5) + 6} = 4$

$-6 = -6$ (wahr) und $\dfrac{4}{1} = 4$ (wahr)

83. $11x - 8y = 6x + 6$
$\wedge\ \dfrac{8x - 7y}{2x + y} = \dfrac{13}{6}$

84. $\dfrac{x}{y} = \dfrac{4}{7}$
$\wedge\ \dfrac{5x + 3}{4y - 12} = \dfrac{7}{8}$

85. $\dfrac{x + 2}{y - 1} = \dfrac{3}{1}$
$\wedge\ \dfrac{3x + 4}{y + 1} = \dfrac{4}{1}$

86. $\dfrac{x - 7}{y - 2} = \dfrac{1}{4}$
$\wedge\ \dfrac{x}{y} = \dfrac{5}{7}$

87. $\dfrac{x - 2}{y + 3} = \dfrac{1}{3}$
$\wedge\ \dfrac{x}{y} = \dfrac{5}{6}$

88. $\dfrac{3x + 1}{2y - 5} = \dfrac{2}{1}$
$\wedge\ \dfrac{x + 2}{5} = \dfrac{y + 1}{6}$

89. $\dfrac{6x + 1}{4y + 5} = \dfrac{13}{11}$
$\wedge\ \dfrac{x}{y} = \dfrac{5}{6}$

90. $\dfrac{3}{3y - x} = \dfrac{7}{3x - y}$
$\wedge\ \dfrac{9}{4x - 3} = \dfrac{5}{4y - 3}$

91. $\dfrac{2x + 3y + 5}{y - x} = 6$
$\wedge\ \dfrac{3x - 4y}{5x - 2y} = 5\dfrac{1}{2}$

92. $\dfrac{5}{x + 2y} = \dfrac{3}{2x + y}$
$\wedge\ \dfrac{7}{3x - 2} = \dfrac{5}{6 - y}$

93. $\dfrac{1}{2x - 3y} = \dfrac{9}{3x - 2y}$
$\wedge\ \dfrac{1}{2x - 9} = \dfrac{9}{4y - 3}$

94. $\dfrac{1}{3x + 1} = \dfrac{2}{5y + 4}$
$\wedge\ \dfrac{7y - 6}{4x - 3} = \dfrac{2}{1}$

95. $\dfrac{11}{13} = \dfrac{8y + 10}{2 + 12x}$
$\wedge\ 6x = 5y$

96. $\dfrac{8x - 10y}{3x + 4y} = 1\dfrac{3}{8}$
$\wedge\ 12x - 5y = 9x + 7$

97. $\dfrac{x + 2y + 1}{2x - y + 1} = 2$
$\wedge\ \dfrac{3x - y + 1}{x - y + 3} = 5$

98. $15x + \frac{1}{y} = 33$
$\wedge\ 8x - \frac{5}{y} = 1$

99. $7x = 16 + \frac{3}{y}$
$\wedge\ \frac{2}{y} = 3x - 4$

100. $\frac{7}{y} + \frac{3}{x} = 2$
$\wedge\ 5x - 6y = 3\frac{1}{7}xy$

101. $2(3x - 4) + 5(7y - 6) = 5(7x + 2y) - 25$
$\wedge\ 7(2x - 5) - 3(8y - 6) = 13(4y - 7x) - 3$

102. $5(2x - 9) - 3(4y - 5) - 12(2y - x) = 0$
$\wedge\ 3(4x + y - 7) - 8(2y - 3x + 5) = x + 9 - 3y$

103. $\frac{3x + y}{6} - \frac{5x - 3y}{4} = -1$
$\wedge\ \frac{2x - 5y}{5} + \frac{7x - 5y}{4} = 4$

104. $\frac{3x - 2y}{5} + \frac{5x - 3y}{3} = x + 1$
$\wedge\ \frac{2x - 3y}{3} = \frac{4x - 3y}{2} = y + 1$

105. $(x - 3)(y + 9) = (x + 2)(y + 2)$
$\wedge\ 2(x + 6)(3y - 8) = (3x + 4)(2y - 3)$

106. $(4x - 13)(3y + 10) = (2x + 1)(6y - 5)$
$\wedge\ \frac{4x + 3y - 13}{7x - 8y + 11} = \frac{3}{2}$

Vergleichen Sie bei den folgenden drei Aufgaben jeweils die Gleichungssysteme unter a) und b) und die dazugehörigen Lösungsmengen! Staunen Sie zunächst und deuten Sie dann Ihre Ergebnisse graphisch!

107. a) $x + 2y = 3$
$\wedge\ 0{,}499x + 1{,}001y = 1{,}5$

b) $x + 2y = 3$
$\wedge\ 0{,}5x + 1{,}001y = 1{,}5$

108. a) $2x - 4y = 1$
$\wedge\ -2{,}998x + 6{,}001y = 2$

b) $2x - 4y = 1$
$\wedge\ 2{,}998x + 6y = 2$

109. a) $0{,}049204x - 49{,}6y = 244$
$\wedge\ 3{,}1x - 3125y = 15375$

b) $0{,}0492x - 49{,}6y = 244$
$\wedge\ 3{,}1x - 3125y = 15375$

Schnittpunkte von Geraden

Berechnen Sie den Schnittpunkt der beiden Geraden und überprüfen Sie die Lösung im Koordinatensystem.

Beispiel: g_1: $y = \frac{1}{3}x + 4$
g_2: $y = -\frac{2}{3}x + 6$

Lösung: Schnittpunkt: $g_1 \cap g_2$

Lösung mit dem Gleichsetzungsverfahren:

$\frac{1}{3}x + 4 = -\frac{2}{3}x + 6 \quad | + \frac{2}{3}x - 4$

$\Leftrightarrow\ \frac{1}{3}x + \frac{2}{3}x = 6 - 4$

$\Leftrightarrow\ x = 2$

eingesetzt in g_1:

$y = \frac{1}{3} \cdot 2 + 4$

$\Leftrightarrow\ y = 4\frac{2}{3}$

$\underline{S(2 \mid 4\frac{2}{3})}$

Kontrolle (Punktprobe) für g_2:

$4\frac{2}{3} = -\frac{2}{3} \cdot 2 + 6$

$\frac{14}{3} = \frac{14}{3}$ (wahr)

110. g_1: $y = 4x - 7$
g_2: $y = 0{,}5x + 3{,}5$

111. g_1: $y = -x - 3$
g_2: $y = -3x - 5$

112. g_1: $y = \frac{1}{4}x + 2{,}4$
g_2: $y = 3x - 3{,}1$

113. g_1: $y = 2{,}5x + 5{,}8$
g_2: $y = -0{,}5x + 2{,}2$

114. g_1: $2x - 6y = 6$
g_2: $-x - 1{,}5y = 6$

115. g_1: $0{,}8x + 3{,}1y = 1{,}8$
g_2: $1{,}2x - 1{,}4y = -7{,}2$

116. g_1: $\frac{x}{2} + \frac{y}{10} = 1$
g_2: $y = 5x$

117. g_1: $\frac{x}{3} - \frac{y}{4} = 1$
g_2: $2x + y = -4$

118. g_1: $\frac{x}{1200} + \frac{y}{600} = 1$
g_2: $\frac{x}{1500} + \frac{y}{300} = 1$

119. g_1: $0{,}015x + 0{,}97y = 2{,}25$
g_2: $2{,}1x + 2{,}24y = -4.41$

120. g_1: $\frac{x}{240} + \frac{y}{180} = 10$
g_2: $y = 2{,}5x - 720$

121. g_1: $\frac{x}{33} + \frac{y}{44} = 1$
g_2: $1{,}45x + 1{,}54y = 1$

Anwendungen bei geometrischen Formen

Fertigen Sie zu allen Aufgaben eine geeignete Zeichnung in einem Koordinatensystem an.

122. Die drei Geraden g_1, g_2 und g_3 bilden ein Dreieck:
g_1: $y = 0{,}4x$; g_2: $5x + 4y - 13{,}2 = 0$; g_3: $x = -1$;
a) Berechnen Sie die Eckpunkte des Dreiecks.
b) Berechnen Sie den Flächeninhalt des Dreiecks.

123. Die vier Geraden g_1, g_2, g_3 und g_4 bilden ein Viereck. Berechnen Sie die Eckpunkte und den Schnittpunkt der Diagonalen: g_1: $y = 0{,}25x - 3$; g_2: $y = -6x + 12$; g_3: $y = x + 4$; g_4: $y = -x - 4$.

124. Die Geraden g und *h* schließen mit den positiven Koordinatenachsen ein Viereck ein. Berechnen Sie die Eckpunkte und den Flächeninhalt des Vierecks: g: $y = -0{,}3x + 3$; *h*: $y = -0{,}8x + 4$.

125. Die Punkte A (– 3 | 1), B (3 | – 2) und C (5 | 2) bilden ein Dreieck ABC.
a) Weisen Sie nach, dass das Dreieck ABC rechtwinklig ist.
b) Ergänzen Sie das Dreieck mit einem Punkt D zu dem Quadrat ABCD.

126. Ergänzen Sie das Dreieck ABC zu einem Parallelogramm: A (– 2 | – 2), B (5 | 1), C (0 | 4).

Der **Mittelpunkt** $M(x_M \mid y_M)$ einer Strecke $\overline{AB}$ kann als arithmetisches Mittel aus den Koordinaten der Endpunkte bestimmt werden.

$$x_M = \frac{x_A + x_B}{2}; \quad y_M = \frac{y_A + y_B}{2}$$

127. Bestimmen Sie die Mittelsenkrechte der Strecke $\overline{AB}$ mit
a) A (– 4 | – 1), B (4 | 3), b) A (– 2 | 5), B (– 4 | – 2).

128. Die vier Punkte A (– 1 | – 2), B (4 | – 3), C (4 | 2) und D (– 3 | 4) bilden ein Viereck.
a) Weisen Sie rechnerisch nach, dass die Verbindungslinien der Seitenmitten ein Parallelogramm bilden.
b) Welche Figur ergibt sich bei einem Rechteck?

129. Die vier Punkte A (1 | – 3), B (4 | – 2), C (5 | 1) und D (2 | 0) bilden eine Raute. Weisen Sie rechnerisch nach, dass sich die Diagonalen rechtwinklig schneiden und gegenseitig halbieren.

130. Die vier Punkte A (– 4 | – 5), B (0 | – 4), C (2 | 2) und D (– 2 | 1) bilden ein Viereck.
a) Weisen Sie nach, dass das Viereck ein Parallelogramm ist.
b) Weisen Sie nach, dass sich die Diagonalen halbieren. Wie heißt der Mittelpunkt?

131. Die Punkte A (1 | 1) und C (7 | 7) sind die gegenüberliegenden Eckpunkte eines Drachens, dessen Symmetrieachse die 1.Winkelhalbierende ist. Wählen Sie selbst zwei geeignete Punkte B und D, die mit A und C den Drachen ABCD bilden und begründen Sie rechnerisch folgende Eigenschaften:
a) die Diagonale $\overline{BD}$ wird von $\overline{AC}$ halbiert,
b) die Diagonalen $\overline{AC}$ und $\overline{BD}$ sind orthogonal zueinander.

132. Die drei Punkte A (4 | 0), B (6 | 4) und C (0 | 1) bilden ein Dreieck.
a) Bestimmen Sie die Seitenhalbierenden und berechnen deren Schnittpunkt, den Schwerpunkt des Dreiecks.
b) Bestimmen Sie die Mittelsenkrechten und berechnen Sie deren Schnittpunkt, den Mittelpunkt des Umkreises.
c) Bestimmen Sie die Höhen und berechnen Sie deren Schnittpunkt.

133. Die drei Punkte A (– 4 | 4), B (5 | – 2) und C (4 | 6) bilden ein Dreieck. Weisen Sie nach, dass die Verbindungslinien der Seitenmitten jeweils parallel zu den Dreiecksseiten sind. Sie heißen daher auch Mittelparallelen.

134. Die vier Punkte A (2 | 0), B (7 | 0), C (5 | 4) und D (3 | 4) bilden ein Trapez. Bestimmen Sie die Gleichung der Geraden durch die Mitten der beiden parallelen Seiten und weisen Sie nach, dass sie sich mit $\overline{AB}$ und $\overline{BC}$ in einem gemeinsamen Punkt trifft.

Scharen von Geraden

135. Suchen Sie eine Gerade *h*, die die Gerade g im Punkt P schneidet.
a) g: $y = -1{,}6x + 3{,}2$; P (2 | 0) b) g: $y = \frac{4}{3}x - 4$; P (6 | 4)

136. In welchem Bereich liegen die Steigungen aller Geraden, die durch den Punkt (100 | 1) verlaufen und die y-Achse zwischen – 5 und 5 schneiden?

137. Zwei verschiedene Geraden der Schar g_k: $y = \frac{1}{3}x + k$ bilden einen Streifen.
   a) Welches Intervall schneidet der Streifen aus der x-Achse, der von g_2 und g_4 gebildet wird?
   b) Wie groß muss die Differenz der y-Achsenabschnitte k_1 und k_2 sein, damit das aus der x-Achse herausgeschnittene Intervall die Länge 15 LE hat?

138. Durch g_b: $y = 1{,}5x + b$ wird eine Schar von parallelen Geraden beschrieben.
   a) Welche Gerade aus der Schar schneidet die Gerade h: $y = -\frac{1}{2}x - 1$ bei $x = 5$?
   b) Berechnen Sie die Koordinaten des Schnittpunkts von g_b mit h in Abhängigkeit von b.

139. Durch g_m: $y = mx + 3$ wird eine Schar von Geraden mit dem y-Achsenabschnitt 3 beschrieben.
   a) Welche Gerade aus der Schar schneidet die Senkrechte $x = 2$ bei $y = -5$?
   b) Welche Gerade aus der Schar schneidet die Waagrechte $y = 6$ an der Stelle $x = 2$?
   c) Berechnen Sie den Schnittpunkt von g_m mit $m = 4{,}5$ und der Geraden h: $3x + 2y = -1$.
   d) Welche Gerade aus der Schar ist parallel zu h?
   e) Welche Gerade aus der Schar ist orthogonal zu h? Geben Sie den Schnittpunkt an.

140. Durch g_k: $y = k(x + 2) + 3$ wird eine Schar von Geraden durch den Punkt (– 2 | 3) beschrieben.
   a) Welche Gerade aus der Schar verläuft durch den Punkt P (6 | 6)?
   b) Welche Gerade aus der Schar verläuft durch den Ursprung?
   c) Berechnen Sie für $k = -1$ den Schnittpunkt von g_k mit der Geraden h: $y = 0{,}5x - 1$.
   d) Welche Gerade aus der Schar ist orthogonal zu h? Geben Sie den Schnittpunkt an.
   e) Welche Gerade aus der Schar ist orthogonal zur 1. Winkelhalbierenden $y = x$? Geben Sie den Schnittpunkt an.

141. Schreiben Sie ein Struktogramm für die möglichen Lagen von zwei Geraden g_1: $y = m_1x + b_1$ und g_2: $y = m_2x + b_2$.

142. Schreiben Sie für das Struktogramm aus dem Lehrtext ein Programm mit Hilfe der logischen Verzweigung von IF ... THEN ... ELSE. Übertragen Sie es in eine Ihnen bekannte Programmiersprache.

143. Was bedeutet es anschaulich für zwei Geraden, wenn gilt:
   a) $D \neq 0,\ D_x = 0$; b) $D \neq 0,\ D_y = 0$; c) $D \neq 0,\ D_x = D_y = 0$?

Gleichungssysteme mit Formvariablen

Bei diesen Aufgaben brauchen keine Fallunterscheidungen durchgeführt werden (wir setzen voraus, dass die auftretenden Nenner und damit die Determinante D ungleich null sind).

144. $2x + 5y = 3a \ \wedge\ x - y = -2a$

145. $x + 3y = 6a \ \wedge\ 4x - 3y = 9a$

146. $2x + 2y = 10a \ \wedge\ 3x + 3y = 12a$

147. $5x - 2y = 2a + 10 \ \wedge\ 3x - y = a + 6$

148. $4x - 4y = 4 \ \wedge\ 3x + y = 4a - 1$

149. $ax + y = 3 \ \wedge\ ax - y = 1$

150. $2ax - ay = 0 \ \wedge\ 3ax + 2ay = 7a$

151. $4ax + 4y = 4a \ \wedge\ -6ax - 8y = -4a$

152. $3ax - 2ay = 6a \ \wedge\ 5x + 5y = 35$

153. $4x + 2ay = 2 \ \wedge\ 12x + 3ay = 3$

154. $4ax + 4y = 4a \ \wedge\ x - 4y = -4a$

155. $6ax - 2ay = 0 \ \wedge\ 2x + 2y = 8a$

156. $\frac{4}{a}x - \frac{2}{a}y = 4 \ \wedge\ x + y = 4a$

157. $\frac{2}{a}x + ay = 9 \ \wedge\ \frac{4}{a}x - 12ay = 4$

158. $(a - b)x + (a + b)y = 2a \ \wedge\ (a - b)x - (a + b)y = 2b$

159. $(a + b)x - (a - b)y = 0 \ \wedge\ (a - b)x - (a + b)y = -4ab$

160. $a x + b y = \dfrac{a^2+1}{a}$

$\wedge\ x + b y = 2$

161. $\dfrac{x+2a}{a} + \dfrac{y}{b} = 2$

$\wedge\ \dfrac{x}{a} - \dfrac{y}{b} = -2$

162. $\dfrac{x}{a} + \dfrac{2y}{b} = -1$

$\wedge\ \dfrac{2x}{a} - 1 = \dfrac{y+2b}{b}$

163. $\dfrac{x+y}{x-y} = \dfrac{a+b}{a-b}$

$\wedge\ 3x - 2y = 3a - 2b$

164. $4a(x-7a) + 3by = bx - 2ay$

$\wedge\ 3a(x+5b) - 2ay = 4b(y-x) - 8b^2$

165. $x + y = a^2 + b^2$

$\wedge\ \dfrac{x}{a} + \dfrac{y}{b} = 2a$

166. $(3a-b)x + (3a+b)y = 2(a+b)$

$\wedge\ \dfrac{x}{3a+b} - \dfrac{y}{3a-b} = \dfrac{2(a-b)}{9a^2-b^2}$

167. $(a+b)(x+y) + 1 = 0$

$\wedge\ \dfrac{bx-1}{a} + \dfrac{ay+3}{b} = \dfrac{1}{a+b}$

168. $\dfrac{7x}{a-b} - \dfrac{2(3a-b)}{15} = 22a - 26b$

$\wedge\ \dfrac{5x}{a+b} - \dfrac{(2a+b)y}{10} = 8a + 19b$

169. $\dfrac{ax}{a^2-b^2} - \dfrac{b}{y} = 1$

$\wedge\ \dfrac{a}{y} - \dfrac{bx}{a^2-b^2} = 1$

170. $\dfrac{x+1}{y+1} = \dfrac{a+b+c}{a-b+c}$

$\wedge\ \dfrac{x-1}{y-1} = \dfrac{a+b-c}{a-b-c}$

Untersuchen Sie, für welche $a \in \mathbb{Q}$ das Gleichungssystem genau eine, keine oder unendlich viele Lösungen hat.

Beispiel: (1) $x + y = a$

(2) $\wedge\ x + ay = 1$ (2) – (1) ⟶ (3)

(3) $(a-1)y = 1 - a$

(3) $(a-1)y = -(a-1)$

1. Fall: $a \neq 1$:

(3) $y = -1$

(3) in (1): $x - 1 = a$

$x = a + 1$

eine Lösung: $(a+1\,|\,-1)$, z.B. für $a = 2$: $(3\,|\,-1)$

Probe:

$a + 1 - 1 = a$ und $a + 1 + a \cdot (-1) = 1$

$a = a$ (wahr) $1 = 1$ (wahr)

2. Fall: $a = 1$:

(3) $0y = 0$

(3) $y \in \mathbb{Q}$ beliebig

unendlich viele Lösungen: $x + y = 1$

oder: $x = c,\ y = 1 - c,\ c \in \mathbb{Q}$: $(c\,|\,1-c)$

171. $x + y = 5$
$\wedge\ x + ay = 2$

172. $x + y = 1$
$\wedge\ x + ay = a$

173. $x + y = a$
$\wedge\ x + ay = 2a + 1$

174. $x + y = a$
$\wedge\ x + 2y = 0$

175. $ax + ay = 1$
$\wedge\ x + y = 2$

176 $ax + ay = 1$
$\wedge\ x - y = 2$

177. $ax + ay = a$
$\wedge\ x + y = 4$

178. $ax + ay = a$
$\wedge\ x + y = 1$

179. $ax = 1$
$\wedge\ ay = -1$

In dem Gleichungssystem $\left[\begin{array}{l} a_1 x + b_1 y = c_1 \\ \wedge\ a_2 x + b_2 y = c_2 \end{array}\right]$ kann man für a_1, a_2, b_1, b_2, c_1, c_2 alle Zahlen aus $\mathbb{Q}$ einsetzen, also auch 0.

Die folgenden Gleichungssysteme haben kaum praktischen Wert; sie bieten aber die Möglichkeit, das Lösungsverhalten von Gleichungssystemen vollständig zu untersuchen. Für die drei Beispiele gilt jeweils: $D = D_x = D_y = 0$, aber die drei Lösungsmengen sind verschieden. Finden Sie jeweils die Lösungsmenge!

180. $0 \cdot x + 0 \cdot y = 0$
$\wedge\ 0 \cdot x + 0 \cdot y = 0$

181. $x + 0 \cdot y = 0$
$\wedge\ 0 \cdot x + 0 \cdot y = 0$

182. $0 \cdot x + 0 \cdot y = 1$
$\wedge\ 0 \cdot x + 0 \cdot y = 0$

7.3 Lösen von Textaufgaben mit 2 Variablen

In zahlreichen Situationen stößt man auf Probleme, die mit Hilfe von Gleichungssystemen gelöst werden können. Dabei geht es immer darum, für eine bestimmte Anzahl von Variablen (Bedarfsnamen) ebenso viele Gleichungen aufzustellen, um – wie in den meisten Fällen erwünscht – eine eindeutige Lösung zu erhalten. Kommen also in einem Text zwei unbekannte Größen vor, so benötigt man zwei Gleichungen, in denen diese Größen als Variable auftreten. Wir wollen dies an einem Beispiel verdeutlichen, bei dem sich der Einsatz eines Gleichungssystems mit zwei Variablen als nützlich erweist.

Beispiel

Auf einem zwischen den Orten A und B gelegenen 210 km langen Autobahnstück wurden zwei Pkw's beobachtet, die in entgegengesetzter Richtung fuhren. Der eine ist um 9.14 Uhr in A abgefahren und um 11.34 Uhr in B angekommen, der andere ist um 9.50 Uhr in B abgefahren und um 11.50 Uhr in A angekommen. Wann und wo sind sie sich begegnet, wenn beide jeweils mit gleich bleibender Geschwindigkeit gefahren sind?

1. Lösung: Ist die Geschwindigkeit konstant, so haben wir es mit einer gleichförmigen Bewegung zu tun, für die das physikalische Gesetz

$\frac{s}{t} = v$ (oder $s = v \cdot t$) gilt (s: Weg, t: Zeit, v: Geschwindigkeit).

Daraus lassen sich die Geschwindigkeiten der beiden Fahrzeuge berechnen.

1. Fahrzeug: 9.14 Uhr bis 11.34 Uhr: 2 h 20 min = $2\frac{1}{3}$ h

$$v_1 = \frac{210\text{ km}}{\frac{7}{3}\text{ h}} = 90\,\frac{\text{km}}{\text{h}}$$

2. Fahrzeug: 9.50 Uhr bis 11.50 Uhr: 2 h

$$v_2 = \frac{210\text{ km}}{2\text{ h}} = 105\,\frac{\text{km}}{\text{h}}$$

Wir wollen uns den Fahrverlauf der beiden Fahrzeuge in einem Weg-Zeit-Diagramm verdeutlichen. Dazu legen wir den Ursprung des Koordinatensystems sinnvollerweise so, dass ein Fahrzeug (1. Fahrzeug) zum Zeitpunkt $t = 0$ vom Wendepunkt $s = 0$ abfährt. Zusätzlich zu den gefahrenen Stunden notieren wir die Uhrzeiten (statt der Einteilung in Stunden könnten wir auch Minuten nehmen):

9.14 Uhr ≙ 0 h
9.50 Uhr ≙ $\frac{3}{5}$ h (36 min)
11.34 Uhr ≙ $2\frac{1}{3}$ h (140 min)
11.50 Uhr ≙ $2\frac{3}{5}$ h (156 min)

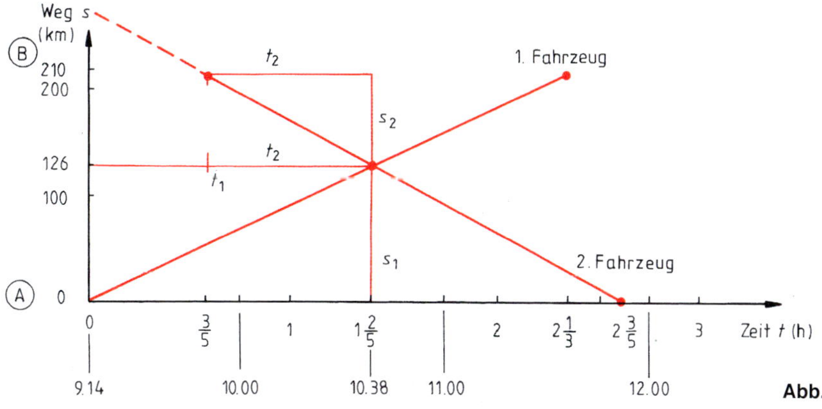

Abb. 7.4

Für die beiden geradlinigen Graphen der Fahrzeuge erhalten wir folgende Funktionsgleichungen:

1. Fahrzeug: $s = 90\,\frac{\text{km}}{\text{h}} \cdot t$

2. Fahrzeug: $s = -105\,\frac{\text{km}}{\text{h}} \cdot t + b$

Bestimmung von b für $t = 2\frac{3}{5}$ h, $s = 0$ km:

$$0 = -105\,\frac{\text{km}}{\text{h}} \cdot \frac{13}{5}\,\text{h} + b$$

$$b = 273\,\text{km}$$

$$s = -105\,\frac{\text{km}}{\text{h}} \cdot t + 273\,\text{km}$$

Die beiden Gleichungen beschreiben den gesamten Fahrverlauf der beiden Fahrzeuge. Der Treffpunkt der beiden Fahrzeuge wird gekennzeichnet durch den Schnittpunkt der beiden Geraden, die wir ohne Einheiten in der üblichen Weise aufschreiben ($s = y$ km, $t = x$ h):

(1) $y = 90x$ (1) in (2) → (3)

(2) $\wedge$ $y = -105x + 273$

(3) $90x = -105x + 273$

$195x = 273$

$x = \frac{273}{195}$

(3) $x = \frac{7}{5}$ (3) in (1) → (4)

(4) $y = 90 \cdot \frac{7}{5}$

(4) $y = 126$

Zeitpunkt: $\frac{7}{5}$ h ≙ 10.38 Uhr

Ort: 126 km von A entfernt

bzw. (210 – 126 = 84)

84 km von B entfernt

2. Lösung: Wir wollen eine andere Vorgehensweise schildern, für deren Verständnis aber auch wieder die Darstellung im Weg-Zeit-Diagramm eine große Hilfe bedeutet. Dabei wollen wir für den Zeitpunkt des Zusammentreffens beider Fahrzeuge alle bekannten und unbekannten Größen in einer Tabelle zusammenstellen.

Größe	1. Fahrzeug	2. Fahrzeug
benötigte Zeit	$t_1 = x$ h	$t_2 = x\,\text{h} - \frac{3}{5}\,\text{h}$
Geschwindigkeit	$v_1 = 90\,\frac{\text{km}}{\text{h}}$	$v_2 = 105\,\frac{\text{km}}{\text{h}}$
zurückgelegter Weg	$s_1 = y$ km	$s_2 = 210\,\text{km} - y\,\text{km}$

Beachten Sie dabei die Übereinstimmung der Einheiten!

Wegen $s = v \cdot t$ erhalten wir daraus zwei Gleichungen (wir schreiben sie wieder ohne Einheiten auf):

(1) $y = 90x$ (1) in (2) → (3)

(2) $\wedge$ $210 - y = 105\left(x - \frac{3}{5}\right)$

Die 2. Gleichung könnten wir so umformen, dass wir die oben beschriebene Geradengleichung erhielten. Allerdings können wir dieses Gleichungssystem auch direkter (etwa mit der Einsetzungsmethode) lösen:

(3) $210 - 90x = 105x - 63$

$-195x = -273$

(3) $\underline{x = \frac{7}{5}}$ (3) in (1) → (4)

(4) $y = 90 \cdot \frac{7}{5}$

(4) $\underline{y = 126}$

Damit können wir alle Größen in die Tabelle eintragen:

$t_1 = \underline{\frac{7}{5}\,\text{h}}$ (1 h 24 min)

$t_2 = \frac{7}{5}\,\text{h} - \frac{3}{5}\,\text{h} = \underline{\frac{4}{5}\,\text{h}}$ (48 min)

$s_1 = \underline{126\,\text{km}}$

$s_2 = 210\,\text{km} - 126\,\text{km} = \underline{84\,\text{km}}$

3. Lösung: Zum Schluss schauen wir uns noch eine „lineare" Darstellung des Problems an. Sie stellt im Grunde die senkrechte Projektion des Diagramms auf die Weg-Achse dar.

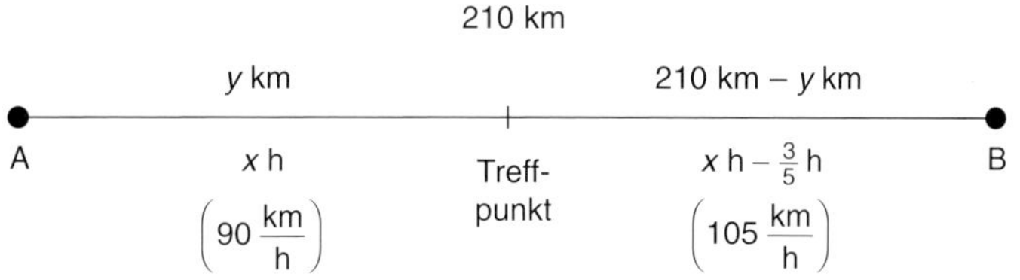

Abb. 7.5

Bei dieser Darstellung kommen wir sogar mit nur einer Variablen aus:

$s_1 + s_2 = 210\,\text{km}$

$v_1 t_1 + v_2 t_2 = 210\,\text{km}$

also: $90x + 105\left(x - \frac{3}{5}\right) = 210$

$\Longleftrightarrow \quad 90x + 105x - 63 = 210$

$\Longleftrightarrow \quad 195x = 273$

$\Longleftrightarrow \quad \underline{x = \frac{7}{5}}$

Es hängt von der jeweiligen Aufgabenstellung ab, wie man am geschicktesten an eine solche „Bewegungsaufgabe" herangeht, denn ein festgelegtes Schema gibt es dafür nicht. Aber für das Verstehen der Problematik wird die Darstellung im Weg-Zeit-Diagramm immer eine große Hilfe bedeuten.

Hinweis: Viele Textaufgaben zu Gleichungssystemen mit zwei Variablen lassen sich auch mit einer Variablen lösen, aber die Verwendung von zwei Variablen erleichtert oft das Verständnis.

Aufgaben zu 7.3

Lösen Sie durch Probieren „im Kopf".

1. Eine Schulklasse hat 5 Schülerinnen und Schüler mehr als eine andere, beide zusammen haben 51 Schülerinnen und Schüler. Wie viele Schülerinnen und Schüler sind in den beiden Klassen?
2. In einem Tennis-Verein mit 64 Mitgliedern sind 10 Männer mehr als Frauen. Wie viele Männer und Frauen sind in dem Verein?
3. Von zwei Brüdern ist der eine um 4 Jahre älter als der andere. In 8 Jahren wird die Summe ihres Alters doppelt so groß sein wie jetzt. Wie alt sind die beiden?
4. In einer Familie, die mehrere Katzen und Hunde besitzt, zählt man insgesamt 9 Köpfe und 22 Beine. Wie viele Personen und Tiere leben zusammen?
5. Bei einem Spiel sind in der einen Partei vier Kinder mehr als in der anderen. Wechselt ein Kind die Partei, so sind in einer Partei doppelt so viele Kinder wie in der anderen. Wie viele Kinder sind in jeder Partei? (2 Lösungen!)
6. Ein Stab ist um die Hälfte länger als der andere. Beide zusammen sind 5 m lang. Wie lang sind sie?
7. Eine Tafel Schokolade und ein Lutscher kosten zusammen 1,10 €. Die Schokolade kostet 1 € mehr als der Lutscher. Was kosten beide?

Zahlen-Rätsel

Beispiel: Die Summe zweier Zahlen ist 1000, ihre Differenz ist 220. Wie heißen die Zahlen?

Lösung: Gesuchte Zahlen: x, y ($G = \mathbb{N} \times \mathbb{N}$)

Gleichungen:

$$
\begin{array}{lrll}
(1) & x + y = & 1000 & \\
(2) & x - y = & 220 & (2) + (1) \rightarrow (3) \\
\hline
(3) & 2x = & 1220 & |:2 \\
 & x = & \underline{610} & (3) \text{ in } (1) \rightarrow (4) \\
(4) & 610 + y = & 1000 & |-610 \\
 & y = & \underline{390} &
\end{array}
$$

Probe:
$610 + 390 = 1000$ (wahr)
$610 - 390 = 220$ (wahr)

Antwort: <u>610</u> und <u>390</u> sind die beiden Zahlen.

Anmerkung: Bei Zahlen-Rätseln sind meistens natürliche Zahlen gemeint (vgl. Anmerkung zu Kap. 4.3), was hier nicht weiter erwähnt wird. Wenn stattdessen rationale Zahlen zugelassen sein sollen, werden wir das extra vermerken.

8. Die Summe zweier Zahlen ist 333, ihre Differenz ist 101. Wie heißen die beiden Zahlen?
9. Die Summe zweier Zahlen ist 30. Das Doppelte der ersten und das 3-fache der zweiten ergeben zusammen 78. Wie heißen die beiden Zahlen?
10. Zieht man eine Zahl von einer zweiten ab, erhält man 160; zieht man aber das 4-fache der ersten von der zweiten ab, erhält man 10. Wie heißen die beiden Zahlen?
11. Für welche Zahlen gilt: Die Summe zweier Zahlen ist doppelt so groß wie ihre Differenz? Nennen Sie zwei Beispiele.
12. Für welche Zahlen gilt: Die Summe zweier Zahlen ist gleich ihrer Differenz? Nennen Sie zwei Beispiele.
13. Die Summe zweier Zahlen ist 740 und ein Viertel der einen Zahl ist um 10 größer als die andere. Wie heißen die beiden Zahlen?
14. Das Zehnfache einer Zahl, vermindert um 100, ist doppelt so groß wie eine zweite Zahl, deren 6-faches gleich dem 5-fachen der ersten Zahl ist. Wie heißen die beiden Zahlen?
15. Dividiert man die erste von zwei Zahlen durch 11 und die zweite durch 3, so ist die Differenz der Quotienten gleich 0. Multipliziert man dagegen die erste mit 3 und die zweite mit 8, so ist die Differenz der Produkte gleich 72. Wie heißen die beiden Zahlen?
16. Die Differenz zweier zweistelliger Zahlen ist –16. Vertauscht man jeweils ihre Ziffern, beträgt ihre Differenz 38. Wie heißen die beiden Zahlen? Gibt es mehr als eine Lösung?
17. Für welche zwei zweistelligen Zahlen gilt, dass ihre Differenz nach Vertauschung der beiden Ziffern gleich bleibt? Nennen Sie zwei Beispiele.

18. Vertauscht man die Ziffern einer zweistelligen Zahl, deren Quersumme 8 ist, so ist die Differenz zwischen der alten und der neuen Zahl 36.

19. Dividiert man eine zweistellige Zahl durch ihre Quersumme, so erhält man 4. Stellt man ihre Ziffern um, so ergibt die Division durch die Quersumme 7. Wie viele solche Zahlen gibt es und welche Eigenschaften besitzen sie?

20. Vermehrt man eine zweiziffrige Zahl um 3 und stellt dann ihre Ziffern um, so ist sie um 12 größer als die ursprüngliche Zahl. Dividiert man die ursprüngliche Zahl durch die Quersumme, so erhält man 6 Rest 3.

21. Untersuchen Sie, ob es zwei Zahlen gibt, deren Produkt um 100 größer ist als ihre Summe.

Für die nächsten Aufgaben nehmen wir $\mathbb{Q} \times \mathbb{Q}$ als Grundmenge.

22. Addiert man zum Zähler und Nenner einer Bruchzahl 3, so ist der Zähler $\frac{4}{5}$ des Nenners; subtrahiert man dagegen jeweils 3, ist der Zähler die Hälfte des Nenners. Wie heißt die Bruchzahl?

23. Ein Bruch erhält den Wert $\frac{1}{3}$, wenn man den Zähler um 3 vermindert und den Nenner um 2 vermehrt. Vermehrt man aber den Zähler um 1 und vermindert den Nenner um 1, so erhält der Bruch den Wert $\frac{3}{4}$. Von welchem Bruch muss man ausgehen?

24. Die Summe und der Quotient zweier Zahlen sind beide gleich 4. Wie heißen die beiden Zahlen?

25. Die Summe zweier Zahlen ist 6,8 und das 5-fache der ersten Zahl ist um 6 größer als das 10-fache der zweiten Zahl. Wie heißen die beiden Zahlen?

26. Die Differenz zweier Zahlen muss an mit 12,5, ihre Differenz aber mit $8\frac{1}{3}$ multiplizieren, um 1 zu erhalten. Wie heißen die beiden Zahlen?

Aus der Geometrie

Beispiel: Der Umfang eines rechteckigen Platzes beträgt 214 Meter. Würde die Länge um 5 m gekürzt, die Breite dafür um 5 m verlängert, wäre der Platz um 190 m² größer.
Was sind die Maße des Platzes?

Lösung: Gesuchte Größen ($\in \mathbb{Q}_+$):

Länge: $l = x$ m, Breite: $b = y$ m

Formeln: Umfang $U = 2 \cdot (l + b)$;
Flächeninhalt $A = l \cdot b$

Gleichungen:

(1) $2 \cdot (x\,\text{m} + y\,\text{m}) = 214\,\text{m}$

(2) $(x\,\text{m} - 5\,\text{m}) \cdot (y\,\text{m} + 5\,\text{m}) = x\,\text{m} \cdot y\,\text{m} + 190\,\text{m}^2$

Lösung:

(1) $2x + 2y = 214$

(2) $x \cdot y - 5x + 5y - 25 = x \cdot y + 190$

(1) $2x + 2y = 214 \quad | \cdot (-5)$

(2) $5x - 5y = 215 \quad | \cdot 2$

(1) $-10x - 10y = -1070$

(2) $10x - 10y = 430 \quad (2) + (1) \rightarrow (3)$

(3) $-20y = -640 \quad | : (-20)$

$y = 32 \quad (3)$ in $(1) \rightarrow (4)$

(4) $2x + 64 = 214 \quad | -64$

$2x = 150 \quad | : 2$

$x = 75$

Probe:

$2 \cdot (75 + 32) = 214$ (wahr)

und $70 \cdot 37 - 75 \cdot 32 = 190$ (wahr)

Antwort: Der Platz ist 75 m lang und 32 m breit.

27. Die Länge und Breite eines Rechtecks unterscheiden sich um 14 cm. Verlängert man beide um 1 cm, wird die Fläche des Rechtecks 61 cm² größer. Wie lang und wie breit ist das Rechteck?

28. Verkleinert man die Länge eines Rechtecks um 8,5 cm und die Breite um 6 cm, so wird der Flächeninhalt um 507 cm² kleiner. Vergrößert man dagegen die Länge um 7,5 cm und die Breite um 4 cm, so wächst der Flächeninhalt um 468 cm².

29. Die Längen der parallelen Seiten eines Trapezes unterscheiden sich um 18 cm, die Mittellinie ist 29 cm lang. Wie lang sind die parallelen Seiten?

30. Bei einem gleichschenkeligen Trapez mit einem Umfang von 2,70 m ist die eine parallele Seite doppelt so lang wie die andere, die wiederum 15 cm länger ist als ein Schenkel. Welche Maße hat das Trapez?

31. Aus einer 2,20 m langen Latte soll ein gleichschenkliges Trapez hergestellt werden, bei dem ein Schenkel länger als die kurze und kürzer als die lange Seite ist, die Differenzen aber nicht größer als 10 cm sind. Geben Sie mögliche Maße an.

32. Die Flächen zweier Quadrate unterscheiden sich um 12,8 m^2. Verlängert man die Seiten beider Quadrate um jeweils 1 m, unterscheiden sich die Flächen um 16 m^2. Wie lang sind die beiden Quadrate?

33. Die Seiten zweier Quadrate unterscheiden sich um 12 cm. Verlängert man die Seite des kleineren um 6 cm, so unterscheiden sich die Flächeninhalte noch um 636 cm^2. Wie lang sind die beiden Quadrate?

Bewegungsaufgaben

Stellen Sie bei den folgenden Aufgaben den Ablauf auch graphisch dar.

34. Von Ort A geht um 6.00 Uhr ein Güterzug und eine Stunde später ein Personenzug nach dem Ort B ab. Der Personenzug holt den Güterzug um 8.30 Uhr ein und kommt um 11.30 Uhr im Ort B an. Zu dieser Zeit ist der Güterzug noch 40 km vom Ort B entfernt. Berechnen Sie
    a) die durchschnittlichen Geschwindigkeiten der beiden Züge,
    b) die Entfernung von A nach B,
    c) die Ankunftszeit des Güterzugs in B.

35. In Basel geht um 8.05 Uhr ein D-Zug, um 8.20 Uhr ein IC ab. Der IC überholt den D-Zug um 9.20 Uhr und kommt um 11.20 Uhr in Mainz an. Zu dieser Zeit ist der D-Zug noch 36 km von Mainz entfernt. Berechnen Sie die mittleren Geschwindigkeiten der beiden Züge und die Ankunftszeit des D-Zuges in Mainz.

36. Der Personenzug P1010 fährt um 13.30 Uhr, der D-Zug D220 um 13.50 Uhr von Innsbruck nach dem 256 km entfernten Salzburg ab. Um 14.00 Uhr ist der P1010 noch 6 km vor dem D220, um 15.00 Uhr ist der Personenzug 22 km hinter dem D-Zug. Berechnen Sie die durchschnittlichen Geschwindigkeiten der beiden Züge und ihre Ankunftszeiten in Salzburg.

37. Zwei Tanker fahren auf einer 8670 km langen Schiffahrtsroute einander entgegen. Sie sind zur gleichen Zeit losgefahren und begegnen sich nach 4 Tagen und 6 Stunden. Dabei ist die durchschnittliche Geschwindigkeit des einen Schiffes um 5 km/h höher als die des anderen. Wenn der langsamere Tanker einen Tag früher losfährt, kommt er immer noch 5 Minuten später am 8670 km entfernten Zielort an.
    a) Berechnen Sie die durchschnittlichen Geschwindigkeiten der beiden Tanker.
    b) Welche Strecken haben die Tanker bis zu ihrer Begegnung zurückgelegt?
    c) Welche Zeit benötigt jeder Tanker für die ganze Route?

38. Auf einem See verkehren zwei Dampfschiffe zwischen Astadt und Bheim, die etwa 24 km voneinander entfernt liegen. Das eine schafft 18 km pro Stunde, das andere nur 16 km. Das schnellere startet um 9.30 Uhr in Astadt, das langsamere zur selben Zeit in Bheim.
    a) Um wie viel Uhr begegnen sie sich?
    b) Um wie viel Uhr begegnen sie sich auf der Rückfahrt, wenn beide zwischendurch 20 Minuten am Pier anlegen?

39. Eine Gruppe startet um 10.15 Uhr in einer Mittelmehrbucht mit einem Motorboot mit 45 km/h und gibt die Nachricht weiter an eine befreundete Gruppe, die 30 km in ihrer Fahrtrichtung in einer anderen Bucht liegt. Diese zweite Gruppe startet 11 Minuten später mit einem Boot, das nur 42 km/h fährt.
    a) In welchem zeitlichen Abstand fahren die Boote an einem Strand vorbei, der weitere 50 km entfernt liegt?
    b) Wann holt das erste das zweite Boot ein?

40. Zwei Radfahrer fahren die gleiche Strecke, der eine startet 1 Stunde später. Nach 2 Stunden Fahrt ist der später gestartete Fahrer noch 12 km hinter dem anderen zurück, nach weiteren 2 Stunden noch 4 km.
    a) Wie schnell fahren beide im Durchschnitt?
    b) Wann holt der zweite den vorderen ein?

41. Zwei Jogging-Sportler laufen auf einem 22,5 km langen Waldweg in entgegengesetzter Richtung. Der eine ist um 9.00 Uhr gestartet und kommt um 11.24 Uhr an; der andere ist um 9.15 Uhr gestartet und kommt um 11.51 Uhr an. Wann und wo haben sie sich getroffen, wenn sie in gleichmäßigem Tempo gelaufen sind?

42. Zwei Wanderer gehen einander entgegen. Die Ausgangsorte liegen 19 km voneinander entfernt. Nach 2 h begegnen sie sich. Wäre der erste 1 h 54 min früher aufgebrochen, so hätten sie sich eine Stunde nach dem Abmarsch des zweiten getroffen. Mit welchen Durchschnittsgeschwindigkeiten sind die beiden gewandert?

43. A und B wohnen 139,5 km voneinander entfernt und wollen sich unterwegs treffen. Nach 2 h Fahrzeit sind sie noch 73,5 km voneinander entfernt. A rastet 1 h, B nur 30 min. 5 h nach ihrer Abfahrt von zu Hause treffen sie sich.

44. Auf einer kreisförmigen Bahn von 35 cm Länge bewegen sich zwei Punkte in der gleichen Richtung. Der eine legt in 3 Sekunden 10 cm, der andere in 4 Sekunden 11 cm zurück. Welche Zeit verstreicht jeweils zwischen zwei Zusammentreffen?

45. Auf der 60 km langen Strecke von Bingen nach Koblenz braucht ein Rheindampfer zur Talfahrt 2 Std. 30 min., stromaufwärts 4 Std. 10 min. Welche Geschwindigkeit hat das Schiff, und wie groß ist die Fließgeschwindigkeit?

46. Ein Luftschiff legt mit Wind in der Stunde 90,4 km, gegen den Wind jedoch nur 65,2 km zurück. Bestimmen Sie die Geschwindigkeit des Luftschiffes und des Windes!

47. Ein Notfallwagen im Einsatz überholt eine mit gleichbleibender Geschwindigkeit fahrende Autokolonne in 10 Minuten. Auf der Rückfahrt ist der Notfallwagen in $2\frac{1}{2}$ Minuten an der entgegenkommenden Kolonne vorbei. Wie lang ist die Autokolonne und welche Geschwindigkeit hat sie, wenn der Notfallwagen jedes Mal mit 90 km/h an der Kolonne vorbeifuhr?

48. An einem 500 m langen Umzug läuft ein Hund entlang. In 6 Minuten läuft er vom Ende bis an die Spitze, zurück braucht er nur etwa 2 min 44 s. Wie schnell bewegen sich der Hund und der Umzug?

Aus verschiedenen Gebieten

49. Ein 140 cm langer zweiseitiger Hebel soll an seinen Enden mit 125 N bzw. 50 N belastet werden. Wo muss die Drehachse des Hebels liegen, damit Gleichgewicht herrscht?

50. Zum Ausheben einer Kiste mit 180 kg steht eine 2,20 m lange Stange zur Verfügung.
   a) Wie ist der Drehpunkt zu wählen, wenn man eine Körpermasse von 82 kg einsetzen kann?
   b) Beschreiben Sie, wie der Drehpunkt von der Körpermasse abhängt.

51. An einem zweiseitigen Hebel von 65 cm Länge befinden sich an den Enden zwei Massen, die sich wie 9 : 4 verhalten. Bestimmen Sie die Länge der Hebelarme!

52. An den Enden eines zweiseitigen Hebels wirken zwei Kräfte von zusammen 275 N. Wie groß sind die Einzelkräfte, wenn sich die Längen der Hebelarme wie 4 : 7 verhalten?

53. Ein einseitiger Hebel wird durch die Kräfte, deren Differenz 10 N beträgt, im Gleichgewicht gehalten. Die Entfernungen von den Angriffspunkten der Kräfte bis zu dem Drehpunkt verhalten sich wie 3 : 5.

54. a) Zwei Kräfte, von denen die eine 3-mal so groß wie die andere ist, wirken in gleicher Richtung. Wie groß ist jede, wenn die Resultierende 80 N beträgt?
   b) Wie groß sind sie, wenn sie entgegengesetzt wirken und die Resultierende die gleiche Größe hat?

55. Von zwei Transportkisten hat die kleinere ein Drittel des Gewichts der größeren und fasst 20 kg weniger als diese. Gefüllt wiegen die Kisten 35 kg und 80 kg. Wie viel Kilogramm Inhalt enthalten die beiden Kisten?

56. Mischt man 80 kg einer Sorte mit 70 kg einer zweiten Sorte, so kostet 1 kg 7,40 Euro. Nimmt man dagegen von der ersten Sorte 100 kg und von der zweiten Sorte 50 kg, so kommt 1 kg auf 7,00 Euro. Wie viel kostet jeweils 1 kg der beiden Sorten?

57. Für eine Glocke von 18,25 t Gussmasse soll die Gussbronze aus Kupfer und Zinn im Verhältnis 7,8 : 2,2 hergestellt werden.Welche Massen an Kupfer und Zinn werden benötigt?

58. Die Förderleistungen zweier Pumpen in Kubikmeter pro Minute verhalten sich wie 2 : 3. Beide Pumpen zusammen erbringen in 10 Minuten 15 m^3. Wieviel schafft jede Pumpe allein in der Minute?

59. Ein Behälter von 11 350 dm^3 Inhalt kann durch zwei Leitungen gefüllt werden. Zur Füllung muss die erste 45 min und die zweite 1 h 20 min oder die erste 2 h 40 min und die zweite 52,4 min speisen. Wie viel Wasser liefert jede Leitung in einer Minute?

60. Ein Behälter wiegt ohne Füllung doppelt so viel wie ein anderer. In den ersten werden bei der Füllung 2 kg mehr eingefüllt als in den zweiten. Gefüllt wiegen die Behälter 55 kg bzw. 42 kg. Wie groß ist das Leergewicht, wie viel wiegt die Füllung?

61. Ein Fischbehälter fasst 84 m^3 Wasser. Er kann durch zwei Leitungen gefüllt werden. Nachdem die erste 4 h und die zweite 5 h geöffnet war, zeigte sich, dass noch 6 m^3 bis zur halben Füllung fehlten. Würde man die erste 6 h und die zweite 5 h öffnen, so würde der Behälter 6 m^3 mehr als die Hälfte enthalten. Wie viel Liter je Minute lieferte jede Leitung? Wie lange dauerte die Füllung, wenn beide Leitungen gleichzeitig geöffnet waren?

62. Die Kosten für einen Leihwagen (bei einer bestimmten Firma) setzen sich aus Tagesgebühr und Kilometergebühr zusammen. Frau A zahlt für zwei Tage und 200 km 150 €, Frau B (für denselben Autotyp) für drei Tage und 300 km 225 €. Können Sie mit Hilfe dieser Daten auf Tages- und Kilometergebühr schließen?

7.4 Lösungsverfahren für Gleichungssysteme mit drei Variablen

Wir suchen die Lösungsmenge des Gleichungssystems

$$\begin{array}{l} (1) \\ (2) \\ (3) \end{array} \left[\begin{array}{rl} & 4x + 2y - z = 3 \\ \wedge & 2x - 4y - 2z = 2 \\ \wedge & x + 3y + 3z = 8 \end{array}\right]$$

über der Grundmenge $G = \mathbb{Q} \times \mathbb{Q} \times \mathbb{Q}$. Wir gehen dabei folgendermaßen vor: Durch geeignetes Multiplizieren und anschließendes Addieren der Zeilen eliminieren wir die Reihe nach die Variable x aus der 2. und 3. Gleichung, die Variable y aus der 1. und 3. Gleichung und schließlich die Variable z aus der 1. und 2. Gleichung.

$$\begin{array}{l} (1) \\ (2) \\ (3) \end{array} \left[\begin{array}{rl} & 4x + 2y - z = 3 \\ \wedge & 2x - 4y - 2z = 2 \\ \wedge & x + 3y + 3z = 8 \end{array}\right] \begin{array}{l} \\ |\cdot(-2) \\ \cdot(-4) \end{array}$$

$$\Leftrightarrow \begin{array}{l} (1) \\ (2) \\ (3) \end{array} \left[\begin{array}{rl} & 4x + 2y - z = 3 \\ \wedge & -4x + 8y + 4z = -4 \\ \wedge & -4x - 12y - 12z = -32 \end{array}\right] \begin{array}{l} \\ (2)+(1) \rightarrow (4) \\ (3)+(1) \rightarrow (5) \end{array}$$

$$\Leftrightarrow \begin{array}{l} (1) \\ (4) \\ (5) \end{array} \left[\begin{array}{rl} & 4x + 2y - z = 3 \\ \wedge & 10y + 3z = -1 \\ \wedge & -10y - 13z = -29 \end{array}\right] \begin{array}{l} |\cdot(-5) \\ \\ \\ \end{array}$$

$$\Leftrightarrow \begin{array}{l} (1) \\ (4) \\ (5) \end{array} \left[\begin{array}{rl} & -20x - 10y + 5z = -15 \\ \wedge & 10y + 3z = -1 \\ \wedge & -10y - 13z = -29 \end{array}\right] \begin{array}{l} (1)+(4) \rightarrow (6) \\ \\ (5)+(4) \rightarrow (7) \end{array}$$

$$\Leftrightarrow \begin{array}{l} (6) \\ (4) \\ (7) \end{array} \left[\begin{array}{rl} & -20x + 8z = -16 \\ \wedge & 10y + 3z = -1 \\ \wedge & -10z = -30 \end{array}\right] \begin{array}{l} |:4 \\ \\ :5 \end{array}$$

$$\Leftrightarrow \begin{array}{l} (6) \\ (4) \\ (7) \end{array} \left[\begin{array}{rl} & -5x + 2z = -4 \\ \wedge & 10y + 3z = -1 \\ \wedge & -2z = -6 \end{array}\right] \begin{array}{l} (6)+(7) \rightarrow (8) \\ \\ \\ \end{array}$$

$$\Leftrightarrow \begin{array}{l} (8) \\ (4) \\ (7) \end{array} \left[\begin{array}{rl} & -5x = -10 \\ \wedge & 10y + 3z = -1 \\ \wedge & -2z = -6 \end{array}\right] \begin{array}{l} \\ |\cdot 2 \\ |\cdot 3 \end{array}$$

$$\Leftrightarrow \begin{array}{l} (8) \\ (4) \\ (7) \end{array} \left[\begin{array}{rl} & -5x = -10 \\ \wedge & 20y + 6z = -2 \\ \wedge & -6z = -18 \end{array}\right] \begin{array}{l} \\ (4)+(7) \rightarrow (9) \\ \\ \end{array}$$

$$\Leftrightarrow \begin{array}{l} (8) \\ (9) \\ (7) \end{array} \left[\begin{array}{rl} & -5x = -10 \\ \wedge & 20y = -2 \\ \wedge & -6z = -18 \end{array}\right] \begin{array}{l} |:(-5) \\ |:20 \\ |:(-6) \end{array}$$

$$\Leftrightarrow \begin{array}{l} (8) \\ (9) \\ (7) \end{array} \left[\begin{array}{rl} & x = 2 \\ \wedge & y = -1 \\ \wedge & z = 3 \end{array}\right]$$

Damit haben wir ein Gleichungssystem erhalten, das zu dem gegebenen System äquivalent ist und aus dem wir die Lösungsmenge direkt ablesen können: $\underline{L = \{(2 \mid -1 \mid 3)\}}$.

Probe: (1) $4 \cdot 2 + 2 \cdot (-1) - 3 = 3$
$8 - 2 - 3 = 3$
$3 = 3$ (wahr)

und (2) $2 \cdot 2 - 4 \cdot (-1) - 2 \cdot 3 = 2$
$4 + 4 - 6 = 2$
$2 = 2$ (wahr)

und (3) $2 + 3 \cdot (-1) + 3 \cdot 3 = 8$
$2 - 3 + 9 = 8$
$8 = 8$ (wahr)

Da dieses Verfahren oft recht mühsam wird, ist es in vielen Fällen ratsam, die linke Seite des Gleichungssystems zunächst auf „Dreiecksgestalt" zu bringen und dann das Einsetzungsverfahren zu benutzen. Dabei kann auch wieder gut die kürzere Schreibform verwendet werden. Dieses Verfahren bezeichnet man als **„Gauß'sches Eliminationsverfahren"**.

$$\begin{array}{llrl}
(1) & & 4x + 2y - z = 3 & \\
(2) & \wedge & 2x - 4y - 2z = 2 & |\cdot(-2) \\
(3) & \wedge & x + 3y + 3z = 8 & |\cdot(-4) \\
\hline
(1) & & 4x + 2y - z = 3 & \\
(2) & \wedge & -4x + 8y + 4z = -4 & (2)+(1) \rightarrow (4) \\
(3) & \wedge & -4x - 12y - 12z = -32 & (3)+(1) \rightarrow (5) \\
\hline
(4) & & 10y + 3z = -1 & \\
(5) & \wedge & -10y - 13z = -29 & (5)+(4) \rightarrow (6) \\
\hline
(6) & & -10z = -30 & |:(-10) \\
(6) & & \underline{z = 3} &
\end{array}$$

Wir haben nun ein zu dem gegebenen Gleichungssystem äquivalentes erhalten, dessen linke Seite Dreiecksgestalt hat:

$$\begin{array}{llrl}
(1) & & 4x + 2y - z = 3 & \\
(4) & \wedge & 10y + 3z = -1 & \\
(6) & \wedge & z = 3 & (6) \text{ in } (4) \rightarrow (7)
\end{array}$$

Jetzt brauchen wir nur noch von unten nach oben einzusetzen:

$$\begin{array}{lrl}
(7) & 10y + 3 \cdot 3 = -1 & \\
 & 10y = -10 & \\
(7) & \underline{y = -1} & (7) \text{ und } (6) \text{ in } (1) \rightarrow (8) \\
(8) & 4x + 2\cdot(-1) - 3 = 3 & \\
 & 4x - 2 - 3 = 3 & \\
 & 4x = 8 & \\
 & \underline{x = 2} &
\end{array}$$

$\underline{L = \{(2 \mid -1 \mid 3)\}}$

Mit dem Gauß'schen Eliminationsverfahren ist es immer möglich, ein Gleichungssystem auf Dreiecksgestalt zu bringen. Aufgrund seiner Systematik wird das Verfahren vor allem auch bei Gleichungssystemen mit einer höheren Anzahl von Gleichungen und Variablen angewendet.

In Rechenprogrammen auf dem Computer oder bei geeigneten Taschenrechnern wird bei Eingabe eines Gleichungssystems nur das Zahlenschema ohne x, y, z eingegeben. Dieses Zahlenschema nennt man **„Matrix"**. Durch geeignete Anweisungen kann die Matrix eines Gleichungssystems ohne alle Zwischenschritte in die Endform gebracht werden, aus der die Lösung direkt abgelesen werden kann:

$$\left(\begin{array}{rrr|r} 4 & 2 & -1 & 3 \\ 2 & -4 & -2 & 2 \\ 1 & 3 & 3 & 8 \end{array}\right) \Leftrightarrow \left(\begin{array}{rrr|r} 1 & 0 & 0 & 2 \\ 0 & 1 & 0 & -1 \\ 0 & 0 & 1 & 3 \end{array}\right) \begin{array}{l} \rightarrow x = 2 \\ \rightarrow y = -1 \\ \rightarrow z = 3 \end{array}$$

$\underline{L = \{(2 \mid -1 \mid 3)\}}$

Anmerkung: Der lotrechte Strich wird oft zur besseren Lesbarkeit benutzt, kann aber auch weggelassen werden. Auf die runden Klammern kann dagegen nicht verzichtet werden, da sie angeben, welche Zeilen zusammengehören und somit auch das „und" vor den Zeilen ersetzen. Bei der obigen Matrix spricht man von einer 3-mal-4-Matrix: 3 Zeilen, 4 Spalten.

Aufgaben zu 7.4

Lösen Sie folgende Gleichungssysteme mit dem **Gauß'schen Eliminationsverfahren!**

Beispiel:

$$\begin{array}{ll} (1) & x + y + z = 15 \quad | \cdot (-2) \quad | \cdot (-3) \\ (2) \wedge & 2x + 3y + z = 28 \\ (3) \wedge & 3x - 4y + 2z = 3 \end{array}$$

Lösung:

$$\begin{array}{lll} (1) & -2x - 2y - 2z = -30 & \\ (2) & 2x + 3y + z = -28 & (2) + (1) \rightarrow (4) \\ (4) & y - z = -2 & | \cdot (-1) \\ (1) & -3x - 3y - 3z = -45 & \\ (3) & 3x - 4y + 2z = 3 & (3) + (1) \rightarrow (5) \\ (5) & -7y - z = -42 & \\ (4) & -y + z = 2 & (4) + (5) \rightarrow (6) \\ (6) & -8y = -40 & \\ (6) & y = 5 & (6) \text{ in } (4) \rightarrow (7) \\ (7) & -5 + z = 2 & \\ (7) & z = 7 & (7) \text{ und } (6) \text{ in } (1) \rightarrow (8) \\ (8) & x + 5 + 7 = 15 & \\ & x = 3 & \end{array}$$

$L = \{(3 \mid 5 \mid 7)\}$

Probe: $3 + 5 + 7 = 15$ (wahr)
und $6 + 15 + 7 = 28$ (wahr)
und $9 - 20 + 14 = 3$ (wahr)

1. $3x - 5y + 4z = 5 \;\wedge\; 7x + 2y - 3z = 2 \;\wedge\; 4x + 3y - 7z = -11$

2. $3x + 4y - 16z = 0 \;\wedge\; 5x - 8y + 10z = 0 \;\wedge\; 2x + 6y + 7z = 52$

3. $2x + 3y = 11 \;\wedge\; 3x - z = 1 \;\wedge\; y + 2z = 1$

4. $2x - y + z = 7 \;\wedge\; x + 7y + 3z = 3 \;\wedge\; x - 8y - z = 4$

5. $3x - 2y + 4z = 5 \;\wedge\; 4x - 6y - 13z = 9 \;\wedge\; 5x - 4y + 3z = 1$

6. $x + y = 9 \;\wedge\; x + z = -2 \;\wedge\; y + z = -1$

7. $x + y - z = 6 \;\wedge\; x - y + z = 2 \;\wedge\; -x + y + z = -12$

8. $2x + 3y - 4z = 1 \;\wedge\; x - 4y + 6z = 3 \;\wedge\; 2x + 4y + z = 7$

9. $x + y + z = 36 \;\wedge\; 2x - 6z = 0 \;\wedge\; 2y - 4z = 0$

10. $x + y = 3 \;\wedge\; y + z = 5 \;\wedge\; x + z = 4$

11. $3x + 3y + z = 17 \;\wedge\; 3x + y + 3z = 15 \;\wedge\; x + 3y + 3z = 13$

12. $20x - 12y + 15z = 37 \;\wedge\; 40x - 24y + 30z = 75 \;\wedge\; 4x - 3y + 5z = 0$

13. $x + y = 1 \;\wedge\; y + z = -1 \;\wedge\; x + z = 0$

14. $x - y - z = 0 \;\wedge\; x + y - z = 4 \;\wedge\; x - y + z = 2$

15. $x - y = 1 \;\wedge\; y - z = 1 \;\wedge\; x + y - z = 6$

16. $3x - 4y + 5z = -27 \;\wedge\; 5x - y = -20 \;\wedge\; 7x - 9z = -1$

17. $2x - 3y = 13 \;\wedge\; 2y + z = -1 \;\wedge\; 3z - 4x = 7$

18. $x + y + z = 9 \;\wedge\; x + 2y + 4z = 15 \;\wedge\; x + 3y + 9z = 23$

19. $5x - 7y + 6z = 78 \;\wedge\; 4x + 8y - 9z = 22 \;\wedge\; 3x - 2y - 12z = 67$

20. $x + 2y - 0{,}7z = 21 \;\wedge\; 3x + 0{,}2y - z = 24 \;\wedge\; 0{,}9x + 7y - 2z = 27$

21. $1{,}32x - 1{,}06y + 4{,}58z = 2{,}11 \;\wedge\; -1{,}03x + 3{,}71y + 0{,}65z = -1{,}15 \;\wedge\; 4{,}17x - 2{,}13y + 1{,}17z = -2{,}55$

Beispiel:

$$\begin{aligned}
&(1) && x + y - z = 4 \\
&(2) \wedge && z = x - y \\
&(3) \wedge && y = x - 1
\end{aligned}$$

Lösung: In den meisten Fällen ist es am günstigsten, das Gleichungssystem auf „Normalform" zu bringen; beachten Sie auch, dass man die Reihenfolge der Gleichungen vertauschen kann.

$$\begin{aligned}
&(1) && x + y - z = 4 && \\
&(2) \wedge && -x + y + z = 0 && (2) + (1) \rightarrow (4) \\
&(3) \wedge && -x + y \quad = -1 && (3) + (1) \rightarrow (5)
\end{aligned}$$

$$\begin{aligned}
&(4) && 2y \quad = 4 && |:2 \\
&(5) && 2y - z = 3 &&
\end{aligned}$$

$$\begin{aligned}
&(4) && \underline{y = 2} && (4) \text{ in } (5) \rightarrow (6) \\
&(6) && 2 \cdot 2 - z = 3 && \\
&(6) && \underline{z = 1} && (4) \text{ und } (6) \text{ in } (1) \rightarrow (7) \\
&(7) && x + 2 - 1 = 4 && \\
&(7) && \underline{x = 3} &&
\end{aligned}$$

$\underline{L = \{(3 \mid 2 \mid 1)\}}$

Probe: $3 + 2 - 1 = 4$ (wahr)
und $1 = 3 - 2$ (wahr)
und $2 = 3 - 1$ (wahr)

22. $5x - 4y - z = 3 \;\wedge\; 2y = x \;\wedge\; 2x = z$

23. $y + z = x + 9 \;\wedge\; x = 2y - 11 \;\wedge\; y = 2z - 13$

24. $x = 1\frac{1}{3}y - 9 \;\wedge\; y = 1\frac{1}{4}z - 7 \;\wedge\; z = 1\frac{1}{5}x + 2$

25. $\frac{x}{4} + \frac{y}{7} = 32 \;\wedge\; \frac{x}{7} + \frac{z}{9} = 16 \;\wedge\; \frac{y}{9} + \frac{z}{4} = 32$

26 $x + y = 1{,}5z + 8 \;\wedge\; y + z = 3{,}75x - 32 \;\wedge\; x + z = 2\frac{2}{3}y - 14$

27. $2x - \frac{3}{4}y = 93 - \frac{1}{2}x - \frac{1}{4}y \;\wedge\; 7x - 5z = x + y - 86 \;\wedge\; 6x + 4y + 3z = 696$

28. $53 - \frac{x}{2} - \frac{z}{2} = y - 109 \;\wedge\; 2x + y = 208 \;\wedge\; \frac{y}{z} = \frac{4}{5}$

29. $x + y + z = 99 \;\wedge\; \frac{x}{y} = \frac{10}{6} \;\wedge\; \frac{x}{z} = \frac{5}{1}$

30. $x + y + z = 29 \;\wedge\; \frac{x}{z} = \frac{3}{4} \;\wedge\; \frac{y}{z} = \frac{2}{3}$

31. $\frac{2x - 3}{5y - 2} = -\frac{7}{23} \;\wedge\; \frac{5y - 4}{3z + x} = \frac{21}{19} \;\wedge\; \frac{7z + 2x}{5x + 7} = -15$

Untersuchen Sie das zu der 2-mal-3-Matrix gehörige Gleichungssystem und interpretieren Sie die Lösung als Lage von zwei Geraden.

32. $\left(\begin{array}{cc|c} 1 & 1 & 4 \\ 2 & -1 & 5 \end{array}\right)$
33. $\left(\begin{array}{cc|c} -2 & 0 & 4 \\ 1 & -1 & 0 \end{array}\right)$
34. $\left(\begin{array}{cc|c} 2 & 3 & 0 \\ 1 & -1 & 0 \end{array}\right)$
35. $\left(\begin{array}{cc|c} 4 & -1 & -5 \\ 1 & 2 & 10 \end{array}\right)$

36. $\left(\begin{array}{cc|c} 2 & 3 & 12 \\ -1 & 4 & -6 \end{array}\right)$
37. $\left(\begin{array}{cc|c} -2 & 3 & 3 \\ 4 & -3 & 3 \end{array}\right)$
38. $\left(\begin{array}{cc|c} 2 & 1 & 4 \\ -4 & -2 & 5 \end{array}\right)$
39. $\left(\begin{array}{cc|c} -3 & 1 & 2 \\ 9 & -3 & -6 \end{array}\right)$

Was kann man über die Lösungen des Gleichungssystems sagen, zu dem die Matrix gehört?

40. $\left(\begin{array}{ccc|c} 1 & 0 & 0 & 0 \\ 0 & 2 & 0 & 0 \\ 0 & 0 & 3 & 0 \end{array}\right)$
41. $\left(\begin{array}{ccc|c} 1 & 1 & 1 & 0 \\ 0 & 1 & 1 & 0 \\ 0 & 0 & 1 & 0 \end{array}\right)$
42. $\left(\begin{array}{ccc|c} 1 & 1 & 1 & 0 \\ 0 & 1 & 1 & 0 \\ 0 & 0 & 1 & 1 \end{array}\right)$
43. $\left(\begin{array}{ccc|c} 1 & 1 & 1 & 1 \\ 0 & 1 & 1 & 0 \\ 0 & 0 & 1 & 0 \end{array}\right)$

44. $\left(\begin{array}{ccc|c} 1 & 0 & 0 & 0 \\ 0 & 1 & 0 & 0 \\ 0 & 0 & 0 & 1 \end{array}\right)$
45. $\left(\begin{array}{ccc|c} 1 & 1 & 1 & 1 \\ 0 & 1 & 1 & 1 \\ 0 & 0 & 0 & 1 \end{array}\right)$
46. $\left(\begin{array}{ccc|c} 1 & 1 & 1 & 1 \\ 0 & 0 & 0 & 1 \\ 0 & 0 & 1 & 1 \end{array}\right)$
47. $\left(\begin{array}{ccc|c} 1 & 1 & 0 & 0 \\ 0 & 0 & 0 & 0 \\ 0 & 0 & 1 & 0 \end{array}\right)$

Gleichungssysteme mit Formvariablen

Lösen Sie die Gleichungssysteme ohne Berücksichtigung der Fallunterscheidungen.

48. $$\begin{aligned} &x-3y = 1\\ \wedge\;& x+y = 5\\ \wedge\;& x-4y+z = a\end{aligned}$$

49. $$\begin{aligned} &x+4z = a\\ \wedge\;& 2y+2z = -4\\ \wedge\;& -x-y+3z = 2-a\end{aligned}$$

50. $$\begin{aligned} &4x-3y+z = a\\ \wedge\;& 2x-z = 6-a\\ \wedge\;& x-y = -1\end{aligned}$$

51. $$\begin{aligned} &2x+3y-z = 3\\ \wedge\;& x+2y+2z = 5a+2\\ \wedge\;& 3x-2z = -a\end{aligned}$$

52. $$\begin{aligned} &3x+y+z = 0\\ \wedge\;& 2x+4y+2z = 2a\\ \wedge\;& x+2y+3z = -a\end{aligned}$$

53. $$\begin{aligned} &3x+3y+2z = 5\\ \wedge\;& -3x+y+z = a-2\\ \wedge\;& x-z = -3a\end{aligned}$$

54. $$\begin{aligned} &3y+2z = 1\\ \wedge\;& 2x+4z = 2a-4\\ \wedge\;& x+y+az = 1\end{aligned}$$

55. $$\begin{aligned} &ax-3y+2z = 2\\ \wedge\;& 2x+4z = 10\\ \wedge\;& ax-2y+z = a+1\end{aligned}$$

56. $$\begin{aligned} &3x+6y+z = 16\,(a-b)\\ \wedge\;& 4x+y+z = 2\,(7a-3c)\\ \wedge\;& x-y-2z = 2\,(3b+2c)\end{aligned}$$

57. $$\begin{aligned} &5x+3y-4z = a-b\\ \wedge\;& 7x-2y-z = 13a-2b\\ \wedge\;& 2x-y+3z = 5a+2b\end{aligned}$$

Bestimmen Sie in den folgenden Gleichungssystemen die **Formvariable *a*** jeweils so, dass das Gleichungssystem a) genau eine Lösung, b) unendlich viele Lösungen hat!

58. $$\begin{aligned} &x+y+z = 0\\ \wedge\;& 2x-y+z = 3\\ \wedge\;& 3x+2y-az = 1\end{aligned}$$

59. $$\begin{aligned} &2x-y = 7\\ \wedge\;& y+z = -1\\ \wedge\;& x-az = 3\end{aligned}$$

60. $$\begin{aligned} &x+2y+9z = 0\\ \wedge\;& -x+ay+3z = 0\\ \wedge\;& 2x+y+6z = 0\end{aligned}$$

61. $$\begin{aligned} &x+z = 0\\ \wedge\;& x+ay = 0\\ \wedge\;& -y-z = 0\end{aligned}$$

Bestimmen Sie in den folgenden Gleichungssystemen die **Formvariable *a*** jeweils so, dass das Gleichungssystem a) unendlich viele Lösungen, b) keine Lösung hat!

62. $$\begin{aligned} &x+y-z = 0\\ \wedge\;& 2x-y+z = 3\\ \wedge\;& 3x+2y-2z = a\end{aligned}$$

63 $$\begin{aligned} &3x-y+2z = 5\\ \wedge\;& -6x+3y-2z = -9\\ \wedge\;& y+2z = 2a\end{aligned}$$

64. $$\begin{aligned} &x+y-5z = 2\\ \wedge\;& -y+3z = -2\\ \wedge\;& -x+2z = a\end{aligned}$$

65. $$\begin{aligned} &x-y+4z = 3\\ \wedge\;& -3x+2y-z = -a\\ \wedge\;& -y+11 = 4\end{aligned}$$

Bestimmen Sie in den folgenden Gleichungssystemen die **Formvariable *a*** jeweils so, dass das Gleichungssystem a) genau eine Lösung, b) keine Lösung hat!

66. $$\begin{aligned} &x+y+z = 0\\ \wedge\;& 2x-y+z = 3\\ \wedge\;& ax-2y = 3\end{aligned}$$

67 $$\begin{aligned} &x-y+4z = 6\\ \wedge\;& x-4y+4z = 5\\ \wedge\;& x+ay = 2\end{aligned}$$

68. $$\begin{aligned} &2x-3y+z = -5\\ \wedge\;& -3x+y-6z = 3\\ \wedge\;& -4x+ay-11z = 0\end{aligned}$$

69. $$\begin{aligned} &x+y = -1\\ \wedge\;& y+z = 0\\ \wedge\;& x+az = 2\end{aligned}$$

Untersuchen Sie an der 3-mal-4-Matrix alle möglichen Lösungen des dazugehörigen Gleichungssystems.

70. $$\left(\begin{array}{ccc|c} 1 & 0 & 0 & 0\\ 0 & 1 & 0 & 0\\ 0 & 0 & 1 & a\end{array}\right)$$

71. $$\left(\begin{array}{ccc|c} 1 & 0 & 0 & 0\\ 0 & 1 & 1 & 0\\ 0 & 0 & 0 & a\end{array}\right)$$

72. $$\left(\begin{array}{ccc|c} 1 & 0 & 0 & 0\\ 0 & 1 & 0 & 0\\ 0 & 0 & a & 0\end{array}\right)$$

73. $$\left(\begin{array}{ccc|c} 1 & 0 & 0 & 0\\ 0 & 1 & 0 & 0\\ 0 & 0 & a & a\end{array}\right)$$

74. $$\left(\begin{array}{ccc|c} 1 & 1 & 0 & 0\\ 0 & 0 & 0 & 0\\ 0 & 0 & 1 & a\end{array}\right)$$

75. $$\left(\begin{array}{ccc|c} 1 & 1 & 0 & 0\\ 0 & 0 & 0 & a\\ 0 & 0 & 1 & 0\end{array}\right)$$

76. $$\left(\begin{array}{ccc|c} 1 & 0 & 0 & a\\ 0 & 1 & 0 & a+1\\ 0 & 0 & 1 & a+2\end{array}\right)$$

77. $$\left(\begin{array}{ccc|c} a & 0 & 0 & 1\\ 0 & a & 0 & 1\\ 0 & 0 & a & 1\end{array}\right)$$

8 Ungleichungen und lineares Optimieren

8.1 Lineare Ungleichungen

Eine Sitzplatzkarte für ein Eishockeyspiel kostet für Nichtmitglieder 15,00 Euro, für Mitglieder 11,50 Euro. Der Mitgliedsbeitrag beträgt 40,00 Euro pro Jahr. Wie viele Spiele muss man in einer Saison mindestens besuchen, damit es sich finanziell gesehen lohnt, Mitglied zu werden?

1. Lösen durch Aufstellen einer „Preistabelle":

Anzahl der Spiele	Preis für Mitglieder	Preis für Mitglieder einschließl. Beitrag	Preis für Nichtmitglieder	Differenzbetrag
1	11,50 €	51,50 €	15,00 €	36,50 €
2	23,00 €	63,00 €	30,00 €	33,00 €
3	34,50 €	74,50 €	45,00 €	29,50 €
⋮	⋮	⋮	⋮	⋮
10	115,00 €	155,00 €	150,00 €	5,00 €
11	126,50 €	166,50 €	165,00 €	1,50 €
12	138,00 €	178,00 €	180,00 €	– 2,00 €
13	149,50 €	179,50 €	195,00 €	– 5,50 €

Ab 12 Spielen lohnt es sich daher, Mitglied zu sein.

2. Die genaue Grenze zwischen finanziellem Vor- und Nachteil können wir durch Lösen einer Gleichung ermitteln. Bei jedem Spiel kann ein Mitglied 3,50 € „gutmachen" (x = Anzahl der Spiele):

$$x \cdot 3{,}50 \text{ Euro} = 40{,}00 \text{ Euro}$$
$$x \approx 11{,}4$$

3. Wir erhalten **alle** Anzahlen von Spielen, für die die Mitgliedschaft von Vorteil ist, wenn wir eine **Ungleichung** aufstellen:

$x \cdot 15{,}00 \text{ Euro} > 40{,}00 \text{ Euro} + x \cdot 11{,}50 \text{ Euro} \quad (G = \mathbb{N}^*)$.

Wir lösen die Ungleichung genau wie eine Gleichung (die Einheit Euro lassen wir weg):

$$15x > 40 + 11{,}5x$$
$$\Leftrightarrow 3{,}5x > 40$$
$$\Leftrightarrow x > \frac{40}{3{,}5}$$
$$\Leftrightarrow x > 11\tfrac{3}{7}$$
$$\underset{(G=\mathbb{N}^*)}{\Leftrightarrow} x \geqq 12$$

Antwort: Die Mitgliedschaft lohnt sich bei einem Besuch von 12 oder mehr Spielen.

Merksatz

Eine Ungleichung besteht aus zwei Termen, zwischen denen ein Größer (>)- oder ein Kleiner (<)-Zeichen steht.

Auch bei den Zeichen $\leqq$ („kleiner oder gleich") und $\geqq$ („größer oder gleich") spricht man von Ungleichungen, obwohl es sich hierbei um verkürzte Schreibweisen von Oder-Verknüpfungen zwischen einer Ungleichung und einer Gleichung handelt:

$x \geqq 12 \Leftrightarrow x > 12 \vee x = 12.$

Wir stellen alle Gesetze zum Umgang mit Ungleichungen zusammen ($a, b, c, d \in \mathbb{Q}$):

Addition	$a < b \Leftrightarrow a + c < b + c$		
Subtraktion	$a < b \Leftrightarrow a - c < b - c$		
Multiplikation	$a < b \Leftrightarrow a \cdot c < b \cdot c$	für	$c > 0$
	$a < b \Leftrightarrow a \cdot c > b \cdot c$	für	$c < 0$
Division	$a < b \Leftrightarrow \frac{a}{c} < \frac{b}{c}$	für	$c > 0$
	$a < b \Leftrightarrow \frac{a}{c} > \frac{b}{c}$	für	$c < 0$

Wegen dieser Gesetze können wir bei Ungleichungen die gleichen Äquivalenzumformungen vornehmen wie bei Gleichungen, wobei wir nur auf eine Ausnahme besonders achten müssen.

Merksatz

Werden beide Seiten einer Ungleichung mit einer negativen Zahl multipliziert oder durch eine negative Zahl dividiert, so muss das <-Zeichen durch das >-Zeichen ersetzt werden und umgekehrt.

Beispiele

1. $2x + 3 < 13 \quad | -3 \qquad (G = \mathbb{N}^*)$

$\Leftrightarrow \quad 2x < 10 \quad | :2$

$\Leftrightarrow \quad x < 5$

$\underline{L = \{1; 2; 3; 4\}}$

Probe für 2: $2 \cdot 2 + 3 < 13$

$4 + 3 < 13$

$7 < 13$ (wahr)

Gegenprobe für 6: $2 \cdot 6 + 3 < 13$

$12 + 3 < 13$

$15 < 13$ (falsch)

2. $2 - 3x > 2x - 8 \quad | -2x \qquad (G = \mathbb{Q})$

$\Leftrightarrow \quad 2 - 5x > -8 \quad | -2$

$\Leftrightarrow \quad -5x > -10 \quad | :(-5)$

$\Leftrightarrow \quad x < \frac{-10}{-5}$

$\Leftrightarrow \quad x < 2$

$\underline{L = \{x \mid x < 2\}_{\mathbb{Q}}}$

Die bei Ungleichungen häufig auftretenden unendlichen Lösungsmengen können wir vorteilhaft an der Zahlengeraden veranschaulichen und als so genannte „Intervalle“ schreiben:

$\{x \mid x < 2\} =]-\infty; 2[$

($-\infty$ gelesen: „minus unendlich“)

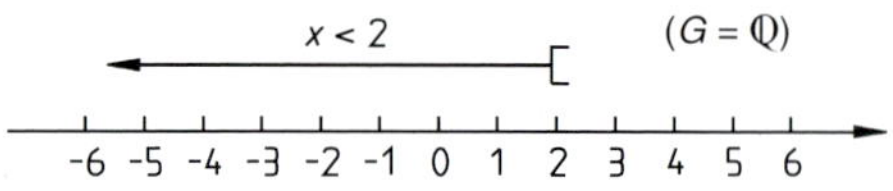

Abb. 8.1

Die nach außen weisenden Klammern]…[sollen andeuten, dass die so genannten „Randpunkte“ des Intervalls nicht zum Intervall gehören; andernfalls scheibt man […].

$\{x \mid a < x < b\} =]a; b[$
$\{x \mid a \leqq x < b\} = [a; b[$
$\{x \mid a < x \leqq b\} =]a; b]$
$\{x \mid a \leqq x \leqq b\} = [a; b]$

3. $3(x-1) + 2x < 5x - 6 \qquad (G = \mathbb{Q})$

$\Leftrightarrow \quad 3x - 3 + 2x < 5x - 6$

$\Leftrightarrow \quad 5x - 3 < 5x - 6 \quad | -5x$

$\Leftrightarrow \quad -3 < -6$ (falsch)

$\underline{L = \{\,\}}$

Aufgaben zu 8.1

Lösen Sie folgende Ungleichungen über der Grundmenge a) $\mathbb{N}^*$, b) $\mathbb{Z}$, c) $\mathbb{Q}$! Machen Sie einige Stichproben dazu!

Beispiel: $2x < 5$ Stichproben: $x = 0$: $2 \cdot 0 < 5$ (wahr)
$\Leftrightarrow x < 2.5$ $x = 3$: $2 \cdot 3 < 5$ (falsch)
$x = -5$: $2 \cdot (-5) < 5$ (wahr)

a) $L = \{1; 2\}$ b) $L = \{\ldots; -2; -1; 0; 1; 2\}$ c) $L = \{x \mid x < 2{,}5\}_{\mathbb{Q}}$

1. $7x > 4$
2. $3x > -6$
3. $3 - x < -4$
4. $5 + 2x < 7$
5. $4x < -6$
6. $-3x < -5$
7. $-5x > 1$
8. $7 - 3x > 12$
9. $6x - 5 < 0$
10. $2x + 1 < -3x - 1$
11. $-4x \geqq 4$
12. $-5x \leqq 5$
13. $2 + 3x \leqq 5 + 3x$
14. Stellen Sie die Intervalle mit Hilfe von Ungleichungen in $\mathbb{Q}$ dar, und zeichnen Sie die Graphen dazu!

Beispiel: $]-4; 3]$
Lösung: $-4 < x \wedge x \leqq 3$
oder (kürzer): $-4 < x \leqq 3$

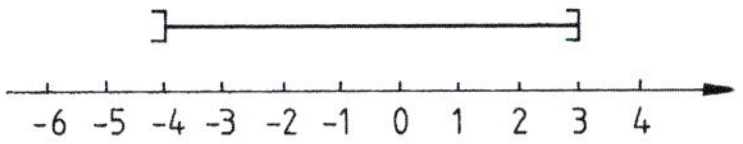

Abb. 8.2

a) $]-5; 2]$ b) $[-2; 2]$ c) $[3; 10[$ d) $]-8; -2]$ e) $[-6; 0[$

Lösen Sie folgende Ungleichungen über der Grundmenge $\mathbb{Q}$ (x Lösungsvariable)!

15. $7x + 1 < 2x + 5$
16. $5x - 4 > 5(x - 2)$
17. $3(8 - x) < -6(4 - x)$
18. $-2(x + 3) \geqq 5(3 - x)$
19. $4(3 - 2x) > 2x + 3(1 - 3x)$
20. $5 - 12x < -2x + 6(x + 1)$
21. $7(12x + 5) + 2x - 4 \leqq 6x - (3 - 2x) + 8$
22. $15x - 6(3x + 2) - 1 < 12 - 6(8x - 15) + 16x$
23. $3x - [9 + 2(x - 3) - 5x] > 6 - 3(x + 7)$
24. $5[7x + 3(4x - 6) + 2] - 11(4 - 2x) \geqq -4[3 - 7(2x + 1) + 5x]$
25. $(x - 3)(2x + 4) < (x + 5)(2x - 1)$
26. $(3x + 4)(x + 2) \leqq (x + 3)(3x + 1)$
27. $2(x + 5)(x - 7) > 2(x - 8)(5 + x)$
28. $-4x^2 - 3(x + 9)(2x + 2) < (5x + 10)(2 - 2x)$
29. $\frac{x}{3} + \frac{x}{4} < \frac{1}{24}$
30. $\frac{x}{2} - \frac{x}{5} > \frac{3}{5}$
31. $\frac{2}{3}x \geqq 4 - \frac{1}{3}x$
32. $\frac{1}{4}x + 2 \leqq 4 - \frac{1}{3}x$
33. $5 - \frac{1}{5}x < 2x + \frac{1}{3}x$
34. $7 - \frac{1}{2}x \geqq 5x + 3\left(\frac{1}{2} - \frac{5}{6}x\right)$
35. $\frac{2x + 5}{4} \leqq \frac{7x - 9}{6}$
36. $\frac{8 + 2x}{5} > \frac{3x - 6}{6}$
37. $11 - \frac{6x - 1}{2} < 2x$
38. $6 + \frac{3 - 2x}{4} \leqq 2 - \frac{5 - x}{6}$
39. $\frac{3x + 15}{5} - \frac{6x + 8}{4} \leqq 2 - \frac{1 - x}{2}$
40. $9 - \frac{2x + 7}{3} > \frac{5x - 1}{6} + \frac{3 - 7x}{2}$
41. $x + a > b$
42. $2a - 2x \leqq x - b$
43. $a - bx \leqq b(1 - x)$
44. $(m + 2)x \geqq a + mx$
45. $p(2 - x) < p - px$
46. $ux + v > vx + u$
47. Das Zehnfache einer Zahl, vermindert um 5, ist größer als das Achtfache der Zahl. Für welche natürlichen Zahlen gilt das?
48. Subtrahiert man 10 von einer Zahl, so ist die Differenz kleiner als die Hälfte der Zahl. Bestimmen Sie die Lösungsmenge über $\mathbb{N}$!
49. Für welche negativen Zahlen gilt, dass das Achtfache der Zahl, vermehrt um 6, größer ist als das Fünffache der Zahl, vermindert um 3?
50. Ein Autotank, der 52 l fasst, ist noch halbvoll. Die folgenden Tankstellen an der Autobahn sind 85 km, 145 km, 205 km, 226 km bzw. 254 km entfernt. An welchen der Tankstellen kann der Fahrer neu auftanken, wenn das Fahrzeug einen Durchschnittsverbrauch von 8 l pro 100 km hat?
51. Mit einem Lkw kann bei einer Fahrt etwa $3\frac{1}{2}$ m^3 Erdreich abtransportiert werden. Mit wie viel Fahrten muß der Fahrer rechnen, wenn ca. 30 m^3 Erdreich ausgehoben worden sind?
52. Eine Baufirma benötigt für einen Auftrag 640 Steinplatten. Wie viele Platten muss sie mindestens bestellen, wenn für Bruch und Verhau zusätzlich 8% zu berücksichtigen sind?
53. Der Anteil an Zitronensaft in einem Fruchtsaftgetränk soll zwischen 12% und 15% liegen. Wie viel l Zitronensaft müssen mindestens, wie viel l dürfen höchstens zu 200 l Saft hinzugegossen werden?
54. Eine von einem Romanautor handgeschriebene Seite umfasst zwischen 215 und 230 Wörtern. Wie viele Wörter hat der Roman mindestens, wie viele höchstens, wenn der Autor ein Manuskript von 448 Seiten an den Verlag geschickt hat?

8.2 Bruchungleichungen

Für Bruchungleichungen gilt alles, was schon bei den Bruchgleichungen gesagt worden ist. Zusätzlich ist hier zu beachten, daß der Hauptnenner, mit dem man multipliziert, für einen Teil der Ersetzungen der Variablen positiv, für den anderen negativ werden kann. Daher sind beim Lösungsgang immer diese beiden Fälle zu unterscheiden.

Beispiele

1. $\frac{2}{x-3} < 1 \qquad (G = \mathbb{Z})$

Ermittlung der Definitionsmenge:

$x - 3 = 0$

$\Leftrightarrow \; x = 3 \qquad D = \mathbb{Z}\setminus\{3\}$

Hauptnenner: $x - 3$

Bei Multiplikation mit $x - 3$ müssen wir unterscheiden zwischen $x - 3 > 0$, d.h. $x > 3$ (1. Fall) und $x - 3 < 0$, d.h. $x < 3$ (2. Fall). Zur besseren Übersicht betrachten wir die beiden Fälle getrennt.

1. Fall ($x > 3$):

$\frac{2}{x-3} < 1 \qquad | \cdot (x-3)$

$\underset{(x-3>0)}{\Leftrightarrow} \; 2 < x - 3 \quad | + 3$

$\Leftrightarrow \; 5 < x \quad$ | Vertauscher

$\Leftrightarrow \; x > 5$

$x > 3 \wedge x > 5 \Leftrightarrow x > 5$

$]\,3; \infty\,[\;\;]\,5; \infty\,[\; = \;]\,5; \infty\,[$

$L_1 = \{x \mid x > 5\}_{\mathbb{Z}} =]\,5; \infty\,[_{\mathbb{Z}}$

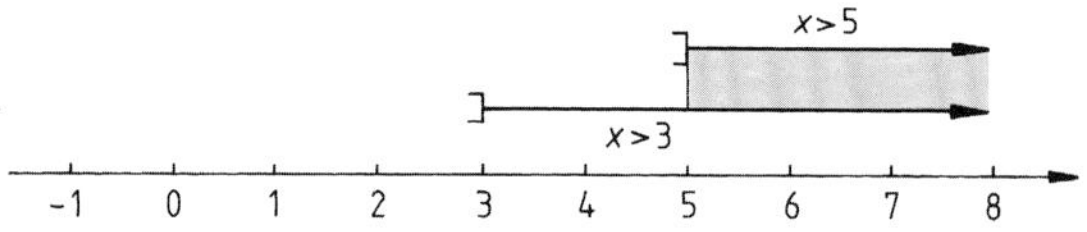

Abb. 8.3

2. Fall ($x < 3$):

$\frac{2}{x-3} < 1 \qquad | \cdot (x-3)$

$\underset{(x-3<0)}{\Leftrightarrow} \; 2 > x - 3 \quad | + 3$

$\Leftrightarrow \; 5 > x \quad$ | Vertauschen

$\Leftrightarrow \; x < 5$

$x < 3 \wedge x < 5 \Leftrightarrow x < 3$

$]\,-\infty; 3\,[\;\;]\,-\infty; 5\,[\; = \;]\,-\infty; 3\,[$

$L_2 = \{x \mid x < 3\}_{\mathbb{Z}} =]\,-\infty; 3\,[_{\mathbb{Z}}$

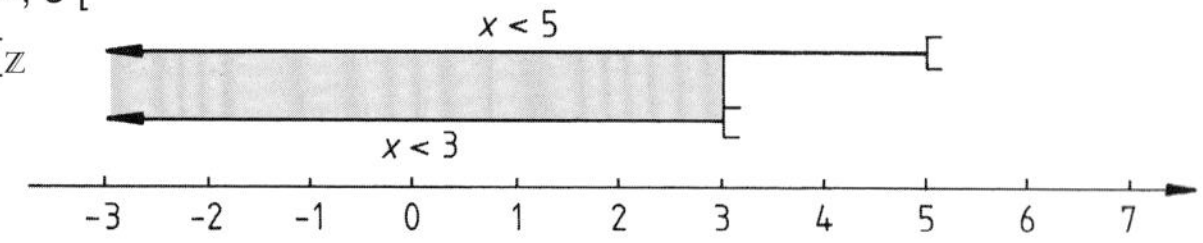

Abb. 8.4

Für die Lösungsmenge der Ungleichung haben wir erhalten:

$L = \{x \mid x > 5 \vee x < 3\}_{\mathbb{Z}}$

$\quad = \underline{]\,5; \infty\,[_{\mathbb{Z}} \cup]\,-\infty; 3\,[_{\mathbb{Z}}}$

L ist die Vereinigungsmenge der beiden Lösungsmengen L_1 und L_2.

$$\boxed{L = L_1 \cup L_2}$$

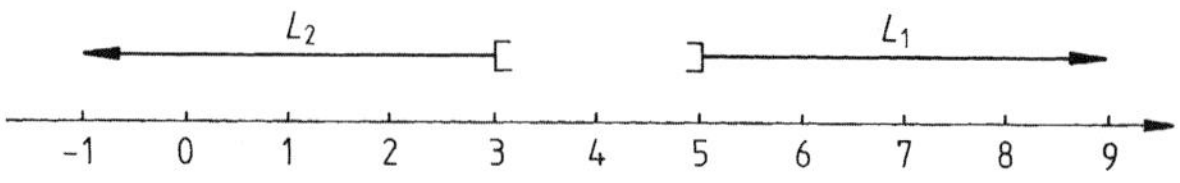

Abb. 8.5

2. $\frac{1}{x+2} > \frac{-1}{x-5} \qquad (G = \mathbb{Q})$

Definitionsmenge: $\quad x + 2 = 0 \qquad\qquad x - 5 = 0$

$\qquad\qquad\qquad\quad \Leftrightarrow x = -2 \qquad\quad \Leftrightarrow x = 5$

$D = \mathbb{Q}\setminus\{-2; 5\}$

Hauptnenner: $(x + 2) \cdot (x - 5)$

Um festzustellen, für welche Ersetzungen von x der Hauptnenner positiv (+) bzw. negativ (–) wird, schreiben wir alle Möglichkeiten in folgendem Schema auf.

	$x < -2$	$-2 < x < 5$	$x > 5$
1. Nenner: $x + 2$	–	+	+
2. Nenner: $x - 5$	–	–	+
Hauptnenner: $(x + 2)(x - 5)$	+	–	+

(Die Grenzen der Spalten liegen bei -2 und 5.)

1. Fall: $\quad HN > 0 \quad (x < -2 \vee x > 5)$

$$\frac{1}{x+2} > \frac{-1}{x-5} \qquad | \cdot (x+2)(x-5)$$

$$\underset{(HN > 0)}{\Leftrightarrow} \quad x - 5 > -(x + 2) \qquad | \text{ Ausmultiplizieren}$$

$$\Leftrightarrow \quad x - 5 > -x - 2 \qquad | + x - 5$$

$$\Leftrightarrow \quad 2x > 3 \qquad | : 2$$

$$\Leftrightarrow \quad x > \tfrac{3}{2}$$

$(x < -2 \vee x > 5) \wedge (x > \frac{3}{2}) \Leftrightarrow x > 5$

$L_1 = \{x \mid x > 5\}_{\mathbb{Q}} =]\,5; \infty\,[_{\mathbb{Q}}$

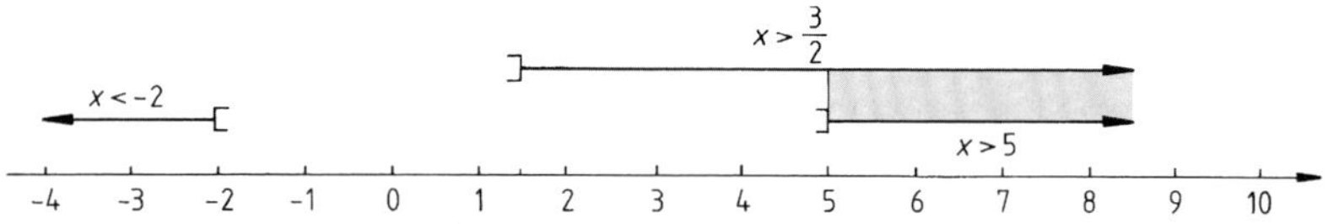

Abb. 8.6

2. Fall: $\quad HN < 0 \quad (-2 < x < 5)$

$$\frac{1}{x+2} > \frac{-1}{x-5} \qquad | \cdot (x+2)(x-5)$$

$$\underset{(HN > 0)}{\Leftrightarrow} \quad x - 5 < -(x + 2)$$

$$\Leftrightarrow \quad x < \tfrac{3}{2} \quad \text{(vgl. 1. Fall)}$$

$(-2 < x < 5) \wedge (x < \frac{3}{2}) \Leftrightarrow -2 < x < \frac{3}{2}$

$L_2 = \{x \mid -2 < x < \frac{3}{2}\}_{\mathbb{Q}} =]-2; \frac{3}{2}[_{\mathbb{Q}}$

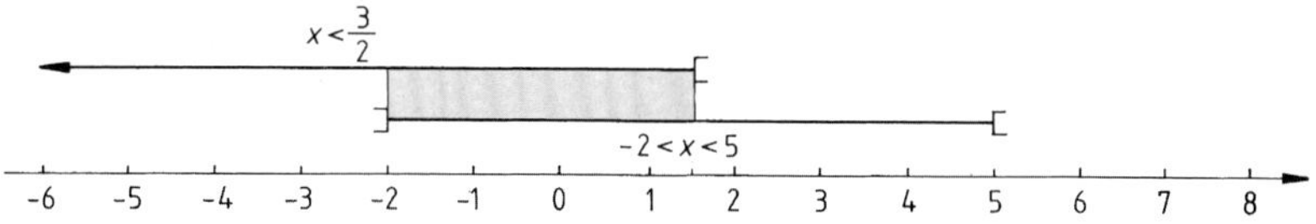

Abb. 8.7

$L = L_1 \cup L_2$

$L = \{x \mid x > 5\}_{\mathbb{Q}} \cup \{x \mid -2 < x < \frac{3}{2}\}_{\mathbb{Q}}$

$L =]\,5; \infty\,[_{\mathbb{Q}} \cup]-2; \frac{3}{2}[_{\mathbb{Q}}$

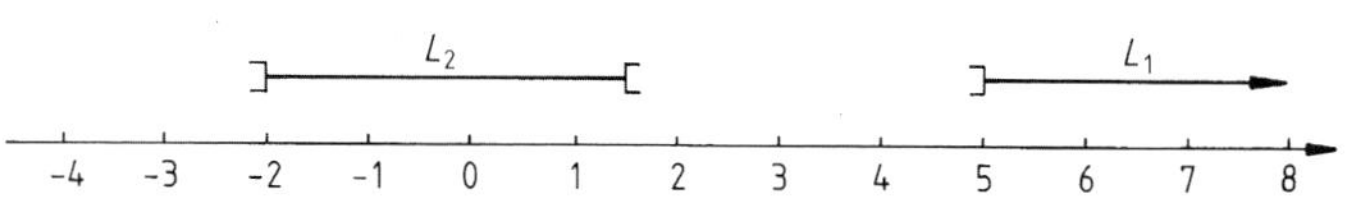

Abb. 8.8

Aufgaben zu 8.2

Bestimmen Sie jeweils die Definitions- und Lösungsmenge ($G = \mathbb{Q}$, x Lösungsvariable)!

Beispiel: $\frac{4x-2}{x+1} < 1 + \frac{6x+3}{2x}$

Lösung: Bestimmung der Definitionsmenge: $x + 1 = 0 \qquad 2x = 0$

$\Leftrightarrow \quad x = -1 \quad \Leftrightarrow x = 0$

$D = \mathbb{Q}\backslash\{-1; 0\}$

	-1 $x < -1$	0 $-1 < x < 0$	$x > 0$
1. Nenner: $x+1$	$-$	$+$	$+$
2. Nenner: $2x$	$-$	$-$	$+$
Hauptnenner: $(x+1)\,2x$	$+$	$-$	$+$

$HN = (x+1) \cdot 2x$

1. Fall: $HN > 0 \Leftrightarrow (x+1>0 \wedge x>0) \vee (x+1<0 \wedge x<0)$

$\Leftrightarrow (x>0) \vee (x<-1)$

$$\frac{(4x-2)\,2x}{(x+1)\,2x} < \frac{(x+1)\,2x}{(x+1)\,2x} + \frac{(6x+3)\,(x+1)}{2x\,(x+1)} \quad | \cdot HN$$

$\underset{(HN>0)}{\Leftrightarrow} \quad (4x-2)\,2x < (x+1)\,2x + (6x+3)\,(x+1)$

$\Leftrightarrow \quad 8x^2 - 4x < 2x^2 + 2x + 6x^2 + 3x + 6x + 3$

$\Leftrightarrow \quad 8x^2 - 4x < 8x^2 + 11x + 3$

$\Leftrightarrow \quad -15x < 3 \Leftrightarrow x > -\frac{1}{5}$

$(x>0 \vee x<-1) \wedge (x>-\frac{1}{5}) \Rightarrow x > 0$

$L_1 =]0; \infty[_{\mathbb{Q}}$

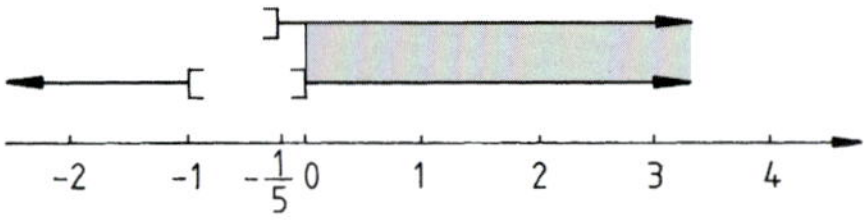

Abb. 8.9

2. Fall: $HN < 0 \Leftrightarrow -1 < x < 0$

$$\frac{(4x-2)\,2x}{(x+1)\,2x} < \frac{(x+1)\,2x}{(x+1)\,2x} + \frac{(6x+3)\,(x+1)}{2x\,(x+1)} \quad | \cdot HN$$

$\underset{(HN<0)}{\Leftrightarrow} \quad x < -\frac{1}{5}$ (vgl. 1. Fall)

$(-1<x<0) \wedge (x<-\frac{1}{5}) \Rightarrow -1 < x < -\frac{1}{5}$

$L_2 =]-1; -\frac{1}{5}[_{\mathbb{Q}}$

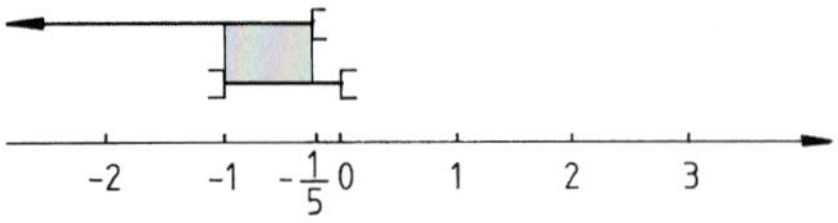

Abb. 8.10

$L =]0; \infty[_{\mathbb{Q}} \quad]-1; -\frac{1}{5}[_{\mathbb{Q}}$

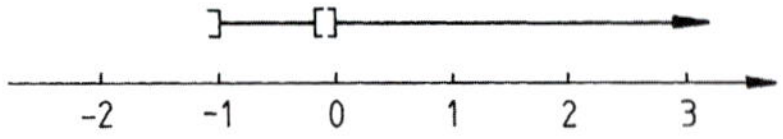

Abb. 8.11

1. $\frac{x}{x-2} < \frac{5}{x-2}$

2. $\frac{x+1}{3x} > \frac{6}{3x}$

3. $\frac{3}{2x+1} \leqq \frac{4x-2}{2x+1}$

4. $\frac{x}{x+6} < \frac{x+1}{x+6}$

5. $\frac{7}{x-3} \geqq 2$

6. $\frac{-3}{2x+5} > -1$

7. $\frac{1}{4-x} \leqq \frac{1}{2}$

8. $\frac{5}{6-3x} < -\frac{2}{3}$

9. $\frac{2x}{3x-1} > -5$

10. $\frac{x+1}{x-1} \geqq 0$

11. $\frac{3-x}{3+x} < 3$

12. $\frac{2x-5}{4+3y} \leqq 12$

13. $\frac{4}{x-1} > \frac{-2}{x}$

14. $\frac{-3}{1-x} > \frac{7}{5x}$

15. $\frac{2}{5x+2} \leqq \frac{3}{4x-3}$

16. $\frac{5}{1-5x} \geqq \frac{2}{1-2x}$

17. $\frac{2x}{x+1} > \frac{4x-1}{2x}$

18. $\frac{x}{x+1} < \frac{x}{x-1}$

19. $\frac{5x}{2-y} > \frac{-5x}{2+x}$

20. $\frac{2+3x}{4-2x} > \frac{3x-2}{4+2x}$

21. $\frac{6x+3}{4x+8} \leqq \frac{3x-1}{2x+4}$

22. $\frac{5-8x}{6-10x} \geqq \frac{1+4x}{5x}$

23. $\frac{2x+7}{x+4} + 2 < \frac{4x-3}{x-3}$

24. $\frac{3x-4}{2x+3} - 5 \geqq \frac{10-14x}{4x-4}$

25. $8 - \frac{3x-1}{4x+6} > 5 - \frac{7x+6}{2x+3}$

26. $\frac{12x+9}{8x-12} - 6 \leqq \frac{5-2x}{6x-9}$

27. $\frac{a}{x} < \frac{a+1}{x}$

28. $\frac{a}{x} < 0$

29. $\frac{a}{x} < \frac{-a}{x}$

30. $\frac{x+a}{x-a} \geqq 0$

8.3 Betragsungleichungen

Packungen mit vielen kleinen Einzelheiten werden durch Wiegen abgefüllt. Z. B. kann bei einer Packung von 500 Drahtstiften (DS) dadurch eine Abweichung von 2% auftreten. Welche Anzahlen von Drahtstiften können vorkommen?

2% von 500 DS = 10 DS
Mindestanzahl: 500 DS − 10 DS = 490 DS
Höchstanzahl: 500 DS + 10 DS = 510 DS

Antwort: In einer Packung befinden sich mindestens 490, höchstens 510 Drahtstifte.

Alle Lösungen eines solchen Problems kann man durch eine **Betragsungleichung** erfassen:

$|x - 500| \leqq 10$

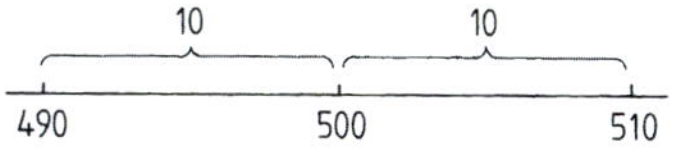

Abb. 8.12

Zur Erinnerung:

$$|x - 500| = \begin{cases} x - 500 & \text{für} \quad x \geqq 500 \\ -(x - 500) & \text{für} \quad x < 500 \end{cases}$$

Wir betrachten die beiden Fälle der Betragsungleichung getrennt.

1. Fall ($x \geqq 500$):

$x - 500 \leqq 10$

$\Leftrightarrow \quad x \leqq 510$

$L_1 = \{x \mid x \geqq 500 \wedge x \leqq 510\}_{\mathbb{N}^*} = [500;\, 510]_{\mathbb{N}^*}$

2. Fall ($x < 500$):

$-(x - 500) \leqq 10 \quad | \cdot (-1)$

$\Leftrightarrow x - 500 \geqq -10$ (Achtung: statt $\leqq$ nun $\geqq$)

$x \geqq 490$

$L_2 = \{x \mid x < 500 \wedge x \geqq 490\}_{\mathbb{N}^*} = [490;\, 500[_{\mathbb{N}^*}$

$L = L_1 \cup L_2$

$\underline{L = [500;\, 510]_{\mathbb{N}^*} \cup [490;\, 500[_{\mathbb{N}^*} = [490;\, 510]_{\mathbb{N}^*}}$

Aus den vollzogenen Äquivalenzumformungen kann man ersehen, dass man beide Fälle zusammenfassen kann:

$|x - 500| \leqq 10 \Leftrightarrow x - 500 \leqq 10 \wedge x - 500 \geqq -10$

$\Leftrightarrow \quad 10 \leqq x - 500 \leqq 10$

Wir wollen uns diesen Sachverhalt an einem einfachen Beispiel verdeutlichen ($G = \mathbb{Q}$).

Beispiel

$|x| < 4 \Leftrightarrow (x < 4 \wedge x \geqq 0) \vee (-x < 4 \wedge x < 0)$

$\Leftrightarrow (0 \leqq x < 4) \vee (-4 < x < 0)$

$\Leftrightarrow -4 < x < 4$

$\underline{L =]-4;\, 4[_{\mathbb{Q}}}$

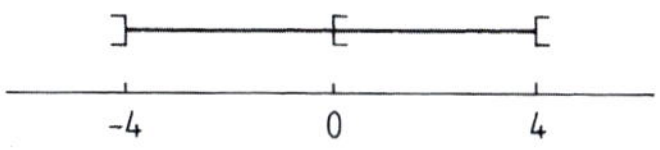

Abb. 8.13

Allgemein gilt:

$|x| < r \Leftrightarrow -r < x < r$
$|x - a| < r \Leftrightarrow -r < x - a < r$ $\quad (r > 0)$

Beachten Sie: Die Lösungsmenge ist hierbei immer nur **ein** Intervall.
Geometrische Deutung: $|x - a| < r$ beschreibt auf der Zahlengeraden die Menge aller Punkte, deren Abstand von a **kleiner** ist als r.

Wie sieht die Lösungsmenge einer Betragsungleichung mit dem Zeichen > aus?

Beispiel

$|x| > 4$

1. Fall ($x \geqq 0$):

$x > 4$

$L_1 = \{x \mid x > 4\}_{\mathbb{Q}} =]4; \infty[_{\mathbb{Q}}$

2. Fall ($x < 0$):

$-x > 4$

$\Leftrightarrow x < -4$

$L_2 = \{x \mid x < -4\}_{\mathbb{Q}} =]-\infty; -4[_{\mathbb{Q}}$

$L = L_1 \cup L_2 = \{x \mid x > 4 \vee x < -4\}_{\mathbb{Q}}$

$\underline{L =]4; \infty[_{\mathbb{Q}} \cup]-\infty; -4[_{\mathbb{Q}}}$

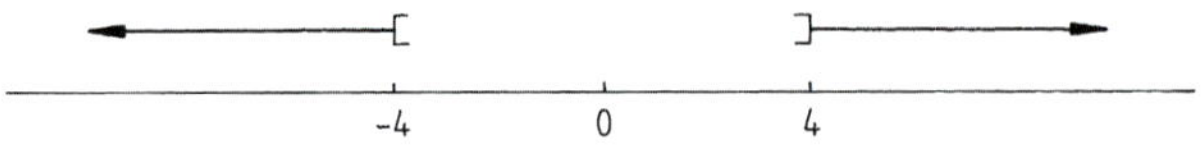

Abb. 8.14

Beide Fälle zusammenfassend können wir schreiben:

$|x| > 4 \Leftrightarrow x > 4 \vee x < -4$

Allgemein gilt:

$|x| > r \Leftrightarrow (x > r) \vee (x < -r)$
$|x - a| > r \Leftrightarrow (x - a > r) \vee (x - a < -r)$ $\quad (r > 0)$

Beachten Sie: Die Lösungsmenge besteht hierbei immer aus **zwei** Halbgeraden.
Geometrische Deutung: $|x - a| > r$ beschreibt auf der Zahlengeraden die Menge aller Punkte, deren Abstand von a **größer** ist als r.

Weitere Beispiele:

1. $|x - 5| < 2 \Leftrightarrow -2 < x - 5 < 2 \quad | + 5$

$\Leftrightarrow \quad 3 < x < 7$

$L = \{x \mid 3 < x < 7\}_{\mathbb{Q}}$

$\underline{L =]3; 7[_{\mathbb{Q}}}$

2. $|x + 3| < 6 \Leftrightarrow -6 < x + 3 < 6 \quad | - 3$

$\Leftrightarrow -9 < x < 3$

$L = \{x \mid -9 < x < 3\}_{\mathbb{Q}}$

$\underline{L =]-9; 3[_{\mathbb{Q}}}$

3. $|x - 6| < -2$

$\underline{L = \{\,\}}$

4. $|x - 4| > 2 \Leftrightarrow (x - 4 > 2) \vee (x - 4 < -2) \quad | + 4$

$\Leftrightarrow \quad (x > 6) \vee (x < 2)$

$L = \{x \mid x > 6 \vee x < 2\}_{\mathbb{Q}}$

$\underline{L =]6; \infty[_{\mathbb{Q}} \cup]-\infty; 2[_{\mathbb{Q}}}$

5. $|x - 3| > -1$

$\underline{L = \mathbb{Q}}$

6. $|2 - 5x| \geqq 3 \Leftrightarrow (2 - 5x \geqq 3) \vee (2 - 5x \leqq -3) \quad | - 2$

$\Leftrightarrow (-5x \geqq 1) \quad \vee (-5x \leqq -5) \quad | \cdot (-1)$

$\Leftrightarrow (x \leqq -\frac{1}{5}) \quad \vee (x \geqq 1)$

$L = \{x \mid x \leqq -\frac{1}{5} \vee x \geqq 1\}_{\mathbb{Q}}$

$\underline{L =]-\infty; -\frac{1}{5}]_{\mathbb{Q}} \cup [1; \infty[_{\mathbb{Q}}}$

Aufgaben zu 8.3

Umgangssprachlich werden Abweichungen von einem bestimmten Wert unterschiedlich formuliert. Übertragen Sie die Formulierungen mit Hilfe von Betragsungleichungen in die formale Schreibweise der Mathematik.

1. Die Produktion von 600 Stück pro Tag schwankt um 25%.
2. Der Platz hat eine Länge von 100 Meter plus/minus 5 Meter.
3. Die Waage zeigt genau 3,40 g an bei einer Ungenauigkeit von 10 mg.
4. Bei der Herstellung von 20 000 Stück wird eine Fehlerquote von 2% einkalkuliert.
5. Die Abweichung vom verlangten Maß von 1,46 m sollte nicht größer as 2 mm sein.
6. Der Erdaushub beträgt etwa 20 m^3, vielleicht 2 m^3 mehr oder weniger.
7. In dem Waldstück wurden bis auf 10 m^3 genau 200 m^3 Festholz geschlagen.
8. Bei der Demonstration waren circa 10 000 Menschen, mit einer möglichen Abweichung von 20%.
9. In der Packung befinden sich 220 Holzschrauben plus/minus 3%.
10. Versuchen Sie selbst eine sinnvolle Präzisierung mittels einer Betragsungleichung:
    a) um die Hundert herum, b) etwa 25 kg, c) plus/minus 8 Meter, d) circa 1200 Euro.

Finden sie jeweils das (die) durch die Betragsungleichung definierte(n) Intervall(e) ohne Rechnung an der Zahlengeraden.

Beispiel: $|x+3|<5$
Beachten Sie: $x+3=x-(-3)$;
gesucht sind also alle Zahlen, die von -3 einen Abstand haben, der kleiner ist als 5 : $]-8;\,2[$.

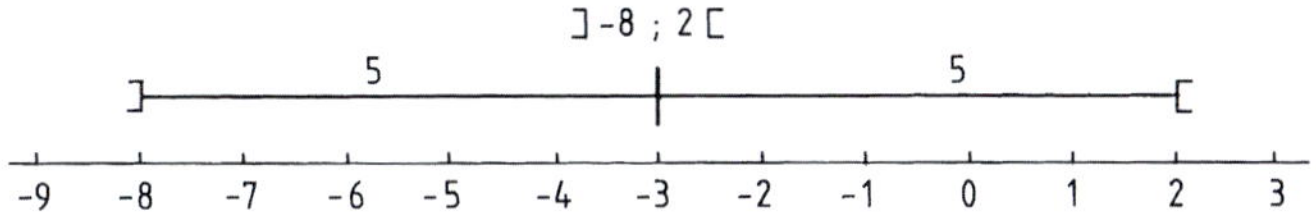

Abb. 8.15

11. $\lvert x-8\rvert<3$	12. $\lvert x-2\rvert\leqq 7$	13. $\lvert x+5\rvert<2$
14. $\lvert x+1\rvert<6$	15. $\lvert x+4\rvert\leqq 4$	16. $\lvert x\rvert<5$
17. $\lvert x\rvert\leqq 1$	18. $\lvert x-8\rvert\leqq 0$	19. $\lvert x+2\rvert\leqq 0$
20. $\lvert x-6\rvert>4$	21. $\lvert x-3\rvert>5$	22. $\lvert x-1\rvert\geqq 7$
23. $\lvert x+4\rvert>3$	24. $\lvert x+8\rvert\geqq 1$	25. $\lvert x+2\rvert\geqq 6$
26. $\lvert x\rvert>4$	27. $\lvert x\rvert\geqq 2$	28. $\lvert x\rvert>0$

Bestimmen Sie jeweils die Lösungsmenge ($G=\mathbb{Q}$, x Lösungsvariable)!

Beispiel: $|2x+3|<5 \quad (G=\mathbb{Q})$

$\Leftrightarrow \quad -5<2x+3<5 \quad |-3$

$\Leftrightarrow \quad -8<2x<2 \quad |:2$

$\Leftrightarrow \quad -4<x<1$

$L=\{x\,|\,-4<x<1\}_{\mathbb{Q}}=]-4;\,1[_{\mathbb{Q}}$

Stichproben:

$x=-5$: $|2\cdot(-5)+3|<5$; $|-7|<5$; $7<5$ (falsch)

$x=0$: $|2\cdot 0+3|<5$; $3<5$ (wahr)

$x=2$: $|2\cdot 2+3|<5$; $7<5$ (falsch)

29. $\lvert x\rvert\leqq 6$	30. $\lvert x\rvert>3$	31. $\lvert 2x\rvert<12$
32. $\lvert x\rvert\geqq -1$	33. $\lvert x\rvert<-5$	34 $\lvert x-4\rvert<2$
35. $\lvert x-7\rvert\geqq -2$	36. $\lvert x+3\rvert\leqq 8$	37 $\lvert x+2\rvert>0$
38. $\lvert 2x+1\rvert>11$	39. $\lvert 3x-5\rvert\leqq 6$	40. $\lvert 5x+4\rvert<1$
41. $\lvert 7x-1\rvert<12$	42. $\lvert 3-x\rvert<8$	43. $\lvert 9-3x\rvert>6$
44. $\lvert 5x-7\rvert>7$	45. $\lvert 10-6x\rvert\leqq 13$	46. $4\lvert 2x+6\rvert\geqq 12$
47. $-\lvert 6-2x\rvert>-4$	48. $5\lvert 7-3x\rvert<11$	49. $-4\lvert 3+x\rvert\geqq -2$
50. $10-3\lvert 4x-5\rvert\leqq 18$	51. $7-5\lvert x-4\rvert<0$	52. $5+4\lvert 6-2x\rvert>25$
53. $2-8\lvert 3x+7\rvert\leqq -4$		
54. $\left\lvert\frac{2}{3}x-1\right\rvert<\frac{1}{3}$	55. $\left\lvert\frac{1}{8}x+2\frac{1}{2}\right\rvert\leqq 2\frac{3}{4}$	56. $\left\lvert\frac{2}{5}x\right\rvert>\frac{1}{10}$
57. $\left\lvert\frac{x-1}{3}-\frac{1}{2}\right\rvert\leqq 4$	58. $\left\lvert\frac{x+2}{6}\right\rvert<\frac{5}{8}$	59. $\left\lvert\frac{3}{10}x-4\right\rvert\geqq 5$
60. $\lvert 0{,}2x-2{,}4\rvert\leqq 1{,}2$	61. $\lvert 3x+0{,}5\rvert<2$	62. $\lvert 1{,}5x-2{,}5\rvert>0$
63. $\lvert x-a\rvert>0$	64. $\lvert x+a\rvert>0$	65. $\lvert x-a\rvert<b$

8.4 Systeme linearer Ungleichungen

In einer Maschinenfabrik können auf einem Automaten Maschinenteile vom Typ A und vom Typ B hergestellt werden. Für einen Teil des Typs A wird der Automat $1\frac{1}{2}$ Stunden, für einen Teil des Typs B eine Stunde benötigt. Welche Produktionsmöglichkeiten ergeben sich für einen Tag (8 h)?

Wir setzen x für die Anzahl der täglich produzierten Maschinenteile vom Typ A und y für die Anzahl der Teile vom Typ B ($x, y \in \mathbb{N}$). Für x Maschinenteile des Typs A werden $x \cdot \frac{3}{2}$ h benötigt, für y Maschinenteile des Typs B werden $y \cdot 1$ h benötigt. Zusammen erhält man die folgende Ungleichung mit zwei Variablen:

$x \cdot \frac{3}{2}\,\text{h} + y \cdot 1\,\text{h} \leqq 8\,\text{h}.$

Wir schreiben die größtmöglichen Produktionszahlen in eine Tabelle:

Typ A		Typ B		Gesamtzeit
Stückzahl x	Zeit (h)	Stückzahl y	Zeit (h)	
0	0	8	8	8
1	$1\frac{1}{2}$	6	6	$7\frac{1}{2}$
2	3	5	5	8
3	$4\frac{1}{2}$	3	3	$7\frac{1}{2}$
4	6	2	2	8
5	$7\frac{1}{2}$	0	0	$7\frac{1}{2}$

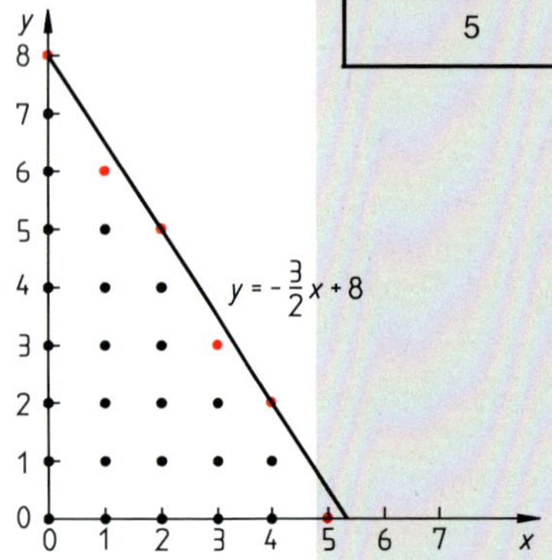

Abb. 8.16

Graphische Darstellung:

$y \leqq -\frac{3}{2}x + 8$

Alle eingezeichneten Punkte stellen mögliche Paare von Produktionszahlen dar (die roten Punkte kennzeichnen die in der Tabelle aufgeschriebenen).

Die Lösungsmenge der obigen **Ungleichung mit zwei Variablen** besteht aus allen Zahlenpaaren, die zu den eingezeichneten Punkten gehören. Das sind innerhalb des Dreiecks (berandet durch x-Achse, y-Achse, Gerade $y = -\frac{3}{2}x + 8$) alle Punkte, deren Koordinaten Zahlen aus $\mathbb{N}$ sind.

Eine Ungleichung $y \underset{(>)}{<} mx + b$ ($(x|y) \in \mathbb{Q}\times\mathbb{Q}$; m, b Formvariable) ist eine Aussageform mit zwei Variablen (x, y), die als Vorschrift einer (zweistelligen) Relation aufgefaßt werden kann. Ihre Lösungsmenge läßt sich am besten an der graphischen Darstellung ablesen.

Merksatz

Der Graph der Ungleichung $y < mx + b$ und $y > mx + b$ ist jeweils eine Halbebene, die nach oben (unten) durch die Gerade mit der Gleichung $y = mx + b$ begrenzt wird.

Die Gerade heißt **Randgerade** und gehört mit zur Lösungsmenge, wenn statt $\underset{(>)}{<}$ das Zeichen $\underset{(\geqq)}{\leqq}$ steht:

$y \leqq mx + b$ bzw. $y \geqq mx + b$.

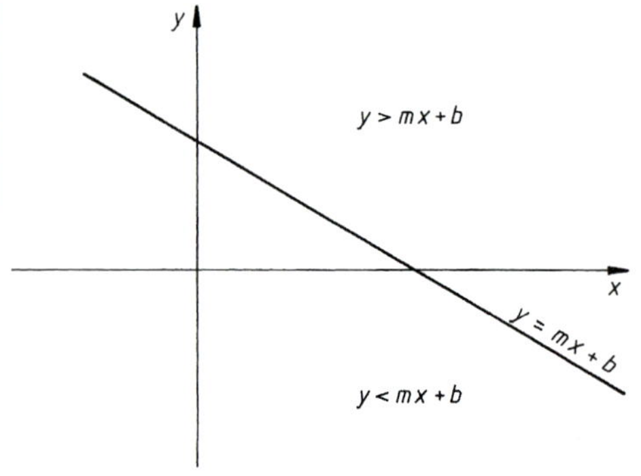

Abb. 8.17

Beispiel

$y > \frac{1}{2}\,x - 2 \quad (G = \mathbb{Q}\times\mathbb{Q})$

Wir zeichnen die Randgerade ($y = \frac{1}{2}\,x - 2$) und schraffieren die Halbebene, die die Lösungsmenge der Ungleichung darstellt:

$L = \{(x\,|\,y)\,|\,y > \frac{1}{2}\,x - 2\}_{\mathbb{Q}\times\mathbb{Q}}$

Probe für $(0\,|\,0)$:

$0 > \frac{1}{2} \cdot 0 - 2$

$0 > -2$ (wahr)

(Der Ursprung gehört also zur Lösungsmenge.)

Gegenprobe für $(1\,|-2)$:

$-2 > \frac{1}{2} \cdot 1 - 2$

$-2 > \frac{1}{2} - 2$

$-2 > -\frac{3}{2}$ (falsch)

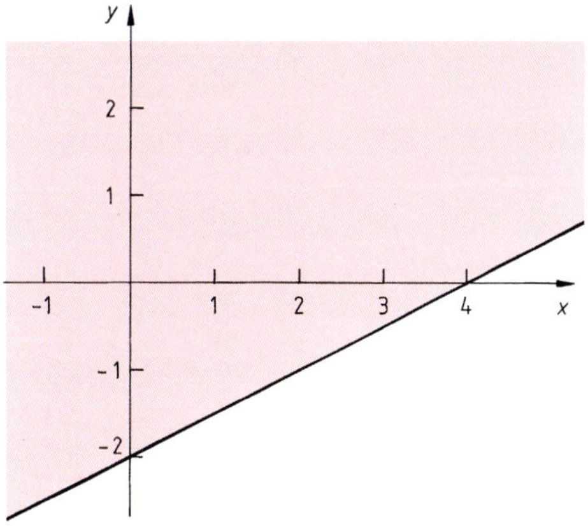

Abb. 8.18

Ist ein **System von Ungleichungen** (Und-Verbindung zweier oder mehrerer Ungleichungen) gegeben, so gehen wir genauso vor wie bei Gleichungssystemen. Als graphische Darstellung der Lösungsmenge erhalten wir die Schnittmenge von Halbebenen.

Beispiele

1. $\begin{array}{l} (1) \\ (2) \end{array} \left[\begin{array}{l} \;\;y > \frac{1}{2}\,x - 1 \\ \wedge\, y < -x + 5 \end{array}\right]$

Wir zeichnen die beiden Geraden zu $y = \frac{1}{2}\,x - 1$ und zu $y = -x + 5$ und schraffieren die durch die Ungleichungen bestimmten Halbebenen. Die Lösungsmenge des Ungleichungssystems wird durch das doppelt (rot) schraffierte „Winkelfeld" dargestellt (vgl. Abb. 8.19):

$L = \{(x\,|\,y)\,|\,y > \frac{1}{2}\,x - 1 \wedge y < -x + 5\}_{\mathbb{Q}\times\mathbb{Q}}$

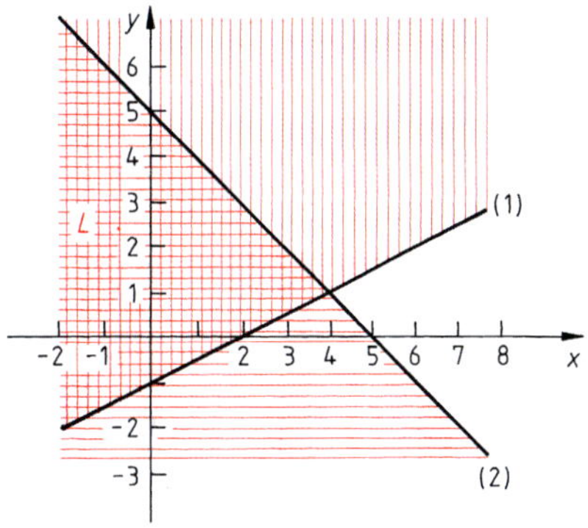

Abb. 8.19

2. $\begin{array}{l} (1) \\ (2) \\ (3) \end{array} \left[\begin{array}{r} y \geqq 0 \\ \wedge\, 3x + 2y \leqq 9 \\ \wedge\, 3y - \;\;x \leqq 5 \end{array}\right] \Leftrightarrow \begin{array}{l} (1) \\ (2) \\ (3) \end{array} \left[\begin{array}{l} y \geqq 9 \\ \wedge\, y \leqq -\frac{3}{2}\,x + \frac{9}{2} \\ \wedge\, y \leqq \frac{1}{3}\,x + \frac{5}{3} \end{array}\right]$

Die Lösungsmenge des Ungleichungssystems wird durch das Dreieck einschließlich des Randes dargestellt. Die Eckpunkte erhält man durch Berechnung der Schnittpunkte der entsprechenden Geraden.

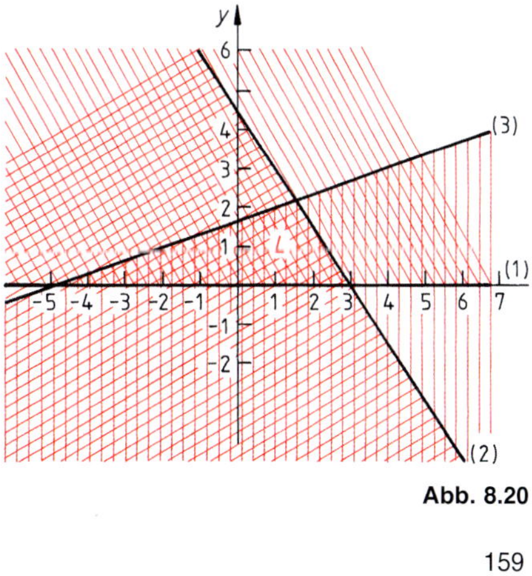

Abb. 8.20

Aufgaben zu 8.4

Stellen Sie graphisch die Halbebenen dar, die durch folgende Ungleichungen gegeben sind ($G = \mathbb{Q} \times \mathbb{Q}$)!

Beispiel: $y > -2x + 3$

Stichproben: **1.** $x = 0$, $y = 0$:

$0 > -2 \cdot 0 + 3$

$0 > 3$ (falsch)

2. $x = 2$, $y = 0$:

$0 > -2 \cdot 2 + 3$

$0 > -1$ (wahr)

Lösung:

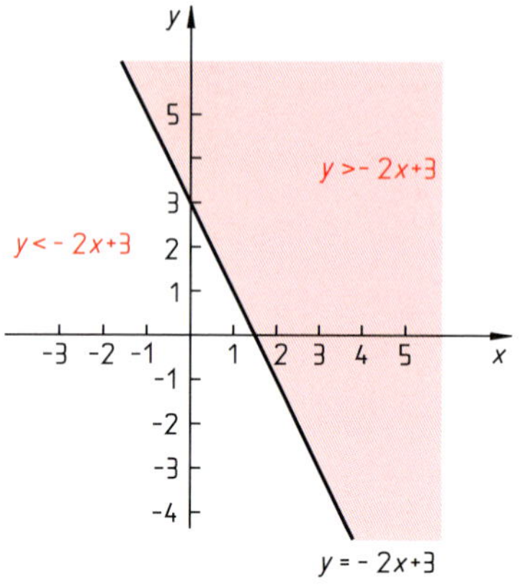

Abb. 8.21

1. $y > x$	2. $y < -x$	3. $y < 3x$
4. $y > -2x$	5. $y < -1$	6. $x > 2$
7. $y > \frac{1}{2}x - 2$	8. $y < -\frac{1}{3}x + 6$	9. $y < -\frac{3}{4}x + \frac{1}{2}$
10. $y > \frac{2}{5}x - 2\frac{1}{4}$	11. $x + y > 5$	12. $x - y < 3$
13. $3x + 2y < -4$	14. $4x - 5y > 10$	15. $\frac{1}{2}x - \frac{1}{2} > 0$
16. $3x - \frac{1}{2}y + 6 < 0$	17. $\frac{3}{4}x + y + 2 > 0$	18. $-x - y - 1 < 0$

19. Welche der folgenden Punkte liegen in den durch die Ungleichungen beschriebenen Halbebenen: A (0 | 0), B (– 2 | 4), C (6 | 1), D (– 5 | 0), E (0 | 3), F (– 4 | – 3)?

a) $y < x - 1$ b) $y \geqq 2x$ c) $y > -2x + 4$ d) $y < \frac{1}{2}x - 2$

e) $y \geqq -1$ f) $2x - y \leqq 4$ g) $3x - 2y + 1 \geqq 0$

20. Beschreiben Sie den schraffierten Teil der Ebene (ohne Randgeraden) mit Hilfe von Ungleichungssystemen in $G = \mathbb{Q} \times \mathbb{Q}$!

a)

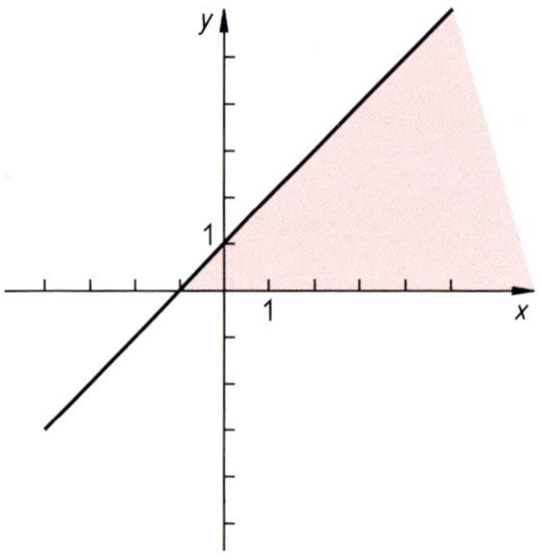

Abb. 8.22

b)

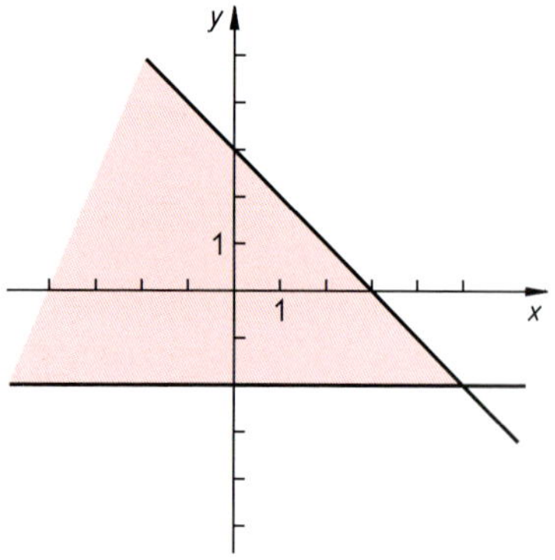

Abb. 8.23

c)

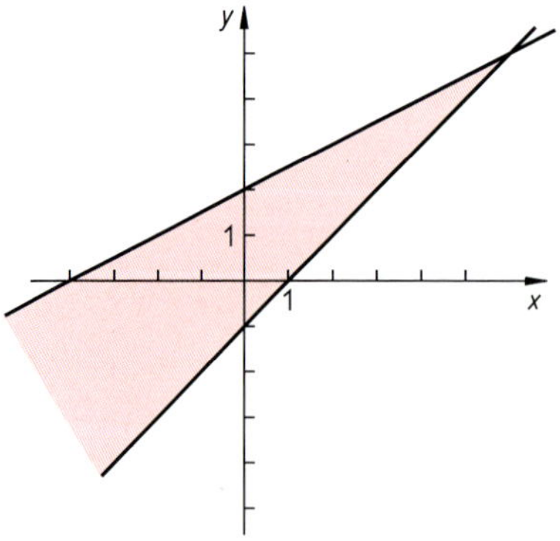

Abb. 8.24

d)

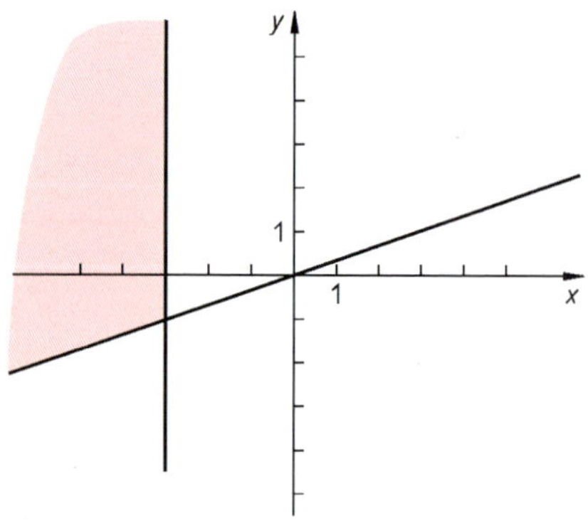

Abb. 8.25

e)

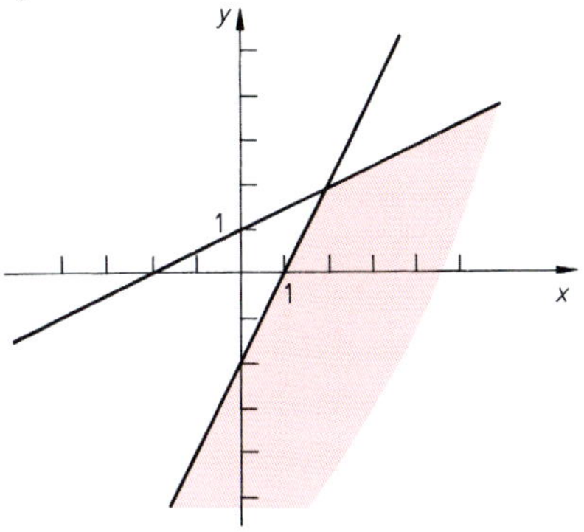

Abb. 8.26

f)

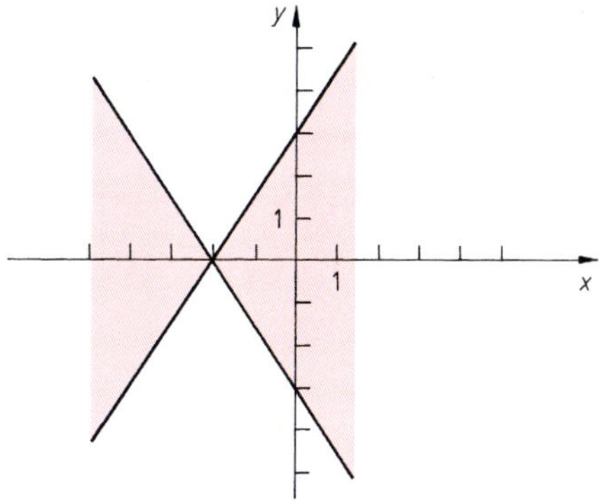

Abb. 8.27

Zeichnen Sie den Graph der Lösungsmenge des jeweiligen Ungleichungssystems ($G = \mathbb{Q}\times\mathbb{Q}$)!

Beispiel: $y \geqq -1$
$\wedge y < -x + 3$

Stichproben: **1.** $x = 0,\ y = 0;$
$0 \geqq -1$
$\wedge 0 < -0 + 3$
$0 \geqq -1$ (wahr)
$\wedge 0 < 3$ (wahr) } (wahr)

2. $x = 2,\ y = 2;$
$2 \geqq -1$ (wahr)
$\wedge 2 < -2 + 3$ (falsch) } (falsch)

Lösung:

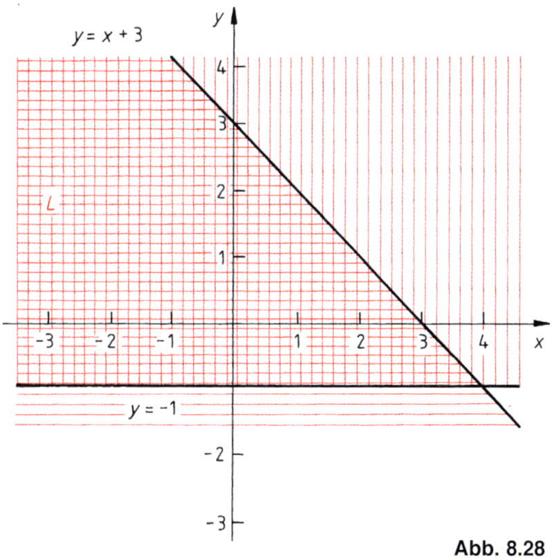

Abb. 8.28

21. $y > 0 \quad \wedge x > 0$

22. $y > 1 \quad \wedge x \geqq -4$

23. $y < 2{,}5 \quad \wedge x < -2$

24. $y < 2 \quad \wedge y > -3$

25. $y > x \quad \wedge y < -1$

26. $y \leqq 2x \quad \wedge y < 4$

27. $y > x + 2 \quad \wedge y < -x$

28. $y \leqq \frac{1}{2}x + 4 \quad \wedge y > 3x - 3$

29. $y \leqq \frac{1}{2}x - 1 \quad \wedge y < -2x + 5$

30. $y > -\frac{1}{3}x + 2 \quad \wedge y > -4x - 2$

31. $y > \frac{3}{5}x - 4 \quad \wedge y < \frac{3}{5}x$

32. $y < -2x + 6 \quad \wedge y > -2x + 1$

33. $y \geqq \frac{1}{3}x - 7 \quad \wedge y \leqq \frac{1}{3}x - 7$

34. $y \leqq 2x + 5 \quad \wedge y \geqq 2x + 5$

35. $y > \frac{3}{4}x + 2 \quad \wedge y < \frac{3}{4}x + 2$

36. $y < -0{,}5x + 1 \quad \wedge y < -0{,}5x$

37. $y < x \quad \wedge y \leqq x - 1$

38. $y < 2x - 1 \quad \wedge y > 2x + 2$

39. $x + y + 1 \geqq 0 \quad \wedge x - y + 1 \geqq 0$

40. $y - x - 1 < 0 \quad \wedge y - x - 3 > 0$

41. $2x + y - 4 < 0 \quad \wedge x + 2y - 4 < 0$

42. $2x + 4y + 6 > 0 \quad \wedge 6x + 4y + 2 < 0$

43. $3x - 2y - 5 \geqq 0 \quad \wedge -x + 3y + 3 \leqq 0$

44. $4y - 2x - 12 < 0 \quad \wedge 3y - 3x + 6 < 0$

Zeichnen Sie den Graph der Lösungsmenge des jeweiligen Ungleichungssystems und bestimmen Sie die Eckpunkte des Graphen ($G = \mathbb{Q}\times\mathbb{Q}$)!

Beispiel: $x \geqq 0$
$\wedge\, y \geqq 1$
$\wedge\, y \leqq -x + 3$

Eckpunkte: A (0|1)
B: $-x + 3 = 1$
$\Leftrightarrow -x = -2$
$\Leftrightarrow x = 2$
B (2|1)
C (0|3)

Lösung:

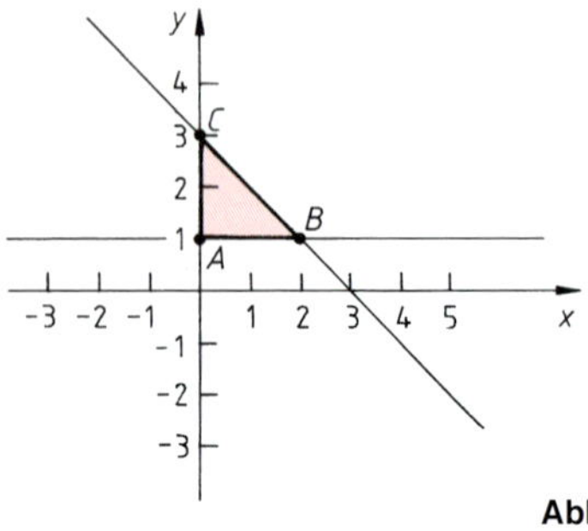

Abb. 8.29

45. $x \geqq 0 \wedge y \geqq 0 \wedge y \leqq -2x + 4$
46. $x \geqq 0 \wedge y \geqq 0 \wedge y \leqq -x + 5$
47. $x < 0 \wedge y > 0 \wedge y < x + 4$
48. $x > 0 \wedge y < 0 \wedge y > \frac{1}{2}x - 3$
49. $x < 2 \wedge y < 2 \wedge y > -x$
50. $x > -3 \wedge y < -1 \wedge y > \frac{2}{3}x - 2$
51. $x < -1 \wedge y < 0 \wedge y > \frac{1}{2}x - 1$
52. $x > -4 \wedge y > -2 \wedge y < -x + 3$
53. $x > 0 \wedge y > 0 \wedge y < 3x - 5$
54. $x \leqq 0 \wedge y \geqq 0 \wedge y < 4x - 1$
55. $x > 3 \wedge y < -1 \wedge y > \frac{1}{2}x$
56. $x > -2 \wedge y > -3 \wedge y > -x$
57. $y \geqq 0 \wedge y \geqq x \wedge y \leqq \frac{1}{2}x + 3$
58. $y \geqq 0 \wedge y \leqq -x + 2 \wedge y \leqq 2x + 1$
59. $y \geqq 0 \wedge y \leqq 2x - 4 \wedge y \leqq -x + 1$
60. $y < 0 \wedge y < 2x + 4 \wedge y < -\frac{1}{2}x - 2$
61. $y > 2x - 1 \wedge y < -x + 3 \wedge y < \frac{1}{2}x + 4$
62. $y > -2 \wedge y > x - 3 \wedge y > 2x + 2$
63. $y > 3x - 3 \wedge y < 3x + 2 \wedge y > x - 1$
64. $y < -2x + 4 \wedge y > \frac{3}{2}x - 3 \wedge y < -\frac{2}{3}x + 2$
65. $x + y + 2 \geqq 0 \wedge x - y - 1 \geqq 0 \wedge x + 2y + 4 \geqq 0$
66. $y - x + 3 < 0 \wedge y + 2x - 1 > 0 \wedge y - 2x < 0$
67. $2x + 4y - 3 < 0 \wedge -3y - x + 1 < 0 \wedge y + 2x + 1 > 0$
68. $2x - y - 4 \leqq 0 \wedge x + 3y \geqq 0 \wedge 4x - 2y - 1 \geqq 0$

69. Geben Sie das Ungleichungssystem für das Gebiet (ohne Randgeraden) an, das durch die jeweils angegebene Gerade (bzw. Geraden) und die Koordinatenachsen begrenzt ist!
a) $y = -2x + 6$
b) $y = \frac{1}{3}x - 2$
c) $y = \frac{1}{2}x + 4$
d) $y = -3x + 2$
e) $y = -x - 2$ und $y = 2x + 3$
f) $y = -3$ und $y = 4x - 6$
g) $y = -4$ und $x = 3$

Zeichnen Sie den Graph der Lösungsmenge des jeweiligen Ungleichungssystems und bestimmen Sie die Eckpunkte des Graphen ($G = \mathbb{Q}\times\mathbb{Q}$)!

Beispiel: $x \geqq 0$
$\wedge\, y \geqq 0$
$\wedge\, y \geqq \frac{1}{2}x - 2$
$\wedge\, y \leqq -x + 5$

Eckpunkte: A (0|0)
B: $\frac{1}{2}x - 2 = 0$
$\Leftrightarrow x = 4$
B (4|0)
C: $\frac{1}{2}x - 2 = -x + 5$
$\Leftrightarrow \frac{3}{2}x = 7$
$\Leftrightarrow x = \frac{14}{3}$
$y = -\frac{14}{3} + 5 = \frac{1}{3}$
C $(\frac{14}{3} | \frac{1}{3})$
D (0|5)

Lösung:

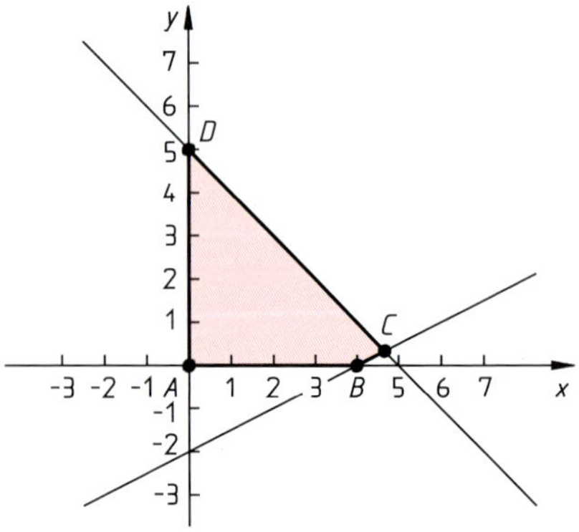

Abb. 8.30

70. $x \geqq 0 \wedge y \geqq 0 \wedge y \geqq x - 1 \wedge y \leqq -\frac{1}{2}x + 3$

71. $x \geqq 0 \wedge y \geqq 0 \wedge y \geqq \frac{1}{2}x + 1 \wedge y \leqq -x + 4$

72. $x \geqq 0 \wedge y \geqq 0 \wedge x \leqq 3 \wedge y \leqq -2x + 8$

73. $x \geqq 0 \wedge y \geqq 0 \wedge y \leqq x + 2 \wedge y \leqq -\frac{1}{2}x + 5$

74. $x \geqq 0 \wedge y \geqq 0 \wedge y \geqq -3x + 5 \wedge y \leqq -\frac{1}{3}x + 2$

75. $x \geqq 0 \wedge y \geqq 0 \wedge y \geqq 2x \wedge y \leqq x + 3$

76. $x \geqq 0 \wedge y \geqq 0 \wedge y \geqq x + 1 \wedge y \leqq -x - 1$

77. $x \geqq 0 \wedge y \geqq 0 \wedge y \geqq -\frac{1}{2}x + 2 \wedge y \geqq 2x + 3$

78. $y > 0 \wedge y > 2x - 4 \wedge y < \frac{1}{2}x + 3 \wedge y < -x + 6$

79. $y > 0 \wedge y < 2x - 2 \wedge y > x \wedge y < -\frac{1}{2}x + 5$

80. $x \geqq 0 \wedge y \geqq 0 \wedge y \geqq \frac{1}{3}x - 1 \wedge y \leqq x + 2 \wedge y \leqq -2x + 10$

81. $x \geqq 0 \wedge y \geqq 0 \wedge y \geqq -x + 1 \wedge y \geqq 4x - 6 \wedge y \leqq 3$

82. $x \geqq 0 \wedge y \geqq 0 \wedge y \geqq -\frac{3}{2}x + 3 \wedge y \geqq x - 4 \wedge y \leqq \frac{3}{2}x + 1$

83. $x \geqq 0 \wedge y \geqq 0 \wedge y \leqq -2x + 7 \wedge y \geqq -\frac{1}{2}x + 2 \wedge y \leqq \frac{2}{3}x - 2$

84. $x \geqq 0 \wedge y \geqq 0 \wedge y \geqq x \wedge y \leqq \frac{1}{2}x + 1 \wedge y \leqq 2x - 2$

85. $x \geqq 0 \wedge x \leqq 3 \wedge y \leqq 2x + 1 \wedge y \leqq -x + 4 \wedge y \geqq \frac{1}{2}x - \frac{3}{2}$

Beispiel: Ein Landwirt züchtet für den Weihnachtsverkauf Kaninchen und Gänse. Aufgrund seines Tierbestandes kann er zum nächsten Fest mit dem Verkauf von höchstens 35 Kaninchen und 50 Gänsen rechnen. Außer 28 Kaninchen und 37 Gänsen, die er alten Kunden bereits versprochen hat, liegen mindestens noch weitere 17 Bestellungen für je ein Tier (Kaninchen oder Gans) vor. Welche Liefermöglichkeiten hat der Landwirt?

Lösung: x = Anzahl der Kaninchen, die verkauft werden.
y = Anzahl der Gänse, die verkauft werden.

Ungleichungen:
(1) $x \leqq 35$
(2) $y \leqq 50$
(3) $x \geqq 28$
(4) $y \geqq 37$
(5) $(x - 28) + (y - 37) \geqq 17 \Leftrightarrow y \geqq -x + 82$

Graphische Dastellung:

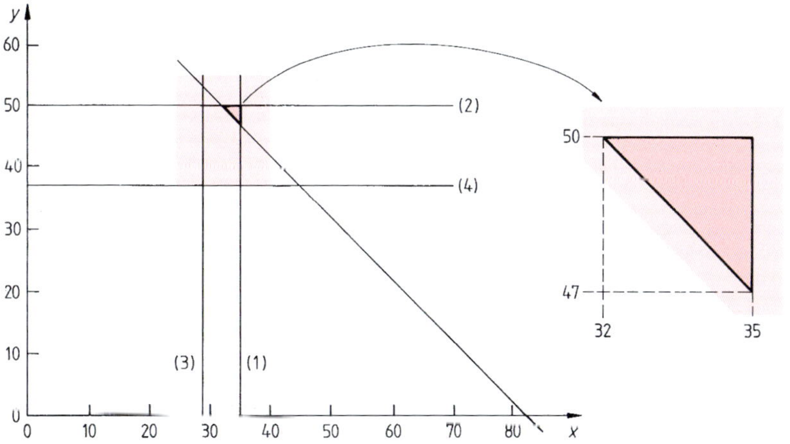

Abb. 8.31

Liefermöglichkeiten von Kaninchen/Gänsen:
(32 | 50), (33 | 49), (33 | 50), (34 | 48), (34 | 49), (34 | 50), (35 | 47), (35 | 48), (35 | 49), (35 | 50).

86. Ein Steinbau-Werk hat 25 Granitblöcke und 35 Gneisplatten zu liefern. Auf den zur Verfügung stehenden Lkw können höchstens 8 Granitblöcke oder 14 Gneisplatten geladen werden. Mit jeder Fahrt sollen wenigstens 10 Steine transportiert werden. Welche Möglichkeiten gibt es? Wie viele Fahrten sind mindestens auszuführen?

87. In der Montagehalle eines Wohnwagenherstellers können an einem Tag 12 Wohnwagen von Typ A oder 8 Wohnwagen vom Typ B hergestellt werden. Pro Woche (5 Tage) sind mindestens 50 Wohnwagen zu liefern, darunter von jedem Typ mindestens 20. Welche Produktionsmöglichkeiten hat der Hersteller?

88. Zur Herstellung zweier verschiedener Büro-Metallschienen werden zwei Produktionsautomaten PA 1 und PA 2 benötigt. Die für die Herstellung jeweils einer Schiene benötigte Zeit eines jeden Automaten ist in der Tabelle angegeben:

	PA 1	PA 2
Schiene vom Typ A	$1\frac{1}{2}$ min	$4\frac{1}{2}$ min
Schiene vom Typ B	$2\frac{1}{2}$ min	4 min

Für die Herstellung der Schienen steht der erste Automat 2 Stunden, der zweite 5 Stunden pro Tag zur Verfügung. Welche möglichen Produktionszahlen ergeben sich, wenn beide Automaten voll eingesetzt werden und täglich vom Typ A mindestens 40 und vom Typ B mindestens 20 Metallschienen hergestellt werden müssen?

89. Zur Herstellung von Zubehörteilen (Typ I und Typ II) stehen einer Maschinenfabrik zwei Produktionsautomaten PA 1 und PA 2 zur Verfügung. Die Tabelle gibt an, wie lange jeder Automat zur Herstellung der beiden Teile benötigt wird und wie lange er täglich eingesetzt werden kann.

	Benötigte Zeit in min/Stück		Tägliche Gesamtzeit in h
	Typ I	Typ II	
PA 1	18	10	$6\frac{1}{2}$
PA 2	12	15	6

Bei welchen Produktionszahlen werden beide Automaten voll ausgenutzt?

90. Auf einen Weihnachtsbaum sollen zwischen 50 und 60 elektrische Kerzen gesteckt werden. Es stehen Kerzen mit 100 Watt und solche mit 150 Watt zur Verfügung. Die Kerzen sollen pro Abend (18.00 Uhr – 24.00 Uhr) nicht mehr als 50 kWh verbrauchen. Welche Möglichkeiten gibt es und wie wird der Baum am hellsten?

91. In einer Maschinenfabrik werden zwei Ersatzteile A und B auf drei Produktionsautomaten PA 1, PA 2 und PA 3 hergestellt. Die Tabelle zeigt, welche Zeit jeder Automat benötigt.

	Benötigte Zeit in min/Stück		Tägliche Gesamtzeit in h
	Teil A	Teil B	
PA 1	4	7	8
PA 2	8	0	6
PA 3	6	4	6

Welche Produktionszahlen können pro Tag erreicht werden?

92. In einem Einkaufszentrum sollen 16 Registrierkassen durch neue ersetzt werden. Es werden zwei Fabrikate angeboten. Eine Kasse vom Fabrikat A kostet 1200 €, eine Kasse vom Fabrikat B 1450 €. Für den Posten stehen 20 000 € zur Verfügung. Welche Kassen können gekauft werden?

93. In einer Schule sollen die 34 Klassenzimmer mit neuen Tischen ausgestattet werden. In jedes Zimmer sollen 30 Tische gestellt werden. Es werden zwei Modelle angeboten. Das kleinere Modell A kostet 185 €; das größere Modell B kostet 240 €, ist aber nur in 22 Klassenzimmern unterzubringen. Der Schule stehen für diese Anschaffung höchstens 220 000 € zur Verfügung. Wie viele Tische eines jeden Modells können gekauft werden?

94. Eine Elektrogerätefirma stellt u.a. zwei Typen von Küchenmaschinen her, für deren Einzelteile drei Automaten benötigt werden. Die Tabelle gibt die benötigten Zeiten an.

	Benötigte Zeit in min/Stück		Tägliche Gesamtzeit in min
	Typ A	Typ B	
Automat I	9	12	300
Automat II	0	17	240
Automat III	15	8	360

Bei welchen Produktionszahlen können die Automaten voll eingesetzt werden?

8.5 Lineares Optimieren

Beispiel

Ein Vertragshändler muss über die Bestellung von zwei neuen Modellen eines Fahrzeugtyps, der Normal-Ausführung (N-Modell) und der Kombi-Ausführung (K-Modell), entscheiden. Er soll mindestens 20 Fahrzeuge eines jeden Modells abnehmen, vom N-Modell kann er aber wegen Lieferschwierigkeiten höchstens 50 Fahrzeuge bestellen. An Transportkosten ist für das N-Modell mit 520 €, für das K-Modell mit 400 € zu rechnen. Insgesamt will er für Transportkosten nicht mehr als 36 000 € aufbringen. Für die neu zu liefernden Modelle hat der Händler noch eine Parkfläche von rund 1000 m² zur Verfügung. Ein Fahrzeug des N-Modells benötigt eine Parkfläche von etwa 11,7 m², ein Fahrzeug des K-Modells von etwa 14 m². Beim Verkauf ist mit jedem N-Modell ein Gewinn von 1200 €, mit jedem K-Modell ein Gewinn von 960 € zu erzielen.

Wie viele Fahrzeuge eines jeden Modells sollte der Händler bestellen, um seine Möglichkeiten optimal auszunutzen und den höchsten Gewinn zu erzielen?

Bei dieser Aufgabe ist also nach dem Maximum des Gewinns gefragt, wobei die Verkaufsmöglichkeiten durch zusätzliche Bedingungen eingeschränkt sind.

Lösung:

1. Schritt: Aufschreiben des Textes mit Hilfe von Ungleichungen bzw. Gleichungen.

Wir setzen x für die Anzahl der N-Modelle, y für die Anzahl der K-Modelle. Dann ergeben sich aus der Aufgabenstellung folgende Ungleichungen ($x, y \in \mathbb{N}^*$):

Mindestanzahl:	$x \geqq 20$
	$y \geqq 20$
Höchstanzahl:	$x \leqq 50$
Transportkosten:	$520\ € \cdot x + 400\ € \cdot y \leqq 36\,000\ €$
Parkfläche:	$11{,}7\ \text{m}^2 \cdot x + 14\ \text{m}^2 \cdot y \leqq 1000\ \text{m}^2$

Zusätzlich schreiben wir den möglichen Gewinn auf (Zielfunktion z):

$z(x, y) = 1200\ € \cdot x + 960\ € \cdot y$

(z ist eine Funktion von zwei Variablen. Gesucht ist das Paar $(x \mid y)$, für das z maximal wird.)

2. Schritt: Graphische Darstellung des Systems von Ungleichungen.

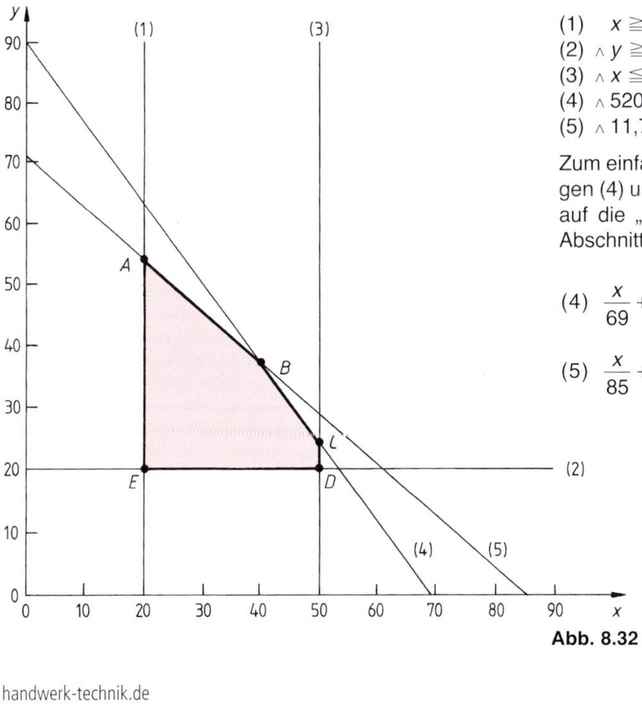

Abb. 8.32

(1) $x \geqq 20$
(2) $\wedge\ y \geqq 20$
(3) $\wedge\ x \leqq 50$
(4) $\wedge\ 520\,x + 400\,y \leqq 36\,000$
(5) $\wedge\ 11{,}7\,x + 14\,y \leqq 1000$

Zum einfacheren Zeichnen bringen wir die Ungleichungen (4) und (5) mittels Division durch 36 000 bzw. 1000 auf die „Achsenabschnittsform“ (vgl. Aufgabe 51. im Abschnitt 6.4):

(4) $\frac{x}{69} + \frac{y}{90} \leqq 1$

(5) $\frac{x}{85} + \frac{y}{71} \leqq 1$

(die Zahlen sind z. T. gerundet)

In dem roten „Planungsvieleck“ liegen alle „zulässigen Punkte“, die den einschränkenden Bedingungen genügen.

<u>3. Schritt:</u> Bestimmung der Eckpunkte und des optimalen Gewinns.

In dem Planungsvieleck (und auf dessen Rand) stellt jedes Paar natürlicher Zahlen einen zulässigen Punkt dar. Um die optimale Lösung zu finden, berechnen wir den Gewinnn für einige mögliche Bestellungen:

x	20	20	20	20	30	30	30	40	40	50
y	20	30	40	50	20	30	40	20	30	20
z	43 200	52 800	62 400	72 000	55 200	64 800	74 400	67 200	76 800	79 200

Es ist zu vermuten, dass für den optimalen Gewinn nur Punkte auf dem oberen Rand des Lösungsvielecks in Frage kommen. Wir bestimmen dennoch alle Eckpunkte des Lösungsvielecks und berechnen für diese den Gewinn.

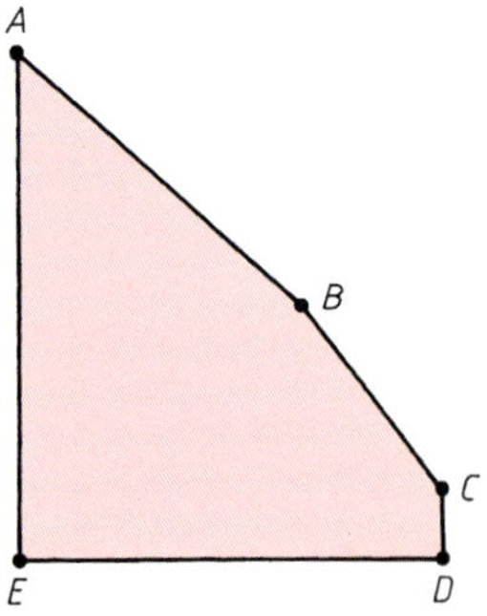

Abb. 8.33

Punkt A: $x = 20 \wedge 11{,}7\,x + 14\,y = 1000$

$$11{,}7 \cdot 20 + 14\,y = 1000$$
$$14\,y = 1000 - 234$$
$$y = \frac{766}{14}$$

$y \approx 54{,}7$ A(20 | 54)

(Die 2. Koordinate haben wir zu 54 **ab**gerundet, da nur ganzzahlige Koordinaten in Frage kommen und der Punkt (20 | 55) nicht zum Planungsvieleck gehört.)

$\underline{z(A)} = 1200 \cdot 20 + 960 \cdot 54 = \underline{75\,840}$

Punkt B: $520\,x + 400\,y = 36\,000 \wedge 11{,}7\,x + 14\,y = 1000$

(1) $13\,x + 10\,y = 900$ $\quad | \cdot 7$
(2) $\wedge 11{,}7\,x + 14\,y = 1\,000$ $\quad | \cdot (-5)$

(1) $91\,x + 70\,y = 6300$
(2) $\wedge -58{,}5\,x - 70\,y = -5000$ $\quad$ (2) + (1) $\rightarrow$ (3)

(3) $32{,}5\,x = 1300$
(3) $\underline{x = 40}$ $\quad$ (3) in (1) $\rightarrow$ (4)
(4) $10\,y = 900 - 13 \cdot 40$
(4) $y = 38$ $\quad$ B (40 | 38)

$\underline{z(B)} = 1200 \cdot 40 + 960 \cdot 38 = \underline{84\,480}$

Punkt C: $x = 50 \wedge 520\,x + 400\,y = 36\,000$

$$520 \cdot 50 + 400\,y = 36\,000 \quad | : 40$$
$$650 + 10\,y = 900$$
$$10\,y = 900 - 650$$
$$y = 25$$

C (50 | 25)

$\underline{z(C)} = 1200 \cdot 50 + 960 \cdot 25 = \underline{84\,000}$

Punkt D: $x = 50 \wedge y = 20$ $\quad$ D (50 | 20)

$\underline{z(D)} = 1200 \cdot 50 + 960 \cdot 20 = \underline{79\,200}$

Punkt E: $x = 20 \wedge y = 20$ $\quad$ E (20 | 20)

$\underline{z(E)} = 1200 \cdot 20 + 960 \cdot 20 = \underline{43\,200}$

Da die Zielfunktion z auf den Randgeraden ansteigt oder abfällt, stellt der Punkt B das optimale Zahlenpaar dar: Die Funktion z erreicht in B ihr Maximum.

Zur Verdeutlichung dieses Sachverhalts zeichnen wir die Werte der Zielfunktion z als „Höhepunkte" über der x-y-Ebene ein. Damit erhalten wir Punkte einer Fläche im x-y-z-Raum, deren am höchsten liegender Punkt genau über B liegt und das Maximum z(B) veranschaulicht. (Messen Sie die „Abstände" von A nach z(A), von B nach z(B) usw. in Abb. 8.34!)

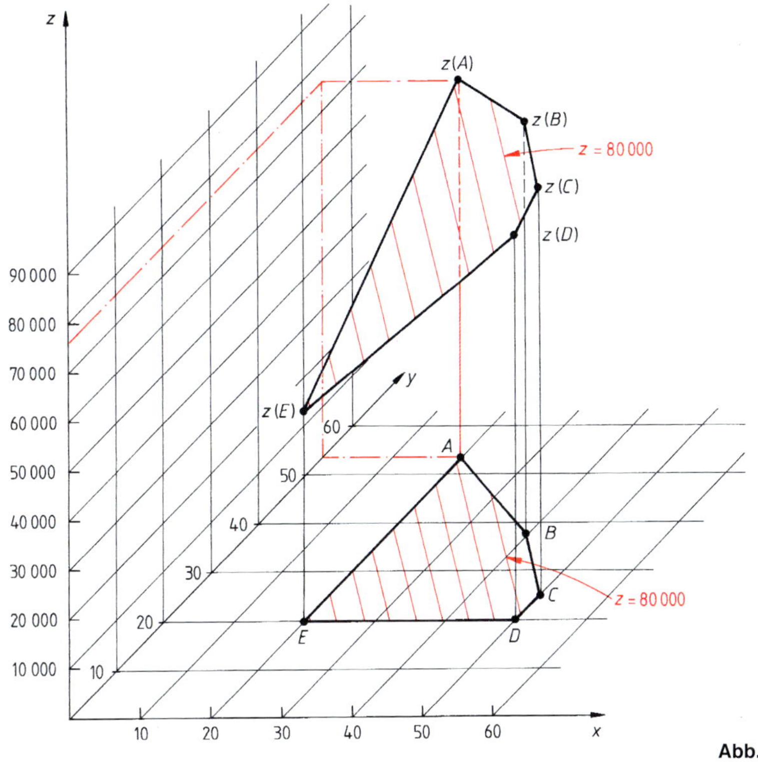

Abb. 8.34

Zusätzlich haben wir einige Höhenlinien und deren Projektionen in die x-y-Ebene eingezeichnet. Alle Punkte mit ganzzahligen Koordinaten auf der Projektion einer Höhenlinie ergeben den gleichen Gewinn. Man kann das Maximum auch finden, wenn man die Gleichung der Zielfunktion ($z = 1200\,x + 960\,y$) nach y umstellt:

$$y = -\frac{1200}{960}\,x + \frac{z}{960}$$

Setzt man für z Zahlen ein, erhält man parallele Geraden mit der Steigung

$$m = -\frac{1200}{960} = -1{,}25 \text{ (vgl. Abb. 8.35).}$$

Je größer z ist, umso weiter ist die Gerade nach oben verschoben. Für das Maximum von z erhält man aus der Parallelenschar die Gerade, die das Planungsvieleck nur noch in einem zulässigen Punkt berührt.

Beispiele:

$z = 0$: $y = -1{,}25\,x$

$z = 9600$: $y = -1{,}25\,x + 10$

$z = 48000$: $y = -1{,}25\,x + 50$

$z = 84480$: $y = -1{,}25\,x + 88$

$z = 96000$: $y = -1{,}25\,x + 100$

Man erhält also die Stelle (hier den Punkt B), an der das Maximum angenommen wird, indem man die Gerade zu $y = -1{,}25\,x$ so weit wie möglich parallel nach oben verschiebt.

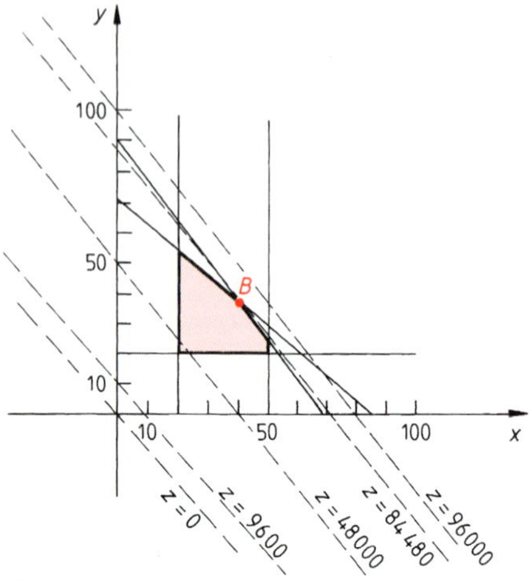

Abb. 8.35

Ergebnis: Der Händler erzielt den höchsten Gewinn bei einer Bestellung von 40 Fahrzeugen des N-Modells und 38 Fahrzeugen des K-Modells. Das Finden der Lösung des gestellten Problems nennt man auch „lineares Optimieren" (oder „lineares Programmieren").

Merksatz

Beim **linearen Optimieren** geht es allgemein um das Auffinden eines Maximums (oder Minimums) einer „Zielfunktion" von zwei (oder mehreren) Variablen, deren Einschränkungen (Nebenbedingungen) durch ein System von linearen Ungleichungen gegeben sind.

Anmerkung: Bei wirklichen Anwendungssituationen in Wirtschaft und Technik kommen nicht selten 40 oder mehr Variable vor.

Beim Lösen einer solchen Aufgabe sind folgende Schritte zu beachten:

1. Schritt:

Aufstellen eines Systems von Gleichungen bzw. Ungleichungen für die Nebenbedingungen und Angabe der Zielfunktion.

2. Schritt:

Graphische Darstellung des (Un-)Gleichungssystems und Einzeichnen des Planungsvielecks bzw. der zulässigen Punkte.

3. Schritt:

Einzeichnen der Geraden der Zielfunktion für ein spezielles z und paralleles Verschieben bis zum „äußersten Punkt" des Lösungsgebietes, oder: Bestimmung der Eckpunkte des Lösungsgebietes und Berechnung der Werte der Zielfunktion in diesen Punkten.

4. Schritt:

Berechnung der einzelnen Daten für das Optimum und Beantwortung der Fragestellung.

Zum tieferen Verständnis wollen wir noch ein Beispiel zum linearen Optimieren ausführen, bei dem nach einem Minimum gefragt ist.

Beispiel

Vitamin-Rationen werden zum Versand in ein Katastrophengebiet zusammengestellt. Diese Rationen sollen durch Mischung zweier Vitamin-Präparate, Multivit (M) und Vitasan (V), hergestellt werden. 1 g von M enthält u. a. 1 E (1 Einheit, das sind 0,1 g) Vitamin B, 3 E Vitamin C und 1 E Vitamin E. 1 g von V enthält u. a. 2 E Vitamin B, 1 E Vitamin C und kein Vitamin E. Eine Ration soll mindestens 10 E Vitamin B, 15 E Vitamin C und 2 E Vitamin E enthalten; sie darf aber höchstens 13 g wiegen. 1 g von M kostet 2 €, 1 g von V kostet 1 €.

Wie viel g von M und wie viel g von V muss eine Mischungskombination enthalten, die unter allen möglichen Kombinationen am wenigsten kostet?

Lösung:
Zur besseren Übersicht fassen wir die Aufgabenstellung in einer Tabelle zusammen:

	1 g M	1 g V	eine Ration
	enthält	enthält	soll enthalten
Vitamin B Vitamin C Vitamin E	1 E 3 E 1 E	2 E 1 E –	mindestens 10 E mindestens 15 E mindestens 2 E
			soll wiegen höchstens 13 g
	kostet 2 €	kostet 1 €	soll kosten möglichst wenig

Wir schreiben x g für die Masse von M und y g für die Masse von V in einer Ration. Damit können wir die in der Tabelle zusammengefassten Bedingungen wie folgt schreiben:

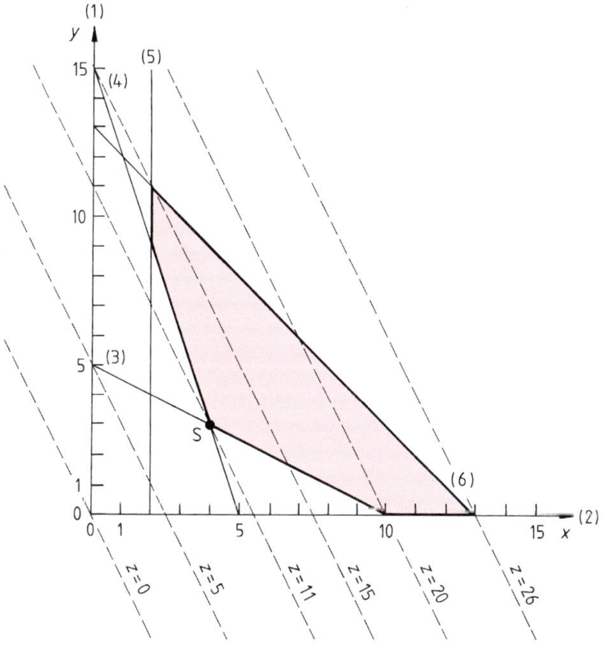

Abb. 8.36

Nebenbedingungen:
(1) $x \geqq 0$
(2) $y \geqq 0$
(3) $x + 2y \geqq 10$
(4) $3x + y \geqq 15$
(5) $x \geqq 2$
(6) $x + y \leqq 13$

Zielfunktion: $z = 2x + y \rightarrow$ Min.!

Da hier das Minimum der Zielfunktion gesucht wird, muss die zugehörige Gerade innerhalb des Lösungsvielecks so weit wie möglich nach unten verschoben werden. Dadurch erhält man als optimalen Punkt den Schnittpunkt S von (3) und (4) (für $z = 11$):

$$x + 2y = 10$$
$$\wedge\ 3x + y = 15 \quad (\leftrightarrow y = -3x + 15)$$

$$x + 2(-3x + 15) = 10$$
$$x - 6x + 30 = 10$$
$$-5x = -20$$
$$\left.\begin{array}{l} x = 4 \\ y = 3 \end{array}\right\} S(4|3)$$

Die unter den gegebenen Bedingungen billigste Ration besteht also aus 4 g Multivit und 3 g Vitasan. Sie enthält von

Vitamin B: $4 \cdot 1\,E + 3 \cdot 2\,E = 10\,E$,
Vitamin C: $4 \cdot 3\,E + 3 \cdot 1\,E = 15\,E$,
Vitamin E: $4 \cdot 1\,E = 4\,E$,
Masse: $4 \cdot 1\,g + 3 \cdot 1\,g = 7\,g$,
Preis: $4 \cdot 2\,€ + 3 \cdot 1\,€ = 11\,€$

Antwort: Die billigste Ration besteht aus 4 g M und 3 g V.

Aufgaben zu 8.5

Lösen Sie folgende Optimierungsaufgaben ($(x|y) \in \mathbb{Q}\times\mathbb{Q}$)!

Beispiel: $z = 2x + 4y$ max.

(1) $x \geqq 0$
(2) $\wedge\ y \geqq 0$
(3) $\wedge\ x \leqq 4$
(4) $\wedge\ x + y \leqq 5$
(5) $\wedge\ 3y - x \leqq 6$

Lösung: Die Gleichung der Zielfunktion und die Ungleichungen (4) und (5) stellen wir nach y um:

$y = -\frac{1}{2}x + \frac{1}{4}z$
(4) $y \leqq -x + 5$
(5) $y \leqq \frac{1}{3}x + 2$

Maximum im Schnittpunkt der Geraden zu (4) und (5):

$-x + 5 = \frac{1}{3}x + 2$
$-\frac{4}{3}x = -3$
$x = \frac{9}{4} = \underline{2{,}25}$
$y = -2{,}25 + 5$
$\underline{y = 2{,}75}$
$z = 2 \cdot 2{,}25 + 4 \cdot 2{,}75$
$z = 4{,}5 + 11$
$\underline{z = 15{,}5}$

Antwort: Das Maximum $z = 15{,}5$ wird an der Stelle $(2{,}25|2{,}75)$ angenommen.

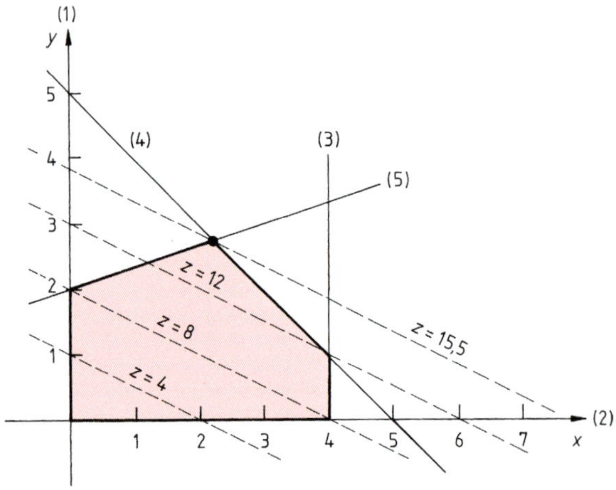

Abb. 8.37

1. $z = x + y$ max.
(1) $x \geqq 0$
(2) $\wedge\ y \geqq 0$
(3) $\wedge\ x + 2y \leqq 5$
(4) $\wedge\ 4x + y \leqq 9$

2. $z = 3 + 4y$ max.
(1) $x \geqq 1$
(2) $\wedge\ 0 \leqq y \leqq 4$
(3) $\wedge\ -x + 3y \geqq 0$
(4) $\wedge\ 2x + y \leqq 8$

3. $z = 2x + 3y$ max.
(1) $0 \leqq x \leqq 3$
(2) $\wedge\ y \geqq 0$
(3) $\wedge\ y - 3x + 2 \geqq 0$
(4) $\wedge\ 3y \leqq 4 - 4x$

4. $z = 2x - 6y$ min.
(1) $x \geqq 2$
(2) $\wedge\ y \geqq 2$
(3) $\wedge\ y - 2x + 4 \geqq 0$
(4) $\wedge\ \frac{1}{4}x + y - 4 \leqq 0$

5. Bestimmen Sie für die Funktion zu $z = x + 2y$ das Maximum und das Minimum unter folgenden Bedingungen für die Variablen x und y ($(x|y) \in \mathbb{Q}\times\mathbb{Q}$):

a) (1) $1 \leqq x \leqq 3$
(2) $\wedge\ y - 2 \geqq 0$
(3) $\wedge\ x + y \leqq 6$

b) (1) $x \geqq 0$
(2) $\wedge\ y \geqq 0$
(3) $\wedge\ 2x + y \leqq 5$
(4) $\wedge\ 2x + 4y \geqq 4$

c) (1) $0 \leqq x \leqq 3$
(2) $\wedge\ y \geqq 0$
(3) $\wedge\ 1{,}5x + 3y - 9 \leqq 0$
(4) $\wedge\ x - 2y \geqq 0$

d) (1) $x \geqq 0$
(2) $\wedge\ y \geqq 0$
(3) $\wedge\ 2x + 3y - 6 \leqq 0$
(4) $\wedge\ x - y + 1 \leqq 0$

6. Bestimmen Sie in dem durch das folgende Ungleichungssystem gegebenen Planungsvieleck
(1) $x \geqq 0$
(2) $\wedge\ y \geqq 0$
(3) $\wedge\ 2y - x \leqq 6$
(4) $\wedge\ x + 4y + 24 \leqq 0$
(5) $\wedge\ y \geqq 4x - 19{,}5$
(6) $\wedge\ y \geqq -\frac{3}{2}x + 2$
das Maximum und das Minimum für die folgenden Zielfunktionen:
a) $z = x + y$; b) $z = y - x$; c) $z = 2x + y$; 3) $z = 2y - x$.

7. Stellen Sie zu jedem Eckpunkt des Planungsvielecks eine Zielfunktion auf, die dort ihr Maximum bzw. Minimum annimmt:
(1) $x \geqq 0$
(2) $\wedge\ y \geqq 0$
(3) $\wedge\ y - x \leqq 4$
(4) $\wedge\ 2y + 3x \leqq 18$
(5) $\wedge\ 2y + x \geqq 4$

8. In dem Ungleichungssystem

$$\begin{aligned} & x_1 + 3x_2 \leqq 180 \\ \wedge\; & 5x_1 + 4x_2 \leqq 400 \\ \wedge\; & x_1 + x_2 \leqq 80 \\ \wedge\; & x_1 \leqq 60 \\ \wedge\; & x_1 \geqq 0 \\ \wedge\; & x_2 \geqq 0 \end{aligned}$$

seien x_1 und x_2 die Mengen zweier Güter eines linearen Optimierungsmodells, deren Stückgewinne für x_1 5 und für x_2 10 Geldeinheiten betragen.
Ermitteln Sie die optimale Produktkombination graphisch und rechnerisch!

9. Ein Landwirt hat 220 ha Land, die er mit Mais oder mit Flachs bebauen will. Für 50 kg Mais benötigt er 0,03 ha; die Kosten dafür können mit 8,50 €, der Ertrag mit 33 € angesetzt werden. Für 50 kg Flachs benötigt er 0,14 ha; die Kosten kann er mit 20 € , den Ertrag mit 80 € veranschlagen. Was sollte der Landwirt anbauen, wenn er 40 000 € zur Verfügung hat und möglichst viel Gewinn erreichen möchte?

10. In einer Montagehalle werden auf zwei Automaten Zubehörteile A und B gefertigt. Für ein Zubehörteil A wird der erste Automat 12 Minuten, der zweite 8 Minuten benötigt; für ein Zubehörteil B wird der erste Automat 5 Minuten, der zweite 9 Minuten benötigt. Der erste Automat steht täglich 5 Stunden, der zweite 4 Stunden zur Verfügung. Für ein Zubehörteil A beträgt der Gewinn 12,40 € , für ein Zubehörteil B 10,50 € . Stellen Sie den Produktionsplan für das Gewinnmaximum auf!

11. In einem Elektrobetrieb werden zwei Typen von Waschmaschinen montiert; dazu werden drei Produktionsautomaten eingesetzt. Die Tabelle gibt die jeweils benötigten Zeiten an.

	Typ A	Typ B	tägliche Gesamtzeit in h
	benötigte Zeit in min/Stück		
PA 1	18	5	10
PA 2	12	27	12
PA 3	12	7	6

Für eine Waschmaschine vom Typ A wird mit einem Gewinn von 180 kalkuliert, für eine Waschmaschine vom Typ B mit einem Gewinn von 240 €. Welches ist der optimale Produktionsplan?

12. Eine Maschinenfabrik hat zur Herstellung eines Ersatzteils zwei Verfahren zur Auswahl. Beim 1. Verfahren wird nur der Produktionsautomat A 5 Minuten pro Stück benötigt. Dieser steht täglich 4 Stunden zur Verfügung. Beim 2. Verfahren wird der Produktionsautomat A 2 Minuten, der Produktionsautomat B 4 Minuten pro Stück benötigt. Der Produktionsautomat B steht täglich 6 Stunden zur Verfügung. Täglich sollen 90 Ersatzteile hergestellt werden. Die Selbstkosten betragen nach dem 1. Verfahren 1,70 € , nach dem 2. Verfahren 2,40 € pro Stück. Wie viele sind nach jedem Verfahren herzustellen, wenn die Selbstkosten minimal gehalten werden sollen?

13. Eine Firma verkauft zwei Produkte A und B. Der Verkaufspreis beträgt bei beiden Produkten 500 €/Stück. Von A und B können jeweils maximal 80 Stück produziert werden; die Kapazitätslinie ist eine Gerade. Verkauft werden können von A höchstens 70 Stück und von B höchstens 50 Stück. Der Energieverbrauch für die Produktion soll nicht 1000 kWh überschreiten. Für die Produktion von A werden 8 kWh/Stück, für die von B 15 kWh/Stück gebraucht. Bestimmen Sie das optimale Produktionsprogramm, wenn der Unternehmer Umsatzmaximierung betreibt!

14. Eine Automobilfabrik produziert zwei Wagentypen (A und B) in je einer eigenen Montagehalle. Vom Typ A können täglich maximal 150 Stück, vom Typ B 50 Stück hergestellt werden. Dazu werden in Halle A 1000 Arbeiter, in Halle B 200 Arbeiter benötigt. Der Gewinn beträgt pro Wagen bei Typ A 2500 €, bei Typ B 2000 € . Wegen eines Streiks stehen dem Werk nur noch 600 Arbeiter zur Verfügung. Wie sollen diese auf die Montagehallen verteilt werden, damit der Gewinn möglichst groß bleibt? (Es wird angenommen, dass die Produktionszahl für jeden Typ proportional der in der betreffenden Halle vorhandenen Zahl von Arbeiten ist.) Geben Sie außerdem für den optimalen Fall die täglichen Produktionszahlen und den Gewinn an!

15. Ein Unternehmen produziert zwei Güter A und B. Aufgrund der Marktlage ist für die nächste Planungsperiode mit einem Preis von 400 € für eine Einheit A und mit 100 € für eine Einheit B zu rechnen. Allerdings sind nicht mehr als 800 Stück von A und 2400 Stück von B abzusetzen. Die Produkte werden auf einem einheitlichen Maschinentyp produziert; die Produktionszeit des Produkts A ist doppelt so lang wie die des Produkts B. Für die Produktion einer Einheit B benötigt man 10 Zeiteinheiten; insgesamt stehen 30 000 Zeiteinheiten (Maschinenzeit) zur Verfügung. An Arbeitskräften stehen 26 000 Arbeitsstunden zur Verfügung. Für die Produktion einer Einheit B benötigt man 10 Arbeitsstunden, ebenso für eine Einheit A.
Berechnen Sie den optimalen Gewinn, wenn die Arbeitsstunden mit 15 € und die Zeiteinheit auf der Maschine mit 3 € zu veranschlagen sind!

16. Eine Firma setzt zwei Produkte A und B ab. Für Produkt A beträgt der Verkaufspreis 600 €/Stück, für Produkt B 300 €/Stück. Die Firma betreibt Umsatzmaximierung. Von Produkt A können nicht mehr als 60 Stück abgesetzt werden, von Produkt B nicht mehr als 40 Stück. Die Rohstoffvorräte betragen 350 Einheiten. Für eine Einheit des Produkts A braucht man 7 Einheiten Rohstoff, für eine Einheit von B braucht man 5 Einheiten Rohstoff. An Energie stehen 2400 kWh zur Verfügung. Für eine Einheit von A braucht man 50 kWh, für eine von B 40 kWh. Beide Produkte werden auf derselben Maschine produziert. Wird nur A produziert, können 60 Einheiten A produziert werden; wird nur B produziert, können 50 Einheiten B produziert werden. Die Linie der Kapazitätsauslastung ist eine Gerade. Berechnen Sie die optimale Produktionsmenge und den entsprechenden Umsatz!

17. Für die Erzeugung der Artikel A und B können 2 Maschinen M_1 und M_2 unterschiedlicher Leistung eingesetzt werden. Es sollen von jedem Artikel 120 Stück geliefert werden.
Es können je Stunde erstellen:
M_1 10 Stück von A und 5 Stück von B,
M_2 4 Stück von A und 6 Stück von B,
Wie viel Stunden ist jede Maschine einzusetzen, damit die notwendige Stückzahl erreicht wird und sich ein größter Gewinn ergibt? Der stündliche Rohgewinn beträgt bei M_1 18 € und bei M_2 24 €.

18. In einer Fabrik für Zubehörteile stehen für die Herstellung der Artikel A und B die Automaten D_1 und D_2 während eines Arbeitstages 8 Stunden zur Verfügung. Eine Übersicht über die Fertigungszeiten liefert die Tabelle:

Automat \ min/Stück	A	B
D_1	6	3
D_2	2	6

Wie viel Stück von jeder Sorte wird man täglich herstellen, um den größten Gewinn zu erzielen, wenn der Rohgewinn bei A 5 € und bei B 7 € je Stück beträgt?

19. In einer Fabrik werden zur Produktion des Artikels A die Maschinen M_1, M_2 und M_4 benötigt, zur Produktion des Artikels B die Maschinen M_1, M_2 und M_3. Da die Maschinen noch in anderen Produktionsprogrammen eingesetzt sind, bleiben für das neue Programm nur noch Reststunden übrig, und zwar bei M_1 54 h, bei M_2 64 h, bei M_3 72 h und bei M_4 60 h je Woche.
Die Stückzeiten in Stunden für die einzelnen Artikel an den jeweiligen Maschinen ergeben sich aus der folgenden Tabelle:

	M_1	M_2	M_3	M_4
A	6	10	–	10
B	9	8	12	–

Der Artikel A erbringt einen Reingewinn von 120 € und der von B einen solchen von 100 € je Stück.
Der Einsatz der Maschinen soll so erfolgen, dass, bei möglichst voller Ausnutzung der Maschinen, der größte Ertrag erzielt wird.

20. In einem Sportgeschäft sollen Sonderangebote für zwei verschiedene Skiausrüstungen gemacht werden. Ausrüstung A kostet im Einkauf 200,00 €, Ausrüstung B 300,00 €. Für den Einkauf stehen höchstens 30 000,00 € zur Verfügung. Von Ausrüstung A sollen mindestens so viel Stück wie von Ausrüstung B gekauft werden, höchstens jedoch 90 Stück von A. Der Stückgewinn beträgt bei Ausrüstung A 25,00 €, bei Ausrüstung B 30,00 €.
   a) Wie sollte das Sportgeschäft einkaufen, damit der Gesamtgewinn beim Verkauf aller Ausrüstungen maximal wird?
   b) Wie groß ist der maximale Gesamtgewinn, wenn von beiden Ausführungen gleich viel verkauft wird?
   c) Wie viel Stück müssten bei einem Gesamtgewinn von 2640,00 € verkauft werden unter der Voraussetzung, dass von beiden Ausrüstungen gleich viel verkauft wird?

21. Für die Herstellung zweier Typen von Kaffeemaschinen setzt eine Firma drei Automaten ein, deren benötigte Zeiten in der Tabelle angegeben sind. Typ A soll für 65,– €, Typ B für 90,– € verkauft werden; bei beiden Typen ist ein Reingewinn von 15,– € einkalkuliert.
Wie ist der größte Gewinn zu erzielen?

	Benötigte Zeit in min/Stück Typ A	Typ B	Tägliche Gesamtzeit in Stunden
Aut. I	3	2	3
Aut. II	15	0	8
Aut. III	6	12	5

9 Quadratische Funktionen und Gleichungen

9.1 Quadratische Funktionen

Bei einem Widerstand von 10 Ω erbrachten Messungen der elektrischen Leistung P in Abhängigkeit von der angelegten Spannung U folgende Ergebnisse:

U (in Volt)	0	2	4	6	8	10	12	14	16	18	20
P (in Watt)	0	0,4	1,6	3,6	6,4	10,0	14,4	19,6	25,6	32,4	40,0

Wir stellen die Paare der Messdaten in einem Koordinatensystem dar (auf der ersten Achse U in Volt, auf der zweiten Achse P in Watt) und erhalten die rot eingezeichneten Punkte. Diese Punkte sind in Abb. 9.1 durch eine „glatt" (ohne Ecken) verlaufende Kurve verbunden.

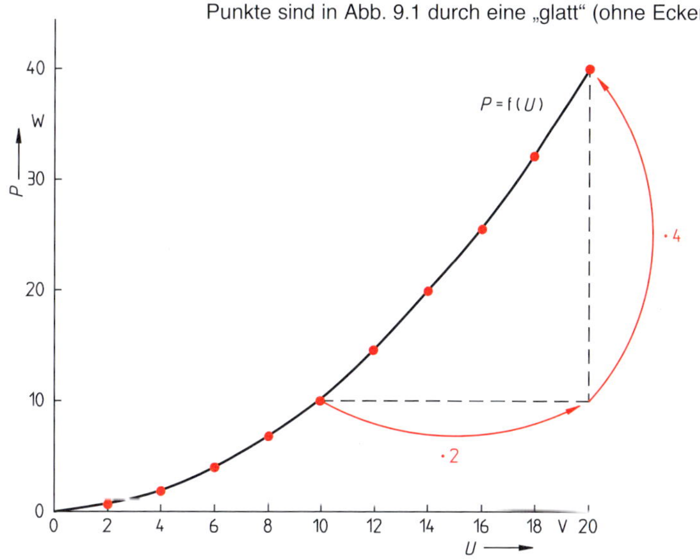

Abb. 9.1

Aus der Tabelle bzw. am Graphen erkennen wir, dass bei Verdopplung der Spannung (z. B. von 10 auf 20 Volt) die Leistung vervierfacht (von 10 auf 40 Watt), bei Verdreifachung der Spannung (z. B. von 6 auf 18 Volt) die Leistung verneunfacht wird (von 3,6 auf 32,4 Watt) usw. Offensichtlich gilt:

$P \sim U^2$ (Die Leistung ist proportional dem Quadrat der Spannung.)
Mit einem Proportionalitätsfaktor k erhalten wir:

$P = k \cdot U^2$

Zur Bestimmung von k setzen wir für U und P einander zugeordnete Werte ein: z. B. $U = 2$ V, $P = 0{,}4$ W.

Wir erhalten: $k = \frac{P}{U^2} = \frac{0{,}4}{4}\,\frac{1}{\Omega} = \frac{1}{10}\,\frac{1}{\Omega}$.

(Wer die Formel $P = \frac{U^2}{R}$ kennt, weiß natürlich auch ohne die oben durchgeführte Rechnung, dass $k = \frac{1}{10}\,\frac{1}{\Omega}$ sein muss, da ja $R = 10\ \Omega$ vorgegeben ist.)

Für den in Abb. 9.1 gezeichneten Funktionsgraphen ergibt sich demnach folgende Gleichung (wenn wir jetzt – wie üblich – die auftretenden Variablen mit x und y bezeichnen):

$y = \frac{1}{10}\,x^2.$

Die durch den Graphen dargestellte Funktion ist

$$f\colon\ x \mapsto \frac{1}{10}x^2,\quad x \in \mathbb{Q}_+^0.$$

Eine solche Funktion heißt eine **„quadratische Funktion“** (wegen des quadratischen Terms x^2).

Die einfachste quadratische Funktion wird durch die Gleichung $\mathbf{y = x^2}$ beschrieben.

Wertetabelle:

x	0	±0,5	±1	±1,5	±2	±2,5	±3
y	0	0,25	1	2,25	4	6,25	9

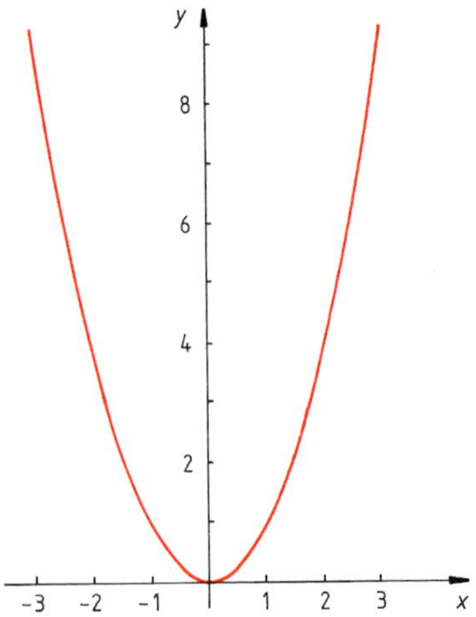

Abb. 9.2

Nehmen wir als Definitionsmenge ganz $\mathbb{Q}$, so erhalten wir den in Abb. 9.2 dargestellten Graphen.

Dieser Graph heißt **„Normalparabel“** und liegt symmetrisch zur y-Achse. Die Symmetrie zur y-Achse ist darin begründet, dass man bei Ersetzung von x durch $-x$ denselben Funktionswert erhält:

$(-x)^2 = (-x) \cdot (-x) = x^2$.

Der bei der Normalparabel tiefstgelegene Punkt $(0\,|\,0)$ heißt **„Scheitel“** der Normalparabel.

Oben haben wir die Funktionsgleichung $y = \frac{1}{10}x^2$ betrachtet. Im Vergleich zur Normalparabel bewirkt der Faktor $\frac{1}{10}$, dass der zugehörige Graph mit $D = \mathbb{Q}$ (den man ebenfalls „Parabel“ nennt) **weiter** als die Normalparabel geöffnet ist.

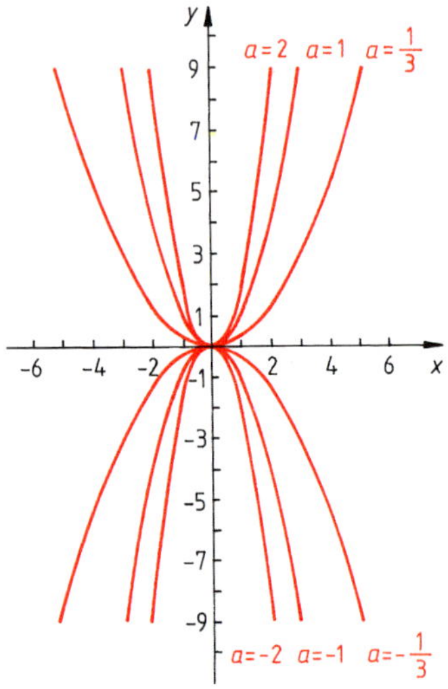

Abb. 9.3

Aus Abb. 9.3 entnehmen wir, dass für eine Parabel mit der Gleichung

$$\boxed{y = a \cdot x^2}$$

gilt:

Bedingung für a	Parabel
$a > 0$	nach oben geöffnet
$a < 0$	nach unten geöffnet
$\lvert a\rvert > 1$	im Vergleich zur Normalparabel enger geöffnet
$0 < \lvert a\rvert < 1$	im Vergleich zur Normalparabel weiter geöffnet

Wir wollen uns nun überlegen, wie sich der Funktionsterm ändert, wenn wir die Normalparabel im Koordinatensystem verschieben.

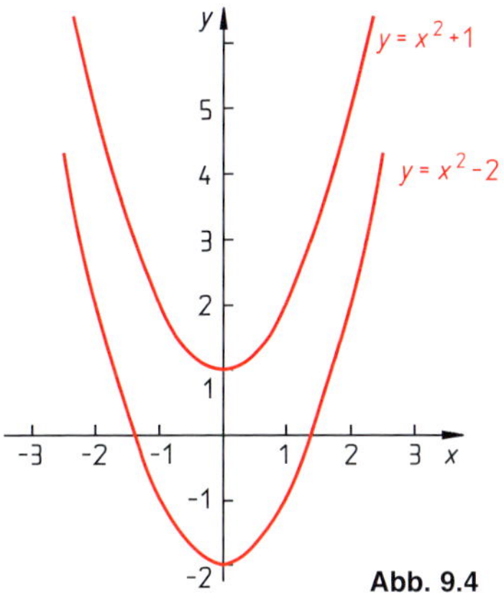

Abb. 9.4

Eine Verschiebung nach oben (bzw. unten) lässt sich leicht durch Addition (bzw. Subtraktion) einer positiven Zahl zum Term x^2 beschreiben. Zwei **Beispiele** sind in der folgenden Tabelle angegeben (vgl. auch Abb. 9.4).

Funktionsterm	Graph	Scheitel
$x^2 + 1$	Normalparabel um 1 nach **oben** verschoben	$(0 \mid 1)$
$x^2 - 2$	Normalparabel um 2 nach **unten** verschoben	$(0 \mid -2)$

Welchen Funktionsterm erhalten wir, wenn wir die Normalparabel um 3 nach rechts verschieben (vgl. Abb. 9.5)?

Der Scheitel der neuen Parabel ist der Punkt $(3 \mid 0)$. Für $x = 3$ muss der Funktionswert am kleinsten (nämlich 0) werden. Wir suchen also einen quadratischen Term, der bei Ersetzung von x durch 3 den Wert 0 liefert und gleichzeitig die „Gestalt" der Normalparabel nicht verändert. Der gesuchte Term ist $(x-3)^2$. Die Gleichung der um 3 nach rechts verschobenen Normalparabel lautet demnach:

$y = (x-3)^2$.

Zur Kontrolle setzen wir für x die Werte 3; 4; 2; 5; 1; 6; 0 ein (vgl. auch Abb. 9.5):

x	3	4	2	5	1	6	0
y	0	1	1	4	4	9	9

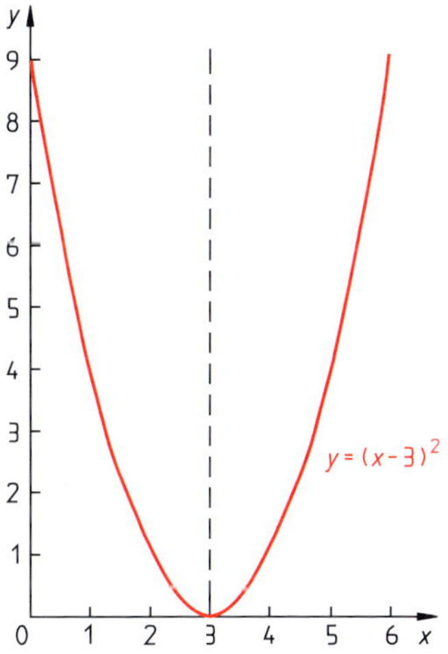

Abb. 9.5

Beim Term $(x-3)^2$ erhalten wir dieselben Werte wie beim Term x^2, wenn wir statt von $x = 0$ von $x = 3$ ausgehen und jeweils um 1, 2, 3 usw. nach rechts bzw. links gehen.

Entsprechend ist z. B. $y = (x+2)^2$ die Gleichung der um 2 nach links verschobenen Normalparabel.

Die Erkenntnisse für die beiden letzten Beispiele stellen wir in einer Tabelle zusammen:

Funktionsterm	Graph	Scheitel
$(x-3)^2$	Normalparabel um 3 nach **rechts** verschoben	$(3 \mid 0)$
$(x+2)^2$	Normalparabel um 2 nach **links** verschoben	$(-2 \mid 0)$

Allgemein ist $\boxed{y = (x - x_S)^2 + y_S}$ die Gleichung der Parabel mit dem Scheitel S $(x_S \mid y_S)$, die dieselbe Gestalt wie die Normalparabel hat.

Ist eine Parabelgleichung in der Form

$y = a \cdot (x - x_S)^2 + y_S$
(„Scheitelform" der Parabelgleichung)

gegeben, so können wir unmittelbar die Scheitelkoordinaten ablesen:
$S\ (x_S \mid y_S)$.

Der Faktor a gibt uns weiterhin die Information, ob die Parabel nach oben oder unten und wie sie im Vergleich zur Normalparabel geöffnet ist.

Beispiel $y = \frac{1}{2}(x + 3)^2 - 2$

Wir überlegen uns, wie man eine durch eine solche Gleichung beschriebene Parabel schnell skizzieren kann:

Wir lesen zunächst die Koordinaten des Scheitels S ab:
$S\ (-3 \mid -2)$.

Der Faktor $\frac{1}{2}$ gibt an, dass die Parabel nach oben und im Vergleich zur Normalparabel weiter geöffnet ist (alle entsprechenden Werte der Normalparabel erhalten den Faktor $\frac{1}{2}$). **Vom Scheitel** $(-3 \mid -2)$ **ausgehend** erhalten wir schnell weitere Punkte (vgl. Abb. 9.6):

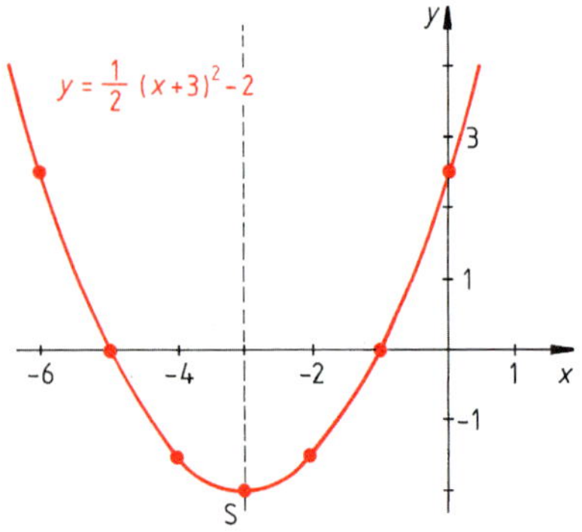

Abb. 9.6

in x-Richtung	in y-Richtung	Punkt
um 1 nach rechts	um $\frac{1}{2} \cdot 1 = \frac{1}{2}$ nach oben	$(-2 \mid -1{,}5)$
um 2 nach rechts	um $\frac{1}{2} \cdot 2^2 = 2$ nach oben	$(-1 \mid 0)$
um 3 nach rechts	um $\frac{1}{2} \cdot 3^2 = 4{,}5$ nach oben	$(0 \mid 2{,}5)$
um 1 nach links	um $\frac{1}{2} \cdot 1 = \frac{1}{2}$ nach oben	$(-4 \mid -1{,}5)$
um 2 nach links	um $\frac{1}{2} \cdot 2^2 = 2$ nach oben	$(-5 \mid 0)$
um 3 nach links	um $\frac{1}{2} \cdot 3^2 = 4{,}5$ nach oben	$(-6 \mid 2{,}5)$

Die gesuchte Parabel liegt achsensymmetrisch zur Geraden mit der Gleichung $x = -3$.

Wie wir gesehen haben, lässt sich eine Parabel schnell skizzieren, wenn die zugehörige Gleichung in der Form $y = a \cdot (x - x_S)^2 + y_S$ vorgegeben ist. Dies braucht jedoch nicht der Fall zu sein. Wenn wir den Term $\frac{1}{2}(x + 3)^2 - 2$ umformen (das Quadrat $(x + 3)^2$ mit Hilfe der ersten binomischen Formel „ausrechnen" und anschließend mit $\frac{1}{2}$ multiplizieren), so erhalten wir:

$$\frac{1}{2}(x + 3)^2 - 2 = \frac{1}{2}(x^2 + 6x + 9) - 2 = \frac{1}{2}x^2 + 3x + \frac{9}{2} - 2 = \frac{1}{2}x^2 + 3x + \frac{5}{2}.$$

An der Gleichung $y = \frac{1}{2}x^2 + 3x + \frac{5}{2}$ können wir nun nicht mehr unmittelbar die Scheitelkoordinaten ablesen.

Definition

Allgemein heißt $f\colon x \mapsto ax^2 + bx + c,\ x \in \mathbb{Q}$ eine **quadratische Funktion**, falls $a \neq 0$ ist ($a, b, c \in \mathbb{Q}$). Ihr Graph ist eine **Parabel**.

Wie kommt man nun von der Parabelgleichung

$y = a x^2 + b x + c$

zu der Scheitelform

$y = a (x - x_S)^2 + y_S$?

Die oben durchgeführten Termumformungen weisen den Weg:
Wenn wir diese Umformungen „rückwärts" ausführen, kommen wir zum Ziel.

Beispiele

a) $y = x^2 \underline{- 8x} + 18$

Ziel: $y = (x - x_S)^2 + y_S = x^2 \underline{- 2x_S x} + x_S^2 + y_S$

Ein Vergleich der Koeffizienten von x (hier -8 und $-2x_S$) legt es nahe, wie folgt umzuformen:

$y = x^2 - 8x + 18$ $\quad$ ($-2x_S = -8$, also $x_S = 4$, $x_S^2 = 16$)

$y = \underbrace{x^2 - 8x + 16}_{(x-4)^2} \underbrace{- 16 + 18}_{+2}$ $\quad$ (**„quadratische Ergänzung"**; das Quadrat von x_S wird addiert und, damit der Term sich nicht ändert, wieder subtrahiert)

Also:

$y = (x - 4)^2 + 2$; $\quad$ S (4 | 2)

b) $y = -3x^2 - 18x - 10$ $\quad$ (zunächst den Koeffizienten von x^2 ausklammern!)

$y = -3\left(x^2 + 6x + \frac{10}{3}\right)$

$x^2 + 6x + \frac{10}{3} = \underbrace{x^2 + 6x + 9}_{(x+3)^2} \underbrace{- 9 + \frac{10}{3}}_{-\frac{17}{3}}$ $\quad$ (der Koeffizient von x wird halbiert und anschließend quadriert)

$= (x + 3)^2 - \frac{17}{3}$

Wir erhalten:

$y = -3\left[(x + 3)^2 - \frac{17}{3}\right]$

$y = -3(x + 3)^2 + 17$

S (– 3 | 17)

Aufgaben zu 9.1

1. Ein Flugzeug beschleunigt aus dem Stillstand in 20 Sekunden auf eine Geschwindigkeit von 100 m/s. In der folgenden Tabelle sind für die jeweiligen Zeitpunkte die bis dahin zurückgelegten Wegstrecken und die dann erreichten Geschwindigkeiten angegeben.

Zeit (in s)	0	2	4	6	8	10	12	14	16	18	20
Weg (in m)	0	10	40	90	160	250	360	490	640	810	1000
Geschwindigkeit $\left(\text{in } \frac{m}{s}\right)$	0	10	20	30	40	50	60	70	80	90	100

a) Stellen Sie die Messwerte sowohl für die Geschwindigkeit als auch für den Weg in Abhängigkeit von der Zeit in je einem Koordinatensystem dar! Verbinden Sie jeweils die Punkte sinnvoll zu einem „durchgehenden" Graphen!
b) Um welche Funktionstypen handelt es sich?
c) Geben Sie für jede der beiden Funktionen die zugehörige Gleichung an!

2. Welcher der folgenden Terme ist der Term einer quadratischen Funktion?

a) $-x^2 + 7x$ b) $6x - 3 + x^2$ c) $3^2 x + 5^2$ d) $\frac{6^2}{x^2}$

e) $10 - x^2$ f) $(3 + x)^2$ g) $(2 - x)(x + 3)$ h) $(1 - x^2)(7 + x)$

Legen Sie für jede quadratische Funktion eine Wertetabelle an ($x \in \{-3; -2{,}5; -2; \ldots; 2; 2{,}5; 3\}$) und zeichnen Sie den Graphen ($D = \mathbb{Q}$)!

3. Zeichnen Sie jeweils den Graphen ($D = \mathbb{Q}$) zu der angegebenen Gleichung mit Hilfe einer Wertetabelle!

a) $y = 2x^2$ b) $y = 3x^2$ c) $y = 1{,}5x^2$ d) $y = \frac{1}{2}x^2$

e) $y = -2x^2$ f) $y = -\frac{1}{4}x^2$ g) $y = 0{,}1x^2$ h) $y = -0{,}2x^2$

i) $y = -5x^2 + 5$ j) $y = (x - 2)^2$ k) $y = (x - 2)^2 + 1$ l) $y = -\frac{1}{2}(x - 2)^2 + 1$

4. Bestimmen Sie die Scheitelkoordinaten und die Öffnungsrichtung der jeweiligen Parabel in Aufgabe 3!

5. Skizzieren Sie die Parabeln zu folgenden Gleichungen, indem Sie zunächst die Scheitelkoordinaten ablesen und sich dann – vom Scheitel ausgehend – weitere Punkte verschaffen ($D = \mathbb{Q}$)!

a) $y = x^2 - 2$ b) $y = x^2 + 3$ c) $y = -x^2 + 1$ d) $y = -x^2 - 1{,}5$ e) $y = \frac{1}{3}x^2$

f) $y = -\frac{1}{4}x^2$ g) $y = (x - 3)^2$ h) $y = (x + 0{,}5)^2$ i) $y = -(x - 2{,}5)^2$ j) $y = (x + 2)^2 + 3$

k) $y = -(x - 1)^2 - 2$ l) $y = \frac{1}{2}(x + 3)^2 - 2$ m) $y = -2(x + 1)^2 + 3$ n) $y = -(x - 0{,}2)^2 + 6{,}4$ o) $y = \frac{1}{4}(x - 4)^2 + 4$

6. Im Vergleich zur Normalparabel ($y = x^2$) ist die vorgegebene Parabel

a) um 2 nach rechts, b) um 4 nach links, c) um 10 nach oben, d) um 3 nach unten,

e) um 3 nach rechts und 4 nach oben, f) um 2,5 nach links und um 3 nach unten,

g) um 1,5 nach rechts und um 3,4 nach unten, h) um 6 nach links und um 100 nach oben verschoben.

Geben Sie jeweils die zugehörige Gleichung an!

7. In Abb. 9.7 sind Parabeln eingezeichnet! Geben Sie deren Gleichungen an!

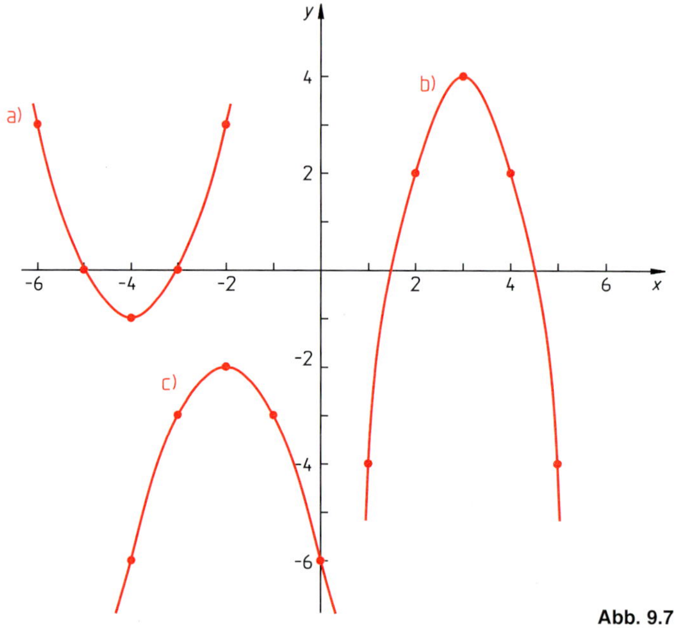

Abb. 9.7

8. Führen Sie jeweils die quadratische Ergänzung durch!

Beispiel: $x^2 + 10x - 12$

$= \underbrace{x^2 + 10x + 25}\underbrace{-25 - 12}$

$= \quad (x + 5)^2 \quad -37$

a) $x^2 + 20x + 4$ b) $x^2 - 12x + 3$ c) $x^2 + \frac{3}{2}x - 7$

d) $x^2 - \frac{5}{3}x - 1$ e) $x^2 + 0{,}8x - 1{,}5$ f) $x^2 - 1{,}7x + 3{,}14$

9. Bestimmen Sie jeweils den Scheitel der Parabel!

Beispiel: $y = 3x^2 + 7x - 4$

$= 3\,(x^2 + \frac{7}{3}x - \frac{4}{3})$

$= 3\,[(x + \frac{7}{6})^2 - (\frac{7}{6})^2 - \frac{4}{3}]$

$= 3\,(x + \frac{7}{6})^2 - 3 \cdot \frac{49}{6 \cdot 6} - 4$

$= 3\,(x + \frac{7}{6})^2 - \frac{49}{12} - 4$

$= 3\,(x + \frac{7}{6})^2 - 8\frac{1}{12}$

$S\,(-\frac{7}{6} \mid -8\frac{1}{12})$

a) $y = x^2 + 5x - 3$ b) $y = x^2 - 4x + 1$ c) $y = x^2 + 7x - 4$ d) $y = x^2 - 3x + 9$
e) $y = 2x^2 + 9x + 2$ f) $y = 3x^2 - 7x + 11$ g) $y = -5x^2 + 10x - 15$ h) $y = -4x^2 - 2x + 5$

10. Bestimmen Sie jeweils den Scheitel und skizzieren Sie mit Hilfe der Lage des Scheitels die Parabel!

a) $y = x^2 + 6x + 9$ b) $y = x^2 - 8x + 16$ c) $y = x^2 + 2x + 3$ d) $y = x^2 - 4x + 2$
e) $y = 2x^2 - 4x + 4$ f) $y = -3x^2 - 6x - 8$ g) $y = -x^2 - x + 4\frac{3}{4}$ h) $y = \frac{1}{5}x^2 - x + \frac{17}{4}$

11. Eine (verschobene) Normalparabel geht durch die Punkte $(-1 \mid -2)$ und $(0 \mid 1)$. Geben Sie Ihre Gleichung in der Form $y = x^2 + px + q$ an!

12. Eine (verschobene) Normalparabel geht durch die Punkte $(1 \mid 2)$ und $(-1 \mid 10)$.
Geben Sie ihre Gleichung ($y = x^2 + px + q$) an!

13. Bestimmen Sie die Gleichung (in der Form $y = ax^2 + bx + c$) derjenigen Parabel, zu der die folgenden Punkte gehören: $(0 \mid 8)$; $(1 \mid 3)$; $(2 \mid 0)$.

14. Eine Parabel geht durch die Punkte $(-1 \mid -4)$, $(1 \mid 2)$ und $(3 \mid 4)$. Bestimmen Sie ihre Gleichung in der Form $y = ax^2 + bx + c$!

15. Bestimmen Sie die Gleichung (in Scheitelform) der nach unten geöffneten Parabel mit dem Scheitel $S\,(-2 \mid 0)$, die durch den Punkt $(-1 \mid -2)$ geht!

16. Verschieben Sie die Parabel mit der Gleichung $y = \frac{1}{2}\,(x - 4)^2 - 1$ so nach oben, dass die neue Parabel durch den Punkt $(2 \mid 3)$ geht. Wie lautet die Gleichung (Scheitelform) der neuen Parabel?

17. Verschieben Sie die Parabel mit der Gleichung $y = \frac{1}{2}\,(x - 4)^2 - 1$ so nach links, dass die neue Parabel durch den Punkt $(0 \mid \frac{7}{2})$ geht. Wie lautet die Gleichung (Scheitelform) der neuen Parabel? Gibt es mehr als eine Lösung?

18. Wie ist die Parabelgleichung $y = \frac{1}{2}\,(x - 4)^2 - 1$ zu ändern, damit bei gleichem Scheitel der Punkt $(3 \mid -6)$ zur (neuen) Parabel gehört?

19. Stellen Sie jeweils mit Hilfe einer Formel dar:
a) den Flächeninhalt eines Kreises in Abhängigkeit vom Radius,
b) das Volumen einer Kugel in Abhängigkeit vom Radius,
c) die kinetische Energie eines bewegten Körpers in Abhängigkeit von seiner Geschwindigkeit,
d) den Weg in Abhängigkeit von der Zeit beim freien Fall,
e) die Stromstärke in Abhängigkeit von der Spannung,
f) die Stromarbeit in Abhängigkeit von der Stromstärke.

In welchen Fällen handelt es sich um eine quadratische Funktion?

20. Welche der Parabeln mit der Gleichung $y = x^2 + ax + 8$ ($a \in \mathbb{Q}$) hat ihren Scheitel an der Stelle $x = 2$?

21. An welcher Stelle nimmt die Funktion $f\colon x \mapsto x^2 + 2x + 5$, $x \in \mathbb{Q}$ ihren kleinsten Wert an? Wie groß ist dieser kleinste Wert?

9.2 Quadratwurzeln, reelle Zahlen

Quadratwurzeln

In Abb. 9.4 haben wir die Parabel zu $y = x^2 - 2$ dargestellt. Aus der Abbildung lesen wir ab, dass diese Parabel zwischen 1 und 2 sowie zwischen -2 und -1 die x-Achse ($y = 0$) schneidet. Die Abszissen der Schnittpunkte kennen wir noch nicht, wir wissen (aus der Anschauung) nur, dass es solche Schnittpunkte geben muss und diese symmetrisch zur y-Achse liegen.

Wir wollen versuchen, die Abszissen genauer zu ermitteln. Wegen der erwähnten Symmetrie können wir unsere weiteren Überlegungen auf den Schnittpunkt mit positiver Abszisse beschränken. Es geht also darum, x mit $x > 0$ so zu bestimmen, dass gilt: $0 = x^2 - 2$, d.h. $x^2 = 2$. Dass x zwischen 1 und 2 liegen muss, können wir auch so begründen:

$1 < 2 < 4$ (2 liegt zwischen den Quadratzahlen 1 und 4)

$\Rightarrow 1^2 < 2 < 2^2$

$\Rightarrow 1^2 < x^2 < 2^2$ (wegen $x^2 = 2$)

$\Rightarrow 1 < x < 2$

(Dabei nutzen wir die Tatsache, dass für positive a, b gilt: $a^2 < b^2 \Rightarrow a < b$. Man denke an den Verlauf der Normalparabel im positiven Bereich!)

Der Betrag des absoluten Fehlers bei der so erfolgten näherungsweisen Bestimmung von x (x zwischen 1 und 2) kann also maximal 1 sein. Wir wollen versuchen, den Fehler systematisch zu verkleinern. In den nächsten Schritten sei der Fehler maximal $0{,}1 = 10^{-1}$; $0{,}01 = 10^{-2}$; $0{,}001 = 10^{-3}$ usw. Durch Probieren (mit dem Taschenrechner) erhalten wir:

$1{,}4^2 = 1{,}96 < 2 < 1{,}5^2 = 2{,}25$

$\Rightarrow 1{,}4 < x < 1{,}5$

Wir legen uns eine Tabelle an:

Doppelungleichung	maximaler Fehler
$1 < x < 2$	$1 = 10^0$
$1{,}4 < x < 1{,}5$	$0{,}1 = 10^{-1}$
$1{,}41 < x < 1{,}42$	$0{,}01 = 10^{-2}$
$1{,}414 < x < 1{,}415$	$0{,}001 = 10^{-3}$
$1{,}4142 < x < 1{,}4143$	$0{,}0001 = 10^{-4}$
⋮	⋮

Lohnt es sich, diese Tabelle fortzusetzen?

Die Fehler der Näherungswerte für x werden offensichtlich immer kleiner; sie streben sogar gegen 0. Dies ist erfreulich. Gelingt es uns aber, x exakt als abbrechenden Dezimalbruch d darzustellen? Offensichtlich nicht! Denn nach der bisher angefertigten Tabelle müsste d mindestens fünf Dezimalstellen hinter dem Komma mit einer von 0 verschiedenen letzten Ziffer aufweisen.

Aus der folgenden Tabelle ergibt sich jedoch, dass d^2 nicht gleich $2{,}\overline{0}$ sein kann.

letzte Ziffer von d (an mindestens 5. Stelle hinter dem Komma)	1	2	3	4	5	6	7	8	9
letzte Ziffer von d^2 (an mindestens 10. Stelle hinter dem Komma)	1	4	9	6	5	6	9	4	1

Ergebnis: Die Gleichung $x^2 = 2$ ist in der Menge der abbrechenden Dezimalbrüche nicht lösbar.

Nach unseren bisherigen Überlegungen können wir nicht ausschließen, dass die Gleichung $x^2 = 2$ vielleicht einen periodischen Dezimalbruch als eine Lösung hat. Es könnte aber sogar sein, dass $x^2 = 2$ in $\mathbb{Q}$ überhaupt nicht lösbar ist.

Wir nehmen einmal an, $x^2 = 2$ sei in $\mathbb{Q}_+$ lösbar.

Da die Lösung $x \in \mathbb{Q}_+$ sein soll, kann man x als Bruch in der Form $\frac{p}{q}$ mit $p, q \in \mathbb{N}^*$ darstellen. Dann muss also gelten:

$$x = \frac{p}{q} \Rightarrow \left(\frac{p}{q}\right)^2 = 2 \Rightarrow \frac{p^2}{q^2} = 2 \Rightarrow p^2 = 2q^2$$

Wir wissen: Zerlegen wir die Quadratzahl p^2 ($= p \cdot p$) in Primfaktoren (in Faktoren, die alle Primzahlen sind), so kommt der Faktor 2 entweder gar nicht oder zweimal, viermal, sechsmal usw. vor. Zerlegen wir andererseits $2q^2 = 2 \cdot q \cdot q$ in Primfaktoren, so kommt der Faktor 2 entweder einmal oder dreimal, fünfmal, siebenmal usw. vor. Da $p^2 = 2q^2$ gilt und bei einer Zerlegung einer natürlichen Zahl in Primfaktoren der Faktor 2 nicht gleichzeitig geradzahlig **und** ungeradzahlig oft auftreten kann, ist die Annahme widerlegt.
(Bei dieser Argumentation benutzen wir allerdings den Satz von der Eindeutigkeit der Primfaktorzerlegung einer (jeden) natürlichen Zahl größer als 1; Eindeutigkeit bis auf die Reihenfolge der Faktoren.)

Satz

Die Gleichung $x^2 = 2$ ist in $\mathbb{Q}$ nicht lösbar.

Deuten wir unser Ergebnis im Hinblick auf das Ausgangsproblem, so erhalten wir: Die Parabel mit der Gleichung $y = x^2 - 2$ schneidet die x-Achse in zwei Punkten, deren Abszissen nicht rational sind. Es gibt also Punkte auf der Zahlengeraden, die keine rationalen Zahlen darstellen. Wir erkennen nun entsprechend, dass es Punkte auf den bisher von uns gezeichneten Parabeln (und auf allen gezeichneten Graphen von Funktionen mit der Definitionsmenge $\mathbb{Q}$) gibt, deren Abszissen gar nicht rational sind.

Die beiden Lösungen der Gleichung $x^2 = 2$ sind also keine rationalen Zahlen, sondern sogenannte **„irrationale"** Zahlen. Wir können sie weder als abbrechende noch als periodische Dezimalbrüche darstellen. Dezimalbrüche können höchstens als Näherungswerte für diese Zahlen benutzt werden. Aus diesem Grunde führt man neue Zeichen für diese Zahlen ein:

$\sqrt{2}$ (gelesen „Quadratwurzel aus 2" oder kurz „Wurzel aus 2") für die positive Lösung der Gleichung $x^2 = 2$,
$-\sqrt{2}$ für die negative Lösung von $x^2 = 2$.

Allgemein bezeichnen wir mit $\sqrt{a}$ ($a \in \mathbb{Q}_+$) die positive Lösung der Gleichung $x^2 = a$, mit $-\sqrt{a}$ die negative Lösung von $x^2 = a$.

Definition

$\sqrt{a}$ ist diejenige nicht-negative Zahl, die, mit sich selbst multipliziert, a ($\geqq 0$) ergibt:
$\sqrt{a} \cdot \sqrt{a} = (\sqrt{a})^2 = a$.

Merksatz

Beachten Sie: **1.** $\sqrt{a}$ ($a \in \mathbb{Q}_+$) ist immer positiv.
2. $\sqrt{a^2} = a$ gilt nur für $a \geqq 0$.

a heißt der **„Radikand"** von $\sqrt{a}$.

Beispiele

$\sqrt{3}$ ist die positive Lösung der Gleichung $x^2 = 3$,
$\sqrt{4} = 2$ ist die positive Lösung der Gleichung $x^2 = 4$,
$\sqrt{9} = 3$ ist die positive Lösung der Gleichung $x^2 = 9$.

Ist $\sqrt{3}$ wie $\sqrt{2}$ eine irrationale Zahl?
Ist allgemein $\sqrt{n}$ ($n \in \mathbb{N}^*$) immer irrational, falls n keine Quadratzahl ist (vgl. oben die Beispiele $n = 4$ und $n = 9$)?

Es gilt in der Tat der folgende

Satz

$\sqrt{n}$ ($n \in \mathbb{N}^*$) ist irrational oder eine natürliche Zahl.

Beweis: Dass $\sqrt{n}$ irrational sein kann, haben wir am Beispiel $n = 2$ bereits bestätigt. Wir zeigen nun, dass $\sqrt{n}$ immer eine natürliche Zahl ist, wenn $\sqrt{n}$ rational ist. Nehmen wir also an, $\sqrt{n}$ sei rational. Dann lässt sich $\sqrt{n}$ in der folgenden Form darstellen:

$$\sqrt{n} = \frac{p}{q} \quad \text{mit} \quad p, q \in \mathbb{N}^*,$$

wobei der Bruch $\frac{p}{q}$ bereits gekürzt sei. Der größte gemeinsame Teiler von p und q sei also 1.

Dann ist aber auch der größte gemeinsame Teiler von $p^2 = p \cdot p$ und q gleich 1, denn p^2 hat dieselben Primfaktoren wie p.

Andererseits gilt wegen $\frac{p}{q} = \sqrt{n}$: $\frac{p^2}{q} = p \cdot \frac{p}{q} = p \cdot \sqrt{n} = q \cdot \sqrt{n} \cdot \sqrt{n} = q \cdot n$.

Wegen $q, n \in \mathbb{N}^*$ ist $(q \cdot n) \in \mathbb{N}^*$ und damit $\frac{p^2}{q}$ eine natürliche Zahl; p^2 ist also durch q teilbar. q muss folglich 1 sein, und dies bedeutet: $\sqrt{n} = p$.

$\sqrt{n}$ muss demnach eine natürliche Zahl sein, wenn sie rational ist. Und damit ist der Beweis des Satzes vollständig durchgeführt.

Da $\sqrt{n}$ genau dann eine natürliche Zahl ist, wenn n eine Quadratzahl ist, ergibt sich als Folgerung aus dem obigen Satz: Für alle natürlichen Zahlen n, die nicht Quadratzahlen sind, ist $\sqrt{n}$ irrational. Da es unendlich viele natürliche Zahlen gibt, die nicht Quadratzahlen sind (man denke etwa nur an die Primzahlen), kennen wir damit bereits unendlich viele irrationale Zahlen. Auf der Zahlengeraden gibt es also unendlich viele „Lückenpunkte" mit nicht-rationalen Koordinaten. Diese Koordinaten lassen sich weder als abbrechende noch als periodische Dezimalbrüche darstellen, zu ihrer Darstellung sind unendliche nicht-periodische Dezimalbrüche erforderlich. Mit den Quadratwurzeln aus (natürlichen) Nicht-Quadratzahlen sind Ihnen jedoch noch nicht alle irrationalen Zahlen bekannt. Wir teilen hier ohne Beweis mit, dass z.B. auch die „Kreiszahl" π irrational ist. Andere irrationale Zahlen haben Sie bereits in 1.1 kennen gelernt.

Unbefriedigend ist noch die Tatsache, dass wir bisher Quadratwurzeln nur durch mühseliges Probieren näherungsweise berechnen können (siehe die Näherungswerte für $\sqrt{2}$ in der obigen Tabelle). Es wäre wünschenswert, ein einfacheres Verfahren zur Verfügung zu haben. Auch in Taschenrechnern werden die Quadratwurzeln aus den TR-Zahlen nicht alle gespeichert. Vielmehr läuft beim Drücken der Quadratwurzeltaste intern in TR ein Rechenprogramm ab, das jeweils den gewünschten Näherungswert liefert. Ein einfaches Verfahren, das in TR intern allerdings kaum benutzt wird, werden wir jetzt beschreiben.

Aufgabe: Es ist die positive Lösung der Gleichung $x^2 = a$ ($a \in \mathbb{Q}_+$) näherungsweise zu ermitteln. Geometrisch kann diese Gleichung folgendermaßen gedeutet werden:

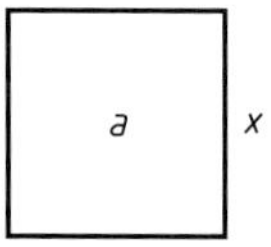

Abb. 9.8

Gesucht ist die Seitenlänge x eines Quadrates mit dem Flächeninhalt a.

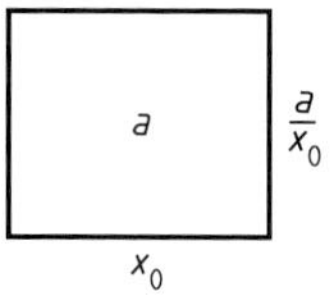

Abb. 9.9

Wir starten mit einem Näherungswert x_0. x_0 ist zu groß oder zu klein. Wählen wir x_0 als Länge eines Rechtecks, das denselben Flächeninhalt a wie das vorgegebene Quadrat hat, so muss die Breite gleich $\frac{a}{x_0}$ sein, denn $x_0 \cdot \frac{a}{x_0} = a$.

Wie kommen wir zu einem besseren Näherungswert x_1?

Wenn x_0 zu groß ist, ist $\frac{a}{x_0}$ zu klein und umgekehrt. Wir berechnen den Umfang U des Rechtecks:

$$U = 2x_0 + 2\frac{a}{x_0}.$$

$$\frac{U}{4} = \frac{x_0}{2} + \frac{a}{2x_0} = \frac{1}{2}\left(x_0 + \frac{a}{x_0}\right)$$

liefert als arithmetisches Mittel von x_0 und $\frac{a}{x_0}$ einen besseren Näherungswert x_1:

$$x_1 = \frac{1}{2}\left(x_0 + \frac{a}{x_0}\right).$$

Diesen Prozess können wir immer weiter fortsetzen. Der neue (bessere) Näherungswert entsteht dadurch, dass wir jeweils das arithmetische Mittel aus dem alten Näherungswert und dem Quotienten „a dividiert durch alten Näherungswert" bilden.

Allgemein erhalten wir:

$$x_{n+1} = \frac{1}{2}\left(x_n + \frac{a}{x_n}\right) \quad \text{für} \quad n \in \mathbb{N}$$

An einem **Beispiel** führen wir den Prozess (unter Benutzung eines 8-stelligen abschneidenden TR) durch.

Beispiel

$x^2 = 3$ ($a = 3$), näherungsweise Berechnung von $\sqrt{3}$.

Wir starten mit $x_0 = 1{,}5$ (wir wissen, dass 1 zu klein und 2 zu groß ist).

In der rechts stehenden Tabelle sind die Ergebnisse der einzelnen Berechnungen festgehalten.

x_0	Startwert	1,5
x_1	$\frac{1}{2}\left(x_0 + \frac{3}{x_0}\right)$	1,75
x_2	$\frac{1}{2}\left(x_1 + \frac{3}{x_1}\right)$	1,7321428
x_3	$\frac{1}{2}\left(x_2 + \frac{3}{x_2}\right)$	1,7320508
x_4	$\frac{1}{2}\left(x_3 + \frac{3}{x_3}\right)$	1,7320508

Wir stellen fest, dass $x_4 = x_3$ ist und können unsere Berechnungen abbrechen. Mit 8-stelliger Genauigkeit haben wir einen Näherungswert für $\sqrt{3}$ gefunden. Das gleiche Ergebnis erhält man, wenn man bei einem 8-stelligen TR die Tastenfolge [3] [$\sqrt{x}$] oder [$\sqrt{x}$] 3 (auch oft: [$\sqrt{\ }$] 3) wählt.
Das oben beschriebene, schnell zum Ziel führende Verfahren geht auf Heron von Alexandria (um 100 n. Chr.) zurück und heißt deshalb **Heron'sches Verfahren**.

Reelle Zahlen

Wir haben festgestellt, dass die irrationalen Zahlen zwischen den rationalen Zahlen auf der Zahlengeraden liegen. Nun wollen wir noch die Frage untersuchen, ob wir jedem Punkt der Zahlengeraden eine Zahl (einen Dezimalbruch) zuordnen können.

Wir erörtern die Frage an zwei **Beispielen**:

Auf der Zahlengeraden (siehe Abb. 9.10) sind zwei Punkte (P_1 und P_2) rot markiert.

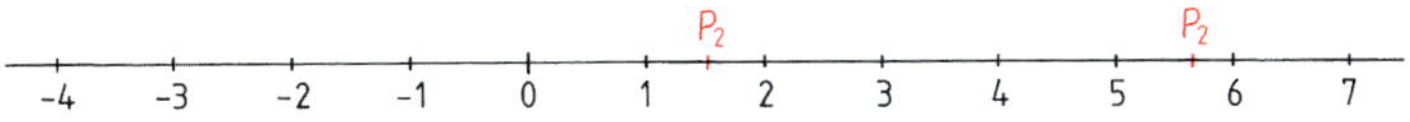

Abb. 9.10

P_1 soll genau in der Mitte zwischen 1 und 2 liegen. Das bedeutet: 1,5 beschreibt die Lage von P_1, oder 1,5 ist die Koordinate von P_1 (zur Beschreibung eines Punktes auf der Zahlengerade reicht **eine** Koordinate aus). Wir wollen die Lage von P_2 beschreiben. Aus Abb. 9.10 können wir kaum mehr entnehmen, als dass P_2 zwischen 5 und 6 liegt. Zur genaueren Beschreibung brauchen wir ein „Mikroskop“:

Vergrößerung der Intervalle mit Hilfe eines „Mikroskops“	Näherungsaussage mittels Intervallen	Näherungs-zahl	maximaler Fehler
	$P_2 \in [5; 6]$	5	10^0
	$P_2 \in [5{,}6; 5{,}7]$	5,6	10^{-1}
	$P_2 \in [5{,}61; 5{,}62]$	5,61	10^{-2}
	$P_2 \in [5{,}615; 5{,}616]$	5,615	10^{-3}

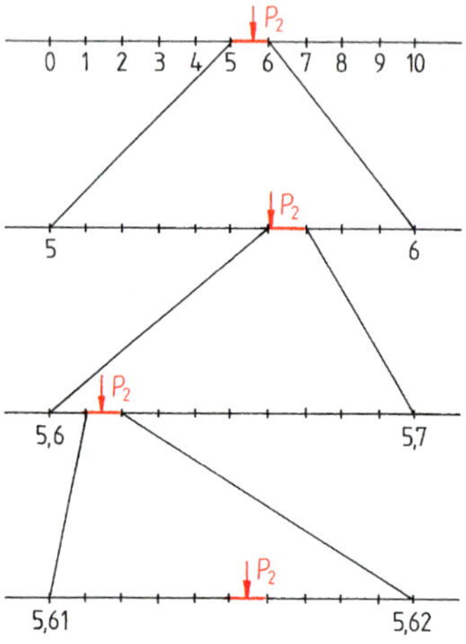

Abb. 9.11

Das Verfahren lässt sich weiter fortsetzen. Der Punkt P_2 wird durch die in der Tabelle angegebenen Intervalle „eingeschachtelt“. Man sagt auch: Die Intervalle [5; 6], [5,6; 5,7], [5,61; 5,62] usw. bilden eine **„Intervallschachtelung“** für den Punkt P_2. Von der Dezimalbruchdarstellung der dem Punkt P_2 zugeordneten Zahl kennen wir vier Ziffern: 5,615... Durch Fortsetzung des Verfahrens lassen sich jedoch so viele Ziffern wie gewünscht ermitteln. Dabei kann man infolge der begrenzten Zeichen- bzw. Ablesegenauigkeit nicht sagen, ob das Verfahren irgendwann abbricht oder endlos weiterläuft.

Allgemein lässt sich jeder Punkt der Zahlengeraden durch einen abbrechenden oder durch einen nichtabbrechenden Dezimalbruch beschreiben. Neu hinzugekommen sind für uns die nichtabbrechenden, nichtperiodischen Dezimalbrüche. Sie beschreiben die (alten) „Lückenpunkte“ und stellen irrationale Zahlen dar. Umgekehrt kann man jedem vorgegebenen Dezimalbruch auf der Zahlengeraden einen Punkt zuordnen.

Da z. B. $1{,}\overline{9} = 2$ ist, müssen wir noch, wenn wir die Zuordnung Punkt $\mapsto$ Dezimalbruch eindeutig machen wollen, die Dezimalbrüche mit Neuner-Ende ($\overline{9}$) ausschließen. Zur Beschreibung der Punkte auf der Zahlengeraden werden diese Dezimalbrüche **nicht** benötigt. Schließen wir diese Dezimalbrüche aus und deuten die abbrechenden Dezimalbrüche als nichtabbrechende Dezimalbrüche mit der Periode 0, so erhalten wir das folgende Ergebnis:

Merksatz

Die Punkte der Zahlengeraden entsprechen genau den nichtabbrechenden Dezimalbrüchen ohne Neuner-Ende.

Die nichtabbrechenden Dezimalbrüche ohne Neuner-Ende bezeichnen die sog. **„reellen Zahlen“**. Während es bei Zugrundelegung der rationalen Zahlen auf der Zahlengeraden – wie wir gesehen haben – noch Lückenpunkte gab, sind diese „Lücken“ nun durch die Hinzunahme

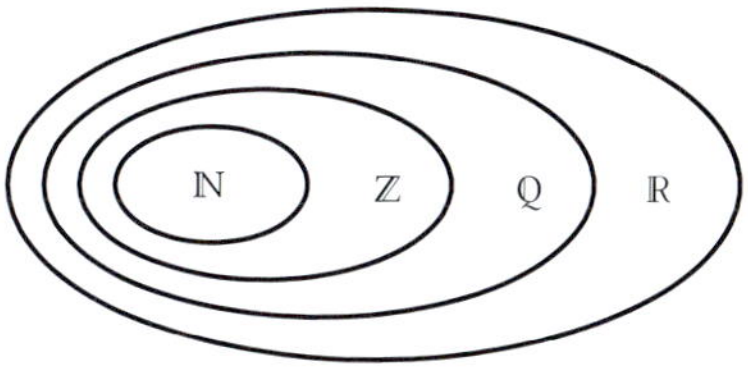

Abb. 9.12

der irrationalen Zahlen „geschlossen“. Die reellen Zahlen entsprechen genau den Punkten der Zahlengeraden. Die Menge der reellen Zahlen bezeichnet man mit $\mathbb{R}$. Somit haben wir nun die Zahlenmengen $\mathbb{N}$, $\mathbb{Z}$ und $\mathbb{Q}$ bis zu $\mathbb{R}$ so weit erweitert, dass alle Punkte der Zahlengeraden erfasst sind. Es gilt:
$\mathbb{R} = \mathbb{Q} \cup \{\text{irrationale Zahlen}\}$; $\mathbb{N} \subseteqq \mathbb{Z} \subseteqq \mathbb{Q} \subseteqq \mathbb{R}$.

Beachten Sie: Jede rationale Zahl ist auch eine reelle Zahl.
Die Gesetze, die für das Rechnen in $\mathbb{Q}$ gelten, gelten auch in $\mathbb{R}$.

Am **Beispiel** der Addition wollen wir uns noch kurz klarmachen, wie zwei reelle Zahlen verknüpft werden. Wir geben vor: $a = 7{,}38597\ldots$ und $b = 2{,}94124\ldots$ Von der Ziffernfolge für a und b sind jeweils nur sechs Ziffern bekannt.

Was können wir über $a + b$ aussagen?

$a \in [7{,}38597;\ 7{,}38598]$, $b \in [2{,}94124;\ 2{,}94125]$

Damit erhalten wir (Addition der linken bzw. rechten Intervallenden):

$a + b \in [10{,}32721;\ 10{,}32723]$

Statt mit Intervallen hätten wir natürlich auch mit den rationalen Näherungswerten $\tilde{a} = 7{,}38597$ und $\tilde{b} = 2{,}94124$ rechnen können: $\tilde{a} + \tilde{b} = 10{,}32721$. Es wäre jedoch falsch, $a + b$ in der Form $10{,}32721\ldots$ hinzuschreiben, da die letzte mitgeteilte Ziffer (1) nicht sicher zu sein braucht. (Eine Ziffer eines Näherungswertes ist genau dann **„sicher“**, wenn der genaue Wert an der entsprechenden Stelle dieselbe Ziffer hat.) Die letzte Ziffer könnte auch 2 sein, da sich durch die Addition an dieser Stelle ein Übertrag von 1 ergeben kann. Wollen wir bei der Schreibweise mit Pünktchen … nur sichere Ziffern mitteilen, so müssen wir uns in der folgenden Weise einschränken:

$a + b = 10{,}3272\ldots$

Wie das Beispiel zeigt, sind wir beim Rechnen mit reellen Zahlen (dargestellt als Dezimalbrüche) auf das Rechnen mit (rationalen) Näherungswerten angewiesen.

Aufgaben zu 9.2

1. Berechnen Sie jeweils die Lösungsmenge ($G = \mathbb{Q}$)!

Beispiel: $x^2 = 169$
$\iff |x| = 13$
$\iff x = 13 \vee x = -13$ $\qquad L = \{-13;\ 13\}$

a) $x^2 = 49$	b) $x^2 = 121$	c) $x^2 = 2{,}25$	d) $x^2 = 5$
e) $x^2 = -3$	f) $x^2 = \frac{4}{49}$	g) $x^2 = 0{,}09$	h) $x^2 = 7\frac{1}{0}$
i) $x^2 = 1{,}44$	j) $4x^2 = 9$	k) $\frac{3}{2}x^2 = \frac{2}{3}$	l) $5x^2 = 31{,}25$
m) $1 + x^2 = 2{,}96$	n) $\frac{7}{2} + x^2 = \frac{63}{4}$	o) $2{,}6x^2 - 5{,}2 = -3{,}926$	p) $x^2 + 5 = 0$
q) $6x^2 + 36 = 0$	r) $3x^2 - 21 = 0$	s) $\frac{2}{3}x^2 + 6 = 0$	t) $4(x^2 - 9) = 28$

2. Berechnen Sie $\sqrt{6}$ und $\sqrt{7}$ mit Hilfe des im Lehrtext beschriebenen Probierverfahrens näherungsweise auf 4 Stellen hinter dem Komma!

3. Beweisen Sie, dass die Gleichungen $x^2 = 3$ und $x^2 = 6$ in $\mathbb{Q}$ nicht lösbar sind!

4. Für welche $n \in \{1; 2; 3; \ldots; 20\}$ ist $\sqrt{n}$ eine natürliche bzw. eine irrationale Zahl?

5. Berechnen Sie mit Hilfe des Verfahrens von Heron näherungsweise (TR-Genauigkeit) die folgenden Quadratwurzeln:
a) $\sqrt{2}$ b) $\sqrt{8}$ c) $\sqrt{13}$ d) $\sqrt{22}$ e) $\sqrt{2{,}5}$ f) $\sqrt{0{,}5}$ g) $\sqrt{4{,}7}$ h) $\sqrt{101}$

6. Berechnen Sie mit Hilfe des Verfahrens von Heron näherungsweise (TR-Genauigkeit) $\sqrt{5}$!
Verwenden Sie dabei die folgenden Startwerte:
a) 2 b) 3 c) 2,5 d) 2,2 e) 1 f) 10
Bei welchem Startwert sind die meisten, bei welchem die wenigsten Schritte erforderlich?

7. Ermitteln Sie durch Schätzen Näherungswerte für die folgenden Quadratwurzeln! Überprüfen Sie Ihre Schätzungen durch Benutzung der Quadratwurzeltaste auf Ihrem TR!

a) $\sqrt{0{,}651249}$ b) $\sqrt{54{,}1696}$ c) $\sqrt{60{,}428}$ d) $\sqrt{5{,}2441}$
e) $\sqrt{0{,}00061}$ f) $\sqrt{678{,}564}$ g) $\sqrt{65{,}6642}$ h) $\sqrt{0{,}51615}$
i) $\sqrt{13017664}$ j) $\sqrt{0{,}0053428}$ k) $\sqrt{16{,}24526}$ l) $\sqrt{0{,}05825}$
m) $\sqrt{99{,}1658}$ n) $\sqrt{0{,}002959}$ o) $\sqrt{40400}$ p) $\sqrt{0{,}09995}$
q) $\sqrt{0{,}724201}$ r) $\sqrt{64128064}$ s) $\sqrt{751{,}3081}$ t) $\sqrt{12{,}013156}$
u) $\sqrt{64{,}496961}$ v) $\sqrt{0{,}0197403}$ w) $\sqrt{576{,}4801}$ x) $\sqrt{66{,}716224}$
y) $\sqrt{0{,}002304}$ z) $\sqrt{16{,}2468}$

8. Vereinfachen Sie die folgenden Terme (den Termbegriff erweitern wir auch auf Zeichenfolgen, in denen Wurzeln vorkommen)!

Beispiele: $\sqrt{5} + 3\sqrt{5}$
$= (1+3)\sqrt{5}$
$= 4\sqrt{5}$

$7\sqrt{\ }$ $\sqrt{y} - 3\sqrt{x} + 5\sqrt{y} - \sqrt{y} - 3\sqrt{x}$
$= (7-3-3)\sqrt{x} + (2+5-1)\sqrt{y}$
$= \sqrt{x} + 6\sqrt{y}$ $(x, y \in \mathbb{R}_+^0)$

a) $9\sqrt{6} - 4\sqrt{6}$ b) $8\sqrt{3} - 5\sqrt{3} - \sqrt{3}$ c) $4\sqrt{7} - 3\sqrt{7} - 5\sqrt{7}$
d) $8\sqrt{11} - 3\sqrt{7} + 3\sqrt{11} + 8\sqrt{7} - 2\sqrt{7}$ e) $u\sqrt{x} + v\sqrt{x}$ $(x \in \mathbb{R}_+^0)$ f) $4u\sqrt{x} - u\sqrt{x}$ $(x \in \mathbb{R}_+^0)$
g) $\sqrt{x} - 5\sqrt{x}$ $(x \in \mathbb{R}_+^0)$ h) $u\sqrt{x} - 2\sqrt{x} + 5\sqrt{x}$ $(x \in \mathbb{R}_+^0)$ i) $u\sqrt{w} - v\sqrt{w} + 2\sqrt{w}$ $(w \in \mathbb{R}_+^0)$
j) $8\sqrt{x} + 7\sqrt{y} - 5\sqrt{x} + 9\sqrt{y} + 4\sqrt{x} - 4\sqrt{y} + \sqrt{x}$ $(x, y \in \mathbb{R}_+^0)$
k) $2\sqrt{u} + 8\sqrt{v} + 18\sqrt{u} - 15\sqrt{v} - 5\sqrt{u} - 3\sqrt{v} - 7\sqrt{u} + 2\sqrt{v}$ $(u, v \in \mathbb{R}_+^0)$

9. Ermitteln Sie die Definitionsmenge des jeweiligen Terms ($G = \mathbb{R}$)!

Beispiel: $\sqrt{x-2}$; $x - 2 \geqq 0 \Leftrightarrow x \geqq 2$, also $D = \mathbb{R}^{\geqq 2}$

a) $\sqrt{x-3}$ b) $\sqrt{4-x}$ c) $\sqrt{x+5}$ d) $\sqrt{1-x}$
e) $\sqrt{x^2-4}$ f) $\sqrt{x^2+3}$ g) $\sqrt{-x-2}$ h) $\sqrt{-x^2-5}$
i) $\sqrt{2x+7}$ j) $\sqrt{-5x+9}$ k) $\sqrt{3x+1}\,\sqrt{x-5}$ l) $\sqrt{x+3}\,\sqrt{x+5}$
m) $\sqrt{x-7}\,\sqrt{x-6}$ n) $\dfrac{\sqrt{x+10}}{\sqrt{x-5}}$ o) $\dfrac{\sqrt{x-3}}{\sqrt{x+6}}$ p) $\sqrt{\dfrac{x+8}{x+16}}$
q) $\sqrt{\dfrac{x^2+7}{x-6}}$ r) $\sqrt{\dfrac{-x^2-1}{3x+1}}$ s) $\sqrt{\dfrac{x^2-9}{2x-6}}$ t) $\sqrt{\dfrac{3x-8}{x^2+2}}$

10. Ermitteln Sie jeweils die Lösungsmenge ($G = \mathbb{R}$)!
a) $x^2 = 7$ b) $x^2 = 99$ c) $x^2 = 128$ d) $x^2 = -2$ e) $-x^2 = -10$
f) $-x^2 = 1$ g) $x^2 + 12 = 0$ h) $x^2 - 12 = 0$ i) $-x^2 + 8 = 0$ j) $2x^2 - 3 = 0$

11. Geben Sie jeweils eine Gleichung der Form $ax^2 = b$ mit $a, b \in \mathbb{Z}$ so an, dass sie
a) in $\mathbb{Z}$ nicht lösbar, in $\mathbb{Q}$ lösbar ist;
b) in $\mathbb{Q}$ nicht lösbar, in $\mathbb{R}$ lösbar ist;
c) in $\mathbb{R}$ nicht lösbar ist!

12. Geben Sie drei reelle Zahlen als Dezimalbrüche an (Beschreibung der Ziffernfolge auch mit Worten), die keine rationalen Zahlen sind!

13. Setzen Sie 0,988777... zu einem nichtabbrechenden Dezimalbruch so fort, dass eine irrationale Zahl entsteht!

14. Formulieren Sie eine Vorschrift zur Fortsetzung des Dezimalbruchs
a) 4,29292222 ... b) 4,2929929992 ... c) 4,292929 ...
d) 0,4142434445 ... e) 12,13141516 ... f) 5,4142414241424 ...!
Wird durch die von Ihnen angegebene Vorschrift eine rationale oder eine irrationale Zahl dargestellt?

15. Schreiben Sie die Näherungsaussage als Doppel-Ungleichung!

Beispiel: $x \in [1{,}86;\ 1{,}87]$

Doppel-Ungleichung: $1{,}86 \leqq x \leqq 1{,}87$

a) $x \in [2{,}7365;\ 2{,}7366]$ b) $x \in [0{,}03409;\ 0{,}03410]$ c) $x \in [-2{,}7366;\ -2{,}7365]$ d) $x \in [-10{,}118;\ -10{,}115]$

16. Ordnen Sie der Größe nach (verwenden Sie das Zeichen < oder das Zeichen >):

2,5638...; −2,5637...; −2,5638...; 2,5639...; 2,5637...; −2,564...

17. Können Sie die wie folgt vorgegebenen reellen Zahlen der Größe nach ordnen?

12,87...; 12,872...; 12,8724...

Wie viele verschiedene Anordnungen sind nach den vorgegebenen Ziffernfolgen möglich?

18. Schreiben Sie die Näherungsaussage als Doppel-Ungleichung (bei den Angaben mit dem Zeichen ≈ wurde die 5/4-Rundung benutzt)!

a) $x = 2{,}375\ldots$ b) $x \approx 2{,}375$ c) $x = 0{,}346\ldots$ d) $x \approx 0{,}346$
e) $x = 0{,}0104\ldots$ f) $x \approx 0{,}0104$ g) $x = -12{,}9772\ldots$ h) $x \approx -12{,}9772$
i) $x = -101{,}340\ldots$ j) $x \approx -101{,}340$ k) $x = 0{,}139\ldots$ l) $x \approx 0{,}139$

19. Geben Sie für $a = 3{,}17\ldots$ und $b = 5{,}21\ldots$ Intervalle an, in denen $a + a$, $b + b$, $b - a$ und $a - b$ liegen! Geben Sie außerdem jeweils einen Näherungswert so an, dass alle mitgeteilten Ziffern sicher sind!

Beispiel: $(a + b) \in [8{,}38;\ 8{,}40[$; $a + b \approx 8{,}3$

20. Geben Sie für $a = 0{,}236\ldots$ und $b = 1{,}58\ldots$ Intervalle an, in denen $a + a$, $b + b$, $b - a$ und $a - b$ liegen! Geben Sie außerdem jeweils einen Näherungswert so an, dass alle mitgeteilten Ziffern sicher sind!

21. Geben Sie für $a = 12{,}36\ldots$ und $b = 9{,}36\ldots$ Intervalle an, in denen a^2, b^2, $a : b$ und $b : a$ liegen! Geben Sie außerdem jeweils einen Näherungswert so an, dass alle mitgeteilten Ziffern sicher sind!

22. Ein rechteckiges Zimmer hat eine Länge von 4,68 m und eine Breite von 3,96 m. Die Messergebnisse sind auf cm gerundet.

a) Geben Sie Doppel-Ungleichungen für die Länge l und die Breite b an!
b) Geben Sie für den Umfang und den Flächeninhalt Näherungswerte so an, dass alle mitgeteilten Ziffern sicher sind!

23. Ein Quader hat eine Länge von 18,4 cm, eine Breite von 12,5 cm und eine Höhe von 9,3 cm. Die Messergebnisse sind auf mm gerundet.

a) Geben Sie Doppel-Ungleichungen für die Länge l, die Breite b und die Höhe h an!
b) Geben Sie für die Gesamtlänge der Kanten, für die Oberfläche und für das Volumen des Quaders Näherungswerte so an, dass alle mitgeteilten Ziffern sicher sind!

24. Früher wurde in Norddeutschland die Größe von Bauernhöfen in „preußischen Morgen“ angegeben. 400 preußische Morgen sind 1 km². Wie lang ist die Seite eines Quadrats mit dem Flächeninhalt 1 preußischer Morgen?

25. Die Gleichung $y = x^2 + 4ax + 5a^2 - 9$ ($a \in \mathbb{R}$) beschreibt eine „Schar“ von Parabeln.

a) Stellen Sie fest, für welche $a \in \mathbb{R}$ die Parabel die x-Achse in einem Punkt berührt!
b) Für welche $a \in \mathbb{R}$ schneidet die Parabel die y-Achse im Punkt $(0 \mid -4)$?
c) Zeichnen Sie die Parabel für $a = 1$! Bestimmen Sie dazu die Nullstellen und den Scheitel der Parabel!

26. Weisen Sie nach: a) $0{,}\overline{9} = 1$ b) $1{,}\overline{9} = 2$ c) $3{,}45\overline{9} = 3{,}46$

27. Unter welchen Voraussetzungen für a, b und c besitzt die Funktion $f\colon x \mapsto ax^2 + bx + c$, $x \in \mathbb{R}$ genau eine Nullstelle?

28. Zeichnen Sie das Diagramm der Abb. 9.12 in Ihr Heft und markieren Sie mittels einer geschlossenen Linie die Menge T der TR-Zahlen (vgl. Abschnitt 3.2)!

9.3 Rechnen mit Quadratwurzeln

In diesem Abschnitt stellen wir die Gesetze für das Rechnen mit Quadratwurzeln zusammen. Beispielhaft beweisen wir das erste dieser Gesetze. Auf die Beweise der anderen Gesetze verzichten wir an dieser Stelle.

Das Produkt zweier Quadratwurzeln

ist gleich der Quadratwurzel aus dem Produkt der Radikanden:

$\sqrt{a} \cdot \sqrt{b} = \sqrt{a \cdot b}$ für alle $a, b \in \mathbb{R}_+^0$

Beweis: $(\sqrt{a} \cdot \sqrt{b})^2 = (\sqrt{a} \cdot \sqrt{b}) \cdot (\sqrt{a} \cdot \sqrt{b}) = (\sqrt{a})^2 \cdot (\sqrt{b})^2 = a \cdot b \Rightarrow \sqrt{a} \cdot \sqrt{b} = \sqrt{a \cdot b}$

Beispiele $\sqrt{3} \cdot \sqrt{5} = \sqrt{15}$; $\sqrt{18} = \sqrt{9} \cdot \sqrt{2} = 3 \cdot \sqrt{2}$

Der Quotient zweier Quadratwurzeln

ist gleich der Quadratwurzel aus dem Quotienten der Radikanden:

$\frac{\sqrt{a}}{\sqrt{b}} = \sqrt{\frac{a}{b}}$ für alle $a \in \mathbb{R}_+^0$, $b \in \mathbb{R}_+$

Beispiele $\frac{\sqrt{8}}{\sqrt{2}} = \sqrt{4} = 2$; $\sqrt{\frac{16}{9}} = \frac{\sqrt{16}}{\sqrt{9}} = \frac{4}{3}$

Die Potenzen von Quadratwurzeln

Eine Quadratwurzel wird potenziert, indem man den Radikanden (in gleicher Weise) potenziert und aus der (neuen) Potenz die Quadratwurzel zieht:

$(\sqrt{a})^n = \sqrt{a^n}$ für alle $a \in \mathbb{R}_+^0$, $n \in \mathbb{N}^*$

Beispiele $(\sqrt{3})^4 = \sqrt{3^4} = \sqrt{81} = 9$; $\sqrt{4^6} = (\sqrt{4})^6 = 2^6 = 64$

Aufgaben zu 9.3

1. Vereinfachen Sie die folgenden Produkte:

Beispiele: $\sqrt{3} \cdot \sqrt{12} = \sqrt{3 \cdot 12} = \sqrt{36} = 6$

$\sqrt{4} \cdot \sqrt{20} = \sqrt{4 \cdot 20} = \sqrt{4 \cdot 4 \cdot 5} = \sqrt{4^2 \cdot 5} = \sqrt{4^2} \cdot \sqrt{5} = 4\sqrt{5}$

a) $\sqrt{6} \cdot \sqrt{24}$
b) $\sqrt{3} \cdot \sqrt{12}$
c) $\sqrt{8} \cdot \sqrt{32}$
d) $\sqrt{16} \cdot \sqrt{64}$
e) $\sqrt{1{,}25} \cdot \sqrt{0{,}2}$
f) $\sqrt{\frac{3}{8}} \cdot \sqrt{\frac{27}{50}}$
g) $\sqrt{\frac{5}{4}} \cdot \sqrt{\frac{35}{64}}$
h) $\sqrt{\frac{11}{18}} \cdot \sqrt{\frac{99}{8}}$
i) $(2\sqrt{3} - 3)(5 + \sqrt{3})$
j) $(3\sqrt{5} - 2\sqrt{3})(4\sqrt{5} + 5\sqrt{3})$
k) $(8\sqrt{6} - 3\sqrt{10})(8\sqrt{6} + 3\sqrt{10})$
l) $(3\sqrt{5} + 2\sqrt{3} - 5\sqrt{2})(\sqrt{5} - 2\sqrt{3})$
m) $(7 + 3\sqrt{5} - 2\sqrt{7})(7 + 2\sqrt{7} + 3\sqrt{5})$
n) $(5 - 7\sqrt{6}) \cdot (5 + 4\sqrt{6})$
o) $(\sqrt{7} + 3\sqrt{11} + 4\sqrt{3}) \cdot 3\sqrt{7}$
p) $(3\sqrt{2} + 2\sqrt{8} + 2\sqrt{18})\sqrt{2}$
q) $(3\sqrt{12} - 7\sqrt{27} - 5\sqrt{48} + 2\sqrt{75}) \cdot 3\sqrt{3}$
r) $(5\sqrt{7} + 3\sqrt{28} - 2\sqrt{63} - \sqrt{112}) \cdot 2\sqrt{7}$
s) $(5\sqrt{80} - 7\sqrt{320} + 9\sqrt{125} - 3\sqrt{180}) \cdot 4\sqrt{5}$
t) $(2\sqrt{99} - 3\sqrt{44} + \sqrt{176} - 2\sqrt{275}) \cdot 3\sqrt{44}$
u) $(\sqrt{2} + \sqrt{6})(3 + \sqrt{10})$

2. Vereinfachen Sie:

a) $3\sqrt{80}+2\sqrt{45}-4\sqrt{20}-5\sqrt{180}+7\sqrt{125}-3\sqrt{245}$

b) $6\cdot\sqrt{98}+2\sqrt{112}-4\sqrt{18}-3\sqrt{63}+4\sqrt{162}+\sqrt{175}$

c) $2\cdot\sqrt{45}+3\sqrt{63}-\sqrt{180}-4\sqrt{252}+10\sqrt{80}+12\sqrt{112}$

d) $\sqrt{72}-2\sqrt{27}-2\sqrt{98}+3\sqrt{48}+3\sqrt{50}-4\sqrt{75}$

3. Geben Sie die Definitionsmenge an und vereinfachen Sie den Term!

Beispiel: $\sqrt{u\cdot v}\cdot\sqrt{v}=\sqrt{u\cdot v^2}=v\cdot\sqrt{u}, \quad (u|v)\in\mathbb{R}_+^0\times\mathbb{R}_+^0$

a) $\sqrt{6u}\cdot\sqrt{30u}$ b) $\sqrt{15s}\cdot\sqrt{27\cdot st}$ c) $\sqrt{3x}\cdot\sqrt{63xy}$ d) $\sqrt{21x}\cdot\sqrt{147x}$

e) $u\sqrt{3v}\cdot\sqrt{27uv}$ f) $7\sqrt{5x}\cdot 2\sqrt{10x}$ g) $4\sqrt{15st}\cdot 3\sqrt{75ts}$ h) $\sqrt{lm}\cdot\sqrt{\frac{mn}{l}}$

i) $\sqrt{\frac{3u}{5v}}\cdot\sqrt{\frac{3v}{5u}}$ j) $\sqrt{\frac{s^5u}{t}}\cdot\sqrt{\frac{t^5u}{s}}$ k) $(3m+2\sqrt{n})\cdot(4m-5\sqrt{n})$ l) $(5\sqrt{x}-2y)\cdot(\sqrt{x}+3\sqrt{y})$

4. Bringen Sie den Vorfaktor eines jeden Terms unter das Wurzelzeichen!

Beispiel: $3\cdot\sqrt{5}=\sqrt{3^2\cdot 5}=\sqrt{45}$

a) $6\cdot\sqrt{7}$ b) $3\sqrt{6}$ c) $4\sqrt{13}$ d) $7\sqrt{12}$ e) $5\sqrt{10}$ f) $2x\sqrt{y}$ g) $x^2\sqrt{y}$ h) $a\sqrt{ab}$

5. a) Bestätigen Sie den folgenden Satz an drei von Ihnen gewählten Beispielen:

Satz

> Der Quotient zweier Quadratwurzeln ist gleich der Quadratwurzel aus dem Quotienten der Radikanden:
>
> $\frac{\sqrt{a}}{\sqrt{b}}=\sqrt{\frac{a}{b}}$ für alle $a\in\mathbb{R}_+^0,\ b\in\mathbb{R}_+$

b) Beweisen Sie den Satz aus a)!

6. Vereinfachen Sie die folgenden Terme!

Beispiel: $(12\sqrt{15}):(4\sqrt{3})=\frac{12\sqrt{15}}{4\sqrt{3}}=3\sqrt{\frac{15}{3}}=3\sqrt{5}$

a) $\sqrt{48}:\sqrt{3}$ b) $\frac{5\sqrt{54}}{\sqrt{6}}$ c) $\frac{\sqrt{48}}{4\sqrt{5}}$ d) $\frac{\sqrt{84}}{\sqrt{7}}$ e) $\frac{\sqrt{720}}{\sqrt{5}}$ f) $\frac{\sqrt{243}}{\sqrt{3}}$ g) $\frac{\sqrt{252}}{\sqrt{7}}$

h) $\sqrt{\frac{4}{15}}\cdot\sqrt{3}-4\cdot\sqrt{\frac{1}{20}}\cdot\sqrt{5}$ i) $\sqrt{\frac{4}{21}}\cdot\sqrt{7}-2\sqrt{\frac{1}{24}}\cdot\sqrt{2}$ j) $\frac{\sqrt{3}+\sqrt{6}}{\sqrt{2}}+\frac{\sqrt{6}-\sqrt{2}}{\sqrt{3}}-\frac{1}{\sqrt{6}}$

7. Vereinfachen Sie die folgenden Terme (auf eine Untersuchung der Definitionsmenge kann verzichtet werden)!

Beispiel: $\sqrt{uv}:\sqrt{v}=\frac{\sqrt{u\cdot v}}{\sqrt{v}}=\sqrt{\frac{u\cdot v}{v}}=\sqrt{u}$

a) $\sqrt{7mn}:\sqrt{7n}$ b) $\sqrt{56ab}:\sqrt{7b}$ c) $\sqrt{(u+v)^3}:\sqrt{u+v}$ d) $\sqrt{x^2-y^2}:\sqrt{x+y}$

e) $\frac{\sqrt{96u}}{\sqrt{8u}}$ f) $\frac{\sqrt{27m}}{\sqrt{3m}}$ g) $\frac{\sqrt{33b}}{\sqrt{11b^5}}$ h) $\sqrt{xy}:\frac{\sqrt{x}}{\sqrt{y}}$

i) $b\sqrt{a^3b}-\frac{a\sqrt{4a}}{\sqrt{\frac{1}{b^3}}}+\sqrt{a^5b^4}\cdot\sqrt{a^{-2}b^{-1}}$ j) $\frac{\sqrt{a+x}}{\sqrt{a^4-x^4}}\cdot\sqrt{a^2+x^2}$ k) $\frac{\sqrt{b^3}\sqrt{b}}{a}+\frac{\sqrt{a}\sqrt{b^5}}{-\sqrt{a^3b}}$

8. Verwandeln Sie durch passende Erweiterung den Nenner in eine rationale Zahl!

Beispiele: $\frac{\sqrt{5}}{\sqrt{7}} = \frac{\sqrt{5}\cdot\sqrt{7}}{\sqrt{7}\cdot\sqrt{7}} = \frac{1}{7}\sqrt{5}\cdot\sqrt{7} = \frac{1}{7}\cdot\sqrt{35}$;

$$\frac{2}{\sqrt{2}+4} = \frac{2(\sqrt{2}-4)}{(\sqrt{2}+4)(\sqrt{2}-4)} = \frac{2(\sqrt{2}-4)}{2-16} = \frac{2(\sqrt{2}-4)}{-14} = \frac{\sqrt{2}-4}{-7} = \frac{4-\sqrt{2}}{7}$$

a) $\frac{6\cdot\sqrt{2}}{\sqrt{6}}$ b) $\frac{2}{\sqrt{8}}$ c) $\frac{2}{3\sqrt{6}}$ d) $\frac{56}{5\cdot\sqrt{28}}$ e) $\frac{3}{3+\sqrt{5}}$

f) $\frac{2}{4-\sqrt{5}}$ g) $\frac{6}{\sqrt{7}-\sqrt{2}}$ h) $\frac{2}{3-\sqrt{5}}$ i) $\frac{22}{5\sqrt{3}-3}$ j) $\frac{26}{5-2\sqrt{3}}$

k) $\frac{6}{\sqrt{2}-\sqrt{7}}$ l) $\frac{13}{2\sqrt{6}-5\sqrt{2}}$ m) $\frac{3+\sqrt{5}}{3-\sqrt{5}}$ n) $\frac{2+\sqrt{3}}{3-\sqrt{5}}$ o) $\frac{3\sqrt{7}-5\sqrt{3}}{\sqrt{7}-\sqrt{3}}$

p) $\frac{2\sqrt{3}+5\sqrt{6}}{3\sqrt{6}-5\sqrt{3}}$ q) $\frac{3\sqrt{21}}{\sqrt{3}+\sqrt{7}+3\sqrt{2}}$ r) $\frac{(\sqrt{2}+1)(3-2\sqrt{10})}{\sqrt{10}+\sqrt{5}+\sqrt{2}}$ s) $\frac{7(\sqrt{6}+\sqrt{3})}{2\sqrt{6}-\sqrt{3}}$ t) $\frac{3\sqrt{5}+5\sqrt{3}}{5\sqrt{3}-3\sqrt{5}}$

9. Beseitigen Sie durch passende Erweiterung die Wurzel(n) im Nenner des jeweiligen Terms (auf eine Untersuchung der Definitionsmenge kann verzichtet werden)!

Beispiel: $\frac{x}{\sqrt{y}} = \frac{x\cdot\sqrt{y}}{\sqrt{y}\cdot\sqrt{y}} = \frac{x}{y}\sqrt{y}$

a) $\frac{x\cdot y}{\sqrt{y}}$ b) $\frac{\sqrt{x}}{\sqrt{x}+2}$ c) $\frac{\sqrt{x}+1}{\sqrt{x}-1}$ d) $\frac{3}{4-3\sqrt{x}}$ e) $\frac{\sqrt{x}+2}{2-\sqrt{x}}$

f) $\frac{\sqrt{3}}{\sqrt{3}-\sqrt{x}}$ g) $\frac{x-y}{\sqrt{x}-\sqrt{y}}$ h) $\frac{x}{\sqrt{x}-\sqrt{y}}$ i) $\frac{\sqrt{x}-\sqrt{y}}{\sqrt{x}+\sqrt{y}}$ j) $\frac{2\sqrt{x}-3\sqrt{y}}{2\sqrt{x}+3\sqrt{y}}$

k) $\frac{5x^4-20y^4}{(x^2+2y^2)(x-y\sqrt{2})}$ l) $\frac{4x+y-4\sqrt{xy}}{2\sqrt{x}-\sqrt{y}}$ m) $\frac{7\sqrt{x}}{2\sqrt{2x}-\sqrt{x}}$ n) $\frac{x\sqrt{y}+y\sqrt{x}}{\sqrt{x}+\sqrt{y}}$

10. a) Bestätigen Sie den folgenden Satz an drei von Ihnen gewählten Beispielen:

Satz

> Eine Quadratwurzel wird potenziert, indem man den Radikanden (in gleicher Weise) potenziert und aus der (neuen) Potenz die Quadratwurzel zieht:
>
> $(\sqrt{a})^n = \sqrt{a^n}$ für alle $a \in \mathbb{R}_+^0$, $n \in \mathbb{N}^*$.

b) Beweisen Sie den Satz aus a)!

11. Wenden Sie den Satz aus Aufgabe 10 an!

Beispiel: $(\sqrt{2})^{10} = \sqrt{2^{10}} = (2^{10})^{\frac{1}{2}} = 2^{10\cdot\frac{1}{2}} = 2^5 = 32$

a) $(\sqrt{7})^4$ b) $(\sqrt{3})^6$ c) $(\sqrt{2})^8$ d) $(\sqrt{6})^3$ e) $(x-\sqrt{y})^2$

f) $(1-\sqrt{2})^2$ g) $(\sqrt{5}+3\sqrt{7})^2$ h) $(\sqrt{6}+\sqrt{5})^2$ i) $(\sqrt{20}+\sqrt{5})^2$ j) $(\sqrt{a+b}-\sqrt{a-b})^2$

k) $(\sqrt{1+uv}-\sqrt{1-uv})^2$ l) $(\sqrt{u-1}-\sqrt{u+1})^2$ m) $(\sqrt{1-x}+x)^2$ n) $(2y-\sqrt{1-4y^2})^2$ o) $\left(\sqrt{a}+\frac{1}{\sqrt{a}}\right)^2$

p) $\left(\sqrt{5}-\sqrt{\frac{1}{5}}\right)^2$ q) $(\sqrt{2}+\sqrt{3})^3$ r) $(\sqrt{x}-\sqrt{y})^3$ s) $(1-3\sqrt{2})^3$ t) $(3-\sqrt{2})^3$

12. Wählen Sie natürliche Zahlen a, b so, dass $\sqrt{a+b} \neq \sqrt{a}+\sqrt{b}$ ist (die Angabe **eines Beispiels** genügt)!

13. Wählen Sie natürliche Zahlen a, b so, dass $\sqrt{a-b} \neq \sqrt{a}-\sqrt{b}$ ist!

14. Wählen Sie natürliche Zahlen a, b so, dass $\sqrt{a^2+b^2} \neq a+b$ ist!

15. Wählen Sie natürliche Zahlen a, b so, dass $\sqrt{a^2-b^2} \neq a-b$ ist!

16. 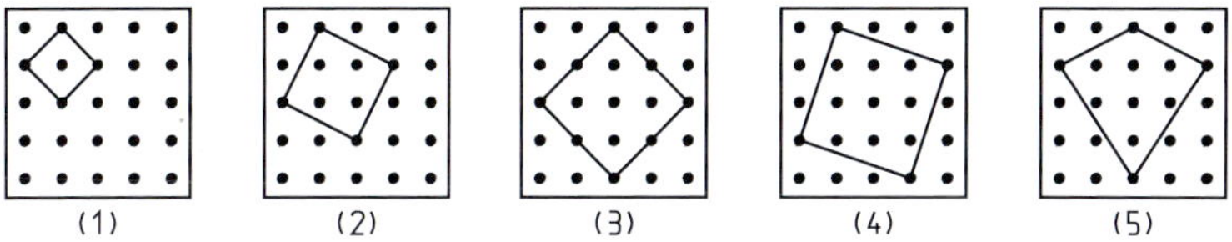

Abb. 9.13

a) Um welche geometrischen Figuren handelt es sich?
b) Ermitteln Sie jeweils den Flächeninhalt in Flächeneinheiten (FE), indem Sie die Vierecke geeignet zerlegen!
c) Geben Sie jeweils die Seitenlänge in Längeneinheiten (LE) an!
d) Begründen Sie geometrisch (vgl. (3)), dass $\sqrt{8} = 2\sqrt{2}$ gilt!

Der **Lehrsatz des Pythagoras** lautet:

In jedem rechtwinkligen Dreieck ist das Quadrat der Hypotenusenlänge gleich der Summe der Quadrate der Kathetenlängen.

c Hypotenusenlänge
a, b Kathetenlängen

$$c^2 = a^2 + b^2$$

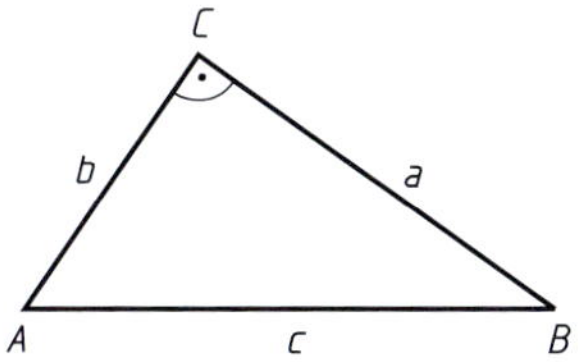

Abb. 9.14

Benutzen Sie in den Aufgaben 17 bis 23 den Lehrsatz des Pythagoras!

17. Berechnen Sie die unbekannten Seitenlängen der folgenden Dreiecke!

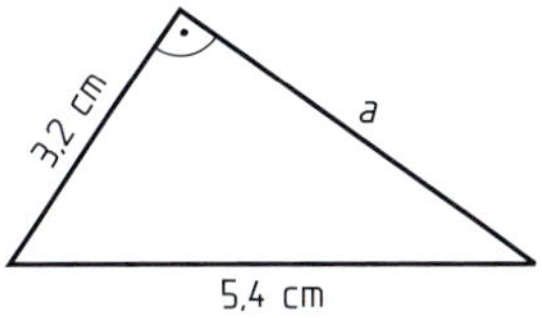

Abb. 9.15

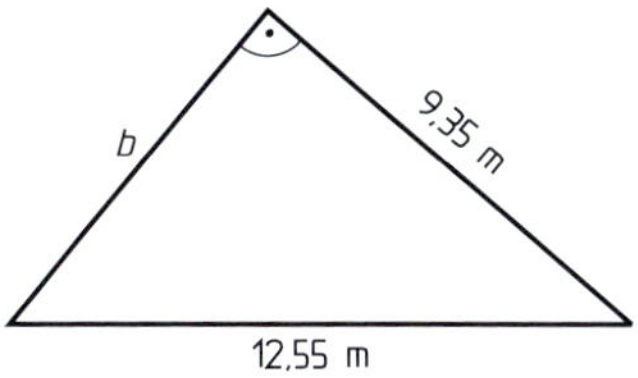

Abb. 9.16

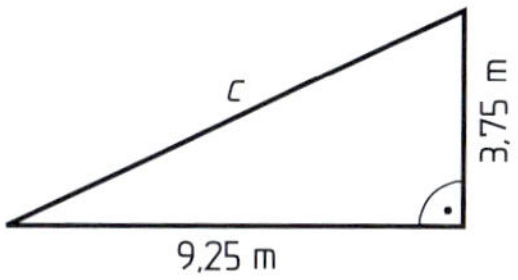

Abb. 9.17

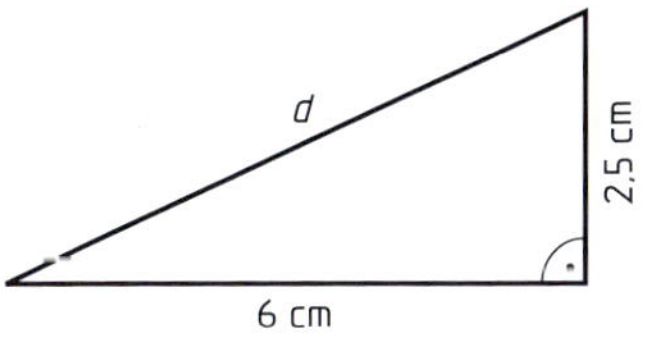

Abb. 9.18

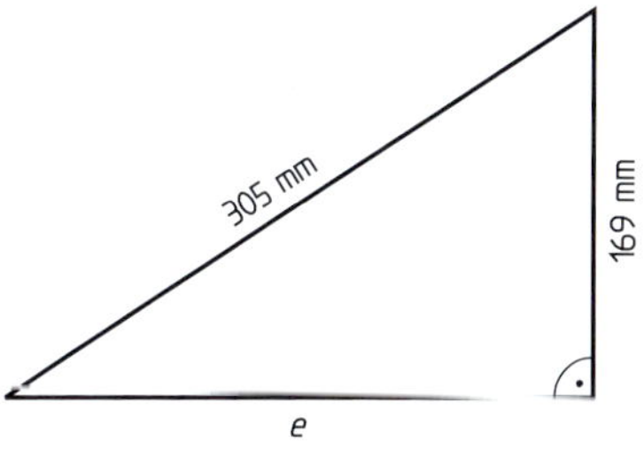

Abb. 9.19

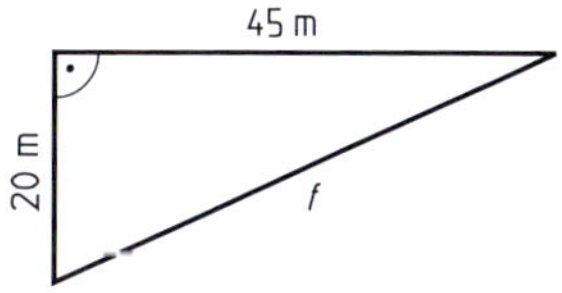

Abb. 9.20

18. Berechnen Sie die Längen x und y!

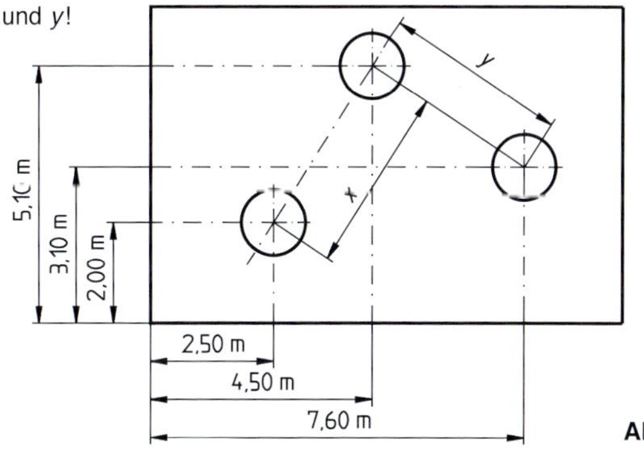

Abb. 9.21

19. Berechnen Sie:

a) die Länge einer Diagonalen eines Quadrates mit der Seitenlänge a,
b) die Länge einer Raumdiagonalen eines Würfels mit der Kantenlänge a.

20. In einem kartesischen Koordinatensystem sind die Punkte P und Q vorgegeben:

a) P (2 | 3), Q (10 | 8) b) P (3 | 6), Q (−4 | 3)
c) P (−1 | −3), Q (−5 | 8) d) P (2 | −5), Q (−5 | 2).

Berechnen Sie jeweils die Entfernung der Punkte vom Nullpunkt und die Länge der Strecke $\overline{PQ}$!

21. Ermitteln Sie jeweils den Umfang des Vielecks in Längeneinheiten (LE)!

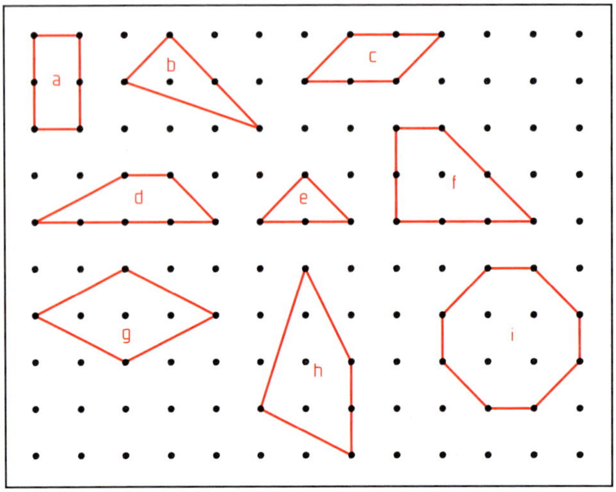

Abb. 9.22

22. Konstruieren Sie geometrisch jeweils die Quadratwurzel!

a) $\sqrt{18}$ b) $\sqrt{50}$ c) $\sqrt{72}$ d) $\sqrt{1800}$

Zeichnen Sie jeweils ein rechtwinkliges Dreieck mit geeigneten Kathetenlängen.

23. Die Hypotenuse eines gleichschenklig-rechtwinkligen Dreiecks hat eine Länge von 8,0 cm. Berechnen Sie die Länge der Schenkel mit sinnvoller Genauigkeit!

24. Stellen Sie jeweils die Formel um:

a) $V = \pi \cdot r^2 \cdot h$ nach r, b) $s = \frac{1}{2} a t^2$ nach t, c) $T = 2\pi \sqrt{\frac{l}{g}}$ nach l, d) $P = \frac{U^2}{R}$ nach U.

25. Ein quadratischer Bauplatz ist 784 m² groß. Er soll mit einem Bauzaun umgeben werden. Für die Einfahrt bleiben 5 m frei. Wie viel m Zaun werden benötigt?

26. Konstruieren Sie mit Lineal und Zirkel $\sqrt{2}$ auf der Zahlengeraden! Bestimmen Sie außerdem zeichnerisch:
$-\sqrt{2}$, $1 + \sqrt{2}$, $1 - \sqrt{2}$, $\sqrt{2} - \frac{5}{2}$, $3 \cdot \sqrt{2}$.

27. Ordnen Sie die folgenden Zahlen der Größe nach! Beginnen Sie mit der kleinsten! Verzichten Sie dabei auf Ihren TR!
10,802; $\sqrt{120{,}9}$; 10,82; $\sqrt{100}$; $10\frac{1}{9}$; $10\frac{1}{11}$; 10,1; $10\frac{82}{97}$; 10,08; $\sqrt{99\frac{2}{3}}$; 10,8

9.4 Verfahren zum Lösen quadratischer Gleichungen

In 9.1 haben wir quadratische Funktionen ($f(x) = ax^2 + bx + c,\ a \neq 0$) betrachtet und dabei $\mathbb{Q}$ als Definitionsmenge zugrunde gelegt. Nachdem die Menge $\mathbb{R}$ eingeführt ist, nehmen wir nun $\mathbb{R}$ als Definitionsmenge.

Beispiele

In Abb. 9.23 sind die Graphen der folgenden Funktionen dargestellt:

1. $f_1\colon x \mapsto 2x^2 - 20x + 44 = 2(x-5)^2 - 6, \quad x \in \mathbb{R}$

2. $f_2\colon x \mapsto x^2 + 6x + 9 = (x+3)^2, \quad x \in \mathbb{R}$

3. $f_3\colon x \mapsto -x^2 - 2x - 4 = -(x+1)^2 - 3, \quad x \in \mathbb{R}$

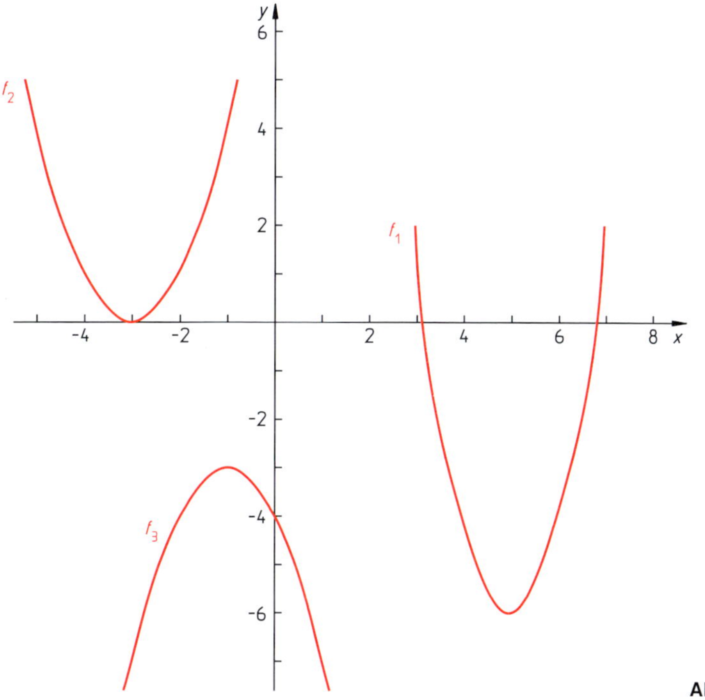

Abb. 9.23

1. Beispiel

Der Graph von f_1 schneidet die x-Achse ($y = 0$) genau zweimal. Die zugehörige Gleichung $2x^2 - 20x + 44 = 0$ besitzt also offensichtlich zwei Lösungen, wenn wir $\mathbb{R}$ als Grundmenge nehmen.

Wir berechnen die **Lösungen**:

$$\begin{aligned}
& 2x^2 - 20x + 44 = 0 \\
\Leftrightarrow\quad & x^2 - 10x + 22 = 0 && \text{(Division durch 2)} \\
\Leftrightarrow\quad & x^2 - 10x + 25 - 25 + 22 = 0 && \text{(quadratische Ergänzung)} \\
\Leftrightarrow\quad & (x-5)^2 - 3 = 0 \\
\Leftrightarrow\quad & (x-5)^2 = 3 && \text{oder so: } \Leftrightarrow (x - 5 - \sqrt{3})(x - 5 + \sqrt{3}) = 0 \text{ (3. bin. F.)} \\
\Leftrightarrow\quad & x - 5 = \sqrt{3} \lor x - 5 = -\sqrt{3} && \Leftrightarrow x - 5 - \sqrt{3} = 0 \lor x - 5 + \sqrt{3} = 0 \\
\Leftrightarrow\quad & x = 5 + \sqrt{3} \lor x = 5 - \sqrt{3} \\
\Leftrightarrow\quad & x = 6{,}7320508\ldots \lor x = 3{,}2679491\ldots \\
& L = \{5 - \sqrt{3};\ 5 + \sqrt{3}\} = \{3{,}2679491\ldots;\ 6{,}7320508\ldots\}
\end{aligned}$$

Je nach Bedarf werden wir in Zukunft die Elemente der Lösungsmenge mit Hilfe des Wurzelzeichens oder als Dezimalbrüche schreiben.

2. Beispiel

Der Graph von f_2 schneidet (berührt) die x-Achse ($y = 0$) genau einmal. Die zugehörige Gleichung

$x^2 + 6x + 9 = 0$

hat die Lösungsmenge $L = \{-3\}$.

3. Beispiel

Der Graph von f_3 schneidet die x-Achse ($y = 0$) nicht. Die zugehörige Gleichung

$-x^2 - 2x - 4 = 0$

ist in $\mathbb{R}$ nicht lösbar: $L = \emptyset$.

Die Beispiele zeigen (vgl. Abb. 9.23), dass bei einer quadratischen Gleichung

$ax^2 + bx + c = 0 \quad (a \neq 0)$

hinsichtlich der Lösungsmenge drei Fälle auftreten können: die Lösungsmenge ist leer, sie enthält genau ein Element, oder sie enthält genau zwei Elemente.

Die Lösungsformel

Statt $ax^2 + bx + c = 0$ zu lösen, können wir auch die dazu äquivalente Gleichung

$$x^2 + \frac{b}{a}x + \frac{c}{a} = 0$$

untersuchen (beachten Sie, dass $a \neq 0$ vorausgesetzt wird).

Statt $\frac{b}{a}$ setzen wir p, statt $\frac{c}{a}$ setzen wir q. Damit erhalten wir die so genannte **„Normalform" einer quadratischen Gleichung**:

$$\boxed{x^2 + px + q = 0}$$

Wir führen Äquivalenzumformungen durch:

$$x^2 + px + q = 0$$

$$\Leftrightarrow x^2 + px + \left(\frac{p}{2}\right)^2 - \left(\frac{p}{2}\right)^2 + q = 0 \quad \text{(quadratische Ergänzung)}$$

$$\Leftrightarrow \left(x + \frac{p}{2}\right)^2 - \left(\frac{p}{2}\right)^2 + q = 0$$

$$\Leftrightarrow \left(x + \frac{p}{2}\right)^2 = \left(\frac{p}{2}\right)^2 - q$$

$$\Leftrightarrow x + \frac{p}{2} = \sqrt{\left(\frac{p}{2}\right)^2 - q} \quad \vee \quad x + \frac{p}{2} = -\sqrt{\left(\frac{p}{2}\right)^2 - q}$$

$$\Leftrightarrow \boxed{x = -\frac{p}{2} + \sqrt{\left(\frac{p}{2}\right)^2 - q} \quad \vee \quad x = -\frac{p}{2} - \sqrt{\left(\frac{p}{2}\right)^2 - q}}$$

Merksatz

Die quadratische Gleichung

$x^2 + px + q = 0$

hat die „Lösungsformel"

$$x_{1,2} = -\frac{p}{2} \pm \sqrt{\left(\frac{p}{2}\right)^2 - q}.$$

Die quadratische Gleichung

$ax^2 + bx + c = 0 \quad (a \neq 0)$

hat die „Lösungsformel"

$$x_{1,2} = -\frac{b}{2a} \pm \sqrt{\left(\frac{b}{2a}\right)^2 - \frac{c}{a}}.$$

Beispiele

a) $x^2 - 5x - 14 = 0$

$x_{1,2} = \frac{5}{2} \pm \sqrt{\frac{25}{4} + 14}$

$x_{1,2} = 2{,}5 \pm \sqrt{20{,}25}$

$x_1 = 2{,}5 + 4{,}5 = 7$

$x_2 = 2{,}5 - 4{,}5 = -2$

$L = \{-2; 7\}$

b) $x^2 + \frac{9}{2}x + 2 = 0$

$x_{1,2} = -\frac{9}{4} \pm \sqrt{\frac{81}{16} - 2}$

$x_{1,2} = -\frac{9}{4} \pm \sqrt{\frac{49}{16}}$

$x_1 = -\frac{9}{4} + \frac{7}{4} = -\frac{1}{2}$

$x_2 = -\frac{9}{4} - \frac{7}{4} = -4$

$L = \left\{-4; -\frac{1}{2}\right\}$

Offensichtlich ist die Anzahl der Lösungen abhängig vom Term $\left(\frac{p}{2}\right)^2 - q$.

$\left(\frac{\boldsymbol{p}}{\mathbf{2}}\right)^{\mathbf{2}} - \boldsymbol{q}$ heißt auch die **„Diskriminante" der quadratischen Gleichung** $\boldsymbol{x^2 + p\,x + q = 0}$.

Wir bezeichnen die Diskriminante mit D, also $D = \left(\frac{p}{2}\right)^2 - q$. Die einzelnen möglichen Fälle sind in der folgenden Tabelle zusammengestellt:

$D = \left(\frac{p}{2}\right)^2 - q$	Lösungsmenge	Anzahl der Lösungen	geometrische Bedeutung
< 0	$L = \{\,\}$	0	Parabel schneidet die x-Achse nicht
$= 0$	$L = \left\{-\frac{p}{2}\right\}$	1	Parabel berührt die x-Achse in einem Punkt
> 0	$L = \left\{-\frac{p}{2} + \sqrt{\left(\frac{p}{2}\right)^2 - q};\ -\frac{p}{2} - \sqrt{\left(\frac{p}{2}\right)^2 - q}\right\}$	2	Parabel schneidet die x-Achse in zwei Punkten

Wir verwenden die Tabelle zur Kontrolle der bereits oben berechneten Lösungsmengen:

1. $2x^2 - 20x + 44 = 0 \Leftrightarrow x^2 - 10x + 22 = 0$

$p = -10,\ q = 22,\ D = \left(\frac{p}{2}\right)^2 - q = 25 - 22 = 3 > 0,$

also zwei Lösungen:

$x_1 = -\frac{p}{2} + \sqrt{D} = 5 + \sqrt{3},$

$x_2 = -\frac{p}{2} - \sqrt{D} = 5 - \sqrt{3}.$

2. $x^2 + 6x + 9 = 0$

$p = 6,\ q = 9,\ D = \left(\frac{p}{2}\right)^2 - q = 9 - 9 = 0,$

also eine Lösung:

$x = -\frac{p}{2} = -3.$

3. $-x^2 - 2x - 4 = 0 \Leftrightarrow x^2 + 2x + 4 = 0$

$$p = 2,\ q = 4,\ D = \left(\frac{p}{2}\right)^2 - q = 1 - 4 = -3 < 0,$$

also keine Lösung.

Mit Hilfe der letzten Tabelle sind wir also in der Lage, die Lösungsmenge einer quadratischen Gleichung schnell anzugeben.

Bevor wir uns mit einem weiteren Beispiel beschäftigen, leiten wir noch Beziehungen zwischen den beiden Lösungen x_1 und x_2 im Falle $D > 0$ her.

Es gilt:

$$x_1 + x_2 = -\frac{p}{2} + \sqrt{\left(\frac{p}{2}\right)^2 - q} - \frac{p}{2} - \sqrt{\left(\frac{p}{2}\right)^2 - q} = -p;$$

$$x_1 \cdot x_2 = \left(-\frac{p}{2} + \sqrt{\left(\frac{p}{2}\right)^2 - q}\right) \cdot \left(-\frac{p}{2} - \sqrt{\left(\frac{p}{2}\right)^2 - q}\right)$$

$$= \frac{p^2}{4} - \left(\left(\frac{p}{2}\right)^2 - q\right) = \frac{p^2}{4} - \frac{p^2}{4} + q = q$$

$x_1 + x_2 = -p$ $x_1 \cdot x_2 = q$

„Vieta'sche Wurzelsätze"

Die Vieta'schen Wurzelsätze eignen sich insbesondere dazu, die Lösungen einer quadratischen Gleichung schnell zu erraten bzw. die bereits errechneten Lösungen zu kontrollieren.

Beispiel

$x^2 - x - 12 = 0;\ p = -1,\ q = -12;$

also $x_1 + x_2 = 1;\ x_1 \cdot x_2 = -12;$ offensichtlich gilt:

$x_1 = 4,\ x_2 = -3$ (Produkt gleich -12, Summe gleich 1);

also $L = \{4; -3\}$.

Der Term $x^2 + px + q$ lässt sich mit Kenntnis der Lösungen als Produkt schreiben („faktorisieren"):

$x^2 + px + q = (x - x_1)(x - x_2)$, also $x^2 - x - 12 = (x - 4)(x + 3)$.

Um auf ein Problem bei der Benutzung der Lösungsformel hinzuweisen, diskutieren wir noch eine weitere quadratische Gleichung:

Beispiel

$x^2 - 1000{,}0224\,x + 2{,}400048 = 0$

Die Benutzung der Lösungsformel und die Berechnung mit einem 8-stelligen (abschneidenden) TR liefern die folgenden Lösungen:

$x_1 \boxed{=} 1000{,}0199$ und $x_2 \boxed{=} 0{,}00241$.

Man könnte glauben, dies seien die exakten Lösungen. Dies stimmt jedoch nicht. Die exakten Lösungen sind vielmehr

$x_1 = 1000{,}02$ und $x_2 = 0{,}0024$.

Es ergeben sich relative Fehler mit einem Betrag von 10^{-7} bzw. $4 \cdot 10^{-3}$. Insbesondere die zweite Lösung ist also relativ ungenau. Bei Verwendung der Lösungsformel können solche Fehler dann entstehen, wenn p dem Betrage nach wesentlich größer als q ist. Wir wollen deshalb noch ein weiteres Verfahren zum Lösen quadratischer Gleichungen kennen lernen, bei dem solche Fehler weitgehend vermieden werden.

Ein Iterationsverfahren

Wir erläutern das Verfahren zunächst an dem eben diskutierten **Beispiel**

$x^2 - 1000{,}0224\,x + 2{,}400048 = 0.$

Wir dividieren beide Seiten der Gleichung durch x ($x \neq 0$):

$$x - 1000{,}0224 + \frac{2{,}400048}{x} = 0$$

$$\Leftrightarrow\ x = 1000{,}0224 - \frac{2{,}400048}{x}$$

Die letzte Gleichung verwenden wir als sog. „Iterationsgleichung" („Iteration" gleichbedeutend mit „Wiederholung"; wir schreiben hier die Indizes in Klammern, um die Iterationsschritte von den Lösungen zu unterscheiden):

$$x_{(n+1)} = 1000{,}0224 - \frac{2{,}400048}{x_{(n)}},\quad n \in \mathbb{N}.$$

Als Startwert $x_{(0)}$ wählen wir $-p$, also 1000,0224.
Somit erhalten wir:

$$x_{(1)} = 1000{,}0224 - \frac{2{,}400048}{1000{,}0224}\ \boxed{=}\ 1000{,}02$$

$$x_{(2)} = 1000{,}0224 - \frac{2{,}400048}{1000{,}02}\ \boxed{=}\ 1000{,}02$$

Bei Verwendung dieser Iterationsgleichung erhalten wir also bereits im ersten Schritt die **genaue** erste Lösung 1000,02. Die zweite Lösung erhalten wir mit Hilfe eines Vieta'schen Wurzelsatzes, z. B.:

$x_1 + x_2 = -p$, also

$x_2 = -p - x_1 = 1000{,}0224 - 1000{,}02 = 0{,}0024,$

den exakten Wert.

Das Verfahren wollen wir noch an einem anderen **Beispiel** erproben:

$$x^2 - 24x + 4 = 0$$

$$\underset{(x\neq 0)}{\Leftrightarrow}\ x - 24 + \frac{4}{x} = 0$$

$$\Leftrightarrow\ x - 24 - \frac{4}{x},\quad x_{(n+1)} = 24 - \frac{4}{x_{(n)}}$$

Startwert: $x_{(0)} = 24$
$x_{(1)}\ \boxed{=}\ 23{,}833333$
$x_{(2)}\ \boxed{=}\ 23{,}832167$
$x_{(3)}\ \boxed{=}\ 23{,}832159$
$x_{(4)}\ \boxed{=}\ 23{,}832159$

Im Rahmen der TR-Genauigkeit haben wir 23,832159 als eine Lösung erhalten. Die zweite Lösung verschaffen wir uns durch

$$x_2 = \frac{q}{x_1} = \frac{4}{23{,}832159}\ \boxed{=}\ 0{,}1678404$$

Sowohl die Lösungsformel als auch das Iterationsverfahren können von Vorteil sein. Das letzte Verfahren empfiehlt sich nur, wenn D > 0 ist. In diesem Falle liefert es (gegebenenfalls nach vielen Schritten) die dem Betrage nach größte Lösung. Die zweite Lösung verschafft man sich dann durch Benutzung einer Formel von Vieta.

Aufgaben zu 9.4

1. Bestimmen Sie jeweils die Lösungsmenge durch Faktorisieren ($G = \mathbb{R}$)!

Beispiel: $x^2 + 7x = 0$
$\Leftrightarrow x(x+7) = 0 \Leftrightarrow x = 0 \vee x + 7 = 0 \Leftrightarrow x = 0 \vee x = -7; \quad L = \{-7; 0\}$

a) $x^2 + 12x = 0$ b) $x^2 - 3x = 0$ c) $9x^2 - 12x = 0$ d) $x^2 = -3{,}5x$
e) $-x^2 - 4x = 0$ f) $-x^2 + \sqrt{3}x = 0$ g) $6x^2 - 24x = 0$ h) $2x^2 - 9x = 0$
i) $3x^2 + x = x^2 - 2x$ j) $6x(x-2) = 5x^2 + 2x$ k) $6x(3-x) = 19x - 2x^2$ l) $\frac{1}{3}x^2 - \frac{3}{4}x = -\frac{2}{3}x^2 - \frac{1}{4}x$

2. Bestimmen Sie jeweils die Lösungsmenge mit Hilfe quadratischer Ergänzung ($G = \mathbb{R}$)!

a) $x^2 + 24x + 63 = 0$ b) $x^2 - x - 56 = 0$ c) $x^2 - 11x + 31 = 0$
d) $x^2 - x + 6 = 0$ e) $x^2 - 16x + 64 = 0$ f) $3x^2 - x - 24 = 0$
g) $2x^2 - 28x + 80 = 0$ h) $5x^2 - 20x + 15 = 0$ i) $4x^2 + 8x - 140 = 0$
j) $4x^2 + 12x - 112 = 0$ k) $36x^2 - 108x + 81 = 0$ l) $x^2 + 1{,}2x + 0{,}36 = 0$
m) $9x^2 + 9x = 4$ n) $3x^2 - 22x + 35 = 0$ o) $4x^2 + 15x = 4$
p) $6x^2 - 7x - 3 = 0$ q) $8x^2 = 1 - x$ r) $15x^2 - 51x + 36 = 0$

3. Berechnen Sie die Diskriminante und geben Sie an, wie viele Lösungen die Gleichung besitzt ($G = \mathbb{R}$)!

a) $x^2 + 6x - 7 = 0$ b) $x^2 + 9x - 52 = 0$ c) $x^2 - 8x + 7 = 0$
d) $x^2 - 12x + 11 = 0$ e) $x^2 + x - 2 = 0$ f) $5x^2 + 3x + 2 = 0$
g) $2x^2 - 8x + 8 = 0$ h) $4x^2 + 16x - 32 = 0$ i) $9x^2 + 3x - 20 = 0$

4. Berechnen Sie die Lösungsmenge mit Hilfe der Lösungsformel ($G = \mathbb{R}$)!

a) $x^2 - 2x - 3 = 0$ b) $x^2 - 10x + 25 = 0$ c) $x^2 + 4x - 6 = 0$
d) $x^2 - 4{,}4x + 1{,}6 = 0$ e) $x^2 + 0{,}6 = 2{,}65x$ f) $6x^2 + 90 = 47x$
g) $4x^2 + 9x = 90$ h) $5x^2 + 6x - 216 = 0$ i) $5x^2 - 52x + 63 = 0$
j) $6x^2 + 29{,}1x - 41{,}4 = 0$ k) $16x^2 - 13{,}6x = 19{,}2$ l) $\frac{1}{6}x^2 - 3\frac{11}{30}x + 15{,}4 = 0$
m) $4x^2 + \frac{1}{4} = 4x$ n) $x^2 + 2\frac{2}{3}x + 2\frac{1}{3} = 0$ o) $\frac{1}{4}x^2 - \frac{7}{2} = x$
p) $4x^2 - 16x = 5$ q) $30x^2 + x - 1 = 0$ r) $9x^2 + \frac{1}{4} = 3x$

5. Bringen Sie die folgenden Gleichungen auf die Form $x^2 + px + q = 0$ und verwenden Sie zur Bestimmung der Lösungsmenge ($G = \mathbb{R}$) die Lösungsformel!

a) $5 - (x-2)^2 = (x-3)^2 + 2x$ b) $(2x+3)^2 - 8x = (3x+2)(x+2) + 25$ c) $(x+2)^2 + (x+3)^2 = 5$
d) $(x+6)^2 - 336 = -(x-8)^2$ e) $(x+2)^2 - (2x-1)^2 = (3x+1)^2$ f) $(2x+1)^2 + (2x+5)^2 = (3x+4)^2$
g) $(\frac{1}{3}x + 3)^2 + (\frac{1}{4}x - 4)^2 = (\frac{5}{12}x - 5)^2$ h) $(3x+2)^2 = 16(3x-2)$ i) $(x+3)(8-x) = (x-8)(x-5)$
j) $(x-4)(x-3) + (x-5)(x-2) = 0$ k) $x : (x+4) = (x+1) : (2x+5)$ l) $(2x-5)^2 - 2(8x-12) - 17 = 0$

6. Bestimmen Sie die Lösungsmenge mit Hilfe der Lösungsformel ($G = \mathbb{R}$; a, b, $c \in \mathbb{R}$ Formvariable)! Machen Sie für die Formvariablen gegebenenfalls Fallunterscheidungen!

a) $x^2 - (a+b)x + ab = 0$ b) $x^2 - bx = 1 - b$ c) $x^2 - 26x - 1 = -b^2$
d) $x^2 + a^2 = b^2 + 2ax$ e) $x^2 + ax - bx = ab$ f) $abx^2 - 2abx + ab = 0$
g) $x^2 + ax + bx + ab = 0$ h) $x^2 + (a-2)x = 2a$ i) $x^2 + (a-2x)^2 = (a-3x)^2$
j) $x^2 - (a+b)x + 5ab = 2(a^2 + b^2)$ k) $(a+b-x)(c-x) = c^2 - x^2$ l) $(a+x)^2 + (b+x)^2 = a^2 + b^2$

7. Berechnen Sie die Lösungsmenge der Gleichung $ax^2 + bx + c = 0$ (a, b, c Formvariable; $a \neq 0$; $G = \mathbb{R}$)! Machen Sie Fallunterscheidungen!

8. Wählen Sie p so, dass die Gleichung $x^2 + px = 0$ in $\mathbb{R}$ die angegebene Lösungsmenge besitzt!

a) $\{0; 7\}$ b) $\{0; -7\}$ c) $\{0; \sqrt{3}\}$ d) $\{0; -\sqrt{3}\}$ e) $\{0; -1{,}5\}$ f) $\{0\}$

9. Wählen Sie q so, dass die Gleichung $x^2 + q = 0$ in $\mathbb{R}$ die angegebene Lösungsmenge besitzt!

a) $\{3; -3\}$ b) $\{1{,}7; -1{,}7\}$ c) $\{\pi; -\pi\}$ d) $\{\,\}$ e) $\{0\}$ f) $\{\frac{2}{7}; -\frac{2}{7}\}$

10. Bestimmen Sie jeweils die Lösungsmenge mit Hilfe der Vieta'schen Wurzelsätze (möglichst ohne schriftliche Rechnung)!

a) $x^2 - 3x + 2 = 0$ b) $x^2 - 4x + 3 = 0$ c) $x^2 + x - 6 = 0$
d) $x^2 - x - 6 = 0$ e) $x^2 - 12x + 32 = 0$ f) $x^2 + 12x + 20 = 0$

11. Geben Sie jeweils eine Gleichung an, die die vorgegebene Lösungsmenge besitzt!

Beispiel: $L = \{5; 7\}$; $x_1 + x_2 = 5 + 7 = 12$, $p = -12$;
$x_1 \cdot x_2 = 5 \cdot 7 = 35$, $q = 35$
Gleichung: $x^2 - 12x + 35 = 0$

a) $L = \{3; -4\}$ b) $L = \{0{,}5; -7{,}5\}$ c) $L = \{\sqrt{3}; 2 + \sqrt{3}\}$ d) $L = \{0; 12\}$ e) $L = \{-3; -4\}$ f) $L = \{-100; 0{,}01\}$

12. Wählen Sie in der Gleichung $x^2 + px + 10 = 0$ p so, dass

a) L zwei Elemente besitzt, b) L genau ein Element enthält, c) $L = \emptyset$, d) $2 \in L$.

13. Wählen Sie in der Gleichung $x^2 + 4x + q = 0$ q so, dass

a) L zwei Elemente besitzt, b) L genau ein Element enthält, c) $L = \emptyset$, d) $-6 \in L$.

14. Geben Sie jeweils den Term als Produkt von Linearfaktoren an!

Beispiel: $x^2 + x - 56$
Betrachte $x^2 + x - 56 = 0$; $L = \{-8; 7\}$;
also $x^2 + x - 56 = (x + 8)(x - 7)$.

a) $x^2 + 6x - 7$ b) $x^2 + 12x + 27$ c) $x^2 + 9{,}5x - 5$
d) $x^2 + (\sqrt{3} + \sqrt{2})x + \sqrt{6}$ e) $x^2 - 17{,}2x + 72$ f) $x^2 + 1000{,}08x + 80$

15. Bestimmen Sie jeweils p bzw. q und das zweite Lösungselement!

a) $x^2 + 23x + q = 0$, $L = \{7; x_2\}$ b) $x^2 + px + 5 = 0$, $L = \{1; x_2\}$
c) $x^2 + px + 88 = 0$, $L = \{-11; x_2\}$ d) $x^2 + (\sqrt{2} - 3)x + q = 0$, $L = \{3; x_2\}$

16. Wenden Sie das im Lehrtext beschriebene Iterationsverfahren zur Bestimmung der Lösungsmenge an!

Beispiel: $x^2 - 48{,}3x - 85 = 0 \iff x = 48{,}3 + \frac{85}{x}$

Anwendung der Iterationsformel

$$x_{(n+1)} = 48{,}3 + \frac{85}{x_{(n)}}$$

mit dem Startwert $x_{(0)} = 48{,}3$ führt zur Lösung 50,000000. Die zweite Lösung $(-1{,}7)$ erhält man durch Anwendung eines Vieta'schen Wurzelsatzes.
$L = \{50; -1{,}7\}$

a) $x^2 + 17{,}6x - 4{,}9 = 0$ b) $x^2 - 89{,}06x - 4{,}77 = 0$ c) $x^2 - 6x + 4 = 0$
d) $x^2 - 1{,}27x + 0{,}04 = 0$ e) $3x^2 - 7x - 16 = 0$ f) $x^2 - 32{,}5 = 9x$

17. Bestimmen Sie für die folgenden Gleichungen jeweils die Lösungsmenge ($G = \mathbb{R}$) nach einem von Ihnen gewählten Verfahren!

a) $x^2 + x = 6$ b) $x^2 - 6x + 4 = 0$ c) $x^2 - 2x + 5 = 0$ d) $x^2 + x = 5$
e) $x^2 - 4x = 5$ f) $x^2 - 4x = -5$ g) $x^2 + 5x + 6 = 0$ h) $(x - 5)(x - 1) = 0$
i) $x^2 - 3{,}5x - 2 = 0$ j) $x + \frac{8}{x} = 6$ k) $x^2 - \frac{1}{3}x + 2 = 0$ l) $x^2 - x = 2$
m) $x^2 + 0{,}5x - 5 = 0$ n) $x^2 - 4x - 3 = 0$ o) $x^2 + 2{,}4x - 0{,}3024 = 0$ p) $x^2 + 2x + \frac{3}{4} = 0$
q) $x^2 + 2\frac{2}{3}x = 1$ r) $3x^2 + 4x = 0$ s) $6x^2 - 2x - 2{,}5 = 0$ t) $5x^2 + 17x = 40$
u) $\frac{1}{6}x^2 - \frac{1}{3}x + 2 = 0$ v) $4x^2 - 12x + 9 = 0$ w) $3x^2 + 15x + 18 = 0$ x) $6x^2 + 6x - 120 = 0$

18. Bestimmen Sie für die folgenden Gleichungen jeweils die Lösungsmenge ($G = \mathbb{R}$) nach einem von Ihnen gewählten Verfahren (bzw. mit einem GTR oder einem Computeralgebrasystem)!

a) $4x^2 - 7x - 15 = 0$ b) $15x^2 + x - 6 = 0$ c) $6x^2 - 25{,}5x + 26{,}25 = 0$ d) $63x^2 + 10x - 8 = 0$
e) $12x^2 - 25x - 7 = 0$ f) $25x^2 + 10x - 4 = 0$ g) $180x^2 - 233x + 75 = 0$ h) $15x^2 - 23x - 22 = 0$
i) $3x^2 - 10x - 25 = 0$ j) $42x^2 + 23x - 5 = 0$ k) $-27x^2 + 30x + 77 = 0$ l) $65x^2 - 34x = 24$
m) $21x^2 - 71x = 22$ n) $2x^2 + 3{,}5x - 1 = 0$ o) $3\frac{3}{7}x^2 - 28x + 56 = 0$ p) $x^2 - 7{,}9x + 5{,}4 = 0$
q) $\frac{1}{2}x^2 + 2x + 2 = 0$ r) $-8x^2 + 2x + 15 = 0$ s) $-91x^2 + 2x + 45 = 0$ t) $3x^2 + 2x - 8 = 0$

19. In welchen Punkten schneiden sich die Parabel und die Gerade?

Beispiel: Parabel: $y = -x^2 + 4x + 1$

Gerade: $y = x + 1$

$-x^2 + 4x + 1 = x + 1$ (Gleichsetzen der Funktionsterme)

$\Leftrightarrow x^2 - 3x = 0$

$\Leftrightarrow x(x - 3) = 0$

$\Leftrightarrow x = 0 \lor x = 3$ Schnittpunkte: $(0 \mid 1)$, $(3 \mid 4)$

a) $y = x^2 + 6x + 5$, $y = -2x - 1$

b) $y = \frac{1}{2}x^2 - 3x + \frac{1}{2}$, $y = 3x - 2$

c) $y = 5x^2 - 7x + 8$, $y = -3x + 10$

d) $y = (x - 1)^2 - 2$, $y = -2x - 1$

e) $y = x^2 - 6x + 10$, $y = -5x - 3$

f) $y = x^2 - 7x + 11$, $y = -\frac{1}{2}x - 5$

20. Bei der Härteprüfung eines Werkstoffes nach Brinell hinterlässt eine Stahlkugel mit einem Durchmesser von 12 mm im Werkstoff einen Eindruckkreis mit einem Durchmesser von 9 mm.
Bestimmen Sie die Eindringtiefe t!

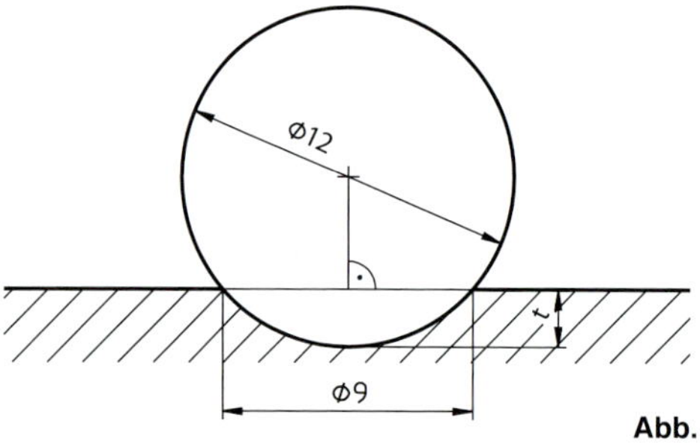

Abb. 9.24

21. Aus einem (zylinderförmigen) Rundholz mit dem Durchmesser 21 cm soll ein Balken mit dem größtmöglichen quadratischen Querschnitt hergestellt werden. Bestimmen Sie die Kantenlänge dieses Balkens!

22. Von einem Zylinder sind die Höhe h und der Flächeninhalt A der Oberfläche bekannt: $h = 20$ cm, $A = 434$ cm^2. Wie groß ist der Radius der Grundfläche?

23. Der Nenner eines Bruches ist um 3 größer als der Zähler. Vermehrt man den Zähler um 6 und den Nenner um 5, so entsteht ein Bruch, der eine doppelt so große Zahl darstellt wie der ursprüngliche Bruch. Wie heißt der Bruch?

24. Zwei parallele Sehnen in einem Halbkreis haben die Längen 9 cm und 6 cm. Der Abstand der längeren Sehne vom Mittelpunkt beträgt 2,5 cm. Welchen Abstand haben die Sehnen voneinander?

25. Berechnen Sie jeweils die Lösungsmenge ($G = \mathbb{R}$)!

Beispiel: $x^4 - 26x^2 + 25 = 0$; setze $x^2 = z$:

$z^2 - 26z + 25 = 0$

$\Leftrightarrow z = 13 + \sqrt{169 - 25} \lor z = 13 - \sqrt{144}$

$\Leftrightarrow z = 25 \lor z = 1$

$\Leftrightarrow x^2 = 25 \lor x^2 = 1$

$\Leftrightarrow (x = 5 \lor x = -5) \lor (x = 1 \lor x = -1)$

$L = \{-5; -1; 1; 5\}$

a) $x^4 - 50x^2 + 49 = 0$

b) $x^4 - 17x^2 + 16 = 0$

c) $12x^4 - 13x^2 + 3 = 0$

d) $3x^2 - 6x + 4 = 0$

e) $x^2(x^2 - 6) = -8$

f) $(x^2 - 15)^2 + (x^2 - 10)^2 = 37$

g) $(x^2 - 2)(x^2 - 32) = -14x^2$

h) $x^6 + 9x^3 + 8 = 0$

i) $x^6 - 65x^3 + 64 = 0$

j) $27x^{-6} - 6x^{-3} = 8$

26. Berechnen Sie jeweils die Lösungsmenge ($G = \mathbb{R}$)! Vergessen Sie nicht die Bestimmung der Definitionsmenge!

a) $2x + \frac{3}{x} = \frac{5}{2}$

b) $\frac{1}{2x} - x = \frac{1}{2}$

c) $60 - 3x = \frac{57}{x}$

d) $\frac{1}{x} - \frac{1}{4} = x - 4$

e) $\frac{x}{3} + \frac{x - 5}{3 - x} = 1$

f) $\frac{x}{3} + \frac{3}{x} = 2$

g) $\frac{2x - 3}{x + 1} = \frac{5x}{3x + 4}$

h) $\frac{20}{x} - \frac{16}{x + 1} = \frac{4}{x - 2}$

i) $\frac{12}{x - 3} + 3x = 9$

j) $\frac{x}{2x - 3} - \frac{3}{4x - 6} - \frac{1}{2x} = 0$

k) $\frac{25}{1 + \frac{12}{x}} = x + 2$

l) $\frac{5}{\frac{16}{x} - 1} = x - 3$

27. Berechnen Sie jeweils die Lösungsmenge ($G = \mathbb{R}$; x Lösungsvariable; andere Buchstaben Formvariable)!

a) $\frac{2x+5}{x+1} - \frac{4x+3}{x-2} = 7$

b) $\frac{5(x+1)}{x+2} = 1 + \frac{3x+3}{x-2}$

c) $\frac{5x-3}{8} + \frac{2x+4{,}5}{x+2} = \frac{2x+3}{4}$

d) $\frac{x}{4} - \frac{x^2-17}{4x+8} = 4 - \frac{x-3}{8-4x}$

e) $\frac{x+4}{2} - \frac{2x+5}{5} - \frac{8{,}4}{x} = x - 3$

f) $\frac{x+2}{x} + \frac{x-1}{x-2} = \frac{x^2-2}{x(x-2)}$

g) $\frac{2x-3}{x-1} + \frac{7}{3x-2} = \frac{2x+4}{x+1}$

h) $\frac{2x-1}{x-1} - \frac{x-3}{3(x-1)} = \frac{x}{x+1}$

i) $\frac{1}{x+1} + \frac{1}{x+8} = \frac{1}{x+4} + \frac{1}{x+6}$

j) $u^2 v x + \frac{u^2}{x} = u^3 + uv$

k) $\frac{1}{x-1} + \frac{1}{x+1} = \frac{4}{x}$

l) $u\left(\frac{1}{v}x + w\right) = t\left(\frac{1}{v} + \frac{w}{x}\right)$

m) $p\left(\frac{t}{x} - \frac{1}{r}\right) - q\left(t - \frac{x}{r}\right) = 0$

n) $\frac{(u-x)^2}{u^2+v^2} + \frac{(x-v)^2}{u^2-v^2} = \frac{(u-x)^2}{u^2-v^2} - \frac{(x-v)^2}{u^2+v^2}$

28. Berechnen Sie jeweils die Lösungsmenge ($G = \mathbb{R} \times \mathbb{R}$)!

Beispiel:

$$\left[\begin{array}{rl} & x^2 + y^2 = 365 \\ \wedge & -x^2 + y^2 = 27 \end{array}\right] \Leftrightarrow \left[\begin{array}{rl} & x^2 + y^2 = 365 \\ \wedge & 2y^2 = 392 \end{array}\right] \Leftrightarrow \left[\begin{array}{rl} & x^2 + y^2 = 365 \\ \wedge & y^2 = 196 \end{array}\right]$$

$$\Leftrightarrow \left[\begin{array}{rl} & x^2 + 196 = 365 \\ \wedge & y^2 = 196 \end{array}\right] \Leftrightarrow \left[\begin{array}{rl} & x^2 = 169 \\ \wedge & y^2 = 196 \end{array}\right] \Leftrightarrow \left[\begin{array}{rl} & (x = 13 \vee x = -13) \\ \wedge & (y = 14 \vee y = -14) \end{array}\right]$$

$L = \{(13|14);\ (13|-14);\ (-13|14);\ (-13|-14)\}$

a) $\left[\begin{array}{rl} & 3x^2 - 2y^2 = 163 \\ \wedge & 2x^2 - 3y^2 = -318 \end{array}\right]$

b) $\left[\begin{array}{rl} & x^2 + y^2 = 549 \\ \wedge & 4x^2 - 2y^2 = 252 \end{array}\right]$

c) $\left[\begin{array}{rl} & 3x^2 - 4y^2 = 299 \\ \wedge & \frac{1}{3}x^2 - \frac{1}{2}y^2 = 19 \end{array}\right]$

d) $\left[\begin{array}{rl} & 14 \cdot x = 16y \\ \wedge & x \cdot y = 56 \end{array}\right]$

e) $\left[\begin{array}{rl} & 12\frac{1}{2}x = 14y \\ \wedge & x \cdot y = 700 \end{array}\right]$

f) $\left[\begin{array}{rl} & 7x - 23y = 0 \\ \wedge & 4xy = 2576 \end{array}\right]$

g) $\left[\begin{array}{rl} & x^2 + y^2 = 80 \\ \wedge & 2 \cdot y = x \end{array}\right]$

h) $\left[\begin{array}{rl} & x + y = 54 \\ \wedge & xy = 713 \end{array}\right]$

i) $\left[\begin{array}{rl} & x + y = -9 \\ \wedge & xy = -2632 \end{array}\right]$

j) $\left[\begin{array}{rl} & 3x + 9y = 72 \\ \wedge & 5xy = 105 \end{array}\right]$

k) $\left[\begin{array}{rl} & x - y = -24 \\ \wedge & xy = -63 \end{array}\right]$

l) $\left[\begin{array}{rl} & x^2 + y^2 = 145 \\ \wedge & x + y = 17 \end{array}\right]$

m) $\left[\begin{array}{rl} & x^2 - y^2 = 287 \\ \wedge & x - y = 7 \end{array}\right]$

n) $\left[\begin{array}{rl} & 25x^2 - 16y^2 = 84 \\ \wedge & 5x - 4y = 6 \end{array}\right]$

o) $\left[\begin{array}{rl} & 2x^2 - xy = 108 \\ \wedge & 540 - 7xy = -5x^2 \end{array}\right]$

p) $\left[\begin{array}{rl} & x^2 + xy = 40 \\ \wedge & xy + 6x^2 = 165 \end{array}\right]$

q) $\left[\begin{array}{rl} & 8x^2 + y = 3xy \\ \wedge & 3x - y = 0 \end{array}\right]$

r) $\left[\begin{array}{rl} & (x+y)(x-3y) = 5 \\ \wedge & x - y = 3 \end{array}\right]$

s) $\left[\begin{array}{rl} & x^2 + 4xy - y^2 = 22(x-y) \\ \wedge & 3x - y = 10 \end{array}\right]$

t) $\left[\begin{array}{rl} & 7x^2 - 6xy = -5 \\ \wedge & 3 \cdot xy - 45 = x^2 + 20 \end{array}\right]$

29. Berechnen Sie jeweils die Lösungsmenge ($G = \mathbb{R} \times \mathbb{R}$)!

a) $\left[\begin{array}{rl} & x^2 - 3xy + y^2 = -17 \\ \wedge & x - y = 3 \end{array}\right]$

b) $\left[\begin{array}{rl} & 6(x^2 + y^2) = 27(x^2 - y^2) \\ \wedge & x^2 y = 25 \end{array}\right]$

c) $\left[\begin{array}{rl} & (x-y):(x+y) = 5:3 \\ \wedge & x^2 - y^2 = 115 \end{array}\right]$

d) $\left[\begin{array}{rl} & (x-y)^2:(x+y)^2 = 2:3 \\ \wedge & xy = 69 \end{array}\right]$

e) $\left[\begin{array}{rl} & 9x^2 - 16y^2 = 0 \\ \wedge & 9x^2 + y^2 = 6(x+y) \end{array}\right]$

f) $\left[\begin{array}{rl} & x:y = 16:9 \\ \wedge & xy = 169 \end{array}\right]$

g) $\left[\begin{array}{rl} & \frac{12}{x-3} + \frac{6}{y+1} = 5 \\ \wedge & \frac{4}{x+1} = \frac{2}{y} \end{array}\right]$

h) $\left[\begin{array}{rl} & 2x^2 = 2u - 2y^2 \\ \wedge & 2x \cdot \frac{1}{3}y = \frac{2}{3}v \end{array}\right]$

i) $\left[\begin{array}{rl} & x - y = u \\ \wedge & x^2 - y^2 = v \end{array}\right]$

j) $\left[\begin{array}{rl} & x^2 : u^2 = y^2 : v^2 \\ \wedge & -x + y = v - u \end{array}\right]$

k) $\left[\begin{array}{rl} & x^2 - y^2 = x : u \\ \wedge & x^2 - y^2 = y : v \end{array}\right]$

l) $\left[\begin{array}{rl} & \frac{4}{x-3} + \frac{3}{y+1} = 4 \\ \wedge & \frac{2}{x} - \frac{5}{y} = 1 \end{array}\right]$

m) $\left[\begin{array}{rl} & \frac{5}{x} + \frac{4}{y} = 4 \\ \wedge & \frac{7}{x-1} = \frac{3}{y+1} \end{array}\right]$

Anwendungen

30. In einen Schraubenkopf von 8 mm Durchmesser wird eine rechteckige Einfräsung von 12 mm² Querschnitt vorgenommen. Welche Abmessungen erhält die Einkerbung?

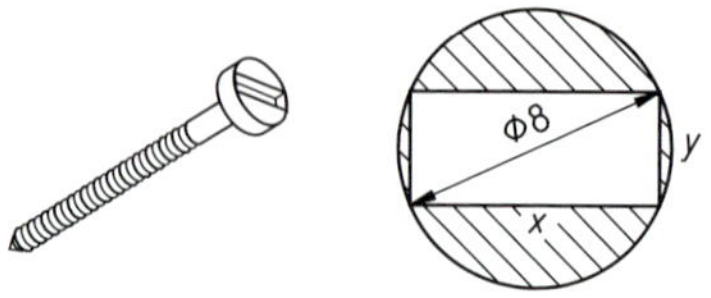

Abb. 9.25

31. Aus einem Rundstamm mit kleinstem Durchmesser 21 cm soll ein Sparren mit 1,5 mal so großer Breite wie Höhe ausgeschnitten werden. Welche Höhe muss der Sparren haben?

32. Die Summe der Quadrate zweier Zahlen ist 225, die Differenz ihrer Quadrate ist 63. Geben Sie alle in Frage kommenden Zahlenpaare an! Welche Höhe muss der Sparren haben?

33. Zerlegen Sie die Zahl 80 additiv so, dass die Summe ihrer Quadrate 3250 beträgt!

34. Teilen Sie eine Strecke der Länge 18 cm (*a* cm) so, dass sich der kürzere Abschnitt zum längeren wie dieser zur Länge der Gesamtstrecke verhält („Goldener Schnitt“)!
Lösen Sie die Aufgabe rechnerisch!

35. Wie groß sind die Widerstände zweier Drähte, wenn sie hintereinandergeschaltet 6 Ω, parallel geschaltet 1,5 Ω Gesamtwiderstand haben?

36. Der Fußboden zweier quadratischer Räume soll mit Schiffsboden verlegt werden. Man benötigt 80 m² Parkett. Welche Längen haben die Räume, wenn der eine 2 m kürzer als der andere ist?

9.5 Komplexe Zahlen

In 9.4 haben wir festgestellt, dass eine quadratische Gleichung in $\mathbb{R}$ nicht lösbar ist, wenn die zugehörige Diskriminante negativ ist. Dies liegt darin begründet, dass das Quadrat einer reellen Zahl nicht negativ sein kann. Ähnlich wie im Falle der Gleichung $x^2 = 2$, die in $\mathbb{Q}$ nicht lösbar ist und uns Anlass gab, neue (die reellen) Zahlen einzuführen, kennen wir mittlerweile quadratische Gleichungen (wie z.B. $-x^2 - 2x - 4 = 0$, vgl. Abb. 9.23), die in $\mathbb{R}$ nicht lösbar sind. Können wir nun $\mathbb{R}$ seinerseits so erweitern, dass in der neuen Zahlenmenge solche Gleichungen lösbar sind?

Mit Hilfe der Lösungsformel schreiben wir die möglichen Lösungen der Gleichung $x^2 + 2x + 4 = 0$ auf: $p = 2$; $q = 4$; $\left(\frac{p}{2}\right)^2 - q = 1 - 4 = -3$; also

$x = -1 + \sqrt{-3} \vee x = -1 - \sqrt{-3}$.

$\sqrt{-3}$ ist noch nicht definiert. Entsprechend der bisherigen Bedeutung der Quadratwurzel (aus einer positiven reellen Zahl) müsste gelten:

$\sqrt{-3} \cdot \sqrt{-3} = -3$.

Wir führen ein neues Symbol ein:

$\sqrt{-1} = \mathrm{i}$

(in der Elektrotechnik benutzt man statt i den Buchstaben j; in der Mathematik ist es jedoch üblich, i zu verwenden).

Für das neue Symbol muss also gelten:

$\mathrm{i}^2 = \mathrm{i} \cdot \mathrm{i} = \sqrt{-1} \cdot \sqrt{-1} = -1$, also

$\boxed{\mathrm{i}^2 = -1}$.

i heißt auch die **„imaginäre Einheit“**.

Mit diesem Symbol können wir die Lösungen der Gleichung $x^2 + 2x + 4 = 0$ wie folgt schreiben:
$x = -1 + \sqrt{3}\,i \vee x = -1 - \sqrt{3}\,i$,

denn es gilt (wenn wir die Gültigkeit des 2. Potenzgesetzes auch für die „neuen“ Zahlen fordern):

$(\sqrt{3}\,i)^2 = (\sqrt{3})^2 \cdot i^2 = 3 \cdot (-1) = -3$, also ist $\sqrt{3}\,i = \sqrt{-3}$.

Die Zahlen $-1 + \sqrt{3}\,i$ und $-1 - \sqrt{3}\,i$ heißen **„komplexe Zahlen“**. -1 heißt der **„Realteil“** von $-1 + \sqrt{3}\,i$, und $\sqrt{3}$ heißt der **„Imaginärteil“** von $-1 + \sqrt{3}\,i$. Wir schreiben:

$\mathrm{Re}\,(-1 + \sqrt{3}\,i) = -1$ (gelesen: „Realteil von ...“)

$\mathrm{Im}\,(-1 + \sqrt{3}\,i) = \sqrt{3}$ (gelesen: „Imaginärteil von ...“)

Allgemein können wir eine komplexe Zahl z wie folgt schreiben: $z = x + i\,y$ mit $x, y \in \mathbb{R}$. Um die komplexen Zahlen darzustellen, führen wir ein Koordinatensystem in der folgenden Weise ein:

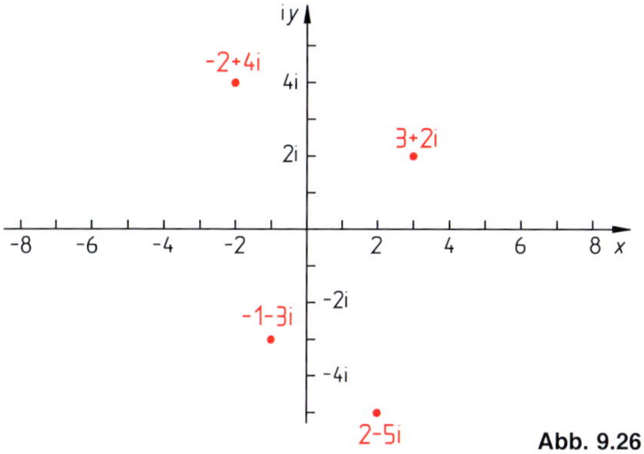

Abb. 9.26

Auf der ersten Achse (der „reellen Achse“) tragen wir die Realteile ab, auf der zweiten Achse (der „imaginären Achse“) entsprechend die Imaginärteile (vgl. Abb. 9.26).

Die so entstehende Ebene nennt man auch die **„Gauß'sche Zahlenebene“**. In Abb. 9.26 sind die komplexen Zahlen $3 + 2\,i$, $-2 + 4\,i$, $-1 - 3\,i$ und $2 - 5\,i$ als Punkte in der Gauß'schen Zahlenebene dargestellt.

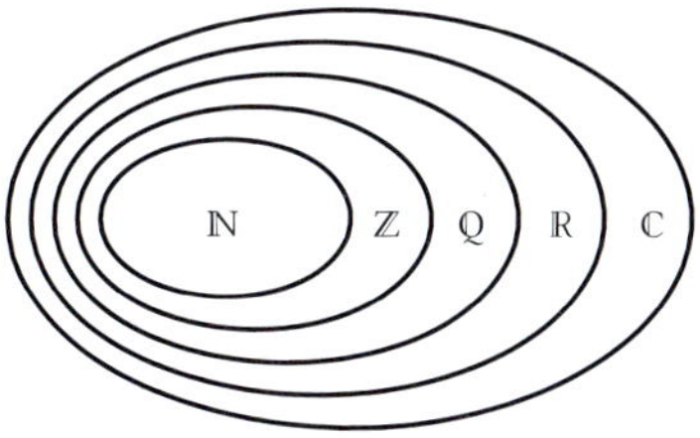

Abb. 9.27

Jeder komplexen Zahl ist in der Gauß'schen Zahlenebene genau ein Punkt zugeordnet, und umgekehrt ist jedem Punkt genau eine komplexe Zahl zugeordnet. Die Menge der komplexen Zahlen bezeichnet man mit $\mathbb{C}$. Die Menge der reellen Zahlen kann als eine Teilmenge von $\mathbb{C}$ betrachtet werden. Die reellen Zahlen sind dann diejenigen komplexen Zahlen, deren Imaginärteil gleich 0 ist; sie liegen in der Gauß'schen Zahlenebene auf der ersten Achse. Auf der zweiten Achse liegen die „rein-imaginären“ Zahlen, das sind diejenigen komplexen Zahlen, deren Realteile gleich 0 sind. Eine komplexe Zahl, für die weder der Real- noch der Imaginärteil gleich 0 sind, liegt in einem der vier Quadranten.

Wir haben also die Menge der reellen Zahlen zur Menge der komplexen Zahlen erweitert. Es gilt $\mathbb{N} \subseteq \mathbb{Z} \subseteq \mathbb{Q} \subseteq \mathbb{R} \subseteq \mathbb{C}$.

Unter Beachtung von $i^2 = -1$ können wir mit den komplexen Zahlen im Wesentlichen genauso rechnen wie mit den reellen Zahlen (beachten Sie jedoch Aufgabe 10 zu 9.5). Es gelten die gleichen Gesetze für die vier Grundrechenarten.

Wir führen die vier Grundrechenarten allgemein und an **Beispielen** durch:

1. Addition

$z_1 + z_2 = (x_1 + i\,y_1) + (x_2 + i\,y_2) = x_1 + x_2 + i\,(y_1 + y_2)$

Merksatz

Zwei komplexe Zahlen werden **addiert**, indem man jeweils ihre Realteile und ihre Imaginärteile addiert.

Beispiel $(5 - 2\,i) + (3 + 4\,i) = 8 + 2\,i$

Die Addition komplexer Zahlen lässt sich in der Gauß'schen Zahlenebene gut veranschaulichen, wenn wir die komplexen Zahlen als Pfeile (Vektoren) deuten. Die komplexe Zahl $5 - 2\,i$ z. B. wird durch den Pfeil dargestellt, der den Nullpunkt mit dem Punkt verbindet, der in der Gauß'schen Zahlenebene die komplexe Zahl $5 - 2\,i$ darstellt (vgl. Abb. 9.28). Den zur Summe $(5 - 2\,i) + (3 + 4\,i)$ gehörigen Pfeil erhält man, indem man den Anfang des zu $3 + 4\,i$ gehörigen Pfeiles an die Spitze des zu $5 - 2\,i$ gehörigen Pfeiles ansetzt (Vektoraddition).

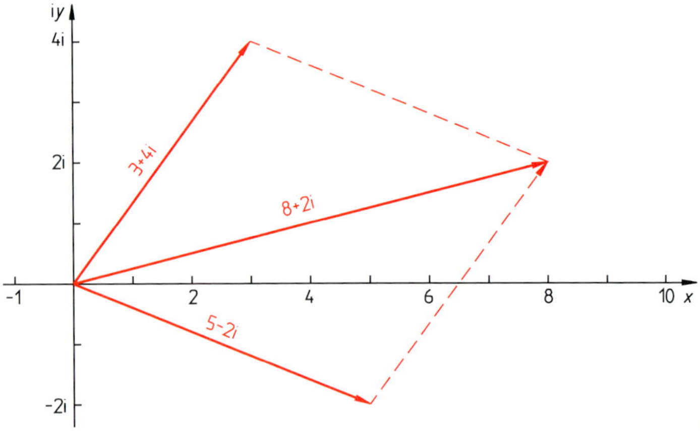

Abb. 9.28

2. Subtraktion

$$z_1 - z_2 = (x_1 + i\,y_1) - (x_2 + i\,y_2) = x_1 - x_2 + i\,(y_1 - y_2)$$

Merksatz

Zwei komplexe Zahlen werden **subtrahiert**, indem man jeweils ihre Realteile und ihre Imaginärteile subtrahiert.

Beispiel

$(-3 + 2\,i) - (5 + 4\,i) = -8 - 2\,i$

Veranschaulichung siehe Abb. 9.29!

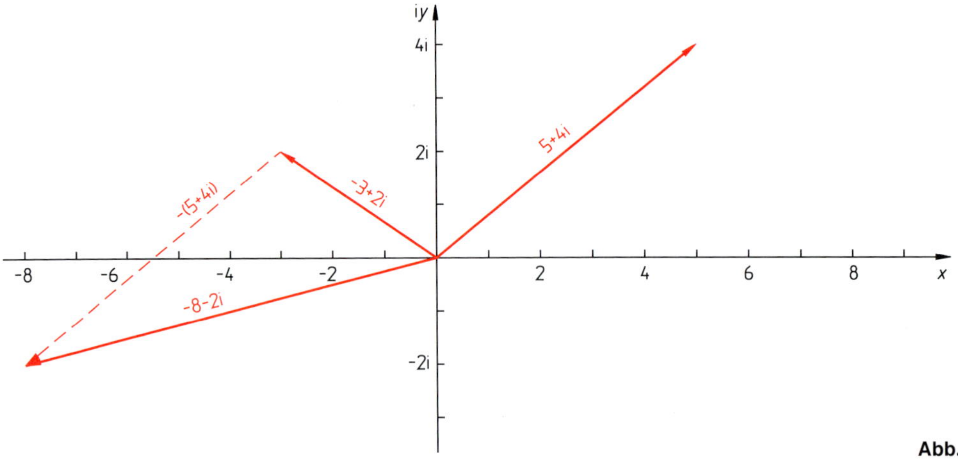

Abb. 9.29

3. Multiplikation

$$\begin{aligned} z_1 \cdot z_2 &= (x_1 + \mathrm{i}\, y_1) \cdot (x_2 + \mathrm{i}\, y_2) \\ &= x_1 x_2 + \mathrm{i}\, x_1 y_2 + \mathrm{i}\, y_1 x_2 + \mathrm{i}^2 y_1 y_2 \\ &= x_1 x_2 + \mathrm{i}\,(x_1 y_2 + x_2 y_1) - y_1 y_2 \\ &= \underbrace{(x_1 x_2 - y_1 y_2)}_{\mathrm{Re}\,(z_1 \cdot z_2)} + \mathrm{i}\,\underbrace{(x_1 y_2 + x_2 y_1)}_{\mathrm{Im}\,(z_1 \cdot z_2)} \end{aligned}$$

Beispiel

$$\begin{aligned} (-3 + 4\,\mathrm{i}) \cdot (2 - 5\,\mathrm{i}) &= -6 - 20\,\mathrm{i}^2 + 15\,\mathrm{i} + 8\,\mathrm{i} = -6 + 20 + 23\,\mathrm{i} \\ &= 14 + 23\,\mathrm{i} \end{aligned}$$

4. Division

Bevor wir zwei komplexe Zahlen dividieren, führen wir noch einen neuen Begriff ein:

$\bar{z} = x - \mathrm{i}\, y$ (gelesen: „z quer …“) heißt die zu $z = x + \mathrm{i}\, y$
„konjugiert komplexe Zahl“.

Zwei zueinander konjugiert komplexe Zahlen haben also denselben Realteil, sie unterscheiden sich nur im Vorzeichen des Imaginärteils. In der Gauß'schen Zahlenebene bedeutet dies, dass eine komplexe Zahl und ihre konjugiert komplexe Zahl spiegelbildich zur reellen Achse liegen (vgl. Abb. 9.30).

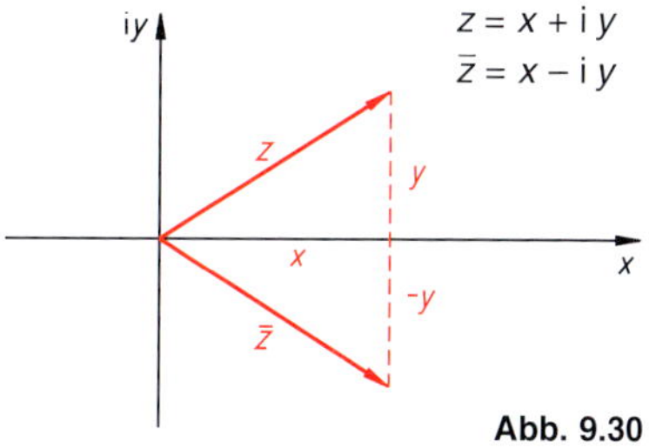

Abb. 9.30

Wir multiplizieren z mit $\bar{z}$ und erhalten:

$z \cdot \bar{z} = (x + \mathrm{i}\, y)\,(x - \mathrm{i}\, y) = x^2 - \mathrm{i}^2 y^2 = x^2 + y^2.$

Das Produkt von z und $\bar{z}$ ist also eine (nichtnegative) reelle Zahl.

Diese Tatsache nutzen wir aus, wenn wir den Quotienten $\frac{z_1}{z_2}$ zweier komplexen Zahlen in der Gestalt $x + \mathrm{i}\, y$ schreiben wollen:

$$\begin{aligned} \frac{z_1}{z_2} &= \frac{z_1 \cdot \bar{z}_2}{z_2 \cdot \bar{z}_2} = \frac{(x_1 + \mathrm{i}\, y_1)(x_2 - \mathrm{i}\, y_2)}{x_2^2 + y_2^2} = \frac{x_1 x_2 - \mathrm{i}^2 y_1 y_2 + \mathrm{i}\,(y_1 x_2 - x_1 y_2)}{x_2^2 + y_2^2} \\ &= \underbrace{\frac{x_1 x_2 + y_1 y_2}{x_2^2 + y_2^2}}_{\mathrm{Re}\left(\frac{z_1}{z_2}\right)} + \underbrace{\frac{x_2 y_1 - x_1 y_2}{x_2^2 + y_2^2}}_{\mathrm{Im}\left(\frac{z_1}{z_2}\right)}\,\mathrm{i} \end{aligned}$$

Beispiel

$$\begin{aligned} \frac{-3 + 4\mathrm{i}}{2 - 5\mathrm{i}} &= \frac{(-3 + 4\mathrm{i})(2 + 5\mathrm{i})}{(2 - 5\mathrm{i})(2 + 5\mathrm{i})} = \frac{-6 - 20 + \mathrm{i}\,(8 - 15)}{4 + 25} = \frac{-26 - 7\mathrm{i}}{29} = \\ &= -\frac{26}{29} - \frac{7}{29}\,\mathrm{i} \end{aligned}$$

Wir sind nun auch in der Lage, die Probe für die zu Beginn des Abschnitts formal hingeschriebenen Lösungen $-1 + \sqrt{3}\,\mathrm{i}$ und $-1 - \sqrt{3}\,\mathrm{i}$ der Gleichung $x^2 + 2x + 4 = 0$ durchzuführen:

$x = -1 + \sqrt{3}\,\mathrm{i}$:

$x^2 + 2x + 4 = (-1 + \sqrt{3}\,\mathrm{i})^2 + 2\,(-1 + \sqrt{3}\,\mathrm{i}) + 4 = 1 - 2\sqrt{3}\,\mathrm{i} - 3 - 2 + 2\sqrt{3}\,\mathrm{i} + 4 = 0$

$x = -1 - \sqrt{3}\,\mathrm{i}$:

$x^2 + 2x + 4 = (-1 - \sqrt{3}\,\mathrm{i})^2 + 2\,(-1 - \sqrt{3}\,\mathrm{i}) + 4 = 1 + 2\sqrt{3}\,\mathrm{i} - 3 - 2 - 2\sqrt{3}\,\mathrm{i} + 4 = 0$

An der Lösungsformel für die Normalform quadratischer Gleichungen können wir im Übrigen ablesen, dass die quadratische Gleichung $x^2 + px + q = 0$ im Falle $\mathrm{D} < 0$ in $\mathbb{C}$ immer zwei konjugiert komplexe Lösungen besitzt.

Polarkoordinaten

Durch die Pfeildarstellung sind wir nun auch in der Lage, komplexe Zahlen anders als durch Real- und Imaginärteil zu bescheiben. Wir können eine komplexe Zahl auch durch die folgenden Angaben festlegen (vgl. Abb. 9.31):

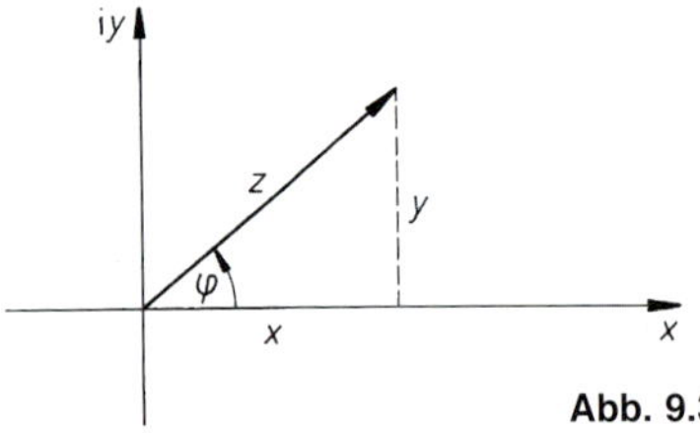

Abb. 9.31

a) durch die Länge des Pfeils, geschrieben $|z|$, gelesen „z Betrag" (nach dem Lehrsatz des Pythagoras gilt: $|z|^2 = x^2 + y^2$, also $|z| = \sqrt{x^2 + y^2}$), und

b) durch das Maß φ des Winkels, den der Pfeil mit der positiven x-Achse bildet. (Wenn wir fordern, dass $0° \leqq \varphi < 360°$ gelten soll, so ist φ für jede komplexe Zahl $z \neq 0$ eindeutig festgelegt.)

Mit Hilfe der trigonometrischen Funktionen cos und sin gilt:

$\cos(\varphi) = \dfrac{x}{|z|}$, $\quad \sin(\varphi) = \dfrac{y}{|z|}$, $\quad$ also

$x = |z| \cdot \cos(\varphi)$, $\; y = |z| \cdot \sin(\varphi)$.

Bezeichnen wir den Radius des Kreises, auf dem z liegt (Mittelpunkt des Kreises ist der Nullpunkt), mit r, so erhalten wir:

$x = r \cdot \cos(\varphi)$, $\quad y = r \cdot \sin(\varphi)$.

Wir können also jede komplexe Zahl $z \neq 0$ mit eindeutig bestimmten Größen r und φ $(0° \leqq \varphi < 360°)$ wie folgt schreiben:

$z = x + \mathrm{i}\,y = r\cos(\varphi) + \mathrm{i}\,r\sin(\varphi) = r\,(\cos(\varphi) + \mathrm{i}\sin(\varphi))$

Jede komplexe Zahl kann also statt durch x und y auch durch r und φ beschrieben werden; r und φ heißen **„Polarkoordinaten"**.

Beispiel $\quad z = 2 + 2\,\mathrm{i}$

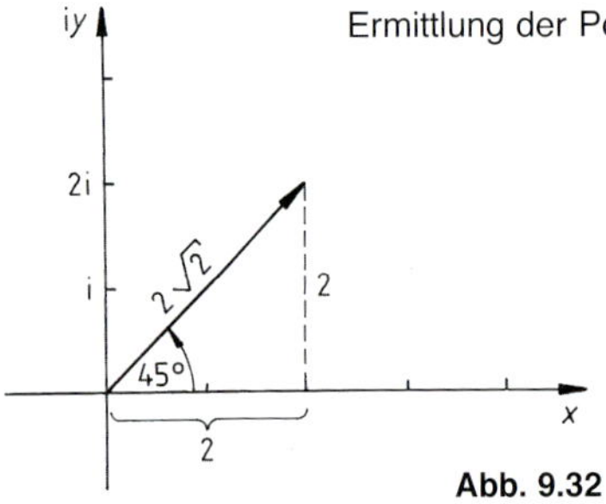

Abb. 9.32

Ermittlung der Polarkoordinaten r und φ:

$r = |z| = \sqrt{4+4} = \sqrt{8} = 2\sqrt{2}$

$\tan(\varphi) = \frac{2}{2} = 1 \Rightarrow \varphi = 45°$ (da z im ersten Quadranten liegt)

$z = r\,(\cos(\varphi) + \mathrm{i}\sin(\varphi)) = 2\sqrt{2} \cdot (\cos(45°) + \mathrm{i}\sin(45°))$

Zum Abschluss dieses Abschnitts berechnen wir noch die Potenzen von i, der imaginären Einheit, mit natürlichen Exponenten:

$\mathrm{i}^2 = -1$; $\quad \mathrm{i}^3 = \mathrm{i}^2 \cdot \mathrm{i} = (-1) \cdot \mathrm{i} = -\mathrm{i}$; $\quad \mathrm{i}^4 = \mathrm{i}^3 \cdot \mathrm{i} = (-\mathrm{i}) \cdot \mathrm{i} = -\mathrm{i}^2 = -(-1) = 1$;

$\mathrm{i}^5 = \mathrm{i}^4 \cdot \mathrm{i} = 1 \cdot \mathrm{i} = \mathrm{i}$; $\quad \mathrm{i}^6 = \mathrm{i}^4 \cdot \mathrm{i}^2 = \mathrm{i}^2 = -1$ $\quad$ usw.

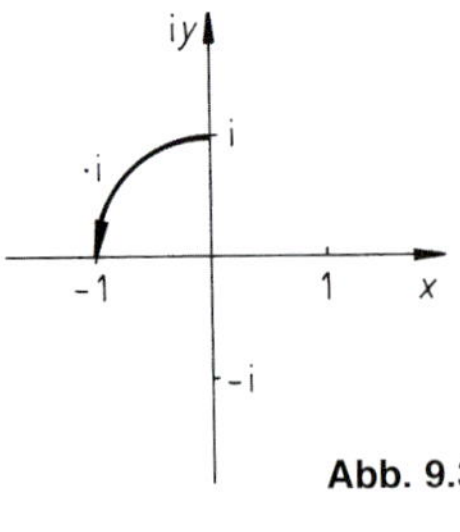

Abb. 9.33

Wie Abb. 9.33 zeigt, bedeutet die Multiplikation mit i eine Drehung um den Nullpunkt mit dem Winkelmaß 90° im mathematisch positiven Sinne (entgegen dem Uhrzeigersinn).

Allgemein erhalten wir:

$$\left.\begin{aligned} \mathrm{i}^{4n+1} &= \mathrm{i} \\ \mathrm{i}^{4n+2} &= -1 \\ \mathrm{i}^{4n+3} &= -\mathrm{i} \\ \mathrm{i}^{4n+4} &= 1 \end{aligned}\right\} \quad \text{für alle } n \in \mathbb{N}$$

Aufgaben zu 9.5

1. Ermitteln Sie die Real- und Imaginärteile der folgenden komplexen Zahlen und stellen Sie die Zahlen mit Hilfe von Pfeilen in der Gaußschen Zahlenebene dar!
   a) $z = 3 + 5\,i$ b) $z = -2 + 4\,i$ c) $z = -1 - 2\,i$
   d) $z = -7 - i$ e) $z = 7 - 2{,}5\,i$ f) $z = 3 - 1{,}8\,i$

2. Deuten Sie die Addition bzw. Subtraktion in der Gaußschen Zahlenebene mit Hilfe von Pfeilen!
   a) $(3 + i) + 2$ b) $(-1 - i) + (2 - i)$ c) $(-4 + 2\,i) - 5\,i$
   d) $(2 + 2\,i) - (1 - 3\,i)$ e) $(5 - 3\,i) + (-4 + 4\,i)$ f) $(-3 + 2\,i) - (2 + 2\,i)$

3. Berechnen Sie $\bar{z}$ und $|z|$!
   a) $z = 3 + 4\,i$ b) $z = -2 + 3\,i$ c) $z = -1 - i$
   d) $z = 5 + 7\,i$ e) $z = 5 - 6\,i$ f) $z = 3 + 4\,i$
   g) $z = -5 - 7\,i$ h) $z = -5 + 6\,i$ i) $z = -3 - 4\,i$

4. Berechnen Sie jeweils die Lösungsmenge ($G = \mathbb{C}$)!
   a) $x^2 = -36$ b) $x^2 = -27$ c) $x^2 = -\frac{1}{81}$
   d) $x^2 = -\frac{4}{9}$ e) $x^2 = -1{,}44$ f) $x^2 = -0{,}0064$
   g) $3x^2 = -5$ h) $5x^2 + 25 = 0$ i) $x^2 + 16a^2 = 0 \quad (a \in \mathbb{R})$
   j) $5x^2 - 14x + 13 = 0$ k) $\frac{2}{3}x^2 + 6x + 22 = 0$ l) $x^2 + \frac{4}{3}x + \frac{53}{9} = 0$
   m) $\dfrac{x}{4} + \dfrac{x - 21}{4 - x} = 1$

5. Berechnen Sie:
   a) $7\,i + 15\,i$ b) $18\,i - 23\,i$ c) $-12\,i + 10\,i$
   d) $(6 + 7\,i) + (3 - 5\,i)$ e) $(-3 - 20\,i) + (-4 + 10\,i)$ f) $(17 + 5\,i) - (16 - 4\,i)$
   g) $(23 - 12\,i) - (25 + 3\,i)$ h) $(3 + 4\,i) + (8 - 5\,i) - (6 + 7\,i)$ i) $5\,(2 + 6\,i) - 3\,(4 - 3\,i)$
   j) $a\,(b + c\,i) + 2\,b\,(a + c\,i) \quad (a, b, c \in \mathbb{R})$ k) $(a + b\,i) - i\,(b + c\,i) \quad (a, b, c \in \mathbb{R})$

6. Berechnen Sie:
   a) $(6 + 7\,i)(3 + 4\,i)$ b) $(4 - 3\,i)(2 + i)$ c) $(12 + 9\,i)(-2 - 5\,i)$
   d) $(-3 - 5\,i)(-2 - i)$ e) $(5 + 3\,i)(5 - 3\,i)$ f) $(u + v\,i)(-u + v\,i) \quad (u, v \in \mathbb{R})$
   g) $(2 + \sqrt{3}\,i)(7 + 5\sqrt{3}\,i)$ h) $(\sqrt{6} + \sqrt{5}\,i)(\sqrt{5} + \sqrt{6}\,i)$ i) $(3\sqrt{6} + 2\sqrt{7}\,i)(2\sqrt{6} - 5\sqrt{3}\,i)$

7. Berechnen Sie:
   a) $(4 - 3\,i)^2$ b) $(u - i)^2 \quad (u \in \mathbb{R})$ c) $(5 + i\sqrt{3})^2$
   d) $(\sqrt{5} + i\sqrt{5})^2$ e) $(4 + 4\,i)^2$ f) $(4\,i - 3u)^2 \quad (u \in \mathbb{R})$
   g) $(\sqrt{u} + \sqrt{v}\,i)^2 \quad (u, v \in \mathbb{R}_+)$ h) $(m - n\,i)^2 - (m + n\,i)^2 \quad (m, n \in \mathbb{R})$ i) $\left(\frac{1}{3}(1 - i\sqrt{2})\right)^3$
   j) $(1 - i\sqrt{3})^4$ k) $\left(\dfrac{2 + i}{\sqrt{3}}\right)^4$ l) $\left(\frac{1}{5}\sqrt{3}\,i - \frac{1}{2}\sqrt{5}\,i\right)^2$
   m) $\left((i - \sqrt{2})\frac{1}{3}\right)^4$ n) $\left(\dfrac{2 - i\sqrt{2}}{3}\right)^6$ o) $\left(\frac{1}{3}(i\sqrt{2} - 1)\right)^8$

8. Schreiben Sie in der Form $a + b\,i$ mit $a, b \in \mathbb{R}$!

   Beispiel: $\dfrac{2 + i}{3 - i} = \dfrac{(2 + i)(3 + i)}{(3 - i)(3 + i)} = \dfrac{6 + 2\,i + 3\,i - 1}{9 + 1} = \dfrac{5 + 5\,i}{10} = \dfrac{1}{2} + \dfrac{1}{2}i$

   a) $\dfrac{1 - i}{1 + i}$ b) $\dfrac{3 + 8\,i}{2 + 3\,i}$ c) $\dfrac{25}{2 + 5\sqrt{3}\,i}$ d) $\dfrac{6}{\sqrt{3} + \sqrt{-1}}$ e) $\dfrac{10 - 3\,i}{3\,i - 10}$
   f) $\dfrac{7 - 54\sqrt{3}\,i}{8 - 5\sqrt{3}\,i}$ g) $\dfrac{8 - 21i}{8 - 2i}$ h) $\dfrac{\sqrt{5} - \sqrt{3}\,i}{\sqrt{5} + \sqrt{3}\,i}$ i) $\dfrac{1}{(1 + i)^2} + \dfrac{1}{(1 - i)^2}$

9. Deuten Sie die Multiplikation einer komplexen Zahl mit x geometrisch!
   a) $x = 2$ b) $x = 3$ c) $x = -1$ d) $x = -4$
   e) $x = i$ f) $x = 2\,i$ g) $x = -3\,i$ h) $x = \cos(45°) + i\sin(45°)$

10. Wo steckt der Fehler?
    $-1 = i^2 = (\sqrt{-1})^2 = \sqrt{-1} \cdot \sqrt{-1} = \sqrt{(-1) \cdot (-1)} = \sqrt{1} = 1$

11. Bestimmen Sie die Polarkoordinaten der folgenden komplexen Zahlen!
    a) $3 + i$ b) $-2 + 6\,i$ c) $-5 - 2\,i$ d) $0{,}5 - 2{,}7\,i$

10 Potenzen und Wurzeln

10.1 Potenzfunktionen

Bisher haben wir uns insbesondere mit linearen Funktionen ($y = m \cdot x$) und quadratischen Funktionen (z. B. $y = a \cdot x^2$) beschäftigt.

Definition

Allgemein heißt eine Funktion
$f\colon x \mapsto a x^n,\quad x \in \mathbb{R}$ bzw. $x \in \mathbb{R} \setminus \{0\}$ (bei negativem n)
mit $a \in \mathbb{R} \setminus \{0\}$ und $n \in \mathbb{Z} \setminus \{0\}$
eine **„Potenzfunktion“**.

Als Spezialfälle ergeben sich
für $n = 1$ **lineare** Funktionen,
für $n = 2$ **quadratische** Funktionen
(nun im Unterschied zu früher jeweils mit der Definitionsmenge $\mathbb{R}$).

Wir wollen uns zunächst mit den weiteren Spezialfällen $n = 3$ und $n = 4$ beschäftigen. Der Einfachheit halber setzen wir $a = 1$.

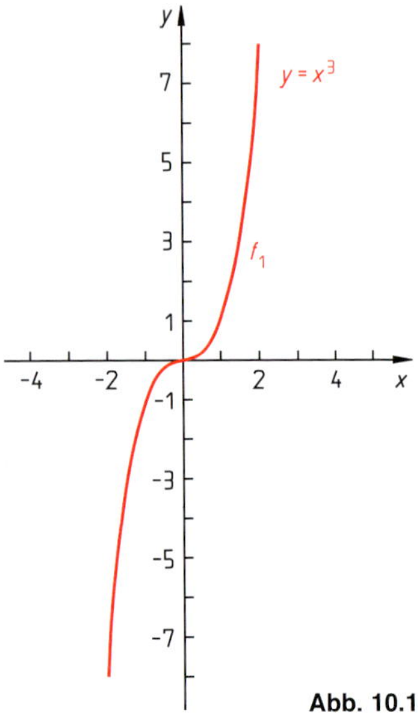

Abb. 10.1

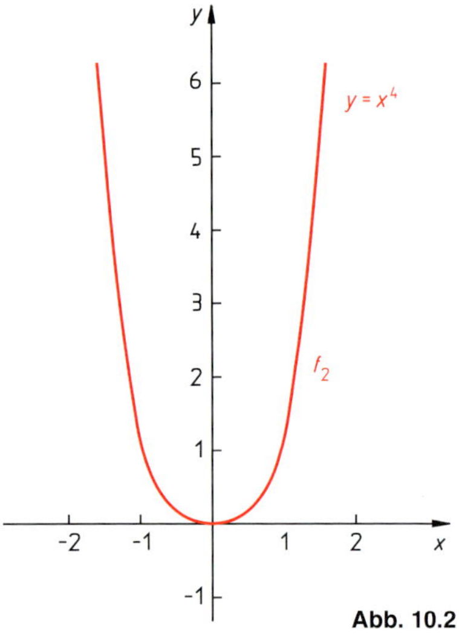

Abb. 10.2

Für die Funktionen
$f_1\colon x \mapsto x^3,\ x \in \mathbb{R}$ und
$f_2\colon x \mapsto x^4,\ x \in \mathbb{R}$
stellen wir Wertetabellen auf und skizzieren die zugehörigen Graphen (vgl. Abb. 10.1 und Abb. 10.2):

x	-2	$-1{,}5$	-1	$-0{,}5$	0	0,5	1	1,5	2
$f_1(x) = x^3$	-8	$-3{,}375$	-1	$-0{,}125$	0	0,125	1	3,375	8

x	$-1{,}5$	-1	$-0{,}5$	0	0,5	1	1,5
$f_2(x) = x^4$	5,0625	1	0,0625	0	0,0625	1	5,0625

f_1 ist eine **„streng monoton steigende“** Funktion (beim Durchlaufen der x-Achse von links nach rechts werden die Funktionswerte stets größer, der Graph geht „bergauf“).

Schränkt man die Funktion f_2 auf $\mathbb{R}_-^0$ als Definitionsmenge ein (betrachtet man also $f_2^*\colon x \mapsto x^4,\ x \in \mathbb{R}_-^0$), so ist f_2^* eine **„streng monoton fallende“** Funktion (beim Durchlaufen der x-Achse von links nach rechts bis 0 werden die Funktionswerte stets kleiner, der Graph geht dort „bergab“).

Der Graph von f_1 liegt punktsymmetrisch zum Nullpunkt und heißt auch eine **„Parabel dritter Ordnung“**. Der Graph von f_2 liegt achsensymmetrisch zur y-Achse und heißt auch eine **„Parabel vierter Ordnung“**.

Definition

> Allgemein heißt der Graph zur Funktion
> $f\colon x \mapsto x^n, \quad x \in \mathbb{R} \quad (n \in \mathbb{N}^*)$
> eine **„Parabel n-ter Ordnung“**.

Ist n **ungerade**, so gilt: **1.** $D(f) = W(f) = \mathbb{R}$.
2. Der Graph von f liegt punktsymmetrisch zum Nullpunkt.

Ist n **gerade**, so gilt: **1.** $D(f) = \mathbb{R}, \ W(f) = \mathbb{R}_+^0$.
2. Der Graph von f liegt achsensymmetrisch zur y-Achse.

$f\colon x \mapsto x^n, x \in \mathbb{R}$ mit $n \in \mathbb{N}$ gerade heißt auch eine **„gerade Funktion“**; $f\colon x \mapsto x^n, x \in \mathbb{R}$ mit $n \in \mathbb{N}$ ungerade heißt auch eine **„ungerade Funktion“**.

Allgemein definiert man die Begriffe „gerade Funktion“ bzw. „ungerade Funktion“ wie folgt:

Definition

> Eine Funktion f heißt **„gerade Funktion“** genau dann, wenn für alle $x, -x \in D(f)$ gilt: $f(-x) = f(x)$.
> Eine Funktion f heißt **„ungerade Funktion“** genau dann, wenn für alle $x, -x \in D(f)$ gilt: $f(-x) = -f(x)$.

Der Graph einer geraden Funktion liegt achsensymmetrisch zur y-Achse, der Graph einer ungeraden Funktion punktsymmetrisch zum Nullpunkt.

Beispiel **für eine gerade Funktion:**

$f(x) = -2x^4 + 3x^2 + 4, \quad x \in \mathbb{R}$

Es gilt (wir ersetzen x durch $-x$):

$$f(-x) = -2(-x)^4 + 3 \cdot (-x)^2 + 4$$
$$= -2x^4 + 3x^2 + 4 = f(x)$$

(Beachten Sie, dass alle vorkommenden Potenzen, auch die bei dem „Absolutglied“ 4 nicht hingeschriebene Potenz x^0, gerade Exponenten haben, nämlich 4, 2 und 0!)

Beispiel **für eine ungerade Funktion:**

$f(x) = 4x^3 - 7x, \quad x \in \mathbb{R}$

Es gilt: $f(-x) = 4(-x)^3 - 7(-x) = -4x^3 + 7x$
$= -(4x^3 - 7x) = -f(x)$

(Beachten Sie, dass alle vorkommenden Potenzen ungerade Exponenten haben, nämlich 3 und 1.)

Viele Funktionen sind weder gerade noch ungerade.

Beispiel

$f(x) = 3x^3 - 4x^2 + 5x - 6,$

$f(-x) = -3x^3 - 4x^2 - 5x - 6;$

z. B. ist $f(1) = 3 - 4 + 5 - 6 = -2,$

aber $f(-1) = -3 - 4 - 5 - 6 = -18$, und -18 ist weder gleich -2 noch gleich $-(-2) = 2$.

Wir betrachten nun noch einige weitere Potenzfunktionen, und zwar solche mit negativen Exponenten:

$g_1\colon x \mapsto x^{-1} = \frac{1}{x}, \quad x \in \mathbb{R} \setminus \{0\}$

x	-3	-2	-1	$-0{,}5$	$0{,}5$	1	2	3
$g_1(x) = \frac{1}{x}$	$-\frac{1}{3}$	$-\frac{1}{2}$	-1	-2	2	1	$\frac{1}{2}$	$\frac{1}{3}$

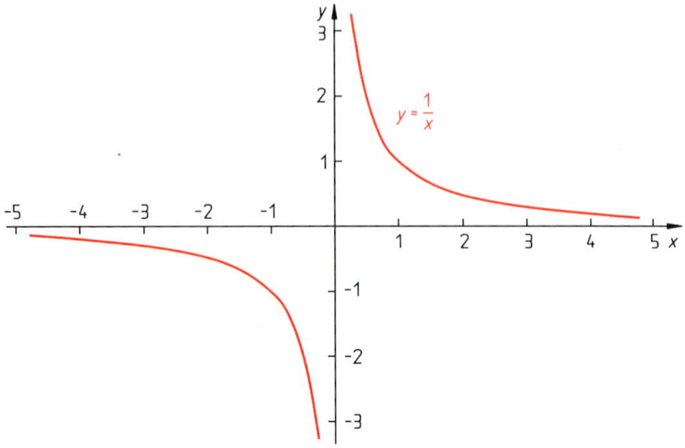

Abb. 10.3

g_1 ist eine ungerade Funktion; ihr Graph heißt auch **„Hyperbel"**, diese besteht aus zwei **„Ästen"** (vgl. Abb. 10.3).

Streben die *x*-Werte gegen $+\infty$ oder gegen $-\infty$, so streben die Funktionswerte gegen 0; der Graph von g_1 erreicht die *x*-Achse aber nie.

Strebt *x* von links her gegen 0, so streben die Funktionswerte gegen $-\infty$; strebt *x* von rechts her gegen 0, so streben die Funktionswerte gegen $+\infty$.

g_2: $x \mapsto x^{-2} = \frac{1}{x^2}$, $\quad x \in \mathbb{R} \setminus \{0\}$ (vgl. Abb. 10.4)

g_3: $x \mapsto x^{-3} = \frac{1}{x^3}$, $\quad x \in \mathbb{R} \setminus \{0\}$ (vgl. Abb. 10.5)

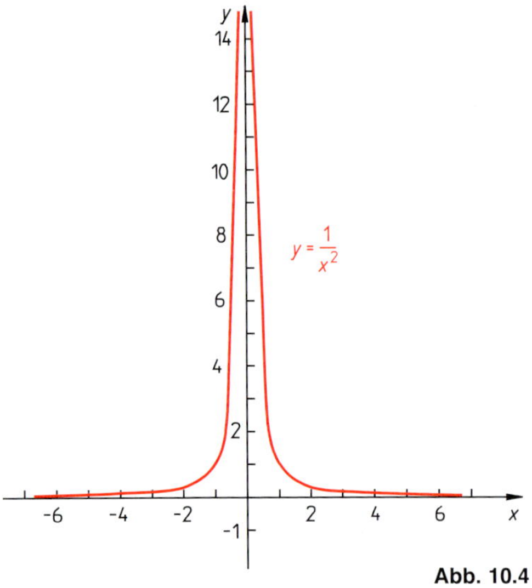

Abb. 10.4

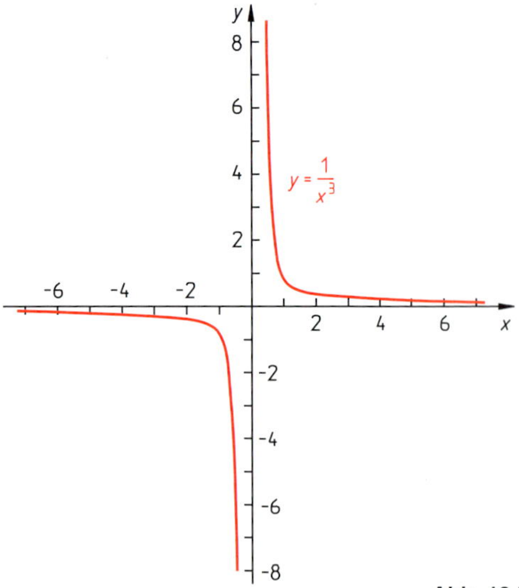

Abb. 10.5

Allgemein wird durch $y = a \cdot x^{-2n} = \frac{a}{x^{2n}}$ ($a \in \mathbb{R}\setminus\{0\}$, $n \in \mathbb{N}^*$) eine gerade Funktion beschrieben, die an der Stelle 0 nicht definiert ist;

entsprechend durch $y = a \cdot x^{-2n+1} = \frac{a}{x^{2n-1}}$ ($a \in \mathbb{R}\setminus\{0\}$, $n \in \mathbb{N}^*$) eine ungerade Funktion, die ebenfalls an der Stelle 0 nicht definiert ist.

Aufgaben zu 10.1

Was können Sie beobachten, wenn Sie in einem Koordinatensystem jeweils die Graphen der Funktionen mit den angegebenen Termen skizzieren?

1. $x;\ x^3;\ x^5;\ x^7$
2. $x^2;\ x^4;\ x^6;\ x^8$
3. $0{,}25\,x^3;\ 0{,}5\,x^3;\ x^3;\ 2\,x^3;\ 4\,x^3$
4. $0{,}25\,x^4;\ 0{,}5\,x^4;\ x^4;\ 2\,x^4;\ 4\,x^4$
5. $0{,}05\,x^6;\ -0{,}05\,x^6$
6. $3\,x^5;\ -3\,x^5$

Stellen Sie Wertetabellen auf und zeichnen Sie die Graphen der Funktionen ($D = \mathbb{R}$) mit den angegebenen Termen!

7. $-\frac{1}{3}x^6$
8. $2\,x^4$
9. $0{,}2\,x^6$
10. $-2\,x^3$
11. $0{,}001\,x^7$
12. $-0{,}7\,x^5$
13. $-\frac{16}{125}x^3$
14. $0{,}5\,x^6 - 2$
15. $3\,x^5 + 5$
16. $x^4 - 8$
17. $-\frac{1}{100}x^7 + \frac{1}{2}$
18. $\frac{2}{3}x^3 - 1$
19. $-0{,}25\,x^4 - 1{,}75$
20. $1{,}2\,x^6 - 5{,}5$
21. $3\,x - 2\,x^3$
22. $-x^2 + 0{,}5x^4$
23. $-x^5 - x^4$
24. $0{,}1\,x^4 - 4\,x^2$
25. $-2\,x + x^5$
26. $x^4 - 2\,x^3 + 3\,x$
27. $0{,}1\,x^6 - 2\,x^2 - 5$
28. $(x^2 - 2)^2$
29. $(x - x^2)^2$
30. $(1 - x)^3$
31. $0{,}2\,(x^3 - x)^2$
32. $(x - x^2 + x^3)^2$
33. $-7\,(1 + x)^5$
34. $\frac{1}{9}(3 - 6\,x)^4$
35. $5\,x^2 - 0{,}3\,x^3 + 0{,}1\,x^4$
36. $1 + \frac{1}{5}x^3 - \frac{1}{20}x^7$
37. $x^6 + 6\,x^4 - 20\,x^2 - 5$
38. $10 - x^3 - x^6$

Ermitteln Sie jeweils die Wertemenge der Funktion mit dem angegebenen Term ($D = \mathbb{R}$)!
Fertigen Sie eventuell vorher eine Skizze an!

39. x^3
40. x^4
41. $-3\,x^5$
42. $0{,}5\,x^9$
43. $-0{,}8\,x^6$
44. $-\frac{1}{10}x^3 + 2$
45. $0{,}1\,x^3 + 2$
46. $x^8 - 1$
47. $x^{1000} + 20$
48. $-x^{20}$
49. $23\,x^{10} - 11$
50. $0{,}01\,x^7 + 125$
51. $(x^2 - 1)^4$
52. $(x - 1)^3$
53. $0{,}5\,(x - x^2)^2$
54. $(x^3 + x)^2 + 12$
55. $\frac{1}{3}(x^4 + x^6 + x^8)^2$

56. Geben Sie jeweils zu dem vorgegebenen Punkt eine Potenzfunktion an, deren Graph durch diesen Punkt geht!

a) $(2 \mid 8)$ b) $(-3 \mid 81)$ c) $(-1 \mid -\frac{1}{2})$ d) $(\frac{1}{2} \mid \frac{1}{32})$
e) $(4 \mid \frac{16}{5})$ f) $(-2 \mid -128)$ g) $(5 \mid 1)$ h) $(-1{,}5 \mid -2{,}25)$

57. Setzen Sie **ohne** Berechnung der Potenzen statt □ eines der Zeichen <, >, =, sodass eine wahre Aussage entsteht! Führen Sie Ihre Überlegungen mit Hilfe des Verlaufs des Graphen der zugehörigen Potenzfunktion durch!

a) $2{,}1^3 \;\square\; 2{,}4^3$ b) $(-2)^6 \;\square\; (-2{,}1)^6$ c) $(-0{,}1)^7 \;\square\; 0{,}1^7$ d) $0^5 \;\square\; (-0{,}01)^5$
e) $(-33)^3 \;\square\; 33^3$ f) $(-7)^{10} \;\square\; 7^{10}$ g) $(-101)^4 \;\square\; (-102)^4$ h) $(-1{,}34)^6 \;\square\; 1{,}34^6$
i) $(-8)^5 \;\square\; (-9)^5$ j) $(-80)^3 \;\square\; 80^3$

58. Bestimmen Sie die Lösungsmenge der jeweiligen Ungleichung ($G = \mathbb{R}$)!

a) $2^9 < x^9$ b) $2^8 < x^8$ c) $(-2)^3 < x^3$
d) $(-5)^6 < x^6$ e) $7^5 > x^5$ f) $7^6 > x^6$
g) $(-x)^3 < x^3$ h) $(-x)^3 > x^3$ i) $x^4 > (-x)^4$

Welche der durch die folgenden Terme gegebenen Funktionen ($D = \mathbb{R}$) sind gerade bzw. ungerade?

59. $3\,x^4 - x^2$
60. $0{,}2\,x^3 - 2\,x^5$
61. $20\,x^7 - 16\,x^2$
62. $\frac{1}{4}x + \frac{9}{2}x^5$
63. $7\,x + 2\,x^3 - 11\,x^9$
64. $4\,x^4 - 3\,x^6 - 10\,x^{12}$
65. $0{,}5\,x^2 + 0{,}7\,x^5$
66. $1{,}5\,x^9 + 1$
67. $(x - 2)^2 \cdot x^3$
68. $(x^2 + 5)^3$
69. $\frac{1}{25}(x - x^3)^2$
70. $x\,(x^4 + 4)^4$
71. $(0{,}1\,x^6 - 0{,}9)^2$
72. $7\,x^2\,(3\,x + 8\,x^3)^2$
73. $x^5\,(x^2 - x)^3$
74. $(1 + x^3 + x^7)^2$
75. $9\,x\,(x^{10} - x^4 + x^2)^2$

76. Welche Bedingungen müssen die Formvariablen ($a, b, c, d \in \mathbb{R}$) erfüllen, damit die durch die Terme gegebenen Funktionen ($D = \mathbb{R}$) gerade (ungerade) sind?

a) $a x^5 + x^4 + b x$ b) $x^5 + a x^4 + x^3 + b x + c$ c) $a x^3 + b x^2 + c x + d$ d) $-x^9 + a x^7 + b x^6 + c x^4 + d$

e) $a x + b$ f) $a x^3 + b x^2 + c$ g) a h) $x^{30} + a x^{20} + b x^{10}$

i) $-x^{31} + a x^{21} + b x^{11}$ j) $a x^{17} + b x^{15} + c x^{13}$

77. Geben Sie eine Funktion an, die sowohl gerade als auch ungerade ist!

Der Graph zu $f(x) = x^3 + 1$ ist weder achsensymmetrisch zur y-Achse noch punktsymmetrisch zum Nullpunkt (Begründung?). Fertigen Sie eine Skizze an und überprüfen Sie, ob dieser Graph punktsymmetrisch zu einem anderen Punkt ist! Verfahren Sie in der gleichen Weise mit den Graphen zu folgenden Termen:

78. $x^7 - 3$ 79. $5 x^3 + 2$ 80. $-x^9 - 1$ 81. $-x^3 + 7$

82. $x^5 + 0{,}5$ 83. $-3 x^9 - 9$ 84. $-2 x^7 - 5$

Was beobachten Sie, wenn Sie in einem Koordinatensystem die Graphen der durch die folgenden Terme gegebenen Funktionen ($D = \mathbb{R}\setminus\{0\}$) skizzieren?

85. $\frac{1}{x}; \frac{1}{x^3}; \frac{1}{x^5}$ 86. $\frac{1}{x^2}; \frac{1}{x^4}; \frac{1}{x^6}$ 87. $\frac{1}{x}; \frac{1}{2x}; \frac{1}{3x}; \frac{1}{4x}$

88. $\frac{1}{x}; \frac{2}{x}; \frac{3}{x}; \frac{4}{x}$ 89. $\frac{1}{x^2}; \frac{1}{2x^2}; \frac{1}{3x^2}; \frac{1}{4x^2}$ 90. $\frac{1}{x^2}; \frac{2}{x^2}; \frac{3}{x^2}; \frac{4}{x^2}$

Stellen Sie jeweils eine Wertetabelle auf und zeichnen Sie den Graphen ($D = \mathbb{R}\setminus\{0\}$)!

91. $-x^{-2}$ 92. $(2x)^{-3}$ 93. $0{,}3 x^{-5} + 1$

94. $-5 x^{-6} + 2$ 95. $7 x^{-4} + 8$ 96. $\frac{3}{2x^2} - 1{,}5$

97. $x^{-2} + x^{-3}$ 98. $x^{-5} - x^{-1}$ 99. $-2 x^{-2} - 4 x^{-6}$

100. $x^{-1} + x^{-2}$ 101. $(-3 x^{-1})\, x^{-2}$

Ermitteln Sie jeweils die Wertemenge der durch den Term gegebenen Funktion ($D = \mathbb{R}\setminus\{0\}$)!
Fertigen Sie eventuell vorher eine Skizze an!

102. $-2 x^{-6}$ 103. $25 x^{-5}$ 104. $11 x^{-1} + 7 x^{-7}$ 105. $9 x^{-6} + 3 x^{-2} - 2$

106. $0{,}5 x^{-1} + 1$ 107. $-13 x^{-4} - 25$ 108. $5\,(x^{-1} + 2 x^{-3})$ 109. $-5 x\,(3 x^{-2} + 2 x^{-4})$

110. $(x^{-1} + 3 x^{-7})^2$ 111. $\frac{1}{2} x^{-2} \left(\frac{1}{9} + \frac{4}{9} x^{-2}\right)$ 112. $8 x^2\,(3 x^{-5} + 7 x^{-2} - 11 x^{-3})$

Welche der durch die folgenden Terme gegebenen Funktionen ($D = \mathbb{R}\setminus\{0\}$) sind gerade bzw. ungerade?

113. $0{,}11 x^{-6}$ 114. $23 x^{-1}$

115. $10 - x^{-2}$ 116. $x^{-2} + 10$

117. $7 x^{-3} + 2 x^{-7}$ 118. $5 x^{-4} - 4 x^{-8} - 12$

119. $9 + x^{-2} - 1{,}5 x^{-10}$ 120. $-1{,}75 x^{-7} - 4{,}35 x^{-3} + 9{,}5 x^{-1}$

121. $(x^{-1} - x^{-3})^3$ 122. $\frac{1}{4} (x^{-2} + 4)^{-4}$

123. $\frac{3}{7} x^2 (x^{-3} - x^{-5})^2$ 124. $-5 + 8\,(x^{-4} - 1)^2$

125. $1{,}9\,(-0{,}3 x^{-1} - 11{,}2 x^{-5})\,(3 x^{-3} + 5 x^{-7})$ 126. $3 x^2 + 7 x^{-2}$

127. $8 x^3 - 9 x^{-5}$ 128. $3 x^0 + 7$

129. $(x + 5)^5$ 130. $(-3 x + 2)^4$

131. a) Bestimmen Sie a, b und c so, dass der Graph zu $f(x) = a x^4 + b x^2 + c x + 2$, $x \in \mathbb{R}$, durch die Punkte $(-2 \mid 32)$, $(-1 \mid 0)$ und $(1 \mid 14)$ geht!
b) Bestimmen Sie zwei weitere Punkte, die auf dem Graphen der in a) bestimmten Funktion f liegen!
c) Skizzieren Sie den Graphen von f!

10.2 Potenzen mit gebrochenen Exponenten

In Abschnitt 3.1 haben wir den zunächst nur für natürliche Hochzahlen (Exponenten) erklärten Potenzbegriff auf ganzzahlige Exponenten erweitert. Als Basis können wir jetzt eine beliebige reelle Zahl ≠ 0 zugrunde legen: $a^{-n} = \frac{1}{a^n}$ für alle $a \in \mathbb{R}\setminus\{0\}$ und alle $n \in \mathbb{N}^*$.

Unser Ziel besteht nun darin, zu versuchen, den Potenzbegriff auf gebrochene (beliebige rationale) Exponenten zu erweitern. Es geht also darum, Schreibfiguren wie z. B. $3^{\frac{1}{2}}$, $4^{\frac{1}{3}}$, $2^{\frac{2}{5}}$, $5^{\frac{-3}{7}}$, $a^{\frac{1}{4}}$, $b^{\frac{-5}{6}}$ einzuführen. Bei dieser beabsichtigten Erweiterung auf gebrochene Exponenten wäre es natürlich schön, wenn die für ganzzahlige Exponenten geltenden (in 2.4 formulierten) Potenzgesetze erhalten blieben.

Beispiel Soll das dritte Potenzgesetz (für das Potenzieren von Potenzen) gelten, so muss z. B. $(3^{\frac{1}{2}})^2 = 3^{\frac{1}{2}\cdot 2} = 3^1 = 3$ sein. Demnach wäre $3^{\frac{1}{2}}$ eine Lösung (die positive Lösung) der Gleichung $x^2 = 3$ und somit nur eine andere Schreibweise für $\sqrt{3}$.

Ein anderes **Beispiel:**

$(5^{-\frac{3}{7}})^7 = 5^{(-\frac{3}{7})\cdot 7} = 5^{-3}$. Bei Gültigkeit des dritten Potenzgesetzes wäre also $5^{-\frac{3}{7}}$ eine Lösung der Gleichung $x^7 = 5^{-3}$.

Die beiden Beispiele deuten darauf hin, dass wir unserem Ziel, der Einführung von Potenzen mit gebrochenen Exponenten, näher kommen können, wenn wir uns mit Gleichungen der Form $x^n = a$ ($n \in \mathbb{N}^*$, $a \in \mathbb{R}$) beschäftigen.

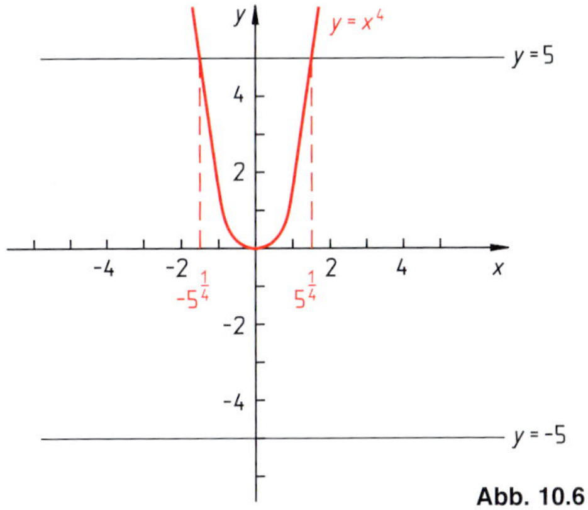

Abb. 10.6

Die Beispiele $x^4 = 5$ und $x^4 = -5$ (vgl. Abb. 10.6) zeigen, dass in den Fällen, wo n gerade ist, die Gleichung $x^n = a$ in $\mathbb{R}$ genau zwei Lösungen hat, wenn $a > 0$ ist, und nicht lösbar ist, wenn $a < 0$ ist.

Die positive Lösung der Gleichung $x^4 = 5$ können wir mit $5^{\frac{1}{4}}$ bezeichnen, denn $(5^{\frac{1}{4}})^4 = 5^{\frac{1}{4}\cdot 4} = 5^1 = 5$.

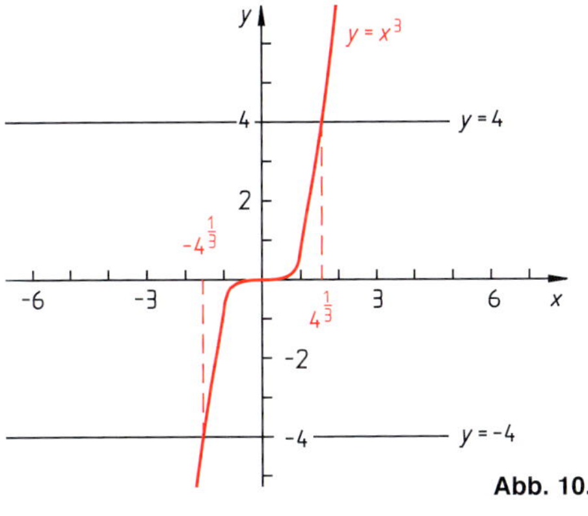

Abb. 10.7

Die Beispiele $x^3 = 4$ und $x^3 = -4$ (vgl. Abb. 10.7) zeigen, dass in den Fällen, wo n ungerade ist, die Gleichung $x^n = a$ in $\mathbb{R}$ genau eine Lösung hat, und zwar unabhängig davon, ob a positiv oder negativ ist.

Die Lösung der Gleichung $x^3 = 4$ können wir mit $4^{\frac{1}{3}}$ bezeichnen, denn $(4^{\frac{1}{3}})^3 = 4^{\frac{1}{3}\cdot 3} = 4^1 = 4$. Die Lösung der Gleichung $x^3 = -4$ können wir mit $(-4)^{\frac{1}{3}}$ bezeichnen, denn $[(-4)^{\frac{1}{3}}]^3 = (-4)^{\frac{1}{3}\cdot 3} = (-4)^1 = -4$.

Bevor wir auf eine nun auftretende Problematik (dürfen wir in unserem Beispiel $\frac{1}{3}$ z.B. durch $\frac{2}{6}$ ersetzen?) eingehen, stellen wir einen wesentlichen Unterschied (Unterscheidung der Fälle n gerade bzw. n ungerade) in Form eines Satzes heraus ($G = \mathbb{R}$):

Satz

I. $n = 2m$ gerade, $m \in \mathbb{N}^*$:
Eine Gleichung der Form $x^{2m} = a$ ($a \in \mathbb{R}$) hat
(1) für $a > 0$ genau zwei Lösungen, eine positive und eine negative;
(2) für $a = 0$ genau eine Lösung, nämlich 0;
(3) für $a < 0$ keine Lösung.

II. $n = 2m - 1$ ungerade, $m \in \mathbb{N}^*$:
Eine Gleichung der Form $x^{2m-1} = a$ ($a \in \mathbb{R}$) hat für jedes a genau eine Lösung.

Der wesentliche Unterschied besteht also darin, dass eine Gleichung der Form $x^n = a$ im Falle $a < 0$ nicht lösbar ist, wenn n gerade ist, jedoch lösbar ist, wenn n ungerade ist. $a^{\frac{1}{n}}$ zu definieren, ist also nicht sinnvoll, wenn $a < 0$ und n gerade ist. Man könnte $a^{\frac{1}{n}}$ jedoch im Falle $a < 0$ für ungerades n definieren. Wie oben bereits angedeutet, stehen wir dann aber vor einem Problem, das wir an einem einfachen **Beispiel** erläutern wollen:

Definieren wir $(-8)^{\frac{1}{3}}$ als Lösung der Gleichung $x^3 = -8$, so wäre $\underline{x = -2}$, also $(-8)^{\frac{1}{3}} = -2$. Erweitern wir dann den Exponenten $\frac{1}{3}$ mit 2 zu $\frac{2}{6}$, so würden wir unter Beibehaltung der Forderung nach Gültigkeit der bereits festgestellten Definitionsmöglichkeit für $a^{\frac{1}{n}}$ bei positivem a und geradem n das Folgende erhalten:

$$x = (-8)^{\frac{2}{6}} = (-8)^{2 \cdot \frac{1}{6}} = ((-8)^2)^{\frac{1}{6}} = 64^{\frac{1}{6}} \Leftrightarrow x^6 = 64 \wedge x > 0 \Leftrightarrow \underline{x = 2}$$

(im Widerspruch zu $x = -2$ von oben).

Wir stehen also vor der folgenden Wahl:
Entweder verzichten wir bei Exponenten mit ungeradem Nenner auf die Möglichkeit, den Exponenten zu erweitern, oder wir müssen generell negative Basen ausschließen, damit wir das Erweitern und Kürzen im Exponenten zulassen können.

Da das Erweitern und Kürzen beim Rechnen mit rationalen Zahlen von großer Bedeutung ist, entscheiden wir uns für die zweite Möglichkeit.

Sowohl für gerade wie für ungerade Nenner n definieren wir demnach die Schreibfigur $a^{\frac{1}{n}}$ wie folgt:

Definition

$$x = a^{\frac{1}{n}} \underset{\text{(Def.)}}{\Leftrightarrow} x^n = a \wedge x \geqq 0 \quad (\text{für } n \in \mathbb{N}^* \text{ und } a \in \mathbb{R}^{\geqq 0})$$

Beispiele

a) $5^{\frac{1}{4}}$ ist die positive Lösung der Gleichung $x^4 = 5$.

b) $7^{\frac{1}{3}}$ ist die Lösung der Gleichung $x^3 = 7$.

Allgemeiner definieren wir:

Definition

$$x = a^{\frac{m}{n}} \underset{\text{(Def.)}}{\Leftrightarrow} x^n = a^m \wedge x > 0 \quad (\text{für } m \in \mathbb{Z}, n \in \mathbb{N}^* \text{ und } a \in \mathbb{R}^{>0})$$

Beispiele

a) $3^{\frac{5}{8}}$ ist die positive Lösung der Gleichung $x^8 = 3^5$.

b) $2^{\frac{9}{11}}$ ist die Lösung der Gleichung $x^{11} = 2^9$.

Für diese Definition des auf gebrochene Exponenten erweiterten Potenzbegriffs können wir nun zeigen, dass die Exponenten beliebig erweitert oder gekürzt werden können.

Satz

> Für alle $a \in \mathbb{R}^{>0}$, $m \in \mathbb{Z}$ und $n, k \in \mathbb{N}^*$ gilt:
>
> $a^{\frac{m}{n}} = a^{\frac{m \cdot k}{n \cdot k}}$.

Beweis:

$$\begin{aligned} x = a^{\frac{m}{n}} &\Leftrightarrow x^n = a^m \wedge x > 0 \\ &\Leftrightarrow (x^n)^k = (a^m)^k \wedge x > 0 \\ &\Leftrightarrow x^{n \cdot k} = a^{m \cdot k} \wedge x > 0 \\ &\Leftrightarrow x = a^{\frac{m \cdot k}{n \cdot k}}, \text{ also } a^{\frac{m}{n}} = a^{\frac{m \cdot k}{n \cdot k}}. \end{aligned}$$

Aus der obigen Definition für $a^{\frac{m}{n}}$ ergibt sich der folgende

Satz

> Für alle $a \in \mathbb{R}^{>0}$, $m \in \mathbb{Z}$ und $n \in \mathbb{N}^*$ gilt:
>
> $(a^m)^{\frac{1}{n}} = a^{\frac{m}{n}}$

Beweis:

$$\begin{aligned} x = (a^m)^{\frac{1}{n}} &\Leftrightarrow x^n = a^m \wedge x > 0 \\ &\Leftrightarrow x = a^{\frac{m}{n}}, \text{ also } (a^m)^{\frac{1}{n}} = a^{\frac{m}{n}}. \end{aligned}$$

Wir haben oben definiert, dass $a^{\frac{1}{2}}$ $(n = 2)$ die nicht-negative Lösung der Gleichung $x^2 = a$ $(a \in \mathbb{R}^{\geqq 0})$ sein soll. Im Abschnitt 9.2 haben wir diese Lösung auch mit $\sqrt{a}$ bezeichnet.

Es gilt also:

$a^{\frac{1}{2}} = \sqrt{a}$, demnach ist $a^{\frac{1}{2}}$ nur eine andere Schreibweise für $\sqrt{a}$. Die bisher eingeführte Schreibweise für Quadratwurzeln legt es nun nahe, den Wurzelbegriff mit Hilfe des Potenzbegriffs in der folgenden Weise zu verallgemeinern:

Definition

> $\sqrt[n]{a} = a^{\frac{1}{n}}$ für $a \in \mathbb{R}^{\geqq 0}$ und $n \in \mathbb{N}^*$

$\sqrt[n]{a}$ lesen wir so: „*n*-te Wurzel aus *a*“.

n heißt der **„Wurzelexponent“**, *a* der **„Radikand“**.

Im Falle $n = 2$ schreiben wir den Wurzelexponenten nicht hin, also statt $\sqrt[2]{a}$ wie bisher $\sqrt{a}$.

Beispiele

$\sqrt[4]{7} = 7^{\frac{1}{4}}$, $\sqrt[6]{10} = 10^{\frac{1}{6}}$, $\sqrt[17]{100} = 100^{\frac{1}{17}}$

Noch allgemeiner können wir wie folgt definieren:

Definition

> $\sqrt[n]{a^m} = a^{\frac{m}{n}}$ für $a \in \mathbb{R}^{>0}$, $m \in \mathbb{Z}$ und $n \in \mathbb{N}^*$

Beispiele

$\sqrt[8]{3^5} = 3^{\frac{5}{8}}$, $\sqrt[3]{2^{-7}} = 2^{\frac{-7}{3}}$, $\sqrt{5^{11}} = 5^{\frac{11}{2}}$

Den oben bewiesenen Satz für das Erweitern bzw. Kürzen von Exponenten formulieren wir zum Abschluss dieses Abschnitts in Wurzelschreibweise:

> $\sqrt[n]{a^m} = \sqrt[n \cdot k]{a^{m \cdot k}}$

Aufgaben zu 10.2

1. Geben Sie jeweils eine Gleichung an, die die vorgegebene Potenz als Lösung hat ($G = \mathbb{R}$)!

   Beispiel: $2^{\frac{1}{3}}$;

   Gleichung: $x^3 = 2$

   a) $3^{\frac{1}{4}}$ b) $2^{\frac{1}{7}}$ c) $5^{-\frac{1}{3}}$ d) $4^{\frac{2}{5}}$ e) $\left(\frac{2}{5}\right)^{\frac{1}{6}}$

   f) $11^{-\frac{5}{9}}$ g) $\left(\frac{1}{8}\right)^{-\frac{4}{7}}$ h) $3^{\frac{5}{15}}$ i) $2^{-\frac{99}{100}}$ j) $4^{-\frac{12}{11}}$

2. Bestimmen Sie die Lösungsmenge ($G = \mathbb{R}$)! Notieren Sie dabei die Lösungen in Potenzschreibweise!

   a) $x^2 = 3$ b) $x^3 = 7$ c) $x^4 = 9$ d) $x^5 = 2^4$

   e) $x^6 = 3^5$ f) $x^7 = 4^{-3}$ g) $x^8 = 3^{-5}$ h) $x^9 = 6^{-}$

   i) $x^{10} = 5^{-\frac{2}{3}}$ j) $x^3 = \frac{1}{3^4}$ k) $x^4 = \frac{1}{2^5}$ l) $x^2 = 4^{-}$

3. Schreiben Sie mit Hilfe Ihres TR als Dezimalzahl (Näherungswert)!

   a) $2^{\frac{1}{10}}$ b) $3^{\frac{2}{5}}$ c) $4^{\frac{1}{8}}$ d) $5^{\frac{1}{4}}$ e) $6^{\frac{1}{3}}$

   f) $7^{\frac{1}{6}}$ g) $8^{\frac{3}{4}}$ h) $9^{-\frac{1}{3}}$ i) $10^{\frac{3}{2}}$ j) $(1{,}5)$

   k) $(0{,}7)^{\frac{1}{4}}$ l) $(3{,}9)^{\frac{7}{9}}$ m) $(8{,}5)^{-\frac{3}{8}}$ n) $(6{,}6)^{-\frac{7}{11}}$ o) $\pi^{-\frac{8}{9}}$

   p) $(2{,}08)^{-\frac{11}{51}}$

4. Schreiben Sie mit Hilfe einer Wurzel!

   a) $2^{\frac{1}{5}}$ b) $3^{\frac{1}{7}}$ c) $5^{\frac{1}{2}}$ d) $2^{\frac{3}{7}}$ e) $4^{\frac{2}{9}}$

   f) $3^{-\frac{5}{8}}$ g) $7^{-\frac{2}{3}}$ h) $8^{-\frac{5}{9}}$ i) $\left(\frac{1}{3}\right)^{\frac{2}{11}}$ j) $\left(\frac{1}{4}\right)^{-\frac{3}{5}}$

5. Schreiben Sie als Potenz mit rationalem Exponenten!

   a) $\sqrt[3]{7}$ b) $\sqrt[5]{6}$ c) $\sqrt[4]{10}$ d) $\sqrt{5}$ e) $\sqrt[7]{3^2}$

   f) $\sqrt[6]{4^{-7}}$ g) $\sqrt[8]{9^{-7}}$ h) $\sqrt[7]{\frac{1}{32}}$ i) $\sqrt[3]{\frac{1}{9}}$ j) $\sqrt[5]{\frac{1}{8}}$

   k) $\sqrt[7]{\frac{1}{16}}$ l) $\sqrt[10]{\frac{1}{512}}$ m) $\sqrt[2]{\frac{2}{7}}$ n) $\sqrt[11]{2{,}9}$ o) $\sqrt[13]{0{,}04}$

6. Geben Sie in Potenz- und Wurzelschreibweise die positive Lösung der Gleichung an ($G = \mathbb{R}$)!

   a) $x^3 = 4$ b) $x^4 = 8$ c) $x^5 = 10$ d) $x^4 = 2^3$ e) $x^5 = 3^4$

   f) $x^6 = 4^{-2}$ g) $x^7 = 3^{-4}$ h) $x^8 = 6^{-3}$ i) $x^9 = 5^{-\frac{2}{3}}$ j) $x^4 = \frac{1}{3^5}$

   k) $x^3 = \frac{1}{2^4}$ l) $x^2 = 5^{-6}$ m) $x^3 - 7 = 0$ n) $x^5 = 1024$

7. Schreiben Sie mit Hilfe Ihres TR als Dezimalzahl (Näherungswert)!

   a) $\sqrt[3]{5}$ b) $\sqrt[6]{7}$ c) $\sqrt[5]{11}$ d) $\sqrt[4]{6}$ e) $\sqrt[7]{10}$

   f) $\sqrt[8]{4^{-5}}$ g) $\sqrt[9]{10^{-7}}$ h) $\sqrt[6]{\frac{1}{33}}$ i) $\sqrt[4]{\frac{1}{10}}$ j) $\sqrt[5]{\frac{12}{95}}$

   k) $\sqrt[8]{\frac{3}{17}}$ l) $\sqrt[100]{100}$ m) $\sqrt[11]{0{,}8^7}$

8. Erweitern Sie auf gleiche Wurzelexponenten!

Beispiel: $\sqrt{5}$; $\sqrt[3]{5}$

$\sqrt{5} = \sqrt[2\cdot3]{5^3} = \sqrt[6]{125}$

$\sqrt[3]{5} = \sqrt[2\cdot3]{5^2} = \sqrt[6]{25}$

a) $\sqrt[4]{3}$; $\sqrt[5]{3^4}$ b) $\sqrt{3}$; $\sqrt[5]{7}$ c) $\sqrt[4]{5}$; $\sqrt[8]{3^3}$ d) $\sqrt[6]{5}$; $\sqrt[7]{64}$ e) $\sqrt[5]{9}$; $\sqrt[6]{36}$ f) $\sqrt[b]{u^5}$; $\sqrt[5]{v^2}$

9. Vereinfachen Sie so weit wie möglich!

Beispiel: $\sqrt[8]{5^{16}} = 5^{\frac{16}{8}} = 5^2 = 25$

a) $\sqrt[8]{4^6}$ b) $\sqrt[21]{23^7}$ c) $\sqrt[3]{7^9}$ d) $\sqrt[a]{u^{4a}}$ e) $\sqrt[8]{19^4}$

f) $\sqrt[15]{32^{10}}$ g) $\sqrt[2u]{v^{12u}}$ h) $\sqrt[24]{v^{18}}$ i) $\sqrt[12u]{27^{4u}}$ j) $\sqrt[7u]{5^{-42u}}$

10. Zur näherungsweisen Berechnung von $\sqrt[3]{a}$ $(a \in \mathbb{R}^{>0})$ kann man die Rekursionsformel

$$x_{n+1} = \frac{1}{3}\left(2x_n + \frac{a}{x_n^2}\right) \quad (n \in \mathbb{N})$$

benutzen.

a) Leiten Sie die Rekursionsformel her, indem Sie einen Quader mit dem Volumen a (gesucht ist die Lösung der Gleichung $x^3 = a$), quadratischer Grundfläche mit der Seitenlänge x_0 (x_0 grober Näherungswert für $\sqrt[3]{a}$) und der Höhe $\frac{a}{x_0^2}$ betrachten! Dividieren Sie die Summe der Längen der Kanten dieses Quaders durch die Anzahl der Kanten!

b) Berechnen Sie jeweils mit der Rekursionsformel einen Näherungswert (TR-Genauigkeit) für

$\sqrt[3]{2}$, $\sqrt[3]{3}$, $\sqrt[3]{10}$, $\sqrt[3]{100}$, $\sqrt[3]{7{,}9}$!

11. Ein Würfel hat ein Volumen von 550 cm^3. Berechnen Sie seine Kantenlänge!

12. Eine Kugel hat ein Volumen von 1 dm^3. Berechnen Sie ihren Radius in cm $\left(V = \frac{4\pi}{3} r^3,\ r \text{ Radius der Kugel}\right)$!

10.3 Gesetze für das Rechnen mit Potenzen und Wurzeln

In diesem Abschnitt stellen wir die wichtigsten Gesetze für das Rechnen mit Potenzen (jetzt mit gebrochenen Exponenten) und Wurzeln zusammen. Beispielhaft beweisen wir eines dieser Gesetze. Auf die Beweise der anderen Gesetze verzichten wir hier. Nach der Formulierung eines Satzes in Potenzschreibweise schreiben wir jeweils das gleiche Gesetz noch einmal mit Hilfe von Wurzeln auf.

1. Potenzgesetz

Für alle $a \in \mathbb{R}^{>0}$, $m, p \in \mathbb{Z}$ und $n, q \in \mathbb{N}^*$ gilt:

$$a^{\frac{m}{n}} \cdot a^{\frac{p}{q}} = a^{\frac{m}{n} + \frac{p}{q}} = a^{\frac{mq + np}{nq}}$$

Beweis: Für positive a, x, y gilt:

$x = a^{\frac{m}{n}} \Leftrightarrow x^n = a^m$ und $y = a^{\frac{p}{q}} \Leftrightarrow y^q = a^p$.

Potenzieren auf beiden Seiten der Gleichungen $x^n = a^m$ und $y^q = a^p$ mit q bzw. n ergibt:

$(x^n)^q = (a^m)^q \Leftrightarrow \boxed{x^{nq} = a^{mq}}$

und

$(y^q)^n = (a^p)^n \Leftrightarrow \boxed{y^{qn} = a^{pn}}$

(jeweils Benutzung des 3. Potenzgesetzes für ganzzahlige Exponenten).

Multiplikation der jeweils linken bzw. rechten Seiten der eingerahmten Gleichungen führt zu:

$x^{nq} \cdot y^{nq} = a^{mq} \cdot a^{np} \Leftrightarrow (x \cdot y)^{nq} = a^{mq+np}$

(Anwendung des 2. und des 1. Potenzgesetzes für ganzzahlige Exponenten).

Damit erhalten wir wegen $a > 0$ und $x \cdot y > 0$:

$$a^{\frac{m}{n}} \cdot a^{\frac{p}{q}} = x \cdot y = a^{\frac{mq+np}{nq}} = a^{\frac{m}{n}+\frac{p}{q}}$$

Der Beweis für die Behauptung ist erbracht.

Wie angekündigt, nun die Formulierung des 1. Potenzgesetzes in Wurzelschreibweise:

$$\sqrt[n]{a^m} \cdot \sqrt[q]{a^p} = \sqrt[nq]{a^{mq+np}}$$

speziell für $m = p = 1$:

$$\sqrt[n]{a} \cdot \sqrt[q]{a} = \sqrt[nq]{a^{n+q}} \quad \text{bzw.} \quad a^{\frac{1}{n}} \cdot a^{\frac{1}{q}} = a^{\frac{q+n}{n \cdot q}}$$

2. Potenzgesetz

Für alle $a, b \in \mathbb{R}^{>0}$; $m \in \mathbb{Z}$ und $n \in \mathbb{N}^*$ gilt:

$$(a \cdot b)^{\frac{m}{n}} = a^{\frac{m}{n}} \cdot b^{\frac{m}{n}} \quad \text{bzw.} \quad \sqrt[n]{(a \cdot b)^m} = \sqrt[n]{a^m} \cdot \sqrt[n]{b^m}$$

speziell für $m = 1$:

$$(a \cdot b)^{\frac{1}{n}} = a^{\frac{1}{n}} \cdot b^{\frac{1}{n}} \quad \text{bzw.} \quad \sqrt[n]{a \cdot b} = \sqrt[n]{a} \cdot \sqrt[n]{b}$$

3. Potenzgesetz

Für alle $a \in \mathbb{R}^{>0}$; $m, p \in \mathbb{Z}$ und $n, q \in \mathbb{N}^*$ gilt:

$$\left(a^{\frac{m}{n}}\right)^{\frac{p}{q}} = a^{\frac{m \cdot p}{n \cdot q}} \quad \text{bzw.} \quad \sqrt[q]{\left(\sqrt[n]{a^m}\right)^p} = \sqrt[n \cdot q]{a^{m \cdot p}}$$

speziell für $m = p = 1$:

$$\left(a^{\frac{1}{n}}\right)^{\frac{1}{q}} = a^{\frac{1}{n \cdot q}} \quad \text{bzw.} \quad \sqrt[q]{\sqrt[n]{a}} = \sqrt[nq]{a}$$

4. Potenzgesetz

Für alle $a \in \mathbb{R}^{>0}$; $m, p \in \mathbb{Z}$ und $n, q \in \mathbb{N}^*$ gilt:

$$a^{\frac{m}{n}} : a^{\frac{p}{q}} = a^{\frac{m}{n}-\frac{p}{q}} = a^{\frac{mq-np}{n \cdot q}} \quad \text{bzw.} \quad \sqrt[n]{a^m} : \sqrt[q]{a^p} = \sqrt[nq]{a^{mq-np}}$$

speziell für $m = p = 1$:

$$a^{\frac{1}{n}} : a^{\frac{1}{q}} = a^{\frac{1}{n}-\frac{1}{q}} = a^{\frac{q-n}{n \cdot q}} \quad \text{bzw.} \quad \sqrt[n]{a} : \sqrt[q]{a} = \sqrt[n \cdot q]{a^{q-n}}$$

5. Potenzgesetz

Für alle $a, b \in \mathbb{R}^{>0}$; $m \in \mathbb{Z}$ und $n \in \mathbb{N}^*$ gilt:

$$a^{\frac{m}{n}} : b^{\frac{m}{n}} = (a : b)^{\frac{m}{n}} \quad \text{bzw.} \quad \sqrt[n]{a^m} : \sqrt[n]{b^m} = \sqrt[n]{(a : b)^m}$$

speziell für $m = 1$:

$$a^{\frac{1}{n}} : b^{\frac{1}{n}} = (a : b)^{\frac{1}{n}} \quad \text{bzw.}$$

$$\sqrt[n]{a} : \sqrt[n]{b} = \sqrt[n]{a : b} \quad \text{oder} \quad \frac{\sqrt[n]{a}}{\sqrt[n]{b}} = \sqrt[n]{\frac{a}{b}}$$

Aufgaben zu 10.3

1. Vereinfachen Sie die folgenden Terme ($a, q, \ldots \in \mathbb{R}_+$)!

a) $\sqrt[4]{256a^4}$ b) $\sqrt[4]{\frac{16}{625}u^4v^4}$ c) $\sqrt[3]{\frac{27(uv)^6}{216w^3}}$ d) $\frac{11uv}{3w}\sqrt[4]{\frac{81w^4}{625u^4}}$

e) $\sqrt[12]{x^4x^3}$ f) $y^3\cdot x\sqrt[n]{x^{2n}}$ g) $\sqrt[n]{x^0}$ h) $\frac{2}{9}\sqrt[4]{81x^4}$

i) $\sqrt[4]{\frac{256x^4y^8}{625u^8v^4}}$ j) $\sqrt[5]{\frac{55q^{15}r^0}{625s^{10}}}$ k) $\left(\sqrt[3]{\frac{27x^9\,64y}{512z^3}}\right)^2$ l) $\sqrt[3]{x^3+3x^2y+3xy^2+y^3}$

2. Vereinfachen Sie die folgenden Terme ($u, v, \ldots \in \mathbb{R}_+$)!

a) $\sqrt[3]{216}$ b) $\sqrt[3]{512}$ c) $\sqrt[4]{704}$ d) $\sqrt[5]{480}$

e) $\sqrt[6]{(x^2y)^3z^6}$ f) $\sqrt[4]{8\cdot x^3y^5z^8}$ g) $\sqrt[4]{81u^{12}v^3}$ h) $\sqrt{(1-x)^5}$

i) $\sqrt[3]{(u-v)^4(u+v)^7}$ j) $\sqrt[3]{u^{3n-9}}$ ($n\in\mathbb{N}^*$) k) $\sqrt[n]{u^{3n+2}}$ ($n\in\mathbb{N}^*$) l) $\sqrt[2n]{4x^{6n-4}}$ ($n\in\mathbb{N}^*$)

3. Vereinfachen Sie und schreiben Sie das Ergebnis mit Hilfe einer Wurzel ($a, b, \ldots \in \mathbb{R}_+$)!

Beispiel: $x^{\frac{1}{3}}\cdot x^{\frac{1}{4}} = x^{\frac{1}{3}+\frac{1}{4}} = x^{\frac{4}{12}+\frac{3}{12}} = x^{\frac{7}{12}} = \sqrt[12]{x^7}$

a) $a^{\frac14}\cdot a^{\frac16}$ b) $u^{\frac56}\cdot u^{-\frac13}$ c) $v^0\cdot v^{-\frac47}$ d) $s^2 : s^{\frac34}$

e) $p^{\frac34} : p^{-\frac27}$ f) $q^{\frac13} : q^{\frac56}$ g) $t^4 : t^{0,25}$ h) $u^{\frac15}\cdot v^{\frac15}$

i) $b^{\frac38}\cdot c^{0,375}$ j) $p^{\frac35}\cdot q^{4,2}$ k) $(x^7)^{\frac{2}{21}}$ l) $(a^{-\frac13})^{\frac67}$

m) $(u^{-7})^{-\frac{3}{28}}$ n) $(v^{\frac34})^{-\frac23}$ o) $(p^4\cdot q^3)^{-\frac12}$ p) $(6x^{-3}y^{18})^{-\frac56}$

4. Vereinfachen Sie ($x, y, \ldots \in \mathbb{R}_+$)!

a) $9p\sqrt[5]{x}+4\sqrt[5]{x}-4p\sqrt[5]{x}-7\sqrt[5]{x}$ b) $(3\sqrt{5}+7\sqrt[4]{x}-5y\sqrt[4]{z}+4\sqrt{3})-(0{,}5\sqrt[4]{x}+\frac{1}{8}\sqrt{3}-7y\sqrt[4]{z}+3\sqrt{5})$

c) $3\cdot\sqrt[4]{48}+2\cdot\sqrt[4]{512}-4\sqrt{2}+4\cdot\sqrt[4]{243}-\sqrt[4]{1250}$ d) $\sqrt{\frac{5}{16}}+3\sqrt[4]{\frac{7}{16}}-6\sqrt[4]{\frac{7}{81}}-\sqrt{\frac{5}{9}}$

e) $\sqrt{9v^2u}+\sqrt[3]{81v^3u}-\sqrt{4v^2u}-\sqrt[3]{192v^3u}$ f) $\sqrt[4]{8}\cdot\sqrt[4]{2}$ g) $\sqrt[3]{64}\cdot\sqrt[3]{3}$

h) $\sqrt[4]{3}\cdot\sqrt[4]{4}\cdot\sqrt[4]{27}$ i) $\sqrt[3]{16v^2u^2}\,\sqrt[3]{4v}$ j) $\sqrt[3]{5x}\cdot\sqrt[3]{25x^2}$

k) $\sqrt[3]{t}\cdot\sqrt[3]{24\cdot t}\cdot\sqrt[3]{40t}$ l) $\sqrt[4]{p^3q^2} : \sqrt[4]{p^2q^2}$ m) $\sqrt[n]{x^{n+3}} : \sqrt[n]{x^3}$ ($n\in\mathbb{N}^*$)

n) $\sqrt[6]{27(u+v)^8} : \sqrt[6]{3(u+v)^2}$ o) $\sqrt[n]{x^{n-3}} : \sqrt[n]{x^{n+3}}$ ($n\in\mathbb{N}^*$) p) $\sqrt[4]{p^3y} : \sqrt[4]{\frac{y^5}{p}}$

q) $\sqrt[5]{r-s} : \sqrt[5]{\frac{1}{(r-s)^4}}$ r) $\sqrt{5}\cdot\sqrt[6]{5}$ s) $\sqrt{3}\cdot\sqrt[3]{9}$

t) $3\cdot\sqrt[3]{16}\cdot\sqrt[4]{512}$ u) $\sqrt[3]{3}\cdot\sqrt{5}\cdot\sqrt[4]{7}$ v) $\sqrt{2}\cdot\sqrt[8]{4}\cdot\sqrt[6]{6}$

w) $\sqrt[3]{3}\cdot\sqrt[4]{4}\cdot\sqrt[5]{5}$ x) $\sqrt[3]{x^5}\cdot\sqrt[4]{x^7}\cdot\sqrt[6]{x^{11}}$ y) $\sqrt{\frac{1}{x}}\cdot\sqrt[3]{x}\cdot\sqrt[4]{\frac{1}{x^2}}$

5. Vereinfachen Sie!

a) $\sqrt[4]{x^3y^5}\cdot\sqrt[3]{x^4y^2}$ b) $\sqrt[3]{16}+\sqrt[3]{54}-\sqrt[3]{128}$ c) $(3+\sqrt[3]{3}-\sqrt[4]{9})\cdot\sqrt[3]{9}$

d) $(\sqrt{3}+\sqrt[3]{2}-3\sqrt[4]{3})\cdot\sqrt{12}$ e) $(\sqrt{2}+\sqrt[3]{3})(3+\sqrt[3]{6})$ f) $(\sqrt[3]{5}+\sqrt[3]{2})(\sqrt{5}-\sqrt{2})$

g) $\sqrt{2} : \sqrt[4]{2}$ h) $\sqrt[3]{5} : \sqrt[9]{3}$ i) $\sqrt[3]{18} : \sqrt[4]{24}$

j) $\sqrt[5]{9} : \sqrt[4]{3}$ k) $\sqrt[4]{60} : \sqrt{5}$ l) $\sqrt[3]{25} : (4\sqrt{5})$

m) $\sqrt[3]{x^3y^2z} : \sqrt[4]{x^4y^3z}$ n) $(15\sqrt[3]{uv^2w^3}) : (3\sqrt[7]{u^2v^5w^8})$ o) $(6\sqrt[4]{a^9b^6}) : (3\sqrt{a^2b^3})$

p) $(\sqrt{12}+\sqrt[3]{8}+\sqrt[4]{6}) : (4\sqrt{2})$ q) $(6+3\sqrt{6}-\sqrt[3]{15}) : \sqrt{6}$

6. Vereinfachen Sie!

a) $(\sqrt[4]{3})^5$	b) $(\sqrt[n]{x})^{3n}$	c) $(4^{0,5})^6$	d) $(7^3)^{\frac{1}{5}}$
e) $(4^{0,25})^{10}$	f) $(\sqrt[4]{u})^{4m}$	g) $(\sqrt[6]{14^4})^3$	h) $(4\sqrt{5})^3$
i) $(3\cdot\sqrt[4]{18})^2$	j) $(\sqrt{x})^{-2}$	k) $(5^{-\frac{3}{4}})^4$	l) $\sqrt{\sqrt[5]{m^2}}$
m) $\sqrt[3]{\sqrt{64}}$	n) $\sqrt[4]{\sqrt{a^{-8}}}$	o) $\sqrt[4]{\sqrt[3]{u^4\cdot v^{16}}}$	p) $\sqrt[4]{\sqrt[4]{81}}$
q) $\sqrt{\sqrt[4]{5(u+v)^6}}$	r) $\sqrt[6]{125}$	s) $\sqrt[4n]{x^4}$	t) $\sqrt[3n]{y^{-n}}$
u) $\sqrt[6]{z^9}$	v) $\sqrt[8]{16u^2v^6}$	w) $\sqrt{3\cdot\sqrt[3]{27}}$	x) $\sqrt{6\cdot\sqrt[4]{6}}$

7. Vereinfachen Sie!

a) $\sqrt[3]{2\sqrt[4]{4}}$	b) $\sqrt{x\sqrt[4]{x^3}}$	c) $\sqrt[3]{y\sqrt[4]{y^3}}$	d) $\sqrt[4]{u^3\sqrt{v}}$
e) $\sqrt{3\sqrt{3\sqrt{3}}}$	f) $\sqrt[4]{3\sqrt{3\sqrt{3}}}$	g) $\sqrt{\frac{1}{3}\sqrt[3]{3}}$	h) $\sqrt{2\sqrt{\frac{1}{4}\sqrt{2}}}$
i) $a\sqrt{a^{-1}\sqrt{a^{-1}}}$	j) $\sqrt{\frac{3}{\sqrt{3}}}$	k) $\sqrt[3]{\frac{\sqrt{3}}{6}}$	l) $\sqrt[4]{\frac{x}{\sqrt[3]{y}}}$
m) $(\sqrt[x]{27})^x$	n) $\sqrt[n]{\sqrt[n]{a}}$	o) $\sqrt[2n]{9^n}$	

8. Beweisen Sie die Potenzgesetze Nr. 2 bis Nr. 5 für positive reelle Basen und gebrochene Exponenten!

10.4 Wurzelfunktionen

Im Abschnitt 10.1 haben wir uns mit Potenzfunktionen $x \mapsto x^m$, $x \in \mathbb{R}$ bzw. $x \in \mathbb{R}\setminus\{0\}$ ($m \in \mathbb{Z}$) beschäftigt. Dabei konnten wir zu diesem Zeitpunkt für m nur ganze Zahlen zulassen. Nachdem wir mittlerweise Potenzen mit gebrochenen Exponenten definiert haben, können wir auch Potenzfunktionen betrachten, bei denen der Exponent eine gebrochene (nicht ganze) Zahl ist. Entsprechend den Überlegungen in 10.2 lassen wir als (größtmögliche) Definitionsmengen für solche Potenzfunktionen $\mathbb{R}^{\geqq 0}$ bzw. $\mathbb{R}^{>0}$ zu. Dass es bei ungeradem Nenner des Exponenten durchaus möglich wäre, die Definitionsmenge auf ganz $\mathbb{R}$ auszuweiten, erwähnen wir ausdrücklich.

Wir beschränken uns hier darauf, zwei **Beispiele** zu betrachten:

$$\text{f: } x \mapsto x^{\frac{1}{2}},\ x \in \mathbb{R}^{\geqq 0} \quad \text{und} \quad \text{g: } x \mapsto x^{\frac{1}{3}},\ x \in \mathbb{R}^{\geqq 0}.$$

Statt $\text{f}(x) = x^{\frac{1}{2}}$ bzw. $\text{g}(x) = x^{\frac{1}{3}}$ können wir mit Hilfe von Wurzeln auch schreiben:

$$\text{f}(x) = \sqrt{x} \quad \text{bzw.} \quad \text{g}(x) = \sqrt[3]{x}.$$

In den Abb. 10.8 und 10.9 sind die Graphen von f und g dargestellt.

In Abb. 10.8 ist außerdem der Graph zur Funktion mit der Gleichung $y = x^2$, $x \in \mathbb{R}^{\geqq 0}$ eingezeichnet. Abb. 10.8 macht deutlich (die Graphen liegen spiegelbildlich zur ersten Winkelhalbierenden), dass die beiden Funktionen zu $y = x^2$, $x \in \mathbb{R}^{\geqq 0}$ und $y = \sqrt{x}$, $x \in \mathbb{R}^{\geqq 0}$ wechselseitig Umkehrfunktionen voneinander sind ($y = x^2 \wedge x \geqq 0 \Leftrightarrow x = \sqrt{y}$).

Beachten Sie, dass die Funktion mit der Gleichung $y = x^2$ und der Definitionsmenge $\mathbb{R}$ **keine** Umkehrfunktion besitzt!

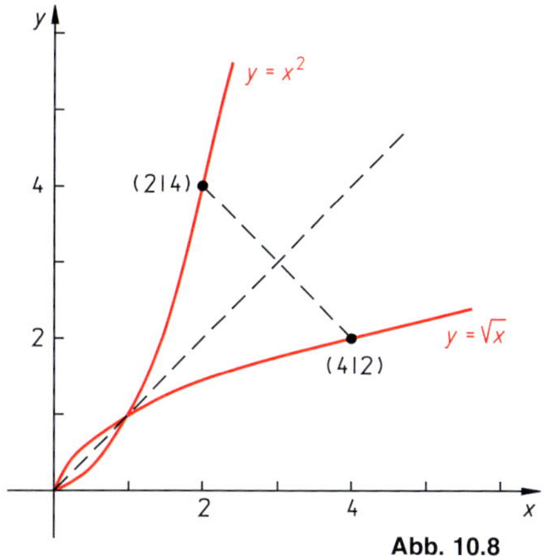

Abb. 10.8

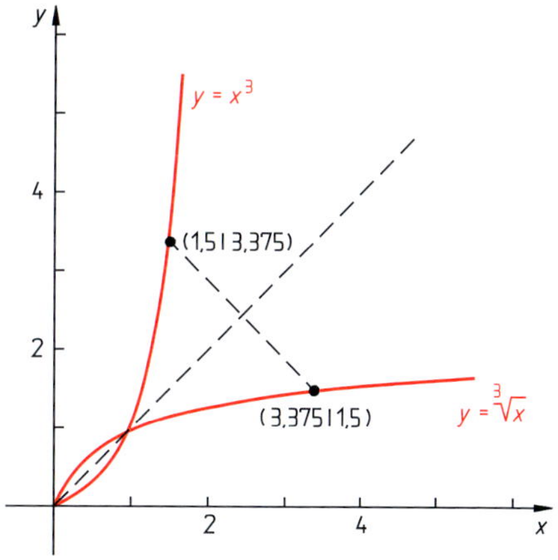

Abb. 10.9

In Abb. 10.9 ist zusätzlich der Graph zur Funktion mit der Gleichung $y = x^3$, $x \in \mathbb{R}^{\geqq 0}$ eingezeichnet. Abb. 10.9 macht deutlich, dass die beiden Funktionen zu $y = x^3$, $x \in \mathbb{R}^{\geqq 0}$ und $y = \sqrt[3]{x}$, $x \in \mathbb{R}^{\geqq 0}$ wechselseitig Umkehrfunktionen voneinander sind ($y = x^3 \Leftrightarrow x = \sqrt[3]{y}$).

Aufgaben zu 10.4

1. Bestimmen Sie die größtmögliche Definitionsmenge ($G = \mathbb{R}$) und zeichnen Sie den Graphen der zugehörigen Funktion mit Hilfe einer Wertetabelle!

   a) $y = \sqrt{x} + 4$ b) $y = \sqrt[3]{x} - 2$ c) $y = -\sqrt{x+8}$ d) $y = \sqrt[3]{x-2}$

   e) $y = 3 \cdot \sqrt[4]{x} - 5$ f) $y = \sqrt[4]{x^2 - 1} + 2$ g) $y = \sqrt{2x^3} - 8$ h) $y = \frac{1}{2}\sqrt[5]{2x-3} - 1$

Ermitteln Sie jeweils Term und Definitionsmenge der Umkehrfunktion!

Beispiel: f: $x \mapsto \sqrt[5]{x}$, $x \in \mathbb{R}^{\geqq 0}$
$y = \sqrt[5]{x} \Leftrightarrow x = y^5$
Term der Umkehrfunktion: $f^U(x) = x^5$, $D = \mathbb{R}^{\geqq 0}$

2. f: $x \mapsto \sqrt[7]{x}$, $x \in \mathbb{R}^{\geqq 0}$
3. f: $x \mapsto \sqrt[4]{x}$, $x \in \mathbb{R}^{\geqq 0}$
4. f: $x \mapsto 3x^3$, $x \in \mathbb{R}^{\geqq 0}$
5. f: $x \mapsto 2x^6$, $x \in \mathbb{R}^{\geqq 0}$
6. f: $x \mapsto 2\sqrt[6]{x}$, $x \in \mathbb{R}^{\geqq 0}$
7. f: $x \mapsto \sqrt{x} + 2$, $x \in \mathbb{R}^{\geqq 0}$
8. f: $x \mapsto \sqrt[3]{x^2} - 5$, $x \in \mathbb{R}^{\geqq 0}$
9. f: $x \mapsto \frac{1}{3}x^5$, $x \in \mathbb{R}^{\geqq 0}$
10. f: $x \mapsto -2\sqrt[3]{x} + 8$, $x \in \mathbb{R}^{\geqq 0}$
11. f: $x \mapsto 2\sqrt{x-3}$, $x \in \mathbb{R}^{\geqq 3}$
12. f: $x \mapsto -\frac{1}{2}\sqrt[3]{x+3}$, $x \in \mathbb{R}^{\geqq -3}$
13. f: $x \mapsto 2\sqrt{2x^3}$, $x \in \mathbb{R}^{\geqq 0}$

14. Geben Sie jeweils eine Wurzelfunktion f mit $f(x) = \sqrt[n]{x}$, $x \in \mathbb{R}^{\geqq 0}$ ($n \in \mathbb{N}^*$) so an, dass der angegebene Punkt zum Graphen von f gehört!

    a) (8 | 2) b) (16 | 4) c) (32 | 2) d) (9 | 3)

    e) $(\frac{1}{27} \mid \frac{1}{3})$ f) $(\frac{1}{64} \mid \frac{1}{2})$ g) (2,25 | 1,5) h) (1024 | 2)

15. Zeichnen Sie den Graphen der folgenden Funktion f!

$$f(x) = \begin{cases} \sqrt{x} + 1 & \text{für } 0 \leqq x \leqq 2 \\ \sqrt[3]{x} - 1 & \text{für } 2 < x \end{cases}$$

10.5 Wurzelgleichungen

Gleichungen, in denen Wurzelterme (die Variable tritt unter dem Wurzelzeichen auf) vorkommen, nennt man Wurzelgleichungen. Z.B. ist $3 \cdot \sqrt[3]{x+6} = 2 \cdot \sqrt[4]{2x+5}$ eine Wurzelgleichung. Zur Vereinfachung wollen wir uns hier ausschließlich mit Wurzelgleichungen beschäftigen, in denen nur Quadratwurzeln vorkommen, also mit **Quadratwurzel**gleichungen. Am Ende des Aufgabenteils zu 10.5 sind auch andere Wurzelgleichungen zu finden.

Beispiele

1. $10 + \sqrt{x} = 6$
2. $3 \cdot \sqrt{8x - 15} = x + 6$
3. $\sqrt{3x+2} = \sqrt{x-4}$
4. $\sqrt{x^2+6} + \sqrt{x^2-3} = 3 \cdot \sqrt{x^2+6}$
5. $\sqrt{9+4x} + \sqrt{4-x} = \sqrt{6x+1}$

Als Grundmenge legen wir für die Beispiele und für alle Wurzelgleichungen in den Aufgaben die Menge $\mathbb{R}$ zugrunde: $G = \mathbb{R}$.

Wie bei Bruchgleichungen ist es auch bei Wurzelgleichungen – zumindest in nicht zu komplizierten Fällen – günstig, zunächst die Definitionsmenge der jeweiligen Gleichung zu bestimmen.

1. Beispiel: $10 + \sqrt{x} = 6$

Da x unter dem Wurzelzeichen steht, muss $x \geqq 0$ sein, also $D = \mathbb{R}^{\geqq 0}$. Wir isolieren die Wurzel: $\sqrt{x} = 6 - 10$, also $\sqrt{x} = -4$. Die beiden Gleichungen $\sqrt{x} = -4$ und $10 + \sqrt{x} = 6$ sind äquivalent.

Um nun die Lösungsmenge L zu bestimmen, bietet es sich an, beide Seiten der Gleichung $\sqrt{x} = -4$ zu quadrieren. Wir erhalten: $x = (-4)^2 = 16$.

Ist 16 aber eine Lösung der ursprünglichen Gleichung $10 + \sqrt{x} = 6$?

Eine Probe ergibt ($10 + \sqrt{16} = 10 + 4 = 14 \neq 6$), dass dies nicht der Fall ist. Es gilt also: $L = \emptyset$.

Wir sind durch dieses erste Beispiel bereits zum Hauptproblem bei Wurzelgleichungen gekommen:

Merksatz

Das Quadrieren beider Seiten einer Gleichung ist im Allgemeinen **keine** Äquivalenzumformung. Beim Quadrieren können Lösungen hinzukommen.

Dass beim Quadrieren Lösungen hinzukommen können, zeigen wir noch an einem **weiteren Beispiel**:

$x = 5$, $L_1 = \{5\}$; $x^2 = 25$, $L_2 = \{5; -5\}$.

Bei $x^2 = 25$ ist zu der Lösung der Gleichung $x = 5$ noch die Lösung der Gleichung $x = -5$ hinzugekommen.

In unserem Beispiel $10 + \sqrt{x} = 6$ ($L = \emptyset$) ist durch das oben durchgeführte Quadrieren die Lösung der Gleichung $10 - \sqrt{x} = 6$ ($L = \{16\}$) hinzugekommen.

Nach dem Quadrieren müssen wir also stets die Elemente der sich nun ergebenden Lösungsmenge in die Ausgangsgleichung einsetzen, um feststellen zu können, ob beim Quadrieren Elemente zur Lösungsmenge hinzugekommen sind oder nicht. Wir müssen also stets die Probe an der ursprünglichen Gleichung durchführen.

Bei Wurzelgleichungen dient die Probe also nicht nur zur Überprüfung der Richtigkeit der durchgeführten Rechnungen. Die **Probe** ist vielmehr **grundsätzlich erforderlich**, man kann nicht auf sie verzichten. Bei den folgenden Beispielen nehmen wir in unseren Umformungen in Kauf, dass Lösungen zur Lösungsmenge der ursprünglichen Gleichung eventuell hinzukommen. Durch die Probe werden dann die hinzugekommenen Lösungen ermittelt und für die Lösungsmenge der ursprünglichen Gleichung vernachlässigt.

2. Beispiel: $3 \cdot \sqrt{8x-15} = x+6$

Bestimmung der Definitionsmenge:

$8x - 15 \geqq 0 \Leftrightarrow x \geqq \frac{15}{8}$; $D = \mathbb{R}^{\geqq \frac{15}{8}}$

$$\begin{aligned} & 3 \cdot \sqrt{8x-15} = x+6 && \text{Quadrieren} \\ \Rightarrow\ & 9(8x-15) = (x+6)^2 && \text{Ausmultiplizieren} \\ \Rightarrow\ & 72x - 135 = x^2 + 12x + 36 && \text{Ordnen} \\ \Rightarrow\ & x^2 - 60x + 171 = 0 && \text{Lösen der quadratischen Gleichung} \\ \Rightarrow\ & x = 30 + \sqrt{30^2 - 171} \vee x = 30 - \sqrt{729} \\ \Rightarrow\ & x = 30 + 27 \vee x = 30 - 27 \\ \Rightarrow\ & x = 57 \vee x = 3 \end{aligned}$$

3 und 57 gehören zu D.

Proben: $x = 3$:

$$3 \cdot \sqrt{8 \cdot 3 - 15} \stackrel{?}{=} 3 + 6$$
$$3 \cdot \sqrt{9} \stackrel{?}{=} 9$$
$$9 = 9 \quad (w)$$

$x = 57$:

$$3 \cdot \sqrt{8 \cdot 57 - 15} \stackrel{?}{=} 57 + 6$$
$$3 \cdot \sqrt{441} \stackrel{?}{=} 63$$
$$3 \cdot 21 \stackrel{?}{=} 63$$
$$63 = 63 \quad (w)$$

Also gilt: $L = \{3; 57\}$

3. Beispiel: $\sqrt{3x+2} = \sqrt{x-4}$

Bestimmung der Definitionsmenge:

$3x + 2 \geqq 0 \Leftrightarrow x \geqq -\frac{2}{3}$; $x - 4 \geqq 0 \Leftrightarrow x \geqq 4$

$D = \mathbb{R}^{\geqq 4}$

$$\begin{aligned} & \sqrt{3x+2} = \sqrt{x-4} && \text{Quadrieren} \\ \Rightarrow\ & 3x + 2 = x - 4 && \text{Ordnen} \\ \Rightarrow\ & 2x = -6 && \text{Division durch 2} \\ \Rightarrow\ & x = -3 \end{aligned}$$

-3 gehört nicht zu D, also $L = \emptyset$.

Dieses Beispiel zeigt, dass durch die Beseitigung der Quadratwurzeln die neue Gleichung Lösungen haben kann, die nicht zur Definitionsmenge der ursprünglichen Gleichung gehören.

Die Probe für $x = -3$ ergibt im Übrigen:

$$\sqrt{3 \cdot (-3) + 2} \stackrel{?}{=} \sqrt{-3-4}$$
$$\sqrt{-7} = \sqrt{-7}$$

Würden wir also zulassen, dass in der ursprünglichen Gleichung beim Ersetzen von x durch reelle Zahlen auch komplexe Zahlen auftreten dürfen ($\sqrt{-7} = \sqrt{7} \cdot i$), so wäre $x = -3$ durchaus eine Lösung der Gleichung.

4. Beispiel: $\sqrt{x^2+6} + \sqrt{x^2-3} = 3 \cdot \sqrt{x^2+6}$

Bestimmung der Definitionsmenge:

$x^2 + 6 \geqq 0$ für alle $x \in \mathbb{R}$

$x^2 - 3 \geqq 0 \Leftrightarrow x^2 \geqq 3 \Leftrightarrow |x| \geqq \sqrt{3} \Leftrightarrow x \geqq \sqrt{3} \vee x \leqq -\sqrt{3}$

$D = \{x \in \mathbb{R} \mid x \geqq \sqrt{3} \vee x \leqq -\sqrt{3}\}$

$$\begin{aligned} & \sqrt{x^2+6} + \sqrt{x^2-3} = 3 \cdot \sqrt{x^2+6} && \text{Ordnen} \\ \Rightarrow\ & \sqrt{x^2-3} = 2 \cdot \sqrt{x^2+6} && \text{Quadrieren} \\ \Rightarrow\ & x^2 - 3 = 4(x^2+6) && \text{Ausmultiplizieren} \\ \Rightarrow\ & x^2 - 3 = 4x^2 + 24 && \text{Ordnen} \\ \Rightarrow\ & 3x^2 = -27 && \text{Division durch 3} \\ \Rightarrow\ & x^2 = -9 \\ & L = \emptyset \end{aligned}$$

5. Beispiel: $\sqrt{9+4x} + \sqrt{4-x} = \sqrt{6x+1}$

Bestimmung der Definitionsmenge:

(1) $9+4x \geqq 0 \Leftrightarrow 4x \geqq -9 \Leftrightarrow x \geqq -\frac{9}{4}$; $D_1 = \mathbb{R}^{\geqq -\frac{9}{4}}$

(2) $4-x \geqq 0 \Leftrightarrow x \leqq 4$; $D_2 = \mathbb{R}^{\leqq 4}$

(3) $6x+1 \geqq 0 \Leftrightarrow 6x \geqq -1 \Leftrightarrow x \geqq -\frac{1}{6}$; $D_3 = \mathbb{R}^{\geqq -\frac{1}{6}}$

$D = D_1 \cap D_2 \cap D_3 = \{x \in \mathbb{R} \mid -\frac{1}{6} \leqq x \leqq 4\}$

$$\sqrt{9+4x} + \sqrt{4-x} = \sqrt{6x+1}$$) Quadrieren beider Seiten

$$\Rightarrow (9+4x) + 2\cdot\sqrt{9+4x}\cdot\sqrt{4-x} + (4-x) = 6x+1$$) Ordnen

$$\Rightarrow 2\cdot\sqrt{9+4x}\cdot\sqrt{4-x} = 3x-12$$) Quadrieren

$$\Rightarrow 4(9+4x)(4-x) = 9x^2 - 72x + 144$$) Ausmultiplizieren

$$\Rightarrow 4(-4x^2 + 7x + 36) = 9x^2 - 72x + 144$$) Ausmultiplizieren

$$\Rightarrow -16x^2 + 28x + 144 = 9x^2 - 72x + 144$$) Ordnen

$$\Rightarrow 25x^2 - 100x = 0$$) Lösen der quadratischen Gleichung durch Faktorisieren

$$\Rightarrow 25x(x-4) = 0$$

$$\Rightarrow x = 0 \vee x - 4 = 0$$

$$\Rightarrow x = 0 \vee x = 4$$

0 und 4 gehören zu D.

Proben: $x = 0$:

$$\sqrt{9+4\cdot 0} + \sqrt{4-0} \stackrel{?}{=} \sqrt{6\cdot 0+1}$$
$$\sqrt{9} + \sqrt{4} \stackrel{?}{=} \sqrt{1}$$
$$3+2 \stackrel{?}{=} 1$$
$$5 = 1 \quad (\text{f})$$

$x = 4$:

$$\sqrt{9+4\cdot 4} + \sqrt{4-4} \stackrel{?}{=} \sqrt{6\cdot 4+1}$$
$$\sqrt{25} + 0 \stackrel{?}{=} \sqrt{25}$$
$$5 = 5 \quad (\text{w})$$

$L = \{4\}$

Aufgaben zu 10.5

Bestimmen Sie jeweils die Lösungsmenge ($G = \mathbb{R}$; x Lösungsvariable; a, b, … Formvariable)!

1. $\sqrt{x+4} = 5$
2. $3\sqrt{4x-13} = 15$
3. $\frac{3}{4}\sqrt{x+13} = 2$
4. $3 + \sqrt{x-7} = 11$
5. $17 + 3\sqrt{5x-8} = 23$
6. $34 - 6\sqrt{5-2x} = 25$
7. $3 - \sqrt{4x-5} = -2$
8. $4 + \frac{1}{3}\sqrt{x} = 4\frac{1}{3}$
9. $17 + \sqrt{\frac{3x}{7}} = 25$
10. $\frac{5}{9}\sqrt{7x} = 2\frac{1}{3}$
11. $\sqrt{x+3} = \sqrt{2x-4}$
12. $\sqrt{x^2-19} + 4 = x + 2$
13. $5x + \sqrt{x^2+12} = 3 + 2x$
14. $\sqrt{x^2-5x+1} = x + 2$
15. $3 + \sqrt{16x^2-35} = 4x$
16. $\frac{1}{3}\sqrt{x} = 14 - \frac{3}{5}\sqrt{x}$
17. $4\sqrt{x+5} - 25 = 7\sqrt{5+x}$
18. $2\sqrt{3x+0{,}4} = \frac{1}{2}\sqrt{24x+1{,}6}$
19. $3\sqrt{x-1} = \frac{1}{4}\sqrt{x+1}$
20. $3\sqrt{2x+5} = \frac{14x-3}{\sqrt{2x+5}}$
21. $\sqrt{3x+2} + \frac{4}{\sqrt{3x+2}} = \frac{7x}{\sqrt{3x+2}}$
22. $\frac{16}{\sqrt{x}} + 3 = \frac{11}{\sqrt{x}} + 5$
23. $\frac{43}{\sqrt{5x}} - 4 = \frac{25}{\sqrt{5x}}$
24. $\sqrt{\frac{7x-2}{16-2x}} = 3{,}5$
25. $\frac{1}{5}\sqrt{x-25} = \frac{1}{10\sqrt{25-x}}$
26. $\sqrt{x-48} = 12 - \sqrt{x}$
27. $\sqrt{x-3} + 5 = 9 - \sqrt{2-x}$
28. $3\sqrt{16x+5} - 7 = 4\sqrt{9x-11}$
29. $\sqrt{3x-3} - \sqrt{2x-1} = \sqrt{x+3} - \sqrt{x-4}$
30. $\sqrt{x+1} + \sqrt{x+3} = \sqrt{x-2} + \sqrt{x+6}$
31. $4\sqrt{x-5} - 3\sqrt{x+4} = 7\sqrt{x-5} + \sqrt{x+4}$
32. $2\sqrt{x-\frac{1}{2}} - \frac{1}{2}\sqrt{8x+6} = 3\sqrt{2x+\frac{1}{2}}$
33. $3\sqrt{x+3} + 2\sqrt{x-5} = \sqrt{25x-3}$
34. $\sqrt{5x+1} + \sqrt{6x+7} = \sqrt{23x+12}$

35. $\sqrt{1{,}5x-4{,}5}+\sqrt{37{,}5}=\sqrt{121{,}5}-\sqrt{3-1{,}5x}$ 36. $\sqrt{6x-5}=3\sqrt{3}+2$ 37. $(5-\sqrt{x})(6-\sqrt{x})=x+8$

38. $\sqrt{2x-6}+4\sqrt{2}=-\sqrt{4-2x}$ 39. $\sqrt{px+q}=\sqrt{qx+p}$ 40. $6\sqrt{x-p}=9\sqrt{p-x}$ 41. $\sqrt{x+a}=\sqrt{bx-a-1}$

42. $\sqrt{\frac{x-vu}{u}}=u$ 43. $\sqrt{u^2-x}+\sqrt{v^2-x}=u+v$ 44. $\sqrt{x-4}\,(m+n)=(m-n)\sqrt{x+4}$

45. $\sqrt{p-x}+\sqrt{q-x}=\sqrt{p+q}$ 46. $x-3=2\sqrt{x}$ 47. $x+8=6\sqrt{x}$ 48. $3x-6\sqrt{x}+4=0$

49. $(4-\sqrt{x})^2=2(6+\sqrt{x})$ 50. $(\sqrt{x}-3)(\sqrt{x}-11)=5$ 51. $u^2-v\sqrt{x}=x-uv$ 52. $x+q^2=p^2-2q\sqrt{x}$

53. $\sqrt{7x^2+3}+3=4x$ 54. $3\sqrt{x-5}+7x=6(x+1)$ 55. $x+\sqrt{u^2-x^2}=u$ 56. $2\sqrt{6+5x^2}=3\sqrt{6x+3}$

57. $\sqrt{\frac{x+3}{x}}-\sqrt{\frac{x}{x+3}}=\frac{3}{4}$ 58. $\frac{2x-\sqrt{3x-2}}{6}=\frac{3}{2x+\sqrt{3x-2}}$ 59. $\sqrt{3x-2+\sqrt{3x^2+2x-5}}=3$

60. $\sqrt{3x+2}+\sqrt{x-4}=\frac{5}{\sqrt{x-4}}$ 61. $\sqrt{x^2+x+6}=\frac{60}{\sqrt{x^2+x+6}}-4$ 62. $\sqrt{6x+25}=\sqrt{6x-24}+\sqrt{x-99}$

63. $2\sqrt{x+5}+\sqrt{9-3x}=\sqrt{41-3x}$ 64. $\sqrt{5-x}+\sqrt{x-3}=\sqrt{3}$ 65. $\sqrt{u+x}+\sqrt{u-x}=2\sqrt{u}$

66. $\sqrt{u+v-x}+\sqrt{x+u+v}=\sqrt{2u+2v}$ 67. $\sqrt{5x-m^2}=2m+\sqrt{x-m^2}$ 68. $\sqrt{3x-m^3}=m+\sqrt{2x-m^3}$

69. $p\sqrt{x+r}-q\sqrt{r-x}=\sqrt{r(p^2+q^2)}$

Beispiel: $4\sqrt[3]{x+5}=3\sqrt[3]{2x+3}$

Bestimmung der Definitionsmenge:

$x+5\geqq 0 \Leftrightarrow x\geqq -5$

$2x+3\geqq 0 \Leftrightarrow 2x\geqq -3 \Leftrightarrow x\geqq -\frac{3}{2}$

$D=\mathbb{R}^{\geqq -1{,}5}$

$(4\sqrt[3]{x+5})^3=(3\sqrt[3]{2x+3})^3$

$\Rightarrow\quad 4^3(x+5)=3^3(2x+3)$

$\Rightarrow\quad 64(x+5)=27(2x+3)$

$\Rightarrow\quad 64x+320=54x+81$

$\Rightarrow\quad 10x=-239$

$\Rightarrow\quad x=-23{,}9$ $\quad -23{,}9\notin D\Rightarrow L=\emptyset$

70. $\sqrt[3]{x}=3$ 71. $\sqrt[3]{57+\sqrt{12x-5}}=4$ 72. $\sqrt{17+4\sqrt[3]{3x+7}}=3\sqrt{5}$ 73. $\frac{1}{6}\sqrt[3]{7x+6}=\frac{1}{5}\sqrt[3]{4x+5}$

74. $\sqrt[3]{9(x-h)+25}=4$ 75. $5x+\sqrt[3]{25x^2(8\sqrt{3}-5x)}=4\sqrt{3}$ 76. $\sqrt{x-2}=\sqrt[4]{x^2-5x+17}$

77. $\sqrt{14+4\sqrt[3]{5x+7}}=\sqrt{14+\sqrt[3]{98x+115}}$ 78. $2{,}5+1{,}2\sqrt[3]{\frac{5x+7}{4x-7}}=4$ 79. $\sqrt[4]{13+4\sqrt[3]{3x+5}}=3$

80. $\sqrt[3]{2x+\sqrt{5x^2+2x+6}}=2$ 81. $2\sqrt[3]{x+9}=\sqrt[3]{8x-53}+5$

Führen Sie bei den folgenden Aufgaben zur Bestimmung der Lösungsmenge zunächst eine geeignete Substitution durch!

82. $\sqrt{2x+3}+2(2x+3)=55$ (Substitution: $z=\sqrt{2x+3}$)

83. $\sqrt{x+1}+x+1=20$

84. $5-2x+2\sqrt{5-2x}=8$

11 Exponential- und Logarithmusfunktionen

11.1 Exponentielle Wachstums- und Abnahmeprozesse

Wachstum von Algen
Infolge übermäßiger Phosphatabfälle einer Fabrik wird das Algenwachstum in einem See gefördert, in den die Abwässer geleitet werden und der etwa 20 000 m^2 groß ist. Man beginnt, auf das Problem aufmerksam zu werden, als 10 m^2 des Sees mit Algen bedeckt sind. Durch genaue Beobachtung stellt man fest, dass sich die von Algen bedeckte Fläche im Laufe eines Jahres ungefähr verdoppelt. Wie lange dauert es, bis der ganze See bedeckt ist?

Lösung: Wir notieren uns das Wachstum der Algen in einer Tabelle:

Jahr	Fläche (in m^2)
0	10
1	20
2	40
3	80
4	160
5	320
6	640
7	1 280
8	2 560
9	5 120
10	10 240
11	20 480

Abb. 11.1

Antwort: Nach 11 Jahren ist der See ganz mit Algen bedeckt. (Die in der Tabelle angegebene Fläche von 20 480 m^2 wird nicht ganz erreicht, wenn der See nur etwa 20 000 m^2 groß ist.)

An der Tabelle können wir Folgendes erkennen:

1 Jahr weiter – doppelte Fläche
2 Jahre weiter – 4-fache Fläche
3 Jahre weiter – 8-fache Fläche
⋮
10 Jahre weiter – 1024-($\approx$ 1000-)fache Fläche

Merksatz Zu gleich langen Zeiten gehört immer der gleiche Wachstumsfaktor.

Man spricht in einem solchen Fall von **„exponentiellem" Wachstum**.

Graphische Darstellung:

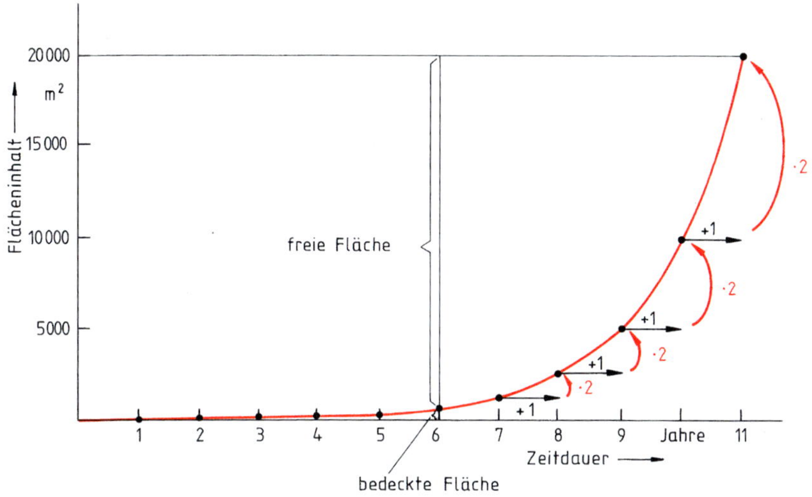

Abb. 11.2

Die Berechnung der bedeckten Fläche kann einfacher mit Zweierpotenzen durchgeführt werden:

1 Jahr weiter:	$10\ m^2 \cdot 2 = 10\ m^2 \cdot 2^1 = 20\ m^2$
2 Jahre weiter:	$10\ m^2 \cdot 2 \cdot 2 = 10\ m^2 \cdot 2^2 = 40\ m^2$
3 Jahre weiter:	$10\ m^2 \cdot 2 \cdot 2 \cdot 2 = 10\ m^2 \cdot 2^3 = 80\ m^2$
⋮	⋮
10 Jahre weiter:	$10\ m^2 \cdot \underbrace{2 \cdot 2 \cdot \ldots \cdot 2}_{\text{(10mal)}} = 10\ m^2 \cdot 2^{10} = 10\,240\ m^2$
11 Jahre weiter:	$10\ m^2 \cdot \underbrace{2 \cdot 2 \cdot \ldots \cdot 2}_{\text{(10mal)}} = 10\ m^2 \cdot 2^{11} = 20\,480\ m^2$

Bezeichnen wir die Zeitdauer mit x und den Flächeninhalt mit y, so können wir die Funktionswerte des gezeichneten Graphen mittels folgender Funktionsgleichung berechnen:

$y = 10 \cdot 2^x$

Die durch diese Gleichung beschriebene Funktion ist eine **Exponentialfunktion** zur Basis 2. Bei Exponentialfunktionen tritt die Variable im Exponenten einer Potenz auf; diese Funktionen werden im nächsten Abschnitt eingehender untersucht.

Beispiel

Abkühlung einer Eisenkugel

Eine Eisenkugel wird in kochendem Wasser auf 100 °C erwärmt und anschließend in Eiswasser (0 °C) getaucht. Bei ihrer Abkühlung werden von Schülern pro Minute folgende Temperaturen gemessen:

Zeit (min)	0	1	2	3	4	5
Temperatur (°C)	100	60	36	21,5	13	8

Nach welcher Zeit wird die Temperatur der Eisenkugel 1 °C sein?

Lösung: Wir prüfen zunächst, ob die Temperatur immer um etwa den gleichen Faktor abnimmt.

$60° : 100° = 0{,}6;$
$36° : 60° = 0{,}6;$
$21{,}5° : 36° \approx 0{,}597 \approx 0{,}6;$
$13° : 21{,}5° \approx 0{,}605 \approx 0{,}6;$
$8° : 13° \approx 0{,}615 \approx 0{,}6.$

Bei diesem Abkühlungsvorgang gilt also auch, daß zu gleichen Zeiten (1 min) der gleiche „Wachstumsfaktor“ (≈ 0,6) gehört. Da es sich um eine Temperatur**abnahme** handelt, ist der Faktor kleiner als 1. Auf diese Weise können wir die Tabelle durch ständiges Multiplizieren mit 0,6 (näherungsweise) so lange fortsetzen, bis wir eine Temperatur von etwa 1 °C erhalten (gerundet auf die 1. Stelle nach dem Komma):

Zeit (min)	0	1	2	3	4	5	6	7	8	9
Temperatur (°C)	100	60	36	21,6	13	7,8	4,7	2,8	1,7	1,0

+1 +1 +1 +3 +3 +5

$\cdot 0{,}6$ $\cdot 0{,}6$ $\cdot 0{,}6$ $\cdot 0{,}6^3$ $\cdot 0{,}6^3$ $\cdot 0{,}6^5$

Antwort: Nach 9 Minuten ist die Eisenkugel auf 1 °C abgekühlt.

Graphische Darstellung:

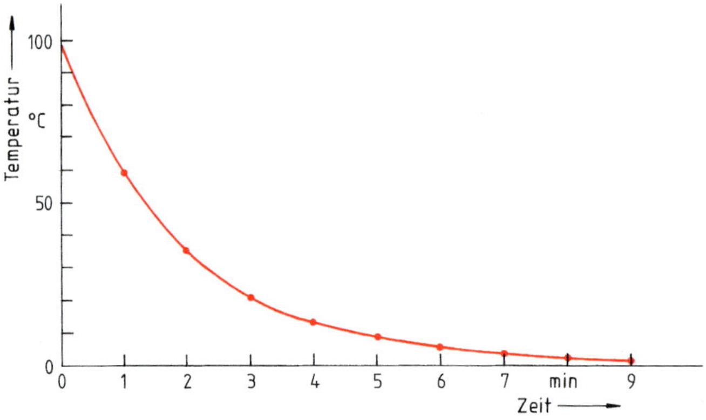

Abb. 11.3

Auch dieser Abkühlungsvorgang kann durch eine Exponentialfunktion beschrieben werden ($x \triangleq$ Zeit, $y \triangleq$ Temperatur):

$y = 100 \cdot 0{,}6^x$

Mit Kenntnis der Funktionsgleichung führt die gestellte Frage zu dem Problem, die Gleichung $100 \cdot 0{,}6^x = 1$ zu lösen. Gleichungen, bei denen die Lösungsvariable im Exponenten auftritt, heißen **Exponentialgleichungen;** sie werden in 11.5 behandelt.

Aufgaben zu 11.1

1. Beantworten Sie für das im Lehrtext angegebene Beispiel 1 (Wachstum von Algen) folgende Fragen:
   a) Welchen Wachstumsfaktor erhält man bei einem Zeitunterschied von fünf (sieben) Jahren?
   b) Nach welcher Zeit etwa hat sich die Fläche jeweils verzehnfacht (verhundertfacht)?
   c) Wie groß wäre die mit Algen bedeckte Fläche nach 12 (15; 20) Jahren, wenn der See dementsprechend größer wäre?
   d) Wie viele Jahre würde es dauern, bis ein See von 100 000 m^2 (1 000 000 m^2) ganz zugewachsen wäre?
2. Vom Erfinder des Schachspiels erzählt man, er habe sich folgende Belohnung gewünscht: Auf das erste der 64 Felder des Schachbretts sollte man ein Reiskorn legen, auf das zweite zwei Reiskörner, auf das dritte vier Reiskörner und auf jedes nachfolgende Feld doppelt so viele Reiskörner wie zuvor.
   a) Schreiben Sie in einer Tabelle die Anzahlen der Reiskörner für die ersten 30 Felder auf!
   b) Berechnen Sie mit Hilfe des TR die Anzahl der Reiskörner auf dem 64. Feld!
   c) Wie können Sie diese Zahl näherungsweise ohne TR erhalten?

3. Eine Bakterienkolonie (anfangs 100 Bakterien) verdreifacht sich im Laufe einer Tages. Stellen sie den Wachstumsprozess für die ersten 10 Tage in einer Tabelle dar!

4. Jede der folgenden Tabellen beschreibt einen exponentiellen Wachstums- bzw. Abnahmeprozess. Übertragen Sie die Tabellen in Ihr Heft und ergänzen Sie sie!

a)

x	0	1	2	3	4	5	6	7	8	9	10
y	1	1,5	22,5								

b)

x	0	1	2	3	4	5	6	7	8	9	10
y	1	0,8	0,64								

c)

x	0	1	2	3	4	5	6	7	8	9	10
y	2000					3221,02	3543,122				

d)

x	0	1	2	3	4	5	6	7	8	9	10
y				72,9	65,61						

5. Überprüfen Sie, ob der angegebene Ausschnitt einer Wertetabelle einen exponentiellen Wachstums- bzw. Abnahmeprozess beschreibt! Schreiben sie gegebenenfalls den Wachstumsfaktor auf!

a)

x	0	1	2	3	4	5
y	22	28,6	37,18	48,334	62,8342	81,68446

b)

x	0	1	2	3	4	5
y	85	17	3,4	1,02	0,408	0,204

c)

x	0	1	2	3	4	5
y	10	12	14	16	18	20

d)

x	0	1	2	3	4	5
y	12 000	38 400	122 880	393 216	1 218 969,8	3 778 805,76

e)

x	0	1	2	3	4	5
y	150 000	37 500		2343,75		146,484375

6. Bei einem Wachstum von 5% erhält man einen Wachstumsfaktor von $1 + \frac{5}{100} = 1{,}05$. Ermitteln Sie die Wachstums- bzw. Abnahmefaktoren
   a) bei einem Wachstum von 3%; 6%; 8,25%; 9,5%; 13%; 25%;
   b) bei einer Abnahme von 2%; 4%; 5%; 8,5%; 20%; 35%!

7. Ein Kapital von 3000 € wächst durch die Zinsen jährlich um 7%.
   a) Schreiben Sie für die ersten 10 Jahre auf, wie hoch das Kapital am Ende eines jeden Jahres ist, und tragen Sie die Werte in ein Koordinatensystem ein!
   b) Nach wie viel Jahren hat sich das Kapital verdoppelt?
   c) Welcher Wachstumsfaktor gehört zu einem Jahr (5 Jahren, 10 Jahren)?

8. a) Ermitteln Sie experimentell, nach wieviel Jahren sich jeweils ein Kapital bei ganzzahligen Zinssätzen von 1% bis 10% verdoppelt! Anleitung: Geben Sie die Zahl 1 in Ihren TR ein und multiplizieren Sie so oft mit dem jeweiligen Wachstumsfaktor, bis Sie der Zahl 2 am nächsten kommen! Die Anzahl der erforderlichen Multiplikationen gibt die Verdoppelungszeit in Jahren ein.
   b) Tragen Sie Ihre Ergebnisse aus a) in eine Tabelle mit Angabe der Zinssätze (p %) und der zugehörigen Verdoppelungszeiten (d) in Jahren ein! Erkennen Sie einen näherungsweisen Zusammenhang (eine „Faustformel“) zwischen p und d?
   c) Gilt die von Ihnen gefundene „Faustformel“ auch für 1,5%; 3,8%; 8,2%; 11%; 15%; 25%?

11.2 Exponentialfunktionen

Definition

> Eine Funktion mit einer Funktionsgleichung der Form $\boldsymbol{y = a^x}$, $x \in \mathbb{R}$ ($a \in \mathbb{R}_+ \setminus \{1\}$) heißt **Exponentialfunktion zur Basis** *a*.

Beispiel

$y = 2^x$

Wertetabelle:

x	0	1	2	3	-1	-2	-3
y	1	2	4	8	$\frac{1}{2}$	$\frac{1}{4}$	$\frac{1}{8}$

(Bisher haben wir Potenzen nur für rationelle Exponenten definiert. Die Potenz a^x lässt sich jedoch (für $a > 0$) mit Hilfe von Intervallschachtelungen (vgl. 9.2 und Aufgabe 20b) in 11.2) auch für irrationale Exponenten erklären. Die Potenzgesetze gelten dann nicht nur für rationale, sondern für beliebige reelle Exponenten.)

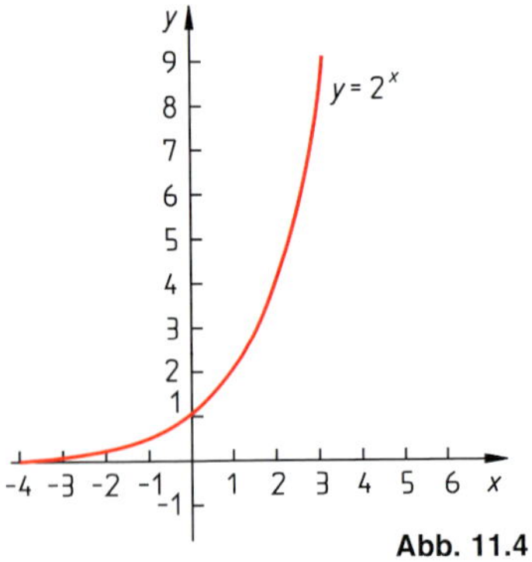

Abb. 11.4

Wir können folgende **Eigenschaften** feststellen:

1. Der Graph verläuft oberhalb der *x*-Achse, die Wertemenge der Funktion ist $\mathbb{R}_+$.
2. Der Graph steigt nach rechts hin ständig an; die Funktion ist **streng monoton steigend**.

Wie verändert sich der Graph, wenn im Funktionsterm a^x die Formvariable *a* alle positiven Zahlen $\neq 1$ durchläuft?

Beispiele

$f_1\colon x \mapsto 3^x$, $f_2\colon x \mapsto 10^x$, $f_3\colon x \mapsto (\frac{1}{2})^x$, $f_4\colon x \mapsto (\frac{1}{3})^x$ $(D = \mathbb{R})$.

Beachten Sie bei der Berechnung: $a^{\frac{1}{2}} = \sqrt{a}$ und $(\frac{1}{a})^x = a^{-x}$.

x	0	0,5	1	1,5	2	$-0{,}5$	-1	$-1{,}5$	-2
3^x	1,00	1,73	3,00	5,20	9,00	0,58	0,33	0,19	0,11
10^x	1,00	3,16	10,00	31,62	100,00	0,32	0,10	0,03	0,01
$(\frac{1}{2})^x$	1,00	0,71	0,50	0,35	0,25	1,41	2,00	2,83	0,01
$(\frac{1}{3})^x$	1,00	0,58	0,33	0,19	0,11	1,73	3,00	5,20	9,00

Graphische Darstellung:

Man erkennt, dass die Graphen zu $y = 2^x$ und $y = (\frac{1}{2})^x = 2^{-x}$ ebenso wie die von $y = 3^x$ und $y = (\frac{1}{3})^x = 3^{-x}$ spiegelbildlich zur *y*-Achse liegen.

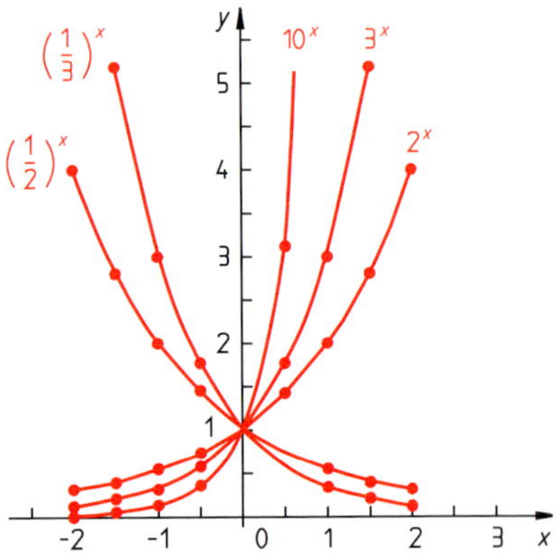

Abb. 11.5

An der Wertetabelle können wir die bereits im Abschnitt 11.1 beschriebene Eigenschaft des exponentiellen Wachstums feststellen, z. B.

x	0	1	2
3^x	1	3	9

(oberhalb: $+1$, $+1$; unterhalb: $\cdot 3$, $\cdot 3$)

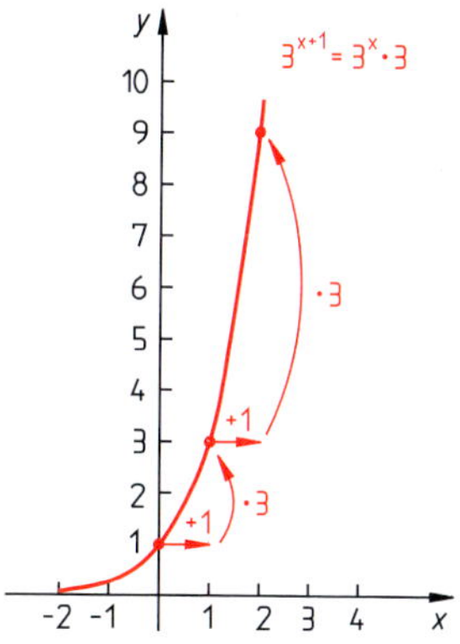

Abb. 11.6

Eigenschaften der Exponentialfunktionen f_a: $x \mapsto a^x$, $x \in \mathbb{R}$ ($a \in \mathbb{R}_+ \setminus \{1\}$):

1. $D(f) = \mathbb{R}$, $W(f) = \mathbb{R}_+$ die Graphen verlaufen alle oberhalb der x-Achse durch den Punkt $(0|1)$.
2. Die Funktionen sind streng monoton steigend für $a > 1$, streng monoton fallend für $a < 1$.
3. Bei Erhöhung von x um s wird der Funktionswert $f(x)$ mit dem Faktor a^s multipliziert.

$a^{x+s} = a^x \cdot a^s$

„a hoch"

Stelle	Funktionswert
x	a^x
$x + s$	$a^x \cdot a^s$

($+s$ bei der Stelle; $\cdot a^s$ beim Funktionswert)

4. Die Graphen von $y = a^x$ und $y = (\frac{1}{a})^x = a^{-x}$ liegen spiegelbildlich zur y-Achse.

Auch die Funktionen mit Funktionsgleichungen der Form

$y = k \cdot a^x$, $x \in \mathbb{R}$ ($a \in \mathbb{R}_+ \setminus \{1\}$, $k \in \mathbb{R}_+ \setminus \{1\}$)

werden als Exponentialfunktionen bezeichnet. Für $k > 1$ verlaufen die Graphen steiler nach oben, für $k < 1$ weniger steil als die entsprechenden Exponentialfunktionen mit $k = 1$ (vgl. Abb. 11.7).

Besondere Bedeutung wegen ihres häufigen Auftretens in Naturwissenschaft und Technik haben die Exponentialfunktionen mit der Basis e (e ≈ 2,718 irrational):

$y = e^x$, $x \in \mathbb{R}$ e-Funktion

Allgemein: $y = b \cdot e^{cx}$, $x \in \mathbb{R}$ ($b \in \mathbb{R}_+$, $c \in \mathbb{R}$)

Wegen ihrer Bedeutung finden sie die e^x-Funktion auch als Taste auf den meisten Taschenrechnern.

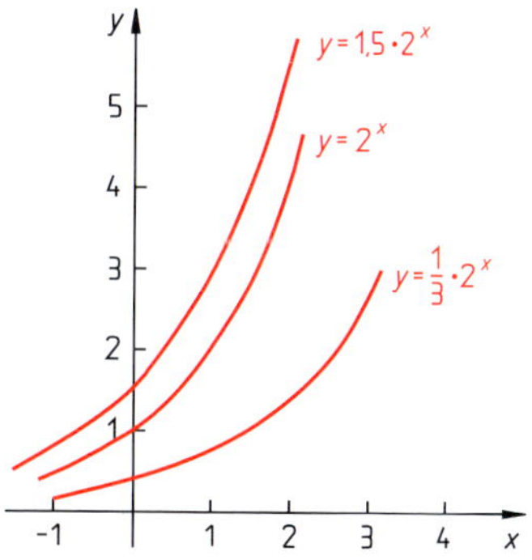

Abb. 11.7

Aufgaben zu 11.2

Zeichnen Sie den Graphen der jeweiligen Exponentialfunktion ($D = \mathbb{R}$)!

1. $y = 3^x$ 2. $y = 5^x$ 3. $y = 1{,}5^x$ 4. $y = 0{,}5^x$ 5. $y = 0{,}2^x$ 6. $y = (\frac{1}{4})^x$ 7. $y = 1^x$

Lesen Sie an den Graphen der Aufgaben 1. bis 4. Näherungswerte für die folgenden Potenzen ab, und vergleichen Sie diese mit dem Taschenrechner-Ergebnis (Benutzung der Taste [y^x] oder [^])!

8. $3^{0,4}$; $3^{2,6}$; $3^{1,05}$; 3^{-1}; $3^{-4,5}$

9. $5^{0,1}$; $5^{1,45}$; $5^{-2,5}$; $5^{\frac{1}{4}}$; 5^{-6}; $5^{-0,3}$

10. $1{,}5^{1,5}$; $1{,}5^{2}$; $1{,}5^{3,5}$; $1{,}5^{-1}$; $1{,}5^{\frac{1}{2}}$; $1{,}5^{-2}$

11. $0{,}5^{4}$; $0{,}5^{1,2}$; $0{,}5^{\frac{3}{2}}$; $0{,}5^{0,5}$; $0{,}5^{-0,5}$; $0{,}5^{-1,5}$; $0{,}5^{-3}$

Zeichnen und vergleichen Sie die Graphen zu:

12. $y = 4^x$ und $y = (\frac{1}{4})^x$ $(x \in \mathbb{R})$

13. $y = (\frac{3}{2})^x$ und $y = (\frac{2}{3})^x$ $(x \in \mathbb{R})$

14. $y = (\sqrt{2})^x$ und $y = (\sqrt{2})^{-x}$ $(x \in \mathbb{R})$

Zeichnen und vergleichen Sie die Graphen der Exponentialfunktionen zu:

15. $y = 0{,}25 \cdot 2^x$ 16. $y = 0{,}5 \cdot 2^x$ 17. $y = 2^x$ 18. $y = 1{,}5 \cdot 2^x$ 19. $y = 3 \cdot 2^x$ $(x \in \mathbb{R})$

20. a) Zeichnen Sie den Graphen zu $f(x) = 2^x$, $x \in \mathbb{R}$, und ermitteln Sie mit Hilfe des Graphen einen Näherungswert für $2^{\sqrt{2}}$!
    b) Berechnen Sie $2^{\sqrt{2}}$ mit Hilfe einer Intervallschachtelung für $\sqrt{2}$ auf 4 zuverlässige Ziffern!

Bestimmen Sie mit TR-Genauigkeit folgende Potenzen:

21. $2^{\sqrt{2}}$ 22. $0{,}2^{\sqrt{2}}$ 23. $\sqrt{2}^{\sqrt{2}}$ 24. $\sqrt{2}^{-\sqrt{2}}$ 25. 3^{π} 26. π^{π} 27. 10^{π} 28. $(\frac{1}{10})^{\pi}$ 29. 1^{π}

30. Formulieren Sie für Potenzen mit beliebigen reellen Exponenten alle Potenzgesetze!

Berechnen Sie näherungsweise mit Hilfe Ihres TR (vereinfachen Sie gegebenenfalls vorher den Term):

31. $0{,}6^{2,4} \cdot 0{,}6^{-1,65} \cdot 0{,}6^{\sqrt{3}}$

32. $3{,}25^{\frac{\pi}{2}} \cdot 1{,}07^{\frac{\pi}{2}} \cdot \sqrt{15}^{\frac{\pi}{2}}$

33. $(\frac{1}{3})^{\sqrt{2,3}} \cdot (\frac{1}{3})^{\sqrt{0,67}} \cdot (\frac{1}{3})^{-\sqrt{107,1}}$

34. $\dfrac{2^{\sqrt{1,5}} \cdot 3^{\sqrt{2,5}}}{2^{\sqrt{0,5}} \cdot 3^{\sqrt{1,5}}}$

35. $\dfrac{\sqrt{5}^{3\pi} \cdot \sqrt{7}^{2\pi}}{\sqrt{11}^{\pi}}$

36. Stellen Sie mit Hilfe des TR eine Wertetabelle für die Funktion $x \mapsto e^x$, $x \in \mathbb{R}$ auf, und zeichnen Sie den Graphen!

37. a) Der Term $\left(1+\dfrac{1}{n}\right)^n$ $(n \in \mathbb{N}^*)$ nähert sich mit wachsendem n immer mehr der Zahl e. Versuchen Sie, e mit Hilfe dieses Terms auf 6 zuverlässige Ziffern zu bestimmen!
    b) Berechnen Sie $\left(1+\dfrac{1}{n}\right)^n$ der Reihe nach für $n = 10^k$, $k = 1; 2; 3; \ldots$.
    Erläutern Sie Ihre Beobachtungen! Bis zu welchem $k \in \mathbb{N}$ zeigt Ihr TR ein brauchbares Ergebnis?

38. Wir wollen $\sqrt[n]{n}$ untersuchen. Je nach Taschenrechner können Sie wegen $\sqrt[n]{n} = n^{1/n}$ z.B. für $n = 5$ eingeben:
    5 [$\sqrt[x]{\ }$] 5 [=] oder 5 [y^x] [(] 1 [÷] 5 [)] [=] 1,3797...
    a) Berechnen Sie $\sqrt[n]{n}$ für alle natürlichen Zahlen n von 1 bis 10 bis auf 4 Stellen nach dem Komma. Was stellen Sie fest?
    b) Die höchsten Werte liegen zwischen $n = 2$ und $n = 4$. Gehen Sie daher von $n = 2$ in Schritten von 0,2 bis $n = 4$ und berechnen Sie erneut für jeden Zwischenwert $\sqrt[n]{n}$.
    c) Vergleichen Sie die Ergebnisse von b) mit $\sqrt[e]{e}$. Was vermuten Sie daraufhin?

11.3 Logarithmusfunktionen und logarithmische Skalen

Beispiel

Gesucht wird die Zahl u, für die $2^u = 3$ ist. Man bezeichnet u als den **Logarithmus von 3 zur Basis 2.** Schreibweise:

$u = \log_2(3)$.

$\log_2(3)$ ist also diejenige Zahl, mit der man 2 potenzieren muss, um 3 zu erhalten:

$2^{\log 2(3)} = 3$

$\log_2(3) \approx 1{,}585$, da $2^{1{,}585} \approx 3$.

$\log_2(3)$ ist wie die „meisten" Logarithmen eine irrationale Zahl.

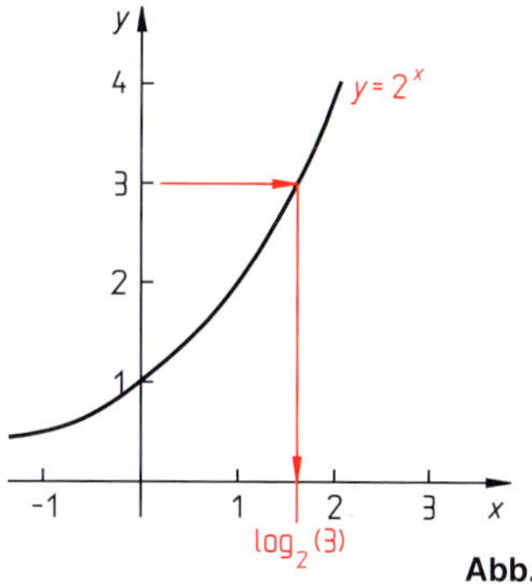

Abb. 11.8

Definition

$\boldsymbol{u = \log_a(b)}$ ist diejenige Zahl, mit der man a potenzieren muss, um b zur erhalten.

Weitere Beispiele: $\log_2(8) = 3$, denn $2^3 = 8$; $\log_{10}(10\,000) = 4$; $\log_3(\frac{1}{9}) = -2$

Erweitert man die im obigen Beispiel angegebene Fragestellung (für welches u ist $2^u = 3$?) von der Zahl 3 auf beliebige positive reelle Zahlen, so gelangt man zur Umkehrfunktion von $f: x \mapsto 2^x, x \in \mathbb{R}$.

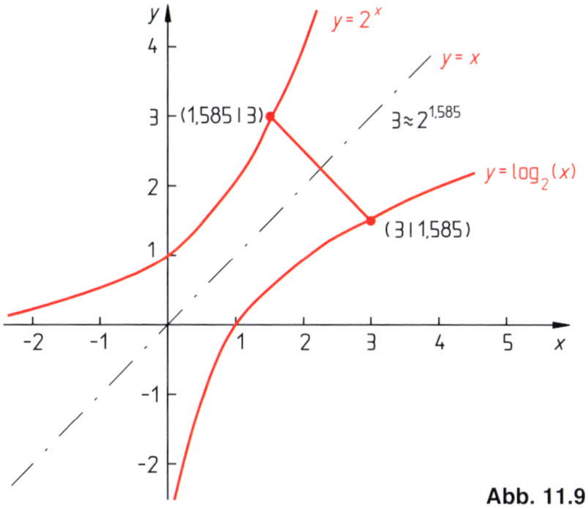

Abb. 11.9

Graphisch erhält man die Umkehrfunktion von f durch Spiegelung an der 1. Winkelhalbierenden (vgl. 6.5).
Die Exponentialfunktion mit der Funktionsgleichung $y = 2^x$ ordnet jedem x (Beispiel: 1,585) den Funktionswert 2^x ($2^{1{,}585} \approx 3$) zu.
Die Umkehrfunktion zu $f: x \mapsto 2^x, x \in \mathbb{R}$, ordnet jeder positiven Zahl x (z.B. 3) den reellen Exponenten y (im Beispiel 1,585) mit $2^y = x$ zu:

$f^U: x \mapsto \log_2(x), \quad x \in \mathbb{R}_+$.

Funktion: $f: x \mapsto a^x, x \in \mathbb{R}$ Umkehrfunktion: $f^U: x \mapsto \log_a(x), \quad x \in \mathbb{R}_+$	$(a \in \mathbb{R}_+ \setminus \{1\})$

Die Eigenschaften der Logarithmusfunktion ergeben sich aus den Eigenschaften der Exponentialfunktionen.

Eigenschaften der Logarithmusfunktionen $f_a: x \mapsto \log_a(x), x \in \mathbb{R}_+$ $(a \in \mathbb{R}_+ \setminus \{1\})$:

1. $D(f) = \mathbb{R}_+$, $W(f) = \mathbb{R}$; die Graphen verlaufen alle rechts von der y-Achse durch den Punkt $(1 \mid 0)$.
2. Die Funktionen sind streng monoton steigend für $a > 1$, streng monoton fallend für $a < 1$
3. Die Graphen zu $y = \log_a(x)$ und $y = \log_{\frac{1}{a}}(x) = -\log_a(x)$ liegen spiegelbildlich zur x-Achse.

Weitere Beispiele für Logarithmusfunktionen:

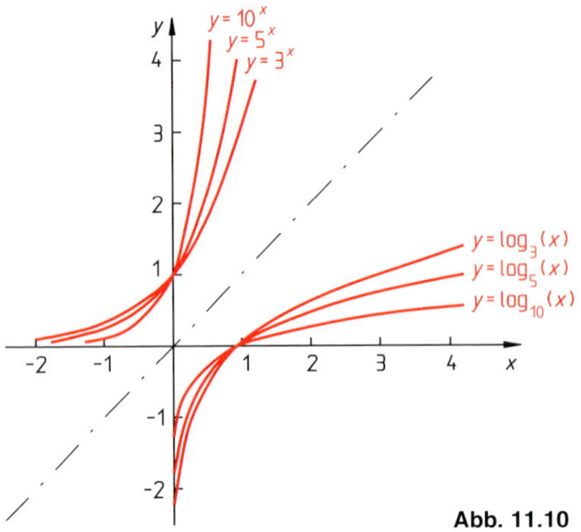

Abb. 11.10

1. $y = \log_3(x)$
2. $y = \log_5(x)$
3. $y = \log_{10}(x)$

Man findet die Graphen wiederum durch Spiegeln der Graphen der entsprechenden Exponentialfunktionen zu $y = 3^x$, $y = 5^x$ und $y = 10^x$ an der 1. Winkelhalbierenden.

Die **Zehnerlogarithmen** $\log_{10}(x)$ werden oft als dekadische (oder: Briggs'sche) Logarithmen bezeichnet und kurz mit $\lg(x)$ geschrieben. Sie haben vor Benutzung der TR für das Zahlenrechnen eine große Bedeutung gehabt. Man findet sie in Funktionstafeln, den sogenannten „Logarithmentafeln". Andere oft verwendete Logarithmen sind die „natürlichen" Logarithmen, die auf dem TR mit ln bezeichnet sind (ln = logarithmus naturalis); auf modernen TRn findet man nur noch die ln-Taste.

> $\boldsymbol{x \mapsto \ln(x)}$, $x \in \mathbb{R}_+$ ist die Umkehrfunktion zu $x \mapsto e^x$, $x \in \mathbb{R}$.

Mit Hilfe des TR können wir eine Tabelle für einige Werte von $y = \lg(x)$ aufstellen (auf 3 Stellen nach dem Komma gerundet):

x	1	2	3	4	5	6	7	8	9	10
y	0,000	0,301	0,477	0,602	0,699	0,778	0,845	0,903	0,954	1,000

Trägt man die Funktionswerte (als Längen) auf einer Geraden ab, so erhält man eine sog. **„logarithmische Skala"** (vgl. Abb. 11.11). Wählt man z. B. als Abstand von 1 bis 10 die Länge 3,35 cm, so erhält man

als Abstand von 1 bis 2: 0,301 · 3,35 cm ≈ 1,0 cm,
als Abstand von 1 bis 3: 0,477 · 3,35 cm ≈ 1,6 cm usw.

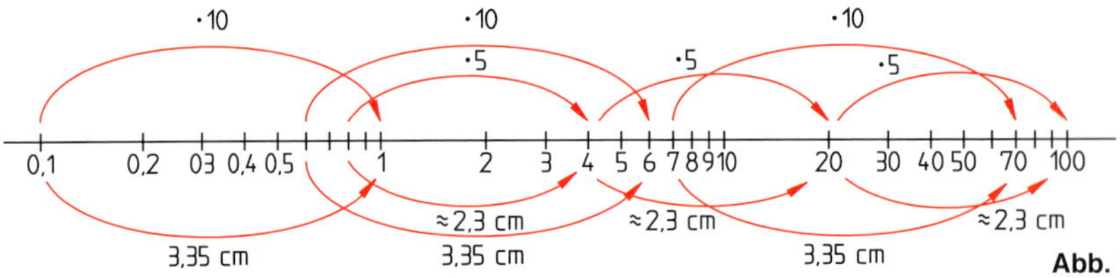

Abb. 11.11

Man erkennt: Die obige Skala wiederholt sich immer wieder nach rechts und nach links. Die Bedeutung der Schrittweiten zwischen den Skalenteilen verändert sich allerdings, nach rechts hin um das Zehnfache, nach links hin um ein Zehntel.

Solche logarithmische Skalen werden u. a. auf dem Rechenstab verwendet.

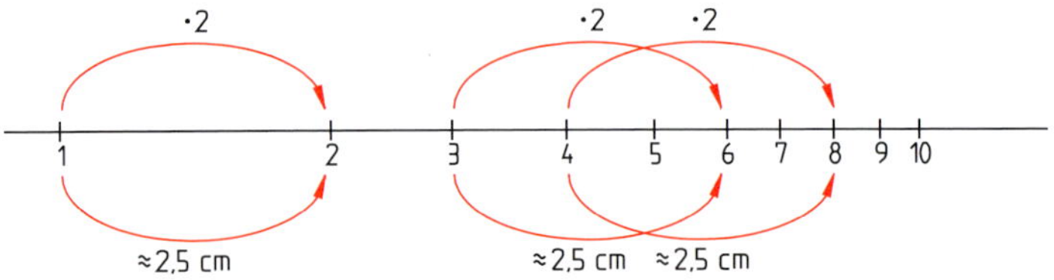

Abb. 11.12

An der Skala in Abb. 11.12 wird deutlich: Geht man um 2,5 cm nach rechts, erhält man das Doppelte der Ausgangszahl.

Das gilt auch für andere Längen:

Merksatz

Zu gleichen Abständen zweier Zahlen gehört immer der gleiche Faktor.

Damit können wir die Skala nach links und nach rechts fortsetzen, ohne die Werte im einzelnen mit dem TR berechnen zu müssen (vgl. Abb. 11.11).

Für manche Darstellungen im Koordinatensystem ist es vorteilhaft, auf einer Achse oder auch auf beiden Achsen eine logarithmische Skaleneinteilung zu wählen. Dafür gibt es spezielles Papier, das **„halblogarithmische Papier"** und das **„(doppelt-)logarithmische Papier"**.

Beispiele aus der Technik:

1. Halblogarithmisches Papier

a)

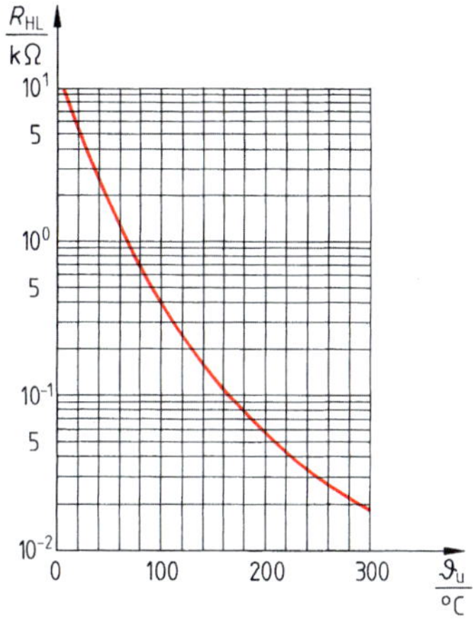

Heißleiterwiderstand als Funktion der Temperatur ohne Eigenwärmung $R_{HL} = f(\vartheta_{HL})$. ϑ_U = zu messende Umgebungstemperatur.

Abb. 11.13

b)

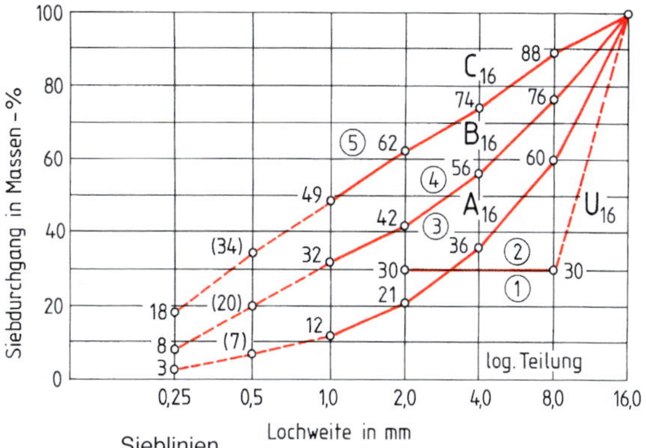

Sieblinien

Abb. 11.14

2. Logarithmisches Papier

a)

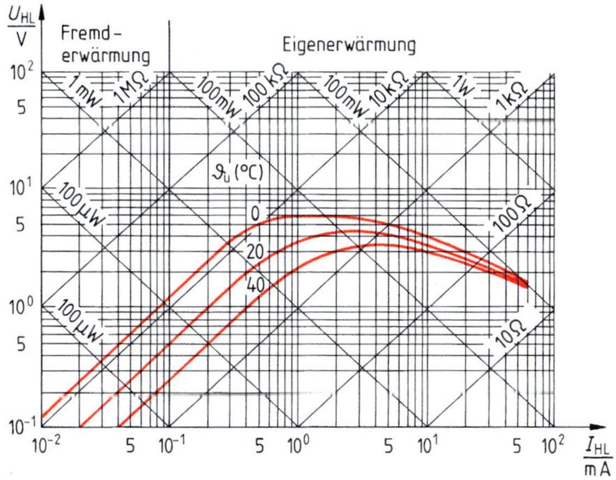

Stationäre Strom- und Spannungskennlinie bei elektrischer Belastung $U_{HL} = f(I_{HL})$; ϑ_U Parameter

Abb. 11.15

b)

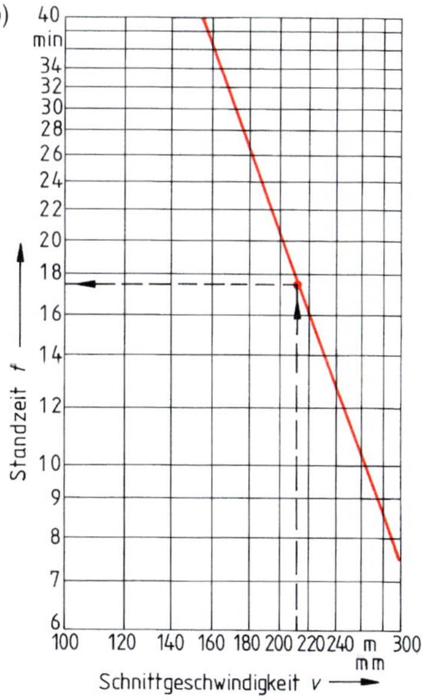

Standzeit als Funktion der Schnittgeschwindigkeit (Unter Standzeit versteht man die Zeit bis zum notwendigen Nachschleifen des Werkzeugs.)

Abb. 11.16

Aufgaben zu 11.3

Die Gleichung $2^3 = 8$ ist äquivalent zu $\log_2(8) = 3$. Formen Sie die folgenden Gleichungen entsprechend um.

1. $2^7 = 128$ 2. $3^3 = 27$ 3. $5^2 = 25$ 4. $10^5 = 100\,000$

5. $8^{-1} = \frac{1}{8}$ 6. $4^{\frac{1}{2}} = 2$ 7. $3^{-2} = \frac{1}{9}$ 8. $5^{\frac{1}{3}} = \sqrt[3]{5}$

Berechnen Sie:

9. $\log_2(2)$; $\log_2(4)$; $\log_2(8)$; $\log_2(0{,}5)$; $\log_2(1)$; $\log_2(\sqrt{2})$

10. $\log_3(9)$; $\log_5(25)$; $\log_7(7)$; $\log_3(\frac{1}{3})$; $\log_{10}(1000)$; $\log_8(1)$; $\log_5(0{,}2)$; $\log_4(64)$; $\log_3(81)$; $\log_2(1024)$

11. $\log_2\left(\frac{1}{\sqrt{2}}\right)$; $\log_5(\sqrt[3]{5})$; $\log_3(\sqrt[4]{3})$; $\log_3(\sqrt{27})$; $\log_4(\sqrt[3]{256})$; $\log_2(\sqrt[3]{4})$; $\log_{10}(\sqrt{1000})$; $\log_5\left(\frac{1}{\sqrt[3]{5}}\right)$; $\log_7\left(\frac{1}{\sqrt{7^3}}\right)$

12. $\log_{\frac{1}{2}}(0{,}25)$; $\log_{\frac{1}{4}}(4)$; $\log_{0,1}(\frac{1}{10})$; $\log_{0,4}(0{,}16)$; $\log_{1,2}(1{,}44)$; $\log_{\frac{1}{8}}(4)$; $\log_{\frac{1}{4}}(\frac{1}{2})$; $\log_{\sqrt{2}}(4)$

13. $\ln(e)$; $\ln(e^2)$; $\ln(\sqrt{e})$; $\ln(e^{-0,2})$

Schreiben Sie die folgenden Gleichungen mit Potenzen um!

Beispiel: $\log_2(32) = 5 \iff 2^5 = 32$

14. $\log_4(16) = 2$ 15. $\log_5(125) = 3$ 16. $\log_6(\frac{1}{6}) = -1$

17. $\log_{10}(0{,}01) = -2$ 18. $\log_{\frac{1}{2}}(\frac{1}{8}) = 3$ 19. $\log_9(3) = \frac{1}{2}$

20. $\log_{32}(2) = \frac{1}{5}$ 21. $\log_2(\frac{1}{16}) = -4$ 22. $\log_{\frac{1}{2}}(16) = -4$

Formen Sie die folgenden Gleichungen in Gleichungen mit Potenzen um und bestimmen Sie die Lösungsmenge ($G = \mathbb{R}_+$)!

Beispiel: $\log_2(x) = 3$
$\iff 2^3 = x$
$\iff x = 8$
$L = \{8\}$

23. $\log_2(x) = -3$ 24. $\log_3(x) = 2$ 25. $\log_4(x) = 1$ 26. $\log_{10}(x) = 4$

27. $\log_7(x) = -\frac{1}{2}$ 28. $\log_{0,5}(x) = 3$ 29. $\log_{\frac{1}{2}}(x) = -5$ 30. $\log_{0,1}(x) = -\frac{1}{4}$

31. $\log_{\sqrt{2}}(x) = 6$ 32. $\ln(x) = 2{,}8$ 33. $\ln(x) = 40{,}2$ 34. $\ln(x) = 0{,}004$

Zeichnen Sie durch Spiegelung der Graphen der entsprechenden Exponentialfunktionen an der 1. Winkelhalbierenden die Graphen der Logarithmusfunktionen:

35. $y = \log_3(x)$ 36. $y = \log_6(x)$ 37. $y = \log_{2,5}(x)$ 38. $y = \log_{\frac{1}{2}}(x)$

39. $y = \log_{0,3}(x)$ 40. $\log_{\sqrt{2}}(x)$ 41. $y = \ln(x)$

Bestimmen Sie die Gleichung der Umkehrfunktion zu der Funktion mit der angegebenen Gleichung!

42. $y = 5^x$ 43. $y = 0{,}5^x$ 44. $y = 1{,}5^x$ 45. $y = (\frac{1}{3})^x$

46. $y = 4^{-x}$ 47. $y = e^{-x}$ 48. $y = e^{2x}$

Zeichnen Sie mit Hilfe des Graphen zu $y = \log_2(x)$ die Graphen zu:

49. $y = 2 \cdot \log_2(x)$ 50. $y = 3 \cdot \log_2(x)$ 51. $y = 1{,}5 \cdot \log_2(x)$

52. $y = 0{,}5 \cdot \log_2(x)$ 53. $y = -\log_2(x)$

Folgende Skalen haben logarithmische Teilung. Zeichnen Sie die Skalen ab und schreiben Sie die fehlenden Zahlen an die unbeschrifteten Teilstriche!

54.
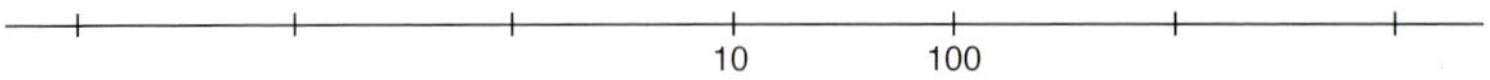

55.
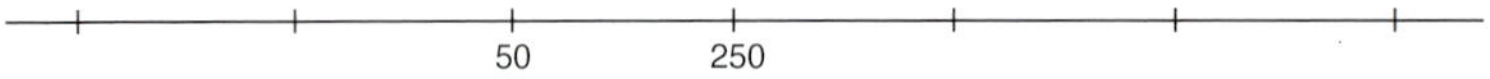

56.
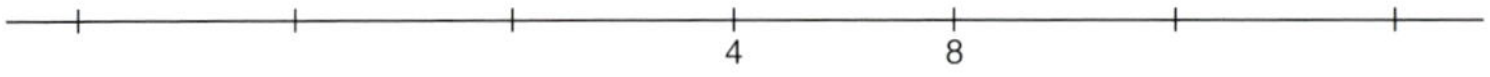

57. Zeichnen Sie eine logarithmische Skala von 1 bis 10 für eine Streckenlänge von

a) 10 cm b) 20 cm c) 25 cm!

58. Markieren Sie auf der Skala von Nr. 56. die folgenden Werte a) mit Hilfe des TR, b) ohne Hilfe des TR:

2,5; 1,5; $3\frac{1}{3}$; 6,25; 11.

Stellen Sie sich selbst halb logarithmisches Papier her (y-Achse mit logarithmischer Teilung) und verwenden Sie es als 1. Quadranten eines Koordinatensystems! Zeichnen Sie jeweils den Graphen zu ($x \in \mathbb{R}^+$):

59. $y = 10^x$ 60. $y = 5^x$ 61. $y = 2^x$

62. $y = \frac{1}{2} \cdot 2^x$ 63. $y = 2 \cdot 2^x$ 64. $y = (\frac{1}{2})^x$

Stellen Sie sich selbst logarithmisches Papier her und verwenden Sie es als 1. Quadranten eines Koordinatensystems! Zeichnen Sie jeweils den Graphen zu ($x \in \mathbb{R}_+$):

65. $y = x^2$ 66. $y = x^3$ 67. $y = x^5$

68. $y = \frac{1}{2}x^2$ 69. $y = 2x^2$ 70. $y = \sqrt{x}$

11.4 Logarithmengesetze

Aus der Definition des Logarithmus ergibt sich:

$$a^{\log_a(b)} = b \quad \text{und} \quad \log_a(a^b) = b.$$

Wegen $a^x = b \Leftrightarrow \log_a(b) = x$ lassen sich die Gesetze für das Rechnen mit Logarithmen aus den Potenzgesetzen ableiten.

Multiplikation $\log_a(u \cdot v) = \log_a(u) + \log_a(v)$

Division $\log_a\left(\frac{u}{v}\right) = \log_a(u) - \log_a(v)$

für alle $u, v \in \mathbb{R}_+$, $a \in \mathbb{R}_+ \setminus \{1\}$

Potenzieren $\log_a(u^v) = v \cdot \log_a(u)$ für alle $u \in \mathbb{R}_+$, $v \in \mathbb{R}_+$, $a \in \mathbb{R}_+ \setminus \{1\}$

Wir schreiben nur für das 1. Gesetz den Beweis auf.

Behauptung: $\log_a(u \cdot v) = \log_a(u) + \log_a(v)$ für alle $u, v \in \mathbb{R}_+$ und $a \in \mathbb{R}_+ \setminus \{1\}$

Beweis: $\log_a(u) = x \Leftrightarrow u = a^x$

$\log_a(v) = y \Leftrightarrow v = a^y$

Wir erhalten: $u \cdot v = a^x \cdot a^y$

$\Leftrightarrow u \cdot v = a^{x+y}$

$\Leftrightarrow \log_a(u \cdot v) = \log_a(a^{x+y})$

$\Leftrightarrow \log_a(u \cdot v) = x + y$

$\Leftrightarrow \log_a(u \cdot v) = \log_a(u) + \log_a(v)$, was zu beweisen war.

Speziell ergibt sich aus dem 2. Gesetz für $u = 1$:

$$\log_a\left(\frac{1}{v}\right) = \log_a(1) - \log_a(v) = 0 - \log_a(v),$$

also: $\log_a\left(\frac{1}{v}\right) = -\log_a(v)$ für alle $v \in \mathbb{R}_+$, $a \in \mathbb{R}_+ \setminus \{1\}$

Beispiele

1. $\log_2(16) = \log_2(2 \cdot 8)$
$= \log_2(2) + \log_2(8)$
$= 1 + 3$
$= 4$

2. $\log_5(625) = \log_5(25^2)$
$= 2 \cdot \log_5(25)$
$= 2 \cdot 2$
$= 4$

3. $\log_6\left(\sqrt[3]{216}\right) = \log_6(216^{\frac{1}{3}})$
$= \frac{1}{3} \cdot \log_6(216)$
$= \frac{1}{3} \cdot 3$
$= 1$

In gleicher Weise können Terme mit Logarithmen umgeformt werden:

4. $\lg\left(\frac{a^3 b}{c^2}\right) = \lg(a^3 \cdot b) - \lg(c^2)$
$= \lg(a^3) + \lg(b) - \lg(c^2)$
$= 3\lg(a) + \lg(b) - 2\lg(c)$

5. $\lg\left(\frac{(ab)^2\sqrt{c^3}}{\sqrt{ad}}\right) = \lg[(ab)^2] + \lg(\sqrt{c^3}) - \lg(\sqrt{ad})$
$= 2\lg(ab) + \frac{3}{2}\lg(c) - \frac{1}{2}\lg(ad)$
$= 2\lg(a) + 2\lg(b) + \frac{3}{2}\lg(c) - \frac{1}{2}\lg(a) - \frac{1}{2}\lg(d)$
$= \frac{3}{2}\lg(a) + 2\lg(b) + \frac{3}{2}\lg(c) - \frac{1}{2}\lg(d)$

Da auf einem TR in der Regel nur die Funktionstasten [lg] und [ln] vorhanden sind, müssen wir uns noch überlegen, wie wir Logarithmen mit anderen Basen z.B. auf die Basis 10 umrechnen können.

Beispiel

Man berechne $\log_2(3)$.

Wir setzen: $\log_2(3) = x$
$\Leftrightarrow 2^x = 3$
$\Leftrightarrow \lg(2^x) = \lg(3)$
$\Leftrightarrow x \cdot \lg(2) = \lg(3)$
$\Leftrightarrow x = \frac{\lg(3)}{\lg(2)}$

oder $\ln(2^x) = \ln(3)$
$x \cdot \ln(2) = \ln(3)$
$x = \frac{\ln(3)}{\ln(2)}$

also: $\log_2(3) = \frac{\lg(3)}{\lg(2)} = \frac{\ln(3)}{\ln(2)} = 1{,}5849\ldots$

Satz

Für alle $u \in \mathbb{R}_+$, $a, b \in \mathbb{R}_+\backslash\{1\}$ gilt: $\log_a(u) = \frac{\log_b(u)}{\log_b(a)}$

Beweis: Wir setzen: $\log_a(u) = x$
$\Leftrightarrow a^x = u$
$\Leftrightarrow \log_b(a^x) = \log_b(u)$
$\Leftrightarrow x \cdot \log_b(a) = \log_b(u)$
$x = \frac{\log_b(u)}{\log_b(a)}$

also: $\log_a(u) = \frac{\log_b(u)}{\log_b(a)}$

Die „Umrechnungsformel" gestattet es uns, zur Bestimmung beliebiger Logarithmen den TR einzusetzen.

Beispiele

(auf die 7. Stelle nach dem Komma gerundet):

1. $\log_3(5) = \frac{\lg(5)}{\lg(3)}$
$\left(\approx \frac{0{,}6989700}{0{,}4771213}\right)$
$\approx \underline{1{,}4649735}$

2. $\log_8(317) = \frac{\ln(317)}{\ln(8)}$
$\left(\approx \frac{5{,}7589018}{2{,}0794415}\right)$
$\approx \underline{2{,}7694463}$

Aufgaben zu 11.4

1. Begründen Sie, dass allgemein gilt:

   a) $\log_a(a) = 1$ b) $\log_a(1) = 0$

2. Begründen Sie folgende Aussagen für dekadische Logarithmen:

   a) Der Zehnerlogarithmus einer dreistelligen Zahl liegt zwischen 2 und 3.

   b) Der Zehnerlogarithmus einer einstelligen Zahl liegt zwischen 0 und 1.

   c) Ist eine Zahl kleiner als 0,1, so ist der Zehnerlogarithmus dieser Zahl kleiner als –1.

In einer Logarithmentafel sind für eine Ziffernfolge die Stellen des Zehnerlogarithmus nach dem Komma (Mantisse) abgedruckt, die Zahl vor dem Komma (Kennzahl oder Numerus) ergibt sich entsprechend Aufgabe 2. durch die nächstkleinere Zehnerpotenz.

Beispiel: $\lg(34) = 1{,}5315$ (nächstkleinere Zehnerpotenz = 10^1)

Numerus ↗ ↖ Mantisse

3. Geben Sie anhand des Beispiels die Zehnerlogarithmen von 340; 3400; 34 000; 3,4; 0,34; 0,034; 0,0034 an! (Schreibweise: $\lg(0{,}34) = 0{,}5315 - 1$)

4. Legen Sie mit Hilfe des TR eine vierstellige Logarithmentafel für die natürlichen Zahlen von 1 bis 30 an! Lesen Sie daraus ab:

   $\lg(240)$; $\lg(11\,000)$; $\lg(3)$; $\lg(1{,}2)$; $\lg(0{,}011)$; $\lg(20\,000)$; $\lg(0{,}25)$; $\lg(1{,}8)$; $\lg(270\,000)$; $\lg(0{,}00006)$.

Formen Sie die folgenden logarithmischen Terme um!

Beispiel:
$$\lg\left(\frac{x^2}{yz^4}\right) = \lg(x^2) - \lg(yz^4) = 2\lg(x) - [\lg(y) + \lg(z^4)] = 2\lg(x) - \lg(y) - 4\lg(z)$$

5. $\lg\left(\frac{a}{b^2}\right)$
6. $\lg\left(\frac{abc}{d}\right)$
7. $\lg\left(\frac{1}{sr}\right)$
8. $\lg\left(\frac{2}{p}\right)$
9. $\lg\left(\frac{q^2}{5}\right)$
10. $\lg\left(\frac{3a^2}{4b^2}\right)$
11. $\lg(a^3bc^5)$
12. $\lg\left(\frac{x^7y^3}{z^2}\right)$
13. $\lg\left(\frac{r^6}{p^2q^3}\right)$
14. $\lg(a^{-3})$
15. $\lg(a^{\frac{1}{2}})$
16. $\lg(\sqrt[3]{a})$
17. $\ln(\sqrt[3]{p^5})$
18. $\ln\sqrt[4]{a^2b}$
19. $\ln(r^{-\frac{2}{3}})$
20. $\ln(a^2\sqrt{b})$
21. $\ln(\sqrt[3]{a^4b^2})$
22. $\ln\left(\sqrt[3]{\frac{x^4}{(yz)^2}}\right)$
23. $\ln((a+b)^2)$
24. $\ln(a^2 - b^2)$

Schreiben sie die folgenden Terme mit **einem** Logarithmus!

Beispiele: $\lg(a) + \lg(b) - \lg(c^2) = \lg\left(\frac{ab}{c^2}\right)$

25. $\lg(a^2) + 2\lg(b) - 3\lg(c^4)$
26. $\lg(x) + 5\lg(y) + 4\lg(z)$
27. $\lg(ab) - 2\lg(a^2b) - \lg(ab^2)$
28. $\frac{1}{2}\ln(p) + \frac{1}{3}\ln(q)$
29. $-\ln(a-x) + \frac{1}{2}\ln(a-x)$
30. $-\ln(s) - 2\ln(r)$

Bestimmen Sie folgende Logarithmen!

Beispiele:
$$\log_6(16) = \frac{\ln(16)}{\ln(6)} \left(\approx \frac{2{,}7725887}{1{,}7917595}\right) \approx 1{,}5474112$$

$\mathrm{lb}(32) = \log_2(32) = 5$

(lb binärer Logarithmus, Logarithmus zur Basis 2)

31. $\log_2(10)$
32. $\log_2(100)$
33. $\log_5(10512)$
34. $\log_5(0{,}2)$
35. $\log_5(0{,}1)$
36. $\log_4(0{,}026)$
37. $\log_3(126{,}05)$
38. $\log_{100}(18)$
39. $\log_{0{,}1}(0{,}04)$
40. $\log_{0{,}5}(0{,}0021)$
41. $\log_{0{,}5}(7)$
42. $\log_{\frac{2}{3}}(\frac{1}{3})$
43. $\log_{\frac{1}{2}}(0{,}1)$
44. $\log_{\frac{1}{2}}(\frac{3}{4})$
45. $\log_{\sqrt{2}}(3)$
46. $\log_{\sqrt{2}}(\frac{1}{2})$
47. $\mathrm{lb}(1024)$
48. $\mathrm{lb}(3)$
49. $\mathrm{lb}(100)$
50. $\mathrm{lb}(\sqrt{2})$
51. Beweisen Sie die Logarithmengesetze für die Division und das Potenzieren!

11.5 Exponentialgleichungen und logarithmische Gleichungen

Gleichungen, bei denen die Lösungsvariable im Exponenten steht, heißen **Exponentialgleichungen.**

Beispiele

1. $2^x = 1024$
$\Leftrightarrow x = \log_2(1024)$
$\Leftrightarrow x = 10$
$\underline{L = \{10\}}$

Hier kann man die Lösung direkt angeben.

Probe: $2^{10} = 1024$
$1024 = 1024$ (wahr)

2. $5^{3x-1} = 5^5$
$\Leftrightarrow 3x - 1 = 5$
$\Leftrightarrow 3x = 6$
$\Leftrightarrow x = 2$
$\underline{L = \{2\}}$

Bei Exponentialgleichungen mit **gleicher Basis** dürfen die Exponenten gleichgesetzt werden.

Probe: $5^{3 \cdot 2 - 1} = 5^5$
$5^5 = 5^5$ (wahr)

3. $1{,}2^{x-4} = 3{,}87$
$\Leftrightarrow \lg(1{,}2^{x-4}) = \lg(3{,}87)$
$\Leftrightarrow (x-4)\lg(1{,}2) = \lg(3{,}87)$
$\Leftrightarrow x - 4 = \dfrac{\lg(3{,}87)}{\lg(1{,}2)}$
$\Leftrightarrow x - 4 = 7{,}42\ldots$
$\Leftrightarrow x = 7{,}42\ldots + 4$
$\Leftrightarrow x = 11{,}42\ldots$
$\underline{L = \{11{,}42\ldots\}}$

Bei Exponentialgleichungen mit **verschiedenen Basen** werden die Terme auf beiden Seiten des Gleichheitszeichens logarithmiert.

Probe: $1{,}2^{11{,}42-4} \approx 3{,}87$
$1{,}2^{7{,}42} \approx 3{,}87$
$3{,}868 \approx 3{,}87$ (wahr)

Hinweis: 7,42… soll bedeuten, dass mit dem TR-Wert weitergerechnet wird. Dabei sind die vom TR gelieferten Ergebnisse i. A. Näherungswerte, die nicht auf allen TR-Modellen übereinzustimmen brauchen.

4. $45^{2x-4} = 50^x$
$\Leftrightarrow (2x-4)\lg(45) = x\lg(50)$
$\Leftrightarrow 2x\lg(45) - 4\lg(45) = x\lg(50)$
$\Leftrightarrow x[2\lg(45) - \lg(50)] = 4\lg(45)$
$\Leftrightarrow x = \dfrac{4\lg(45)}{2\lg(45) - \lg(50)}$
$\Leftrightarrow x = 4{,}11\ldots$
$\underline{L = \{4{,}11\ldots\}}$

Probe: $45^{2 \cdot 4{,}11\ldots - 4} = 50^{4{,}11\ldots}$
$45^{4{,}22\ldots} = 50^{4{,}11\ldots}$
$9\,757\,311{,}43 = 9\,757\,311{,}43$ (wahr)

5. $0{,}4\,e^{\frac{x}{2,6}} = 6834$
$\Leftrightarrow e^{\frac{x}{2,6}} = \dfrac{6834}{0{,}4}$
$\Leftrightarrow e^{\frac{x}{2,6}} = 17\,085$
$\Leftrightarrow \dfrac{x}{2{,}6} = \ln(17\,085)$
$\Leftrightarrow x = 2{,}6 \cdot \ln(17\,085)$
$\Leftrightarrow x = 25{,}33\ldots$
$\underline{L = \{25{,}33\ldots\}}$

Bei Exponentialgleichungen mit der Basis e wird mit ln logarithmiert.

Probe:
$0{,}4\,e^{\frac{25,33\ldots}{2,6}} = 6834$
$0{,}4\,e^{9{,}74\ldots} = 6834$
$6833{,}000005 \approx 6834$ (wahr)

Anmerkung: Die Rechnungen wurden mit einem Sharp EL-5120 durchgeführt.

Gleichungen, bei denen die Lösungsvariable hinter dem Logarithmus steht, heißen **logarithmische Gleichungen.**

(Wir werden nur Gleichungen mit Logarithmen gleicher Basis betrachten.)

Beispiele

1.

$$\begin{aligned} & \log_5(x) = 3 \quad (D = \mathbb{R}_+) \\ \Leftrightarrow\ & x = 5^3 \\ \Leftrightarrow\ & x = 125 \\ & \underline{L = \{125\}} \end{aligned}$$

Einfache Gleichungen können direkt aufgrund der Definition des Logarithmus gelöst werden.

Probe: $\log_5(125) = 3$

$5^3 = 125$ (wahr)

2.

$$\begin{aligned} & 4 \cdot \lg(x-2) = 10{,}29 \quad (D = \mathbb{R}_+ \setminus \{2\}) \\ \Leftrightarrow\ & \lg(x-2) = \frac{10{,}29}{4} \\ \Leftrightarrow\ & \lg(x-2) = 2{,}5725 \\ \Leftrightarrow\ & x - 2 = 10^{2{,}5725} \\ \Leftrightarrow\ & x = 10^{2{,}5725} + 2 \\ \Leftrightarrow\ & x = 375{,}68\ldots \\ & \underline{L = \{375{,}68\ldots\}} \end{aligned}$$

Der logarithmische Term wird isoliert und dann werden beide Seiten der Gleichung (zur entsprechenden Basis, hier 10) potenziert.

Probe:

$4\lg(375{,}68\ldots - 2) = 10{,}29$

$4\lg(373{,}68\ldots) = 10{,}29$

$10{,}29 = 10{,}29$ (wahr)

3.

$$\begin{aligned} & \log_3\left(\frac{x^2}{4}\right) = 0{,}706 \quad (D = \mathbb{R} \setminus \{0\}) \\ \Leftrightarrow\ & \frac{x^2}{4} = 3^{0{,}706} \\ \Leftrightarrow\ & x^2 = 4 \cdot 3^{0{,}706} \\ \Leftrightarrow\ & x = \sqrt{4 \cdot 3^{0{,}706}} \vee x = -\sqrt{4 \cdot 3^{0{,}706}} \\ \Leftrightarrow\ & x = 2{,}94\ldots \vee x = -2{,}94\ldots \\ & \underline{L = \{-2{,}94\ldots; 2{,}94\ldots\}} \end{aligned}$$

Probe:

$\frac{2{,}94\ldots^2}{4} = 3^{0{,}706}$

$2{,}17\ldots = 2{,}17\ldots$ (wahr)

4.

$$\begin{aligned} & 3 \cdot \ln(x^3) - 240 = 5 \cdot \ln(x) \quad (D = \mathbb{R}_+) \\ \Leftrightarrow\ & 3 \cdot \ln(x^3) - 5 \cdot \ln(x) = 240 \\ \Leftrightarrow\ & 3 \cdot 3 \cdot \ln(x) - 5 \cdot \ln(x) = 240 \\ \Leftrightarrow\ & 9 \cdot \ln(x) - 5 \cdot \ln(x) = 240 \\ \Leftrightarrow\ & 4 \cdot \ln(x) = 240 \\ \Leftrightarrow\ & \ln(x) = 60 \\ \Leftrightarrow\ & x = e^{60} \\ \Leftrightarrow\ & x = 1{,}14\ldots \cdot 10^{26} \\ & \underline{L = \{1{,}14\ldots \cdot 10^{26}\}} \end{aligned}$$

Mehrere logarithmische Terme (mit derselben Basis) werden zu **einem** logarithmischen Term zusammengefasst.

Probe:

$3 \cdot \ln(1{,}14\ldots \cdot 10^{26})^3$

$- 240 = 5 \cdot \ln(1{,}14\ldots \cdot 10^{26})$

$540 - 240 = 300$ (wahr)

Aufgaben zu 11.5

Lösen Sie folgende Exponentialgleichungen, ohne zu logarithmieren ($G = \mathbb{R}$; x Lösungsvariable)!

1. $3^x = 27$
2. $2^x = 64$
3. $10^x = 0{,}001$
4. $5^{3x-2} = 25$
5. $8^{-x+4} = \sqrt{8}$
6. $10^{\frac{x}{2}} = 10$
7. $16^{2x+4} = 1$
8. $16^x = \frac{1}{8}$
9. $e^{2x+1} = e^{-x-3}$
10. $a^{10} = a^{x-3}$
11. $a^{nx-3} = a^{2n}$
12. $y^{2x+3} = y^{8-3x}$
13. $m^{2(x-5)} = m^{3(2x+4)}$
14. $\sqrt[3]{a^{17-x}} = a^{x-5}$
15. $\sqrt[x-2]{a^{x-3}} = \sqrt[x+3]{a^{x+1}}$
16. $\sqrt[x+1]{a^{x+2}} \cdot \sqrt[3x]{a^{3x-2}} = a^2$
17. $\sqrt[3]{a^{5x+7}} \cdot \sqrt[4]{a^{3x+10}} = a^2\sqrt{a^{5x}}$
18. $a^7(a^{x-1})^{5x-1} = a^{x-8} \cdot (a^{x-2})^{5x-7}$
19. $a^2 \cdot \sqrt[4]{a^{5x-3}} = a^{\frac{7x}{6}} \cdot \sqrt[3]{a^{\frac{2x}{9}}}$

20. $(\frac{3}{4})^x = (\frac{4}{3})^7$ 21. $(\frac{13}{17})^{2x-5} = (\frac{17}{13})^{5x-9}$ 22. $\sqrt[x-6]{15^{x+6}} = \frac{1}{225}$ 23. $\sqrt[x+12]{81^{x+2}} = \frac{1}{3}$

24. $\sqrt[x]{25^{x+3}} = 5$ 25. $\sqrt[x+3]{36^{x+2}} = \frac{1}{6}$ 26. $(2 \cdot 3^{2x-3})^2 = 4 \cdot 9^{x-1}$

Bestimmen Sie jeweils die Lösungsmenge der Exponentialgleichung ($G = \mathbb{R}$)!

Beispiel: $0{,}05^{2x-1} = 20^{3x-8}$

$$\Leftrightarrow \quad (2x-1)\lg(0{,}05) = (3x-8)\lg(20)$$
$$\Leftrightarrow \quad 2x\lg(0{,}05) - \lg(0{,}05) = 3x\lg(20) - 8\lg(20$$
$$\Leftrightarrow \quad x\,[2\lg(0{,}05) - 3\lg(20)] = \lg(0{,}05) - 8\lg(20)$$
$$\Leftrightarrow \quad x\,[\lg(0{,}05^2) - \lg(20^3)] = \lg(0{,}05) - \lg(20^8)$$
$$\Leftrightarrow \quad x\lg\left(\frac{0{,}05^2}{20^3}\right) = \lg\left(\frac{0{,}05}{20^8}\right)$$
$$\Leftrightarrow \quad x = \frac{\lg(0{,}05 \cdot 20^{-8})}{\lg(0{,}05^2 \cdot 20^{-3})}$$
$$\Leftrightarrow \quad x = 1{,}8$$
$$L = \{1{,}8\}$$

Probe:
$0{,}05^{2 \cdot 1{,}8 - 1} = 20^{3 \cdot 1{,}8 - 8}$
$0{,}05^{2{,}6} = 20^{-2{,}6}$
$0{,}000414\ldots = 0{,}000414\ldots$ (wahr)

27. $10^x = 3$ 28. $100^x = 5$ 29. $2^x = 25$ 30. $\sqrt[x]{21} = 1{,}78$

31. $10^4 = 5{,}7544$ 32. $\sqrt[x]{9977} = 2{,}5113$ 33. $7^x = 100$ 34. $25^{-x} = 11$

35. $21^{\frac{1}{x}} = 1{,}78$ 36. $5{,}188^x = 88238$ 37. $1{,}035^{x-4} = 2{,}1$ 38. $45^{2x-4} = 50^{x-2}$

39. $2^{2x-1} = 300$ 40. $2{,}718^x = \frac{530}{215}$ 41. $(\frac{3}{5})^{2x-3} = (\frac{4}{7})^{3x-2}$ 42. $8^{x-1} = 7 \cdot 5^x$

43. $3 \cdot 5^{2x} = 7^{x+4}$ 44. $17 \cdot 3^{x-2} = 4 \cdot 9^{2x}$ 45. $(3^x) = 325{,}54$ 46. $\sqrt[x]{1{,}7649} = \sqrt[5]{5}$

47. $\sqrt[x]{12{,}3^3} = 6{,}568$ 48. $7^{x^2} = 19137$ 49. $\sqrt[x]{10} = \sqrt[49]{32{,}49}$ 50. $\sqrt[7x]{7^{5x+7}} = \sqrt[5x]{5^{7x+5}}$

51. $17^{\frac{x+1}{x-1}} = 71^{\frac{x-1}{x+1}}$ 52. $7\sqrt{5^{x-2}} = \sqrt[3]{35^{x+1}}$ 53. $2^{2(x+1)} + 16 = 65 \cdot 2^x$ 54. $8^{x+1} - 8^{2x-1} = 30$

55. $6^{x+1} + 6^{1-x} = 13$

56. Bestimmen Sie jeweils die Lösungsmenge ($G = \mathbb{R}$)!
a) $(\frac{3}{2})^x > 1000$ b) $(\frac{4}{3})^x > 1000$ c) $(\frac{5}{4})^x > 1000$

57. Von welcher natürlichen Zahl an wird $(\frac{1}{2})^x$ kleiner als
a) $\frac{1}{10\,000}$ b) $\frac{1}{100\,000}$ c) $\frac{1}{1\,000\,000}$

58. Für welche reellen Zahlen x gilt:
a) $e^x > 1\,000\,000$, b) $e^x < \frac{1}{1\,000\,000}$?
Bestimmen Sie jeweils die Lösungsmenge ($G = \mathbb{R}$)!

59. $\log_7(x) = 70{,}29$ 60. $\log_{110}(x) = 33$ 61. $\log_{0{,}25}(x) = 0{,}006$ 62. $\log_{\frac{1}{3}}(x) = \frac{2}{15}$

63. $\log_{2{,}6}(x) = 1{,}5$ 64. $\log_{20}(x) = 16{,}783$ 65. $\log_8(x+1) = 25$ 66. $\log_7(2x+3) = 0{,}69$

67. $\log_{0{,}2}(x-4) = 0{,}1$ 68. $\log_{\sqrt{2}}(2-x) = 12$ 69. $\lg(16x-4) = 0{,}89$ 70. $\ln\left(\frac{x^2}{2}\right) = 1{,}111$

71. $\lg(3x^2 + 2x - 4) = 0{,}96$ 72. $\ln(x^2 - 8) - 15 = 0$ 73. $\log_2\left(\frac{x^2}{4} + 1\right) - 2 = 0$ 74. $\log_{\sqrt{5}}\left(\frac{3x^2}{16} + 5x\right) - 3{,}61 = 0$

75. $72 \cdot \ln(-2x^2 + x) - 0{,}16 = 0$ 76. $\frac{3}{4}\lg(0{,}1\,x^3) - 0{,}65^2 = 0$

77. $4\lg(x^4) + 2\lg(x^3) - 1 = 0$ 78. $-\ln(6x+2) - 5 \cdot \ln(2x) - 25 = 0$

79. $2 \cdot \log_{11}\left(\frac{1}{x^2}\right) - 3{,}5 \cdot \log_{11}(0{,}1x) + 8 \cdot \log_{11}(\sqrt{x}) = 0$

80. Bestimmen Sie jeweils die Lösungsmenge ($G = \mathbb{R}_+$):
a) $\frac{3}{4}\log_2(x) > \frac{4}{3}$ b) $\log_2(x) > 10$ c) $\log_2(x) > 100$

81. Für welche Basen a gilt:
a) $\log_a(100) > 10$ b) $\log_a(\frac{1}{100}) < -1$?

82. Von welcher natürlichen Zahl an wird
a) $\ln(x)$ b) $\ln(x^2)$ c) $\ln(\frac{x}{2})$ d) $\ln(\sqrt{x})$
größer als 5?

83. Für welche reellen Zahlen gilt:
a) $\ln(x) > 10$ b) $\ln(x) < -10$ c) $\mathrm{lb}\,(x) < 100$ d) $-100 < 2\,\mathrm{lb}\,(x)$

11.6 Anwendungen

Mit Hilfe von Exponential- und Logarithmusfunktionen lassen sich zahlreiche Vorgänge aus unserer Umwelt und der Technik beschreiben. Wir greifen zunächst noch einmal die beiden Beispiele aus 11.1 auf.

Beispiele

1. Wachstum von Algen

Wir hatten für das Wachstum der Algen eine Exponentialfunktion mit der Gleichung

$y = 10 \cdot 2^x$

gefunden. Dabei kennzeichnet die Basis 2 den **Wachstumsfaktor**, der Faktor 10 den Funktionswert an der Stelle $x = 0$.

2. Abkühlung einer Eisenkugel

Diesen Vorgang konnten wir durch eine Exponentialfunktion mit der Gleichung

$y = 10 \cdot 0{,}6^x$

beschreiben. Dabei ist 0,6 der „Wachstumsfaktor" (hier kleiner als 1) und 100 der Funktionswert an der Stelle $x = 0$.

Merksatz

Bei der Exponentialfunktion mit der Gleichung $y = k \cdot a^x$ ist a der Wachstumsfaktor und k der Funktionswert an der Stelle $x = 0$.

3. Bevölkerungswachstum

Nach Schätzungen der UNO hat im Jahr 1999 die Anzahl der Menschen auf der Erde die Zahl von 6 Milliarden überschritten; 1987, also 12 Jahre vorher, waren es 5 Milliarden gewesen. Wie groß war der Wachstumsfaktor pro Jahr in dieser Zeit, und wann hätte danach die Zahl von 7 Milliarden erreicht werden müssen?

Lösung: Eine Zunahme von 5 auf 6 Mrd. bedeutet einen Wachstumsfaktor von 1,2 in 12 Jahren:

$$5 \cdot 10^9 \cdot 1{,}2 = 6 \cdot 10^9 \Rightarrow \underbrace{a \cdot a \cdot \ldots \cdot a}_{\text{12 mal}} = a^{12} = 1{,}2$$

Wachstumsfaktor pro Jahr: $a = \sqrt[12]{1{,}2} \approx 1{,}0153$

Somit könnte das Wachstum seit 1987 mit folgender Exponentialgleichung beschrieben werden:

$y = 5 \cdot 10^9 \cdot 1{,}0153^x$

$y = 7 \cdot 10^9$: $\quad 7 \cdot 10^9 = 5 \cdot 10^9 \cdot 1{,}0153^x$

$$\Leftrightarrow 1{,}4 = 1{,}0153^x$$

$$\Leftrightarrow \quad x = \frac{\ln(1{,}4)}{\ln(1{,}0153)} \approx 22{,}16$$

Antwort: 7 Mrd. hätten danach im Jahr **2009** (1987 + 22) erreicht werden müssen. Tatsächlich wurden 7 Mrd. erst 2011 erreicht.

Hinweis: Dabei ist ein gleichmäßiges exponentielles Wachstum vorausgesetzt worden, was aber über einen größeren Zeitraum nicht stimmt. Falls die Annahme eines exponentiellen Wachstums überhaupt richtig ist, wird sich der Wachstumsfaktor immer wieder verändern. Zur Zeit nähert er sich zwar an 1, hat sie aber noch längst nicht erreicht oder gar unterschritten.

4. Zerfall eines radioaktiven Elements

Bei einer bestimmten radioaktiven Substanz hat man durch Messung festgestellt, dass in einem Jahr 1‰ der Substanz zerfällt. Nach welcher Zeit ist die Hälfte zerfallen?

Lösung: Wir können den Vorgang durch eine Exponentialfunktion mit dem „Wachstumsfaktor" 0,999 $(= 1 - \frac{1}{1000})$ beschreiben:

$y = 0{,}999^x$.

Die gesuchte Zeit erhält man aus der Exponentialgleichung $0{,}999^x = 0{,}5$.

$$0{,}999^x = 0{,}5$$
$$\Leftrightarrow \quad x \cdot \lg(0{,}999) = \lg(0{,}5)$$
$$\Leftrightarrow \quad x = \frac{\lg(0{,}5)}{\lg(0{,}999)}$$
$$\Leftrightarrow \quad x \approx 692{,}8$$

Antwort: Die halbe Substanz ist nach etwa 700 Jahren zerfallen.

Dies ist die sog. **„Halbwertszeit"** der Substanz.

Mit Hilfe der Halbwertszeit könnte man den Prozess auch durch eine scheinbar andere Exponentialfunktion beschreiben:

$y = 2^{-\frac{x}{700}}$ (es gilt: $2^{-\frac{1}{700}} \approx 0{,}999$).

In den meisten Anwendungsgebieten hat es sich als vorteilhaft erwiesen, nur noch mit e-Funktionen zu rechnen; andere vorkommende Basen werden entsprechend umgeschrieben, z. B.:

$2^x = (e^{\ln(2)})^x = (e^{x \cdot \ln(2)}) \approx e^{0{,}693 \cdot x}$.

Aufgaben zu 11.6

1. Beim Einschalten eines elektrischen Geräts steigt die Stromstärke I entsprechend der Funktionsgleichung

   $I = 0{,}35\,(1 - 0{,}6^t)$ (I = Stromstärke in A, t = Zeit in ms)

   mit wachsender Zeit an. Zeichnen Sie den Graphen in einem geeigneten Maßstab, und berechnen Sie:

   a) Wann hat die Stromstärke 0,30 A, wann 0,34 A erreicht?
   b) Wie groß ist die Stromstärke nach 2 ms, nach 4 ms?

2. Der atmosphärische Druck p nimmt entsprechend der Formel

   $p = e^{-\frac{h}{8}}$ (p = Druck in bar; h = Höhe in km)

   nach oben hin ab.

   a) Zeichnen sie den Graphen!
   b) Berechnen Sie die „Halbwertshöhe", bei der der Druck auf die Hälte abgesunken ist!
   c) Bestimmen Sie den Druck in 15 km Höhe!

3. Beim Aufladen eines Kondensators steigt die Spannung nach der Formel

   $U = 3000\,(1 - e^{-\frac{t}{2}})$ (U = Spannung in V, t = Zeit in ms)

   bis zur Sättigung an.

   a) Zeichnen sie den Graphen!
   b) Berechnen Sie die Spannung nach 10 ms!
   c) Nach welcher Zeit hat die Spannung 95% der angelegten Spannung von 3 kV erreicht?

4. Die Lautstärke eines Klanges wird nach der Formel

   $LS = 10 \cdot \lg\left(\frac{I}{I_0}\right)$ (LS = Lautstärke in dB, I = Schallintensität, I_0 = Hörschwelle)

   berechnet.

   a) Berechnen Sie die Lautstärke, wenn die Schallintensität das 10fache (100fache, 1000fache) des Schwellenwertes beträgt!
   b) Das Wievielfache des Schwellenwertes muss die Schallintensität betragen, damit 50 (100) dB gemessen werden?

5. Ein aus dem Kühlschrank genommenes Nahrungsmittel erwärmt sich etwa nach der Formel

   $T = 20\,(1 - 0{,}8\,e^{-\frac{t}{10}})$ (T = Temperatur in °C, t = Zeit in min)

   auf die Zimmertemperatur von 20 °C.

   a) Zeichnen Sie den Graphen der Temperaturänderung!
   b) Welche Temperatur herrscht im Kühlschrank?
   c) Auf welche Temperatur hat sich das Nahrungsmittel nach 10 min erwärmt?
   d) Wie lange dauert es, bis das Nahrungsmittel auf 15 °C angewärmt ist?

Anhang

I. Schreib- und Sprechweisen bei Mengen, Mengenverknüpfungen

Schreib- und Sprechweisen bei Mengen

Merksatz

Unter einer **„Zahlenmenge“** versteht man eine Zusammenfassung von Zahlen (welche die „Elemente“ der Menge genannt werden) zu einem Ganzen.

Statt Zahlen kann man auch andere Dinge, sogar verschiedenartige, zu einer Menge zusammenfassen. Das Zusammenfassen kennzeichnen wir durch geschweifte Klammern.

In diesem Buch beschäftigen wir uns meist nur mit Zahlenmengen.

Beispiel $\{1; 2; 3\}$, gelesen: „die Menge mit den Elementen 1; 2; 3“.

Zwischen die Elemente einer Zahlenmenge setzen wir ganz bewusst jeweils ein Semikolon (einen Strichpunkt). Ein Komma könnte hierbei zu Missverständnissen führen, da auch beim Hinschreiben einer einzigen Zahl ein Komma vorkommen kann.

Weitere Beispiele: $A = \{2; 4; 6; 8; 10\}$; $B = \{2; 3; 5; 7; 11; 13; 17; 19\}$.

Als Zeichen für Mengen verwenden wir in der Regel große lateinische Buchstaben. Mit A haben wir also hier die Menge aller geraden Zahlen von 2 bis 10, mit B die Menge aller Primzahlen bis einschließlich 19 bezeichnet.

Definition

Eine natürliche Zahl größer als 1 heißt **Primzahl** genau dann, wenn sie nicht als Produkt zweier kleinerer natürlicher Zahlen dargestellt werden kann.

Hinweise zum Begriff „Menge“:

1. Eine Menge ist **festgelegt**, wenn von jedem Ding feststeht, ob es zu dieser Menge gehört oder nicht. Z.B. gehört die Zahl 2 zur oben angegebenen Menge A; dagegen gehört die Zahl 1 nicht zur Menge A. Dies schreiben wir kurz so: $2 \in A$ (gelesen: „2 ist Element von A“ oder kürzer: „ 2 aus A“); $1 \notin A$ (gelesen: „1 ist nicht Element von A“ oder kurz: „1 nicht aus A“).
2. Der Begriff „Menge“ in der **Mathematik** hat nichts zu tun mit der Verwendung des Begriffs „Menge“ in der Umgangssprache, z.B.: eine „Menge Geld“, eine „Menge Schnee“, er hat eine „Menge“ gelernt. Hierbei wird das Wort „Menge“ jeweils im Sinne von „viel“ verwendet.

Wir betrachten nun die Mengen $C = \{1; 3; 5\}$ und $D = \{1; 2; 3; 4; 5\}$. In welcher Beziehung stehen sie zueinander?

Es fällt auf, dass jedes Element von C auch zu D gehört.

Wir sagen auch „C ist eine Teilmenge von D“ und schreiben kurz: $C \subseteqq D$ (gesprochen: „C Teilmenge von D“).

Definition

> Eine Menge M heißt **„Teilmenge der Menge N"** genau dann, wenn jedes Element von M auch Element von N ist.
>
> Schreibweise: $M \subseteq N$.

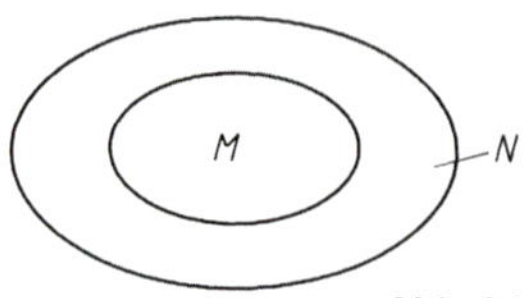

Abb. I.1

Weitere Beispiele: $\{1; 2\} \subseteq \{1; 2; 3\}$;
$\{2\} \subseteq \{1; 2; 3\}$;
$\{1; 2; 3\} \subseteq \{1; 2; 3\}$.

Im letzten Beispiel sind beide angegebenen Mengen gleich ($\{1; 2; 3\} = \{1; 2; 3\}$), das bedeutet: sie enthalten dieselben Elemente. Zwei Mengen M und N sind demnach genau dann gleich, wenn sowohl $M \subseteq N$ als auch $N \subseteq M$ gilt. Bei der Schreibweise $M \subseteq N$ lassen wir also auch den Fall zu, dass $M = N$ sein kann. Jede Menge ist Teilmenge von sich selbst ($N \subseteq N$ für jede Menge N).

Gegenbeispiel: $\{1; 2; 3; 4\}$ ist **nicht** Teilmenge der Menge $\{1; 2; 3\}$, kurz:
$\{1; 2; 3; 4\} \nsubseteq \{1; 2; 3\}$.

Ist $C \subseteq D$, so sagen wir auch **„D ist eine Obermenge von C"**, geschrieben: $D \supseteq C$, gesprochen: „D Obermenge von C".

Mengenverknüpfungen

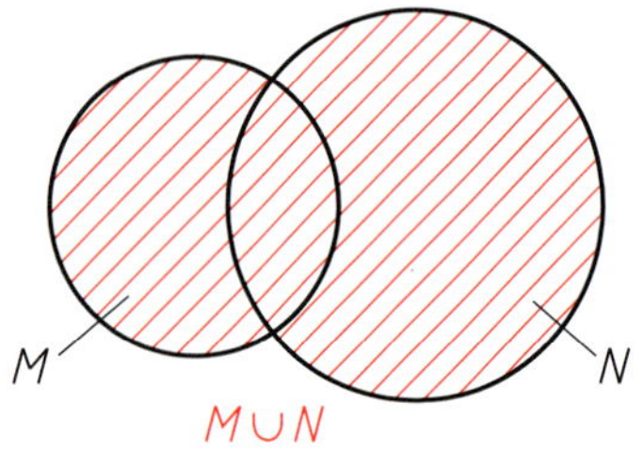

Abb. I.2

Wir betrachten jetzt – wie bereits in Abb. I.1 – Mengen von Punkten. M sei die Menge aller Punkte innerhalb der linken (kleinen) Kreisscheibe, N die Menge aller Punkte innerhalb der rechten (großen) Kreisscheibe:

Die Menge aller Punkte, die zu M **oder** zu N **oder** zu beiden gehören (vgl. Abb. I.2), nennt man die „Vereinigungsmenge von M **und** N".

Definition

> Unter der **Vereinigungsmenge** $M \cup N$ zweier Mengen M und N ($M \cup N$ gelesen: „M vereinigt mit N") versteht man die Menge der Elemente, die zu M **oder** zu N (oder zu beiden) gehören.

Beispiele

$\{1; 2; 3\} \cup \{4; 5\} = \{1; 2; 3; 4; 5\}$
$\{1; 2; 3\} \cup \{3; 4\} = \{1; 2; 3; 4\}$
$\{6; 7\} \cup \{6; 7; 9\} = \{6; 7; 9\}$
$\{6; 9\} \cup \{6; 9\} = \{6; 9\}$

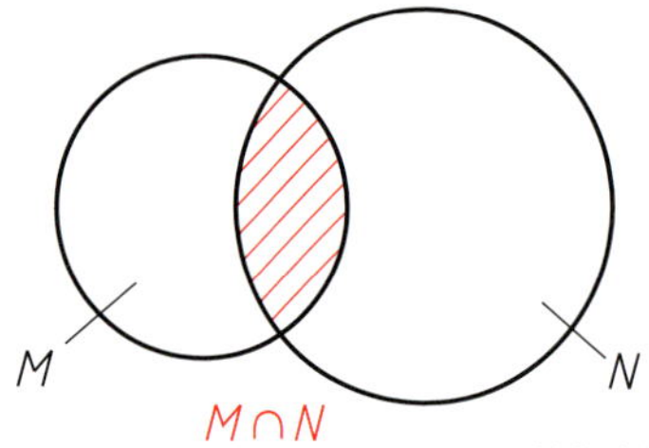

Abb. I.3

Betrachten wir nun die Menge aller Punkte, die zur Menge M **und** (gleichzeitig) zur Menge N gehören (vgl. Abb. I.3)! Diese Menge nennt man die „Schnittmenge von M und N" oder auch den „Durchschnitt von M und N".

Definition

Unter der **Schnittmenge** $M \cap N$ zweier Mengen M und N ($M \cap N$ gelesen: „M geschnitten mit N“) versteht man die Menge der Elemente, die **sowohl** zu M **als auch** zu N gehören.

Beispiele

$\{2; 4; 6; 8; 10\} \cap \{2; 3; 5; 7\} = \{2\}$
$\{1; 3; 5; 7; 9\} \cap \{2; 3; 5: 7\} = \{3; 5; 7\}$
$\{6; 9\} \cap \{6; 9\} = \{6; 9\}$

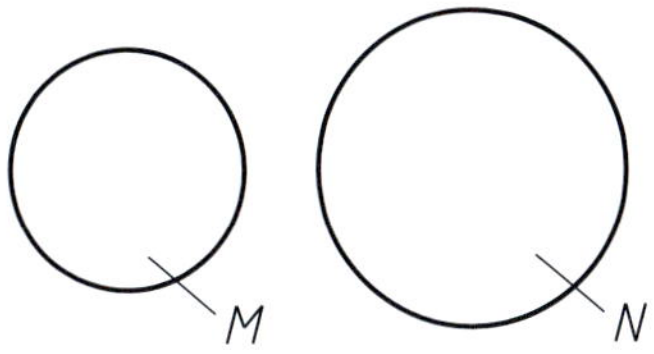

Abb. I.4

In Abb. I.4 haben beide Kreisscheiben keinen Punkt gemeinsam; die Schnittmenge $M \cap N$ enthält kein Element. Man sagt auch, $M \cap N$ sei „leer“, und schreibt: $M \cap N = \{\,\}$.

$\{\,\}$ heißt auch **„die leere Menge“**. Für die leere Menge benutzt man auch noch ein anderes Zeichen: $\emptyset$.

Merksatz

Die leere Menge ist Teilmenge einer jeden Menge.

Wie wird in der Mengenlehre die Situation beschrieben, dass von einer Menge Elemente weggenommen werden?

Wollen wir z. B. aus der Menge der geraden Zahlen von 2 bis 20 die durch 6 teilbaren Zahlen ausschließen, so können wir dies so schreiben:

$\{2; 4; 6; 8; 10; 12; 14; 16; 18; 20\} \setminus \{6; 12; 18\}$ ($\setminus$ wird gelesen: „ohne“).

Wir erhalten die sog. „Restmenge“:

$\{2; 4; 6; 8; 10; 12; 14; 16; 18; 20\} \setminus \{6; 12; 18\} = \{2; 4; 8; 10; 14; 16; 20\}$.

Definition

Unter der **Restmenge** $M \setminus N$ (gelesen: „M ohne N“) versteht man die Menge der Elemente aus M, die **nicht** zu N gehören.

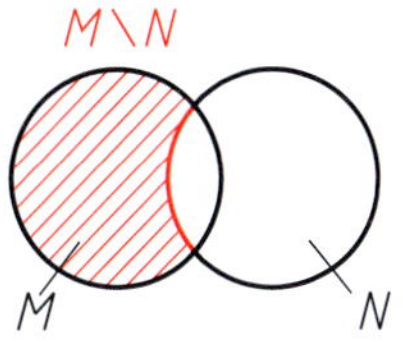

Abb. I.5

Hinweis: Bei der Restmengenbildung $M \setminus N$ braucht N keine Teilmenge von M zu sein.

Weitere Beispiele: $\{1; 3; 5\} \setminus \{1; 7\} = \{3; 5\}$
$\{10; 100; 1000\} \setminus \{0; 1\} = \{10; 100; 1000\}$
$\{1; 3; 5\} \setminus \{1; 2; 3; 4; 5\} = \{\,\}$

Alle möglichen Zahlenpaare $(x \mid y)$ mit $x \in A$ und $y \in B$ (A und B seien Zahlenmengen) ergeben zusammen die sog. **„Produktmenge“** (das „kartesische Produkt“) $A \times B$, gelesen: „A Kreuz B“.

Definition

$A \times B = \{(x \mid y) \mid x \in A \wedge y \in B\}$

Beispiel

$A = \{1; 2; 3\}$, $B = \{1; 2; 3; 4\}$

Aufzählende Schreibweise: $A \times B = \{(1|1); (1|2); (1|3); (1|4);$
$(2|1); (2|2); (2|3); (2|4);$
$(3|1); (3|2); (3|3); (3|4)$

Aufgaben zu I.

1. Ein Schafhirte eines Naturvolkes kann nicht zählen. Er hat sich aber eine Möglichkeit überlegt, abends – wenn er die Tiere auf die Koppel zurücktreibt – zu kontrollieren, ob tagsüber kein Schaf verloren gegangen ist. Geben Sie eine Möglichkeit an!

2. Welche der folgenden Mengen haben gleich viele Elemente?
   $A = \{1; 2; 3\}$; $B = \{a; b; c; d\}$; $C = \{3{,}5; 4\}$ $D = \{x; y; z\}$; $E = \{$o; r; g; e; l$\}$; $F = \{2; 3; 5; 7\}$; $G = \{$r; e; h$\}$; $H = \{4; 5{,}6\}$

3. Bei welchen Sätzen wird das Wort „Menge" **nicht** im Sinne der Mengenlehre benutzt?
   a) Gestern hat es eine Menge geregnet.
   b) Die Menge der Sandkörner des Sandhaufens vor unserem Haus ändert sich von Tag zu Tag.
   c) Am Strand liegt eine Menge Sand.
   d) Gestern haben wir eine Menge Pudding verspeist.
   e) Die Menge der Trainer der Ersten Fußball-Bundesliga ändert sich in jeder Saison.

4. Scheiben Sie jeweils die Aufgabenstellung ab und setzen Sie zwischen die Zahlen und die Mengen das richtige Zeichen ein ($\in$ oder $\notin$)!
   a) $3 \quad \{1; 2; 4\}$
   b) $2 \quad \{1; 2; 3\}$
   c) $-7 \quad \{-3; -2; -1\}$
   d) $\frac{2}{3} \quad \{2; 3; 4\}$
   e) $\frac{2}{3} \quad \{0{,}\overline{6}; 2; 3\}$
   f) $-6 \quad \{-2; -4; -6\}$

5. Beschreiben Sie die folgenden Mengen mit Worten!
   Beispiele: {g; u; t} die Menge der Buchstaben des Wortes „gut";
   {2; 4; 6; 8; 10} die Menge aller geraden Zahlen von 2 bis 10 (einschließlich 2 und 10).
   a) {a; b; e; n; d}
   b) {r; t; o}
   c) {1; 3; 5; 7; 9; 11; 13}
   d) {2; 3; 5; 7; 11; 13; 17; 19; 23; 29}
   e) {3; 4; 6; 8; 12; 14; 18; 20; 24; 30}
   f) {4; 8; 12; 16; 20; 24; 28; 32}
   g) {7; 14; 21; 28; 35}
   h) {2; 4; 8; 16; 32; 64; 128; 256}
   i) {1; 4; 9; 16; 25; 36}

6. Geben Sie die folgenden Mengen durch Aufzählen der Elemente an!
   Beispiel: Die Menge aller Teiler von 8: {1; 2; 4; 8}
   a) die Menge aller Teiler von 12
   b) die Menge aller Teiler von 50
   c) die Menge aller Teiler von 64
   d) die Menge aller Teiler von 101
   e) die Menge aller geraden Zahlen zwischen 1001 und 1021
   f) die Menge aller ungeraden Zahlen zwischen 500 und 530
   g) die Menge aller Vielfachen von 9, die kleiner als 80 sind
   h) die Menge aller Vielfachen von 13, die kleiner als 100 sind
   i) die Menge aller Primzahlen, die kleiner als 50 sind

7. Begründen Sie, warum die leere Menge Teilmenge einer jeden Menge ist!

8. Ersetzen Sie □ durch eines der Zeichen $\subseteqq$, $\supseteqq$, $\in$, $\notin$, so dass jeweils eine wahre (richtige) Aussage entsteht! Überprüfen Sie, ob es gegebenenfalls mehr als eine Möglichkeit gibt!
   Beispiel: $\{2\} \ \square \ \{2; 3; 4\}$ **Lösung:** $\{2\} \subseteqq \{2; 3; 4\}$
   a) $\{1; 2\} \ \square \ \{1; 2; 3\}$
   b) $\{2\} \ \square \ \{2; 3\}$
   c) $2 \ \square \ \{2; 3; 4\}$
   d) $\{5; 6; 7\} \ \square \ \{5; 6\}$
   e) $\{100\} \ \square \ \{100\}$
   f) $100 \ \square \ \{100; 1000\}$
   g) $7 \ \square \ \{3; 4; 5; 6\}$
   h) $\{7; 10\} \ \square \ \{7; 10; 11\}$
   i) $13 \ \square \ \{1; 3\}$
   j) $\{1\} \ \square \ \{1; 5\}$
   k) $\{3; 5; 6; 10\} \ \square \ \{3; 5; 6\}$
   l) $\{11; 12; 10\} \ \square \ \{10; 11; 12\}$
   m) $\emptyset \ \square \ \{10; 11; 13\}$
   n) $\{100; 1000\} \ \square \ \{\ \}$
   o) $b \ \square \ \{c; b\}$
   p) $y \ \square \ \{y\}$
   q) $\{z\} \ \square \ \{z\}$
   r) $0 \ \square \ \{0\}$

9. Welche der folgenden Beziehungen sind richtig, welche falsch?
   a) $y \in \{x; y\}$
   b) $\{y\} \subseteqq \{x; y\}$
   c) $\{x\} \supseteqq \{x; y\}$
   d) $\emptyset \subseteqq \{x; y\}$
   e) $\emptyset \in \{x; y\}$
   f) $x \subseteqq \{x; y\}$

10. Geben Sie mindestens drei Teilmengen der jeweiligen Menge an!
    a) {1; 2} b) {7; 8; 9} c) {0; 10} d) {10; 11; 12; 13; 14}

11. Geben Sie **alle** Teilmengen der jeweiligen Menge an!
    a) {0; 1} b) {1; 2; 3} c) {1; 2; 3; 4} d) $\{a; b; c; d\}$

12. Wie viele Teilmengen hat eine Menge mit 2, 3, 4 Elementen? Äußern Sie eine Vermutung bezüglich einer Menge mit n Elementen ($n \in \mathbb{N}$) und überprüfen Sie Ihre Vermutung für die Fälle $n = 1$ und $n = 5$ an selbst gewählten Beispielen!

13. Gegeben ist die Menge $A = \{8; 9; 10; 11; 12; 13\}$. Geben Sie zwei Teilmengen B und C von A so an, dass $C \subseteqq B$ gilt!

14. Bestimmen Sie:

a) $\{2; 3; 4\} \cup \{5; 6\}$ b) $\{10; 11; 12\} \cup \{12; 13\}$ c) $\{7; 8\} \cup \{7; 8; 9\}$
d) $\{0; 4\} \cup \{0; 4\}$ e) $\{0; 4\} \cap \{0; 4\}$ f) $\{7; 8\} \cap \{7; 8; 9\}$
g) $\{10; 11; 12\} \cap \{12; 13\}$ h) $\{2; 3; 4\} \cap \{5; 6\}$ i) $\{2; 4; 6\} \setminus \{2; 9\}$
j) $\{5; 10; 15; 20\} \setminus \{1; 15\}$ k) $\{4; 7; 10; 13\} \setminus \{3; 6\}$ l) $\{4; 8\} \setminus \{1; 4; 8; 10\}$
m) $\{3; 4; 5\} \cup \{\,\}$ n) $\{3; 4; 5\} \cap \{\,\}$

15. Gegeben sind die folgenden Mengen:
$A = \{4; 7; 10; 13; 16; 19\}$, $B = \{5; 7; 9; 11; 13; 15; 17; 19\}$, $C = \{11; 12; 13; 14; 15\}$.

Bestimmen Sie:

a) $A \cup B$ b) $B \cup A$ c) $A \cap B$
d) $B \cap A$ e) $A \setminus B$ f) $B \setminus A$
g) $A \cup C$ h) $A \cap C$ i) $B \cup C$
j) $B \cap C$ k) $(A \cup B) \cup C$ l) $A \cup (B \cup C)$
m) $(A \cap B) \cap C$ n) $A \cap (B \cap C)$ o) $A \cup (B \cap C)$
p) $(A \cup B) \cap (A \cup C)$ q) $A \cap (B \cup C)$ r) $(A \cap B) \cup (A \cap C)$
s) $(A \cup B) \cap C$

16. Gegeben sind die folgenden Mengen:
$A = \{1; 3; 5; 7\}$, $B = \{1; 2; 3; 5\}$, $C = \{1; 2; 7\}$.

Bestimmen Sie:

a) $A \cap B$ b) $(A \cup B) \cup C$ c) $A \cap (B \cup C)$
d) $A \setminus B$ e) $A \setminus C$ f) $B \setminus A$
g) $B \setminus C$ h) $C \setminus A$ i) $C \setminus B$
j) $A \setminus (B \setminus C)$ k) $A \setminus (B \cup C)$ l) $A \setminus (B \cap C)$
m) $A \cap (B \setminus C)$ n) $(A \cup B) \setminus (A \cup C)$ o) $(A \cup C) \setminus B$
p) $(C \setminus A) \cup B$ q) $(C \setminus B) \setminus A$ r) $(A \cup C) \cap B$

17. Geben Sie die Mengenverknüpfung an, die durch das schraffierte Gebiet dargestellt wird!

Beispiel:

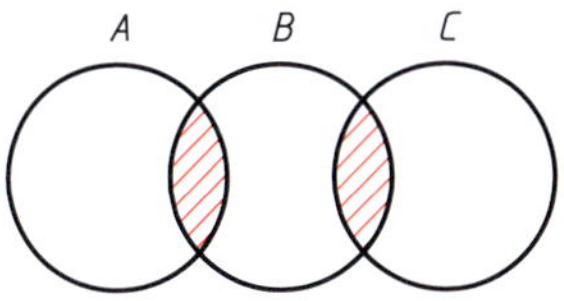

Lösung: $(A \cap B) \cup (B \cap C)$

Abb. I.6

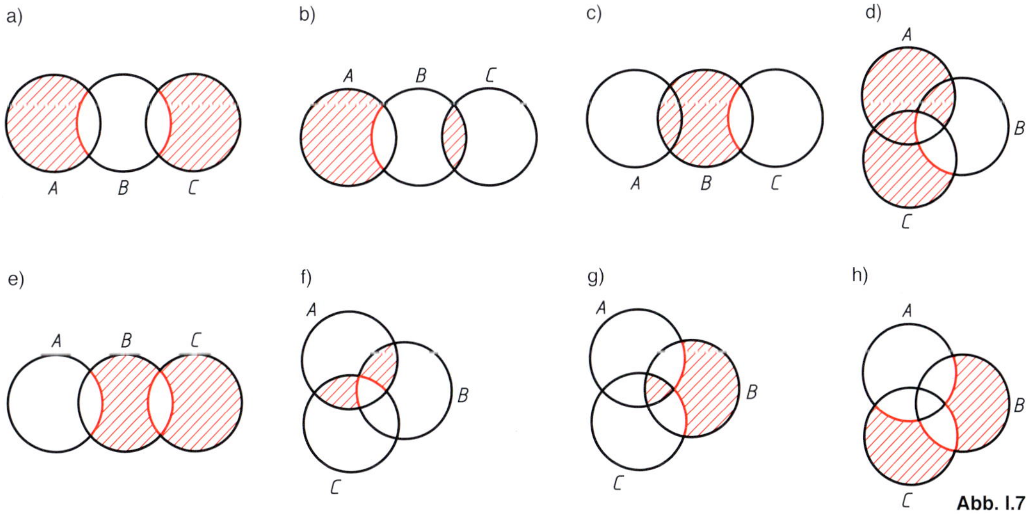

Abb. I.7

18. Schraffieren Sie jeweils für die beiden Situationen I und II die angegebenen Mengen!

a) $(A \cup B) \cap C$
b) $(A \cap B) \cup C$
c) $A \setminus (B \cup C)$
d) $A \setminus (A \cap C)$
e) $A \cup (B \setminus C)$
f) $A \cap (B \setminus C)$
g) $(B \cap C) \setminus (A \cup C)$
h) $(B \cap C) \setminus (A \cap C)$

I

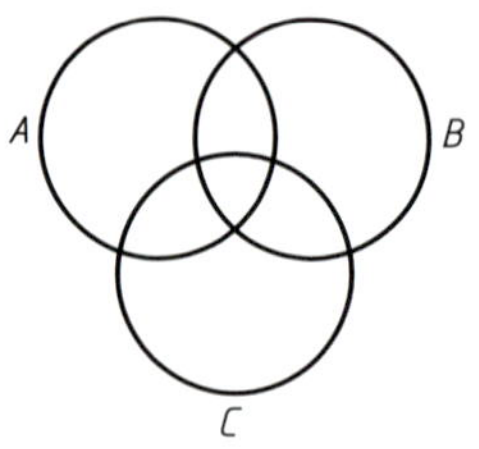

Abb. I.8

II

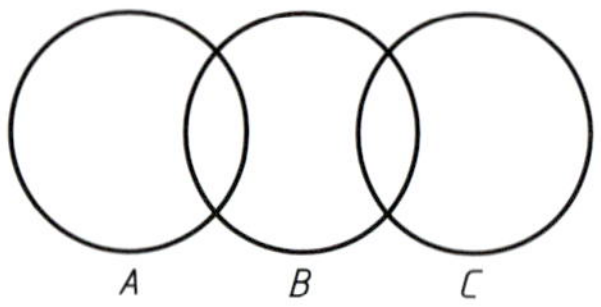

Abb. I.9

19. **Definition** Ist $N \subseteq M$, so heißt $M \setminus N$ das **„Komplement von *N* bezüglich *M*"**.

Statt „Komplement" benutzt man auch die Begriffe **„Komplementärmenge"** oder **„Ergänzungsmenge"**.
Für $M \setminus N$ schreiben wir im Falle $N \subseteq M$ auch kurz $\overline{N}$, gelesen: „*N* quer".

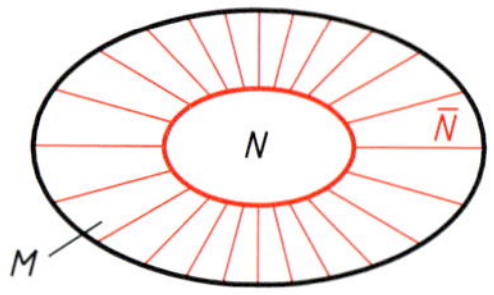

Abb. I.10

Gegeben sind *M* und *N*. Bestimmen Sie $\overline{N} = M \setminus N$!
a) $M = \{1; 3; 5; 7; 9; 11\}$, $N = \{9; 11\}$
b) $M = \{2; 3; 5; 7; 11; 13; 17; 19\}$, $N = \{2\}$
c) $M = \{3; 6; 9; 16; 25; 36; 49; 64; 81\}$, $N = \{9; 16; 64\}$
d) $M = \{3; 6; 9; 12; 15; 18; 21; 24; 27\}$, $N = \{3; 9; 27\}$
e) $M = \{1; 2; 4; 8; 16\}$, $N = \{1; 2; 4; 8; 16\}$

20. Wir geben die Menge *G* als sog. „Grundmenge" vor. Außerdem sei $A \subseteq G$. Bestimmen Sie

a) $\overline{G} = \mathrm{G} \setminus G$ b) $\overline{\emptyset} = G \setminus \emptyset$ c) $\overline{\overline{A}}$
d) $A \cap A$ e) $A \cup A$ f) $A \cap G$
g) $A \cup G$ h) $A \cup \emptyset$ i) $A \cap \emptyset$
j) $A \cup \overline{A}$ k) $A \cap \overline{A}$ l) $A \setminus \overline{A}$

21. Überlegen Sie anhand einer Skizze, dass sowohl $A \cap B = B$ als auch $A \cup B = A$ gleichbedeutend mit $B \subseteq A$ sind!

22. *A*, *B* seien Teilmengen einer Grundmenge *G*. Vereinfachen Sie:
a) $A \cup (A \cap B)$ b) $A \cap (A \cup B)$
c) $(A \cap B) \cup (A \cap \overline{B})$ d) $(A \cap \mathrm{B}) \cap (A \cap \overline{B})$
e) $(A \cup B) \cap (A \cup \overline{B})$ f) $(\overline{\overline{A} \cup \overline{B}})$

23. Belegen Sie durch ein Beispiel, dass das Vertauschungsgesetz $A \setminus B = B \setminus A$ für die Restmengenbildung **nicht** gilt!

24. Welcher Satz ist richtig, welcher falsch?
a) Wenn die Schnittmenge zweier Geraden (in einer Ebene) leer ist, so sind sie parallel.
b) Wenn zwei Geraden parallel sind, so ist ihre Schnittmenge leer.

25. Es gelte: $A \cup B = \emptyset$. Was folgt daraus für *A* und *B*?

26. Es gelte: $A \cap B = \emptyset$. Folgt daraus $A = \emptyset$ oder $B = \emptyset$?

27. Geben Sie Mengen *A* und *B* mit $A \cap B = \emptyset$ so an, dass $A \cup B = \{11; 12; 13\}$ gilt!

28. Beweisen Sie: Aus $A \cap B = A$ folgt $A \subseteq B$. Gilt die Umkehrung dieses Satzes? Beweisen oder widerlegen Sie sie!

Zählaufgaben mit Mengen

Beispiel:
Ein Zeitschriftenverlag stellt durch eine Umfrage in 500 Haushalten u. a. fest, welche der drei bekanntesten Rundfunkzeitungen *A*, *B* und *C* am meisten gelesen wird: In 22 Haushalten werden alle drei Zeitungen gelesen, in 45 Haushalten die Zeitungen *A* und *B*, in 29 Haushalten *A* und *C* und in 38 Haushalten *B* und *C*. In 75 Haushalten wird nur die Zeitung *A* und in 112 Haushalten nur *B* gelesen. 216 der befragten Haushalte lesen keine dieser drei Rundfunkzeitungen.
a) Wie viele Haushalte lesen die verlagseigene Rundfunkzeitung *C*?
b) Welche Zeitung wird am meisten gelesen?
c) Wie viele Haushalte lesen die Zeitungen *A* oder *B*, aber nicht *C*?
d) Wie viele Haushalte lesen außer *C* mindestens noch eine weitere Rundfunkzeitung?

Lösung:
1. Schritt:
Wir zeichnen ein Mengendiagramm und tragen die (brauchbaren) Zahlen ein, die wir **ohne Rechnung** unmittelbar dem Text entnehmen können.

Gesamtzahl der Haushalte:	500
alle drei Zeitungen:	22
nur *A*:	75
nur *B*:	112
keine Zeitung:	216

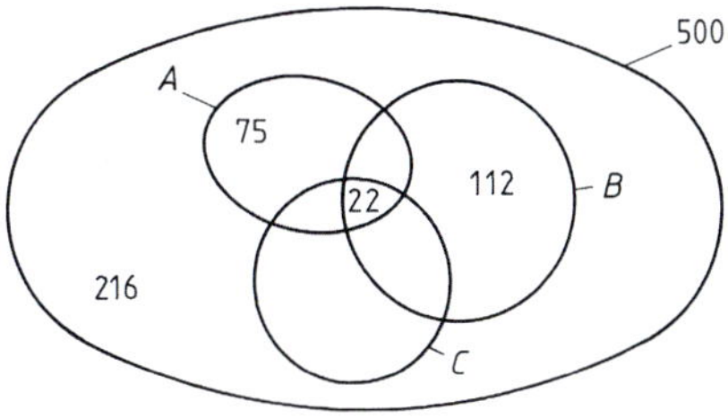

Abb. I.11

2.Schritt:
Anzahl der Haushalte, die *A* und *B*, aber nicht *C* lesen: $45-22=23$
Anzahl der Haushalte, die *A* und *C*, aber nicht *B* lesen: $29-22=7$
Anzahl der Haushalte, die *B* und *C*, aber nicht *A* lesen: $38-22=16$

a) **nur *C*:** $500-(216+75+23+112+7+22+16)=500-471=29$
C gesamt: $29+7+22+16=74$
Ergebnis: *C* wird in **74 Haushalten** gelesen.
b) *A*: $75+23+22+7=127$
B: $112+16+22+23=173$; andere Lösung: $112>75$; $16>7$
Ergebnis: ***B*** wird am meisten gelesen.
c) $75+23+112=210$
Ergebnis: **210 Haushalte** lesen *A* oder *B*, aber nicht *C*.
d) $7+22+16=45$
Ergebnis: **45 Haushalte** lesen außer *C* mindestens noch eine weitere Rundfunkzeitung.

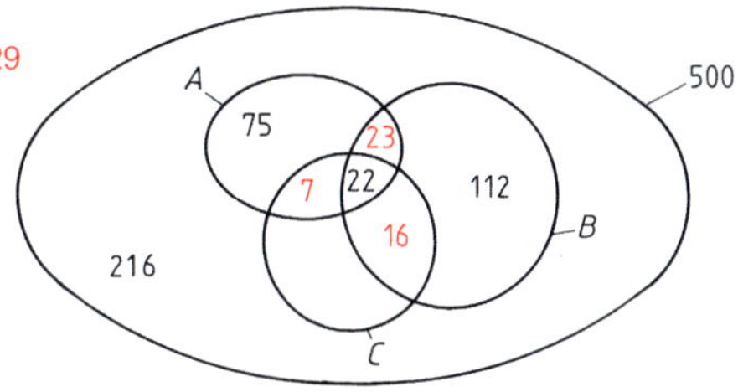

Abb. I.12

29. Von 350 befragten Schülern besitzen 126 einen Fotoapparat und 64 eine Filmkamera; 22 Schüler besitzen beide Geräte. Wie viele Schüler haben weder einen Fotoapparat noch eine Filmkamera?

30. Ein Sportverein hat 198 Mitglieder. Davon spielen 82 Fußball und 56 Basketball, 61 betreiben Leichtathletik. 63 spielen nur Fußball, 37 nur Basketball, und 35 betreiben außer Leichtathletik keine andere Sportart. 2 Mitglieder beteiligen sich an allen 3 Sportarten.
a) Wie viele Mitglieder treiben sowohl Basketball als auch Fußball (aber nicht Leichtathletik),
b) wie viele sowohl Basketball als auch Leichtathletik (aber nicht Fußball),
c) wie viele sowohl Fußball als auch Leichtathletik (aber nicht Basketball),
d) wie viele Mitglieder sind inaktiv?

31. Alle 150 Kinder eines Kindergartens wurden nach ihren Fahrzeugen befragt. Dabei ergab sich Folgendes: 105 Kinder besitzen je einen Trecker, 131 Kinder ein Dreirad und 51 Kinder einen Roller. 101 Kinder haben einen Trecker und ein Dreirad, 39 ein Dreirad und einen Roller, 15 einen Trecker und einen Roller. 15 Kinder besitzen alle drei Fahrzeuge.
a) Wie viele Kinder besitzen kein Fahrzeug?
b) Wie viele Kinder besitzen nur ein Fahrzeug?
c) Wie viele Kinder besitzen mindestens zwei Fahrzeuge?

32. Der Personalliste eines Betriebes ist Folgendes zu entnehmen: Der Betrieb hat 142 Beschäftigte. 86 davon sind Männer. 80 fahren täglich mit dem Auto. 64 gehören einer der betriebsinternen Sportgemeinschaften an. 48 Männer fahren mit dem Auto. 15 Männer sind in einer Sportgemeinschaft. Von den Autofahrern sind 41 in einer Sportgemeinschaft. 12 Männer fahren mit dem Auto und sind in einer Sportgemeinschaft.
a) Wie viele Betriebsangehörige sind Frauen?
b) Wie viele Betriebsangehörige sind nicht in einer Sportgemeinschaft und fahren auch nicht mit dem Auto?
c) Wie viele männliche Betriebsangehörige, die mit dem Auto fahren, sind nicht in einer Sportgemeinschaft?
d) Wie viele Frauen fahren nicht mit dem Auto?

II. Aussagen, Aussagenverknüpfungen, Aussageformen

Merksatz

> Unter einer **„Aussage"** versteht man einen Satz, für den die Frage sinnvoll ist, ob er wahr (richtig) oder falsch ist.

Beispiele

für wahre Aussagen:

a) Rom ist die Hauptstadt Italiens.
b) 4 ist ein Teiler von 12.
c) $7 + 4 = 18 - 7$
d) $3 < 5$

Beispiele

für falsche Aussagen:

a) Der Rhein fließt in die Ostsee.
b) 12 ist eine Primzahl.
c) 2 t = 200 kg
d) $0 \cdot 3 = 3$
e) $7 > 7$

Es gibt natürlich auch Sätze, die im obigen Sinne **keine Aussagen** sind, z. B.:

5 ist wichtiger als 7.
Welcher Verein wurde 1980/81 deutscher Fußballmeister bei den Profis?
Schließen Sie bitte das Fenster!

(Z. B. alle Frage- und Ausrufesätze sind keine Aussagen.)

Aussagen können verneint werden. Die Durchführung der „Verneinung" heißt auch **„Negation"**.

Beispiel

A sei ein Zeichen für die Aussage „Der Rhein fließt in die Ostsee".

Dann ist $\neg A$ (gelesen: „nicht *A*") ein Zeichen für die Aussage „Der Rhein fließt nicht in die Ostsee.

In diesem Beispiel ist $\neg A$ eine wahre Aussage, da *A* falsch ist.

Allgemein formulieren wir die folgende

Definition

> $\neg A$ ist genau dann wahr, wenn *A* falsch ist.

Diese Definition lässt sich mittels einer sog. **„Wahrheitswertetafel"** auch so fassen (*w* steht dabei für „wahr", *f* für „falsch"):

A	$\neg A$
w	*f*
f	*w*

Die Zeichen $\wedge$ (für „und") und $\vee$ (für „oder"), mit denen sich Aussagen verknüpfen lassen, kennen wir bereits (siehe 1.2).

Definition

> $A \wedge B$ ist genau dann wahr, wenn sowohl *A* als auch *B* wahr sind.

Wahrheitswertetafel:

A	B	$A \wedge B$
w	*w*	*w*
w	*f*	*f*
f	*w*	*f*
f	*f*	*f*

Die Verknüpfung zweier Aussagen durch $\wedge$ heißt **„Konjunktion"**.

Beispiel 4 ist ein Teiler von 12. $\wedge$ Der Rhein fließt in die Ostsee. (f)

Definition

> $A \vee B$ ist genau dann falsch, wenn sowohl A als auch B falsch sind.

Wahrheitswertetafel:

A	B	$A \vee B$
w	w	w
w	f	w
f	w	w
f	f	f

Die Verknüpfung zweier Aussagen durch $\vee$ heißt **„Adjunktion“** (oder auch „Disjunktion“).

Beachten Sie: $A \vee B$ ist auch dann noch wahr, wenn genau eine der beiden Aussagen A, B falsch ist.

Beispiel $3 < 5 \vee 0 \cdot 3 = 3$ (w)

Wir wollen noch eine weitere Aussagenverknüpfung kennen lernen:

$A \rightarrow B$ (gelesen: „**wenn** A, **so** B“).

Beispiel Eine Mutter verspricht ihrem Sohn: „Wenn du die nächste Mathematikarbeit ‚sehr gut‘ schreibst, erhältst du von mir mindestens 5 €.“
Die Mutter lügt nur in folgendem Falle: der Sohn schreibt die Mathematikarbeit ‚sehr gut‘, und sie gibt ihm nicht mindestens 5 €.

Definition

> $A \rightarrow B$ ist genau dann falsch, wenn A wahr und B falsch ist.

Wahrheitswertetafel:

A	B	$A \rightarrow B$
w	w	w
w	f	f
f	w	w
f	f	w

Die Verknüpfung zweier Aussagen durch $\rightarrow$ heißt **„Subjunktion“**.

Beachte: Zwei Aussagen können durch $\rightarrow$ auch dann verknüpft werden, wenn sie inhaltlich nichts miteinander zu tun haben.

Beispiel $0 \cdot 3 = 3 \rightarrow$ Der Rhein fließt in die Ostsee. (w)

Um Klammern zu sparen, **vereinbaren** wir noch:

$\neg$ bindet enger als alle anderen Zeichen.

$\wedge$ und $\vee$ binden enger als $\rightarrow$.

Merksatz

> **Aussageformen** sind Sätze mit (mindestens) einer **Variablen,** die durch (geeignete) Einsetzungen für die Variable zu Aussagen werden.

Beispiele für Aussageformen:

1. x ist ein Vielfaches von 5 (eine Variable)
2. y ist das Doppelte von x^2 (zwei Variable)
3. $5x = 350$ (eine Variable)
4. $2x + 5y - 4z < 0$ (drei Variable)
5. $2x^2 + 3 = 4 - x$ (eine Variable)

Aufgaben zu II.

1. Welche der folgenden Sätze sind Aussagen?
   a) Der Mond ist groß.
   b) Die Erde dreht sich um sich selbst.
   c) Der nächste Winter kommt bestimmt.
   d) Wie wird morgen das Wetter?
   e) Alle Vögel bauen sich ein Nest.
   f) Wie viele Tierarten gibt es?
   g) 13 ist eine Unglückszahl.
   h) Wie viele Bruchzahlen gibt es, die kleiner als $\frac{1}{1000}$ sind?
   i) Bilde die Summe von $\frac{1}{2}$ und $-\frac{1}{2}$!
   j) Das Produkt von 3 und $\frac{1}{3}$ ist 0.

2. Bilden Sie jeweils selbst fünf Sätze, die a) Aussagen, b) keine Aussagen sind!

3. Welche der folgenden Aussagen sind wahr, welche sind falsch?
   a) In Deutschland steht die Sonne im Juni am höchsten.
   b) Der 1. Weihnachtsfeiertag fällt im Jahre 2004 auf einen Sonntag.
   c) Alle roten Pilze sind giftig.
   d) Es gibt Fische, die auch fliegen können.
   e) Alle Vierbeiner haben Hufe.
   f) Nur ungerade Zahlen können Primzahlen sein.
   g) Das Quadrat einer Zahl ist immer größer als die Zahl selbst.
   h) Es gibt keine größte natürliche Zahl.
   i) Es gibt keine Bruchzahl zwischen $\frac{1}{11}$ und $\frac{1}{10}$.

   Begründen Sie Ihre Ergebnisse für f) bis i)!

4. Ersetzen Sie jeweils die Leerstelle, so dass eine wahre Aussage entsteht!
   a) □ ist ein Nebenfluss der Donau.
   b) □ war schon zweimal Fußballweltmeister.
   c) □ ist keine ganze Zahl.
   d) □ ist kleiner als -10.
   e) □ liegt zwischen 0,01 und 0,1.
   f) □ ist weder eine gerade Zahl noch eine Primzahl.
   g) □ ist durch 3 und durch 4 teilbar.
   h) 25 ist kleiner als das Quadrat von □.

5. Welche der folgenden Sätze sind wahr, welche falsch?
   a) Paris liegt am Rhein, oder Beckenbauer war ein Fußballspieler.
   b) Die Erde ist ungefähr eine Kugel, und München liegt an der Isar.
   c) Der höchste Berg der Erde ist über 9 km hoch, oder der Kölner Dom steht in Aachen.
   d) Die Bundesrepublik Deutschland hat über 80 000 000 Einwohner, und Helsinki ist die Hauptstadt Finnlands.
   e) Die Sonne dreht sich um die Erde, oder die Erde dreht sich um die Sonne.
   f) Udo Jürgens ist ein Filmschauspieler, und Freiburg liegt in der Schweiz.
   g) $2 \cdot 7 = 14 \wedge 3 \cdot 7 = 20$
   h) $2 \cdot 7 = 14 \vee 3 \cdot 7 = 20$
   i) $6 \cdot 5 = 31 \vee 2 \cdot 10 = 200$
   j) $4 + 5 = 8 \vee 0 \cdot 9 = 0$
   k) 997 ist eine Primzahl, und 318 096 ist eine Quadratzahl.
   l) 99 991 ist die größte Primzahl, oder 35 820 000 000 001 ist durch 7 teilbar.

6. A sei ein Zeichen für die Aussage „Alfred ist fleißig“. B sei ein Zeichen für die Aussage „Bruno ist fleißig“. Schreiben Sie die folgenden Aussagen in Symbolform!

   Beispiel: Alfred ist faul, und Bruno ist fleißig.
   Symbolform: $\neg A \wedge B$

   (Beachten Sie die Vereinbarung am Ende des Lehrtextes dieses Kapitels!)
   a) Alfred und Bruno sind beide faul.
   b) Es stimmt nicht, dass Alfred faul ist oder Bruno faul ist.
   c) Weder Alfred noch Bruno sind fleißig.
   d) Es ist nicht wahr, dass Alfred und Bruno beide faul sind.

7. Stellen Sie jeweils eine Wahrheitswertetafel auf!

a) $A \wedge \neg B$	b) $\neg A \vee \neg B$	c) $(A \vee \neg A) \wedge B$
d) $(A \wedge \neg A) \vee B$	e) $(\neg A \wedge B) \vee A$	f) $\neg A \wedge (A \vee B)$
g) $(A \wedge B) \vee (A \vee B)$	h) $\neg[A \vee (B \wedge C)]$	i) $A \wedge \neg(B \vee C)$

8. Bestimmen Sie jeweils den Wahrheitswert!

a) $8 \cdot 7 = 64 \rightarrow 7 \cdot 8 = 64$	b) $(6 + 5) \cdot 3 = 30 \rightarrow 3 \cdot 11 = 33$	c) $7 - 4 = 3 \rightarrow 7 + 4 = 3$
d) $7 - 4 = 4 \rightarrow 3 = 4$	e) $5 > 6 \rightarrow 10 > 12$	f) $5 > 6 \rightarrow -5 > -6$
g) $0 < -1 \rightarrow 0 < 1$	h) $-1 < 0 \rightarrow -1 > 1$	

9. Stellen Sie eine Wahrheitswertetafel für $(A \rightarrow B) \wedge (B \rightarrow A)$ auf und vergleichen Sie Ihre Ergebnisse mit den Wahrheitswerten bei $A \leftrightarrow B$ (siehe unten)! Statt $(A \rightarrow B) \wedge (B \rightarrow A)$ schreibt man kurz:
$A \leftrightarrow B$ (gesprochen: „A genau dann, wenn B" oder „A dann und nur dann, wenn B")

Definition

$A \leftrightarrow B$ ist genau dann wahr, wenn A und B beide wahr oder beide falsch sind.

Wahrheitswertetafel:

A	B	$A \leftrightarrow B$
w	w	w
w	f	f
f	w	f
f	f	w

Die Verknüpfung zweier Aussagen durch $\leftrightarrow$ heißt **„Bijunktion"** oder **„Bisubjunktion"**.

Hinweis: $\wedge$ und $\vee$ binden enger als $\leftrightarrow$.

10. Bestimmen Sie jeweils den Wahrheitswert!

a) $8 + 5 = 13 \leftrightarrow 13 - 5 = 8$	b) $3 \cdot 3 = 9 \leftrightarrow 4 \cdot 4 = 15$	c) $3 : 4 = 0{,}75 \leftrightarrow \frac{1}{3} = 0{,}\overline{3}$
d) $\frac{0}{1} = 1 \leftrightarrow \frac{0}{2} = 2$	e) $\frac{3}{7} = 0{,}\overline{3} \leftrightarrow 5 \cdot 0 = 0$	

11. A sei ein Zeichen für die Aussage „Es regnet". B sei ein Zeichen für die Aussage „Der Wind weht".
Schreiben Sie die folgenden Aussagen in Symbolform:
a) Wenn es regnet, dann weht der Wind.
b) Wenn der Wind weht, dann regnet es.
c) Der Wind weht genau dann, wenn es regnet.
d) Wenn der Wind weht, dann regnet es nicht.
e) Es ist nicht wahr, dass der Wind genau dann weht, wenn es nicht regnet.

12. Die beiden folgenden Aussagen werden als wahr angenommen:
Hans stößt die Kugel mindestens 12 m weit. Klaus ist der Verlierer.
Welche der folgenden Aussagen sind unter dieser Annahme wahr?
a) Hans stößt die Kugel mindestens 12 m weit, oder Klaus ist der Sieger.
b) Hans stößt die Kugel mindestens 12 m weit, oder Klaus ist der Verlierer.
c) Wenn Hans die Kugel mindestens 12 m weit stößt, so ist Klaus der Verlierer.
d) Dann und nur dann, wenn Hans die Kugel mindestens 12 m weit stößt, ist Klaus der Sieger.
e) Wenn Hans die Kugel mindestens 12 m weit stößt, so ist Klaus der Sieger.

13. Stellen Sie die Wahrheitswertetafeln auf und vergleichen Sie jeweils den Wahrheitswerteverlauf!

a) $A \vee (B \wedge C)$	und	$(A \vee B) \wedge (A \vee C)$
b) $A \wedge (B \vee C)$	und	$(A \wedge B) \vee (A \wedge C)$
c) $\neg(A \vee B)$	und	$\neg A \wedge \neg B$
d) $\neg(A \wedge B)$	und	$\neg A \vee \neg B$
e) $\neg A \rightarrow B$	und	$\neg A \vee B$
f) $\neg(A \rightarrow B)$	und	$\neg A \wedge \neg B$

Was stellen Sie jeweils fest?

14. Stellen Sie die Wahrheitswertetafeln auf!
a) $(A \rightarrow B) \leftrightarrow (\neg B \rightarrow \neg A)$
b) $(A \rightarrow B) \leftrightarrow (\neg B \wedge A \rightarrow \neg A)$
c) $(A \rightarrow B) \leftrightarrow (\neg B \wedge A \rightarrow B)$
d) $(A \rightarrow B) \leftrightarrow (\neg B \wedge A \rightarrow C \wedge \neg C)$
e) $(A \rightarrow B) \wedge \neg B \rightarrow \neg A$
f) $(A \rightarrow B) \wedge (B \rightarrow C) \rightarrow (A \rightarrow C)$
g) $(A \rightarrow B) \wedge (A \rightarrow C) \rightarrow (A \rightarrow B \wedge C)$

Was stellen Sie jeweils fest?

Sachwortverzeichnis